全国注册核安全工程师执业资格考试辅导教材

核安全综合知识

（2024 年版）

生态环境部核与辐射安全中心　组织编写

中国环境出版集团 · 北京

图书在版编目（CIP）数据

核安全综合知识 : 2024年版 / 生态环境部核与辐射安全中心组织编写. -- 北京 : 中国环境出版集团, 2024.7.（2025.3重印）--（全国注册核安全工程师执业资格考试辅导教材）. -- ISBN 978-7-5111-5891-8

Ⅰ. TL7

中国国家版本馆CIP数据核字第2024AN2741号

责任编辑　王　洋
封面设计　彭　杉

出版发行　中国环境出版集团
（100062　北京市东城区广渠门内大街16号）
网　　址：http://www.cesp.com.cn
电子邮箱：bjgl@cesp.com.cn
联系电话：010-67112765（编辑管理部）
发行热线：010-67125803，010-67113405（传真）
印　　刷　玖龙（天津）印刷有限公司
经　　销　各地新华书店
版　　次　2024年7月第1版
印　　次　2025年3月第2次印刷
开　　本　787×1092　1/16
印　　张　30.75
字　　数　636千字
定　　价　94.00元

全国注册核安全工程师执业资格考试辅导教材（2024 年版）

编审委员会

2024年版出版说明

全国注册核安全工程师执业资格考试辅导教材（原“注册核安全工程师岗位培训丛书”）自出版发行以来，受到广大核与辐射安全从业人员和其他读者的欢迎，也得到行业各领域专家、学者和广大读者的诸多热心帮助，特别是历次修订编审委员会成员的倾力相助，在此一并表示诚挚感谢。本套教材作为全国注册核安全工程师执业资格的考试用书，为注册核安全工程师执业资格制度的实施发挥了重要作用。

党中央、国务院高度重视核安全与放射性污染防治工作。党的十八大以来，以习近平同志为核心的党中央胸怀中华民族伟大复兴战略全局和世界百年未有之大变局，将国家安全作为头等大事，创造性提出总体国家安全观，将核安全观纳入国家总体安全体系，提出理性、协调、并进的中国核安全观，倡导打造核安全命运共同体，要求守牢美丽中国建设安全底线，指引新时代核安全工作取得历史性成就。经过多年努力，我国核能与核技术利用事业发展取得显著成就，在有效的监管之下始终保持良好安全业绩，核电安全达到国际先进水平，研究堆和核燃料循环设施保持良好安全记录，放射源辐射事故发生率持续降低。核能与核技术利用事业的持续健康较快发展，对我国核与辐射安全从业人员，尤其是注册核安全工程师的专业理论知识和专业技术能力提出更高要求。

为了使报考人员了解行业发展新形势和法规标准新要求，本套教材自第1版出版发行以来，已历经多次修订，最近一次修订为2018年完成的第五次修订。2018年版教材发行以来，我国核能与核技术利用事业稳步推进，取得一系列重要成果，行业发展呈现一些新技术、新趋势，例如华龙一号、AP1000、EPR、高温气冷堆等先进反应堆示范工程率先在我国建成投产，快中子增殖堆、钍基熔盐堆、小型模块化堆等设计研发与工程建设走在世界前列。截至2024年4月底，我国已有投入运行核电机组56台、在建机组27台，此外还有民用研究堆21座、民用核燃料循环设施21座，在用放射源和射线装置分别达17万枚和29万台（套）。与此同时，核与辐射安全相关法规标准也有了较大变化，涉及的行政法规、部门规章和重要规范性文件多达18份，此外多部国家标准、核安全导则完成制修订并发布实施。结合第五次修订版教材近几年的应用实践，我们深感本套教材还存在许多不足之处，为使教材努力跟上变化并日臻完善，我们组织部分相关专家、学者，用时近一年完成了第六次修订，最终形成2024年版教材。

本套教材共四册，包括《核安全相关法律法规》《核安全综合知识》《核安全专业实务》《核安全案例分析》，本次对四册均进行了修订。

《核安全相关法律法规》由王承智收集整理和编写。《核安全案例分析》由陈方强、黄超云收集整理和编写。《核安全综合知识》和《核安全专业实务》由于专业范围广，为了确保编写质量，编审委员会按章节分别组织编写和审核。

《核安全综合知识》共分十章。第一章由郑超颖、陈伯显编写，周志伟、俞冀阳审核；第二章由俞冀阳编写，周志伟审核；第三章由余建辉编写，周志伟、周一东审核；第四章由张跃编写，王瑞平、黄炳臣审核；第五章由徐培昇、吴哲、吕丹编写，赵善桂、吴浩、张春龙审核；第六章由张友九编写，王晓涛、涂彧审核；第七章由贾伟、朱立编写，曲静原、肖雪夫、宋志艳审核；第八章由徐旭涛、张庆贤编写，肖雪夫、刘弓冶审核；第九章由吴钟旺编写，程建秀审核；第十章由齐媛编写，张天祝、董毅漫审核。全书由李红、肖雪夫、张跃、陈方强统稿。

《核安全专业实务》共分十四章。第一章由陈方强编写，张天祝、王瑞平审核；第二章由段红卫编写，黄超云、王瑞平、张跃审核；第三章由孙锋编写，潘蓉、李红审核；第四章由俞冀阳、李春编写，余建辉、郭建兵审核；第五章由张波编写，俞冀阳、周一东、黄超云、庞伟审核；第六章由黄炳臣编写，张跃、浦承皓审核；第七章由吕丹、吴哲、张春龙编写，赵善桂、徐培昇、徐春艳、吴浩审核；第八章由张敏编写，刘天舒审核；第九章由曲静原编写，李红审核；第十章由彭慧编写，王晓涛审核；第十一章由蒋婧、甘学英编写，吴浩、徐春艳审核；第十二章由曹芳芳编写，陈方强、潘玉婷审核；第十三章由商照荣编写，吴浩审核；第十四章由杨斌编写，商照荣、宋志艳、徐旭涛审核。全书由陈方强、曲静原、周志伟统稿。

赵永康、张天祝、王承智、黄超云参与了教材有关统稿工作。孙僖悦、滕伟伟、叶凯、邢丹、张阳、李莉、陈帅、黄文豪等参与了教材有关内容的校核工作。全套教材编审过程中的汇总协调工作由孙僖悦、陈方强完成。

教材在修订过程中，为尽量避免晦涩的语言和艰深的理论，力求做到深入浅出，理论联系实际。但由于核与辐射相关知识本身的专业性以及内容的广泛性，虽经反复斟酌和努力，仍难免存在诸多不足之处，敬请广大读者批评指正。为持续改进教材，编审委员会诚挚邀请行业从业人员积极发现问题，并期待您的积极反馈（问题和建议反馈邮箱：zhjckw@163.com）。

编　者

2024 年 6 月 30 日

前言

我国对核能与核技术的开发利用始于20世纪50年代。经过多年的不懈努力，核能与核技术已在我国国防、医疗、能源、工业、农业、科研和教育等领域得到了广泛利用，这对维护我国国防安全、促进国民经济和社会发展、增强我国综合国力，起到了十分积极的作用。长期以来，我国的核与辐射安全整体上保持高水平。截至2024年4月，我国已有运行核电机组56台、在建机组27台，此外，还有民用研究堆21座、民用核燃料循环设施21座，全部保持良好安全记录，在建核设施建造质量受控；17万枚在用放射源和29万台（套）射线装置安全受控；全国辐射环境质量总体良好，公众健康和环境安全得到有效保障。与此同时，我们也应清醒地认识到：核设施建造和运行方面，一些违规操作、造假事件有所出现；核技术利用方面，由于单位多而散、部分单位管理不善等，近年来因放射源使用不当或丢失导致的辐射事故仍时有发生；铀（钍）矿和伴生放射性矿开发利用方面，由于对放射性污染防治重视不够，放射性废矿渣还存在着乱堆、乱放的情况，对环境安全和公众健康带来潜在风险；放射性废物管理方面，虽然国家发布了放射性废物处置的政策，但由于很长时间以来缺乏强制性的法律制度和措施，致使对放射性废物的处置不力，也在一定程度上对环境和公众健康构成潜在威胁。为解决上述问题，进一步做好放射性污染防治工作，在总结我国放射性污染防治的实践经验、借鉴一些有核国家防治放射性污染的成功经验的基础上，我国于 2003 年通过并实施了《中华人民共和国放射性污染防治法》，从放射性污染防治和环境安全的角度对核与辐射安全活动提出要求，对我国核与辐射安全的统一监管起到了巨大作用。2017 年 9 月 1 日，全国人大通过了《中华人民共和国核安全法》，2018 年 1 月 1 日起正式实施，进一步明确了对核设施、核材料及相关放射性废物等的全链条法律监管要求，防止造成核事故并最大限度地减轻核事故的放射性后果，为我国核安全监管的各个方面奠定了坚实的法律基础。

为了提高核安全专业人员的素质，确保核与辐射环境安全，维护国家、社会和公众利益，人事部、国家环境保护总局于 2002 年 11 月 19 日发布《关于印发〈注册核安全工程师执业资格制度暂行规定〉的通知》（人发〔2002〕106 号），决定在核安全及相关领域中建立注册核安全工程师执业资格制度。根据《注册核安全工程师执业资格考试实施办法》，注册核安全工程师执业资格考试科目为：《核安全相关法律法规》《核安全综合知识》《核安全专业实务》《核安全案例分析》。

为了方便考生复习和准备考试，教材编审委员会依据《注册核安全工程师执业资格考试大纲（2024 年版）》的具体要求编写了本套教材，供广大专业人员培训或自学使用。本套教材共四个分册，包括《核安全相关法律法规》《核安全综合知识》《核安全专业实务》《核安全案例分析》。本套教材在原“注册核安全工程师岗位培训丛书”框架和内容基础上编制，对历次参与教材编审的各位领导、专家、学者表示诚挚的谢意。本次编审过程中，多位领导、专家、学者给予了很多宝贵意见和建议，中国环境出版集团的编辑们在校核过程中做了大量工作，在此一并致谢。

本套教材在编写过程中，虽然反复斟酌和努力，但仍难免存在不足之处，诚望广大读者提供宝贵意见，以便再版时进一步修改完善。

目录

第一章

原子核物理基础

引　言

1895 年、1896 年和 1897 年，科学家相继发现了 X 射线、放射性和电子，这三大发现揭开了近代物理学的序幕，物质结构的研究开始进入了微观领域。其中，1896 年，法国科学家贝克勒尔（Becquerel A. H.）发现天然放射性现象，这是人类第一次观察到核变化的现象，通常人们把这一重大发现看作原子核物理学的开端。20 世纪 50 年代逐步形成了研究物质结构的三个分支学科，即原子物理学、原子核物理学和粒子物理学，三者各有独立的研究领域和对象，但又紧密关联。本书重点论述原子核物理学这一领域。

随着核能和核技术应用的发展，它在给人类带来巨大收益的同时，也给人类的生存和发展带来了一定的负面影响，同时放射性及由此产生的各种辐射也成为人们关注的问题。为趋利避害，使核能和核技术更好地为人类服务，核安全便成为一个独立的学科而存在。核安全涉及的知识领域十分广泛，其中对原子、原子核的基本性质的了解，对核衰变、核反应和核裂变的了解，是其中的重要方面。因此，在本书中，首先介绍有关原子核物理学的基础知识。

第一节　原子和原子核的基本性质

世界万物是由原子、分子构成的，每一种原子对应一种化学元素。例如，氢原子对应氢元素，氧原子对应氧元素。2012 年 5 月，国际纯粹与应用化学联合会（IUPAC）批准了元素符号 Fl（𫓧，fū）为第 114 号元素、Lv（𫟷，lì）为第 116 号元素；2016 年 11 月又核准并发布了 4 个人工合成元素，分别是原子序数为 113 的 Nh（鉨，nǐ）、115 的 Mc（镆，mò）、117 的 Ts（石田，tián）和 118 的 Og（气奥，ào）。这样，元素周期表中第 7 周期被全部填满。截至 2017 年年底，包括人工制造的不稳定元素在内，元素周期表上发现的元素为 118 个。

1911 年，卢瑟福（Rutherford R. C.）根据 α 粒子的散射实验提出了原子的核式模型的假设，即原子是由原子核和核外电子所组成。从此以后，原子就被分成两部分来处理：核外电子的运动构成了原子物理学的主要内容，而原子核则成了另一门学科——原子核物理学的主要研究对象。原子和原子核是物质结构的两个层次，但也是互相关联又泾渭分明的两个层次。

电子是由英国科学家汤姆逊（Thomson J. J.）于 1897 年发现的，也是人类发现的第一个微观粒子。电子带负电荷，电子电荷的值为

$$e = 1.602\,177\,33 \times 10^{-19}\,\text{C}$$

且电荷是量子化的，即任何电荷只能是 e 的整数倍。电子的质量为

$$m_e = 9.109\,389\,7 \times 10^{-31}\ \text{kg}$$

原子核带正电荷，原子核的电荷集中了原子的全部正电荷。原子的大小是由核外运动的电子所占的空间范围来表征的，原子可以设想为电子以原子核为中心的、在距核非常远的若干轨道上运行。原子的大小以原子半径来表示，原子半径约为 10^{-8} cm 的量级。以铝原子为例，其半径约为 1.6×10^{-8} cm。

原子核的质量远超过核外电子的总质量，因此，原子的质量中心和原子核的质量中心非常接近。原子核的线度只有几十飞米（$1\ \text{fm} = 10^{-15}\text{m} = 10^{-13}\text{cm}$），而密度高达 $10^8\ \text{t/cm}^3$。物质的许多化学及物理性质、光谱特性基本上只与核外电子有关；而放射性现象则主要归因于原子核。

对于原子，我们这里仅讨论其壳层结构。对原子核将讨论其一般性质，即原子核作为整体所具有的静态性质，本节将着重讨论原子核的组成、电荷、质量、半径、稳定性等性质，对原子核自旋、磁矩、宇称和统计性质等较深入的问题不在这里展开讨论。如在今后的工作中遇到这些问题，一般的核物理学书籍均有论述。

一、原子的壳层结构

根据原子的核式模型，原子由原子核和核外电子组成。原子核核外电子又常称为轨道电子，把电子看作沿一定的轨道运动，不过是一种近似的模型，但它能很好地解释元素周期表及一系列光谱的特性。实际上，电子在核外空间呈一定的概率分布，但在一定的“轨道”上的概率分布较大而已。

原子的轨道电子离核的距离是不能取任意值的，这也是微观世界的量子特性的一种表现。电子轨道按照一定的规律形成彼此分离的壳层。

最靠近核的一个壳层称为 K 壳层，在它外面依次为 L 壳层、M 壳层、N 壳层、O 壳层等，依次类推。通常用量子数 n（n=1，2，3，…）代表壳层，并分别对应 K 壳层，L 壳层，M 壳层……。每个壳层最多可容纳 $2n^2$ 个电子。例如，K 壳层最多可容纳 2 个电子；L 壳层最多可容纳 8 个电子；M 壳层为 18 个电子……。除 K 壳层外的其他壳层又可分成若干的支壳层。支壳层的数目等于 $2l+1$ 个，其中 $l=n-1$，l 也是描述电子轨道的量子数。这样，对 L 壳层，$l=n-1=1$，就有 3 个支壳层；M 壳层、N 壳层就分别有 5 个和 7 个支壳层。通常用壳层符号及其右下标的罗马数字来表示支壳层。例如，L_{I} 表示 L 壳层的第一个支壳层，M_{II} 表示 M 壳层的第二个支壳层，并分别称为 L_{I} 壳层和 M_{II} 壳层。

处于不同壳层的电子具有不同的势能，通常用能级图来表示其大小。由于核带正电，电子带负电，当电子由无穷远处移动到靠近原子核的位置时电场力会做功，K 壳层的能级最低，或者说负得最多。在 K 壳层以上，依次为 L_{I}，L_{II}，L_{III}，M_{I}，M_{II}……。但在外壳层有些顺序会出现一些例外。

能级的能量大小等于该壳层电子的结合能。假如要使该壳层电子脱离核的束缚成为自由电子就需外界做功。结合能是负值，通常以 keV 为单位，K 壳层电子的结合能的绝对值最大。

图 1-1 是原子能级的一个典型例子，从图中可以看到相应的 K 壳层、L 壳层、M 壳层……能级及其支壳层能级，在图的右侧可见，用三个量子数 n、l、j 来描述不同的能级，其中 n、l 是与电子轨道运动相关的量子数，n=1，2，3，…，l 的取值范围为 l=0，1，2，…，n–1。而 j 是与电子的自旋运动相关的量子数，j 与 l 的关系是 $j=|l\pm1/2|$。量子数 n、l、j 的不同组合区别不同的支壳层。例如，M 壳层，n=3，l 的取值可以是 0、1 和 2。当 l=0 时，j 只能为 1/2；当 l=1 时，j 可以是 1/2 和 3/2；当 l=2 时，j 可以是 3/2 和 5/2。因此，M 壳层共有 5 个支壳层。每个支壳层最多可容纳 $2j+1$ 个电子。

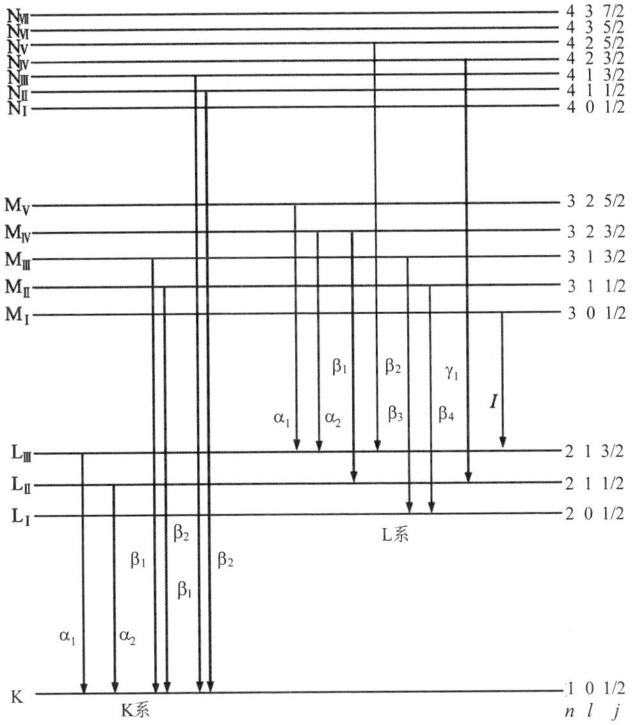

图 1-1　原子能级图和主要的 K 系和 L 系特征 X 射线

在正常状态下，电子先充满较低的能级，但当原子受到内在原因或外来因素的作用时，处在低能级的电子有可能被激发到较高的能级上（称为激发过程）；或电子被电离到原子的壳层之外（称为电离过程）。在这种情况下，在原来的低能级上会留下一个空位，更高能级上的电子就可以跃迁到这个空位，相应放出此两能级之差的能量，一般这部分能量主要以电磁辐射的形式发射一个光子。当电子跃迁发生在内壳层时，（如 K 层出现一个空位，L 层电子跃迁到 K 层），发射的光子能量较高，或者说对应的波长比较短。而且，不同元素的原子发射的 X 射线均具有特定的能量，所以，又通常称作特征 X 射线。其特征 X 射线的能量（或相应的波长）满足下面公式。

$$E_X = \frac{hc}{\lambda} = E_1 - E_2$$

式中，h 为普朗克常数，h=6.626 075 5×10^{-34} J • s；c 为光速，c=2.997 924 58×10^{10} cm/s；E_1、E_2 分别为跃迁前后的两个能级的能量。

特征 X 射线根据其产生的情况可以分为 K 系、L 系、M 系特征 X 射线，每系都含有若干能量不同的 X 射线。K 系特征 X 射线是由 K 壳层之外壳层的电子跃迁到 K 壳层空位时发射的特征 X 射线，主要的射线有 K_{α_1}、K_{α_2}、K_{β_1}、K_{β_2} 等。同样还有 L 系、M 系，等等。

但需说明，并不是所有较高能级的电子都可以向较低能级跃迁，而需满足一定的选择定则，在这里就不展开讨论了。通过对特征 X 射线的测量，可以确定某特定核素的存在和数量。

二、原子核的组成及其稳定性

1896 年，贝克勒尔发现了铀的放射现象，这是人类第一次在实验室里观察到原子核现象。他发现用黑纸包得很好的铀盐仍可以使照相底片感光，实验结果表明铀盐可以放射出能透过黑纸的射线。通常人们把这一重大发现看作核物理学的开端。随后，1898 年，居里夫妇（Curie P. & Curie M.）发现放射性元素钋和镭。1903 年，卢瑟福证实了 α 射线是带正电荷的氦原子核，β 射线是电子。1911 年进而提出原子的核式模型。1932 年，查德威克（Chadwick J.）发现了中子，随后海森堡（Heisenberg W.）立刻提出了原子核由质子和中子组成的假设。

1. 原子核的组成及其表示

目前人类已知的物质都是由 100 多种元素的原子组成的。原子是保持物质化学性质的最小粒子，但原子并不是物质组成的最基本的单位。核物理实验证明：原子有一个密实的核，它由质子和中子这两种基本粒子（统称为核子）组成，电子在离核不同距离的分立的轨道上运转。由于原子核所带的正电荷与核外电子所带的负电荷的绝对值相等，所以原子呈电中性。

核的主要特性之一是它的质量。中子和质子的质量相差甚微，它们的质量分别为

$$m_n=1.008\ 664\ 92\ \text{u}$$

$$m_p=1.007\ 276\ 46\ \text{u}$$

式中，u 为原子质量单位。1960 年国际上规定把 ^{12}C 原子质量的 1/12 定义为原子质量单位，用 u 表示：

$$1\,u = 1.660\,540\,2 \pm 0.000\,001\,0 \times 10^{-27}\ kg$$
$$= 931.494\,013\ MeV/c^2$$

中子为中性粒子，质子为带有单位正电荷的粒子。在提出原子核由中子和质子组成之后，任何一个原子核都可由符号 ${}^{A}_{Z}X_N$ 来表示。右下标 N 表示核内中子数，左下标 Z 表示核内质子数或称电荷数，左上标 A（$A=N+Z$）为核内的核子数，又称质量数。核素符号 X 与质子数 Z 具有唯一、确定的关系，如 ${}^{4}_{2}He$、${}^{16}_{8}O$、${}^{238}_{92}U$ 等。实际上，只要简写为 ${}^{A}X$，它已足以代表一个特定的核素，左下标 Z 往往可以省略。Z 在原子核中为质子数，在原子中则为原子序数。只要元素符号 X 相同，不同质量数的元素在周期表中的位置相同，就具有基本相同的化学性质。例如，${}^{235}U$ 和 ${}^{238}U$ 都是铀元素，两者只相差三个中子，它们的化学性质及一般物理性质几乎完全相同。但是，它们是两个完全不同的核素，它们的核性质完全不同。

以下先介绍表示原子核的一些常用术语。

1）核素（nuclide）

核素是指在其核内具有一定数目的中子和质子以及特定能态的一种原子核或原子。例如，${}^{208}_{86}Rn$ 和 ${}^{208}_{82}Pb$ 是独立的两种核素，它们有相同的质量数，而原子核内含有不同的质子数；${}^{60}_{27}Co$ 和 ${}^{60m}_{27}Co$ 也是独立的两种核素，它们的原子核内含有相同的质子数和中子数，但这两种核素所处的能态是不同的。

2）同位素（isotopes）和同位素丰度

具有相同原子序数（具有相同的质子数）、但质量数不同的核素称为某元素的同位素。同位是指该同位素的各核素在元素周期表中处于同一个位置，它们具有基本相同的化学性质。例如，氢同位素有三种核素：${}^{1}H$、${}^{2}H$、${}^{3}H$，分别取名为氢、氘、氚。某些元素，如锰、铍、氟、铝等在天然条件下，只存在一种核素，称为单一核素而不能说它们只有一种同位素。某元素中各同位素天然含量的原子数百分比称为同位素丰度。例如，天然存在的氧的同位素有三种核素：${}^{16}O$、${}^{17}O$、${}^{18}O$。它们的同位素丰度分别为 99.756%、0.039% 和 0.205%。

3）同质异能素（isomers）

寿命较长的激发态原子核称为基态原子核的同质异能素或同核异能素。它们的 A 和 Z 均相同，只是能量状态不同。一般在元素符号的左上角质量数 A 后加上字母 m 表示，这种核素的原子核一般处于较高能态，例如，${}^{87m}_{38}Sr$（锶）称为 ${}^{87}_{38}Sr$（锶）的同质异能素，其半衰期为 2.81/h。同质异能素所处的能态，又称同质异能态。它与一般的激发态在本质上并无区别，只是半衰期较长而已。

2．原子核的稳定性及核素图

根据原子核的稳定性，可以把核素分为稳定的核素和不稳定的放射性核素。原子核的稳定性与核内质子数和中子数之间的比例存在着密切的关系。

正如在化学和原子物理学中把元素按原子序数 Z 排成元素周期表一样，我们可以把核素排在一张核素图上。核素图与元素周期表的不同之处在于，除电荷数（核内质子数）Z 外，还必须考虑中子数 N。这样，核素图就必须是含有 $N-Z$ 的两维图，图 1-2 是核素图的一部分，核素图以 N 为横坐标、Z 为纵坐标（也可以反过来表示），然后让每一核素对号入座。图 1-2 中，每一格代表一个特定的核素。黑底或带有斜线条的核素为稳定核素，格中百分数为该核素的丰度。白底的核素为不稳定的放射性核素，格中 α、β^-、β^+表示该核素的衰变方式，箭头指向为衰变后的子核，时间表示半衰期的值。

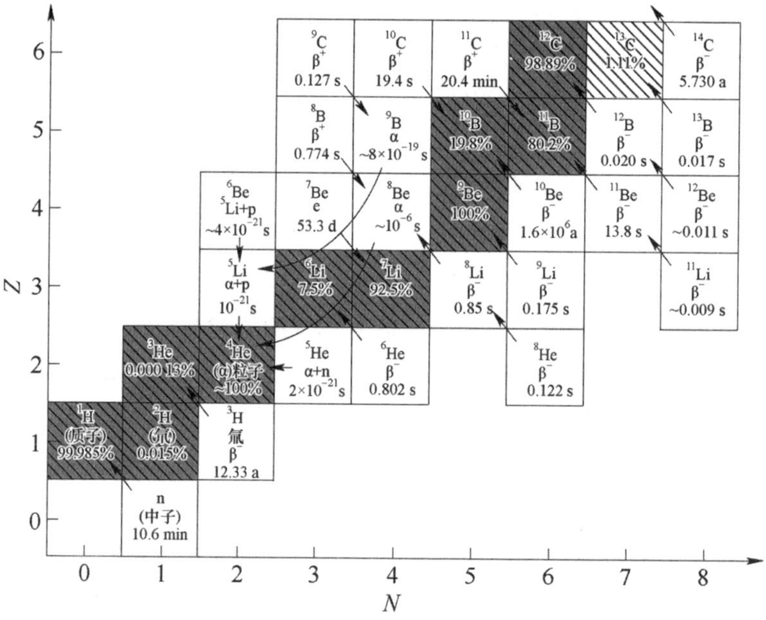

图 1-2　核素图（部分）

在现代的核素图上，既包括天然存在的 332 个核素（其中 270 多个是稳定核素），也包括自 1934 年以来人工制造的 1 600 多个放射性核素，一共约 2 000 个核素。

为了从核素图中得到更多的有关核稳定性的认识，有人绘制了 β 稳定核素分布图，如图 1-3 所示，图中横坐标为质子数 Z，纵坐标为中子数 N。在图 1-3 中，位于同一垂直线上（Z 相同）的所有核素是同位素；位于同一水平线上（N 相同）的所有核素是同中子异荷素；位于 N 轴截距和 Z 轴截距相等的直线上（A 相等）的所有核素是同量异位素。

由图 1-3 可以发现，稳定核素几乎全落在一条曲线上或紧靠曲线的两侧，我们把这条曲线称为β稳定曲线。由图 1-3 可见，对于轻核，稳定曲线与直线 $Z=N$ 相重合；当 N、Z 增大到一定数值之后，稳定线逐渐向 $N>Z$ 的方向偏离。在 Z 小于 20 时，核素的 N 与 Z 之比约为 1；Z 为中等数值时，约为 1.4；Z 等于 90 左右时，约为 1.6。相对于稳定曲线而言，中子数过多或偏少的核素都是不稳定的。位于稳定曲线上方的核素为丰中子核素，易发生 β^-衰变；位于稳定曲线下方的核素为缺中子核素，易发生 β^+衰变。

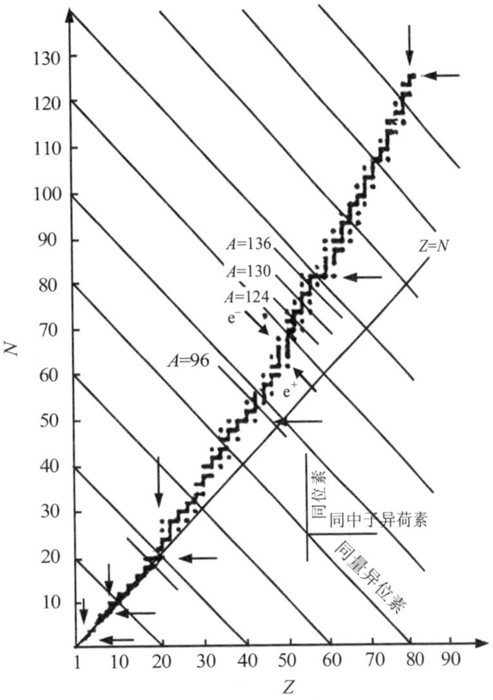

图 1-3　β稳定核素分布图

对于比较重的核素的β稳定曲线偏离 $Z=N$ 的原因可以作如下的定性解释。由于库仑力在质子之间是相互作用的长程排斥力，每个质子都受到核内其他所有质子的作用；而核力是核子间的短程吸引力，只作用于相邻的核子。随着 Z 的增加，库仑相互作用增长得比核力大得多，为使原子核保持稳定，必须靠中子数更多的增长来维持，一方面在质子间增加填充来减弱库仑力的排斥作用，另一方面核力的变化不大。因此，随着 Z（或 A）的增长，稳定核素的中子数相较于质子数越来越多，越来越大地偏离 $Z=N$ 直线。不过，当 Z 大到一定程度，稳定核素就不复存在，稳定核素区慢慢就终止了。

1966 年前后，理论预告在 $Z=114$ 附近，存在一个超重稳定元素“岛”。近 10 多年来，由于重离子加速器的大量建造，重离子核反应得以广泛实现，为验证这种理论提供了有效的工具。

原子核的稳定性还与核内质子数和中子数的奇偶性有关，自然界存在的稳定核素共 270 多种，若包括半衰期 10^9 年以上的核素则为 284 种，其中偶偶（e-e）核 166 种、偶奇（e-o）核 56 种、奇偶（o-e）核 53 种、奇奇（o-o）核 9 种。根据核内质子数和中子数的奇偶性，可以看出：偶偶核的稳定核最多，其次是偶奇核和奇偶核，而奇奇核的稳定核素最少。

事实表明，当原子核的中子数或质子数为 2、8、20、28、50、82 和中子数为 126 时，原子核特别稳定。我们把上述数目称为“幻数”。

三、原子核的大小

一个原子的线度约为 10^{-8} cm，根据卢瑟福用 α 粒子轰击原子的实验得知，原子核的线度远小于原子的线度。若想象原子核近似于球形，则就有原子核半径的概念。由于原子核的半径很小，需要通过各种间接的方法进行测量，由于所用方法的不同，测出的原子核半径的意义也不相同，有核力半径和电荷分布半径之分。但无论如何，用各种方法测出的结果是相近的。

历史上，最早研究原子核大小的是卢瑟福和查德威克（Chadwick J.），他们用质子或 α 粒子去轰击各种原子核。根据这一方法，发现轻原子核的半径遵从如下的规律：

$$R = r_0 A^{1/3}$$

根据当时的实验数据，$r_0 = 1.20$ fm。

其后，出现了许多其他更精确的测量方法。并依据所采用的方法，分别给出电荷分布半径或核力半径。总结不同的实验结果，原子核半径 R 与 $A^{1/3}$ 成正比，而其比例常数 r_0 的最近数据分别为（1.20±0.30）fm 和（1.40±0.10）fm，即

$$R = (1.20 \pm 0.30) A^{1/3}\ \text{fm}\ （电荷分布半径）$$

$$R = (1.40 \pm 0.10) A^{1/3}\ \text{fm}\ （核力半径）$$

这时，单位体积内的核子数 n 为

$$n = \frac{A}{V} = \frac{A}{\frac{4}{3}\pi R^3} = \frac{3}{4\pi r_0^3} \approx 10^{38}\,\text{cm}^{-3}$$

可见 n 为一个常数，表明只要核子结合成原子核，其密度都是相同的，这就形成核物质的概念。取一个核子的质量为 1.66×10^{-24} g 计算，则核物质密度为

$$\rho_{\text{N}} = n m_{\text{N}} \approx 1.66 \times 10^{14}\,\text{g/cm}^3$$

即在每立方厘米体积中核物质有 1.66 亿 t 重，可见核物质的密度大得惊人。

四、原子核的结合能

1. 质能联系定律

质量和能量都是物质同时具有的两个属性，任何具有一定质量的物体必须与一定的能量相联系。质量和能量的相互关系为

$$E = mc^2 \text{ 或 } m = \frac{E}{c^2}$$

此式称为质能关系式，也就是质能联系定律。式中，物体的能量 E 以 J（焦耳）为单位；物体的质量 m 以 kg 为单位；c 为真空中的光速。

$$c = 2.997\ 924\ 58 \times 10^8 \text{ m/s} \approx 3 \times 10^8 \text{ m/s}$$

由上式可得到与一个原子质量单位 u 相联系的能量为

$$E = \frac{1.660\,538\,73 \times 10^{-27}\,\text{kg} \times (2.997\,924\,58 \times 10^8)^2\,\text{m/s}}{1.602\,176\,462 \times 10^{-13}\,\text{J}} = 931.494\,013\,\text{MeV}$$

根据相对论的观点，物体质量的大小随着物体运动速度而变化。若物体静止时的质量为 m_0（称为物体的静止质量），则运动速度为 v 时该物体所具有的质量 m 为

$$m = m_0 \Big/ \sqrt{1-(v/c)^2}$$

当 $v \ll c$ 时，$m \approx m_0$。

$E = mc^2$ 中的能量包括两部分：一部分为物体的静止质能 $E_0 = m_0c^2$；另一部分为物体的动能 T，

$$T = E - E_0 = mc^2 - m_0c^2 = m_0c^2\left[1\Big/\sqrt{1-(v/c)^2} - 1\right]$$

在通常情况下，$v \ll c$，把 $\dfrac{1}{\sqrt{1-(v/c)^2}}$ 用级数展开，得到：

$$T = m_0c^2\left\{\left[1 + \frac{1}{2}\left(\frac{v}{c}\right)^2 + \frac{3}{8}\left(\frac{v}{c}\right)^4 + \cdots\right] - 1\right\} \approx \frac{1}{2}m_0v^2$$

这与经典力学所推出的结果是一致的。

对质能关系式两边取差分，得到：

$$\Delta E = \Delta mc^2$$

此式表明体系的质量变化必定与其能量的变化相联系，体系有质量的变化就一定伴随能量的变化。

2．原子核的质量亏损

原子核既然是由中子和质子所组成，那么原子核的质量似乎应该等于核内中子和质子的质量之和。实际情况却并非如此。举一个最简单的例子——氘核，氘是氢的同位素，氘（^2H）由一个中子和一个质子组成。

中子的质量为 $m_n = 1.008\,665\,\text{u}$，质子的质量为 $m_p = 1.007\,276\,\text{u}$，一个中子和一个质子

的质量和为

$$m_n + m_p = 2.015\,941\ \text{u}$$

而氘核的质量：$m(Z=1,\ A=2)=2.014\ 102\ \text{u}$。可见，氘核的质量小于组成它的质子和中子质量之和，两者之差为

$$\Delta m(1,2) = m_p + m_n - m(1,2) = 0.001\ 839\ \text{u}$$

推而广之，定义原子核的质量亏损为组成原子核的 Z 个质子和 $A-Z$ 个中子的质量之和与该原子核的质量之差，记作 $\Delta m(Z, A)$ 。

$$\Delta m(Z, A) = Zm_p + (A-Z)m_n - m(Z, A)$$

式中，$m(Z, A)$为电荷数为 Z、质量数为 A 的原子核的核质量。

在实际计算中，采用的是原子质量 $M(^1\text{H})$和 $M(Z, A)$。当用原子质量代替核质量时，由于 Z 个 ^1H 原子中的电子质量正好被 ^A_ZX 原子中 Z 个电子质量所抵消，上式表示为

$$\Delta m(Z, A) = ZM(^1\text{H}) + (A-Z)m_n - M(Z, A)$$

这样做是一种近似，忽略了电子在原子中的结合能的差别，这种近似是可以接受的。从原子核的质量亏损的定义可以明确地看出，所有的核都存在质量亏损，即 $\Delta m(Z, A)>0$ 。

3. 原子核的结合能

既然原子核的质量亏损 $\Delta m>0$ ，由质能关系式，那么相应能量的减少就是 $\Delta E = \Delta mc^2$ 。这表明核子结合成原子核时，会释放出能量。这个能量称为结合能。由此，Z 个质子和 $(A-Z)$ 个中子结合成原子核时的结合能 $B(Z, A)$ 为

$$B(Z, A) \equiv \Delta m(Z, A)c^2$$

将上式代入此式，得到：

$$B(Z, A) = \left[ZM(^1\text{H}) + (A-Z)m_n - M(Z, A)\right]c^2$$

一个中子和一个质子组成氘核时，会释放 2.225 MeV 的能量，这就是氘的结合能。它已为精确的实验测量所证明。实验还证实了它的逆过程：当有能量为 2.225 MeV 的光子照射氘核时，氘核将一分为二，飞出质子和中子。

其实，一个体系的质量小于组成体系的个别质量之和这一现象，在化学和原子物理学中也同样存在。分子的质量并不等于组成其的所有原子质量之和，原子的质量也不等于组成其的原子核的质量与电子质量之和；任何两个物体结合在一起，都会释放一定的能量。不过，结合能的概念在原子核物理学中要比原子、分子物理学中重要得多，而在高能物理学中更有其特别的意义。

4. 比结合能曲线

原子核的结合能 $B(Z,A)$ 除以质量数 A 所得的商，称为平均结合能或比结合能ε，即

$$\varepsilon(Z,A)=B(Z,A)/A$$

比结合能ε的单位是 MeV / Nu， Nu 代表每个核子。比结合能的物理意义为原子核拆散成自由核子时，外界对每个核子所做的最小的平均功。或者说，它表示核子结合成原子核时，平均一个核子所释放的能量。因此，ε 表征了原子核结合的松紧程度。ε 大，核结合得紧，稳定性高；ε 小，核结合得松，稳定性差。

图 1-4 是核素的比结合能曲线。它与核素图一样，是原子核物理学中十分重要的一张图。从图 1-4 中可见，比结合能曲线两头低、中间高，换句话说，中等质量的核素的 B/A 比轻核、重核都大。比结合能曲线在开始时有些起伏，逐渐光滑地达到极大值（8～9 MeV）后，又缓慢地变小。曲线的形状是中间高、两端低。这说明 A 为 50～150 的中等质量的核结合得比较紧密，很轻的核和很重的核（$A>200$）结合得比较松散。正是根据这样的比结合能曲线，物理学家预言了以下两类原子能利用的途径。

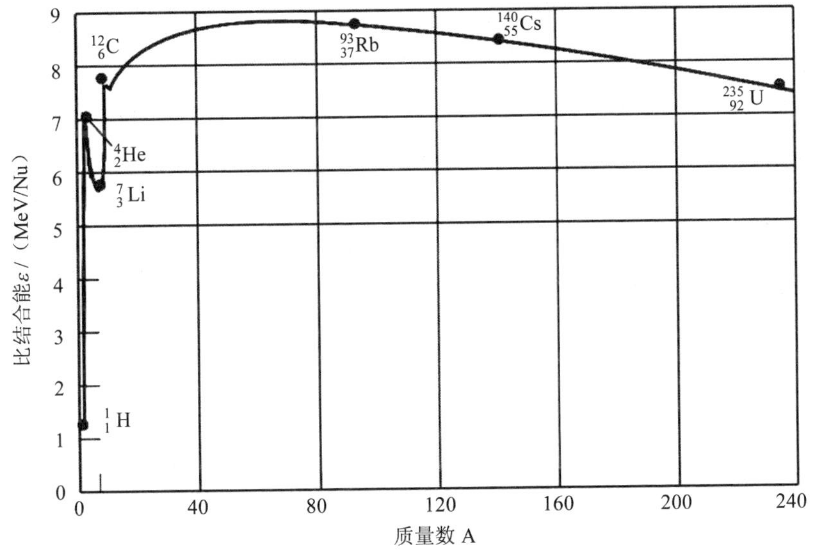

图 1-4 比结合能曲线

一种是重核的裂变。一个很重的核可以分裂成两个中等质量的原子核，ε 由小变大，而释放出核能，俗称原子能。例如，重核 ^{235}U 吸收一个中子而形成复合核 ^{236}U，并随即裂变成两个中等质量的碎片核，ε 由 7.6 MeV 增大到 8.5 MeV。一次裂变约释放出 200 MeV 的能量。这就是原子弹和反应堆内燃料核裂变能够释放出巨大能量的道理。

另一种是轻核的聚变。两个很轻的原子核聚合成一个重一些的核，ε 由小变大，也释放出核能来。例如，氘核和氚核聚合反应生成氦核，放出中子（$^{2}\text{H}+^{3}\text{H}\longrightarrow\ ^{4}\text{He}+\text{n}$），一次这样

的聚变反应放出 20 MeV 以上的核能。这就是氢弹和热核反应释放大量能量的基本原理。

第二节 原子核的放射性

如前所述，已经发现的天然存在的和人工生产的核素约 2 000 个，其中天然存在的核素约有 332 个，其余皆为人工制造的。天然存在的核素可分为两大类：一类是稳定的核素，如 ${}^{40}_{20}Ca$（钙）、${}^{209}_{83}Bi$（铋）等，约有 270 个；另一类是不稳定的核素。不稳定核素是指其原子核会自发地转变成另一种原子核或另一种状态，并伴随一些粒子或碎片的发射，又称为放射性原子核，如 ${}^{210}_{84}Po$（钋）（发射 α 粒子）、${}^{222}_{88}Ra$（镭）（发射 α 粒子、β 粒子）、${}^{198}_{79}Au$（金）（发射 β 粒子）。

在无外界影响下，原子核自发地发生转变的现象称为原子核的衰变，核衰变有多种形式，如 α 衰变、β 衰变、γ 衰变，还有自发裂变及发射中子、质子的蜕变过程。

现今对大量的放射性原子核进行各种测量，已积累了大量的资料。为了便于使用和查阅，已汇编成“衰变纲图”和同位素表。图 1-5 是一些核素的衰变纲图，图中用粗实线表示的能态为原子核基态，箭头向左表示原子序数 Z 减少，向右表示 Z 增加。箭头线上标示了放射粒子的类型及其动能或者动能最大值。图 1-5（a）是核素 ${}^{210}Po$（钋）的衰变纲图，${}^{210}Po$ 发生 α 衰变，发射了动能各为 4 524 keV 和 5 304.51 keV 的 α 粒子。图 1-5（b）是核素 ${}^{137}Cs$（铯）的衰变纲图，${}^{137}Cs$（铯）发生 β 衰变，发射了最大动能值各为 511.6 keV 和 1 173.2 keV 的 β^- 粒子，图中的 $I_\beta(\%)$ 代表这种 β 衰变所占的比例（又叫分支比）。${}^{206}_{82}Pb$（铅）和 ${}^{137}_{56}Ba$（钡）的激发态通过 γ 跃迁到基态，${}^{137}_{56}Ba$（钡）的激发态为同质异能态。能级右侧所示的能量为该能级相对于基态的能量间距。

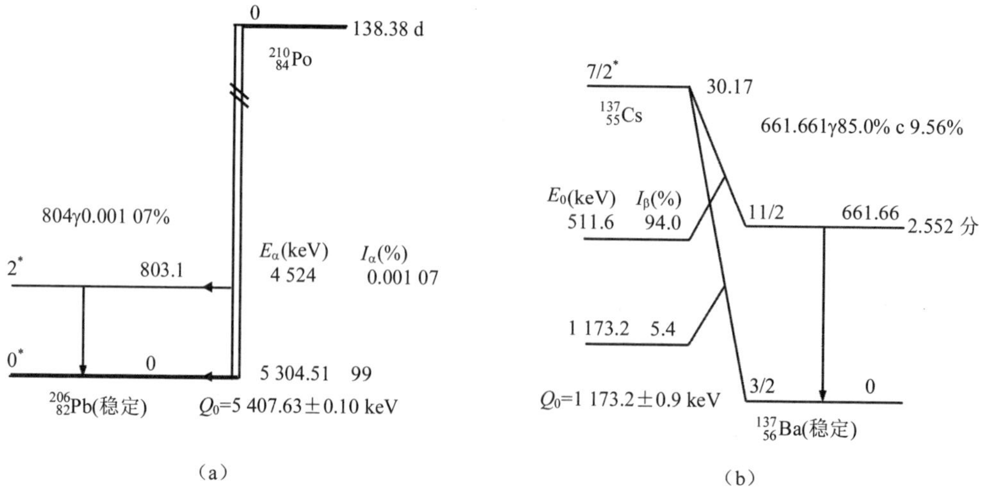

图 1-5 一些核素的衰变纲图

一、放射性衰变的基本规律

不稳定原子核会自发地发生衰变，放射出 α 粒子、β 粒子和 γ 光子等。本节仅讨论原子核放射性衰变的基本规律。

对一个放射源来说，包含有同一种核素的大量原子核，它们不会同时发生衰变，而是有先有后的，但我们不能预测某个原子核在哪个时刻将发生衰变。实际上，衰变是一个统计的过程，总的效果是随着时间的流逝，放射源中的放射性原子核数目按一定的规律减少。在此我们将讨论单一放射性的衰变规律。

1. 单一放射性的指数衰减规律

以 $^{222}_{86}Rn$（常称氡射气）的 α 衰变为例，实验发现，把一定量的氡射气单独存放，在大约 4 d 之后氡射气的数量减少一半，经过 8 d 减少到原来的 1/4，经过 12 d 减少到原来的 1/8，一个月后就不到原来的 1/100 了，衰变情况如图 1-6（a）所示。如果氡射气的数量以自然对数为纵坐标，衰变曲线将成为一条直线，如图 1-6（b）所示，并可得到线性方程：

$$\ln N(t) = -\lambda t + \ln N(0)$$

式中，$N(0)$和 $N(t)$分别为时间 t=0 和 t=t 时刻 $^{222}_{86}Rn$ 的核数；$-\lambda$为直线的斜率，λ是一个常数。将上式化为指数形式，则得

$$N(t) = N(0)e^{-\lambda t}$$

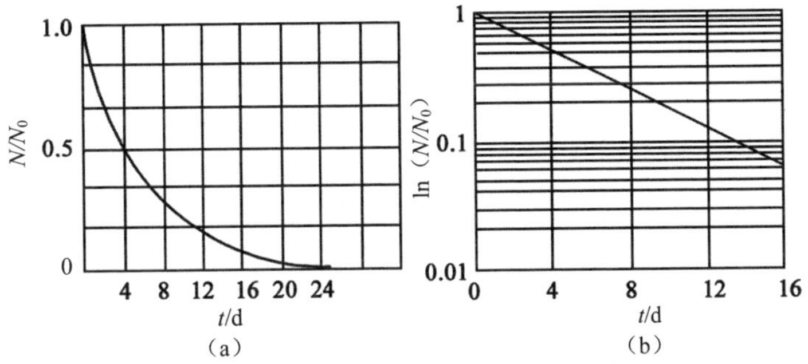

图 1-6　^{222}Rn 的衰变规律图

可见，氡的衰变服从指数衰减规律。实验表明，任何放射性物质在单独存在时都服从相同的规律。指数衰减规律不仅适用于单一放射性衰变，如单一的 α 衰变、β 衰变，而且适用于同时存在分支衰变的衰变过程。指数衰减规律是放射性核素衰变的普遍规律。但是对各种不同的核素来说，它们衰变的快慢可能各不相同，这反映在它们的衰变常数λ各不相同，所以衰变常数又反映了它们的个性。

应该指出，放射性指数衰减规律是一种统计规律，它是由大量的全同原子核参与衰变而得到的。对于单个原子核的衰变，只能说它具有一定的衰变概率λ，而不能确切地确定它何时发生衰变。

实验发现，用加压、加热、加电磁场、机械运动等物理或化学手段不能改变指数衰减规律，也不能改变其衰变常数λ。这表明，放射性衰变是由原子核内部运动规律所决定的。

2．衰变常数、半衰期和平均寿命

对放射性衰变的指数公式取微分得到

$$-\mathrm{d}N(t)=\lambda N(t)\mathrm{d}t$$

式中，$-\mathrm{d}N(t)$为原子核在t到$t+\mathrm{d}t$时间间隔内的衰变核数。由此可见，此衰变数正比于时间间隔$\mathrm{d}t$和t时刻的原子核数$N(t)$，其比例系数为λ。λ可表达为

$$\lambda=\frac{-\mathrm{d}N(t)/N(t)}{\mathrm{d}t}$$

显然，式中的分子$-\mathrm{d}N(t)/N(t)$表示一个原子核发生衰变的概率。λ就应该代表单位时间内一个原子核发生衰变的概率，称为衰变常数，其单位为时间的倒数，如s^{-1}、min^{-1}、h^{-1}、d^{-1}、a^{-1}等。衰变常数λ表征该放射性核素衰变的快慢，λ越大，衰变越快；λ越小，衰变越慢。实验指出，每种放射性核素都有确定的衰变常数，衰变常数λ的大小与这种核素如何形成的或何时形成的都无关。

如果一种核素同时有几种衰变模式，如图 1-5（b）中$^{137}\mathrm{Cs}$有两种β^-衰变，还有一些放射性同位素同时放射α粒子和β粒子等，则这核素的总衰变常数λ是各个分支衰变常数λ_i之和，即

$$\lambda=\sum_i\lambda_i$$

于是，可以定义分支比R_i为

$$R_i=\lambda_i/\lambda=\lambda_i\Big/\sum_i\lambda_i$$

可以看出，R_i是第i个分支衰变在总衰变中所占的比例。

除λ外，还有其他一些物理量，如半衰期$T_{1/2}$，也可用于表征放射性衰变的快慢。放射性核素衰变掉一半所需要的时间，叫作该放射性核素的半衰期，单位可采用 s、min、h、d、a 等。根据定义：

$$N(T_{1/2})=N(0)/2$$

用指数衰减律公式代入，可得

$$T_{1/2}=\ln 2/\lambda\approx 0.693/\lambda$$

由此可见，$T_{1/2}$与λ成反比，因此$T_{1/2}$越大，衰变越慢，而$T_{1/2}$越小则衰变越快。上式

也表示半衰期 $T_{1/2}$ 与何时作为时间起点是无关的，从任何时间开始算起这种原子核的数量减少一半的时间都是一样的。

还可以用平均寿命 τ 来量度衰变的快慢，原子核的平均寿命为衰变常数的倒数，τ 简称寿命。

$$\tau = \frac{1}{\lambda} = \frac{T_{1/2}}{0.693} = 1.44T_{1/2}$$

3．放射性的活度和单位

一个放射源的强弱不仅取决于放射性原子核数量的多少，还与这种核素的衰变常数有关。一个放射源在单位时间内发生衰变的原子核数称为它的放射性活度，通常用符号 A 表示。

如果一个放射源在 t 时刻含有 $N(t)$ 个放射性原子核，放射源核素的衰变常数为 λ，则这个放射源的放射性活度为

$$A(t) = -\frac{\mathrm{d}N(t)}{\mathrm{d}t} = \lambda N(t)$$

代入 $N(t)$ 的指数规律，得到

$$A(t) = \lambda N(t) = \lambda N_0 \mathrm{e}^{-\lambda t}$$

即

$$A(t) = A_0 \mathrm{e}^{-\lambda t}$$

这里 $A_0 = \lambda N_0$ 是放射源的初始放射性活度。由上式可见，一个放射源的放射性活度也是随时间指数衰减的。

历史上，放射性活度曾采用居里（Ci）为单位。1950 年，为了统一起见，国际上共同规定：一个放射源每秒钟有 3.7×10^{10} 次核衰变定义为一个居里，即

$$1\ \mathrm{Ci} = 3.7\times10^{10}/\mathrm{s}$$

更小的单位有毫居里（$1\ \mathrm{mCi}=10^{-3}\ \mathrm{Ci}$）和微居里（$1\ \mu\mathrm{Ci}=10^{-6}\ \mathrm{Ci}$）。

在 1975 年国际计量大会（General Conference on Weights and Measures）上，规定了放射性活度的 SI 单位为贝克勒尔（简称贝克），用符号 Bq 表示，即

$$1\ \mathrm{Bq} = 1/\mathrm{s}$$

显见，

$$1\ \mathrm{Ci} = 3.7\times10^{10}\ \mathrm{Bq}$$

应该指出，放射性活度仅仅是指单位时间内原子核衰变的数目，而不是指在衰变过程中放射出的粒子数目。有些原子核在发生一次衰变时可能放出多个粒子。

在实际工作中除放射性活度外，还经常用到“比放射性活度”或“比活度”的概念。

比放射性活度就是单位质量放射源的放射性活度，即

$$a = A/m$$

式中，m 为放射源的质量，比放射性活度的单位为 Bq/g。

衡量一个放射源或放射性样品放射性强弱的物理量，除放射性活度外，还常用“衰变率”这一概念。设 t 时刻放射性样品中，某一放射性核素的原子核数为 $N(t)$，该放射性核素的衰变常数为 λ，我们把这个放射源在单位时间内发生衰变的核的数目称为衰变率 $J(t)$，则

$$J(t) = \lambda N(t)$$

可见，放射性活度和衰变率具有相同的定义，是同一物理量的两种表述。前者多用于给出放射源或放射性样品的放射性活度，而后者则常作为描述衰变过程的物理量。

二、放射系

地球年龄约为 46 亿年。经过了如此长的地质年代之后，那些半衰期比较短的核素，现在都已衰变结束。目前还能存在于地球上的放射性核素都只能维系在三个处于长期平衡状态的放射系中。这些放射系的第一个核素的半衰期都很长，和地球的年龄相近或比它更长。如钍系的 $^{232}_{90}Th$（钍），半衰期为 1.41×10^{10} a；铀系的 $^{238}_{92}U$，半衰期为 4.47×10^{9} a；锕-铀系的 $^{235}_{92}U$，半衰期为 7.04×10^{8} a。虽然在三个放射系中的其他核素，在单独存在时，衰变都较快，但它们维系在长期平衡体系内时，都按第一个核素的半衰期衰变，因此可留存至今。

这三个放射系中的核素，主要是通过 α 衰变、β^-衰变和 γ 衰变而衰减的。经过这些一系列衰变，直到稳定核素为止。对于 α 衰变，质量数减少 4，电荷数减少 2，在元素周期表中将向前移动两个位置；对于 β^-衰变，质量数不变，而电荷数增加 1，在元素周期表中向后移一个位置；而对于 γ 衰变，质量数和电荷数都不变，因此在元素周期表中的位置不变。由此可见，通过 α 衰变、β^-衰变、γ 衰变而形成的放射系，其中各个核素之间，质量数只能差 4 的整数倍。现在具体讨论三个天然存在的放射系。

1. 钍系（4*n* 系）

钍系从 $^{232}_{90}Th$（钍）开始，经过连续 10 次衰变，最后到达稳定核素 $^{208}_{82}Pb$（铅）。由于 $^{232}_{90}Th$ 的质量数 A 为 232=4×58，是 4 的整倍数，故称 4*n* 系。

2. 铀系（4*n*+2 系）

铀系由 ^{238}U 开始，经过 14 次连续衰变而到达稳定核素 $^{206}_{82}Pb$（铅）。该系的核素，其质量数皆为 4*n*+2，故称 4*n*+2 系。

3. 锕-铀系（4*n*+3 系）

锕-铀系是从 $^{235}_{92}U$ 开始的，经过 11 次连续衰变，到达稳定核素 $^{207}_{82}Pb$（铅）。该系核素

的质量数可表示为 $4n+3$。

在天然存在的放射系中，缺少了 $4n+1$ 系。后来，通过人工方法才发现了这一放射系，以其中半衰期最长的 $^{237}_{93}Np$（镎）命名，称为镎系（$4n+1$ 系）。$^{237}_{93}Np$（镎）的半衰期为 2.14×10^6 a。

三、放射性衰变规律的一些应用

放射性核素的应用是相当广泛的，在农业、工业、医疗卫生等方面都有广泛的应用。这里我们仅举一些例子说明衰变规律的应用。

1. 确定放射源的活度

以单一放射源 $^{137}_{55}Cs$（铯）为例。10 年前，制备了质量 2×10^{-5} g 的 $^{137}_{55}Cs$（铯）源。计算一下，现在它的活度是多少？

$^{137}_{55}Cs$ 的原子量 A=136.907，所以 10 年前制备出来的 2×10^{-5} g 的 $^{137}_{55}Cs$ 相应的核数为

$$N(0)=\frac{N_A}{A}W=8.797\times10^{16}\text{ 个}$$

式中，$N_A\approx6.022\times10^{23}\,\text{mol}^{-1}$ 为阿伏伽德罗常数。^{137}Cs 的半衰期为 $T_{1/2}=30.23$ a，则衰变常数为

$$\lambda=0.693/T_{1/2}=0.022\,9\text{ a}^{-1}$$

根据衰变公式，到 $t=10$ a 时，^{137}Cs 的数目为

$$N(t)=N(0)e^{-\lambda t}=8.797\times10^{16}\times e^{-0.022\,9\times10}\approx7.00\times10^{16}\text{ 个}$$

放射性活度为

$$A(t)=\lambda N(t)=5.08\times10^{7}\,\text{Bq}$$

而 10 年前该放射源的活度为

$$A(0)=\lambda N(0)=6.39\times10^{7}\,\text{Bq}$$

所以，10 年后，^{137}Cs 源的放射性活度只减弱了约 1/5。

2. 确定放射性活度和制备时间

在人工制备放射源时，如果反应堆中的中子注量率或加速器中带电粒子束流强度是恒定的，则制备的人工放射性核素的产生率 P 是恒定的，而放射性核素在生成的同时又在不断衰变，则在 t 时刻的放射性核素的衰变率为 $\lambda N(t)$，因此放射性核素的变化率为

$$\frac{dN(t)}{dt}=P-\lambda N(t)$$

对热中子场的情况，产生率可表达为

$$P = N_T\sigma_0\phi$$

式中，N_T 为样品中被用于制备放射源的靶核的总数，而且认为在辐照过程中保持恒定；σ_0 为靶核的热中子截面；ϕ 为热中子的注量率。

由初始条件 $N(0)=0$，求解微分方程可得到照射时间为 t_0 时，靶物质中生成的放射性核数为

$$N(t_0) = \frac{N_T\sigma_0\phi}{\lambda}(1-\mathrm{e}^{-\lambda t_0}) = \frac{N_T\sigma_0\phi}{\lambda}\cdot S$$

式中，$S=1-\mathrm{e}^{-\lambda t_0}$ 称为饱和因子。此式表明生成的放射性核数呈指数增长，要使饱和因子达到 1，必须经过无限长的时间。但仅要达到较大的饱和因子还是比较快的。例如，要求放射性活度达到饱和活度的 99%，由上式得

$$S=1-\mathrm{e}^{-\lambda t_0}=0.99$$

则所需时间为

$$t_0 = T_{1/2}\frac{2\ln 10}{\ln 2}\approx 6.65T_{1/2}$$

可见，需要半衰期 $T_{1/2}$ 7 倍左右的时间，即可得到放射性活度为 A_0 的 99%的放射源。如果再延长时间，也只不过是增加其中的 1%而已，这是不合算的。

在实际应用中，常有需要用反应堆制备实验用放射源或样品的情况。若没有在事先进行必要的估算，则可能造成得到的放射源或样品的活度比实际需要的高几个数量级，大大超过预期，可能使操作过程中人员接受严重超标的剂量而形成放射性事故。

第三节 射线及其与物质相互作用

原子核物理学起源于放射性的研究，放射性同位素不断放出各种核辐射，人们通过辐射认识微观世界。核辐射给人类带来好处，同时给人们带来一定的威胁和危险。一个世纪以来，人们对核辐射给予了特别的关注。本节中将重点讲述核辐射的特性，射线与物质的相互作用，这些基础知识对核安全而言是非常重要的。

一、常用的核辐射类型及其特征

辐射的种类很多，能量范围也很宽，但一般说来，我们只关注能量在 10 eV 量级以上的辐射。这个能量下限是辐射或辐射与物质相互作用的次级产物能使空气等典型材料发生电离所需的最低能量。能量大于这个最低能值的辐射称作电离辐射（ionizing radiation）。慢中子（尤其是热中子）本身的能量可能低于上述能量下限，但由于由慢中子引发的核反应及核裂变产物具有相当大的能量，因而也归入这一范畴。辐射（radiation）又称射线（ray），本书主要涉及的是原子或原子核蜕变及核反应过程产生的辐射。

核辐射粒子就其荷电性质可以分为带电粒子和非带电粒子；就其质量而言，可以分为轻粒子和重粒子。主要的辐射有 α 射线、β 射线、γ 射线和中子辐射等。一些核辐射的静态性质列于表 1-1。

表 1-1　核辐射静态性质

类型	粒子	符号	电荷/e	静止质量 u	静止质量 MeV/c^2	稳定性
重带电粒子	质子	P（^1_1H）	+1	1.007	938.26	稳定
	氘	D（^2_1H）	+1	2.014	1 876.52	稳定
	氚	T（^3_1H）	+1	3.015	2 809.19	不稳定
	α 射线	α（^4_2He）	+2	4.002	3 728.81	稳定
电子	β^-射线	β^-（e^-）	−1	5.486×10^{-4}	0.511	稳定
	β^+射线	β^+（e^+）	+1	5.486×10^{-4}	0.511	不稳定
中性粒子	γ 射线	γ	0	0	0	稳定
	中子辐射	n	0	1.009	939.55	不稳定

1. α 射线

通常也称 α 粒子，它是氦的原子核，由两个质子和两个中子组成；核电荷数为+2，质量数为 4。α 粒子以符号 ^4_2He（氦）表示。天然的 α 粒子来源于较重原子核的自发衰变，叫作 α 衰变。

α 衰变的过程如下：

$$^A_ZX \longrightarrow {}^{A-4}_{Z-2}Y + {}^4_2He$$

式中，^A_ZX 为母核；$^{A-4}_{Z-2}Y$ 为子核。

2. β 射线

原子核发射出的 β 射线有两类：β^-射线和 β^+射线。

β^-射线就是通常的电子，带有一个单位的负电荷，以符号 e^-表示，负电子是稳定的。

β^+射线就是正电子，带有一个单位的正电荷，以符号 e^+表示。正电子是不稳定的，正电子与介质中的电子相遇时，将发生湮灭过程。两种电子静止质量是相同的，其质量约为质子质量的 1/1 846。

β 粒子来源于原子核的 β 衰变，β 衰变有三种类型：β^-衰变、β^+衰变和轨道电子俘获。β^-衰变、β^+衰变中发射的电子或正电子的能量是连续分布的，发出的电子的动能具有从 0 到某一最大值 $T_{\beta,\max}$ 之间的任意数值，图 1-7 表示了 β^-衰变中发射电子能量分布，某核素的电子的最大动能 $T_{\beta,\max}$ 是确定的。以 ^{32}P 而言，其 $T_{\beta,\max}=1.17\ \mathrm{MeV}$，$\beta^-$衰变的半衰期为 14.3 d，衰变过程如下

$$^{32}\mathrm{P} \longrightarrow {}^{32}\mathrm{S} + \mathrm{e}^- + \bar{\nu}$$

式中，^{32}P 为母核；^{32}S 为子核；e^- 为电子；$\bar{\nu}$ 为反中微子。

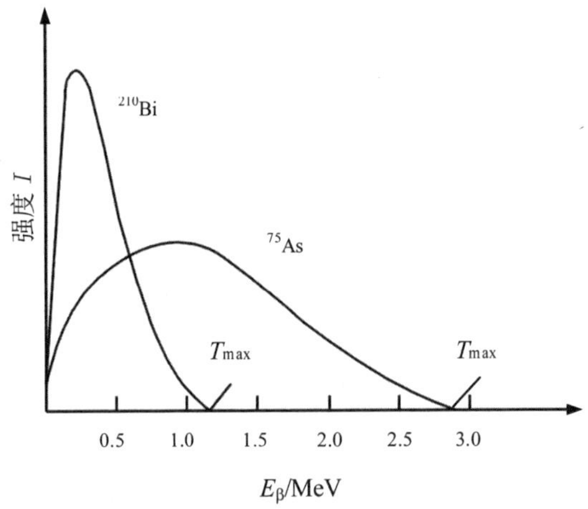

图 1-7　β 粒子能谱

3．X 射线和 γ 射线

X 射线和 γ 射线都是一定能量范围的电磁辐射，又称光子。光子静止质量为 0，不带电荷。单个光子的能量与辐射的频率 ν 成正比，即 $E=h\nu$，h 为普朗克常数。每一个光子的能量都是确定的，任何光子在真空中的速度都是相同的，即光速 c。X 射线和 γ 射线的区别是起源不同。X 射线来源于原子核外电子的跃迁，而 γ 射线来源于原子核高激发态向低激发态（或基态）的跃迁或粒子的湮灭辐射。例如，常用 γ 放射源 ^{137}Cs 和 ^{60}Co 都是由于母核发生 β^-衰变后，子核处于较高激发态能级，在向较低能态或基态跃迁时发出 γ 光子。^{137}Cs 的 γ 射线能量为 662 keV；^{60}Co 放出两个 γ 射线，其能量分别为 1.17 MeV 和 1.33 MeV。

4．中子

中子是原子核组成成分之一，它不带电荷，质量数为 1，比质子略重。自由中子是不稳定的，它可以自发地发生 β^-衰变，生成质子、电子和反中微子，衰变过程表示为

$$n \longrightarrow p + e^- + \bar{\nu}$$

中子半衰期为 10.6 min。中子在核科学的发展中起过极其重要的作用。由于中子不带电，当用它轰击原子核时容易进入原子核内部引起核反应。人们用核反应制造出了许多新的核素。随着中子活化分析、中子测水分、中子测井探矿、中子照相、中子辐射育种和中子治癌等技术的推广，对中子的应用范围也越趋广泛。

中子主要是通过核反应或原子核自发裂变而产生的，常用的中子源基本上有三种：①同位素中子源；②加速器中子源；③反应堆中子源。

在用中子源产生中子时往往伴有 γ 射线或 X 射线产生，有的可能比较强。因此，在应用和防护上不仅要考虑中子，而且要考虑 γ 射线或 X 射线。

二、射线与物质相互作用

从上述讨论可见，辐射可以分为带电粒子辐射和非带电粒子辐射。其中带电粒子通过物质时，在同物质原子中的电子和原子核发生碰撞进行能量的传递和交换，其中一种主要的作用是带电粒子直接使原子电离或激发，而非带电粒子则通过次级效应产生次级带电粒子使原子电离或激发。电离辐射同物质的作用过程和所产生的效应不仅是核科学本身深入发展和核技术广泛应用的基础，也是人们采取有效措施防护核辐射避免危害人体的基本依据。

1. 带电粒子与物质相互作用

1）带电粒子能量损失方式之一——电离损失

（1）电离与激发。任何快速运动的带电粒子通过物质时，由于入射粒子和靶原子核外电子之间库仑力作用，使电子受到吸引或排斥，使入射粒子损失部分能量，而电子获得一部分能量。如果传递给电子的能量足以使电子克服原子的束缚，那么这个电子就脱离原子成为自由电子；而靶原子由于失去一个电子而变成带一个单位正电荷的离子——正离子，这一过程称为电离。电离过程可以表示如下：

$$A \longrightarrow A^+ + e^-$$

式中，A 为原子；A^+为正离子；e^-为电子。

如果入射带电粒子传递给电子的能量较小，不足以使电子摆脱原子核的束缚成为自由电子，只是使电子从低能级状态跃迁到高能级状态（原子处于激发态），这种过程叫作原子的激发。处于激发态的原子是不稳定的；原子从激发态跃迁回到基态，这种过程叫作原子退激，释放出来的能量以光子形式发射出来。由于这一过程主要发生在原子的外层电子，退激发射的光子能量较小，处于光子波长较长的范围，从而发生受激原子的发光现象。

（2）电离能量损失率。带电粒子与物质原子中核外电子的非弹性碰撞，导致原子的电离或激发，这一过程是带电粒子通过物质时动能损失的主要方式。我们把这种相互作用引起的能量损失称为电离损失。

入射带电粒子在物质中穿过单位长度路程时由于电离、激发过程所损失的能量叫作电离能量损失率。电离能量损失率也常称为物质对带电粒子的阻止本领。它可表示为

$$S_e \equiv -(\mathrm{d}E/\mathrm{d}X)_e$$

式中，负号表示入射粒子能量随入射深度 X 增大而减小。

理论和实验表明，在非相对论条件下电离能量损失率有如下的变化关系：

$$\left(-\frac{\mathrm{d}E}{\mathrm{d}X}\right)_e \propto \frac{z^2}{v^2}NZ$$

式中，z 和 v 分别为入射带电粒子的电荷数和速度，N 和 Z 分别为介质原子密度和原子序数。由上式可知：电离能量损失率随入射粒子速度增加而减小，呈平方反比关系；电离能量损失率与入射粒子电荷数平方成正比，入射粒子电荷数越多，能量损失率就越大；电离能量损失率与介质的原子序数和原子密度的乘积成正比，高原子序数和高密度物质具有较大的阻止本领。

（3）平均电离能。每产生一个离子对所需的平均能量叫作平均电离能，以 W 表示。不同物质中的平均电离能是不同的，但不同能量的 α 粒子在同一物质中的平均电离能近似为一常数。例如，在空气中的 W 值等于 35 eV。由此，我们可以估算 α 粒子穿过空气层时所产生的离子对数目。例如，^{210}Po（钋）的 α 粒子能量为 5.3 MeV，在空气中能量全部耗尽所产生的离子对数目为 1.56×10^5 个。

2）带电粒子能量损失方式之二——辐射损失

由经典电磁理论可知，高速运动的带电粒子受到突然加速或减速会发射出具有连续能量的电磁辐射，通常称作轫致辐射，轫致辐射的能量最小值为 0，最大值为电子的最大动能。X 射线管和 X 光机产生的 X 射线就是轫致辐射。核辐射 β 粒子在通过介质时，由于受到原子核库仑场的作用，其运动速度大小和方向都发生了变化，表明有加速度存在，因此伴有轫致辐射产生，最大能量为 β 粒子的最大动能，这一过程如图 1-8 所示。

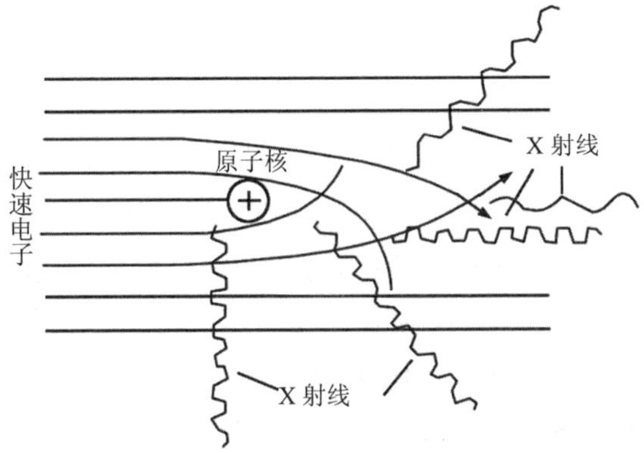

图 1-8 轫致辐射产生示意图

辐射能量损失率为

$$S_{rad} \equiv \left(-\frac{dE}{dX}\right)_{rad} \propto \frac{z^2Z^2}{m^2}NE$$

式中，Z 为吸收物质的原子序数；m 和 E 分别为入射带电粒子的质量和能量。

由此可知，电子的轫致辐射能量损失率比重带电粒子，如质子、α 粒子等大得多。例如，在能量相同的条件下，电子的轫致辐射是质子的 $1\,836^2 \approx 3.4\times10^6$ 倍。所以对重带电粒子的轫致辐射能量损失一般忽略不计。由于轫致辐射损失与 Z^2 成正比，因此，在原子序数大的物质（如铅，Z=82）中，其轫致辐射能量损失大于原子序数小的物质（如铝，Z=13）。

3）射程

一定能量的带电粒子在它入射方向所能穿透的最大距离叫作带电粒子在该物质中的射程；入射粒子在物质中行经的实际轨迹的长度称作路程。

对于重带电粒子（如 α 粒子），由于其质量大，与物质原子的核外电子作用时，运动方向几乎不变，因此，其射程与路程相近。5.3 MeV 的 α 粒子在标准状态空气中的平均射程 $\bar{R} \approx 3.84$ cm，同样能量的 α 粒子在生物肌肉组织中的射程为 30～40 μm，人体皮肤的角质层就可把它挡住。因而绝大多数 α 辐射源不存在外照射危害问题。但是当它进入体内，由于它的射程短和电离本领高，集中在辐射源附近组织发生损伤，所以要特别注意防止 α 粒子进入体内。

对于 β 粒子，其射程要比 α 粒子大得多。当 β 粒子通过物质时，由于电离碰撞、轫致辐射和散射等因素的影响，其径迹十分曲折，经历的路程远大于通过物质层的厚度。加上 β 粒子具有从零到某一确定最高值的连续能量。所以，β 粒子在该物质中的最大射程 R_{max} 是与 β 粒子的最大能量 E_{max} 相对应的。

4）正电子湮灭辐射

原子核 β^+衰变会有正电子产生。快速运动的正电子通过物质时，与负电子一样，主要通过电离损失与辐射损失而损失能量。能量相同的正电子和负电子在介质中的射程大体相同。但正电子是不稳定的，当正电子达到热化温度（电子动能为 0.025 eV）时，它在扩散过程中与介质中的电子发生的湮灭过程：

$$e^+ + e^- \longrightarrow \gamma(0.511\,\text{MeV}) + \gamma(0.511\,\text{MeV})$$

因此，快速运动的正电子通过介质时，除发生与电子相同的效应外，还会产生 0.511 MeV 的 γ 湮灭辐射，在防护上还要注意对 γ 射线的防护。

2. γ 射线与物质相互作用

能量在几十 keV 至几十 MeV 的 γ 射线通过物质时主要有光电效应、康普顿效应和电子对效应三种作用过程。这三种效应的发生都具有一定的概率。通常以截面 σ 表示作用概率的大小。若以 σ_{ph} 表示光电效应截面，σ_c 表示康普顿效应截面，σ_p 表示电子对效应截面，

则 γ 射线与物质作用的总截面

$$\sigma = \sigma_{ph} + \sigma_c + \sigma_p$$

1）光电效应

当 γ 光子通过物质时，与物质原子中束缚的电子发生作用，光子把全部能量转移给某个束缚电子，使其发射出去，而光子本身消失了，这个过程叫作光电效应。光电效应中发射出来的电子叫作光电子，这一过程如图 1-9 所示。在光电效应中，入射光子能量 $h\nu$，其中一部分用来克服被击中电子的结合能，另一部分转化为光电子动能；原子核反冲能量很小，可以忽略不计。根据能量守恒，光电子动能 E_e 为

$$E_e = h\nu - B_i \quad (i = K, L, M, \cdots)$$

式中，B_i 为物质原子中第 i 壳层电子的结合能；i 为电子壳层的名称。

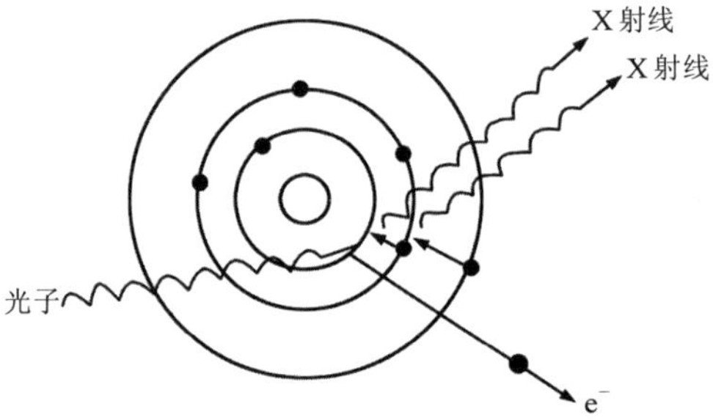

图 1-9　光电效应过程示意图

原子中束缚得越紧的电子参与光电效应的概率也越大，因此，K 壳层上打出光电子的概率最大，L 层次之，M 层、N 层更次之。如果入射光子能量超过 K 层电子结合能，则大约 80%的光电效应发生在 K 层电子上。

发生光电效应时，若从原子内壳层上打出电子，在此壳层上就留下空位，原子处于激发态。这种激发态是不稳定的，有两种退激方式：一种是外壳层电子向内层跃迁填充空位，发射特征 X 射线，使原子恢复到较低能量状态；另一种是原子的退激直接将能量传递给外壳层中某一电子，使它从原子中发射出来，这个电子称为俄歇电子。因此，发射光电子的同时，还伴随有特征 X 射线、俄歇电子的产生，这些粒子将继续与物质作用，转移它们的能量。

2）康普顿效应

入射 γ 光子同原子中外层电子发生碰撞，入射光子仅有一部分能量转移给电子，使它脱离原子成为反冲电子；而入射光子变成一个新的光子，叫作散射光子，散射光子能量小于入射光子，运动方向也发生改变，这一过程如图 1-10 所示。$h\nu$ 和 $h\nu'$ 分别为入射

光子和散射光子；θ 为散射光子和入射光子间的夹角，称作散射角；φ 为反冲电子的反冲角。

反冲电子具有一定动能，等于入射 γ 光子和散射光子能量之差，$E_e=hv-hv'$。散射光子能量 hv' 随散射角不同而变化，因而反冲电子能量 E_e 也呈一定分布。反冲电子在物质中会继续产生电离和激发等过程，对物质发生作用和影响；散射光子有的可能从物质中逃逸，有的在物质中再发生光电效应或康普顿效应等。最终一部分被物质吸收，另一部分逃逸出去。

3）电子对效应

当一定能量的 γ 光子进入物质时，γ 光子在原子核库仑场作用下会转化为一对正负电子，这一现象称作电子对效应，如图 1-11 所示。电子对效应发生是有条件的，在原子核库仑场中，只有当入射 γ 光子的能量 $E_\gamma=hv\geqslant1.02\ \text{MeV}$ 时才有可能。入射光子的能量首先用于转化为正负电子对的静止能量（0.51 MeV + 0.51 MeV = 1.02 MeV），剩下部分赋予正负电子的动能。根据能量守恒可得到如下关系：

$$hv=E_{e^+}+E_{e^-}+2m_0c^2$$

式中，E_{e^+} 和 E_{e^-} 分别为正、负电子的动能；m_0c^2 为电子的静止能量。

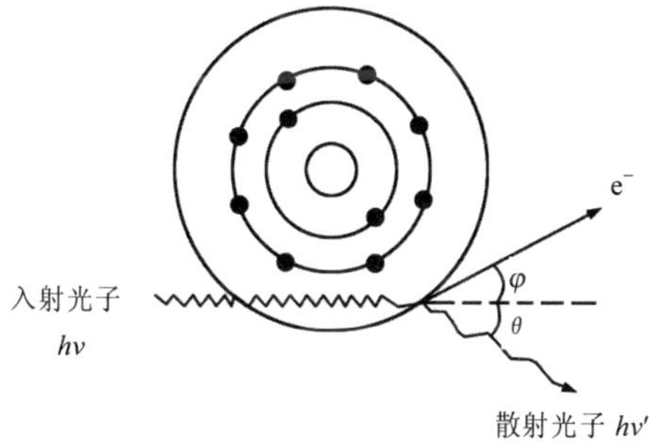

图 1-10　康普顿效应过程示意图

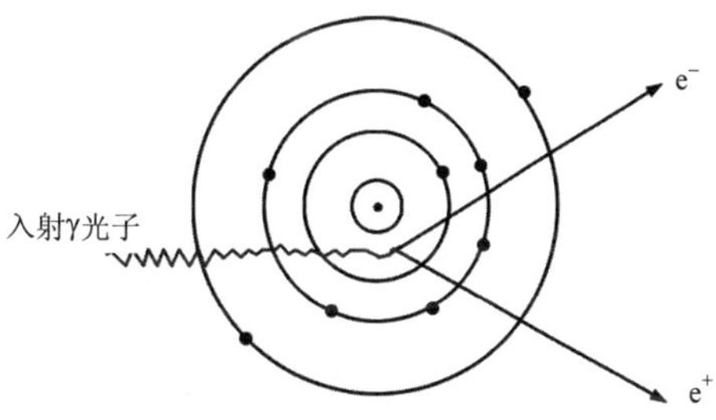

图 1-11　电子对生成效应示意图

4）γ 射线的吸收

由上面讨论可知，γ 射线进入物质主要通过光电效应、康普顿效应和电子对效应损失其能量。这些效应的发生使原来的 γ 光子或者不复存在，或者改变了能量成为新的光子，偏离了原来的入射方向。我们假定：入射的 γ 光子一旦同介质发生作用就从入射束中移去了，尤其在康普顿效应中，即使发生很小角度的散射，也要把散射光子排除出原来的入射束。只有没有同介质发生任何作用的 γ 光子才沿着原来的方向继续前进，这种情况称为 γ 射线窄束的衰减情况，称为“窄束”。

假设单能平行入射的窄束 γ 射线注量率为 I_0，垂直进入介质穿过厚度 x 物质层后的注量率为 I，当其继续穿过厚度为 $\mathrm{d}x$ 的物质层时，注量率将减少 $\mathrm{d}I$，这一过程如图 1-12 所示。

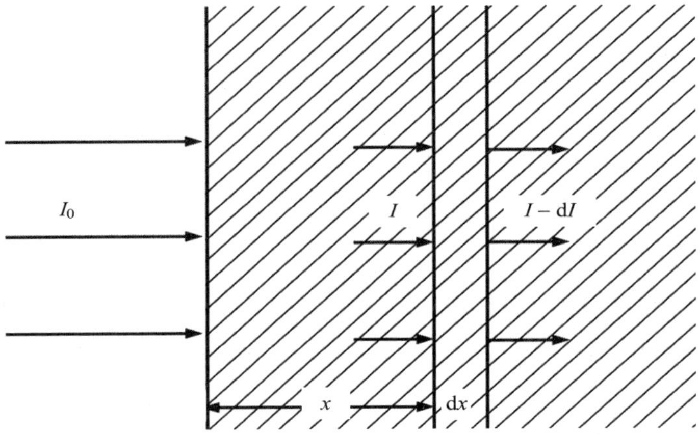

图 1-12　γ 射线通过物质被吸收示意图

对于无限小区间，$\mathrm{d}I$ 与光子在 x 处的注量率 I 和物质层厚度 $\mathrm{d}x$ 成正比，即

$$-\mathrm{d}I = \mu I \mathrm{d}x$$

式中，负号表示 γ 光子注量率随 x 增加而减少；μ 为比例系数。由初始条件 $x=0$，$I=I_0$，上式积分得

$$I = I_0 \mathrm{e}^{-\mu x}$$

由此可知，γ 射线穿过物质时其注量率随穿过的厚度 x 的增加而指数衰减。μ 称作线性吸收系数，其单位为 cm^{-1}，它表示 γ 射线穿过单位厚度物质时发生相互作用的概率（或被吸收的概率）。μ 与前面所述的作用截面 σ 的关系为

$$\mu = \sigma N$$

式中，N 为吸收物质的原子密度，即单位体积的原子数。与作用截面一样，线性吸收系数 μ 包含了光电效应、康普顿效应和电子对效应总的贡献。对一定的吸收物质，N 是常数，所以 μ 值与 γ 光子能量 $h\nu$ 和介质原子序数 Z 的关系与截面 σ 是一样的。但要注意两者在物理概念和单位上的差别。

3. 中子与物质相互作用

中子不带电，不能直接引起物质原子的电离或激发。但由于不受核外电子库仑场的影响，即使很低能量的中子也可深入原子核内部，与原子核作用发生弹性散射、非弹性散射或引起其他核反应。这些过程的发生导致中子在物质中被慢化和被吸收，并产生一些次级粒子，例如，反冲质子、γ 射线、α 粒子以及其他带电粒子等。这些粒子都具有一定的能量。它们继续同物质发生各自相应的作用，最终使物质原子发生电离和激发。因此，中子同物质相互作用也可称为一种电离辐射。

中子与原子核的作用分为两类：中子的散射——中子与原子核发生弹性散射与非弹性散射并产生反冲核；中子的俘获——中子被原子核俘获而形成复合核，再蜕变而产生其他次级粒子。

1）中子的散射

中子与靶核发生弹性散射，其中靶核没有发生状态变化，散射前、后中子与靶核的总动能守恒。当靶核为氢核且为对心碰撞时，氢核的动能 $T_H=T_n$，即中子把自己的动能全部转移给了氢核。

在非弹性散射中，中子部分能量被反冲核吸收，反冲核一般会处于激发态，这时不仅有中子出射，而且会发射 γ 射线。例如，中子与 C 原子核的非弹性散射会产生 4.43 MeV 的 γ 射线。在中子引起的其他核反冲中还会有质子和 α 粒子等发射出来，这些次级粒子在物质中通过电离效应损失其能量。

2）中子的俘获

中子进入原子核形成复合核后，而且往往处于激发态。处于激发态的复合核可能发射一个或多个光子，这一过程称为“辐射俘获”，例如：

$$^{1}\mathrm{H}+\mathrm{n}\longrightarrow {}^{2}\mathrm{H}+\gamma$$

也可能发射一个或多个粒子而回到基态，这一过程称为中子核反应。例如：

$$^{6}\mathrm{Li}+\mathrm{n}\longrightarrow {}^{3}\mathrm{H}+\alpha$$

有几种重原子核（如 ^{235}U），俘获一个中子后会分裂为两个或三个较轻的原子核，同时发出 2～3 个中子以及很大的能量（约 200 MeV），这就是裂变反应。

第四节 原子核反应

前面已描述了核的衰变过程，即不稳定核素在没有外界影响下自发地发生核蜕变的过程。本节将讨论核反应过程，即入射粒子（如中子、α 粒子、γ 光子等）与原子核之间的相互作用所引起的各种变化，入射粒子也可以是一个原子核。

一般情况下，核反应是由以一定能量的入射粒子轰击靶核的方式出现。入射粒子可以是质子、中子、光子、电子、各种介子以及原子核等。当入射粒子与核的距离接近到 10^{-15} m 时，两者之间的相互作用就会引起原子核的各种变化，因而，核反应是产生不稳定核的最重要的手段。

核反应实际上研究两类问题：一是研究在能量、动量等守恒的前提下，核反应能否发生；二是研究参加反应的各粒子间的相互作用机制并进而研究核反应发生概率的大小。

一、核反应的一般描述

1. 核反应与反应道

核反应可表示为

$$a + A \longrightarrow b + B$$

也常表示为 $A(a, b)B$。这里，我们分别用 a、A、b 和 B 代表入射粒子、靶核、出射粒子和剩余核。当入射粒子能量比较高时，出射粒子的数目可能是两个或两个以上，所以核反应的一般表达式为

$$A(a, b_1, b_2, b_3, \cdots)B$$

例如，能量为 30 MeV 和 40 MeV 的质子轰击靶核 ^{63}Cu 时，分别发生以下核反应：

$$\mathrm{p} + {}^{63}\mathrm{Cu} \longrightarrow {}^{62}\mathrm{Cu} + \mathrm{p} + \mathrm{n} \quad （质子能量为 T_\mathrm{P} = 30\ \mathrm{MeV}）$$

$$\mathrm{p} + {}^{63}\mathrm{Cu} \longrightarrow {}^{61}\mathrm{Cu} + \mathrm{p} + 2\mathrm{n} \quad （质子能量为 T_\mathrm{P} = 40\ \mathrm{MeV}）$$

这两个过程可以分别写成 ^{63}Cu(p, pn)^{62}Cu （铜）、^{63}Cu(p, p2n)^{61}Cu （铜）。

一个粒子与一个原子核的反应或两个原子核的反应往往不止一种，而可能有好几种。其中，每一种可能的反应过程称为一个反应道。反应前的过程称为入射道，反应后的过程称为出射道。一个入射道可以对应几个出射道。例如，用 2.5 MeV 的氘核轰击 ^{6}Li 靶时，可产生下列反应。对于同一出射道，也可以有几个入射道。如下所示：

$$ {}^6\mathrm{Li} + \mathrm{d} \longrightarrow \begin{cases} {}^4\mathrm{He} + \alpha \\ {}^7\mathrm{Li} + \mathrm{p}_1 \\ {}^7\mathrm{Li}^* + \mathrm{p}_2 \\ {}^6\mathrm{Li} + \mathrm{d} \\ \cdots \end{cases} \qquad \left.\begin{matrix} {}^6\mathrm{Li} + \mathrm{d} \\ {}^7\mathrm{Li} + \mathrm{p} \\ {}^7\mathrm{Be} + \mathrm{n} \end{matrix}\right\} \longrightarrow {}^4\mathrm{He} + \alpha $$

2. 核反应分类

对核反应可以从各种不同的角度对其分类。如按入射粒子的能量、出射粒子和入射粒子的种类等进行分类。

1）按出射粒子分类

（1）对出射粒子和入射粒子相同的核反应，即 $a = b$，称为散射。它又可以分为弹性散射和非弹性散射。弹性散射可以表示为

$$A(a, a)\,A$$

在此过程中反应物与生成物相同，散射前后体系的总动能不变，只是动能分配发生变化，原子核的内部能量不变，散射前后核一般都处于基态。

非弹性散射可以表示为

$$A(a, a')A^*$$

在此过程中反应物与生成物也相同，但散射前后体系的总动能不守恒，原子核的内部能量发生了变化，剩余核一般处于激发态。

例如，质子被碳核散射时，散射后的碳核仍处于基态时，这一反应就是弹性散射，表示为 $^{12}C(p,\ p)^{12}C$；当散射后的碳核处于激发态时，这一反应就是非弹性散射，表示为 $^{12}C(p, p')^{12}C^*$。

（2）出射粒子与入射粒子不同，即 b 不同于 a，这时剩余核不同于靶核，也就是一般意义上的核反应。这是我们讨论的重点。在这一类核反应中，当出射粒子为γ射线时，我们把这类核反应称为前面提及的辐射俘获，如 $^{59}Co(n,\gamma)^{60}Co$（钴）、$^{197}Au(p,\gamma)^{198}Hg$（汞）等反应。

2）按入射粒子分类

（1）中子核反应：中子与核作用时，由于不存在库仑势垒，能量很低的慢中子就能引起核反应，其中最重要的是热中子辐射俘获(n,γ)，很多重要的人工放射性核素就是使用(n, γ)反应制备的，如实验室常用的 ^{60}Co（钴）源。然而，核反应堆中著名的裂变核素的增殖反应：

$$^{238}U(n,\gamma)^{239}U \xrightarrow{\beta} {}^{239}Np \xrightarrow{\beta} {}^{239}Pu$$

则属于快中子辐射俘获。此外，慢中子还能引起(n, p)等反应。快中子引起的核反应主要有(n, p)、(n, α)、(n, 2n)等反应。

（2）荷电粒子核反应：

①质子引起的核反应，如(p, n)、(p, α)、(p, d)、(p, pn)、(p, 2n)、(p, p2n)以及(p, γ)等反应；

②氘核引起的核反应，如(d, n)、(d, p)、(d, α)、(d, 2n)、(d, αn)等反应；

③α 粒子引起的核反应，如(α, n)、(α, p)、(α, d)、(α, pn)、(α, 2n)、(α, 2pn)和(α, p2n)等反应；

④重离子引起的核反应，比α粒子重的离子称为重离子，如 $^{238}_{92}U(^{22}_{10}Ne, p3n)^{256}_{101}Md$，$^{246}_{96}Cm(^{12}_{6}C, 4n)^{254}_{102}No$ 等。质量 101 号至 107 号元素的合成都是通过重离子反应实现的。

（3）光核反应：由γ光子引起的反应，其中最常见的是(γ, n)反应。另外，还有(γ, p)、(γ, np)、(γ, 2n)、(γ, 2p)等反应。

此外，电子也能引起核反应。

也可以按入射粒子的能量来分类，入射粒子的能量，可以低到 1 eV 以下，也可以高到几百 GeV。在 100 MeV 以下的，称低能核反应；100 MeV～1 GeV 的称中能核反应；1 GeV 以上的，称为高能核反应。一般的原子核物理只涉及低能核反应。

二、核反应能及其阈能

核反应运动学研究在能量、动量等守恒的前提下，根据核反应能否发生或发生核反应的条件，可得到核反应的一些重要结论。

1. 反应能 Q

对反应式 $a+A\to b+B$，其反应物的静止质量分别为 m_a、m_A、m_b 和 m_B；相应动能 T_a、T_A、T_b 和 T_B。由能量守恒得到：

$$(m_a+m_A)c^2+(T_a+T_A)=(m_b+m_B)c^2+(T_b+T_B)$$

定义反应能为反应前后系统动能的变化量，即

$$Q=(T_b+T_B)-(T_a+T_A)$$

由上式得到

$$Q=(m_a+m_A)c^2-(m_b+m_B)c^2=\Delta m c^2$$

式中，Δm 为反应前后的质量亏损。同样，可以用相应粒子的原子质量表示反应能：

$$Q=(M_a+M_A)c^2-(M_b+M_B)c^2$$

可见，反应能 Q 应等于反应前后体系总质量之差（以能量为单位）。对 $Q>0$ 的核反应称为放能反应；对 $Q<0$ 的核反应称为吸能反应。仍以核反应 ${}^{14}_{7}\mathrm{N}(\alpha,\mathrm{p}){}^{17}_{8}\mathrm{O}$ 为例：

$$m(7,14)=14.003\,074\ \mathrm{u}\qquad m(1,1)=1.007\,825\ \mathrm{u}$$

$$m(2,4)=4.002\,603\ \mathrm{u}\qquad m(8,17)=16.999\,133\ \mathrm{u}$$

得到 $Q=-0.001\,281\ \mathrm{u}\cdot c^2=-1.193\ \mathrm{MeV}$，因此，此核反应为吸能反应。

由结合能的定义及质量数、电荷数守恒，可得到：

$$Q=(B_b+B_B)-(B_a+B_A)$$

式中，$B_i\,(i=b, B, a, A)$ 分别为相应反应物的结合能。

2. 核反应阈能 T_{th}

如前所述，核反应 ${}^{14}\mathrm{N}(\alpha,\mathrm{P}){}^{17}\mathrm{O}$ 为吸能反应，入射粒子动能 $T_\alpha=|Q|=1.193\ \mathrm{MeV}$ 时，是否就可发生核反应，结论是否定的。对吸能反应而言，能发生核反应的最小入射粒子动能 T_α 称为核反应阈能 T_{th}，T_{th} 的大小及与反应能 Q 的关系，就是我们进一步探讨的问题。

在核反应过程中，入射粒子 a 与靶核 A 构成一个系统。当 a 以一定的速度轰击 A 时，在实验室系（L 系，即坐标原点取在靶核上的参考系）看，反应前体系具有一定动量，根据动量守恒定律，反应后必定具有相等的动量。因此，不可能在 L 系中反应产物没有动能。也就是说，为了保持动量守恒，入射粒子的动能除了要供给被体系吸收的 $|Q|$ 值外，还要提供反应产物的动能。显然，T_a 必须超过 $|Q|$ 一定的数值才能发生吸能反应。这一问题借助于在质心坐标系（C 系）中讨论最为方便，即

$$T_a = \frac{m_a + m_A}{m_A}|Q|$$

通过推演，可以得到吸能核反应能发生核反应的最低入射粒子能量，即阈能 T_{th} 为

$$T_{\text{th}} = \frac{m_a + m_A}{m_A} \cdot |Q| = \frac{A_a + A_A}{A_A} \cdot |Q|$$

在核反应 $^{14}\text{N}(\alpha, \text{P})^{17}\text{O}$ 中，$T_{\text{th}} = \frac{4+14}{14} \times 1.193\ \text{MeV} = 1.53\ \text{MeV}$。

三、核反应截面和产额

当一定能量的入射粒子轰击靶核 A 时，在满足守恒定则的条件下，都有可能按一定的概率发生各种核反应。对核反应发生概率的研究，是反应的动力学问题。为了描述反应发生的概率，需引入反应截面的概念。

1．核反应截面

假定一单能粒子束垂直地投射到厚度为 x 的薄靶（靶厚 x 足够小）上，并假定粒子透过薄靶时能量不变。设靶内单位体积中的靶核数为 n，那么单位面积内的靶核数 $N_s=nx$。若入射粒子的强度，即单位时间的入射粒子数为 I，则单位时间内入射粒子与靶核发生核反应数 N 应与 I 和 N_s 成正比，引入比例常数 σ，则

$$N = \sigma I N_s$$

由上式可见，

$$\sigma = \frac{N}{IN_s} = \frac{\text{单位时间内发生的核反应数}}{\text{单位时间内的入射粒子数} \times \text{单位面积内的靶核数}}$$

σ 称为截面，其物理意义为：一个入射粒子入射到单位面积内只含有一个靶核的靶子上所发生反应的概率。从截面的定义可见，其量纲为面积。常用单位为“靶”，用 b 表示：

$$1\ \text{b} = 10^{-28}\ \text{m}^2 = 10^{-24}\ \text{cm}^2$$

还有毫靶（mb）和微靶（μb）。

对于一定的入射粒子和靶核，往往存在若干反应道，各反应道的截面，称为分截面σ_i，如$\sigma_1=\sigma(\mathrm{n,p})$，$\sigma_2=\sigma(\mathrm{n},\alpha)$，等等。各种分截面$\sigma_i$之和，称为总截面，记为$\sigma_t$，它与分截面的关系为

$$\sigma_t=\sum_i \sigma_i$$

它表示产生各种反应的总概率。

核反应中的各种截面均与入射粒子的能量有关，截面随入射粒子能量的变化关系称为激发函数，即$\sigma(E)-E$的函数关系。与此函数相应的曲线为激发曲线。反应$^2\mathrm{H(d,n)}^3\mathrm{He}$和$^3\mathrm{H(d,n)}^4\mathrm{He}$的激发曲线如图 1-13 所示。

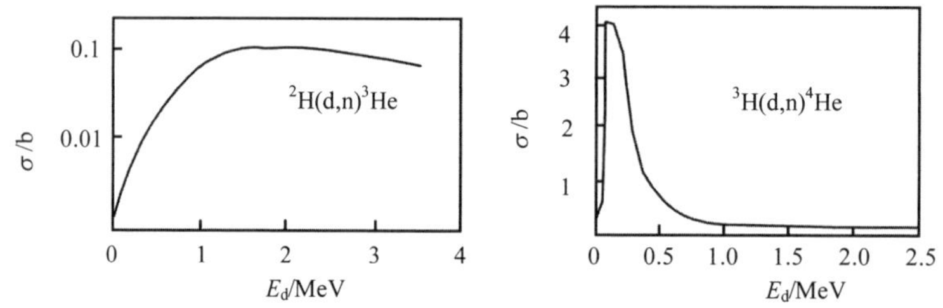

图 1-13 反应 $^2\mathrm{H(d, n)}^3\mathrm{He}$ 和 $^3\mathrm{H(d, n)}^4\mathrm{He}$ 的激发曲线

2．反应产额

已知截面即可求核反应的产额。入射粒子在靶体引起的核反应数与入射粒子数之比，称为核反应产额，其定义为

$$Y=\frac{N}{I_0}=\frac{\text{入射粒子在靶体上引起的核反应数}}{\text{入射粒子数}}$$

式中，Y与反应截面、靶的厚度、组成等有关。

以单能中子束为例，由于对单能中子而言，反应截面σ为常数。此时，反应产额

$$Y=\frac{N}{I_0}=\frac{I_0-I_D}{I_0}=1-\mathrm{e}^{-\sigma \mathrm{n} D}$$

对薄靶，即$D\ll 1/\mathrm{n}\sigma$，得到：

$$Y\approx\sigma \mathrm{n} D=N_\mathrm{s}\sigma$$

式中，N_s为靶体单位面积中的靶核数。对厚靶，满足$D\gg 1/\mathrm{n}\sigma$，此时，$Y\to 1$。

对入射带电粒子，当它通过靶体时不仅会发生核反应，还要通过电离损失而损失能量，因此，入射带电粒子在靶体不同深度处能量是不等的，而反应截面是入射粒子能量的函数，所以不同深度处的核反应截面是不同的。对薄靶的情况，入射粒子在靶体中的能量损失可以忽略，即$\sigma=\sigma(E_0)$，而且，发生反应的粒子数远小于入射粒子的强度，即

$I \approx I_0$，则

$$Y = n\sigma(E_0)\int_0^D dx = n\sigma(E_0)D = N_s\sigma(E_0)$$

与上式有相同的表达式。

当靶厚大于粒子在靶中的射程 $R(E_0)$，则产额

$$Y = n\int_0^{R(E_0)} \sigma(E)\,dx = n\int_0^{E_0} \frac{\sigma(E)dE}{\left(-\frac{dE}{dx}\right)_{ion}}$$

式中，$\left(-\frac{dE}{dx}\right)_{ion}$ 为带电粒子的电离损失。由此式可知，如果知道激发函数，则反应产额就可求了。

第五节 核裂变及核能的利用

发现中子后不久，费米（Fermi E.）等开始用中子照射包括铀在内的各种元素，发现了许多新的放射性产物。在中子轰击当时知道的最重的元素 $^{238}_{92}U$ 时，他们观察到至少有四种不同半衰期的 β^- 放射性物质。1938 年，哈恩（Hahn O.）和斯特拉斯曼（Strassman F.）用放射化学的方法发现，有三种 β^- 放射性物质能和钡一起沉淀。与此同时，依兰 • 居里 • 约里奥（Curie-Joliot I.）和萨维奇（Savitch L.）发现，中子照射过的铀靶中有一种 $T_{1/2} = 3.5$ h 的 β^- 放射性物质能和镧一起共沉淀。随后，哈恩和斯特拉斯曼对上述工作进行了复核，于 1939 年 1 月正式确认，中子束辐照铀靶的产物中，观察到了 Ba 和 La 的放射性同位素。迈特纳（Meitner L.）和福里施（Frisch O.）对上述实验事实进行了解释，指出铀核的稳定性很差，在俘获中子之后本身分裂为质量差别不很大的两个核，裂变（Fission）一词就是由他们提出来的。

1947 年，我国物理学家钱三强和何泽慧夫妇等发现了用中子轰击铀时的三分裂现象，即形成三块裂片，其中一块就是 α 粒子。三分裂的概率很小，约为 3×10^{-3}，我们在这里仅对二分裂的现象展开讨论。

裂变现象的发现，立刻引起人们极大的注意。这不仅是因为在裂变过程中释放出巨大的能量，而且在裂变过程中都伴随着中子的发射。这些中子将使裂变自动地继续下去，形成链式反应，从而使原子能的大规模利用成为可能。发现裂变到链式反应堆的建立，仅仅花了 4 年的时间，1942 年 12 月第一个铀堆在美国投入运行。

质量较小的核合成质量较大的核的过程称为核聚变。人们对受控核聚变虽然进行了多年研究，取得了一定的成就，但离实际应用还有一定的距离。

本节重点讨论核裂变及其有关问题。

一、自发裂变与诱发裂变

在没有外来粒子轰击下，原子核自行发生裂变的现象叫自发裂变；而在外来粒子轰击下，原子核才发生裂变的现象称为诱发裂变。

1. 自发裂变

自发裂变的一般表达式如下：

$$ {}^{A}_{Z}X \longrightarrow {}^{A_1}_{Z_1}Y_1 + {}^{A_2}_{Z_2}Y_2 $$

在自发裂变的母核与裂变产物间满足如下的关系：$A = A_1 + A_2$；$Z = Z_1 + Z_2$，即粒子数守恒。其中，A_1、A_2 和 Z_1、Z_2 分别为裂变产物的质量数和电荷数。

自发裂变能 $Q_{f,s}$，定义为两个裂变产物 $Y_1\ (Z_1, A_1)$ 和 $Y_2\ (Z_2, A_2)$ 的动能之和，即

$$ Q_{f,s} = T_{Y_1(Z_1,A_1)} + T_{Y_2(Z_2,A_2)} $$

由能量守恒可以导出：

$$ Q_{f,s} = M(Z,A)c^2 - \left[M(Z_1,A_1) + M(Z_2,A_2)\right]c^2 $$

和

$$ Q_{f,s} = B(Z_1,A_1) + B(Z_2,A_2) - B(Z,A) $$

式中，B 为结合能。

自发裂变发生的条件：$Q_{f,s} > 0$，即两裂变碎片的结合能大于裂变核的结合能。仔细研究比结合能曲线可以发现，对于不是很重的核，如 $A > 90$，就可满足此条件。

裂变碎片是很不稳定的原子核，一方面碎片处于较高的激发态，另一方面它们是远离 β 稳定线的丰中子核而发射中子，所以自发裂变核又是一种很强的中子源。超钚元素的某些核素，如 ^{244}Cm（锔）、^{249}Bk（锫）、^{252}Cf（锎）、^{255}Fm（镄）等具有自发裂变的性质，尤其以 ^{252}Cf 最为突出。1 g 的 ^{252}Cf 每秒可发射 2.31×10^{12} 个中子。

2. 诱发裂变

能发生自发裂变的核素不多，大量的裂变过程是诱发裂变，即当具有一定能量的某粒子 a 轰击靶核 A 时，形成的复合核发生裂变，其过程记为 $A(a, f_1)f_2$，其中 f_1、f_2 代表裂变后的裂变碎片，也可记为 $A(a, f)$，用 f 代表裂变后的裂变碎片。当形成复合核时，复合核一般处于激发态，其激发能 E^* 超过它的裂变位垒高度 E_b 时，那么核裂变就会立即发生。

诱发裂变中，中子诱发裂变是最重要的，也是研究最多的诱发裂变。这是由于中子与靶核没有库仑势垒，能量很低的中子就可以进入核内使其激发而发生裂变。裂变过程中又

有中子发射，可能形成链式反应，这也是中子诱发裂变受到关注的原因。以 $^{235}U(n,f)$ 反应为例，热中子（入射中子能量为 0.025 3 eV）即可引起诱发裂变：

$$n+{}^{235}U\longrightarrow{}^{236}U^*\longrightarrow Y_1+Y_2$$

这里，处于激发态的复合核 $^{236}U^*$ 是裂变核；Y_1、Y_2 代表两个初级裂变碎片（如 $^{139}_{56}Br$ 溴和 $^{97}_{36}Kr$ 氪），按其碎片质量的大小，称为重碎片和轻碎片，裂变碎片一般也处于激发态。

诱发裂变的一般表达式为

$$n+{}^{A}_{Z}X\longrightarrow{}^{A+1}_{Z}X^*\longrightarrow{}^{A_1}_{Z_1}Y+{}^{A_2}_{Z_2}Y$$

一般假定靶核是静止的，入射中子的动能为 T_n。

先看复合核的形成过程，此时由能量守恒可以得到如下关系：

$$T_n+\left[m_n+M(Z,A)\right]c^2=E^*+M(Z,A+1)c^2$$

对于复合核的形成过程的讨论，在核物理中经常采用液滴模型，也就是把原子核比作液滴。当入射粒子射入靶核后，它与周围核子发生强烈相互作用，经过多次碰撞，能量在核子之间传递，最后，达到了动态平衡。从而完成复合核的形成。复合核一般处于激发态，复合核的激发能等于入射粒子的相对运动动能 T'（在质心系的动能）和入射粒子与靶核的结合能之和，即

$$E^*=T+B_{n,X}=\frac{m_X}{m_n+m_x}T_n+B_{n,X}$$

式中，$B_{n,X}$ 为中子与靶核的结合能，T_n 为在实验室系中的入射中子的动能。根据复合核激发能和裂变势垒的相对大小，可以分为热中子核裂变和阈能核裂变两种情况讨论。

1）热中子核裂变

仍以 ^{235}U 为例，中子与 ^{235}U 核以一定的截面发生热中子反应，即

$$n+{}^{235}U\longrightarrow{}^{236}U^*\longrightarrow Y_1+Y_2$$

其中热中子动能 $E_n=0.025\,3\,\text{eV}\approx 0$，所以，复合核的激发能为

$$\begin{aligned}E^*&=B_{n,X}=\Delta({}^{235}U)+\Delta(n)-\Delta({}^{236}U)\\&=(40.916+8.071-42.442)\text{MeV}\\&=6.545\text{ MeV}\end{aligned}$$

它大于 ^{236}U 的裂变势垒（也称作裂变位垒）高度 $E_b=5.9\text{ MeV}$，所以，热中子即可诱发 ^{235}U 裂变。此外，^{233}U、^{239}Pu（钚）也能由热中子引起裂变，这些核称为易裂变核。

2）阈能核裂变

以 ^{238}U 为例：

$$n+{}^{238}U \longrightarrow {}^{239}U^* \longrightarrow Y_1+Y_2$$

若仍以热中子入射，则 ${}^{239}U^*$ 的激发能为

$$\begin{aligned}E^* &= \Delta({}^{238}U)+\Delta(n)-\Delta({}^{239}U)\\ &=(47.307+8.071-50.572)\text{MeV}\\ &=4.806\ \text{MeV}\end{aligned}$$

但 ${}^{239}U$ 的 $E_b=6.2$ MeV，这说明裂变核的激发能比其裂变势垒高度低，不容易发生裂变。但是如果入射的不是热中子，而是能量 $E_n \geqslant 1.4$ MeV 的快中子时，则 ${}^{239}U^*$ 的能量状态将提高到势垒顶部，就可以立即产生裂变。因此，$E_n=1.4$ MeV 就是 ${}^{238}U$ 产生诱发裂变的阈能。除 ${}^{238}U$ 外，还有 ${}^{232}Th$（钍）等，这些热中子不能诱发裂变的核称为不易裂变核。

二、裂变后现象

裂变后现象是指裂变碎片的各种性质及其随后的衰变过程及产物，如碎片的质量、能量、释放的中子、γ 射线等。

裂变产生的两个碎片可能有多种组合方式。例如，热中子引起的 ${}^{235}U$ 核裂变，可分裂为 ${}^{144}Ba$（钡）和 ${}^{99}Kr$（氪），也可分裂为 ${}^{140}Xe$（氙）和 ${}^{94}Sr$（锶），以及其他多种组合。上述两种裂变过程可表示为

$$n+{}^{235}U \longrightarrow {}^{236}U^* \longrightarrow {}^{144}Ba+{}^{89}Kr+3n$$

$$n+{}^{235}U \longrightarrow {}^{236}U^* \longrightarrow {}^{140}Xe+{}^{94}Sr+2n$$

原子核裂变后产生两个质量不同的碎片，它们受到库仑力排斥而飞离出去，使得裂变释放的能量大部分转化成碎片的动能，这两个碎片称为初级碎片。初级碎片是很不稳定的原子核，这一方面是由于碎片具有很高的激发能，另一方面它们是远离 β 稳定线的丰中子核。因而，初级碎片会直接发射中子（通常发射 1～3 个中子），发射中子后，仍处于激发态的碎片进一步发射 γ 光子而退激。在上述过程中发射的中子和 γ 光子是在裂变后小于 10^{-16} s 的短时间内完成的，所以称为瞬发裂变中子和瞬发 γ 光子。

发射中子后的碎片称为次级碎片或称裂变的初级产物。初级产物仍是丰中子核，经过多次 β 衰变，最后转变成为稳定的核素。对不同的裂变核就会有不同的 β 衰变链，例如，著名的 $A=140$ 重碎片的 β 衰变链：

$${}^{140}Xe \xrightarrow{\beta^-,16\,s} {}^{140}Cs \xrightarrow{\beta^-,66\,s} {}^{140}Ba \xrightarrow{\beta^-,12.8\,d} {}^{140}La \xrightarrow{\beta^-,40\,h} {}^{140}Ce \ \text{（稳定）}$$

在发现 β 放射性的同时有钡、镧的沉淀物，对这个衰变链的研究，导致了发现核裂变的现象。轻碎片中 A=99 的 β 衰变链：

$$^{99}Nb \xrightarrow{\beta^-,2.4\ min} {}^{99}Mo \xrightarrow{\beta^-,67\ h} {}^{99}Tc \xrightarrow{\beta^-,2.12\times10^5\ a} {}^{99}Ru \text{（稳定）}$$

β^- 衰变的半衰期一般是大于 10^{-2} s。相对于瞬发裂变中子和 γ 射线，这是慢过程。在连续 β 衰变过程中，有些核素可能具有较高的激发能，当激发能超过中子结合能，就有可能发射中子，这时发射的中子在时间上受 β^- 衰变过程的制约，所以称为缓发中子。缓发裂变中子的产额占裂变中子数的 1%左右。当然连续 β 衰变过程中各核素也仍会继续发射 γ 射线。裂变后的过程如图 1-14 所示。

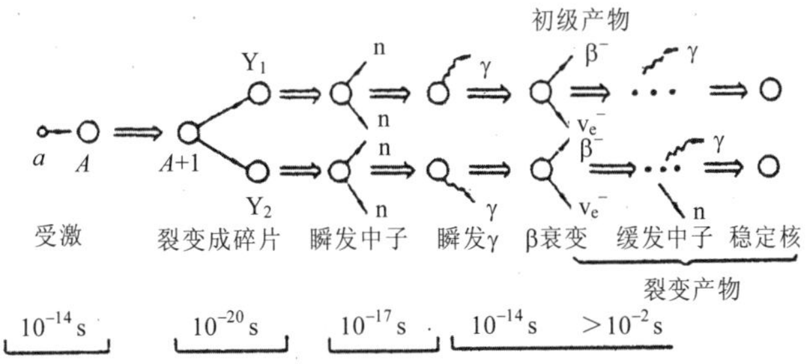

图 1-14　诱发裂变及裂变后过程的示意图

1. 裂变碎片的质量分布

裂变碎片的质量分布，又称裂变碎片按质量分布的产额，具有一定的规律性。发射中子前和发射中子后的碎片的质量分布有些差异，但基本特征是相同的。

在二分裂情况下，碎片 Y_1、Y_2 的质量 A_{Y_1}、A_{Y_2} 的分布有两种情况：对 $Z\leqslant84$（如 $_{84}Po$）和 $Z\geqslant100$（如 $_{100}Fm$、$_{101}Md$ 等）的核素，$A_{Y_1}=A_{Y_2}$ 的对称分布的概率最大，被称为对称裂变；对于 $90\leqslant Z\leqslant98$（$_{90}Th$～$_{98}Cf$）的核素其自发裂变和低激发能诱发裂变的碎片质量分布是非对称的，称为非对称裂变，随激发能的提高，非对称裂变向对称裂变过渡。

图 1-15 给出了热中子诱发的 ^{235}U 裂变产生的碎片质量分布，这是一个典型的非对称分布。重碎片的质量数的峰 $A_H\approx140$，而轻碎片峰值在 $A_L\approx96$，有 $A_H+A_L\approx236$，即为裂变核 ^{236}U 的质量数。具有这样性质的 A_H、A_L，便称它们是互补的。

对于质量数在 228～255 的锕系元素，如 ^{233}U、^{239}Pu、^{252}Cf 的非对称裂变后的碎片质量作了系统的分析，其中重碎片质量均为 $A_H\approx140$，而且，A_H 和 A_L 互补，这说明 $A_H=140$ 的核特别容易形成。

图 1-16 表示了轻重碎片平均相对分子质量随裂变核相对分子质量的变化，图中显示了重碎片的质量平均数在 $A_H\approx140$ 几乎不变，而轻碎片的则随裂变核而改变。

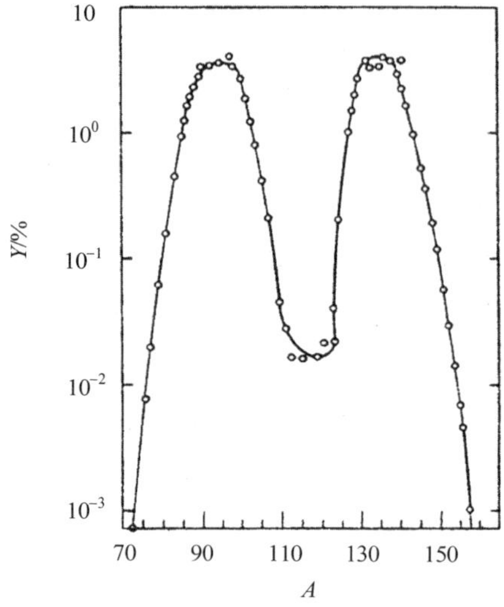

图 1-15　热中子诱发的 ^{235}U 裂变产生的碎片质量分布

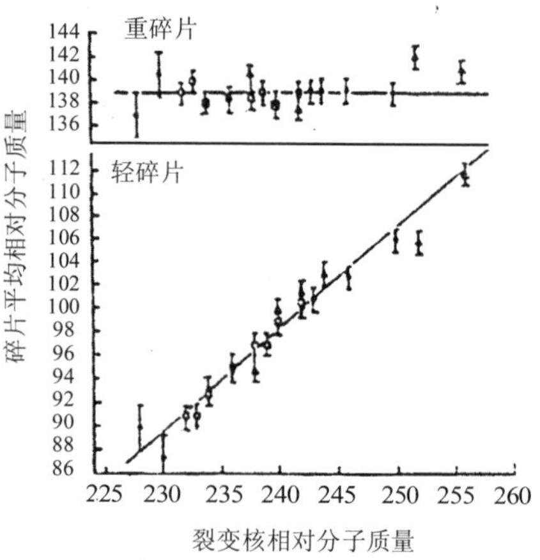

图 1-16　轻重碎片平均相对分子质量随裂变核相对分子质量的变化

2．裂变能及其分配

根据能量守恒定律，重核发生二分裂的裂变能可以表示为

$$Q_f=\Delta Mc^2=[M^*(Z_0, A_0)-M(Z_1, A_1)-M(Z_2, A_2)-v m_n]c^2$$

式中，$M^*(Z_0, A_0)$为激发态复合核的原子质量；$M(Z_1, A_1)$、$M(Z_2, A_2)$为发射中子后的碎片经β衰变而形成的两个稳定核的原子质量；v 为裂变中发射的中子数。以 ^{235}U 热中子诱发裂变的一种裂变道为例，其最终形成的稳定核表示裂变产物为

$$n+{}^{235}U \longrightarrow {}^{236}U^* \longrightarrow {}^{140}Xe+{}^{94}Sr+2n \longrightarrow {}^{140}Ce+{}^{94}Zr+2n$$

由核素表查得各核素的原子质量，代入计算得到裂变能 Q_f=208 MeV。

这些能量大部分由裂变碎片带走，在表 1-2 中给出了慢中子诱发的 ^{235}U 和 ^{239}Pu 的裂变能量分配表，表中的数值均为平均值。

表 1-2　慢中子诱发裂变每次裂变的能量分配　　单位：MeV

靶核	^{235}U	^{239}Pu
轻碎片	99.8	101.8
重碎片	68.4	73.8
裂变中子	4.8	5.8
瞬发γ	7.5	7
裂变产物β	7.8	8

靶核	^{235}U	^{239}Pu
裂变产物γ	6.8	6.2
中微子（测不到）	（12）	（12）
可探测总能量	195	202

3. 裂变中子

裂变中子包含瞬发中子和缓发中子两部分，缓发中子约占总数的1%。瞬发中子的能谱 $N(E)$和每次裂变放出的平均中子数$\bar{\nu}$是重要的物理量。实验结果显示，瞬发中子谱 $N(E)$可用麦克斯韦分布来表示：

$$N(E) \propto \sqrt{E}\exp(-E/T_M)$$

式中，T_M称为麦克斯韦温度。由此可计算出裂变中子平均能量

$$\bar{E} = \frac{\int_0^\infty EN(E)\mathrm{d}E}{\int_0^\infty N(E)\mathrm{d}E} = \frac{3}{2}T_M$$

图 1-17 给出了 ^{235}U 热中子诱发裂变中子能谱的实验值，曲线是用麦克斯韦分布拟合的。

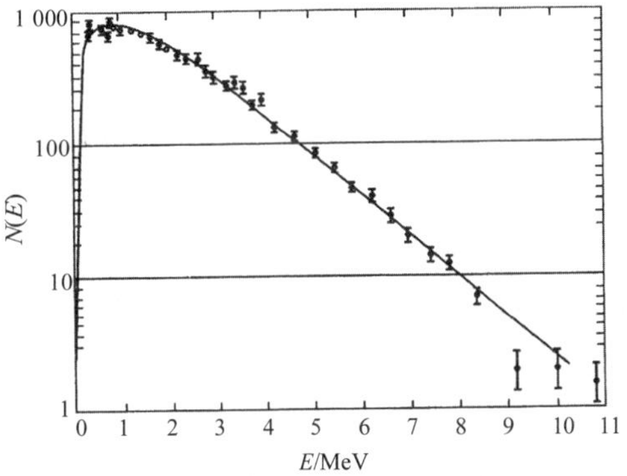

图 1-17　^{235}U 热中子诱发裂变中子能谱

^{252}Cf 自发裂变（sf）的裂变中子能谱和 ^{235}U 热中子诱发裂变中子能谱常服从相同的规律，并作为标准的裂变中子能谱，它们的麦克斯韦温度和裂变中子平均能量分别为

$$^{252}\mathrm{Cf(sf)}: T = 1.453 \pm 0.017\ \mathrm{MeV}, \qquad \bar{E} = 2.179 \pm 0.025\ \mathrm{MeV}$$

$$^{235}\mathrm{U+n}: T = 1.319 \pm 0.019\ \mathrm{MeV}, \qquad \bar{E} = 1.979 \pm 0.029\ \mathrm{MeV}$$

裂变中子平均能量$\bar{E}$和每次裂变放出的平均中子数$\bar{\nu}$有一定关系，可由蒸发模型得出

半经验公式如下：

$$\overline{E} = A + B\sqrt{\overline{\nu} + 1}$$

式中，A 和 B 由实验确定，其值为 A=0.75，B=0.65。每次裂变放出的平均中子数$\overline{\nu}$应由瞬发中子数$\overline{\nu}_{\mathrm{p}}$和缓发中子数$\overline{\nu}_{\mathrm{d}}$两部分组成，

$$\overline{\nu} = \overline{\nu}_{\mathrm{p}} + \overline{\nu}_{\mathrm{d}}$$

$\overline{\nu}$值是用实验测量的值按$^{252}\mathrm{Cf}$自发裂变的$\overline{\nu} = 2.764$进行归一化，可得出下列核燃料形成的裂变核的$\overline{\nu}$值

$$^{234}\mathrm{U}: 2.478 \pm 0.007\text{；}\quad ^{236}\mathrm{U}: 2.405 \pm 0.005\text{；}\quad ^{240}\mathrm{Pu}: 2.884 \pm 0.007$$

缓发中子产生于裂变碎片的某些β^-衰变链中，缓发中子的半衰期就是中子发射体的β^-衰变母核的β^-衰变的半衰期。例如，轻碎片 A=87 的β^-衰变链中，$^{87}\mathrm{Br}$（溴）经β^-衰变到$^{87}\mathrm{Kr}$（氪），$^{87}\mathrm{Kr}$的一个激发态可以发射中子，中子发射的半衰期就是$^{87}\mathrm{Br}$的β衰变半衰期 55 s。缓发中子的发射在反应堆的运行控制中是十分重要的。

4．衰变热

反应堆中能量的来源为裂变碎片和裂变中子的动能和裂变产物的放射性衰变。

反应堆停堆后，虽然瞬发中子消失了，但仍有能量继续产生出来（这时的功率称剩余功率），这是因为缓发中子的存在，仍能使易裂变核发生裂变，从而有能量释放出来；以及由于裂变产物不断地发生放射性衰变（β 和 γ），也释放出能量。

由于 $^{235}\mathrm{U}$ 裂变所释放的缓发中子的先驱核的半衰期很短，最长的在 1 min 左右，所以停堆几分钟以后，这部分的能量对剩余功率的贡献甚微，主要由裂变产物的放射性衰变对剩余功率作贡献。这部分的能量释放常称为衰变热。

由于剩余功率的存在，停堆后的一段时间内，反应堆的冷却系统必须继续工作，把这部分热量及时导出，以保证反应堆的安全。

在停堆后极短时间（0.1 s）之内，瞬发中子引起的裂变功率对剩余功率是主要贡献；停堆后 1～30 s 期间缓发中子引起的裂变功率对剩余功率是主要贡献；停堆 1 min 以后裂变产物和俘获产物的衰变功率是对剩余功率主要贡献者。该衰变功率随时间近似地按指数规律衰减。

附录Ⅰ：元素符号

原子序数	元素符号	元素英文名称	元素汉语名称	元素中文拼音
1	H	Hydrogen	氢	qīng
2	He	Helium	氦	hài
3	Li	Lithium	锂	lǐ
4	Be	Beryllium	铍	pí
5	B	Boron	硼	péng
6	C	Carbon	碳	tàn
7	N	Nitrogen	氮	dàn
8	O	Oxygen	氧	yǎng
9	F	Fluorine	氟	fú
10	Ne	Neon	氖	nǎi
11	Na	Sodium	钠	nà
12	Mg	Magnesium	镁	měi
13	Al	Aluminum	铝	lǚ
14	Si	Silicon	硅	guī
15	P	Phosphorus	磷	lín
16	S	Sulfur	硫	liú
17	Cl	Chlorine	氯	lǜ
18	Ar	Argon	氩	yà
19	K	Potassium	钾	jiǎ
20	Ca	Calcium	钙	gài
21	Sc	Scandium	钪	kàng
22	Ti	Titanium	钛	tài
23	V	Vanadium	钒	fán
24	Cr	Chromium	铬	gè
25	Mn	Manganese	锰	měng
26	Fe	Iron	铁	tiě
27	Co	Cobalt	钴	gǔ
28	Ni	Nickel	镍	niè
29	Cu	Copper	铜	tóng
30	Zn	Zinc	锌	xīn
31	Ga	Gallium	镓	jiā
32	Ge	Germanium	锗	zhě
33	As	Arsenic	砷	shēn
34	Se	Selenium	硒	xī
35	Br	Bromine	溴	xiù

原子序数	元素符号	元素英文名称	元素汉语名称	元素中文拼音
36	Kr	Krypton	氪	kè
37	Rb	Rubidium	铷	rú
38	Sr	Strontium	锶	sī
39	Y	Yttrium	钇	yǐ
40	Zr	Zirconium	锆	gào
41	Nb	Niobium	铌	ní
42	Mo	Molybdenum	钼	mù
43	Tc	Technetium	锝	dé
44	Ru	Ruthenium	钌	liǎo
45	Rh	Rhodium	铑	lǎo
46	Pd	Palladium	钯	bǎ
47	Ag	Silver	银	yín
48	Cd	Cadmium	镉	gé
49	In	Indium	铟	yīn
50	Sn	Tin	锡	xī
51	Sb	Antimony	锑	tī
52	Te	Tellurium	碲	dì
53	I	Iodine	碘	diǎn
54	Xe	Xenon	氙	xiān
55	Cs	Cesium	铯	sè
56	Ba	Barium	钡	bèi
57	La	Lanthanum	镧	lán
58	Ce	Cerium	铈	shì
59	Pr	Praseodymium	镨	pǔ
60	Nd	Neodymium	钕	nǚ
61	Pm	Promethium	钷	pǒ
62	Sm	Samarium	钐	shān
63	Eu	Europium	铕	yǒu
64	Gd	Gadolinium	钆	gá
65	Tb	Terbium	铽	tè
66	Dy	Dysprosium	镝	dī
67	Ho	Holmium	钬	huǒ
68	Er	Erbium	铒	ěr
69	Tm	Thulium	铥	diū
70	Yb	Ytterbium	镱	yì
71	Lu	Lutetium	镥	lǔ
72	Hf	Hafnium	铪	hā
73	Ta	Tantalum	钽	tǎn

原子序数	元素符号	元素英文名称	元素汉语名称	元素中文拼音
74	W	Tungsten	钨	wū
75	Re	Rhenium	铼	lái
76	Os	Osmium	锇	é
77	Ir	Iridium	铱	yī
78	Pt	Platinum	铂	bó
79	Au	Gold	金	jīn
80	Hg	Mercury	汞	gǒng
81	Tl	Thallium	铊	tā
82	Pb	Lead	铅	qiān
83	Bi	Bismuth	铋	bì
84	Po	Polonium	钋	pō
85	At	Astatine	砹	ài
86	Rn	Radon	氡	dōng
87	Fr	Francium	钫	fāng
88	Ra	Radium	镭	léi
89	Ac	Actinium	锕	ā
90	Th	Thorium	钍	tǔ
91	Pa	Protactinium	镤	pú
92	U	Uranium	铀	yóu
93	Np	Neptunium	镎	ná
94	Pu	Plutonium	钚	bù
95	Am	Americium	镅	méi
96	Cm	Curium	锔	jú
97	Bk	Berkelium	锫	péi
98	Cf	Californium	锎	kāi
99	Es	Einsteinium	锿	āi
100	Fm	Fermium	镄	fèi
101	Md	Mendelevium	钔	mén
102	No	Nobelium	锘	nuò
103	Lr	Lawrencium	铹	láo
104	Rf	Rutherfordium	𬬻	lú
105	Db	Dubnium	𬭊	dù
106	Sg	Seaborgium	𬭳	xǐ
107	Bh	Bohrium	𬭛	bō
108	Hs	Hassium	𬭶	hēi
109	Mt	Meitnerium	鿏	mài
110	Ds	Darmstadtium	𫟼	dá
111	Rg	Roentgenium	𬬭	lún

原子序数	元素符号	元素英文名称	元素汉语名称	元素中文拼音
112	Cn	Copernicium	鿔	gē
113	Nh	Nihonium	鿭	nǐ
114	Fl	Flerovium	𫓧	fū
115	Mc	Moscovium	镆	mò
116	Lv	Livermorium	𫟷	lì
117	Ts	Tennessine	石田	tián
118	Og	Oganesson	气奥	ào

第二章

核反应堆工程基础

引　言

1942 年 12 月 1 日，由科学家费米领导建立的石墨慢化核反应堆，首次实现了原子核链式反应，开创人类利用核能新纪元。据国际原子能机构（IAEA）统计，截至 2023 年 5 月 31 日，全球 32 个国家和地区共有在运核电机组 410 台，总装机容量约 3.686 1 亿 kW，2022 年全年发电 2 486.83 TW • h，约占全球总发电量 29 165.1 TW • h 的 8.5%。在建机组共计 57 台，装机容量约 5 909 万 kW，其中 21 台在中国。核电与水电、火电、风电一起成为世界低碳能源的中流砥柱。核能是公认的经济、清洁、技术先进、具有广阔发展前景的能源。

核反应堆是一种综合的技术装置，用来实现重元素的可控自持链式裂变反应。核反应堆是一般由堆芯、冷却剂系统、慢化剂系统、控制与保护系统、屏蔽系统、辐射监测系统等组成的。核反应堆堆芯是核燃料放置的区域，是核动力厂的热量来源，核裂变链式反应就在其中进行。链式裂变反应释放出来的能量，绝大部分首先在燃料芯块内转化为热能，然后通过热传导、对流换热和热辐射等方式传递给燃料元件周围的冷却剂，再由冷却剂输送到堆芯外，通过热力系统转化为所需的动力。

第一节　核反应堆的基本工作原理

一、中子与原子核的相互作用

在核反应堆堆芯有大量的中子在飞行，不断地与各种原子核发生碰撞。碰撞的结果或是中子被散射、改变了自己的速率和飞行方向，或中子被原子核所吸收。如果中子是被 ^{235}U 这类易裂变燃料核所吸收，就可能使其裂变。在反应堆内可能发生多种不同类型的核反应。下面介绍核反应堆内存在的几种主要的核反应。

1. 散射反应

中子与原子核发生散射反应时，中子改变了飞行方向和飞行速率。散射反应有两种不同的机制，一种称为弹性散射，另一种称为非弹性散射。其中非弹性散射的反应式如下：

$$
\begin{aligned}
{}^{A}_{Z}X + {}^{1}_{0}n \longrightarrow ({}^{A+1}_{Z}X)^{*} \longrightarrow &({}^{A}_{Z}X)^{*} + {}^{1}_{0}n \\
&\downarrow \longrightarrow {}^{A}_{Z}X + \gamma
\end{aligned}
$$

裂变产生的中子称为裂变中子，其能量比较高，该中子经过与原子核的多次散射反应后，能量会逐步减少，这种过程称为中子的慢化。散射分为弹性散射和非弹性散射，弹性散射最重要的特点是中子与核的整个系统的动量和动能在碰撞前后不变，但是中子会把一部分动能传给原子核，使自己逐渐慢化。而在中子的非弹性散射反应中，入射中子的一部分动能转变成靶核的内能，使靶核处于激发态，然后通过发射 γ 射线又返回到基态。散射前后中子与靶核系统的动量守恒，但动能不守恒。入射中子的动能高于靶核的第一激发态能量时才能使靶核激发，从而发生非弹性散射反应。对 ^{238}U，中子能量大于 45 keV 才能发生非弹性散射。高能中子与重核的散射反应主要是非弹性散射。在有慢化剂的热中子反应堆中，中子慢化主要依靠于慢化剂的弹性散射。在快中子反应堆内，虽然没有慢化剂，但中子通过与 ^{238}U 的非弹性散射，能量也会有所降低。

2. 吸收反应

中子吸收反应(n,a)包括中子俘获(n,c)和中子裂变(n,f)。对于中子俘获(n,c)，除了最常见的辐射俘获(n, γ)外，还包括(n, p)、(n, d)、(n, α)、(n, 2n)等反应。

辐射俘获(n, γ)是最常见的吸收反应。中子被原子核吸收后形成一种新核素，并放出 γ 射线。它的一般反应式如下：

$$^{A}_{Z}X+^{1}_{0}n \longrightarrow (^{A+1}_{Z}X)^{*} \longrightarrow (^{A+1}_{Z}X)+\gamma$$

反应堆内重要的辐射俘获反应有

$$^{238}_{92}U+^{1}_{0}n=^{239}_{92}U+\gamma$$

生成的 ^{239}U 经过两次 β^- 衰变生成易裂变材料 ^{239}Pu，即

$$^{239}_{92}U \xrightarrow[2\sim3\ d]{\beta^-} {}^{239}_{93}Np \xrightarrow[23\ min]{\beta^-} {}^{239}_{94}Pu$$

这就是在反应堆中将 ^{238}U 转化为核燃料 ^{239}Pu 的过程。类似的，^{232}Th 通过(n, γ)反应生成易裂变材料 ^{233}U。

$$^{232}_{90}Th+^{1}_{0}n=^{233}_{90}Th+\gamma$$

$$^{233}_{90}Th \xrightarrow[22\ min]{\beta^-} {}^{233}_{91}Pa \xrightarrow[27\ d]{\beta^-} {}^{233}_{92}U$$

这就是将自然界中蕴藏量丰富的钍元素转化为核燃料 ^{233}U 的过程。

除辐射俘获(n, γ)外，还有(n, p)、(n, α)等反应。

(n, p)的一般反应式是：

$$^{A}_{Z}X+^{1}_{0}n \longrightarrow \left(^{A+1}_{Z}X\right)^{*} \longrightarrow {}^{A}_{Z-1}X+^{1}_{1}H$$

在反应堆内，在高能中子下有

$$^{16}_{8}O+^{1}_{0}n \longrightarrow ^{16}_{7}N+^{1}_{1}H$$

生成的 ^{16}N 每次衰变放出三种能量的高能 γ 射线，是堆内水或重水系统放射性的重要来源。

(n, α)反应的一般反应式为

$$^{A}_{Z}X+^{1}_{0}n \longrightarrow \left(^{A+1}_{Z}X\right)^{*} \longrightarrow ^{A-3}_{Z-2}X+^{4}_{2}He$$

如广泛作为热中子反应堆控制棒材料的 ^{10}B 有以下反应：

$$^{10}_{5}B+^{1}_{0}n \longrightarrow ^{7}_{3}Li+^{4}_{2}He$$

核裂变反应(n, f)是反应堆中最重要的反应。目前热中子反应堆内主要采用 ^{235}U 作为核燃料。中子引起 ^{235}U 的裂变反应式可以表达为

$$^{235}_{92}U+^{1}_{0}n \longrightarrow (^{236}_{92}U)^{*} \longrightarrow ^{A_1}_{Z_1}X+^{A_2}_{Z_2}X+\upsilon ^{1}_{0}n$$

式中，$^{A_1}_{Z_1}X$ 和 $^{A_2}_{Z_2}X$ 为中等质量数的核，称为裂变碎片；υ 为每次裂变平均放出的中子数（约为 2.5）。在此过程中释放出约 200 MeV 的能量。^{235}U 吸收中子后，除了发生裂变反应外，也可能发生辐射俘获反应：

$$^{235}_{92}U+^{1}_{0}n \longrightarrow (^{236}_{92}U)^{*} \longrightarrow ^{236}_{92}U+\gamma$$

^{233}U、^{235}U、^{239}Pu 和 ^{241}Pu 在各种能量中子的作用下都可以引起裂变，通常被称为易裂变核素。^{232}Th 和 ^{238}U 只有在中子能量高于某一值时才能发生裂变，通常称为转换材料或可裂变核素。

二、核反应截面和核反应率密度

核反应截面是定量描述中子与原子核发生反应概率大小的物理量。

1. 微观截面

假定有一束平行中子，垂直打在一个面积为 1 m^2、厚度为 ΔX 的薄靶上，该中子束强度为 I，即单位时间有 I 个中子垂直入射到单位面积靶子上，如靶中单位体积的靶核原子数为 N，靶后放一个中子探测器。由于中子在穿过靶的过程中会与靶核发生吸收或散射反应，探测器测到的中子束强度 I' 减小，见图 2-1。实验表明，入射粒子和单位面积上靶核 $N\Delta X$ 发生核反应的数目，即ΔI（$\Delta I = I - I'$，I' 为有靶后测得的中子束强度，I 为无靶时测得的中子束强度）与 I 和 $N\Delta X$ 之积成正比，即

$$\Delta I = \sigma I N \Delta X$$

式中，σ 为比例系数，称为微观截面。

$$\sigma = \frac{\Delta I}{IN\Delta X} = \frac{\text{单位时间发生的反应数}}{\text{单位时间的入射粒子数} \times \text{单位面积的靶核数}}$$

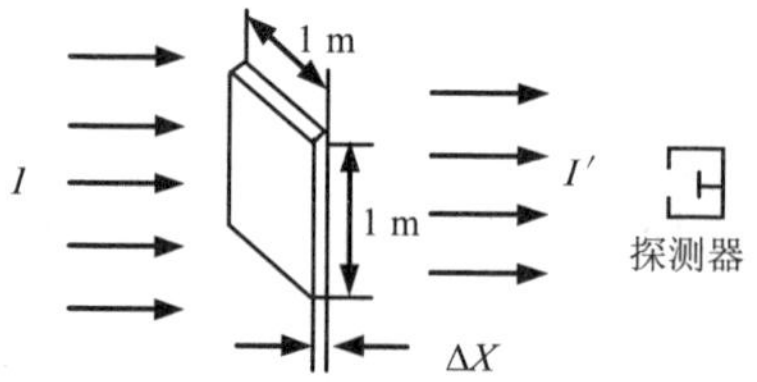

图 2-1　平行中子束穿过薄靶后的衰减

由上式可以看出，微观截面σ 的物理意义是一个中子入射到单位面积内只含一个靶核的靶子上所发生的反应概率，它是一个中子与单个靶核发生相互作用概率大小的一种度量。ΔI 和 I 的量纲相同，所以σ 的量纲与 $N\Delta X$ 量纲的倒数相同，即是面积的量纲。σ 是很小的量，为此用 10^{-24} cm^2 作为微观截面的单位，称为“靶”。1 靶（b）=10^{-24} cm^2。微观截面σ 是中子能量的函数。

为了区分各种不同的核反应，要给微观截面σ 带上不同的下标。通常用下标 s、e、in、f、r、a、t 分别表示散射、弹性散射、非弹性散射、裂变俘获、非裂变俘获、吸收和总的作用截面。对某一种核反应的微观截面σ_i 称为分截面。分截面之和称为全微观截面（也称总微观截面）。

2．宏观截面

工程实践上要处理的是中子与大量原子核发生反应的问题，所以又引入一个新的物理量：宏观截面，符号为Σ，它反映的是一个中子与单位体积内所有原子核发生核反应的平均概率。宏观截面的定义是：$\Sigma=N\sigma$。

原子核密度 N 可用下式计算：$N = \frac{\rho}{A}N_0$。N 常用单位是 1/cm^3。其中 ρ 是物质的密度（g/cm^3），A 是该物质的原子质量数，N_0 是阿伏加德罗常数。

可以得到，

$$\Sigma = N\sigma = \frac{\Delta I}{I\Delta X}$$

由此可以看出，宏观截面是一个中子在介质中穿过单位距离与靶核发生核反应的概率大小的度量。由此还可以看出，宏观截面的量纲是长度的倒数。常用单位为 1/cm。举例来说，某种材料的宏观吸收截面Σ_a=0.25/cm，那么中子在其中穿过 1 cm，被该材料的原子核吸收的概率就是 0.25。

在研究中子在介质中运动时还关心一个量，即平均自由程 λ。平均自由程 λ 定义为中子在介质中运动时，与原子核连续两次相互作用之间穿行的平均距离。由于宏观截面Σ是中子通过靶核单位距离与靶核发生核反应的概率，所以当中子穿过的距离为宏观截面Σ倒数时，平均而言就会发生一次核反应。故平均自由程λ就为宏观截面Σ的倒数，即

$$\lambda = 1/\Sigma$$

对于靶核物质不止一种核素的情况，有

$$\Sigma = N_1\sigma_1 + N_2\sigma_2 + \cdots + N_K\sigma_K$$

3．中子注量率与核反应率

在反应堆中有大量中子，我们必须关注大量中子在单位时间内与堆内物质原子核发生各种反应的数目。为此，先定义一个重要物理量——中子注量率（也称中子通量，或中子通量密度）。设单位体积的中子数为n，称为中子密度，相应的中子速率为V，中子注量率定义为中子密度n与中子速率V的乘积

$$\phi = nV$$

利用中子注量率和宏观截面就可以计算出中子与堆内材料的原子核发生的核反应率R：

$$R = \Sigma\phi = \Sigma nV$$

核反应率R表示每单位时间、单位体积内中子与物质原子核发生作用的总平均次数。为了便于理解这一点，这里作一个简要说明。对于一个速率为V的中子与平均自由程为λ的物质，一个中子与该物质原子核在单位时间内发生作用的统计平均次数就应该为$V/\lambda=V\Sigma$，因而在单位时间（每秒）每单位体积内中子与物质原子核发生作用的总次数就应该乘上中子密度n，即核反应率$R=nV\Sigma=\Sigma\phi$。

根据中子密度n是单位体积中的中子数目，V是中子飞行的速率，中子注量率可以理解为单位体积中所有中子在单位时间内飞行的总路程，也称为轨迹长度。应该注意到，中子注量率是标量，不是矢量，它与中子的流动方向并没有直接的关系。

计算核反应率R的表示式是非常有用的。如已知堆芯中核燃料的浓度和分布，就可以算出堆芯的宏观裂变截面Σ_f；如果还知道了堆芯的中子注量率ϕ，就可计算出每秒钟在每立方厘米堆芯体积内发生多少次裂变反应，进而可以算出堆芯的体积释热率等。总之，这个公式使我们可以从宏观上了解核反应的强度。

4．截面随中子能量变化的规律

核截面的数值决定于入射中子的能量和靶核的性质。对许多核素，考察其反应截面随入射中子能量E变化的特性，可以发现大体上存在三个区域。首先是低能区（一般指$E<$ 1 eV），在该能区吸收截面σ_a随中子能量的减小而逐渐增大，大致与中子的速率成反比，故这个区域也称为吸收截面的$1/V$区。接着是中能区（1 eV$<E<10^4$ eV），在此能区内许多重元素核的截面出现了许多峰值，这些峰称为共振峰。在$E>10^4$ eV以后的区域，称为快中子区，那里的截面一般都很小，通常小于10 b，而且截面随能量的变化也趋于平滑。

^{233}U、^{235}U、^{239}Pu和^{241}Pu等易裂变核的裂变截面σ_f随中子能量的变化呈现相同的规律。

在低能区其裂变截面随中子能量减小而增加，且σ_f值很大。例如，当中子能量 E=0.025 3 eV 时，^{235}U 的 $\sigma_f \approx 582.2$ b，^{239}Pu 的 $\sigma_f \approx 742.5$ b。因此在热中子反应堆内的核裂变反应基本上都是发生在低能区。对中能区的中子，^{235}U 核的裂变截面出现共振峰，共振能量延伸至千电子伏。在千电子伏至几兆电子伏的能区内，裂变截面降低到只有几靶。^{235}U 核在上述三个能区的裂变截面曲线见图 2-2，图上也显示了 ^{235}U 在中能区上的一系列峰值。

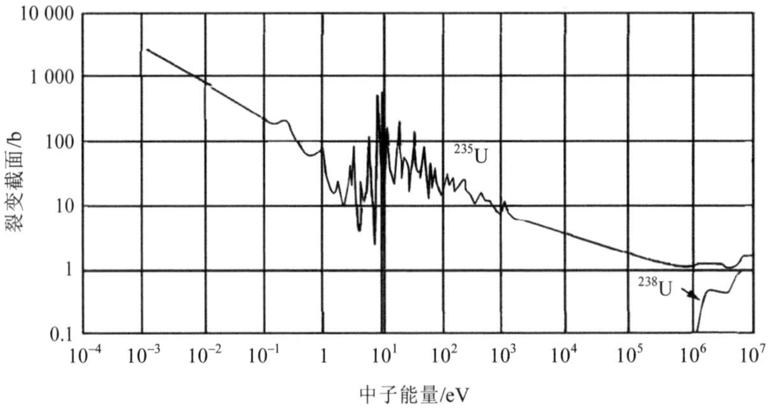

图 2-2 ^{235}U 核在三个能区的裂变截面曲线

三、中子的慢化

从上面介绍的核燃料微观裂变截面σ_f随中子能量变化的规律可知，低能中子引发燃料核裂变的“能力”大大高于高能中子，也就是说，建造一个用低能中子引发裂变的核反应堆，要比建造用高能中子引发核裂变的反应堆容易得多。然而，核燃料原子核裂变时放出的中子都是高能中子，其平均能量达到 2 MeV，最大能量可达 10 MeV。要建造低能中子引发裂变的反应堆，就一定要设法让中子的能量降下来，这可以通过向堆中放置慢化剂、让中子与慢化剂核发生散射反应来实现。

经验告诉我们，一个运动着的小球如果和一个质量比它大得多的物体碰撞，碰撞后小球的能量（动能）不会有太多的损失；如果小球与质量较小的物体碰撞，自身的能量（动能）损失就很显著。中子与氢核碰撞时，有可能碰一次就损失全部能量；而中子与 ^{235}U 发生一次碰撞，可损失的最大能量都不到碰撞前能量的 1%。由此可见，必须采用轻元素来作为慢化剂。核反应堆中常用的慢化剂有水（氢）、重水（氘）和石墨（碳）等。在核反应堆物理中，常用“慢化能力”和“慢化比”这两个量来衡量慢化剂的优劣。

慢化能力是慢化剂的宏观散射截面Σ_s与中子每次散射碰撞后平均对数能量缩减 ξ 的乘积。Σ_s越大，说明中子与慢化剂发生散射的机会越多；ξ 是反映中子与慢化剂发生散射碰撞中子能量损失大小的一个物理量，ξ 越大，则说明每次散射中子损失能量越多。两者相乘，反映了慢化剂慢化中子的能力。然而，仅用慢化能力还不能全面反映一种材料是不是一个好的慢化剂。

我们知道，任何一种核，除能散射中子外，也会吸收中子。如果其吸收截面Σ_a过大，会引起中子的过多损失而不适合作为慢化剂。鉴于此，需要另外定义一个量$\xi\Sigma_s/\Sigma_a$，称为慢化比。显然这个物理量才比较全面地反映了慢化剂的优劣。好的慢化剂不仅应该具有较大的慢化能力，还应该具有大的慢化比。

在几种常用慢化剂中，水的慢化能力最强，故用水作慢化剂的反应堆芯体积可以做得较小。但水的慢化比较小是因为它的吸收截面较大，所以水堆必须用浓缩铀作燃料。重水和石墨的慢化比都比较大，因为它们的吸收截面很小，因此重水堆和石墨堆都可以采用天然铀（也可用$U_{天然}$表示）作核燃料。但是这两种物质的慢化能力比水要小得多，故重水堆和石墨堆（尤其是后者）的堆芯体积要比轻水堆大得多。

裂变放出的中子称为裂变中子，其平均能量在 2 MeV，属于快中子区域，在慢化到低能的过程中必然会经过中能区域。中子慢化到这一能区时，必然有一部分要被^{238}U核共振吸收，其余的中子继续慢化。在慢化过程中逃脱共振吸收的中子份额就称为逃脱共振吸收概率，一般用p来表示。

逃脱共振吸收后的中子继续通过散射反应而慢化，但中子的速率不可能最后慢化到零。当中子的速率降低到一定程度后，就与周围介质中的核处于热平衡状态了，慢化过程也就结束了。与介质原子核处于热平衡状态的中子为热中子。在20℃时热中子的最可几速率是 2 200 m/s，相应的能量是 0.025 3 eV。

裂变中子慢化为热中子，需经历与慢化剂核的多次碰撞。假设将能量为 2 MeV 的中子慢化到 1 eV，那么中子必须与水中的氢原子核平均碰撞 18 次。慢化所需的时间称为慢化时间。在常见的慢化剂中，慢化时间为10^{-6}～10^{-4} s，水的慢化时间约6×10^{-6} s。裂变中子慢化为热中子后，还会继续在介质中进行扩散，直至被吸收。热中子从产生到被吸收之前所经历的平均时间称为扩散时间。在常见的慢化剂中，热中子的扩散时间在10^{-4}～10^{-1} s，扩散过程要比慢化过程慢得多。快中子的慢化时间和热中子的扩散时间越长，则中子在介质中慢化和扩散时越有机会从反应堆泄漏出去。

四、核反应堆临界条件

持续链式裂变反应是核反应堆的物理基础。当一个燃料核俘获一个中子产生裂变后，平均可放出 2.5 个中子。粗看起来，链式反应自持下去似乎是不成问题的，但实际情况并非如此。下面以热中子核反应堆为例加以讨论。热中子反应堆的堆芯是由核燃料、慢化剂、冷却剂及各种结构材料组成的，因此堆芯中的中子不可避免地要有一部分被非裂变材料吸收。此外，还有一部分中子要从堆芯中泄漏出去。即使是被裂变材料吸收的中子也只有一部分能引发裂变、产生下一代中子，还有相当大的份额要引发俘获反应，不仅不产生中子而要损失一部分中子。所以新一代中子数未必比老一代多，必须进行具体分析。

核反应堆内链式反应自持进行的条件可以方便地用有效增殖系数（$K_{有效}$）来表示。它定义为新一代中子数与老一代中子数之比，也可以看作系统内中子的产生率与系统内中子的消失率之比：

$$K_{有效}=系统内中子的产生率 / 系统内中子的消失率$$

$$系统内中子的消失率 = 系统内中子的吸收率 + 系统内中子的泄漏率$$

只要知道了系统的宏观截面和中子注量率，上式中的产生率、吸收率等都可以很容易地计算出来。

若 $K_{有效}=1$，则系统内中子的产生率恰好等于中子的消失率。这样在堆芯内进行的链式裂变反应将以恒定的速率不断进行下去，也就是说链式反应过程处于稳定状态，这时反应堆的状态称为临界状态。若 $K_{有效}<1$，则堆芯内中子数目将随时间而不断减少，链式反应不能自己延续下去，此时反应堆的状态称为次临界状态。若 $K_{有效}>1$，则堆芯内的中子数目将随时间而不断地增加，这种状态称为超临界状态。

根据上述讨论，立即可以得出反应堆能维持自持链式裂变反应的临界条件是

$$K_{有效}=1$$

即核反应堆处于临界状态。这时核反应堆芯的大小称为临界尺寸（或临界体积），在临界情况下反应堆所装载的核燃料量叫作临界质量。显然有效增殖系数 $K_{有效}$与堆芯系统的材料成分和结构（如易裂变核素的富集度、燃料与慢化剂的比例等）有关，也与堆的尺寸和形状有关。

中子循环就是指裂变中子经过慢化成为热中子、热中子击中燃料核引发裂变又放出裂变中子的这一不断循环的过程。它包括若干个环节：首先是快中子倍增过程，部分裂变中子由于能量较高（高于 ^{238}U 的裂变阈能）可引起一些 ^{238}U 核裂变；快中子在慢化过程中，要经过共振能区，必然有一部分中子被共振吸收而损失掉；逃脱了共振吸收的中子被慢化成热中子，热中子在扩散过程中被堆芯的各种材料吸收，被慢化剂、冷却剂和结构材料等物质吸收造成热中子损失；部分被核燃料吸收的热中子很大可能要引发裂变，但也有较小的部分可能不引发裂变。上述讨论中尚未考虑中子泄漏的影响。实际上在快中子慢化和热中子扩散过程中都有一部分中子会泄漏出堆外。

五、核燃料的消耗、转化与增殖

达到临界的反应堆可以实现自持链式反应，不断地释放出裂变能。这一过程也是核燃料的消耗过程。然而，由于堆内存在大量中子和 ^{238}U 原子核，通过 ^{238}U 对中子的俘获，新燃料 ^{239}Pu 原子核将被生产出来。如果反应堆中新生产出来的燃料量超过了它所消耗的

核燃料量，那么这种反应堆就称为增殖堆。显然，利用增殖堆就可以源源不断地把本来不是易裂变核燃料的 ^{238}U 转化为易裂变核燃料 ^{239}Pu，实现对铀资源的充分利用。下面我们简单讨论一下核反应堆内核燃料的消耗速率和燃耗深度问题、核燃料转化过程中的转化比问题以及在什么条件下可以实现核燃料的增殖。

产生核能需要消耗核燃料。一个 ^{235}U 核裂变可以释放出约 200 MeV 的能量，相当于 3.2×10^{-11} J（1 MeV=1.6×10^{-13} J）。因此，1 MW 的热功率相当于每秒钟有 3.12×10^{16} 个 ^{235}U 核裂变，如果反应堆要发出 1 MW·d 的能量，则有 2.70×10^{21} 个 ^{235}U 核裂变，相当于有 1.05 g 的 ^{235}U 发生了裂变。考虑到在裂变的同时必然有一部分 ^{235}U 由于发生(n, γ)反应而浪费掉（对 ^{235}U，其 σ_f =582.2 b，σ_r=98.6 b），因此发出 1 MW·d 的能量实际上要消耗的 ^{235}U 为

$$1.05\ g\times(\sigma_f+\sigma_r)/\sigma_f=1.05\ g\times(582.2+98.6)/582.2\approx1.23\ g$$

记住这个数据是非常有用的，可以使我们能很快地估算出核反应堆需消耗燃料的数量。例如，清华大学的 5 MW 低温核供热堆，如果满功率供热 1 d，消耗 ^{235}U 却仅需约 6 g。电功率 300 MW 的秦山核电站，每天消耗的 ^{235}U 大约是 1.1 kg。如果考虑在运行过程中产生的钚也能为产生能量作出部分贡献，那么 ^{235}U 的消耗量还会更小一点。

堆中的核燃料能否全部燃烧完呢？结论是不能全部烧完的。有两个因素影响着核燃料的燃耗深度。第一，随着可裂变核的消耗，反应堆的 $K_{有效}$会不断下降。当 $K_{有效}$降到 1 以下时，堆就不能达到临界了，当然也不能再燃烧了。第二，反应堆运行时，燃料元件处于高温、高压、强中子辐照条件下，元件包壳会受到一定损伤。为防止包壳破损导致的放射性物质进入冷却剂，燃料元件在堆中放置的时间是受到严格控制的。由于上述两个因素的影响，在元件中尚剩有不少 ^{235}U 以及运行中生成的 ^{239}Pu 时，就不得不换料了。反应堆中核燃料燃烧的充分程度常采用燃耗深度这一物理量来衡量。在动力堆中，它被定义为堆芯中每吨初始装料铀放出的能量，其单位是 MW·d/tU。需注意的是，这里指的铀，包括 ^{235}U 和 ^{238}U，并非只是 ^{235}U。

目前的商用、军用动力堆都是采用 ^{235}U 作为核燃料的。天然铀中大量存在的 ^{238}U 并不能作为核燃料来使用，因为热中子不能使其裂变。快中子虽然能引起 ^{238}U 核裂变，但裂变截面太小。幸好，^{238}U 俘获中子后可以变成易裂变核 ^{239}Pu。反应堆内提供的大量中子为 ^{238}U 转换成核燃料提供了良好条件。为了描述各类反应堆在核燃料转换方面的能力，引入一个称为转化比的量，记为 CR，其定义是

CR =易裂变核的平均生成率 / 易裂变核的平均消耗率

大多数现代轻水堆的转化比 CR≈0.6，由于实现核燃料的转化，最终被利用的易裂变核约为原来的 2.5 倍。天然铀中仅含有约 0.7%的 ^{235}U，如果仅采用轻水堆，则最多只能利用 0.7%×2.5=1.75%的铀资源。

若 CR=1，则每消耗一个易裂变核，便可以产生出一个新的易裂变核。此时，可转换材料（^{238}U 等）可以在反应堆内不断转换为易裂变材料，达到自给自足，无须给核反应堆供应新的易裂变材料了。当然，最吸引人的是 CR＞1 的情况。这时候反应堆内产生的易裂变核比消耗掉的还要多，除了自给自足，还可以拿出一些易裂变材料供应其他的核反应堆使用。能使 CR＞1 的反应堆称为增殖堆，此时 CR 也被记为 BR，称为增殖比。毫无疑问，只有发展增殖堆才能充分地利用大自然赐给人类的宝贵的铀和钍资源。

在快中子反应堆有可能实现燃料的增殖。以 ^{239}Pu 作为燃料的快中子反应堆具有非常优良的增殖性能，其增殖比有可能达到 1.2。世界上许多国家都在进行快中子增殖堆的研究开发。当前的主流堆型是采用液态金属钠作为冷却剂的钠冷快堆。

六、堆内中子注量率分布与功率展平

1. 均匀裸堆的中子注量率分布

对于一个不带反射层的反应堆（称为裸堆），根据中子输运在扩散近似下的波动方程和相应边界条件可求得各种几何形状均匀裸堆的中子注量率分布，它们的中子注量率分布列在表 2-1 中。

表 2-1　在无反射层的临界反应堆内中子注量率分布

堆形状	堆体积	堆内中子注量率分布
长方体	abc	$\cos\frac{\pi}{a}x\cos\frac{\pi}{b}y\cos\frac{\pi}{c}z$
圆柱形	πR^2H	$J_0(\frac{2.405}{R}r)\cos\frac{\pi}{H}z$
球形	$\frac{4}{3}\pi R^3$	$\frac{1}{r}\sin\frac{\pi}{R}r$

中子注量率分布的形状只取决于反应堆的几何形状，而与反应堆的功率大小无关。在某功率下反应堆中子注量率分布的绝对值应该是中子注量率分布乘以一个待定常数，它由功率决定。若不考虑各种工程因素的限制，从物理观点上讲，反应堆功率可以是任意大小，一个临界反应堆所能发出的功率并无任何限制。

比较各种几何形状堆的中子注量率分布可以看出，总的趋势是相似而相差不大的，堆的中心中子注量率分布比较平坦，随着逐渐向堆边界趋近，中子注量率向下弯曲而下降为零。但比较起来，球形中子注量率分布弯曲得小点，圆柱形堆次之，长方体堆弯曲得最为厉害。因此，对于同等体积的堆，球形的中子泄漏最小，圆柱形次之，长方体堆中子泄漏最大。当然，对于同一几何形状的堆，从中子泄漏观点看，也有一个最佳体积的问题，如圆柱形堆，其最佳高径比约为 1.08。由于加工制造等各方面的困难，实际上采用球体的不多，多数是采用圆柱形的反应堆。

目前绝大部分的动力堆都采用圆柱形堆芯，对于半径为 R、高度为 L 的圆柱形均匀裸堆，其热中子注量率分布（图 2-3）在高度方向上为余弦分布，半径方向上为零阶贝塞尔函数分布，即

$$\phi(r,z)=\phi_0 J_0\left(\frac{2.405r}{R_e}\right)\cos\left(\frac{\pi z}{L_e}\right)$$

式中，R_e 为外推半径；L_e 为外推高度，m。R_e 和 L_e 是在半径 R、高度 L 上加了外推距离作出的修正，有了均匀裸堆的热中子注量率分布后，乘上宏观裂变截面就可以得到均匀裸堆的功率分布，即释热率分布：

$$q_V(r,z)=q_{V\max}J_0\left(2.405\frac{r}{R_e}\right)\cos\left(\frac{\pi z}{L_e}\right)$$

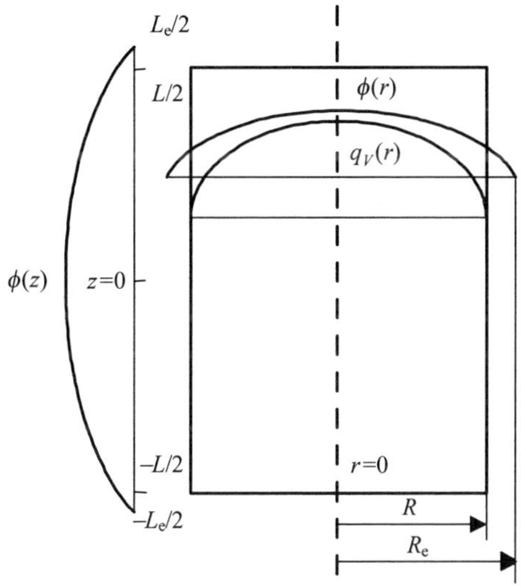

图 2-3 均匀裸堆热中子注量率与体积释热率分布

这样得到的是把全堆芯均匀化之后的结果，没有考虑燃料在空间的非均匀布置，更没有考虑实际反应堆中燃料富集度在空间的变化。值得注意的是，堆芯内的体积释热率空间分布是随燃耗寿期而变化的，在对堆芯作较详细分析时，堆芯体积释热率分布或者中子注量率分布随寿期的变化应由反应堆物理计算得到。

2. 带反射层反应堆的中子注量率分布

裸堆的中子泄漏是较大的，为了减少中子泄漏，节省燃料，往往在堆芯外围加上反射层，把泄漏到堆芯外面的中子通过散射再返回堆芯，以减少堆内中子的泄漏，使得同样成分的反应堆堆芯的尺寸可以减小，因此实际上运行的反应堆都是带反射层的。

有了反射层以后，中子注量率的分布将发生变化。很显然由于有了反射层的反射作用，原来在堆芯边缘地区的中子注量率将会增加，使中子注量率分布更为平坦了。

3．中子注量率的局部效应

1）燃料富集度分区布置

燃料布置对功率分布影响很大。压水堆通常把燃料元件以适当的栅距排列成为栅阵，并且用不同富集度的燃料元件分区布置。图 2-4 是压水堆三区布置时的归一化功率分布，为了功率展平，通常 I 区的燃料富集度是最低的，III区的燃料富集度最高。在实际的换料程序中，并不是一次换全部的料，而是把新换进去的燃料放在III区，原来III区的燃料往里挪到II区，II区的再挪到 I 区，在 I 区烧过的达到额定燃耗的乏燃料换出来进入乏燃料储存池。燃料元件采用分区布置后，在半径方向上的功率分布已经不是零阶贝塞尔函数分布了。目前在压水堆中，由于材料的发展，燃耗深度已经由过去的 33 GW·d/tU 提高到 45～60 GW·d/tU 甚至更高，换料周期从 12 个月换料变成 18 个月或 24 个月换料。因此，在压水堆中出现了从内到外三区、从外到内三区、外-内交替和低泄漏四区等各种不同的换料方案。其燃料方案对中子注量率分布和功率分布都有较大的影响。

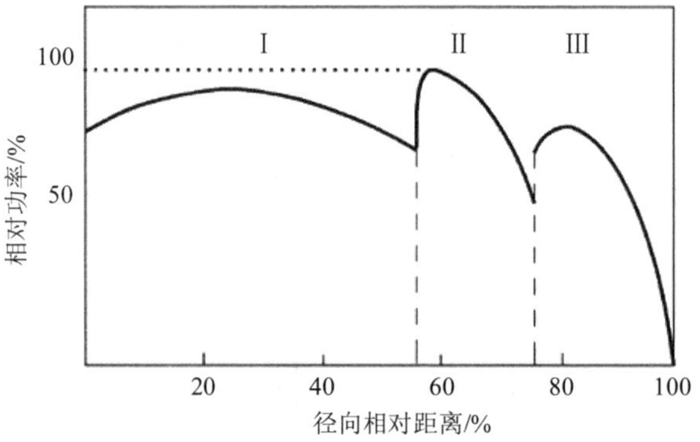

图 2-4　压水堆三区布置时的归一化功率分布

2）控制棒对中子注量率分布的扰动

控制棒的布置对功率分布影响也很大。几乎所有的反应堆都有控制棒，它对堆芯功率分布的影响可以由图 2-5 进行分析。图中的虚线是没有控制棒情况下的径向功率分布，在均匀堆情况下是零阶贝塞尔函数分布；图中实线所示是在堆中插入控制棒后的径向功率分布。由于控制棒是热中子的强吸收材料，在控制棒附近使得中子注量率下降很多。因此，把控制棒布置在反应堆的合适位置，可以得到比较理想的功率分布。

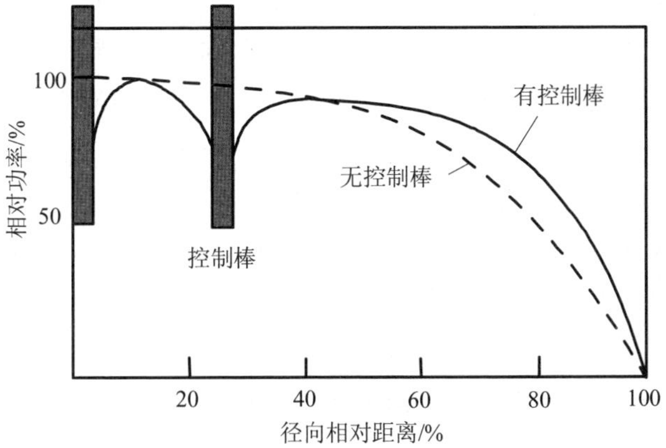

图 2-5　控制棒对径向功率分布的影响

控制棒对反应堆的轴向功率分布也有很大的影响。通常控制棒可以分为三大类，即紧急控制的停堆棒、功率调节和温度调节的调节棒和补偿反应性缓慢变化的补偿棒。停堆棒在正常运行工况时在堆芯的外面，只有在需要停堆的时候才迅速插入堆芯。补偿棒是用于抵消寿期初大量的剩余反应性的。如图 2-6 所示，在寿期初，补偿棒往往插得比较深；而在寿期末，随着燃耗的加深，慢慢地拔出来了。这样，在不同的寿期，产生了堆芯功率不同的轴向分布。

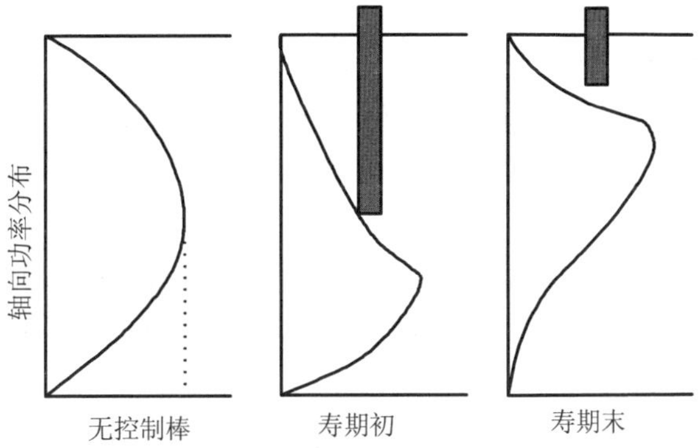

图 2-6　补偿棒对轴向功率分布的影响

实际上，各种不同形状堆的堆内中子注量率分布并不完全是理想的情况。因为堆内总插有一定数目的控制棒或其他管道，这些控制棒或管道的插入都势必使堆内中子注量率场发生扰动。圆柱形反应堆在无控制棒扰动情况下，径向是贝塞尔分布，轴向是余弦分布。当堆内插入控制棒以后，由于棒对中子的强烈吸收，使径向和轴向的中子注量率分布就发生了畸变。径向在插控制棒的地方出现了凹陷，轴向在棒插下过程中，使余弦的分布凸峰位置移动，位移的情况取决于棒的插入深度。

当棒插入堆芯后，轴向的中子注量率峰就开始向下移动；棒不断往堆内下插，轴向的中子注量率凸峰就不断下移；但当中子注量率峰下移到一定位置，棒再继续向下插时，凸峰就开始回升。当插入堆底时，中子注量率峰又回到了一开始的位置。在维持同样功率的前提下，由于控制棒是一种中子强吸收体，又由于中子扩散规律是密度高的地方的中子向密度低的地方流动，这种现象的出现是必然的结果。

控制棒插入不同深度对轴向中子注量率分布的扰动，对反应堆的运行安全与提高功率都有直接的影响。由于控制棒的插入使得堆内轴向中子注量率分布更不均匀，在中子注量率凸峰处燃料元件局部过热，容易造成元件事故，由于中子注量率不均匀性的提高，堆的平均功率也应降低，所以了解控制棒对轴向中子注量率场扰动的规律，并采取措施限制或减少这一扰动，对于堆的安全运行，无疑是重要的。

3）水腔对中子注量率的扰动

在堆内由于各种原因常常出现水腔或水隙，如充水管道、元件盒间的水隙、控制棒提升、元件盒的换料等。这些水腔的出现，将严重影响水腔中及水腔周围的热中子注量率分布。这主要是因为水的良好慢化作用使得水腔中热中子急剧增加而形成热中子注量率峰，从而使得水腔周围的热中子注量率也提高了。对于水堆，由于元件的栅距比较小，因此水隙中的中子注量率峰也把元件表面的中子注量率拉了上去。燃料元件表面最大热负荷在设计时就有一定的限制，所以元件表面中子注量率的升高，使元件表面热负荷增大，而出现热点，容易造成元件事故。所以从安全的角度讲，要避免出现这类事故（如控制棒附带有挤水棒以防提升后形成水腔等）。

4．功率密度分布展平的重要性

我们知道，裂变核反应率密度的强弱取决于堆内中子注量率的水平。因此，堆内中子注量率的绝对值与相对分布将直接影响反应堆的功率水平与功率密度的分布，从而间接地影响运行安全等。

我们知道，活性区任意点的功率密度与该点的中子注量率成正比。堆内中子注量率的分布决定堆内功率密度的分布。如果在同种燃料区域内中子注量率分布不均匀，那么在中子注量率的峰值处功率密度最高，而元件的最高发热率或称最大热负荷是受到元件材料的性能与壁温的限制，如果不改善中子通量分布而只提高中子注量率的绝对值，这种局部过热可能导致该处燃料元件的烧毁、破裂而发生元件事故，危及堆的安全。因此提高堆功率水平的有效措施应是在保证最高热负荷不变的情况下，提高整个堆的平均功率水平。要提高堆的平均功率水平，就必须采取措施改善堆内功率密度的分布使其更为均匀平坦，即功率密度分布的展平，如果是单一燃料情况，功率密度分布的展平实际上就是中子注量率的展平。

5．功率密度分布的展平方法

有若干种方法可以实现功率密度分布的展平，这里略加介绍：

1）堆芯径向分区装载

堆芯径向分区装载不同富集度的燃料来实现功率密度分布的展平。在堆芯中心区域加入富集度较低的燃料，在堆芯边缘区域加入富集度较高的燃料，从而达到功率密度分布展平的目的。

2）合理布置控制棒

用控制棒改变中子注量率分布，更是一般在运行中常用的方法。控制棒如果布置得当，可以在堆内形成一个中子注量率分布平坦区，即在原来堆内中子注量率比较高的区域布置控制棒多一些，中子注量率较低的区域布置控制棒少一些，这样使得堆内的中子注量率趋于均匀化，从而也使功率密度分布趋于均匀化。

3）引入合理分布的可燃毒物

合理地布置可燃毒物也能够改善反应堆功率密度分布。例如，在功率密度（中子通量）较高的燃料元件表面涂以不同厚度可燃毒物，既可以达到中子注量率轴向展平的目的，又可以避免控制棒下插展平径向中子注量率造成轴向中子注量率不均匀的问题。

功率密度分布展平的方法，就其实质来说，不管是改变燃料棒富集度，还是增添控制棒或可燃毒物，都是改变中子产生率或吸收率，从而形成一个较为平坦的功率密度分布区域。

至此，已经将反应堆物理中的一些基本概念和基本规律作了简要介绍。利用这些知识，可以定性理解核能工程中的许多具体做法的内在理由，也可以对许多问题进行初步的分析。

第二节 反应性与反应性的控制

一、反应性的概述

反应堆内的核链式反应过程是中子产生与中子消失的过程。这些过程集中反映在$K_{有效}$这个因子上。$K_{有效}>1$，中子产生占优势，堆内中子数将随时间而增加，反应堆处于超临界状态。$K_{有效}<1$，中子消失占优势，堆内中子数随时间而减少，反应堆处于次临界状态。$K_{有效}=1$，堆内中子产生与消失相平衡，堆内中子数将稳定在一定水平上，反应堆处于临界状态。

总是会由于这种或那种因素而使其偏离 1，即

$$K_{过剩}=K_{有效}-1$$

式中，$K_{过剩}$为过剩增殖系数，它代表堆内有效增殖系数偏离临界的程度，作为反应堆超临界度（或次临界度）的一种量度。但在应用中往往用过剩增殖系数的相对值ρ来表示，简称为反应性。

$$\rho=\frac{K_{过剩}}{K_{有效}}=\frac{K_{有效}-1}{K_{有效}}$$

反应性实际上表示了相邻两代中子数的相对变化率。反应性的单位是$\Delta k/k$。更小的刻度是$\%\Delta k/k$、mk 或 pcm 等。

$$1\%\Delta k/k = 0.01\ \Delta k/k$$

$$1\ \text{mk} = 0.001\ \Delta k/k$$

$$1\ \text{pcm} = 0.000\ 01\ \Delta k/k$$

反应堆在运行过程中，反应性将不断发生变化。变化的原因主要有以下几种：

（1）燃料或重同位素成分的变化。例如，可裂变核燃料 ^{235}U 吸收中子而消耗，^{238}U 吸收中子产生 ^{239}Pu，^{239}Pu 吸收中子产生 ^{240}Pu 等。

（2）裂变产物的产生与积累，造成“中毒”和“结渣”效应。

（3）温度效应：由于堆内温度的变化影响各种材料的密度和截面，从而使 $K_{有效}$发生变化。

（4）其他效应：如空洞效应、气泡效应等。

由于以上原因，要保证堆在额定功率下运行一定工作期，必须储备必要的后备反应性以补偿上述各项所引起的反应性变化。为了调节功率和保证堆的安全停闭，还需要提供附加的反应性当量。

反应堆中重要的反应性值有剩余反应性、控制毒物的价值、停堆深度等。

在反应堆中没有任何控制毒物（如控制棒、可燃毒物和化学补偿毒物等）的条件下，反应堆的反应性称为剩余反应性。反应堆的剩余反应性的大小与反应堆的运行时间和工况有关。在反应堆运行时，反应堆的剩余反应性可以理解为可以投入的所有正反应性的总量。

控制毒物投入堆芯时所引起的反应性变化的绝对量称为控制毒物的价值，也称控制毒物的反应性当量。在反应堆运行时，控制毒物的价值可以理解为可以投入的所有负反应性的总量。

停堆深度为当全部控制毒物投入堆芯时反应堆所达到的次临界度。显然停堆深度等于全部控制毒物的价值与反应堆的剩余反应性之差。它与反应堆的运行时间和工况有关。

二、反应性系数

反应堆内的中子数量及其随时间的变化，可以通过反应性确定。而影响反应性的因素很多，如燃耗、温度、压力、裂变产物等。

下面分析各种影响反应性的因素——反应性系数，反应性系数定义为

$$\alpha_x = \frac{\Delta\rho}{\Delta x}$$

式中，x 为某一个因素。如考虑温度的影响，就是反应性温度系数，简称温度系数；如考虑冷却剂的空泡份额的影响则称为反应性空泡系数，简称空泡系数。

这些参数的变化往往是由反应堆内中子注量率或功率的变化引起的。而反应堆内中子注量率的变化又是反应性的变化引起的。这样就形成一种反馈效应。反馈的强弱用反应性系数来表征。反馈效应的正负影响反应堆的稳定与安全。为了保证反应堆的安全，要求反应性系数是负值。常用的几种反应性系数有温度系数、压力系数、空泡系数和功率系数等。

1. 温度系数

温度系数是指温度变化 1 K 或 1℃引起反应性的变化，即

$$\alpha_T = \frac{\Delta\rho}{\Delta T}$$

堆芯中各种成分（燃料、慢化剂和冷却剂等）的温度及其温度系数都是不同的。反应堆总的温度系数等于各成分温度系数的总和，即

$$\alpha_T = \sum_i \frac{\Delta\rho}{\Delta T_i} = \sum_i \alpha_{T_i}$$

式中，T_i 和 α_{T_i} 分别为堆芯中成分 i 的温度和温度系数。其中起主要作用的是燃料温度系数和慢化剂温度系数。

（1）燃料温度系数。核燃料温度变化 1 K 或 1℃引起的反应性的变化，即

$$\alpha_{T_\mathrm{f}} = \frac{\Delta\rho}{\Delta T_\mathrm{f}}$$

式中，T_f 为堆芯中核燃料的温度。

反应堆的热量产生于燃料内，燃料温度变化对反应堆功率变化的响应是瞬时的。所以燃料的温度效应是一个瞬时效应，它对反应堆的安全起着十分重要的作用，一般要求该系数必须为负。

燃料温度系数主要是由燃料的共振吸收多普勒效应引起的，故又称多普勒反应性系数。燃料温度升高将使 ^{238}U 原子的运动速率增加，从而共振吸收峰被展宽，如图 2-7 所示。对于静止的 ^{238}U 原子核，只会对能量为 E_0 的中子发生共振吸收，而温度升高后，会导致能量在 E_0 附近的更多的中子被共振吸收，从而引入负的反应性。因此，对采用低富集度核燃料的反应堆来说，多普勒反应性系数是负值。在水堆中对多普勒展宽影响较大的是 ^{238}U 和 ^{240}Pu。

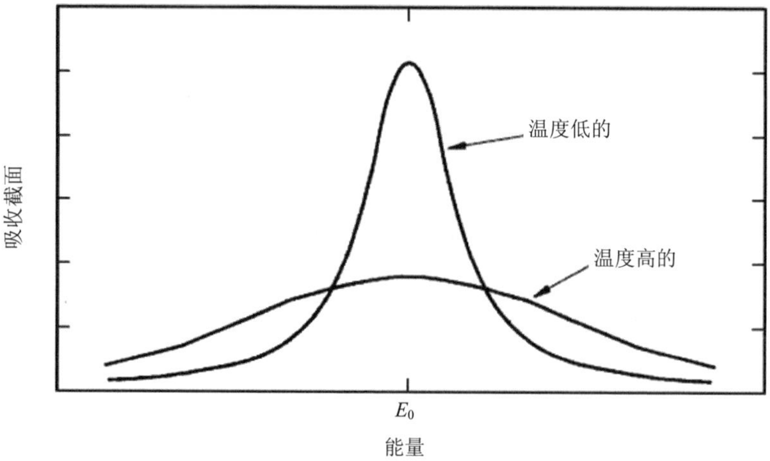

图 2-7　多普勒展宽

此外，核燃料因温度升高会引起热膨胀，导致核燃料密度变小，从而会引入反应性变化，这种机理对金属铀燃料比较重要。

（2）慢化剂温度系数。慢化剂温度变化 1 K 所引起的反应性的变化，即

$$\alpha_{T_m} = \frac{\Delta\rho}{\Delta T_m}$$

式中，T_m 为慢化剂的温度。

由于热量从燃料到慢化剂有一个热传递的过程，因此慢化剂的温度变化对功率变化来说要滞后一段时间。慢化剂温度效应是一种滞后效应。

根据前面的介绍，热堆中的慢化剂材料一般具有以下特点：中子散射截面较大、中子吸收截面较小以及每次碰撞中子能量损失较大。

分析慢化剂的温度效应，有一个比值十分重要，就是慢化剂和燃料的核密度之比（在水堆中称为水铀比）。增大水铀比，中子的泄漏会降低，慢化剂中中子的吸收会增加（Σ_a 增大），因此热中子利用因数会降低。减小水铀比，会使慢化时间增大，使得共振吸收变大，同时还会引起中子泄漏增加。水铀比对反应性的影响十分复杂，热堆中的水铀比对热中子利用因数、逃脱共振吸收概率以及 k_{eff} 的影响如图 2-8 所示。由图可以看到，存在一个最合理的水铀比，使得 k_{eff} 可以达到最大。水铀比过小称为欠慢化，水铀比过大称为过慢化。

在实际的工程设计中，轻水堆一般设计成欠慢化的。这是因为若设计在过慢化区，在温度升高的时候，会由于水的膨胀使水的密度降低，从而水铀比降低，引入正的反应性。温度升高引入正的反应性，这不是偏安全的设计。温度升高引入负的反应性往往是设计人员希望的。

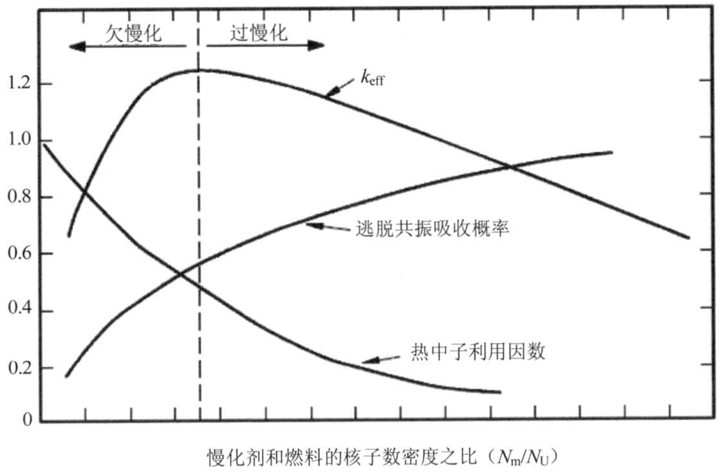

图 2-8 水铀比对热中子利用因数、逃脱共振吸收概率以及 k_{eff} 的影响

慢化剂的温度升高以后，除水铀比会发生变化以外，慢化剂的密度（特别是液态慢化剂）及其微观中子截面都会发生变化，这将使慢化能力减弱与中子能谱硬化。由于慢化能力减弱，中子未慢化至热能前被核共振吸收的概率会增大，这个因素会引入负的反应性。由于慢化剂密度的减小，慢化剂对热中子的吸收也相应地减小了，因而慢化剂相对于燃料对热中子的吸收减少了，从而使反应堆的热中子利用因数提高了，这个因素会引入正的反应性。此外，由于中子能谱的硬化，燃料每吸收一个热中子后，由于裂变产生的平均快中子数会有所降低，从而引入负的反应性。综合这些因素，慢化剂的温度系数可正可负，视具体情况而定。尤其当液体慢化剂中加入化学补偿毒物时，出现正效应的可能性会有所增加。因而在压水堆核电厂里，为了使其具有负反应性系数，对化学补偿剂（硼）的含量应加以限制（硼浓度一般限制在 1.3×10^{-3}～1.4×10^{-3} 以下）。

2. 压力系数

压力系数为在反应堆中，冷却剂压力变化所引起的反应性变化，即

$$\alpha_p = \frac{\Delta\rho}{\Delta p}$$

压力系数主要是由压力变化引起慢化剂的密度变化导致的，因此有时候也称为慢化剂密度系数。压力升高，慢化剂密度会增大，从而水铀比增大。在设计成欠慢化的反应堆中，这个因素会引入正的反应性。在压水堆中，压力系数的值通常很小，比慢化剂的温度系数要小得多，所以一般不太引起重视。在沸水堆中，由于压力对密度的影响比较大，因此压力系数会比较大，不过也没有下面要介绍的空泡系数关键。

3. 空泡系数

在冷却剂会沸腾的堆芯中，如沸水堆，空泡系数是指冷却剂内的空泡份额变化百分之一所引起的反应性变化，即

$$\alpha_V = \frac{\Delta\rho}{\Delta x_V}$$

式中，x_V 为冷却剂内气泡所占的体积百分数。

以液体作为慢化剂和冷却剂的反应堆中，由于冷却剂的沸腾（包括局部沸腾）产生的气泡占据了液体慢化剂的空间，这将导致以下一些影响：慢化剂对中子吸收的减少，从而使反应堆的热中子利用因数提高；中子泄漏会增加；慢化能力会变小；中子能谱会被硬化。这些影响中，有些是正效应，有些是负效应。总的净效应是正还是负与反应堆的类型及其核特性有关，并与空泡出现的位置有关。一般来说，对于压水堆是负效应；而对大型快中子反应堆，可能出现正效应，特别是当空泡出现在堆芯中心区时。

几种典型反应堆的反应性系数如表 2-2 所示。

表 2-2 几种典型反应堆的反应性系数

项目	沸水堆	压水堆	重水堆	高温气冷堆	钠冷快堆
燃料温度系数/（10^{-5}/K）	−4～−1	−4～−1	−2～−1	−7	−0.25～−0.1
慢化剂温度系数/（10^{-5}/K）	−50～−8	−50～−8	−7～−3	+1.0	—
空泡系数/（10^{-5}/%功率）	−200～−100	—	—	—	−12～+20

4．功率系数

反应性功率系数是单位功率变化所引起的反应性变化，也称为反应性微分功率系数，简称功率系数，即

$$\alpha_P = \frac{\Delta\rho}{\Delta P}$$

式中，P 为反应堆的功率。

反应堆的功率发生变化时，堆内核燃料的温度、慢化剂的温度以及冷却剂中的空泡份额都会发生变化，从而引起反应性的总变化。因此，功率系数 α_P 是所有和功率有关的反应性系数的总和。在整个堆芯寿期中，要求它都是负的。通常在堆芯寿期末其负值的绝对值会更大，这是末期慢化剂的负温度效应增大的缘故。

三、影响反应性变化的因素

1．燃料和重同位素成分的变化

在反应堆运行期间，^{235}U 因燃耗而不断减少，^{238}U 也会因吸收中子而生成同位素 ^{239}Pu、^{240}Pu 等，造成堆内各种重同位素成分的变化。^{239}Pu 是很好的易裂变材料，在堆内也要发生裂变反应，这样就延长了堆的换料时间（或称为堆的换料周期）。

2. 氙毒、碘坑、氙振荡与结渣

氙带来的第一个问题是氙毒。伴随着核燃料的裂变，各种裂变产物及次级产物将随之产生并积累起来。这些产物吸收中子，直接影响 $K_{有效}$。在几百种裂变产物中，对反应堆链式反应危害最大的是氙（^{135}Xe）。它的半衰期短，但 ^{135}Xe 的热中子吸收截面非常大，在 E=0.025 3 eV 处，$\sigma_a=2.7\times10^6$ b，在 0.08 eV 处有共振峰，在热能区平均的吸收截面大约为 3×10^6 b。因此，这直接影响热中子反应堆的运行。为了与其他裂变产物相区别，称为“氙毒”。^{135}Xe 的吸收截面随中子能量增加而显著地下降，因此在快中子反应堆中，氙中毒的影响较小。

反应堆中 ^{135}Xe 的产生有两种途径：

一是由 ^{235}U 裂变直接产生，产额 r_{Xe}=0.003，即相当在一千次裂变中产生 3 个 ^{135}Xe 核。

二是由裂变产物碲（^{135}Te）经过两次 β 衰变得到。^{235}U 吸收热中子裂变直接生成 ^{135}Te，其产额 r_{Te}=0.061。^{135}Te 经 β 衰变而很快衰变成碘（^{135}I）（半衰期 19.2 s），^{135}I 又经 β 衰变（半衰期 6.58 h）而产生 ^{135}Xe。

$$^{235}U + {}_0^1n \xrightarrow{\text{裂变}} {}^{135}Te \xrightarrow[19.2\,s]{\beta} {}^{135}I \xrightarrow[6.58\,h]{\beta} {}^{135}Xe$$

由于 ^{135}Te 的半衰期较短，而 ^{135}I 的半衰期较长，可以看成裂变直接生成 ^{135}I。因而，^{135}I 的产额即等于 ^{135}Te 的产额 0.061。比较两种途径，可以看出核裂变直接生成 ^{135}Xe 的裂变产物比较少，而大量的毒物是由 ^{135}I 裂变产物经过 β 衰变而来的，^{135}Xe 的本身产额主要取决于 ^{135}I 的产额。

在反应堆稳定运行情况下，由于裂变不断产生 ^{135}I 和 ^{135}Xe，随着它们的积累，吸收中子及 β 衰变的损失率也将逐渐增大。最后，^{135}Xe 的产生和消失达到平衡，堆内 ^{135}Xe 达到一个平衡值，即所谓的平衡氙毒。平衡氙毒的浓度与稳定运行的中子注量率水平有关。功率高，中子注量率水平也高，平衡氙毒浓度也随着增大。在热中子注量率为 10^{14} n/（cm^2·s）下，运行约 40 h 之后，^{135}I 和 ^{135}Xe 的浓度基本上达到平衡浓度。氙中毒造成的反应性量为 −0.05～−0.04。热中子注量率增加，氙中毒会增加，但是不会无限增加，氙中毒最大也不会超过裂变造成的 ^{135}I 和 ^{135}Xe 产额 0.063。在中子注量率远大于 10^{13} n/（cm^2·s）时，氙浓度达到最大值的时间基本上与中子注量率无关，大约在停堆后 11 h。在高中子注量率下，还可认为平衡氙中毒与中子注量率值无关。

氙带来的第二个问题是所谓的“碘坑”问题。它是忽然停堆或降功率带来的运行问题。氙的消失有两条途径：中子吸收和衰变。在中子注量率为 0.756×10^{13} n/（cm^2·s）时，这两条途径基本相等，动力堆中子注量率一般大于此值，氙主要靠吸收中子而消失。因此，停堆后会出现浓度上升，如氙浓度在停堆后 10～11 h 达到最大值，可能是稳定功率下的两倍多，即出现“碘坑”现象。

堆在正常中子注量率下运行，^{135}Xe 处于动平衡，即产生项（由 ^{135}I 衰变而来和裂变直接产生）与消失项（因衰变和吸收中子消失）相等，保持某一平衡数值。忽然停堆或降功率后，破坏了原来的平衡，一方面，由于中子注量率急剧下降，裂变直接产生 ^{135}Xe 的来源项减小了或不存在了，^{135}Xe 吸收中子的主要消失项减小或不存在了；但是另一方面，虽然 ^{135}Xe 也因自身的衰变而减小，停堆前堆中所积累的 ^{135}I 还将继续衰变为 ^{135}Xe。如果停堆前稳定运行的中子注量率足够高，使得积累的 ^{135}I 的核数目足够多，以致 ^{135}I 的衰变率大于 ^{135}Xe 的衰变率，就会造成 ^{135}Xe 的积累。^{135}Xe 的积累，使 $K_{有效}$大幅下降，堆处于很深的次临界状态。当全部释放后备反应性也不足以抵消 ^{135}Xe 的氙毒反应性时，堆是无法达到临界的。经过一段时间，由于碘的衰变产生 ^{135}Xe 的一项逐渐减少，而 ^{135}Xe 本身的衰变却相应增加，当后者占优势时，反应性又开始回升，逐渐恢复到正常状态。这种氙毒造成反应性下降至谷值又回升的现象是在反应堆停堆或降功率后出现的现象，因为是 ^{135}I 的衰变引起 $K_{有效}$减少，故而称为“碘坑”。

由于“碘坑”现象，在动力反应堆运行规程中有明确规定。当反应堆出现紧急停堆时，为了争取延长反应堆有效工作时间，防止掉入“碘坑”，应争取检修工作抢在掉入“碘坑”之前完成，譬如在紧急停堆后几小时（如 2～3 h）内完成，否则不能盲目启动反应堆，掉入“碘坑”，反应堆就启动不起来，即使启动起来也是很危险的，必须等待过了“碘坑”以后，待反应性开始回升到高于堆的后备反应性时方能启动。

氙带来的第三个问题是可能出现空间氙振荡的问题，即由于 ^{135}Xe 浓度空间变化而引起空间中子注量率和功率的振荡问题。其机理分析如下：当某个原因使堆芯中子注量率出现了不对称，在高中子注量率区，^{135}Xe 烧掉快，从局部看此处氙毒下降，从而引起中子注量率进一步增加；而在低中子注量率区，^{135}Xe 烧掉慢，氙毒加大，引起中子注量率进一步下降。中子注量率增加处会造成 I 浓度上升，当 I 上升足够多时，I 衰变成 Xe 的量就会增加，从而使原来上升的中子注量率开始下降，使建立起来的中子注量率形状向相反的方向变化。反应堆内中子注量率分布形状就会出现反复变化，这种现象称为空间氙振荡。在大尺寸中子注量率高的反应堆中有可能出现空间氙振荡。空间氙振荡的周期比较长，一般是可以控制的。但是，空间氙振荡可能使局部中子注量率即功率上升，从而带来局部燃料元件烧毁的安全问题。

除 ^{135}Xe 外，^{149}Sm 也有类似的问题，但是 ^{149}Sm 对热中子的吸收截面没有 ^{135}Xe 大，在 E=0.025 3 eV 下吸收截面为 40 800 b。^{149}Sm 达到平衡钐的时间在数百小时以上，平衡 Sm 中毒在 0.007 左右，比 ^{135}Xe 中毒小许多倍。

除 ^{135}Xe 和 ^{149}Sm 外，其他裂变产物的产生均称为“结渣”。有些是中子强吸收产物，有些是中子弱吸收产物。每一个“渣”的原子核数目都遵循自身的规律随时间变化着。一方面，它或因裂变而产生，或由先驱核衰变或吸收中子转变而来；另一方面，它本身因吸收中子而消耗，或由衰变转变为其他核素。所有这些“渣”都有一定的毒性，对 $K_{有效}$产生或强或弱的影响，对反应性的消长有一定的贡献。

四、反应性的控制

在反应堆运行过程中，由于核燃料的消耗和裂变产物的积累，反应堆内的反应性不断减少；此外，温度变化、反应堆功率的变化也会引起反应性变化。所以，核反应堆的初始燃料装载量必须比维持临界所需的量多得多，使堆芯寿命初期具有足够的剩余反应性，以便在反应堆运行过程中补偿上述效应所引起的反应性损失。为了对反应堆实现启动、停闭、提升/降低功率等过程，还必须进行反应性外部控制。

反应性控制设计的主要任务是：采取各种切实有效的控制方式，在确保安全的前提下，控制反应堆的剩余反应性，以满足反应堆长期运行的需要；通过控制毒物适当的空间布置和最佳操作程序，使堆在整个寿期内保持较平坦的功率分布，使功率峰值因子尽可能小，在外界负荷变化时，能够调节反应堆功率，以适应外负荷变化；在反应堆出现事故时，能够迅速地停堆，并保持适当的深度。

总的反应性控制需要量应当等于剩余反应性与停堆余量之和。剩余反应性是堆芯中没有任何控制毒物（可燃毒物和/或化学补偿毒物）时的反应性。其中控制毒物是指反应堆中用于反应性控制的各种中子吸收体，如控制棒。停堆余量是当全部控制毒物都投入堆芯时，反应堆所达到的负反应性，或称为停堆深度。

根据控制毒物在调节过程中的作用和要求，可把反应性控制分为三种类型：

（1）紧急停堆控制。当反应堆出现异常工况需要紧急停堆时，要求控制系统能迅速引入一个大的负反应性，快速停堆，并达到一定深度。

（2）功率调节控制。当外界负荷或堆芯温度发生变化时，要求控制系统必须引入一个适当反应性，以满足反应堆功率调节的需要。在操作上要求既简单又灵活。

（3）补偿控制。用于补偿燃耗、裂变产物积累所需的剩余反应性，所要控制的反应性当量是大的，但由于这些反应性的变化是很缓慢的，所以相应的控制毒物的过程也是十分缓慢的。

实际上，凡是能改变反应堆有效倍增因子的任何装置、机构和过程均可作为控制反应性的手段。归纳起来有以下几种：改变堆内中子吸收，如向堆芯加入或提出控制毒物以改变堆内中子吸收；改变中子慢化能力，如在重水-轻水混合慢化反应堆内改变重水和轻水的比例；改变燃料的含量；改变中子泄漏，如采用在小型快中子反应堆中移动反射层方法。其中，向堆芯加入或提出控制毒物是最常见的一种方法。通常称中子吸收体为控制元件。

向堆芯加入或提出控制毒物有以下三种方式：

（1）控制棒：在堆芯内插入可移动的含有中子吸收材料的控制棒。按其作用不同可分为补偿棒、调节棒和安全棒三种。补偿棒用于补偿控制，调节棒用于功率控制，安全棒用于紧急停堆控制。控制棒是由中子吸收截面较大的材料（如镉、铟、硼和铪等）制成。在中子能谱较硬的热中子堆中，为了提高控制效果，最好采用几种中子吸收截面不同的材料组成的混合物作为控制棒，以便在各个能区内吸收中子。为此，在近代压水堆中使用的控制棒多数由银-铟-镉合金制成。此外，控制棒材料还必须具备耐辐射、抗腐蚀和易于机械加工等方面的良好性能。

（2）可燃毒物：堆芯寿期的长短通常取决于反应堆初始燃料装载量。当然，装入反应堆的燃料量也部分取决于反应堆控制元件实际能补偿的剩余反应性量。为增大堆芯的初始燃料装载量，通常在堆芯内装入中子吸收截面较大的物质，把它作为固定不动的控制棒装入堆芯，用以补偿堆芯寿命初期的剩余反应性，这种物质称为可燃毒物。可燃毒物的吸收截面应比燃料的吸收截面大。这样，它们就能比核燃料更快地烧完，从而在燃料循环末期，由它们带来的负反应性贡献可以忽略。采用这种控制方法有许多优点：如延长堆芯的寿期、减少可移动控制棒的数目、简化堆顶结构，若布置得当，还能改善堆芯的功率分布等。

可燃毒物材料通常选用钆（Gd）或硼（B），将其制成小片弥散在燃料中。在压水堆中，堆芯初始装载时用硼硅酸盐玻璃管作为可燃毒物棒装入堆芯。

（3）可溶毒物：可溶毒物是一种吸收中子能力很强的可以溶解在冷却剂中的物质。在压水堆中往往以硼酸溶解在冷却剂内用作补偿控制。其优点是毒物分布均匀和易于调节。由于这种化学控制方法能补偿很大的剩余反应性，可以使堆芯内可移动控制棒数目大量减少，从而简化了堆芯设计；然而，化学补偿控制也有不足之处，例如，由于向冷却剂增加或减少毒物量的速率十分缓慢，所以反应性的引入速率相当小。因此，化学补偿控制只能补偿由于燃耗、中毒和慢化剂温度变化等引起的缓慢的反应性变化。

选择哪种控制方式是与堆型有关的。在石墨慢化反应堆和重水慢化反应堆中，由于初始剩余反应性比较小，控制棒的效率又比较高，所以大部分都采用控制棒控制方式。而在轻水反应堆中，初始剩余反应性很大，控制棒效率又比较低，如全部都采用控制棒来控制，需要的控制棒数量很多，而且在轻水反应堆中采用稠密栅格，堆体积小，安排过多控制棒，会使压力壳顶盖开孔增加而影响压力壳强度。所以，在目前压水堆中，都采用控制棒、固体可燃毒物和冷却剂中加硼酸溶液三种控制方式来联合控制，以减少控制棒数量。表 2-3 说明了几种主要反应堆堆型下的各种反应性数值。

表 2-3　几种主要反应堆堆型下的各种反应性数值　　单位：Δ*k*/*k*

反应堆		沸水堆	压水堆	重水堆	高温气冷堆	钠冷快堆
清洁堆芯剩余反应性	20℃时	0.25	0.293	0.075	0.128	0.050
	运行温度时	—	0.248	0.065	—	0.037
	平衡氙和钐	—	0.181	0.035	0.073	—
控制毒物价值	总控制价值	0.29	0.32	0.125	0.21	0.074
	控制棒价值	0.17	0.07	0.035	0.11	0.074
	可燃毒物	0.12	0.08	0.09	0.10	—
	化学补偿	—	0.17	—	—	—
停堆深度	冷态和清洁堆芯	0.04	0.03	0.05	0.082	0.024
	热态和平衡氙	—	0.14	—	0.137	0.037

在事故工况下，任何链式裂变反应的不正常增加，将会被堆外中子测量系统探测到，并发出警报信号，必要时产生自动停堆信号，使控制棒落入堆芯以中止链式裂变反应。在蒸汽管道破裂或其他蒸汽需求不正常增加的事故情况下，一回路过冷，导致反应性的不可控增加，在压水堆中设有的安全注入系统将会动作，将含高浓度硼的冷却剂注入堆芯以中止链式裂变反应。

第三节　核反应堆内的释热与传热

一、核反应堆热源及其分布

核燃料裂变时会释放出巨大的能量。虽然不同核燃料元素的裂变能有所不同，但一般认为每一个 ^{235}U、^{233}U 或 ^{239}Pu 的原子核，裂变时大约要释放出 200 MeV 的能量。这里主要介绍裂变能的强度及其在堆内空间分布情况。

1. 裂变能分配

堆的热源来自裂变过程释放出来的能量，每次裂变释放出来的可利用总能量平均约为 200 MeV（不包括裂变过程释放出由中微子带走无法利用的约 12 MeV 能量）。表 2-4 中列出了裂变能的近似分配。

表 2-4　裂变能的近似分配

能量形式	能量/MeV	射程	释热地点
裂变碎片动能	168	极短，约 0.01 mm	在燃料元件内
裂变中子动能	5	中等	大部分在慢化剂内
瞬发γ射线能量	7	长	堆内各处
裂变产物衰变β射线	7	短，＜1 mm	大部分在燃料元件内，小部分在慢化剂内
裂变产物衰变γ射线（缓发）	6	长	堆内各处
过剩中子引起的非裂变反应加上(n, γ)反应产物的β衰变和γ衰变	约 7	有短有长	堆内各处
总计	约 200		

从表 2-4 中数据可以看到，绝大部分的能量集中在裂变碎片动能，约占总能量的 84%。裂变碎片的射程很短，约 0.01 mm，因此可以认为裂变碎片动能基本上都是在燃料芯块内以热能的形式释放出来的。一次裂变平均释放 2.5 个裂变中子，裂变中子的平均能量为 2 MeV，所以一次裂变由裂变中子带走的动能约为 5 MeV。裂变中子动能在慢化剂的头几

次碰撞中失去大部分能量，它的射程由几厘米到几十厘米不等。裂变过程产生的瞬发γ射线（包括裂变时产生的瞬发γ射线和裂变产物衰变产生缓发γ射线）穿透能力强，因此它可以在堆芯、反射层、热屏蔽和生物屏蔽中转换成热能，甚至有极少量γ射线穿出堆外。裂变产物衰变产生β射线的射程也很短，它的能量大部分也是在燃料芯块内释放出来的，只有少量高能β射线进入慢化剂，但不会穿到堆芯外边去。堆芯内的燃料、结构材料和冷却剂吸收中子产生的(n, γ)反应也会放出能量，这部分约有 7 MeV，这部分能量也是可以利用的。总体来说，裂变能的绝大部分在燃料元件内转换为热能，少量在慢化剂内释放，还有少量是在反射层、热屏蔽等部件转换成热能。在压水动力堆工程设计中，通常取燃料元件的释热量占堆总释热量的 97.4%。

特别要引起重视的是，裂变产物衰变产生的γ射线和β射线在反应堆停闭以后很长一段时间内仍继续释放，因此必须考虑停堆后对燃料元件进行长期的冷却，对乏燃料发热也要引起足够的重视。

2. 堆内释热率分布

核反应堆中子物理学揭示了均匀裸堆热中子注量率的理论分布规律。目前绝大部分的动力堆都采用圆柱形堆芯。圆柱形均匀裸堆的热中子注量率分布在高度方向上为余弦分布，半径方向上为零阶贝塞尔函数分布，即

$$\phi(r,z)=\phi_0 J_0\left(\frac{2.405r}{R_e}\right)\cos\left(\frac{\pi z}{L_e}\right)$$

式中，R_e 为外推半径；L_e 为外推高度，m。

有了均匀裸堆的热中子注量率分布后，我们就可以得到均匀裸堆的释热率分布了，即

$$q_V(r,z)=q_{V\max} J_0\left(2.405\frac{r}{R_e}\right)\cos\left(\frac{\pi z}{L_e}\right)$$

式中，$q_{V\max}$ 为堆芯中最大的体积释热率。

均匀裸堆的体积释热率分布能够给出一个宏观的功率分布图像。在实际的反应堆里面，存在许多非均匀因素，使得计算实际的功率分布非常复杂，往往需要大型的物理计算程序计算才能得到。其中，不同富集度的燃料元件分区布置对堆内功率分布的影响很大；控制棒的布置对功率分布影响也很大。

因为反应堆的功率输出是由传热能力来决定的，所以局部的功率峰值会限制整个反应堆的输出功率。为了尽可能提高反应堆的总输出功率，就需要进行功率展平。功率展平的主要措施有燃料元件分区布置，合理设计和布置控制棒（如采用束棒及部分长度控制棒），堆芯内可燃毒物的合理布置，采用化学补偿溶液以及堆芯周围设置反射层等。

二、传热的基本方式

传热学是研究热传递规律的科学。传热学研究的任务是在什么条件下才能实现热传递以及分析其传递规律。热传递的现象千变万化，错综复杂，但总可以把它们归纳成三种基本的热传递方式，即热传导、对流传热和热辐射。

1. 热传导

热量从物体中温度较高的部分传递到温度较低的部分，或者从温度较高的物体传递到与其接触的温度较低的另一物体的过程称为热传导（又称导热）。

从微观角度来看，气体、液体、固体的导热机理是有所不同的。气体中，导热是气体分子不规则热运动时互相碰撞的结果，气体的温度越高，其分子运动的动能越大，不同能量水平的分子相互碰撞的结果，使热量从高温处传到低温处；液体或固体通过它们的微观粒子在其平衡位置附近的振动而形成弹性波来传递热能。而固体金属则主要依靠自由电子的扩散作用产生热能传递。传热学研究的范围只是以宏观方法去研究导热过程，通常只使用宏观量把导热过程与物体的温度分布联系起来。

分析一维导热过程的基本方法是傅里叶定律。如图 2-9 所示的平板，假设两个表面均维持均匀温度，对于 x 方向上任意位置一个厚度为 dx 的微元层，根据傅里叶定律，单位时间通过该层的导热热量与其温度变化率及平板面积 F 成正比，即

$$Q = -kF\frac{\mathrm{d}t}{\mathrm{d}x}$$

式中，k 为比例系数，称为热导率（也称导热系数），W/（m·℃）；t 为温度，℃。负号表示热量传递的方向同温度升高的方向相反。

假设 k 不随温度的变化而变化，将上式积分，可得

$$Q = kF\frac{\Delta t}{\delta} = \frac{\Delta t}{\dfrac{\delta}{kF}}$$

式中，δ 为平板厚度，m；Δt 为平板两边的温度差，℃。

该式与电学上的欧姆定律 $I=U/R$ 相比，在形式上是类似的：传热量 Q 对应于电流强度 I，温差 Δt 对应于电压 U。于是 $\delta/(kF)$ 对应于电阻 R，它表示了热量传递路径的阻力，称为热阻，记为 R_t。与串联电路的总电阻计算方法相仿，对于几个环节构成的传热过程（如多层平板导热），总的热阻等于各分热阻之和。

热导率 k 是表征导热性能优劣的参数，不同材料的热导率值不同，即使是同一材料，热导率值也随温度而变。一般而言，$k_{金属} > k_{液} > k_{气}$。

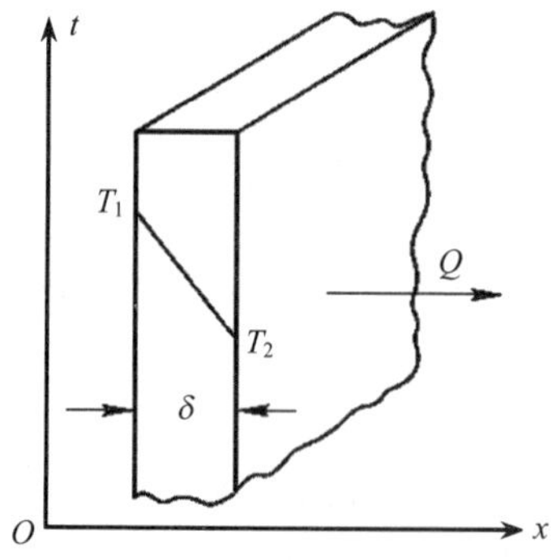

图 2-9 平板一维导热示意图

对于更复杂的情况，如有内热源的三维导热，可以通过分析物体内部某个微元体的热量平衡推导出普遍适用的导热微分方程。常热导率下稳态导热微分方程的一般形式为

$$k\nabla^2 T + q_V = 0$$

式中，q_V 为体积释热率，W/m^3。公式左端第一项表示从微元体表面传导出去的热量（相差一个负号），第二项表示微元体内产生的热量，因此该式实际上体现了能量守恒的关系。导热微分方程是求解物体内温度分布的主要工具。下面以圆柱形燃料元件为例作出说明。

最常见的圆柱形燃料元件横断面如图 2-10 所示。该种元件就是通常所用的棒状燃料元件，是目前动力堆普遍采用的燃料元件。对于组件内的一根燃料棒，由于燃料棒很细，因此半径方向为热流的主要方向。

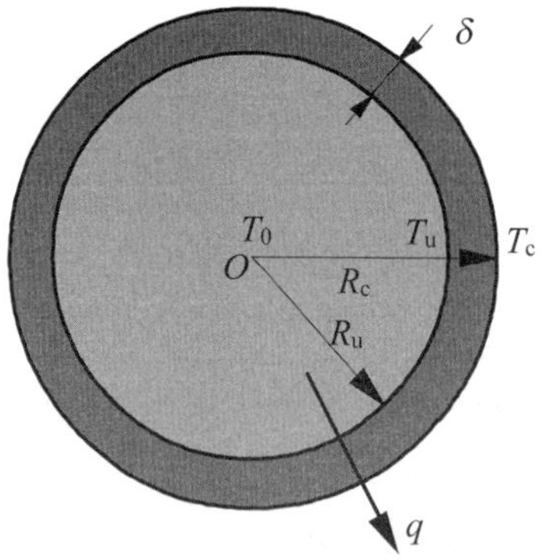

图 2-10 圆柱形燃料元件横断面

分析可知，在柱状燃料芯块内，是具有内热源的导热问题，芯块的释热逐渐传导至燃料芯块的表面。由于包壳为中子吸收率很低的锆合金结构材料，所以包壳内可认为是无内

热源的导热问题，通过热传导，将包壳内表面的热量导向包壳外表面。

考虑到包壳和燃料芯块之间存在一层很薄的充满氦气的气间隙（称为气隙），就要分析气隙导热，还要分析在包壳的传热。这样，在燃料和冷却剂之间的总热阻应该由四部分组成，即燃料芯块的导热热阻，在燃料和包壳之间的气隙热阻，包壳的导热热阻，对冷却剂的传热热阻。

图 2-11 是典型的轻水堆在不同的功率下燃料棒内的温度分布，可以看到燃料棒内 UO_2 燃料的热阻最大，其次是气隙。气隙厚度大约为 0.05 mm，气隙温降从图 2-11 中可以看出为几十摄氏度到几百摄氏度。

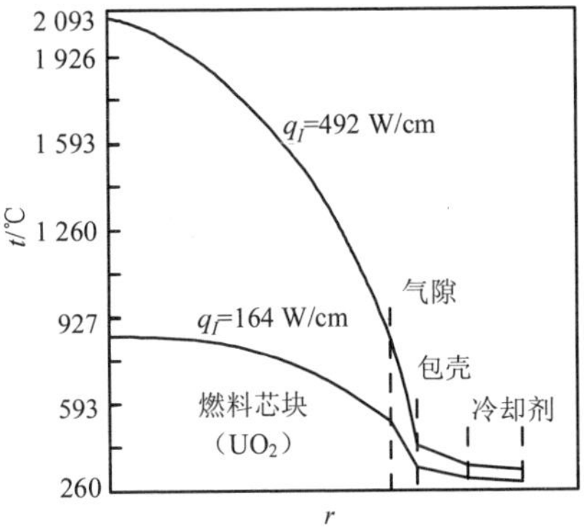

图 2-11　在不同的功率下燃料棒内的温度分布

由于以下几个原因，必须分析燃料元件的温度场。首先，要保证在任何情况下不会发生燃料元件熔化，就必须知道燃料元件内的温度分布；其次，由于温度梯度会造成热应力，因此在燃料芯块和结构材料设计时要考虑温度的空间分布，而且材料在高温下的蠕变和脆裂等现象都与温度有密切关系；再次，包壳表面和冷却剂的化学反应也与温度密切相关；最后，从反应堆物理角度考虑，燃料和慢化剂的温度变化会引入反应性的变化，影响到反应堆的控制。因此，燃料元件温度场的分析在反应堆热工分析中有着重要的地位。

影响燃料元件内的温度场的因素是很多的。燃料的释热率，也就是通常说的发热功率，是决定元件内温度场的首要因素。在同样的释热率情况下，不同的元件和包壳材料也会导致不同的温度场。另外，冷却剂的流动状态以及温度大小也会影响从燃料元件表面带走热量的速率，当然也就直接影响了燃料元件内的温度。燃料元件以及冷却剂温度的变化会引起反应性的变化，从而导致释热率的变化，因此，释热率与温度场是互相耦合的，需要通过热工和物理多次迭代计算才能给出正确结果。

2. 对流传热

在核动力厂中存在大量的对流传热现象，必须重点分析。在分析堆芯传热中，研究对流体换热的目的有两个，一个目的是得到冷却剂通道内的温度分布，从而保证冷却剂的温度低于许可极限温度；另一个目的是找到决定通道壁面传热系数的关键因素，以便于选择材料和流动参数使得传热系数尽可能大。

对流换热是指流体与固体表面之间通过流体的对流发生的热量传输。对流换热是在流体流动进程中发生的热量传递现象，它是依靠流体质点的移动进行热量传递的，与流体的流动情况密切相关。当流体作层流流动时，在垂直于流体流动方向上的热量传递，主要以热传导（也有较弱的自然对流）的方式进行。而流体作湍流流动时，对流是其主要的传热方式。

流体流过固体表面，当流体和固体温度不同时，它们之间必然会发生热量传递。紧贴固体表壁处总有一薄层流体作层流流动，其中垂直于壁面的方向上仅有分子能量的传递，即只存在导热，而层流薄层以外的区域，热量的传递主要依靠对流。

对流传热有多种类型，如表 2-5 所示。对流传热可以分为单相对流传热和两相对流传热。在单相对流传热中分为强迫对流传热和自然对流传热。

表 2-5　对流传热的类型

<table>
<tr><td>单相对流传热</td><td colspan="3">两相对流传热</td></tr>
<tr><td rowspan="4">强迫对流传热</td><td colspan="2">沸腾</td><td>冷凝</td></tr>
<tr><td rowspan="3">池式沸腾</td><td>泡核沸腾</td><td rowspan="3">滴状凝结</td></tr>
<tr><td>过渡沸腾</td></tr>
<tr><td>膜态沸腾</td></tr>
<tr><td rowspan="5">自然对流传热</td><td rowspan="5">流动沸腾</td><td>泡核沸腾</td><td rowspan="5">膜状凝结</td></tr>
<tr><td>过渡沸腾</td></tr>
<tr><td>膜态沸腾</td></tr>
<tr><td>通过液膜的强迫对流</td></tr>
<tr><td>缺液区传热</td></tr>
</table>

对流传热的牛顿冷却公式为

$$q = h\left(t_{\mathrm{w}} - t_{\mathrm{b}}\right)$$

式中，t_{w} 为壁面温度，℃；t_{b} 为主流温度，℃；h 为对流传热系数，W/（m^2 · ℃）。

要确定单相对流传热的热流密度，关键是确定传热系数 h。在理论和实验研究的基础上，区分层流或湍流、垂直通道或水平通道、加热通道或等温通道等不同结构形式和流动工况，研究者给出了多种经验或半经验关系式。

求解对流传热问题，关键是求出对流传热系数 h，而它与许多因素有关，一般只能通过实验得出各种特定条件下适用的经验关系式。对流换热系数可用根据实验数据整理的经验公式计算，如 Dittus-Boelter 关系式。Dittus-Boelter 关系式是把加热流体和冷却流体的情况分开来整理的。在加热流体的情况下（如堆芯内通道和蒸汽发生器的二次侧）为

$$\mathrm{Nu} = 0.023\,\mathrm{Re}^{0.8}\mathrm{Pr}^{0.4}$$

在冷却流体的时候（如蒸汽发生器的一次侧）为

$$\mathrm{Nu} = 0.023\,\mathrm{Re}^{0.8}\mathrm{Pr}^{0.3}$$

式中，Nu、Re、Pr 均为量纲一准则数，定义如下：

$$\mathrm{Nu} \equiv \frac{hL}{k}, \quad \mathrm{Re} \equiv \frac{\rho VL}{\mu}, \quad \mathrm{Pr} \equiv \frac{\mu C_p}{k}$$

式中，k 为流体的热导率；μ 为流体的动力黏度系数；L 为换热定性尺寸；V 为主流平均速率；ρ 为流体密度。

这样根据流动条件得到 Nu 后，就可以计算得到对流传热系数 h。

影响对流传热的因素主要有以下五个方面：

1）流体流动的原因

流动分为强迫对流和自然对流两类。凡受外力的推动（如鼓风机或泵）而引起的流体流动，称为强迫对流；原来静止的流体，由于内部温度不平衡，因而流体各部分之间产生密度差，由此引起的流动称为自然对流。强迫对流和自然对流具有不同的换热规律，计算对流传热的方法也有所不同。

2）流体的流态

流体的流态分层流和湍流。由于两种流态的机理不同，热传递的规律也随之而异。层流时，热传递主要依靠互不相干的流层之间的导热；湍流时，除紧贴壁面的层流底层外，流体沿壁面法线方向产生对流作用而使热传递增强。

3）流体有无相变发生

在某些换热过程中，参与传热的液体因受热（或放热）而发生沸腾（或凝结）。流体有相变的换热过程与无相变的对流传热过程有很大差别。在相变过程中，流体温度基本保持相应压力下的饱和温度而不变，这时液体与壁面间的换热量等于流体吸收或放出的潜热。同时汽液两相的流动情况也不同于单相流动。所以有相变时与无相变时的换热条件大不一样。对同一种液体，有相变时的换热强度要大得多。

4）流体的物理性质

不同流体如空气、水和油等，它们的物理性质不同。例如，在温度和速率完全相同的水和空气中，物体被加热或冷却的速度相差甚大。这主要是因为水和空气的热导率相差悬殊，致使边界层中的导热热阻不同，从而影响了换热系数。此外，流体的动力黏度 μ 和密度 ρ 通过雷诺数 Re（$\mathrm{Re}=vD_e\rho/\mu$，D_e 流道水力直径）而反映流体的流动情况是层流还是湍流，进而影响换热系数。又如，流体的定压比热容的大小能确定流体吸热或放热后的温度变化，从而与边界层中的温度梯度有关，当然对换热强度也有影响。

5）换热面的几何因素

它包括换热面的形状、大小以及换热面在流体中的相对位置。换热面的形状和大小不同，就会影响流体在换热面附近的流动情况。例如，流体横向绕流圆柱体，尾部产生漩涡现象，流动情况与管内流动就完全不同，这些因素都会影响对流传热。

3．热辐射

一切物体都有热辐射的能力，辐射出的光子具有的能量称为辐射能。物体通过电磁波来传递能量的方式称为辐射传热。物体会因各种原因发出辐射能，其中因热发出辐射能的现象就是热辐射。

自然界中各个物体都不停地向空间发出热辐射，同时不断地吸收其他物体发出的热辐射。辐射与吸收过程的综合结果就造成了以辐射方式进行的物体间的热量传递，这就是辐射换热。当物体与周围环境处于热平衡时，辐射换热量等于零，但这是动态平衡，辐射与吸收过程仍在不停地进行。

热辐射可以在真空中传播，而导热和对流传热这两种热传递方式只能在有介质存在的条件下才会发生。当两个物体被真空隔开时，如地球与太阳之间，导热与对流都不会发生，只能进行辐射换热，这是热辐射的一个特点。另一个特点是辐射换热不仅产生能量的转移，而且还伴随着能量形式的转化，即发射时从热能转换成辐射能，而被吸收时又从辐射能转换为热能。

实验表明，物体的辐射能力与温度有关，同一温度下不同物体的辐射与吸收本领也大不一样。一种称作绝对黑体（简称黑体）的理想物体在同温度的物体中具有最大的辐射本领和吸收本领。

黑体在单位时间内向所有方向辐射出的热量称为辐射能力 E，它可按下式计算：

$$E=\sigma_0 FT^4$$

式中，F 为物体的辐射表面积，m^2；σ_0 为黑体辐射常数，其值为 5.67×10^{-8} W/（$m^2\cdot K^4$）；T 为表面的热力学温度，K。

当温度为 300℃时，热辐射中最强的波长在红外区。当物体的温度在 500℃以上至 800℃时，热辐射中最强的波长成分在可见光区。物体在向外辐射的同时，还吸收从其他物体辐射来的能量。物体辐射或吸收的能量与它的温度、表面积、黑度等因素有关。

实际物体的热辐射能力小于同温度下黑体的值，因此上式可修改为

$$E=\varepsilon\sigma_0 FT^4$$

式中，ε 为该物体的热辐射发射率，与物体的种类及表面状态有关，其值总是小于 1。

热辐射主要有以下几个特点：

（1）任何物体，只要温度高于 0 K，就会不停地向周围空间发出热辐射；

（2）可以在真空和空气中传播；

（3）伴随能量形式的转变；

（4）具有强烈的方向性；

（5）辐射能与温度和波长均有关；

（6）发射辐射取决于温度的 4 次方。

两个黑体之间辐射换热的热流密度为

$$q = \sigma (T_1^4 - T_2^4)$$

在压水堆稳态工况下，堆内的温度不是很高，辐射换热量相对于导热和对流小得多，一般可以忽略不计。但在事故工况下，堆内可达到相当高的温度，这就要考虑热辐射的作用了。

三、沸腾传热

1. 沸腾传热概述

沸腾是指液体受热超过其饱和温度时，在液体内部和表面发生汽化的现象。沸腾传热是指热量从壁面传给液体，使液体沸腾汽化的对流传热过程。

按液体所处的空间分类，沸腾可以分为：①池内沸腾，又称大容器内沸腾。液体处于受热面一侧的较大空间中，依靠气泡的扰动和自然对流而流动，如夹套加热釜中液体的沸腾。②管内沸腾。液体以一定流速流经加热管时所发生的沸腾现象。这时所生成的气泡不能自由上浮，而是与液体混在一起，形成管内汽液两相流，如蒸汽发生器加热管外二次侧的沸腾。

沸腾传热与气泡的产生和脱离密切相关。气泡形成的条件是：液体必须过热并要有汽化核心。这些条件是由气泡与周围液体的力平衡和热平衡所决定的。在一个绝对光滑的平面上是不可能产生气泡的，必须有汽化核心。加热表面上的划痕或空穴中含有的气体或蒸汽，都可作为汽化核心。紧贴这些核心的液体汽化后，形成气泡并逐渐长大，然后脱离表面，接着又有新的气泡形成。在气泡形成与脱离表面时造成液体对壁面的强烈冲击和扰动，所以对同一种液体来说，沸腾传热的传热分系数要比无相变时大得多。

2. 池式沸腾

对于池式沸腾，Nukiyama 早在 1934 年就对其进行了实验研究，得到了图 2-12 所示的沸腾曲线，其中纵坐标是热流密度 q，横坐标是壁温（t_w）与饱和温度（t_{sat}）的温差。图 2-12 中纵坐标和横坐标均采用对数坐标。图中 B 点是沸腾起始点，B 点之前的传热是单相自然对流传热。从 B 点开始，发现随着气泡的生成，传热系数成十上百倍迅速增大，但是到了 C 点以后，不上升反而下降了。这是因为热流密度升高到一定值以后，在壁面附近产生的大量气泡来不及扩散到主流中去，从而导致加热壁面被一层汽膜所覆盖，恶化了传热，引起热流密度迅速下降，而壁温迅速上升。此过程中所能达到的最大热流密度，就称为临界热流密度。在 BC 段，形成的气泡数量迅速增加，称为泡核沸腾区，C 点称为“烧毁”点，或称为偏离泡核沸腾状态。在 CD 段，气泡数量极多，以至在加热表面附近开始合并成团，称为局部的膜态沸腾（或称为过渡区）。在 DC′段，加热表面上形成连续的蒸汽膜（膜态沸腾区），表面的热辐射开始起作用。

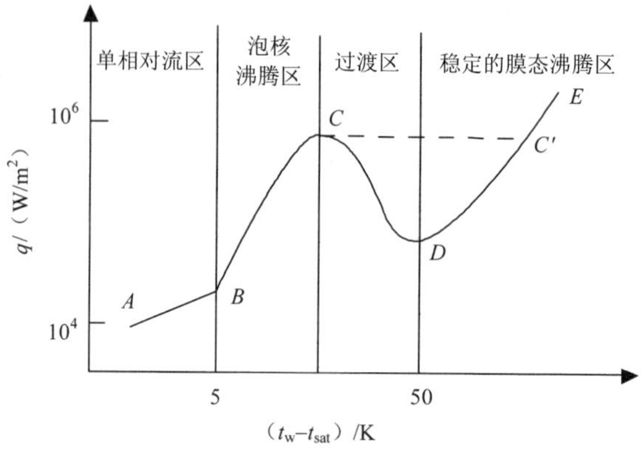

图 2-12　池式沸腾传热的热流与温差的关系曲线

特别应该注意，若热流密度 q 是独立变量，则对于给定的冷却剂温度，当 q 增大到超过偏离泡核沸腾时，表面温度会有很大的增加。此现象通常称为“烧毁”，这在反应堆运行中必须避免发生。

3．流动沸腾

流动沸腾与池式沸腾的区别在于，流体是在流动过程中被加热的，流体的流动可以是自然循环，也可以是靠泵驱动的强迫循环。图 2-13 表示的是一垂直放置的均匀加热流道，欠热液体从底部进入管内向上流动，图中示出了所遇到的流型和相应的传热分区，在图的左侧给出了壁面温度和流体温度沿高度的变化情况。

此时，在热流密度较低情况下，流道内相继会出现下列传热工况：

（1）单相液强迫对流传热（A 区）：流体刚进入流道的时候，是单相对流区，此区内液体被加热温度升高，流体温度低于饱和温度，壁温也低于产生气泡所必需的温度。

（2）泡核沸腾。泡核沸腾又可分成两种情况：Ⅰ. 欠热泡核沸腾（B 区）：此时液体的主流温度还没有达到饱和温度，但壁面已经超过饱和温度，在壁面上产生了气泡。气泡脱离壁面后进入主流区，与欠热水相遇后冷凝，所以气泡主要存在于壁面附近。Ⅱ. 饱和泡核沸腾（C 区、D 区）：发生在液体主流温度已经达到饱和温度的情况下，主流中存在分立的气泡。其中，C 区和 D 区的流型是不相同的，但它们的传热分区是相同的。

在泡核沸腾工况下，壁面上的气泡不断产生又不断脱离，对边界层产生很大的扰动，对传热有明显的改善作用。

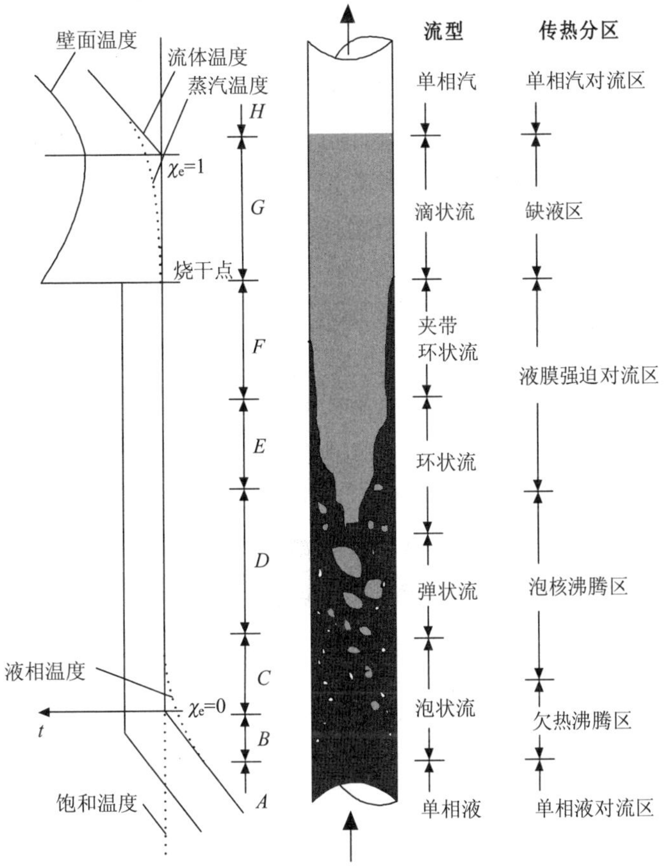

图 2-13 管内流动沸腾传热分区示意图

（3）通过液膜的强迫对流蒸发（*E* 区、*F* 区）。这时两相流中的含汽率已经相当大，两相流呈环状流动结构，即液体薄层沿壁面流动，形成一个环状液膜，中间是汽芯。热量传到液膜与汽芯的交界面，液体的蒸发将热量带走。

（4）缺液区的传热（*G* 区）。液体呈滴状混在蒸汽中一起流动。由于此时液膜已经烧干，加热表面与蒸汽相接触，与液膜烧干前相比，传热系数大幅度降低，壁温突然升高。但因为液滴对传热有增强作用，所以传热系数仍高于下一阶段单相蒸汽时的传热。液膜烧干时的工况，即强迫对流蒸发到缺液区传热的转折点，也是 *F* 区和 *G* 区的分界点，称为烧干点。一般把环状流动时的液膜中断或烧干称为沸腾临界（CHF），有时将这种沸腾临界称为烧干沸腾临界。从烧干点开始到全部变成单相汽的区段称为缺液区。在烧干点，壁面温度跳跃性地升高。

（5）单相蒸汽的对流传热（*H* 区）。该区的特征是，流体是单相过热蒸汽，传热系数降低，壁温将进一步升高。

与池式沸腾不同的是，这种流动沸腾工况中的沸腾临界是液体被烧干，而不是生成的气泡来不及扩散到主流中去。在流动沸腾中，也有类似于池式沸腾那样的沸腾临界问题，当热流密度较高时，也会出现类似问题。当加热壁面的热流密度提高时，壁面生成的气泡数量增多，当热流增加到一定程度时，产生的气泡来不及向主流扩散，在离开壁之前就连成一片，形成一个汽膜，汽膜覆盖了传热表面，形成很大热阻，造成传热恶化，壁面温度急剧上升。传热表面被汽膜覆盖时的沸腾工况称为膜态沸腾，由泡核沸腾转变成膜态沸腾的现象称为偏离泡核沸腾，也称为 DNB 沸腾临界。

四、临界热流密度和偏离泡核沸腾比

临界热流密度是由泡核沸腾转变成膜态沸腾时表面的热流密度。它是反应堆热工水力设计中的一个限制量，即不允许热流密度达到或过分接近临界热流密度，以防发生燃料元件的过热或烧毁。计算临界热流密度，是反应堆热工水力学分析很重要的一个任务。计算临界热流密度的关系式可以分成两大类，如图 2-14 所示。一类是计算低含汽率情况下的 DNB 沸腾临界，另一类是计算高含汽率情况下的烧干沸腾临界。

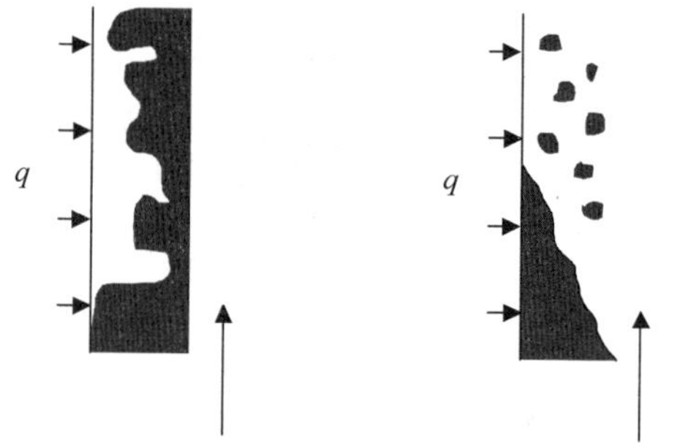

（a）DNB 沸腾临界　　（b）烧干沸腾临界

图 2-14　DNB 沸腾临界与烧干沸腾临界

在 DNB 沸腾临界情况下，大量气泡在壁面附近产生后来不及扩展到主流中去，导致壁面附近被汽膜包围形成沸腾临界。

当热流密度达到由泡核沸腾转变成膜态沸腾所对应的值时，加热表面上的气泡很多，致使很多气泡连成一片，覆盖了部分加热面。由于汽膜的传热系数低，加热面的温度会很快升高，而使加热面烧毁。这一临界对应点又称为沸腾临界点或临界热流密度 CHF（critical heat flux）点。

在流动沸腾中，主要有两种类型的临界热流密度：偏离核态沸腾和干涸。在压水堆核动力装置稳态热工设计中，通常只遇到过冷沸腾和低含汽量的饱和沸腾，因此偏离核态沸腾热流密度尤其重要。

偏离核态沸腾机理模型主要包括三种类型：①当发热元件壁面上形成一大蒸汽泡时，其底部薄层液膜不断蒸发，形成干斑，导致发热元件壁面传热恶化；②当发热元件壁面上的气泡层增厚到足以阻碍液体润湿壁面时，蒸汽将无法逸出而形成汽壳，堵塞了液体流道，导致发热元件壁面发生过热；③在高热流密度下，汽块与发热元件壁面之间的液膜蒸发速度大于液体润湿壁面速度时，导致发热元件壁面异常过热而干涸。

由于临界热流密度机理及其现象太复杂，通常采用试验研究的方法，得到临界热流密度关系式。根据临界热流密度试验目的及其内容，按相似准则要求设计试验段，研究系统压力、质量流速、临界点含汽量、结构参数等因素对临界热流密度的影响。在临界热流密度试验过程中，临界判断一般采用加热元件壁温判断，其判据有两条：一是加热元件壁温跃升速率达到或超过某一设定值；二是加热元件壁温达到或超过最高温度限值。临界热流密度试验数据分析要求给出 95%的置信度上，至少 95%的概率不发生临界沸腾（双 95%）的临界热流密度。

对均匀加热试验段，一般采用局部平均参数法处理临界热流密度试验数据；对非均匀加热试验段，一般采用子通道分析法处理临界热流密度试验数据。在核动力装置安全评审中，临界热流密度是重要的限制性热工水力参数，它的大小直接影响核动力装置的安全性和经济性。通过优化燃料组件结构，提高临界热流密度，使反应堆系统产生更大的热功率，从而在保证核动力装置工程设计安全可靠的基础上，提高经济性。

影响临界热流密度的主要因素有冷却剂流速、压力和含汽量等。通常液流中含汽量越大、流速越低、则临界热流密度越小。而压力的影响比较复杂，低压情况下，临界热流密度随压力的增加而增大；高压情况下，则随压力的增加而减小。

计算 DNB 临界热流密度的公式通常是根据大量的实验数据拟合得到的。压水堆早期采用美国西屋公司 Tong 等提出的 W-3 公式。对于均匀加热情况下的 W-3 公式为

$$q_{\mathrm{DNB,eu}} = f(p,\chi_{\mathrm{e}},G,D_{\mathrm{h}},h_{\mathrm{in}}) = \xi(p,\chi_{\mathrm{e}})\zeta(G,\chi_{\mathrm{e}})\psi(D_{\mathrm{h}},h_{\mathrm{in}})$$

上式中

$$\begin{aligned}\xi(p,\chi_{\mathrm{e}}) = &(2.022-0.062\,38p)+(0.172\,2-0.001\,427p)\\ &\times\exp[(18.177-0.598\,7p)\chi_{\mathrm{e}}]\end{aligned}$$

$$\begin{aligned}\zeta(G,\chi_{\mathrm{e}}) = &[(0.148\,4-1.596\chi_{\mathrm{e}}+0.172\,9\chi_{\mathrm{e}}|\chi_{\mathrm{e}}|)\times 2.326G+3\,271]\\ &\times(1.157-0.869\chi_{\mathrm{e}})\end{aligned}$$

$$\begin{aligned}\psi(D_{\mathrm{h}},h_{\mathrm{in}}) = &[0.266\,4+0.835\,7\exp(-124.1D_{\mathrm{h}})]\\ &\times[0.825\,8+0.000\,341\,3(h_{\mathrm{f}}-h_{\mathrm{in}})]\end{aligned}$$

式中，q 为热流密度，kW/m^2；p 为压力，MPa；G 为质量流密度，kg/（m^2·s）；h 为比焓，kJ/kg；D_{h} 为热力直径，m；χ_{e} 为计算点处的平衡态含汽率。由于 W-3 公式是经验公式，计算时各个物理量必须用指定的单位进行计算。

对于非均匀加热、存在定位格架、冷壁的情况下，还需要进行相应的修正。

采用各种修正后，计算得到的值和实验测得的值之间还是有差别的，计算值和实验值

之间的比较见图 2-15 所示。图中横坐标是实验值的相对值，纵坐标是计算值的相对值。如果实验值和计算值没有误差，则相应的点落在 45°对角线上。对大量的实验值和计算值进行统计发现，95%的计算值的相对误差在±23%之内，因此由 W-3 公式计算得到的值与实验值的比值的双 95%下限为 1/（1−0.23）≈1.3。

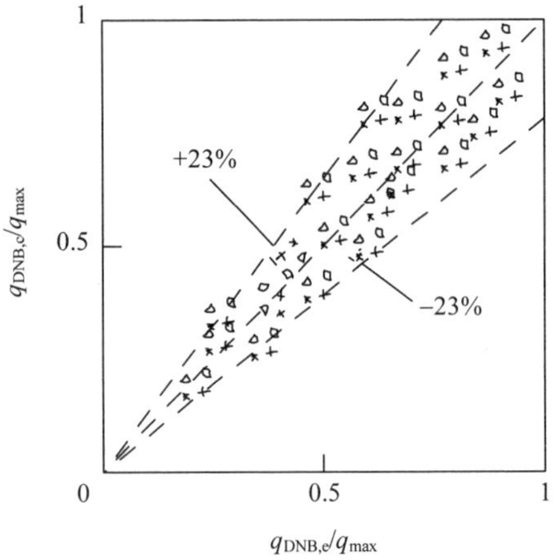

图 2-15　W-3 公式的计算值和实验值的比较

在热工设计中，为了保证反应堆的安全，在水堆的设计中，总是要求燃料元件表面的最大热流量小于临界热流量。为了定量地表达这个安全要求，引入了 DNBR，即

$$\mathrm{DNBR}(z)=\frac{q_{\mathrm{DNB}}(z)}{q(z)}$$

DNBR 值是随着冷却剂通道轴向位置 z 而变化的，其最小值称为 $\mathrm{DNBR_{min}}$，如图 2-16 所示。

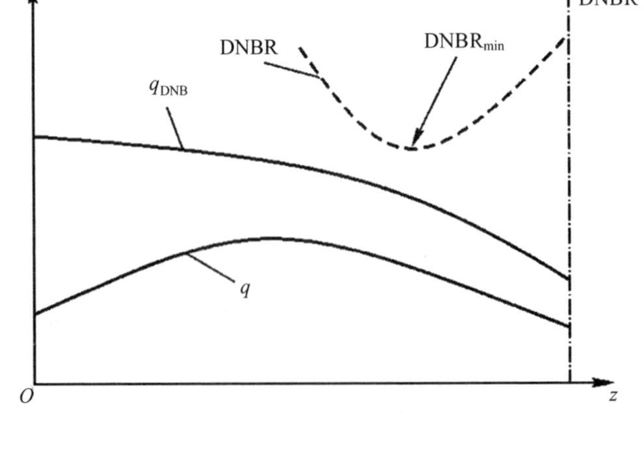

图 2-16　DNBR 沿冷却剂通道轴向的变化

如果临界热流量的计算公式没有误差，则当 $DNBR_{min} \geq 1$ 时，表示燃料元件表面会发生 DNB 工况。因此，$DNBR_{min}$ 通常是水堆的一个设计准则。对于稳态工况和预计的事故工况，都要分别定出 DNBR 的限值，其具体值和所选用的计算公式有关。例如，选 W-3 公式，压水堆稳态额定工况时一般可取 DNBR 限值为 1.8～2.2，而对预计的常见事故工况，则要求 DNBR 的双 95%限值为 1.3。

燃料元件表面如果出现了偏离泡核沸腾工况，包壳温度上升很快，这时锆合金的机械特性、化学特性都急剧恶化，致使燃料元件发生破损，所以有时把这种工况称作“烧毁”。

临界热流密度 q_{DNB} 的大小主要受下列因素影响：

（1）质量流速。流速大，流体的扰动强，加热面上难以形成稳定的汽膜，因而使 q_{DNB} 增大。

（2）通道进口处水的欠热度。欠热度越大，q_{DNB} 越大。

（3）工作压力。压力增加会使饱和温度上升，因而两相流中的含汽率减小，这使 q_{DNB} 增加。

（4）发生 DNB 处冷却剂的焓。冷却剂的焓越大，越易产生气泡，故 q_{DNB} 越小。

（5）加热表面的粗糙度。粗糙度大，流体搅动加强，使气泡容易脱离壁面，q_{DNB} 有所增大。

第三章

核反应堆与核动力厂

引 言

根据1986年10月29日国务院发布的《民用核设施安全监督管理条例》，民用核设施包括：

(1) 核动力厂（核电厂、核热电厂、核供汽供热厂等）；

(2) 核动力厂以外的其他反应堆（研究堆、实验堆、临界装置等）；

(3) 核燃料生产、加工、贮存及后处理设施；

(4) 放射性废物的处理和处置设施；

(5) 其他需要严格监督管理的核设施。

前两种民用核设施中包含进行裂变反应的核反应堆，后面三种民用核设施不包括核反应堆，但也大多存在临界安全和辐射安全问题。

第一节 核反应堆的主要类型

目前世界上大小核反应堆有上千座，根据燃料形式、冷却剂种类、中子能量分布形式、特殊的设计需要等因素，可分成不同的类型。出于不同的目的，人们可以从不同的角度对核反应堆进行分类。

一、按照功能分类

(1) 研究用反应堆，用来研究中子特性，进而对物理学、生物学、辐照防护学以及材料学等方面进行研究。

(2) 生产堆，通常是指用于生产易裂变核素 ^{233}U、^{239}Pu，聚变核素 ^{3}H 和其他不同用途同位素的反应堆。

(3) 动力堆，包括军用动力堆和民用动力堆。军用动力堆包括核动力航空母舰、核潜艇、核动力巡洋舰等使用的反应堆，民用动力堆包括核动力厂、民用核动力船、航天核动力推进装置、核动力水下潜器和水下工作站等使用的反应堆。核动力厂根据用途不同，分为核电厂、核热电厂、核供汽供热厂等。可用于建筑群供暖、石油热采等供热的反应堆也可称为核供热堆。相应地，也可按照反应堆的具体用途进行分类命名，如可将用于制氢、海水淡化、制冷、工业供汽等的各种反应堆分别称为制氢堆、海水淡化堆、制冷堆、供汽堆等。

二、按照中子能谱分类

按裂变反应的中子能量可将核反应堆分为快中子堆、中能中子堆和热中子堆。快中子堆中，裂变是由快中子（平均能量 0.1 MeV 以上）引起的，因此堆内不能存有中子慢化剂材料。世界各发达国家对这种堆型都投入了极大的关注。在中能中子堆中存有一定数量的慢化剂，裂变主要是由中能中子引起的。在快中子堆或中能中子堆中，堆内都必须使用富集度较高的核燃料。热中子堆中裂变是由热中子引起的，因此堆内必须有足够的慢化剂。天然铀、低富集铀燃料、^{233}U、^{239}Pu 都可用作热中子堆的核燃料。世界上已建的堆绝大多数属于这种类型。

三、按照慢化剂分类

核反应堆内的慢化剂是使中子减速进而从快中子变为热中子的物质。慢化剂对热中子堆的物理性能有显著影响，所以常常按照采用慢化剂的种类来进行反应堆的分类，如轻水堆、重水堆、石墨慢化反应堆和铍或铍化合物堆等。

世界上第一批反应堆大都采用石墨作慢化剂，包括 1942 年 12 月 1 日由美国科学家费米等在芝加哥大学运动场看台下面建立的世界上第一个反应堆。高强度、高密度、耐辐照、耐高温的石墨直到今天，依然在高温气冷堆中扮演着不可替代的角色。

重水（D_2O）是所有慢化剂中中子吸收最弱的材料，但它的慢化能力却很好，因此不仅可用作慢化剂，而且使这种反应堆可用天然铀作核燃料。

现在大量建造的压水堆、沸水堆，都是用轻水（H_2O）作为慢化剂。轻水中所含氢的原子核是慢化能力最强的原子核。轻水作慢化剂的反应堆，其单位体积可产生的发热功率（功率密度）很高，特别适用于核动力舰船。

但是以轻水作为慢化剂的反应堆也有一些局限：

（1）为了提高反应堆的热效率，要求冷却剂同时也是慢化剂的轻水，必须运行在高温条件下。因为一定压力下轻水达到饱和温度以后就要开始沸腾，所以要提高冷却剂温度就必须提高堆芯的压力。

（2）轻水慢化剂本身具有较强的热中子吸收，这导致轻水堆无法采用天然铀，而必须采用一定富集度的低富集铀作核燃料。

（3）轻水在中子照射下会产生放射性，增加了对屏蔽防护的要求。

四、按照冷却剂分类

核反应堆内的冷却剂是指用来冷却核反应堆堆芯，并将堆芯所释放的热量载带出核反应堆的工作介质，也称载热剂。核反应堆的热工水力学性质主要取决于选用的冷却剂，所以从核反应堆热工水力学的角度，常常按照冷却剂来划分核反应堆的类型。按冷却剂种类反应堆可以分为气冷反应堆、液体冷却反应堆、熔盐冷却的熔盐反应堆和液态金属冷却反应堆。气冷反应堆包括 CO_2 冷却和 He 冷却反应堆；液体冷却反应堆主要包括轻水冷却的压水堆和沸水堆，重水冷却的重水堆，以及用有机化合物冷却的反应堆；液态金属冷却反应堆主要有钠、钠-钾合金、铋、锂、铅-铋合金等冷却的反应堆。

五、按照核燃料分类

按照核燃料中 ^{235}U 等易裂变核素的浓缩程度，即富集度进行分类，可以将核反应堆分成天然铀燃料堆、低富集铀燃料堆、高富集铀燃料堆几种类型。此外，还有利用核素 ^{232}Th 俘获热中子而转变成易裂变核素 ^{233}U，使产生的易裂变材料多于消耗的易裂变材料，从而实现易裂变材料增殖的钍增殖堆。除富集度外，还可按照核燃料使用材料的不同对反应堆进行不同的命名。

核反应堆的上述分类都不是绝对的，而是为了某种需要而从一个特定角度加以区分。可以按照核反应堆的运行参数分类，如按压力分为高压堆、中压堆和低压堆，按温度分为高温堆和低温堆；也可以按照核反应堆的结构形式划分为压力壳式堆或压力管式堆，按几何布置方式划分为立式堆或卧式堆等；还可以按照核燃料的形态划分为固体燃料堆、流态燃料堆和半流态燃料堆等。无论从怎样的角度划分，都是为了有助于从不同侧面了解各种类型核反应堆。

目前，在以发电为目的核动力厂，世界上应用比较普遍或具有良好发展前景的，主要有压水堆（PWR）、沸水堆（BWR）、重水堆（PHWR）、高温气冷堆（HTGR）和液态金属冷却的快中子堆（LMFBR）五种动力堆型。

表 3-1 给出了五种主要动力堆型的基本特征；表 3-2 给出了五种动力堆型的典型堆参考核动力厂的热力循环基本特征参数。

表 3-1 五种主要动力堆型的基本特征

堆型	中子能谱	慢化剂	冷却剂	燃料形态	燃料富集度
压水堆（PWR）	热中子	H_2O	H_2O	UO_2	3%左右
沸水堆（BWR）	热中子	H_2O	H_2O	UO_2	3%左右
重水堆（PHWR）	热中子	D_2O	D_2O	UO_2	天然铀或低富集铀
高温气冷堆（HTGR）	热中子	石墨	氦气	$(Th, U)\ O_2$ 或 UC	7%～20%或 90%
快中子堆（LMFBR）	快中子	无	液态钠	$(U, Pu)\ O_2$	15%～20%

表 3-2　五种动力堆型的典型堆参考核动力厂的热力循环基本特征参数

类型	PWR	BWR	PHWR	HTGR	LMFBR
生产厂家	Westinghouse	GE	AECL	General Atomic	Novatome
典型代表	Sequoyah	BWR/6	CANDU6	Fulton	Superphenix
热功率/MW	3 411	3 579	2 180	3 000	3 000
电功率/MW	1 148	1 178	638	1 160	1 200
热效率/%	33.5	32.9	29.3	38.7	40
一回路压力/MPa	15.5	7.17	10.0	4.9	约 0.1
一回路入口温度/℃	286	278	267	318	395
一回路出口温度/℃	324	288	310	741	545
一回路流量/（Mg/s）	17.4	13.1	7.6	1.42	16.4
一回路容积/m^3	306	—	120		
二回路压力/MPa	5.7	—	4.7	17.2	约 0.1 或 17.7
二回路入口温度/℃	224	—	187	188	345 或 235
二回路出口温度/℃	273	—	260	513	525 或 487

下两节分别介绍五种主要动力堆型的基本特征和主要特点。

第二节　压水堆核动力厂

一、压水堆的基本特点

即使使用同样的反应堆堆型，对于不同型号的核动力厂，其核反应堆的本体结构和相应核动力厂的系统和设备也有较大的差别。本节选择我国引进的法国标准 900 MW 压水堆核动力厂（大亚湾核电厂）作为主要对象予以介绍，在对安全壳、安全注入系统、安全壳喷淋系统进行介绍时，为便于对比了解，将有关新型压水反应堆的相关系统一并简要介绍。

压水堆（PWR）最初是美国为核潜艇设计的一种热中子堆堆型。美国 Nautilus 压水堆核潜艇于 1955 年 4 月 17 日下水，陆上 Shippingport 压水堆核动力厂于 1957 年 12 月投入运行。经过几十年的努力，这种堆型得到了很大的发展，通过一系列的重大改进，已经成为技术上成熟的一种堆型。

压水堆核动力厂采用低富集铀作核燃料，燃料芯块中 ^{235}U 的富集度为 3%～5%。核燃料是高温烧结的圆柱体二氧化铀陶瓷燃料芯块。柱状燃料芯块被封装在细长的锆合金包壳管中构成燃料元件，这些燃料元件以矩形点阵排列为燃料组件。一二百个燃料组件拼装成压水堆的堆芯。堆芯宏观上为圆柱体。

压水堆的冷却剂是轻水。轻水不仅价格便宜，而且具有优良的热传输性能。所以在压水堆中，轻水不仅作为中子的慢化剂，也用作冷却剂。

轻水有一个明显的缺点，就是沸点低。要使热力系统有较高的热能转换效率，根据热力学原理，核反应堆应有高的堆芯出口温度参数；要获得高的温度参数，就必须增加冷却剂的系统压力使其处于液相状态。所以压水堆是一种使冷却剂处于高压状态的轻水堆。压水堆冷却剂入口水温一般在 290℃左右，出口水温 330℃左右，堆内压力 15.5 MPa。

高温水从压力容器上部离开反应堆堆芯以后，进入蒸汽发生器，如图 3-1 所示。压水堆堆芯和蒸汽发生器总体上像一台大锅炉，核反应堆堆芯内的燃料元件相当于加热炉，而蒸汽发生器相当于生产蒸汽的锅，通过冷却剂回路将锅与炉连接在一起。

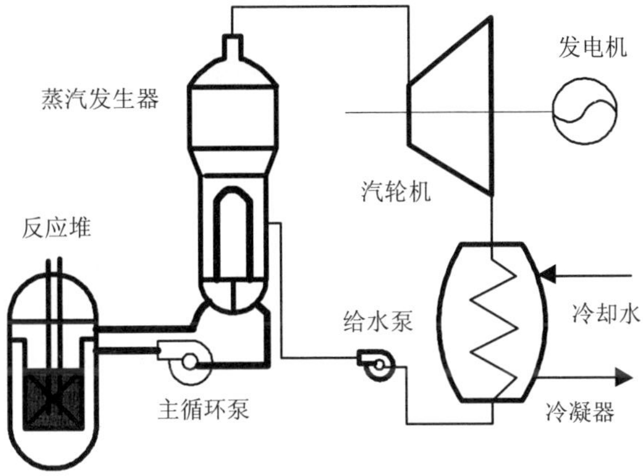

图 3-1　压水堆的热力系统示意图

从蒸汽发生器产生的高温蒸汽流过汽轮机，带动发电机组发电。余下的大部分不能利用的能量交给冷凝器，通过三回路排放到最终热阱——江、河、湖、海或大气。

自 20 世纪 60 年代第一代商用压水堆核动力厂诞生以来，压水堆的发展和它的燃料元件一样，都经历了几代的改进。压水堆的单堆电功率已由 185 MW（18.5 万 kW，以下统一用 MW 表述）增加到 1 750 MW，热能利用效率由 28%提高到 33%以上，堆芯体积释热率由 50 MW/m^3 提高到约 100 MW/m^3，燃料元件的燃耗也随材料的发展而大大加深了。为减少基建投资和降低发电成本，目前一座反应堆只配一台汽轮机。所以随着反应堆功率的增加，汽轮机也越造越大。1 400 MW 核动力厂的汽轮机长达 40 m，配上发电机，整个汽轮发电机组长 56 m。

压水堆核动力厂最显著的特点是结构紧凑，堆芯的功率密度大。这是压水堆核动力厂的主要优点。我们知道，中子与氢原子核质量相当，每次碰撞时，中子损失的能量最多。轻水分子是由两个氢原子和一个氧原子组成。与气体相比，水的密度很大，含氢量很高。在各种慢化剂中，水的慢化能力最强。水不仅是良好的慢化剂，也是良好的冷却剂。它比热大，导热系数高，还不容易腐蚀不锈钢、锆等结构材料。压水堆核动力厂的另一个特点是经济上基建费用较低、建设周期较短。压水堆核动力厂结构紧凑，堆芯功率密度大，在热中子动力反应堆中，在相同功率下压水堆比其他堆型的体积小，加上轻水的价格便宜，导致压水堆在经济上基建费用低和建设周期短。

压水堆核动力厂的主要缺点有两个：

（1）必须采用高压的压力容器。我们知道，水的沸点低。在一个大气压下，水在 100℃下就会沸腾。在压水堆核动力厂中，为了提高热效率，就必须在不沸腾的前提下提高从反应堆流出的冷却剂的温度，即提高出口水温，为此就必须提高压力。为了提高压力，就要有承受高压的压力容器。这就导致压力容器制造上的难度，并提高了制造费用。

（2）必须采用有一定富集度的核燃料。轻水吸收热中子的概率比重水和石墨都大，所以轻水慢化的核反应堆无法以天然铀作燃料来维持链式反应。因此轻水堆燃料富集度要达到 3%左右，从而压水堆核动力厂要付出较高的燃料费用。

美国通过多种堆型的比较分析后，20 世纪 50 年代确定首先重点发展压水堆。除国内建造外，还向国外大量出口，曾垄断了反应堆的国际市场。所以压水堆目前在核反应堆中占据统治地位。

压水堆之所以发展得最快，除水慢化能力及冷却能力强，因而结构紧凑外，还有下列历史上的原因：

（1）压水堆的发展有军用堆的基础。由于压水堆在作为核动力厂的堆型前，已经作为军用堆进行了大量研究，所以技术问题解决得比较彻底，并已经有了加工压水堆部件的工业基础。

（2）工业上有使用轻水的长期经验。压水堆所采用的传热工质——水，在工业上已经使用了几百年。水是研究得最多的传热工质。与水有关的泵、阀门、蒸汽轮机，工业上已有成熟的经验。有了火电站的基础，发展压水堆核动力厂回路系统和发电设备就比较容易了。

（3）核工业的发展为压水堆所需要的浓缩铀准备了条件。浓缩铀厂和生产堆一样，是生产原子弹装料的重要手段。由于核武器生产国的浓缩铀生产能力过剩，为了给剩余的浓缩铀生产能力找到出路，便大力发展民用核动力，特别是压水堆核电厂。

（4）压水堆技术上已成熟。压水堆转入民用以后，又进行了大量研究。压水堆核动力厂的大量建造，又进一步降低了成本，并在推广中使技术不断完善。现在，没有一种堆型，像压水堆这样投入过大量的人力和经费，进行过广泛细致地研究和开发。也没有哪一种堆型，有压水堆这样丰富的制造和运行经验，以及与压水堆相适应的完整的核动力工业体系。出于这个原因，虽然后来发展的一些堆型有不少压水堆无法比拟的优点，在技术上也很有发展前途，但要达到压水堆这样完善的程度，还需要投入巨大的科研费用。

正是上述多种因素的共同影响，造成当前压水堆核动力厂占有独特的统治地位，而且这种状况还要维持相当长的一段时间。

压水堆核动力厂从 20 世纪 50 年代问世以后，仅仅经过 10 多年，到 20 世纪 70 年代初，就不仅在经济上，而且在环境保护上，超过了已有百年历史的火电站。压水堆核电机组一直是核能产业最安全的堆型之一，它已经成为一种成熟的堆型，吸引着越来越多的用户，是核动力市场上最畅销的“商品”。今天，不仅发展核武器的国家，甚至一些不发展核武器但煤、石油、水电很丰富的国家，也在纷纷发展核动力厂。世界上已经出现了一种规模巨大的新兴工业——民用核动力工业，它和电子工业一样，其发展速度远远超过煤、钢铁、汽车等传统工业，并将对整个社会的生产和生活面貌带来越来越深刻的影响。到目前为止，压水堆核电厂的燃料组件、压力容器、主循环泵（简称主泵或冷却剂泵）、稳压器、蒸汽发生器、汽轮发电机组的设计，正向标准化、系列化的方向发展。压水堆核电厂的研究开发工作，主要是为了进一步提高其安全性和经济性。有关各国在这方面都有庞大的研发计划，并开展广泛的国际合作。

在原来压水堆技术基础上，主要核电国家不断研发更安全、更经济的先进轻水堆核电技术，典型代表有采用非能动安全的先进压水堆 AP1000 和新一代欧洲压水堆 EPR。我国在引进、消化吸收、再创新基础上，研发出华龙一号、国和一号等先进反应堆。

二、压水堆反应堆本体

压水堆核电厂主要由核岛和常规岛组成。核岛中的四大部分是压水堆本体、蒸汽发生器（简称蒸发器）、稳压器和主泵。在核岛中的系统、设备主要有压水堆本体、一回路系统以及为支持一回路系统正常运行和保证反应堆安全而设置的辅助系统。常规岛主要包括汽轮机组及二回路等系统，其形式与常规火电厂类似。

压水堆本体是反应堆堆芯、压力容器、堆内构件和控制棒驱动机构等的总称。

1. 核燃料组件和堆芯

核动力厂的核心部分是反应堆，它提供了发电所需要的全部热能。对于不同类型的核反应堆，其核燃料、燃料组件及其反应堆本体结构和结构材料等有很大差异。压水堆核动力厂的反应堆由堆芯、压力容器、上部堆内构件和下部堆内构件等部分组成。

堆芯又称为活性区，位于反应堆压力容器中心偏下的位置。例如，我国大亚湾核电厂堆芯由 157 个燃料组件构成一个高 3.66 m、等效直径 3.04 m 的准圆柱状核反应区，见图 3-2。初始堆芯分成三个燃料富集度不同的区，在堆芯外区放置富集度较高的燃料组件，富集度较低的燃料组件以棋盘的形式排列在堆芯的内区。1 区 53 个组件，富集度 1.8%；2 区 52 个组件，富集度 2.4%；3 区 52 个组件，富集度 3.1%。

燃料组件由燃料元件（也称燃料棒）、定位格架和组件骨架等部件组成。压水堆的燃料组件通常由 16×16、17×17 和 18×18 等正方形排列的燃料元件组成。其燃料元件活性区部分的高度目前主要有 3.66 m（12 英尺）和 4.27 m（14 英尺）两种。

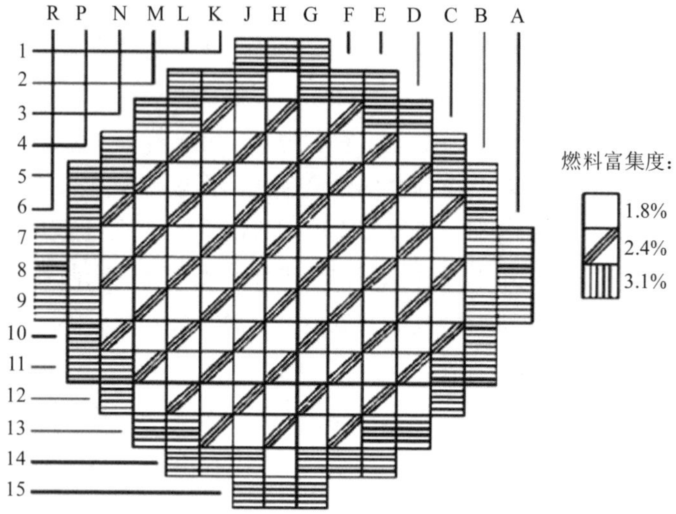

图 3-2 压水堆堆芯燃料组件典型布置（第一循环）

在 3.66 m 活性区高度的每根燃料元件中装有 271 块二氧化铀燃料芯块，每个燃料芯块直径约 8.2 mm，高 13.5 mm。燃料芯块的区域称为活性区。燃料芯块叠放在壁厚 0.57 mm 的 Zr-4 合金包壳中。

Zr 作燃料包壳的优点有：

（1）中子吸收截面小；

（2）在高温下有较高的机械强度和抗腐蚀性能；

（3）只有少量氚穿过 Zr 管；

（4）正常运行时，与水不发生反应；

（5）熔点高（1 800℃）。

Zr 作燃料包壳的主要缺点是在 820℃下锆与水开始发生锆水反应产生氢气，会带来安全问题。

包壳与芯块之间留有间隙，目的在于补偿包壳和燃料芯块不同材料的热膨胀和燃料的辐照肿胀，减少包壳超应力的风险。燃料芯块的上、下两端设有氧化铝隔热块，顶部有弹簧压紧，两端用锆合金端塞封堵，并与包壳管焊接密封在一起。弹簧所在空间可容纳燃料放出的裂变气体，气空间充 3 MPa 压力的氦气，用来改善间隙的传热性能和减小包壳内外的压差。压水堆燃料组件外面不加装方形盒，即所谓开式栅格，以利于冷却剂的横向流动。密封的燃料元件包壳构成了包容放射性物质的第一道安全屏障。

在燃料元件呈 17×17 正方形排列的组件中有 289 个位置，其中 264 个位置由燃料元件占据。剩下位置留给安放控制棒或中子通量密度测量管道用。控制棒的上部连成一体成为蜘蛛爪式的控制棒束。每一个控制棒束都可以在相应的燃料组件内上下运动。控制棒束在堆内布置得很分散，以便堆内形成平坦的中子通量密度分布。图 3-3 和图 3-4 分别为压水堆燃料元件和压水堆燃料组件。

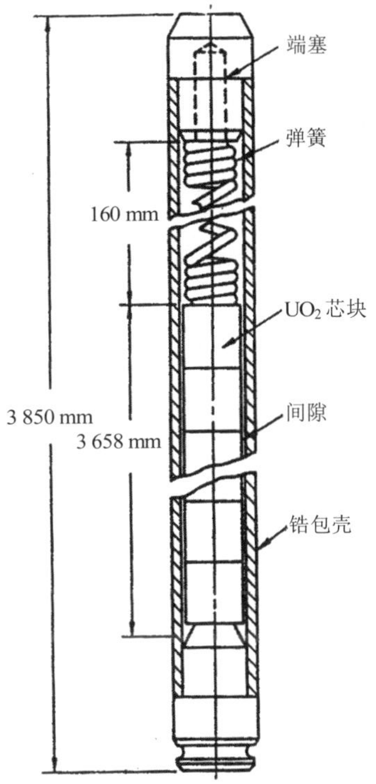

图 3-3　压水堆燃料元件

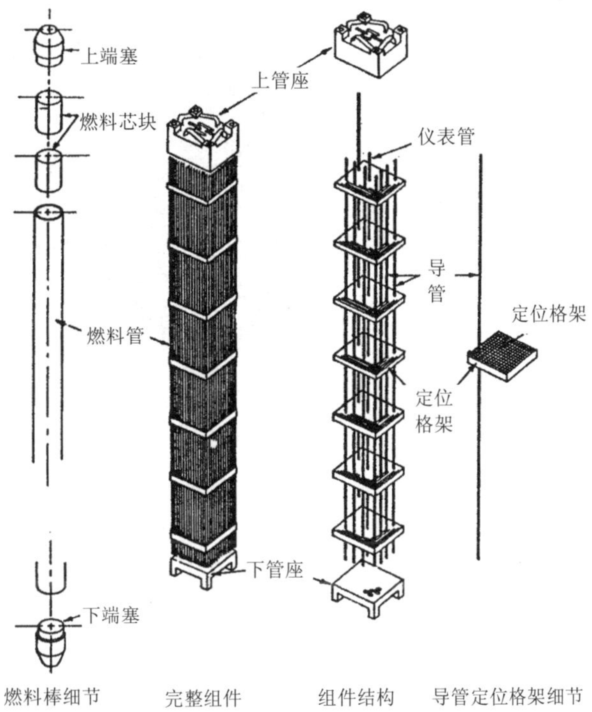

图 3-4　压水堆燃料组件

2. 反应堆压力容器

反应堆压力容器是压水堆核电厂中最关键的设备之一，支承和包容堆芯和堆内构件，是反应堆冷却剂系统压力边界最重要的部件。反应堆压力容器工作在高压（15.5 MPa 左右）、高温含硼酸水介质环境和放射性辐照的条件下，寿命不少于 40 年。图 3-5 为压水堆压力容器内结构示意图。反应堆压力容器由筒体和顶盖两部分组成。反应堆压力容器本体材料属低碳钢，Mn-Ni-Mo 低合金钢。其内壁与冷却剂接触表面堆焊一层 5 mm 厚的不锈钢。它是不可更换的。一座 900 MW 和 1 300 MW 的压水堆，压力容器直径分别为 3.99 m 和 4.39 m，壁厚 0.2 m 和 0.22 m，重 330 t 和 418 t，高 13 m 以上。这么巨大的压力容器，它的加工和运输都是一个需要认真对待的问题。

控制棒束由反应堆压力容器顶盖上部通过控制棒束的驱动机构插入堆芯。

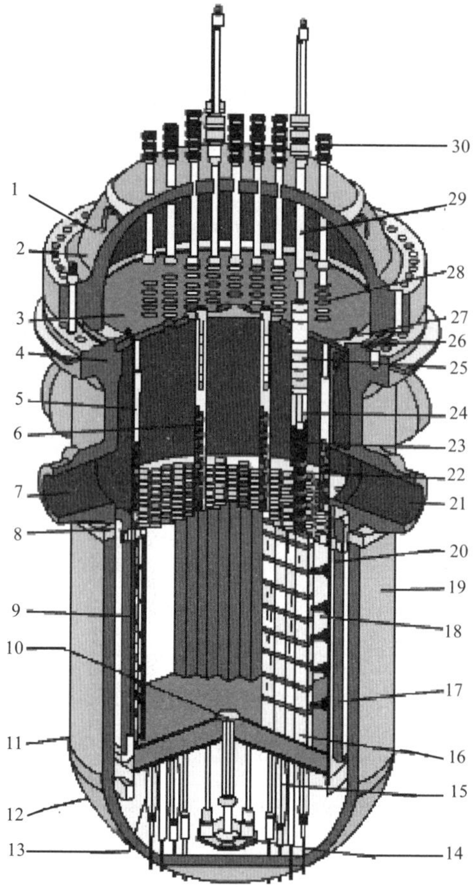

1-吊装耳环；2-封头；3-上支撑板；4-内部支撑凸缘；5-堆芯吊篮；6-上支撑柱；7-进口接管；8-堆芯上栅格板；9-围板；10-进出孔；11-堆芯下栅格板；12-径向支撑件；13-底部支撑板；14-仪表管；15-堆芯支撑柱；16-流量混合板；17-热屏蔽；18-燃料组件；19-压力容器；20-围板径向支撑；21-出口接管；22-控制棒束；23-控制棒驱动杆；24-控制棒导向管；25-定位销；26-夹紧弹簧；27-控制棒套管；28-隔热套筒；29-仪表引线管；30-控制棒驱动机构。

图 3-5　压水堆压力容器内结构示意图

3．堆内构件

压水堆堆内构件包括：

（1）下部支承构件；

（2）上部支承构件；

（3）堆芯仪表支承结构。

堆内构件的功能是：

（1）支承和固定燃料组件，承受堆芯重量；

（2）确保控制棒的对中和导向；

（3）引导冷却剂流入和流出燃料组件，合理分配流量；

（4）为压力容器提供热屏蔽，减少中子和 γ 射线的照射；

（5）为堆芯内仪表提供导向和支承。

4．反应堆换料

压水堆初次装料后，大约经过一两年要进行一次更换燃料组件的操作，我们称为首次换料。这以后，就每 12 个月换料一次。每次换料只需装卸 1/3 的燃料组件。卸出的燃料组件，放在反应堆厂房（安全壳）旁边燃料厂房的乏燃料贮存水池内。早期的压水堆换料时间长达 4 个月，现在换一次料最短可以两周内完成。这就要求压力容器的顶盖、控制棒驱动机构，以及堆内屏蔽层组成为一个整体，顶盖可以一下子打开，而不能像以前那样一个一个地松开顶盖上的巨大的螺栓。而且换料操作需要采用快速换料机构。

我国大亚湾核电厂在运行的前十年中，每 12 个月进行一次换料，每次换料更换 1/3 的燃料组件，达到平衡换料时新燃料的富集度为 3.2%。随着燃料和包壳材料的发展与改进，燃耗大大提高，已从过去的 12 个月换料变更为目前的 18 个月换料。换料时间的缩短与换料周期的延长，对提高核动力厂的经济性有很大的作用。

5．堆内流动组织

作为慢化剂和冷却剂的核纯轻水，由压力容器侧面进来后，经过吊篮和压力容器之间的环形下降段，再从底部下腔室进入堆芯。冷却水通过堆芯带出核反应堆内热量，温度升高，密度降低，再从堆芯上部流经上腔室流出压力容器。冷却剂在压力容器流动时，有一部分没有用来冷却燃料元件，此称为旁路流量。应该尽可能减少旁路流量。冷却剂自上而下又自下而上流动，目的是减少动压头对堆芯产生的机械应力。压水堆冷却剂入口水温一般在 290℃左右，出口水温 330℃左右，堆内压力 15.5 MPa。一座 1 000 MW 电功率的压水堆，堆芯冷却剂流量约 6 万 t/h。

大亚湾核动力厂旁路流量大约为 6.04%：从压力容器内壁与堆芯吊篮之间的间隙直接流向出口约为 1.0%；通过堆芯吊篮辐板流量约为 0.6%；通过导向筒支承板法兰进入顶盖空间约为 2.2%；从控制棒导向管旁路的流量约为 2.24%。从安全上留有余量，旁路流量的热工设计值为总流量的 6.5%。

三、一回路系统及其主要设备

1．反应堆冷却剂系统

核动力厂系统中的一回路系统又称反应堆冷却剂系统。图 3-6 和图 3-7 分别给出了压水堆核电厂反应堆冷却剂系统（RCP）及设备空间分布图和回路系统原理图。一座 900 MW 或 1 300 MW 的压水堆核动力厂，一回路由三条或四条并列的环路组成。

反应堆冷却剂系统包括压力容器、蒸汽发生器、主循环泵、稳压器等设备，由这些设备及相关管路组成整个反应堆冷却剂系统，有其特定的压力边界，通常称为一回路压力边界。

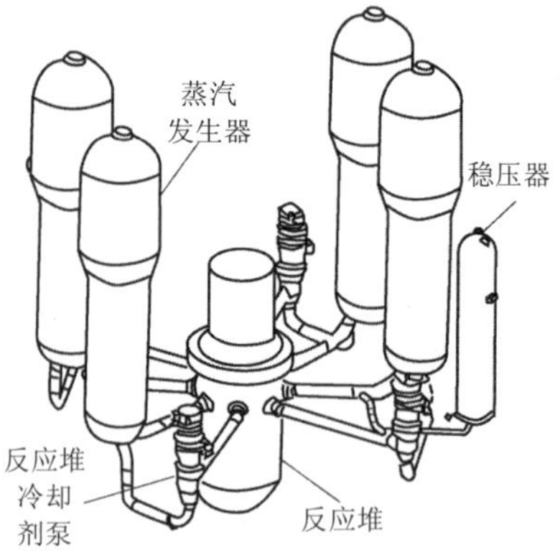

图 3-6 反应堆冷却剂系统（RCP）及设备空间分布图

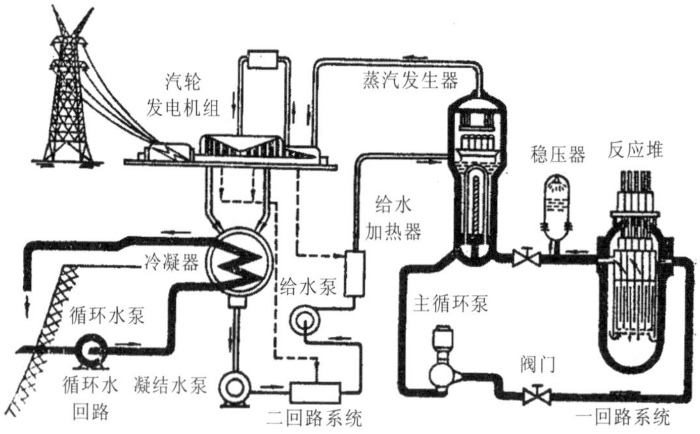

图 3-7 压水堆核电厂回路系统原理图

特别要说明的是控制棒驱动机构的压力外壳也属于一回路压力边界。该压力边界构成了包容放射性物质的第二道安全屏障。因此，一回路压力边界内所有的设备是安全等级、质量等级和抗震等级最高的设备，是安全等级一级、质量保证等级一级和抗震一类的设备。

蒸汽发生器的位置高于反应堆压力容器管嘴所在的平面，以便使系统具有足够的自然循环能力。反应堆压力容器出口到蒸汽发生器入口的管道称为热管段（也称热腿），主泵出口到压力容器入口之间的管道称为冷管段（也称冷腿）。蒸汽发生器出口到主泵入口的管道称为过渡段。稳压器到热管段的管道称为波动管。

冷却剂为除盐含硼水，为了保持液态，要保持压力高于饱和压力。

高温的堆芯冷却水从压力容器上部离开反应堆后，经过冷却剂回路热管段，进入蒸汽发生器。蒸汽发生器内有很多传热管，传热管内流动的是温度较高的堆芯冷却剂，称为一次侧；而传热管外流动的是温度相对较低的水和汽，称为二次侧。冷却剂从蒸汽发生器的

U 型传热管一次侧流过后，将热量尽可能多地传递给传热管外流动的二次侧工质。所以在蒸汽发生器里，一回路堆芯冷却剂与二回路的水在互不接触的情况下，通过管壁发生了热交换，从而使二回路的水变成 280℃左右的、6～7 MPa 的高温蒸汽。从蒸汽发生器出来的冷却剂经过过渡段到主循环泵，经主循环泵升压后流经冷管段，回到反应堆压力容器，形成闭合环路。一回路是有放射性的，由于蒸汽发生器将一、二回路分开，蒸汽发生器产生的蒸汽不带放射性。

目前在运行的压水堆核动力厂一回路参数范围大体是：①工作压力 15.5 MPa 左右。②冷却剂在反应堆进口温度为 280～300℃，反应堆的出口温度为 310～330℃，进出口的温升为 30～40℃。核动力厂变工况时，反应堆冷却剂平均温度变化允许的最大温差为 17～25℃。反应堆的设计温度多为 350℃左右。③一回路系统中冷却剂的流量较大，当单环路对应的电功率为 300 MW 时，冷却剂总质量流量可达到 15 000～21 000 t/h（每 10 MW 热功率 160～250 t/h）。④主管道内冷却剂流速可达 15 m/s，一回路系统的总阻力为 0.6～0.8 MPa。

2. 蒸汽发生器

蒸汽发生器是压水堆核电厂一、二回路的枢纽，将反应堆产生的热量传递给蒸汽发生器二次侧，产生蒸汽推动汽轮机做功；又是分隔一、二次侧介质的屏障。管板和倒置 U 型管是冷却剂压力边界的组成部分。但传热管断裂事故在核动力厂设备事故中居首要地位，约占非计划停堆事故的 1/4，可靠性比较低。1992 年在 205 座堆中报告蒸汽发生器有问题的达 172 座。1979—1994 年，曾有 55 台蒸汽发生器因传热管损坏严重而被更换，其实际使用往往远达不到 30～40 年的设计寿命。美国 1992 年更换磨石-2 堆的两台蒸汽发生器，停堆 192 天，耗资 1.9 亿美元。

蒸汽发生器传热管数量大、传热面积占一回路承压边界面积的 80%左右，传热管壁厚一般为 1～1.2 mm。因而，传热管是整个一回路压力边界中最薄弱的部分。传热管是蒸汽发生器内的事故多发区域。蒸汽发生器传热管的可靠性主要取决于传热管的完好性。只要有一根蒸汽发生器传热管断裂就可能造成放射性物质的泄漏及核动力厂长期停闭。为了改进和研究蒸汽发生器技术，需要实施多项研究计划，其中包括热工水力分析、腐蚀与传热管材料的研制、结构设计的改进、无损探伤技术、传热管振动、磨损疲劳研究和二回路水质控制等。

蒸汽发生器种类很多。按二回路工质在蒸汽发生器中流动方式，可分为：

（1）自然循环蒸汽发生器；

（2）直流（强迫循环）蒸汽发生器。

按传热管形状可分为：

（1）U 型管蒸汽发生器；

（2）直管蒸汽发生器；

（3）螺旋管蒸汽发生器。

按设备的安放方式可分为：

（1）立式蒸汽发生器；

（2）卧式蒸汽发生器。

按设备的结构特点可分为：

（1）带预热器蒸汽发生器；

（2）不带预热器的蒸汽发生器。

在压水堆核动力厂中的蒸汽发生器主要有下列三种：

（1）立式 U 型管蒸汽发生器；

（2）卧式蒸汽发生器；

（3）立式直流蒸汽发生器。

田湾核电厂的蒸汽发生器是卧式 U 型管自然循环蒸汽发生器。其优点是：

（1）没有水平管板，取而代之的是立式圆柱形联箱。传热管根部具有一定的流速，杂质不会在这里沉积和浓缩，可避免传热管与联箱结合部位的腐蚀破裂。

（2）具有较大的蒸汽空间，单位蒸发面的负荷较立式蒸汽发生器的小，因而采用较简单的汽水分离装置（百叶窗式）就能保证蒸汽质量满足标准。

但是，田湾核电厂的蒸汽发生器也有下列缺点：

（1）出口蒸汽的湿度对水位波动比较敏感，因而对水位控制要求较高。

（2）卧式安放，不便于在安全壳内布置。

3. 主循环泵

反应堆主循环泵是一回路系统的重要设备，是压水堆核动力厂最关键的设备之一。主循环泵的功能是使冷却剂升压，克服冷却剂流动阻力损失，从而把反应堆中产生的热能输送至蒸汽发生器，以产生驱动汽轮机做功的蒸汽。

在百万千瓦级的压水堆核电厂中，每台主泵的冷却水流量超过 2 万 t/h，泵的电机功率为 5～9 MW。泵的关键是保持轴密封，以免堆内带放射性的水外漏。核电厂的主泵除密封要求严以外，还由于泵放在安全壳内，处于高温、高湿及 γ 射线辐射的环境下，要求电机的绝缘性能好。

对核电厂主泵有下列要求：

（1）长期无人维护下安全可靠运行；

（2）结构简单，方便维修；

（3）能提供足够大的转动惯量；

（4）过流部件表面材料耐腐蚀；

（5）带放射性的冷却剂泄漏小。

反应堆主泵可分为两大类：

（1）全密封泵；

（2）轴封泵。

早期的压水堆核动力装置采用全密封泵来解决冷却剂的密封问题，全密封泵又叫作屏蔽泵。这种泵的叶轮和电机转子连成一体，由装在一个能承受系统全部压力的密封壳体内的屏蔽电机驱动。电机的定子绕组按常规结构制造，由一层薄的屏蔽套使转子与电机线圈隔离，因此定子绕组是干的，没有放射性介质外漏的可能。

密封泵的优点是：密封性能好，运行安全可靠，全密封泵长期在核动力舰艇上使用。其局限性是：

（1）效率相对较低（比轴封泵低 10%～20%），屏蔽电动机造价昂贵。

（2）容量小，不宜安装飞轮，因而转动惯量小，维修不便。但是全密封泵在核动力舰艇、钠冷快堆以及一些实验研究堆等场合下，仍发挥着重要作用。

随着密封泵的改进，AP1000 非能动大型核动力厂中开始采用全密封泵。

轴封泵的优点是：

（1）采用常规的鼠笼式感应电机，成本降低，效率提高，比屏蔽泵效率高 10%～20%；

（2）电机部分可以装一只很重的飞轮，提高了泵的惰转性能，从而提高了全厂断电事故时反应堆的安全性；

（3）通过轴密封技术能够严格控制泄漏量；

（4）维修方便，轴密封结构的更换仅需 10 h 左右。

轴封泵满足核电厂安全性和经济性要求，适应大容量机组的要求，轴封泵的技术本身也得到迅速发展。在目前运行的大型压水堆核动力厂中主要还是采用轴封泵作主泵。

4. 稳压器

核反应堆里的冷却剂，当温度升高时，体积会膨胀；当温度下降时，体积会收缩。由于体积膨胀及其他原因，如果不采取措施，在密闭回路内冷却剂的压力会波动，从而使反应堆的运行工况不稳定，所以在反应堆压力容器出口和蒸汽发生器之间的热管段安装有稳压器。稳压器是一个高大的空心圆柱体。下部为水，通过浸泡在饱和水下的电加热器产生蒸汽并浮升到稳压器上部空间，利用蒸汽的可压缩性来维持核反应堆内冷却剂的稳定压力。若一回路有一条以上并列的环路时，只要在一条热管段上安装一台稳压器就可以满足稳定堆内压力的需要。

稳压器的基本功能是形成并维持一回路系统的压力，避免冷却剂在反应堆内发生容积沸腾或超压。具体是：

（1）压力控制：稳态运行时，维持一回路恒定压力（15.5 MPa），防止堆冷却剂汽化。

（2）系统瞬态时，将压力变化限制在允许值以内，避免紧急停堆。

（3）事故发生时，防止一回路系统超压，维护一回路的完整性，即在压力超过安全阀阈值时，安全阀开启，蒸汽排放到卸压箱。

（4）作为一回路冷却剂的缓冲箱，补偿反应堆冷却剂系统容积变化。

（5）在启动时使反应堆冷却剂系统升压，停堆时使反应堆冷却剂系统降压。

四、安全壳

压力容器、蒸汽发生器、主循环泵和稳压器等一回路系统和设备都被安置在图 3-8 的安全壳内。

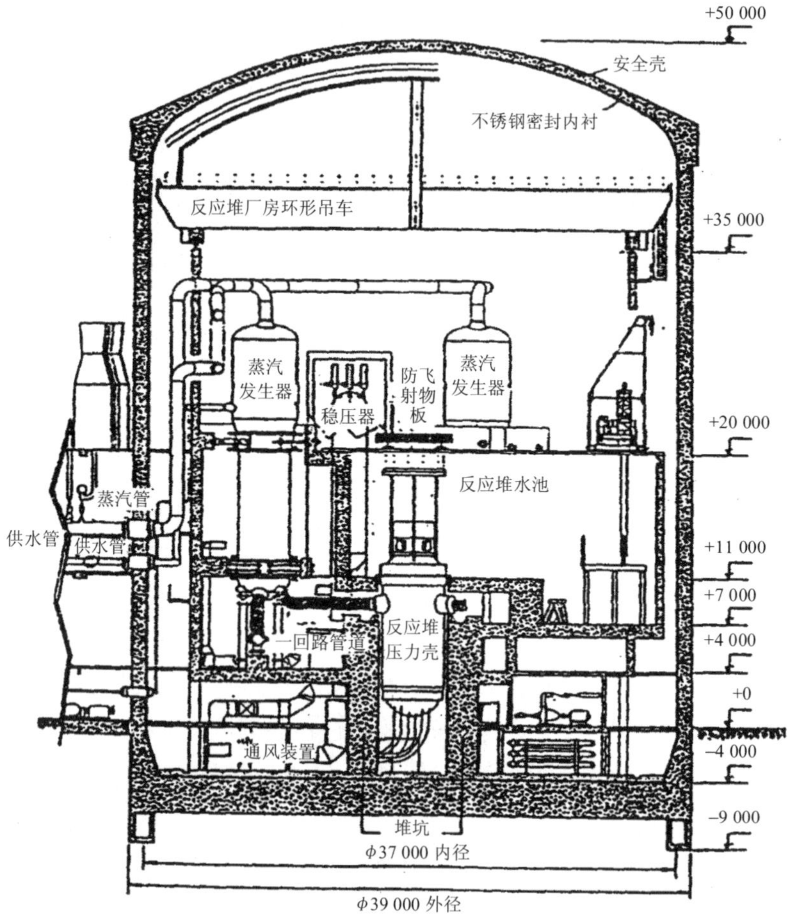

图 3-8 压水堆安全壳（单位：mm）

安全壳是包容反应堆冷却剂系统的气密承压构筑物，是既承受内压又承受外压的坚固建筑物。安全壳用于保证：

（1）在发生失水事故（LOCA）和主蒸汽管道破裂事故时承受内压，容纳喷射出的汽水混合物，防止或减少放射性物质向环境的释放。

（2）承受外压以防安全壳外各种可能的冲击，对外部事件（如飞机撞击、龙卷风）进行防护。

（3）在正常运行期间，对反应堆冷却剂系统的放射性提供生物屏蔽，并限制污染气体的泄漏，作为放射性物质与环境之间的第三道安全屏障。

（4）对于三代核电厂，安全壳还承担着在事故工况下将安全壳内的热量导出至安全壳外的功能，以维持安全壳内压力在可以承受的范围内。

安全壳可以是混凝土壳，也可以是钢壳。混凝土安全壳也有多种形式，主要有：

（1）带密封钢衬的预应力混凝土安全壳；

（2）双层安全壳；

（3）单层钢制安全壳+钢筋混凝土屏蔽构筑物；

（4）负压安全壳，几何形状上有圆柱形的和球形的。

安全壳的尺寸取决于堆功率，安全壳尺寸是由满足能量释放所需的净自由容积决定的，最小内部高度通常由设备装卸的空间决定，而高度直径也取决于经济性。

我国秦山和大亚湾核电厂所采用的是带密封钢衬里的单层预应力混凝土安全壳。安全壳底部用钢筋混凝土底板封闭，顶部用准球形的预应力混凝土穹顶封闭，其内表面被一层 6 mm 厚、由焊接钢板组件制成的金属衬里覆盖。

大亚湾压水堆核电厂安全壳整体尺寸如下：筒体混凝土壁厚 0.9 m，衬里内径 37 m，高为 56.68 m。内部有效空间约 49 000 m^3。安全壳的设计（绝对）压力为 0.52 MPa，设计温度为 145℃，允许每 24 h 的（质量）泄漏量为 0.1%。

AP1000 钢制安全壳容器包括环形加强筋、环吊梁、设备闸门、人员闸门、贯穿件和其他附件。安全壳主体由预先成型的、喷好漆的钢板（SA738）制成。安全壳直径 39.6 m，高度 65.6 m，设计压力 0.41 MPa（g），设计温度 149℃。在设计压力下，允许的 24 h 的质量泄漏量为 0.1‰。

五、一回路辅助系统

在核反应堆内进行可控链式裂变反应过程中，核能转化为热能。为了把核裂变产生的热能导出并加以利用，除核动力厂主要的输热系统外，还有许多辅助系统。

核动力厂一回路辅助系统，按其所起的作用，大致可以分为以下几类：

（1）保证反应堆和一回路系统正常运行的系统有：化学和容积控制系统（简称化容系统）、硼和水补给系统、主循环泵轴密封水系统。

（2）为核动力厂一回路系统在运行和停堆时提供必要冷却功能的系统有：设备冷却水系统、重要厂用水系统、余热排出系统（也称为停堆冷却系统）、通风系统。

（3）在发生重大失水事故时保证核动力厂反应堆及主厂房安全的系统有：安全注入系统、安全壳喷淋系统。

（4）控制和处理放射性物质，减少对自然环境放射性排放的系统有：疏排水系统、放射性废液处理系统、废气净化处理系统、废物处理系统、硼回收系统、取样分析系统。

（5）一回路其他辅助系统：补给水系统、乏燃料池冷却及净化去污清洗系统等。

一回路辅助系统的主要作用是保证反应堆和一回路系统能正常运行及调节，并为一些重大的事故提供必要的安全保护及防止放射性物质扩散的措施。具体是：①排出核燃料剩余功率，余热排出系统，在美国属于专设安全设施系统，因为余热泵兼作低压安注泵。在法国的设计中，余热排出与低压安注分成两个系统，但余热排出系统仍是核安全相关系统，按专设安全设施要求设计。②反应堆冷却剂化学和容积控制系统，是核安全相关系统，上充泵兼作高压安注泵，属于安全设施；硼和水补给系统，调硼和加硼部分与核安全有关。③水质控制，包括核取样系统，与核安全无直接关系，但在监督水质、保证正常运行、减少厂房内剂量及延长设备寿命方面起重要作用。

以下对几个主要的一回路辅助系统作简要介绍。

1. 化学和容积控制系统

化学和容积控制系统的主要功能是：容积控制、化学控制和反应性控制。

核电厂从冷态（60℃）到热态（291.4℃）零功率的启动过程或从热态零功率到冷停堆过程中，水体积增加（或减少）40%，化容系统能够补偿按允许升温或降温速率运行时所引起的一回路水体积的变化。对于较快的负荷变化，如每分钟±5%额定功率的线性功率变化，或±10%额定功率的功率阶跃改变，化容系统与稳压器共同承担容积补偿。一般来说，化容系统分担容积变化的 30%～40%。对于一回路不可避免的小泄漏（如轴封和阀门的泄漏），由化容系统提供足够的补给水。容积控制的目的是吸收稳压器不能全部吸收的一回路水容积的变化，从而将稳压器的水位维持在整定值上。

容积控制基本原理：通过上充和下泄来吸收稳压器不能吸收的一回路容积变化。化容系统作为一回路的缓冲箱，当一回路水容积增大时，通过下泄将膨胀的水送入容积控制箱（容控箱），并可能根据需要将水送入硼回收系统。当一回路容积收缩或产生泄漏时，则由硼和水补给系统供水，通过上充泵补硼水，稳压器达到程控水位。

在核动力厂运行中，一回路水化学因下列原因而变化：

（1）物理腐蚀：杂质沉积在燃料包壳上结垢，形成热点，导致燃料包壳破损；

（2）化学腐蚀：一回路杂质多、温度高、氧含量增加和 pH 值下降都会加大化学腐蚀。

一回路的放射性也因下列原因而增加：

（1）水及其中杂质的活化；

（2）裂变产物的释放；

（3）腐蚀产物的活化；

（4）化学添加物的活化。

化容系统化学控制功能的目的是清除水内悬浮杂质，维持一回路的化学及放射性指标在规定的范围之内，将一回路所有部件的腐蚀控制在最低限度。为此，通过净化冷却剂及添加化学药剂，减少腐蚀，通过离子交换降低放射性水平，保持一回路的水质。如注入氢氧化锂，以中和硼酸，控制 pH 值，保持一回路偏碱性。因为 ^{6}Li 与中子反应生成氚，会带来放射性，因此应该选 ^{7}Li 占 99%的氢氧化锂。

随着反应堆的启动运行，由于从冷态变到热态过程中的温度变化、核燃料的燃耗、裂变产物积累等引起了反应性下降，需要采用稀释冷却剂中硼浓度的方法来调整反应性。化学和容积控制系统的反应性控制功能就能够满足这种调整，向一回路注入浓硼酸或纯水，同时排出等量的一回路水，从而改变冷却剂硼浓度。一般要几分钟到几十分钟。由于化学和容积控制系统实现反应性调节速度较慢，仅能控制较慢的反应性变化，如电厂升温过程中反应性的变化、燃耗引起的反应性变化和裂变产物氙和钐引起的反应性变化。硼酸控制的反应性量占总的反应性控制量的70%左右。

化学和容积控制系统除上述三个主要功能外，在某些核动力厂可能还有下述辅助功能：

（1）向堆冷却剂泵提供轴封水。

（2）为稳压器提供辅助喷淋水，当主泵不能运行造成主喷淋管线不可用时，化学和容积控制系统提供的稳压器辅助喷淋管线代替主喷淋管线功能。

（3）在一回路满水，稳压器不起作用时，由化容系统的下泄阀进行压力控制。此外，对于上充泵兼作高压安注泵的化容系统，事故时用上充泵向堆芯注入应急冷却水，从而具有核安全功能。

2. 设备冷却水系统

设备冷却水系统是一个闭式的冷却水回路，用以防止放射性介质在设备和热交换器发生泄漏时被直接排放到江水和海水中而污染环境。所冷却的设备中，有一部分是与核安全有关的，如安全壳喷淋系统热交换器等。因此，该系统是部分与核安全相关的。

设备冷却水系统的功能是：

（1）冷却作用：为核动力厂一回路主、辅系统接触放射性介质的设备和热交换器提供冷却水。并将其热负荷通过重要厂用水系统（SEC）传到海水中。

（2）隔离作用：该系统是核岛各热交换器与海水之间的一道屏障。它既可以避免放射性流体不可控地释放到海水中而污染环境，又可以防止海水对核岛各热交换器的腐蚀。

（3）在事故工况下作为专设安全设施的支持系统，将热量经重要厂用水系统排入环境。

3. 余热排出系统

停堆后，以裂变为机制的核功率很快就消失了，但由裂变而生成的裂变碎片及它们的衰变物在放射性衰变过程中释放的热量还存在，这就是衰变热。除此之外，还有堆内各部件残存的显热等其他热源。这些热源统称为余热。为载出这些余热，设计了余热排出系统（也称为停堆冷却系统）。余热排出系统是低压系统，当反应堆停堆后，最初仍由蒸汽发生器将剩余功率热量导出，当一回路压力和温度下降到余热排出系统能够投入时，将由余热排出系统导出这部分热量，保证反应堆的冷却。

余热排出系统的主要功能是：

（1）在停堆后第二阶段，即在一回路温度降到180℃以下、绝对压力降到3.0 MPa以下时，排出堆芯余热、一回路水和设备的显热以及运行的主泵在一回路中产生的热量，使反应堆进入冷停堆状态；

（2）反应堆在冷停期间，进行换料或维修操作时，排出堆内余热，维持一回路温度低于 60℃；

（3）除失水事故引起安全注入系统投入运行的情况外，在其他事故引起的停堆事故中，余热排出系统也被用来排出热量。

余热排出系统还可能有一些辅助功能，如在反应堆从冷停堆开始加热过程中，控制一回路平均温度，保证升温速率在 28℃/h 之内。

余热排出系统一般由两个独立的系列组成，每个系列由一台余热排出泵（卧式、单级离心泵）、一台热交换器及相应的管道、阀门和仪表组成。整个系统布置在安全壳内。在停堆冷却系统中通过热交换器将热量由设备冷却水系统的冷却水带走，最后通过厂用水系统（或称为服务水系统）带到最终热阱海水。

4．安全注入系统

当核动力厂一回路系统的管道或设备发生破损事故后，安全注入系统用来向堆芯紧急注入高硼冷却水，防止堆芯因失水而造成烧毁。

安全注入系统的功能是：

（1）在一回路小破口失水事故时或在二回路蒸汽管道破裂造成一回路平均温度降低而引起冷却剂收缩时，安全注入系统用来向一回路补水，以重新建立稳压器水位；

（2）在一回路大破口失水事故时，安全注入系统向堆芯注水，以重新淹没并冷却堆芯，限制燃料元件温度的上升；

（3）在二回路蒸汽管道破裂时，向一回路注入高浓度硼酸溶液，以补偿由于一回路冷却剂连续过冷而引起的正反应性，防止堆芯重返临界。

安全注入系统通常分三个子系统：高压安全注入系统、中压安全注入系统（也称蓄压箱注入系统）、低压安全注入系统。根据事故引起反应堆冷却剂系统的降压情况，在不同的压力下分别投运安全注入子系统。安注过程包括直接注入阶段和再循环注入阶段两个阶段。直接注入阶段为从换料水箱吸水注入的阶段。从安全壳地坑吸水实施注入的阶段称为再循环注入阶段。当换料水箱水位达到某低信号且安注信号依然存在时，开始再循环注入，低压安注泵从安全壳地坑吸水。

蓄压箱注入系统由安全壳内的数个蓄压箱（也称安注箱）及其与一回路冷管段相连的管道和阀门组成。蓄压箱内是硼浓度为 2 400 μg/g 的含硼水，覆盖绝对压力约为 4.2 MPa 的氮气。每个蓄压箱能提供淹没堆芯所需容积的 50%。该系统是非能动系统，不用安注信号启动任何电气设备。在失水事故情况下，一旦一回路系统的压力低于蓄压箱的压力，蓄压箱内氮气压力使逆止阀打开，蓄压箱内的含硼水迅速注入堆芯。

在发生大破口失水事故时，一回路压力大幅度下降，应急堆芯冷却系统的三个子系统将全部投入。但启动高压安注泵和低压安注泵有时间延迟，且流量也受限制，而蓄压箱注入系统可靠、迅速地向堆芯注入大量含硼水，保证堆芯得到及时冷却。

高压安注泵和低压安注泵是能动系统，它由事故保护系统给出自动启动信号而投入运行。鉴于该系统的重要性，具有安全功能。在电站失去外电源情况下，安全注射泵的电源可由应急柴油发电机组自动供电。

对于非能动核电厂，采用非能动专设安全系统来保障设计基准事故（DBA）下堆芯安全。不需要依靠能动的泵、风机、柴油机等设备，仅依靠自然循环、重力、压缩气体等自然力即可驱动专设安全系统投入运行，可以在不依赖操纵员动作的情况下，保障堆芯 72 h 安全。因此专设安全系统的设计相对传统电厂有了大幅的简化。其等效于传统核电的安全注入系统包括：两个堆芯补水箱（CMT）、两个安注箱（ACC）、安全壳内置换料水箱（IRWST）和地坑（SUMP）。

在破口事故中，由安保信号“S”率先触发 CMT 出口隔离阀打开，CMT 内低温含硼水在与冷管段相连的平衡管线中流体密度差的作用下，首先以循环模式通过直接注射管线（DVI）注入压力容器，补偿反应堆冷却剂系统的水装量。随着破口不断丧失冷却剂，冷却剂主管道出现空泡并进一步降低液位，与冷管段相连的 CMT 平衡管线中开始充入蒸汽，CMT 进入重力注射模式，CMT 水位逐渐下降。随着 CMT 水位的不断下降，依次触发自动卸压阀（ADS）的第 1～3 级阀门，若无操纵员干预，则将进一步触发第 4 级 ADS。主冷却剂系统的压力不断降低，随着第 4 级 ADS 触发，主冷却剂系统的压力终将降至略高于安全壳内压力水平，以便 IRWST 内的水可以通过重力注射经由 DVI 管嘴进入压力容器。破口及 ADS 排放的蒸汽在钢制安全壳内壁面冷凝后，回流至 SUMP，并由 SUMP 注入 DVI，回到堆芯被加热后产生蒸汽，从而不断带出堆芯衰变热，并通过安全壳壁面冷凝将热量带出至安全壳外，建立持续稳定的长期冷却循环，整个过程中堆芯持续被冷却剂覆盖，确保堆芯安全。

5．安全壳喷淋系统

在核动力厂发生失水事故或二回路主蒸汽管道破裂事故时，安全壳内充满了带放射性的高压蒸汽，安全壳喷淋系统将用来降低安全壳内压力和温度，使放射性蒸汽凝结下来。

安全壳喷淋系统主要功能是：从安全壳顶部喷洒冷却水，为安全壳气空间降温降压，限制事故后安全壳内的峰值压力，保证安全壳完整性。

安全壳喷淋系统的辅助功能是：

（1）喷淋水中加入 NaOH，有除碘功能。

（2）在再循环安注模式下，安全壳地坑的水需要冷却时，由安全壳喷淋系统的热交换器冷却后再注入堆芯，安全壳喷淋系统是在设计基准事故下可以排除安全壳内热量的唯一系统。

（3）当反应堆厂房发生火灾时，可手动喷淋灭火。

（4）在 LOCA 后 15 天，安全壳喷淋系统泵可作为低压安注泵的备用。

在安全壳的上部设有相当数量的喷淋头，当安全壳内由于发生主管道破损事故而蒸汽压力升高时，安全壳喷淋系统的泵就自动启动，将换料水箱内的硼水和 NaOH 贮箱内供除碘用的 NaOH 溶液一起吸入，以一定的比例混合，再由喷淋头喷入安全壳内。当换料水箱的水被用尽后，喷淋泵可改吸安全壳内的地坑水。此时，地坑水先由设备冷却水冷却后再重新喷淋至安全壳内。

在核动力厂断电的情况下，安全喷淋泵的电源也由应急柴油发电机组自动供电。

对于非能动核电厂，由于采用了非能动安全壳冷却系统（PCS），因此不需要设置内部的安全壳喷淋系统来冷却壳内蒸汽。而是通过安全壳顶部水箱（PCCWST）的重力注射，将水从安全壳顶部注下，在安全壳外壁面形成水膜并蒸发，用于冷却钢制安全壳，确保安全壳内蒸汽的热量有效导出至安全壳外。安全壳顶部水箱可满足事故后72 h冷却需求。72 h后，可以通过地面的辅助水箱（PCCAWST）向安全壳顶部的PCCWST注水以补充水装量，延长安全壳冷却时间至事故后7天。在水完全消耗完毕后，还可以通过空气流道建立的自然循环继续冷却安全壳外壁面。

6. 其他一些核岛辅助系统

1）主循环泵轴密封水系统

主循环泵轴密封有机械密封和水密封两种。主循环泵密封水系统功能是提供所需的轴密封水。

2）硼回收系统

核动力厂一回路系统的冷却水都含有硼酸，在电站运行和检修过程中，有大量冷却水排放，会造成放射性废水对环境的污染，并使硼酸用量增多。因此，压水堆核电厂设置了硼回收系统。

3）补给水系统

补给水系统可以为一回路主、辅系统提供所需的除盐水、除氧水及硼回收再生水。一回路补给水系统由三部分组成：

（1）硼回收再生水系统，使用此系统水可以减少核动力厂向环境排放的废水量。

（2）除盐水系统，它适用于要求无放射性但允许含氧的敞开系统和设备的充水和补给水。

（3）除氧水系统，提供给要求无氧和无放射性的系统和设备，用于冲洗、浸泡等。

4）取样系统及分析室

取样系统及分析室的作用是从一回路主、辅系统及部分二回路系统远距离引取一些有放射性的液体和气体样品。通过分析室分析以监督一回路主、辅系统的运行状况。

5）去污清洗系统

去污清洗系统用来对一回路主、辅系统的放射性设备进行就地去污及为去污槽提供去污设施。

六、二回路及其辅助系统

常规岛包括汽轮机回路、循环冷却水系统和电气系统等部分。

压水堆核电厂汽轮机回路，也称二回路系统，主要功用是将蒸汽发生器产生的饱和蒸汽供汽轮发电机组做功发电，以及供电站其他辅助设备使用。二回路系统主要由饱和蒸汽汽轮机、发电机、汽水分离再热器、冷凝器、凝结水泵、低压加热器、除氧器、给水泵、高压加热器、循环水泵、中间汽水分离再热器和相应的阀门、管道等组成。

在蒸汽发生器内，二回路工质水吸收一次侧传导的热量后，变成280℃左右、6～7 MPa的高温蒸汽。从蒸汽发生器出来的高温蒸汽，通过高压汽轮机后，一部分变成了水滴。经过汽水分离器将水滴分离出来后，剩余的蒸汽又进入低压汽轮机继续膨胀，推动叶轮转动。从低压汽轮机出来的蒸汽的压力已很低，无法再加以利用。于是在冷凝器里，让这些低压蒸汽变成水。冷凝水经过预热后，又回到蒸汽发生器吸收一回路冷却剂的热量，变成高温蒸汽，继续循环。整个二回路的水就是在蒸汽发生器，高压、低压汽轮机，冷凝器和预热器组成的密封系统内来回往复流动，不断重复由水变成高温蒸汽，蒸汽冷凝成水，水又变成高温蒸汽的过程。在这个过程中，二回路的水从蒸汽发生器获得能量，将一部分能量交给汽轮机，带动发电机发电，余下的大部分不能利用的能量交给冷凝器。

为冷却冷凝器所用的水在三回路中循环。冷凝器实质上是二回路与三回路之间的热交换器。三回路常是一个开式冷却水系统，利用它将汽轮机排出的难以利用的低品质乏汽的余热带入江河湖海。对于内陆核动力厂，可采用闭式循环水系统，通过冷却塔向大气散热。在冷凝器里，三回路的水与二回路的水也是互不接触，只是通过冷凝器的管壁传递热量。三回路的用水量是很大的。一座1 000 MW的压水堆核动力厂，三回路每小时要40多万t冷却水。三回路的水与一、二回路的冷却水一样，也需要加以净化，不过净化的要求没有一、二回路那么高。

1．饱和蒸汽汽轮机

压水堆核动力厂的汽轮机与火电站汽轮机在原理上没有什么差别，都建立在朗肯循环基础之上，只是由于反应堆冷却剂温度的限制只能产生压力较低的饱和蒸汽或微过热蒸汽。这使轻水堆核动力厂汽轮机具有以下特点：

（1）蒸汽参数低，蒸汽压力为5.0～7.0 MPa，温度为260～285℃。热效率低，先进压水堆核电厂热效率仅约40%，而先进火电机组可达到50%以上。

（2）蒸汽体积流量大，蒸汽体积流量比同功率的高参数汽轮机大60%～100%。

（3）核汽轮机组多数级工作在湿汽区，新蒸汽是饱和汽，膨胀后即进入湿汽区。核汽轮机大多数级处于湿蒸汽区，影响效率。

（4）采用汽水分离再热，鉴于湿蒸汽对汽轮机会产生冲蚀破坏作用，因此在高、低压缸之间设置外部汽水分离器，并进行中间再热。

（5）甩负荷容易超速，湿蒸汽汽轮机甩负荷时容易超速，如不采取特殊措施，机组的最大超速值可达15%～25%。

核动力厂汽轮机有全速和半速之分，电网频率50 Hz下分别为3 000 r/min和1 500 r/min，电网频率60Hz下分别为3 600 r/min和1 800 r/min。世界上400多台核电机组中，全速机组约为1/4，单机容量多为400 MW以下。900 MW以上机组，多数属半速机组。

对汽轮机转速选择应该考虑以下因素：

（1）汽轮机的可靠性，采用半转速能提高叶片的可靠性。转速越低，离心应力越小，在同样材料和加工水平下，末级叶片可以更长。如转速为 3 000 r/min 时，目前最长的末级叶片为 1 060 mm，而转速为 1 500 r/min 时，却可达到 1 500 mm。

（2）汽轮机的经济性，半速机组在高压部分带来一些附加损失，但低压部分的效率将得到提高。

（3）重量、尺寸和造价，在相同功率时，半速机组的外形尺寸和重量大，增加了起重设备及大型设备运输的难度，提高了制造费用。根据目前制造水平，1 300 MW 以上大容量机组主要发展半速机组。

饱和蒸汽汽轮机是在湿蒸汽区工作，为防止湿蒸汽的冲蚀，在本体疏水和蒸汽除湿等方面采取了一些措施。由于高缸排汽含水分较多，一般在高、低压缸之间设有汽水分离再热器，以提高循环效率和减少叶片水蚀。由于核电厂饱和蒸汽汽轮机在事故条件下超速较大，因此在低压缸入口处采用快速关闭截止阀来防止超速。为满足核动力厂经济性的要求，核电厂一般采用单机机组。随着单堆功率增加，核电汽轮机也越造越大。目前台山 EPR 大型核电厂，电功率是 1 700 MW。

汽轮机是将蒸汽的热能转换成机械能的蜗轮式机械。它的作用是在热力发电厂中作带动发电机的原动机。汽轮机设备是以汽轮机为核心，包括凝汽设备、回热加热设备、调节和保护装置及供油系统等附属设备在内的一系列动力设备组合。为满足用户的电力需求，必须能调节汽轮机的功率和转速，每台汽轮机有一套由调节装置组成的调节系统。汽轮机是高速旋转设备，转子和定子间隙很小，既庞大又精密。为保证汽轮机安全运行，有一套自动保护装置，在异常情况下发出警报，在危急情况下自动关闭主汽阀，使其停运。汽轮机的各个轴承需要油润滑和冷却，汽轮机配有一套油系统。

大亚湾核电厂的汽轮机为英国 GEC-A 公司设计制造的饱和蒸汽、中间再热、多缸单轴系冲动式汽轮机。汽轮机的转速为 3 000 r/min，额定功率为 900 MW，新汽参数为 6.63 MPa、283℃，低压缸排汽压力 0.007 5 MPa，额定负荷下蒸汽流量为 5 515 t/h。汽轮机为四缸、六排汽口型式。一个高压缸和三个低压缸皆为双流对分式。新蒸汽分四路经高压缸汽室后由进汽短管导入高压缸，高压缸的两个排汽口各通过四根蒸汽管与汽水分离再热器相连。高压缸排汽在汽水分离再热器经汽水分离再热后，进入低压缸，每个低压缸的两个排汽口与一台凝汽器相接。整台汽轮机共有六个抽汽口，供两组高压加热器和四组低压加热器以及给水泵汽轮机用汽，除氧器用汽来自高压缸排汽。

2. 发电机

核电厂主发电机与火电站发电机不同点在于采用半速四级机组，这是核电厂饱和蒸汽汽轮机所要求的。随着单机容量增大，定子和转子的尺寸和重量也相应增加。大型发电机的冷却方式，普遍采用定子线圈水冷、转子线圈氢冷、定子铁芯氢冷（简称水、氢、氢冷）。发电机的励磁方式，目前已较多地采用无刷旋转半导体励磁。

根据反应堆事故停堆时安全冷却的需要，主发电机及其励磁系统应能带动冷却剂主循环泵进行不低于 20～30 s 的运转。

3．二回路辅助系统

二回路也有相关的辅助系统，包括主蒸汽排放系统、循环冷却水系统、汽轮机再热与抽气系统、凝结水给水系统、化学水处理系统、事故给水系统、蒸汽发生器排污系统、控制保护系统和润滑油系统等。其中大部分设备与火电站差不多，故不详细介绍。在这里只介绍事故给水系统（也称辅助给水系统）。

在大多数压水堆中，事故给水系统属于专设安全设施之一。其主要功能是：在主给水系统的任何一个环节发生故障时，作为应急手段向蒸汽发生器二次侧供水，使一回路维持一个冷源，排出堆芯剩余功率，直到停堆冷却系统允许投入运行为止。在此阶段，堆芯导出的热量通过蒸汽发生器产生蒸汽，蒸汽排入冷凝器或向大气排放。该系统还有一些辅助功能，在一些工况下代替主给水系统向蒸汽发生器供水，如：①蒸汽发生器投入前的充水；②机组启动（停堆冷却系统退出至热备用阶段）；③机组停堆后的热停堆；④从热停堆至停堆冷却系统投运前冷却阶段（第一阶段）。

事故给水系统主要由给水贮存箱、两台电动给水泵、一台汽动给水泵（或柴油机驱动泵）和与蒸汽发生器相连的给水管线组成。

循环冷却水系统，也称三回路。它向凝汽器提供冷却水，以确保汽轮机凝汽器的有效冷却。此外，还有电气系统，主要设备为发电机、励磁机、主变压器、厂用变压器、辅助变压器、高压开关站和柴油发电机组等。将核电厂发出的电能向电网输送，同时保证核电厂内部设备的可靠供电。

第三节　核动力厂使用的其他核反应堆堆型

一、沸水堆

1．沸水堆的发展

沸水堆是以沸腾水为中子慢化剂和冷却剂，并在反应堆压力容器内直接产生饱和蒸汽的动力堆。沸水堆和压水堆一样，采用轻水作慢化剂和冷却剂，低富集度铀作燃料，燃料形态仍为二氧化铀陶瓷芯块，锆-2 合金作为包壳材料。但堆芯工作压力由压水堆的 15 MPa 左右下降到 7 MPa 左右。世界上第一座沸水堆核动力厂是在 20 世纪 50 年代建成的德累斯顿沸水堆核动力厂，图 3-9 为沸水堆核动力厂示意图。

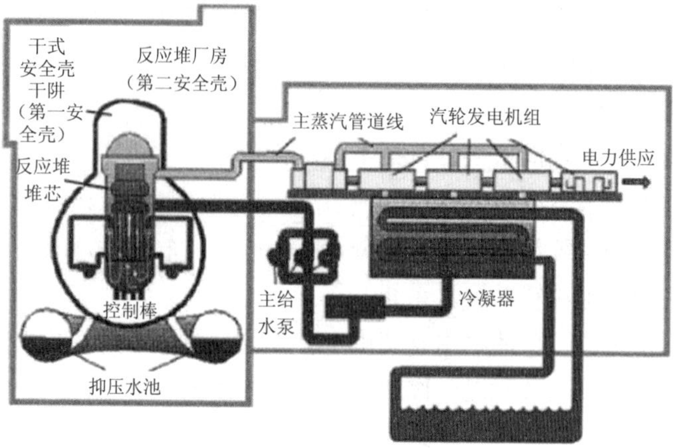

图 3-9 沸水堆核动力厂示意图

2. 沸水堆的特点

沸水堆本体由反应堆压力容器、堆芯、堆内构件、汽水分离器、干燥器、控制棒组件及喷射泵组成。沸水堆堆芯结构和压水堆相似，由燃料组件组成，只是燃料棒束外有组件盒以隔离流道，每一个燃料组件装在一个元件盒内。燃料棒也是二氧化铀燃料芯块，以锆-2 合金作包壳，内部充满氦气，端部加锆-2 合金端塞。典型沸水堆堆芯有 400～800 个燃料组件，燃料棒按 6×6、7×7、8×8 正方形排列，燃料棒的直径比压水堆的稍大一些。对于 GE 公司开发的 BWR5/6 型沸水堆堆芯有约 800 个燃料组件，燃料棒以 8×8 正方形排列，其中含有 62 根燃料元件和 2 根空的中央棒（水棒）。在四个燃料组件盒之间有十字形横断面的控制棒组件，外壳是不锈钢包壳，壳内装有碳化硼小管，如图 3-10 所示。

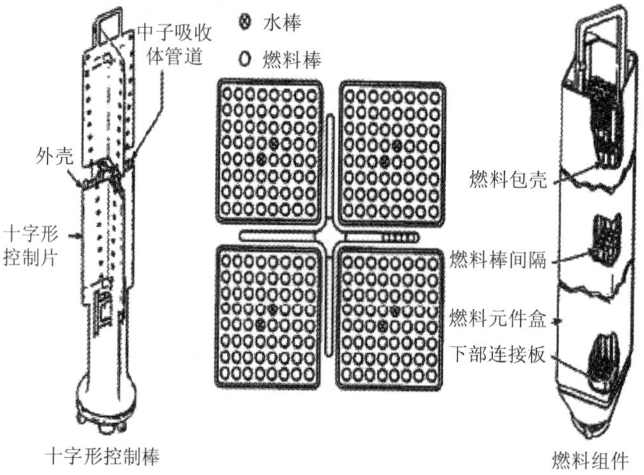

图 3-10 沸水堆燃料组件与控制棒

进入堆芯的水非常接近饱和温度，在堆芯中裂变产生的热量主要用于产生蒸汽，堆芯中的汽水混合物向上流出堆芯，进入压力容器上部空间的汽水分离器和干燥器。这些流体中，约 13%为蒸汽，剩下的水则重新参加循环。分离出来的饱和蒸汽直接接到汽轮机，蒸汽通过汽轮机做功后经过冷凝器作为给水再返回到反应堆中。大多数沸水堆设置两台再循环泵，每台泵通过一个联箱给压力壳内堆芯下方外围 10～12 台喷射泵提供“驱动流”，带动其余的水进行再循环，冷却剂的再循环量取决于向喷射泵的注入率，如图 3-11 所示。

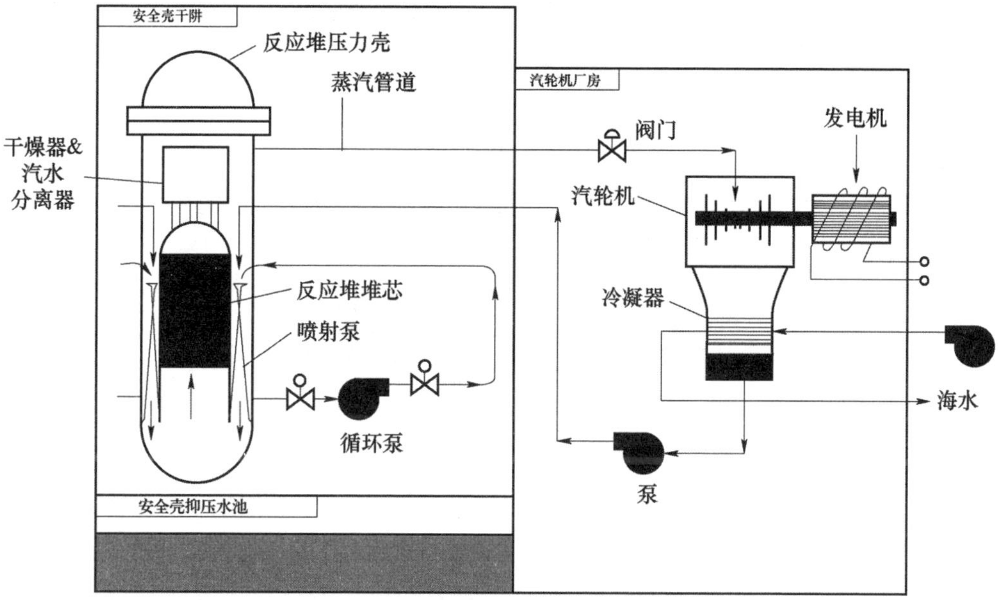

图 3-11　带有喷射泵及外部再循环回路的 BWR 系统示意图

汽水分离器组件是由圆顶形底板、焊在底板上的许多立管以及每根立管顶部的三级汽水分离器组成的。它的工作原理是当汽水混合物通过立管上升时，冲击在每个分离器的旋转叶片上，叶片使汽水混合物旋转产生涡流，然后靠离心力把水和蒸汽分开，蒸汽就从顶端流出进入干燥器，而分离出来的水从分离器下端流出，沿立管外壁向下流入环形空间。

干燥器组件由裙形圆筒和排列起来的干燥器组成。每个干燥器由多块波纹板与顶部和底部支承构件相连接成刚性装置。蒸汽在每块波纹板之间流动时，被除掉的水沿着折边向下流，汇集在收集沟槽内，并排入汽水分离器的周围。

与压水堆的大型干式安全壳不同，沸水堆的安全壳发展中除最早期沸水堆核动力厂采用干式安全壳外，目前运行的大部分沸水堆核动力厂采用的是 Mark Ⅰ、Mark Ⅱ和 Mark Ⅲ型安全壳。与干安全壳、Mark Ⅲ不同，Mark Ⅰ和 Mark Ⅱ主要由干阱和湿阱（抑压水池）组成，称为一次安全壳，Mark Ⅰ安全壳见图 3-12。

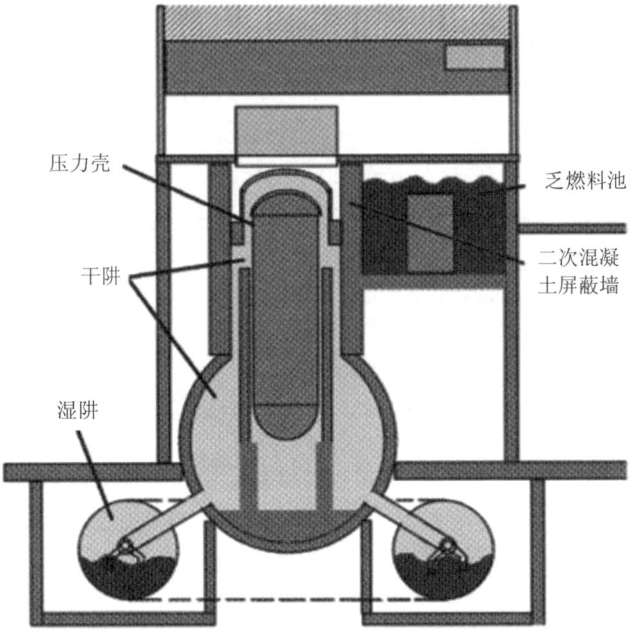

图 3-12 Mark Ⅰ安全壳

一次安全壳的功能是：冷凝蒸汽和包容一回路失水事故时放出的裂变产物，使厂外辐照剂量不超标，并为相关安全设备提供热阱和水源。Mark Ⅰ的干阱和湿阱由 5.18 cm 的钢材料组成，干阱自由空间约 4 500 m^3，湿阱（抑压水池）的水空间体积约为 3 820 m^3，气空间体积约 3 370 m^3。干阱和湿阱（抑压水池）的最大设计压力为 0.428 MPa，设计温度为 138℃。设计泄漏率为气空间自由体积的 0.5%/d。干阱有电动风机冷却系统，由 N_2 或空气通过热交换器将热量带到堆厂房冷却水系统，维持干阱合适的温度。

有一次安全壳通风系统与堆厂房空调连接，过滤、温度控制，以保证在停堆、换料期间人员的进入。为了避免可燃气体燃烧或燃爆，设有安全壳惰性系统和大气稀释系统，在正常功率运行期间维持一次安全壳惰性的 N_2 气氛和保证氧浓度小于 5%。沸水堆的反应堆厂房，也称为二次安全壳。其功能是：事故时减少气溶胶放射性物质的地面排放和在换料期间作为一次安全壳。反应堆厂房除包围一次安全壳外，还包括：换燃料和反应堆服务设备，新燃料和乏燃料储存设备，应急堆芯冷却系统，反应堆水净化系统，旁路的液体控制系统，控制棒驱动系统，反应堆保护系统的仪表及电气部件。正常运行情况下，为了防止泄漏，反应堆厂房维持负压（相当于 0.25 英寸①水位）。一次和二次安全壳都按专设安全设施考虑。

Mark Ⅱ和 Mark Ⅲ是在 Mark Ⅰ基础上进行的改进。在 Mark Ⅱ和 Mark Ⅲ中加大了干

① 1 英寸=2.54 cm。

阱和湿阱的自由空间，提高了干阱的设计温度。在 Mark Ⅲ中还在干阱设置了一定体积的抑压水池。Mark Ⅱ和 Mark Ⅲ中干阱的材料由钢变为混凝土。

日本东京电力公司建造的柏崎刈羽 6 号、7 号机组是先进的沸水堆（ABWR）。它是满足用户要求文件（URD）要求的有电厂运行经验的第三代先进型核动力厂机组。ABWR 设计的重大改进之一是将原来 BWR 安装在压力壳外侧的反应堆再循环泵改为安装在压力壳内部的内置泵，实现了核蒸汽供应系统的一体化设计。该项改进的优点是：

（1）压力壳在堆芯以下无大口径管嘴，保证 LOCA 下无堆芯裸露风险，大大降低了堆芯熔化概率；

（2）取消了压力壳外的再循环泵和再循环管道，有利于堆厂房的小型化；

（3）减少了在役检查的工作量，由于水处理技术的改进和广泛使用各种自动工具，ABWR 检修时工作人员所受放射性剂量已大幅降低。

3．沸水堆与压水堆的比较

与压水堆核动力厂相比，沸水堆核动力厂有以下特点：

（1）直接循环。核反应堆产生的蒸汽被直接引入蒸汽轮机，推动汽轮发电机组发电，这是沸水堆核动力厂与压水堆核动力厂的最大区别。沸水堆核动力厂省去一个回路，因而不再需要昂贵的、压水堆中易出事故的蒸汽发生器和稳压器，减少大量回路设备。

（2）工作压力可以降低。堆芯工作压力由压水堆的 15 MPa 左右下降到沸水堆的 7 MPa 左右。反应堆出口冷却剂处于饱和温度，同时不存在压水堆蒸汽发生器中的传热温差，沸水堆的工作压力虽比压水堆低，但产生的蒸汽温度和压力比压水堆系统的要高，从而提高了热力系统的效率。堆芯工作压力的降低也使系统得到极大简化，从而显著地降低投资。

（3）堆芯出现空泡。与压水堆相比，沸水堆最大的特点是堆内有气泡，堆芯处于两相流动状态。由于气泡密度在堆芯内的变化，在它的发展初期，人们认为其运行稳定性可能不如压水堆。但运行经验的积累表明：沸水堆中有气泡，气泡的形成会造成流体动力学-中子物理学的耦合反馈，从而引起功率振荡，存在稳定性问题；但是，只要设计得好，可以做到在任何工况下慢化剂反应性空泡系数均为负值，空泡的反应性负反馈是沸水堆的固有特性。设计好了，空泡系数可以使反应堆运行更稳定，并自动展平径向功率分布，从而具有较好的控制调节性能等。

（4）控制棒。压水堆中在燃料组件内有棒束形式的控制棒。而沸水堆燃料组件内无控制棒，但有水棒，可以增加慢化能力。沸水堆中采用十字形控制棒在燃料组件盒之间，从底部插入，水力驱动的控制棒传动机构较压水堆复杂。因沸水堆上部有气泡，压低了堆芯上部中子通量，从底部插入控制棒可以起到补偿作用，有利于展平功率分布。沸水堆控制棒数量上也比压水堆多，控制反应性量达 15%。

（5）在反应性控制需求量和控制手段上，压水堆与沸水堆也不尽相同。在压水堆中总反应性控制量大，控制棒占 7%～8% $\Delta k/k$，可溶毒物硼占 14%～17% $\Delta k/k$，停堆深度占 3% $\Delta k/k$；在沸水堆中，总反应性控制量比压水堆小，控制棒占 15%～17% $\Delta k/k$，停堆深度占 4% $\Delta k/k$。正常反应性控制由控制棒（为主）、可燃毒物和慢化剂空泡效应共同完成。压水堆冷却剂含硼，存在硼稀释引入正反应性的可能，而沸水堆正常运行中，冷却剂中无可溶硼。堆芯注入时可以使用各种各样的水源，冷凝水贮存箱和抑压水池可以作为主要水源，消防水系统作为后备手段。

（6）在一回路水总量和压力控制方面，压水堆通过稳压器和化容系统实现，而沸水堆是控制给水流量和通过卸压阀实现。

（7）在功率调节方面，在沸水堆核动力厂可以利用空泡的负反应性效应，即可以通过控制冷却剂流量来改变反应堆功率。调节堆芯流量既快速，对功率分布又影响小。而在压水堆核动力厂不采用调节堆芯流量方法，如果通过调节冷却剂中硼浓度来实现功率调节，其时间较长，一般采用控制棒调节功率，但对功率分布影响较大。

与压水堆核动力厂相比，沸水堆核动力厂的主要缺点是：

（1）辐射防护和废物处理较复杂。由于沸水堆核动力厂只有一个回路，反应堆内流出的有一定放射性的冷却剂被直接引入蒸汽轮机，导致放射性物质直接进入蒸汽轮机等设备，使得辐射防护和废物处理变得较复杂。汽轮机需要进行屏蔽，使得汽轮机检修时困难较大；检修时需要停堆的时间也较长，从而影响核动力厂的设备利用率。

（2）功率密度比压水堆小。水沸腾后密度降低，慢化能力减弱，因此沸水堆需要的核燃料比相同功率的压水堆多，堆芯及压力壳体积都比相同功率的压水堆大，导致功率密度比压水堆小。

但随着技术的不断改进，沸水堆核动力厂性能越来越好。尤其是 ABWR 的建造这几年取得了很大进展，在经济性、安全性等方面有超过压水堆的趋势。例如，ABWR 用置于压力容器内的再循环泵代替原先外置的再循环泵，大大提高了安全性。由于水处理技术的改进和广泛使用各种自动工具，ABWR 检修时工作人员所受放射性剂量已大幅降低。日本核电计划主要是采用沸水堆，我国台湾省在运行的核动力厂除最南面的核-3 机组外，主要是沸水反应堆机组，拟新建的核电站也决定采用沸水堆堆型。

二、重水堆

1. 重水堆的基本特点

重水堆是指用重水作慢化剂的反应堆，是核动力厂中发展较早的反应堆堆型之一。重水具有良好的中子物理特性，可直接利用天然铀作反应堆核燃料。重水的价格较贵，重水费用占基建投资比重大。随着重水生产技术的改进，以及重水堆技术的发展和运行经验的积累，特别是可利用天然铀燃料，不需要建造代价很高的铀富集工厂，这对于发展中国家利用自己的核燃料资源更为有利。

重水堆经过几十年的发展，已形成各种类型的重水堆。重水堆按其结构形式可以分为压力管式和压力壳式两类。目前建得最多的是压力管式重水堆。采用压力管式时，冷却剂可以与慢化剂相同，也可不同。压力管式重水堆又分为立式和卧式两种。立式的压力管是垂直的，可采用加压重水、沸腾轻水、气体或有机物冷却；卧式的压力管水平放置，不宜用沸腾轻水冷却。压力壳式重水堆只有立式，冷却剂与慢化剂相同，可以是加压重水或沸腾重水，燃料元件垂直放置，与压水堆或沸水堆类似。

我国秦山三期两台机组是电功率为 728 MW 的重水堆核电厂，采用的是由加拿大设计建造的压力管卧式重水堆，称为 CANDU 型重水堆。在压力管式重水堆中，用压力管将重水慢化剂和冷却剂分开。压力管内冷却燃料组件的高压重水，压力为 10 MPa，温度为 300℃。卧式堆芯结构的重水堆更便于设备的布置和换料维修。

CANDU 核蒸汽供应系统包括反应堆组件，换料系统、慢化剂系统、热传输系统以及蒸汽和给水系统，见图 3-13。

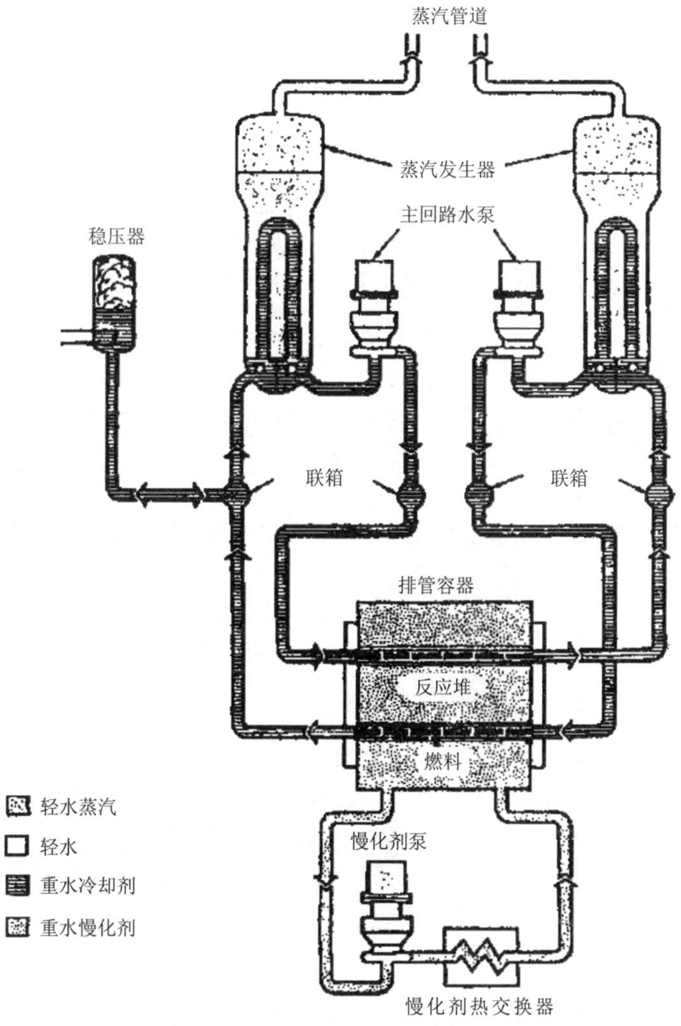

图 3-13　重水堆核动力厂系统流程

压力管卧式重水堆（CANDU 型重水堆）的本体是一个大型水平放置的圆筒形不锈钢容器，通称为排管容器，里面盛有低温低压的重水慢化剂。在容器内贯穿着成排的水平燃料管道，这种燃料通道由两层套管构成。内套管用来承受高压冷却剂，称为压力管，其中装有天然铀棒束和高温高压重水冷却剂。外套管称为排管，用来将冷却剂和慢化剂隔离开。主泵输送冷却剂，经燃料通道将热量带出来，然后经过蒸汽发生器，利用此热量产生蒸汽供汽轮机做功。蒸汽发生器和冷却剂泵安装在反应堆的两端，以便使冷却剂自反应堆的一端流进堆芯的一半燃料通道，而从另一端以相反的方向流入另一半燃料通道，形成一个 8 字形的闭合冷却回路，这种布置可使堆芯两边的温度均匀对称。冷却剂系统设有稳压器，以维持较高的系统压力。对低温的慢化剂也设有循环冷却系统，它将重水本身与中子及γ射线相互作用产生的热量带走。

重水堆燃料元件的芯块也与压水堆类似，是烧结的二氧化铀的短圆柱形陶瓷块，这种芯块也是放在密封的外径为十几毫米、长约 500 mm 的锆合金包壳管内，构成棒状元件。由 37～43 根数目不等的燃料元件棒组成长约 500 mm、外径为 100 mm 左右的燃料棒束组件。为保证燃料棒之间有一定的间隙，使冷却剂顺利通过，在燃料棒外壁铅焊上一些隔离块。图 3-14 表示压力管卧式重水堆的燃料棒束组件结构。

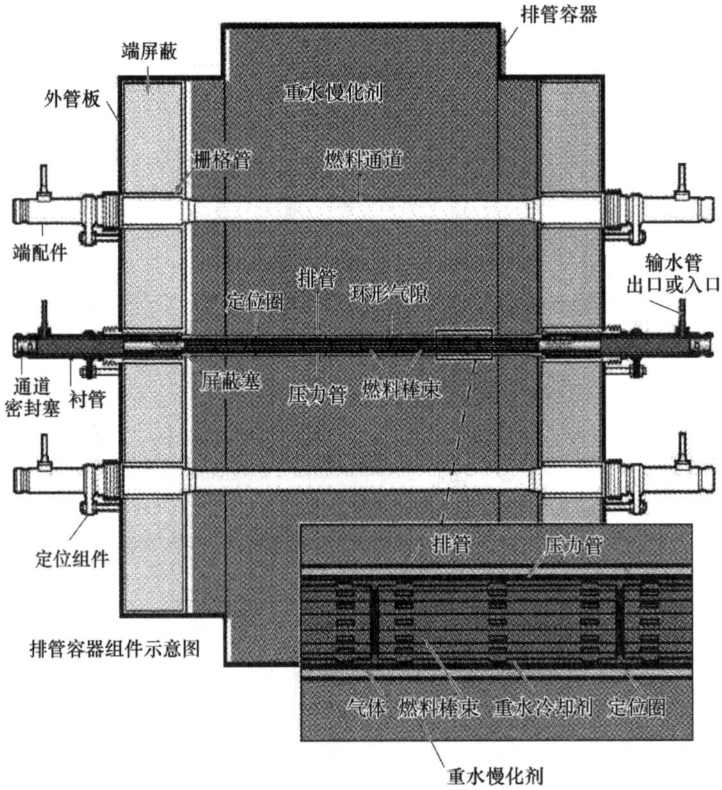

图 3-14　压力管卧式重水堆的燃料棒束组件结构

反应堆的堆芯是由几百根装有燃料棒束组件的压力管排列而成。重水堆压力管水平放置，每个压力管内有 10～12 个燃料棒束组件，构成水平方向尺度达 6 m 的活性区。作为冷却剂的重水在压力管内流动以冷却燃料元件。像压水堆一样，为了防止重水过热沸腾，必须使压力管内的重水保持较高的压力。压力管是承受高压重水冲刷的重要部件，是重水堆设计制造的关键设备。作为慢化剂的重水装在庞大的反应堆容器（称为排管容器）内。为了防止热量从冷却剂重水传出到慢化剂重水中，在压力管外设置一条同心的管子，称为排管，压力管与外套的排管之间充入气体作为绝热层，以保持压力管内冷却剂的高温，避免热量散失；同时保持慢化剂处于要求的低温低压状态。同心的压力管和排管贯穿于充满重水慢化剂的反应堆排管容器中，排管容器则不承受多大的压力。总长可达 8～9 m 的排管两端有法兰固定，与排管容器的壳体联成一体。图 3-15 为压力管卧式重水堆堆芯结构。

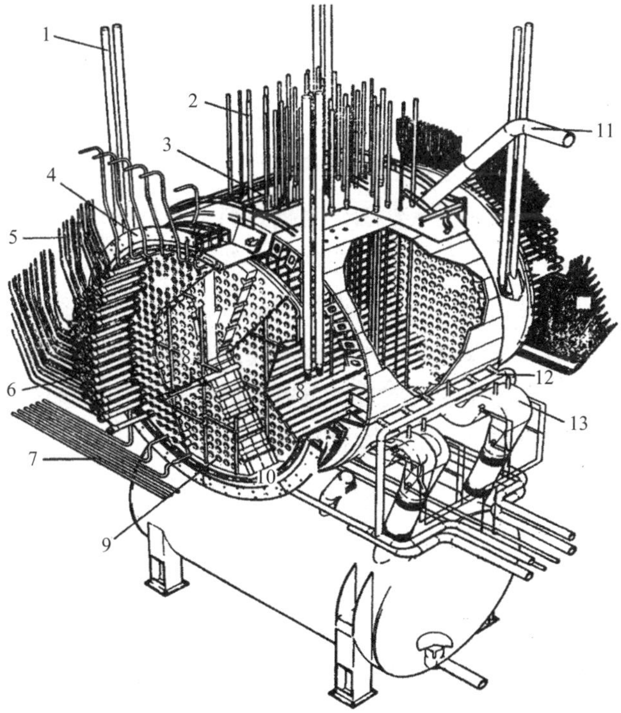

1-圆柱形支撑棒；2-控制棒；3-排管容器；4-支撑法兰；5-重水支管；6-压力管端部；7-端部屏蔽冷却管；8-压力管；9-端部屏蔽外管板；10-端部屏蔽内管板；11-氦气引进口；12-重水进口集管；13-排放管。

图 3-15　压力管卧式重水堆堆芯结构

控制棒插入排管容器内的排管之间，在这种低温低压重水慢化剂内，可上下方向或左右方向运动。所以与在高温高压轻水内运动的压水堆控制棒相比，更加安全、可靠。

这种压力管卧式重水堆可以在反应堆运行时，由装卸料机连接压力管的两端密封接头进行不停堆换料。每次换料时，将 8 束新组件从压力管的一端推进去，同时从同一压力管的另一端将辐照过的燃料组件推出。

加拿大设计建造的 CANDU 堆是压力管卧式重水堆的典型代表。540 MW 的皮克灵核动力厂，有 390 根压力管，压力管内总共放了 4 680 束燃料组件。每个燃料棒束内有 37 根燃料元件棒，因此这些燃料组件共由大约 17 万根燃料元件棒组成。压力管内冷却燃料组件用的高压重水，压力为 10 MPa，温度为 300℃。外套排管与重水排管容器是焊在一起的，重水慢化剂不加压，温度约 70℃。裂变产生的中子在压力管内得不到充分慢化，主要在排管外慢化。将慢化剂保持低温，除了可以避免高压，还可以减少 ^{238}U 对中子的共振吸收，有利于实现链式反应。

重水堆核动力厂动力循环系统与压水堆核动力厂相似。一回路系统一般分别为两个相同的循环回路，一个设在反应堆的左侧，另一个设在反应堆的右侧，对称布置。每一个循环回路由 2～6 个蒸汽发生器和 2～8 台循环泵组成。每个循环回路带走反应堆一半的热量，通过蒸汽发生器传递给二回路，产生的蒸汽送入蒸汽轮机做功，带动发电机发电。

2. 重水堆与轻水堆的比较

重水堆核动力厂与轻水堆核动力厂相比，有以下几点主要差别，这些差别是由重水的核特性及重水堆的特殊结构所决定的。

（1）重水堆核动力厂可以采用天然铀作为核燃料。我们知道，重水和轻水（也就是天然水）的热物理性能差不多，因此作为冷却剂时，都需要加压。但是，重水和轻水的核特性相差很大。这个差别主要表现在中子的慢化和吸收上。在目前常用的慢化剂中，重水的慢化能力仅次于轻水，但轻水吸收热中子的概率比重水要高 200 多倍，使得重水的慢化比远高于其他慢化剂。以重水慢化的反应堆，可以采用天然铀作为核燃料。从而使得建造重水堆的国家，不必建造同位素分离的浓缩铀厂。

（2）与轻水堆核动力厂相比，重水堆核动力厂更节约天然铀。由于重水吸收的中子少，所以重水慢化的反应堆，中子除维持链式反应外，还有较多的剩余可以用来使 ^{238}U 转变为 ^{239}Pu，使得重水堆核动力厂不但能用天然铀实现链式反应，而且比轻水堆核动力厂节约天然铀 20%。

（3）可以不停堆更换核燃料。重水堆核动力厂由于使用天然铀，后备反应性少，因此需要经常将烧透了的燃料元件卸出堆外，补充新燃料。经常为此而停堆，对于要求连续发电的核动力厂是不允许的。这就使不停堆装卸核燃料显得尤为必要。压力管卧式重水堆的设计，使不停堆换料得以实现。

（4）重水堆的功率密度低。重水堆虽然由于重水吸收中子少带来了上述优点，但由于重水的慢化能力比轻水低得多，又给它带来了不少缺点。由于重水慢化能力比轻水低，为了使裂变产生的快中子得到充分的慢化，堆内慢化剂的需要量就很大。再加上重水堆使用的是天然铀等原因，同样功率的重水堆的堆芯体积比压水堆大 10 倍左右。

（5）重水费用占基建投资比重大。20 t 天然水中含有 3 kg 重水。虽然从天然水中提取重水，比从天然铀中制取浓缩铀容易，但是由于天然水中重水含量低，所以重水仍然是一种相当昂贵的材料。由于重水用量大，所以重水的费用占重水堆基建投资的很大比例。

在表 3-3 列出重水堆核动力厂与轻水堆核动力厂的主要差别。

表 3-3 重水堆核动力厂与轻水堆核动力厂的主要差别

	CANDU	PWR
反应堆	几百根小直径薄壁压力管	一个大直径厚壁压力容器
	水平布置	垂直布置
	重水冷却剂	轻水冷却剂
	慢化剂和冷却剂分离，慢化剂为低温低压	慢化剂和冷却剂合二为一
	反应性控制装置在低温低压慢化剂中	反应性控制装置在高温高压慢化剂中
	大堆芯，功率密度低	小堆芯，功率密度高
燃料	天然铀	低富集度铀
	燃耗低	燃耗高
	棒束长度短，0.5 m	棒束长度长，3.8 m 以上
	不停堆换料	停堆换料
	运行时能及时去除破损的燃料棒束	需要停堆去除破损的燃料棒束

重水堆和轻水堆除上述主要差别外，还会派生出一系列其他的差别。我们知道，物质的质量乘比热，是该物质升高一度吸收的热量，称为热容。轻水与重水比热差不多。但重水堆内重水装载量大，所以总的热容量也大。重水堆的燃料元件，安装在几百根互相分离的压力管内。压力管破裂前有少量泄漏，容易发现和处理。而且当压力管破裂造成失水事故时，事故只局限在个别压力管内。由于冷却剂与慢化剂分开，失水事故时慢化剂仍留在堆内，因而失水事故时燃料元件的剩余发热，容易被堆内大量的重水慢化剂吸收。而轻水堆压力边界的任何一处发生泄漏，造成的后果都涉及整个堆芯。由于轻水堆热容量小，所以失水事故后放出的热量会造成堆芯温度较大地升高，因而轻水堆失水事故的后果可能比重水堆严重。

总之，由于轻水和重水的核特性相差很大，在中子慢化性能和吸收性能的两个主要指标上，它们的优劣正好相反，使它们成了天生的一对竞争伙伴：轻水堆的优点正好对应重水堆的缺点，重水堆的优点正好对应轻水堆的缺点。正是由于这个原因，使得这两种堆型的选择，成了不少国家的议会、政府和科技界人士长期争论不休的难题。虽然轻水堆已经在核动力市场上占据了统治地位，但是近年来，由于重水堆能够节约核燃料，因而引起不少国家政府和核工业界人士的重视。

由于重水堆比轻水堆更能充分利用天然铀资源，又不需要依赖浓缩铀厂和后处理厂，所以印度、巴基斯坦、阿根廷、罗马尼亚等国家已先后引进加拿大的重水堆。我国的秦山核电厂第三期工程也从加拿大引进了两个重水堆核电机组，说明了加拿大的这种重水堆核动力厂技术已经相当成熟。

三、高温气冷堆

1. 气冷堆的发展历史

除用水作冷却剂的轻水堆、重水堆外，还有用气体作冷却剂的气冷堆。气体作冷却剂的主要优点是不会发生相变，但也存在缺点，气体的密度较低，导热能力差，循环时消耗的功率大。为了提高气体的密度及导热能力，也需要加压运行。

早期第一代气冷堆是天然铀石墨气冷堆。石墨为慢化剂，CO_2 气体为冷却剂，金属天然铀为燃料，镁诺克斯（Magnox）合金为燃料棒的包壳材料。1956 年，英国建成了商用 50 MW 气冷堆电站。到 20 世纪 70 年代初期，英国、法国、意大利、日本和西班牙等国共建造了 36 座气冷堆，总装机容量达到 8.2 GW（电）。

改进型气冷堆（AGR）是第二代气冷堆。它仍然用石墨作慢化剂和二氧化碳作冷却剂。为了提高冷却剂的温度，元件包壳改用不锈钢，并采用了 2%富集铀的二氧化铀陶瓷燃料，CO_2 温度由 400℃提高到 670℃。随着冷却剂温度及压力的提高，这种堆的热能利用效率达到 40%，功率密度也有很大提高。

第三代气冷堆即高温气冷堆（HTGR），由改进型气冷堆进一步发展而来。高温气冷堆是国际上公认的安全性好、发电效率高、用途广的先进核反应堆堆型。近年来，高温气冷堆的发展受到国际核能界的关注，除我国和日本正在实施高温气冷堆的研究发展计划外，在南非、美国、俄罗斯、德国等国也引起了关注。模块式球床高温气冷堆在中小型核动力厂，干旱地区核动力厂以及核能煤气化和液化，制氢等方面具有良好的应用前景。高温气冷堆采用化学惰性和热工性能好的氦气为冷却剂，以全陶瓷型包覆颗粒为燃料元件，用耐高温的石墨作为慢化剂和堆芯结构材料，堆芯出口氦气温度可达到 950℃甚至更高。

高温气冷堆的燃料元件有两种，一种是与压水堆相似的棱柱形的，另一种是球形的，使用这两种元件的高温气冷堆分别称为棱柱形高温气冷堆和球床高温气冷堆。两种元件虽然形状不同，但都由弥散在石墨基体中的包覆颗粒燃料组成，图 3-16 为包覆颗粒与球形燃料元件。

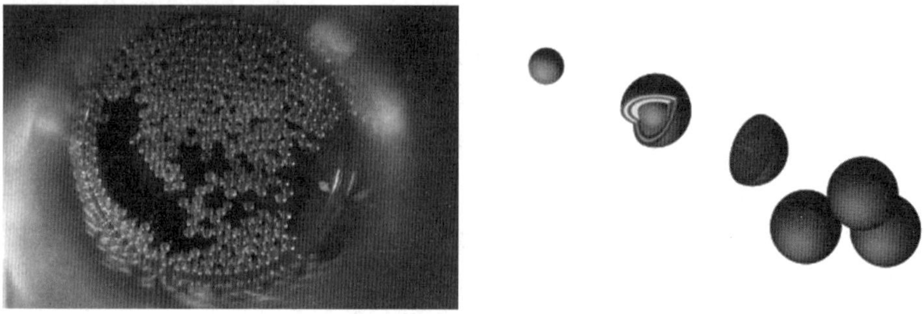

图 3-16　包覆颗粒与球形燃料元件

实验表明，在 2 100℃的高温下，包覆颗粒燃料仍能保持其完整性，破损率可保持在 10^{-6} 以下，这一温度不仅大大超过高温气冷堆运行工况下的最高温度，也大大超过高温气冷堆事故工况下的最高温度，换言之，这种元件即使在事故条件下，也不会发生放射性物质外泄、危害公众和环境安全的情况。高温气冷堆用石墨作慢化剂，堆芯结构材料由石墨和碳组成，不含金属。石墨和碳都能承受 3 000℃以上的高温，而不发生解体。冷却剂采用氦气，因此即使在事故条件下，也绝不会发生像美国三哩岛和苏联切尔诺贝利核动力厂那种堆芯熔毁的严重事故。氦气是一种惰性气体，不与任何物质起化学反应，与反应堆的结构材料相容性好，避免了以水作冷却剂与慢化剂的反应堆中的各种腐蚀问题，使冷却剂的出口温度可达 950℃甚至更高，这就显著提高了高温气冷堆核动力厂的热效率，并为高温堆核工艺热的应用开辟了广阔的领域。氦气的中子吸收截面小，难于活化，在正常运行时，氦气的放射性水平很低，工作人员承受的放射性辐照剂量也低。

美国三哩岛核事故发生后，人们希望能设计一种“绝对安全”的反应堆，在任何事故情况下都不会发生大的核泄漏，不会危及公众与周围环境的安全，也就是说反应堆具有固有安全特性。为了推向市场，在 20 世纪 80 年代中期，出现了两种类型的模块式高温气冷堆。一种是德国 KWU/Interatom 公司设计的球形燃料元件模块式高温气冷堆 HTR-Module，热功率 200 MW，电功率 80 MW，采用堆芯与蒸汽发生器双壳肩并肩布置，具有非能动的安全特性，1987 年完成了 HTR 模块反应堆的安全评价。另一种是 1985 年由美国 GA 公司提出的棱柱状元件模块式高温气冷堆，采用低浓铀（<20%）加钍作核燃料，通过燃料循环，堆芯和蒸汽发生器双壳肩并肩布置，其基本模块提供 17.3 MPa 和 538℃的过热蒸汽，完成了 250 MW 热功率的设计方案，采用环形堆芯后，功率水平可以提高到 350 MW 热功率。

2. 我国高温气冷堆的发展

清华大学核能与新能源技术研究院从 20 世纪 70 年代开始进行高温气冷堆相关技术的研究，1992 年开始设计 10 MW 的高温气冷实验堆（HTR-10），这是国家高技术研究发展计划（863 计划）能源领域中的一个重点项目。HTR-10 于 1995 年 6 月开工建造，2000 年 12 月 1 日实现首次临界，2003 年 1 月 29 日完成 72 h 满功率并网发电，运行参数达到了总体设计要求，这表明我国已初步掌握了模块式球床高温气冷实验堆的核心技术、设计技术和系统集成技术。图 3-17 为 HTR-10 的一回路系统。

10 MW 高温气冷实验堆是世界上建成的第一座具有非能动安全的模块式球床高温气冷堆。2008 年 2 月，国务院常务会议讨论批准了高温气冷堆核动力厂重大专项实施方案。根据专项实施方案，在山东石岛湾建成规模为 200 MW 级的模块式高温气冷堆核动力厂示范工程（HTR-PM）。HTR-PM 采用全陶瓷包覆颗粒球形燃料元件，氦气作冷却剂，石墨作慢化剂。电站由两座反应堆和相应的两个蒸汽发生器系统组成，每一个模块堆的热功率为 250 MW。向一台蒸汽透平发电机组提供高参数的过热蒸汽，发电功率为 200 MW。两个反应堆设置在同一个反应堆厂房内。整个电站由反应堆、一回路系统、专设安全设施、仪

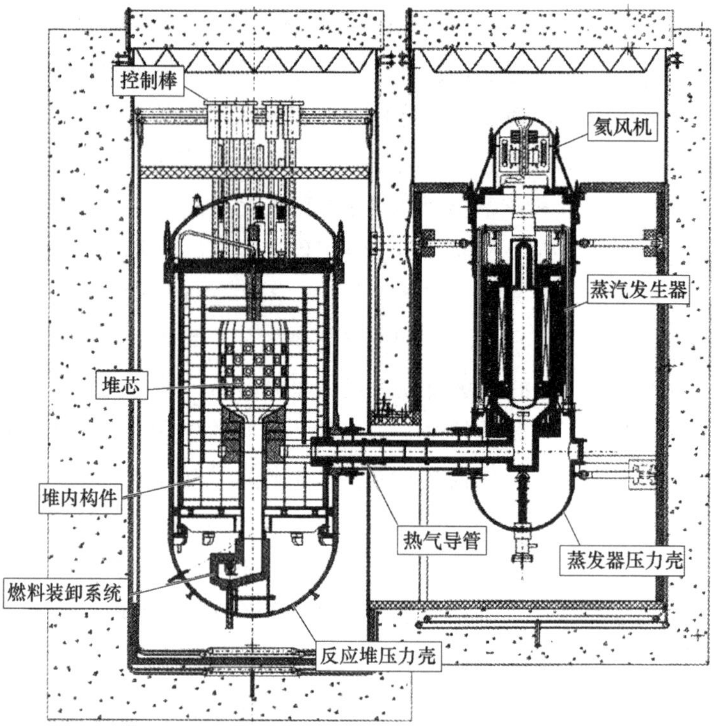

图 3-17　HTR-10 的一回路系统

表与控制系统、电力系统、辅助系统、蒸汽电力转化系统、放射性废物处理系统、辐射防护系统等组成。为了提高经济性，在 HTR-PM 中采用了两堆带一机的蒸汽透平循环方案，以一个堆配一台蒸汽发生器为一个标准模块，两个模块配一个汽轮机，共享电站辅助设施。表 3-4 给出了 HTR-PM 的主要参数。

表 3-4　HTR-PM 的主要参数

参数	单位	数值	参数	单位	数值
电站名义电功率	MW	200	一回路氦工作压力	MPa	7
堆总热功率（双堆）	MW	2×250	堆入口温度	℃	250
堆芯平均功率密度	MW/m^3	3.22	堆出口温度	℃	750
电站效率（额定工况）	%	40	一回路氦气流量/堆	kg/s	96
电站可利用率	%	90	控制棒数目/堆	组	24
电站设计寿期	a	40	吸收球停堆系统/堆	组	6
燃料元件总数/堆	个	420 000	蒸汽发生器出口处压力	MPa	13.9
燃料元件富集度	%	8.9	蒸汽发生器出口温度	℃	570
燃料元件重金属含量	g	7	给水温度	℃	205.2
燃料元件平均卸料燃耗	MW·d/tU	90 000	汽轮机额定功率	MW	200
燃料循环次数		15	汽轮机主蒸汽流量	t/h	671

3. 模块式高温气冷堆与压水堆的比较

模块式高温气冷堆根据“非能动安全性”原则进行热工设计，使得在事故停堆后，堆芯的冷却不需要专设余热排出系统，燃料元件的剩余发热可依靠热传导、热辐射等非能动的自然传热机制传到反应堆压力壳，再经压力壳的热辐射传给反应堆外舱室混凝土墙表面的堆腔冷却器，堆腔冷却器是设置在一回路舱室混凝土墙上的冷却水管，管内的水经加热后完全依靠自然循环将热量载到上部的空气冷却器，最终将热量散到周围环境中去。堆腔冷却器设独立的三组，每组都具有 50%的余热排出能力。

模块式高温气冷堆堆芯直径较小，平均功率密度也较低，这种非能动余热排出系统的设计可以保证在极端的事故条件下，即在堆芯冷却剂完全流失、主传热系统的功能完全丧失的条件下，保证堆芯燃料元件的最高温度不超过 1 600℃的设计限值，远低于其包覆颗粒燃料的破损温度 2 100℃。这种非能动的余热排出系统排除了模块式高温气冷堆堆芯熔化事故的可能性，使其具有非能动的安全特性。

模块式高温气冷堆采取纵深防御的安全原则，设置了阻止放射性外泄的四道屏障。全陶瓷的包覆颗粒燃料的热解炭和碳化硅包覆层，是阻止放射性外泄的第一道屏障。在事故最高温度 1 600℃下，绝大部分裂变产物都被阻留在颗粒燃料的包覆层内。球形燃料元件外层的石墨包壳，是阻止放射性外泄的第二道屏障。由反应堆压力壳、蒸汽发生器压力壳和连接这两个压力壳的热气导管压力壳组成的一回路压力边界，是阻止放射性外泄的第三道屏障。压力壳的设计、制造具有很高的可靠性，几乎可以排除发生贯穿性破裂事故的可能性，其完整性可以得到充分保证。一回路舱室是阻止放射性外泄的第四道屏障，如图 3-18 所示。它不同于压水堆安全壳，没有像压水堆那么高的气密性和承压要求，但它可以与排风系统配合保持一回路舱室的负压，防止舱室内的放射性物质向反应堆建筑物内扩散。

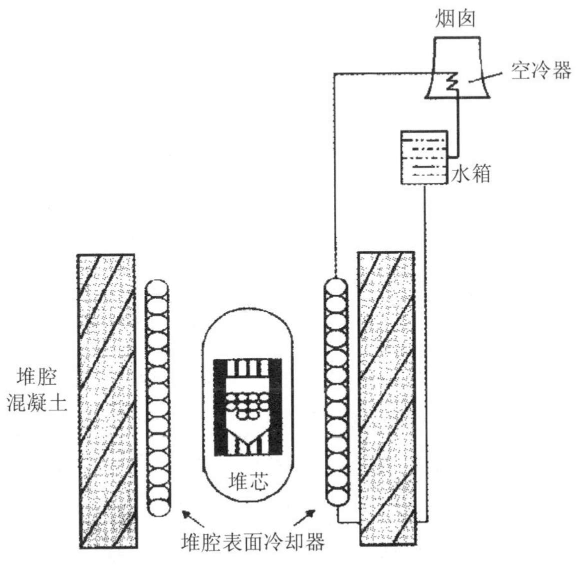

图 3-18　一回路舱室布置示意图

为了说明高温气冷堆的特点，表 3-5 从不同方面比较了高温堆与传统压水堆的差别。

表 3-5　高温堆与传统压水堆的差别

系统	高温气冷堆	压水堆
反应性控制	控制棒	控制棒；硼浓度调节；可燃毒物
压力调节	氦气的吞吐	稳压器
余热排出	非能动	通常为能动
应急给水系统	无	有
安全注入系统	无	有
应急柴油机	非安全级	安全级
安全壳	不承压、无气密性要求的包容体	气密性；喷淋；双层壳；堆熔捕集；防氢爆；底板熔穿设防

在反应性的控制上，压水堆所需要的反应性控制当量大，尽管在压水堆中有大量的控制棒，但由于水堆的中子扩散长度较短，每个控制棒的当量是不大的，单靠控制棒控制反应性是不够的，控制棒只能够控制快速变化的反应性变化，缓慢变化的反应性变化还必须依靠调节冷却剂中的硼浓度和使用固体可燃毒物的手段。而在高温堆，由于中子扩散长度较长，单根控制棒的反应性控制当量是比较大的，为了保证反应堆的运行，单靠控制棒控制反应性是可以的，不需要像压水堆那样，再采取其他的手段。

在一回路压力调节和控制上，压水堆中必须有专门的设备来控制一回路的压力，防止一回路超压，以避免发生堆内沸腾。因此，在压水堆一回路中有稳压器，而在高温气冷堆中冷却剂是氦气，在运行条件下，氦气冷却剂不会发生相变，不需要严格的压力控制，压力调节不需要专用的设备，只是通过压缩机对一回路内的氦气进行吞吐，即可调节一回路的压力。

余热排出一直是影响核动力厂安全运行的一个棘手的问题，也是核动力厂区别于常规电站的原因所在。所有的核动力厂都设有专门的余热排出系统。在压水堆中，除在 AP1000 中设计了非能动的余热排出系统外，一般都设有几列相互独立的能动的余热排出系统，包括余热泵和热交换器。而在高温气冷堆中，当然也存在余热排出的问题，但由于石墨的热容量大，可以依靠非能动的余热排出系统实现余热的排除。

压水堆除有主给水系统从蒸汽发生器带出热量产生蒸汽供给汽轮机发电外，还有应急给水系统（也称为辅助给水系统），以保证停堆后第 1 阶段从反应堆带走余热。除 AP1000 外，其应急给水系统必须作为专设安全实施来进行设计，要求很高。而在高温气冷堆中，由于采用包覆燃料颗粒，运行温度与包覆燃料颗粒损坏的限制温度有很大裕度，可以依靠非能动的余热排除系统实现余热的排除，不需要设置应急给水系统。

在目前运行的压水堆中，针对冷却剂丧失事故，专门设计了复杂的安全注入系统，包括高压安注、蓄水箱系统（中压安注系统）和低压安注系统，除一大批设备外，还需要提供一个容量在 2 000 m^3 左右的水源（换料水箱），而且要考虑两种运行方式（从换料水箱直接取水的注入方式和从地坑取水的再循环方式）。鉴于安全上的重要性，这些系统必须按专设安全实施的高标准进行设计。而在高温气冷堆中，不存在这个问题，不需要设置此类系统。

从反应堆纵深防御原则考虑，作为压水堆核动力厂的一道屏障，设计了安全壳，即反应堆厂房。它将反应堆、冷却剂系统的主要设备（包括一些辅助设备）和主管道包容在内。当事故（如失水事故、地震）发生时，它能阻止从一回路系统外逸的裂变产物泄漏到环境中，是确保核动力厂周围居民安全的最后一道防线。鉴于压水堆的情况，对安全壳的设计要求很高，要考虑下列各种问题：冷却剂丧失事故下，冷却剂进入安全壳引起的压力和温度上升，锆水反应产生氢气的燃爆，堆芯熔化后产生的熔融物是否会使底板熔穿。所以，在设计上压水堆的安全壳能够抗 0.55～0.65 MPa 压力和 150℃的温度，有严格密封性要求，在失水事故后 24 h 内安全壳总的泄漏率小于 0.3%。为了保证安全壳的完整性，设计了复杂的喷淋系统。而且，目前压水堆安全壳的发展都采用双层安全壳，在 EPR 先进压水堆中还设计了堆芯熔融物的捕集器。

而在高温气冷堆中，鉴于良好的安全特性，不需要压水堆那样的安全壳系统，而是设置了一种通风型低耐压式安全壳，可以称为包容体，它执行与安全壳相同的功能，它限制放射性物质向周围环境的释放，提供屏蔽，保护厂区工作人员免受过量辐照，保护反应堆不受外部事件损害。但是，高温气冷堆的包容体不承受高压，无喷淋冷却、无可燃气体控制系统。包容体的设计承压只为 0.03 MPa，允许排风管道及排风竖井有一定的阻力。

在应急柴油机的设计上，在通用压水堆中，应急柴油机是安全级的，要求高。而在高温气冷堆中，同样由于高温气冷堆良好的安全特性，不需要安全级的应急柴油机，不需要应急柴油机的快速启动，高温气冷堆有应急柴油机，但它是非安全级。

4. 模块式高温气冷堆的应用

模块式高温气冷堆可以在三个方面达到应用：高效发电、高温供热和生产液态燃料。

模块式高温气冷堆可以用来高效发电。高温气冷堆氦气冷却剂的出口温度可以高达 950℃，由于冷却剂的出口温度高，高温气冷堆用来发电，其效率比较高。具体来说，有两种热力循环方式：

（1）蒸汽循环方式，由氦气冷却剂通过直流蒸发器加热二次侧的水，产生 530℃的高温蒸汽，推动蒸汽汽轮机发电，发电效率可达 40%左右。

（2）氦气循环方式，堆芯出口的氦气直接进入氦气汽轮机做功，然后经压缩机压缩和回热器回热后又回到堆芯形成循环，其效率可高达 50%。氦气循环方式在技术上有一定困难，主要是气体汽轮机的技术，如磁力轴承技术、紧凑式热交换器等。

模块式高温气冷堆第二方面的应用是提供高温工艺热。能提供 900～950℃的高温工艺热和 540℃以下各种蒸汽，用于：

（1）冶炼钢铁和有色金属；

（2）煤的气化（加氢气化工艺，蒸汽煤气化工艺）；

（3）氨和甲醇生产；

（4）油页岩干馏、稠油注蒸汽开采、石油精炼；

（5）热化学裂解水生产氢；

（6）向轻纺、海水淡化、区域供热等需要低温工艺热的部门提供热源。

高温气冷堆在第三方面的应用是生产气体和液体燃料：

（1）利用高温工艺热进行煤的气化和液化，生产清洁的、易于运输的、热值高的气体和液体燃料，它是煤炭资源合理利用的一条重要的新途径。

（2）由于核供热裂解水制氢的工艺获得成功，高温气冷堆可用来直接制氢，在未来能源战略上具有极为重大的意义。

四、快中子堆

1. 快中子堆的基本特点

快中子堆，简称快堆，是堆芯中核燃料裂变反应主要由平均能量为 0.1 MeV 以上的快中子引起的反应堆，包括实验快堆、原型快堆和商用验证堆。在热中子堆中，也能将一部分 ^{238}U 转换成 ^{239}Pu，但生成的 ^{239}Pu 量一般不足以抵消消耗的易裂变核素，难以实现易裂变核素的增殖。经过半个世纪的努力，快堆是唯一较容易实现燃料增殖的堆型。发展快堆可以使铀资源的利用率从单发展轻水堆的 1%左右提高到 60%～70%。

快堆可用的燃料形式有金属合金燃料、氧化物燃料、碳化物燃料和氮化物燃料。金属燃料或金属合金燃料优点是燃料核密度大，中子谱硬，可得最大增殖比，热导系数大，燃料中心温度低，金属燃料热膨胀系数大，有较大负反应性系数，对安全有利，制造也较简单；但是金属燃料的缺点是熔点低（仅 1 130℃），运行时燃料熔化的温度裕量小，金属燃料辐照膨胀大，一般很难实现高燃耗。氧化物燃料的优点是熔点高，辐照稳定性好；缺点是热导系数小，中心温度高，氧含量大，中子能谱软，增殖较小。随着氧化物燃料的成熟，它已经是快堆最成熟的燃料。现在运行的原型快堆、经济验证快堆和后期的实验快堆几乎都采用 $(Pu, U)O_2$ 和 UO_2 燃料。

二氧化铀与二氧化钚混合燃料加工成圆柱状芯块，装入直径约为 6 mm 的不锈钢包壳内，构成燃料元件细棒。燃料组件是由几十到几百根燃料元件细棒组合排列成六角形的燃料盒，见图 3-19。

快堆堆芯与一般的热中子堆堆芯不同，它分为燃料区和增殖再生区两部分。燃料区由几百个六角形燃料组件盒组成。每个燃料盒的中部是混合物核燃料芯块制成的燃料棒，两端是由天然（或贫化）二氧化铀棒束组成的增殖再生区。核燃料区的四周是由二氧化铀棒束组成的增殖再生区。

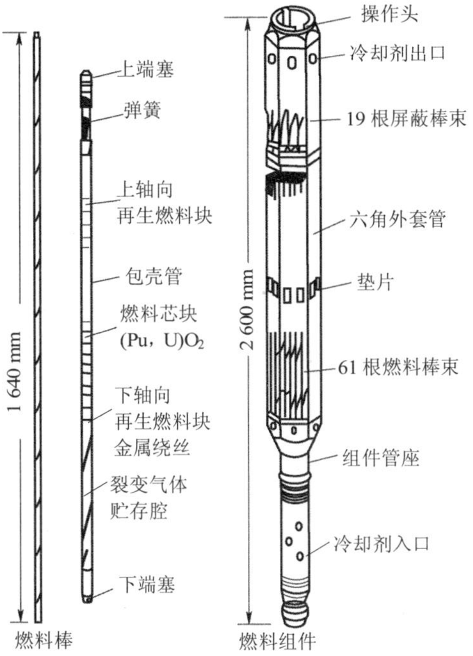

图 3-19 快堆燃料棒与燃料组件

反应堆的链式反应由插入核燃料区的控制棒进行控制。控制棒插入堆芯燃料组件位置上的六角形套管中，通过顶部的传动机构带动。

由于堆内要求的中子能量较高，所以快堆中不希望有慢化中子的材料，即快堆中无慢化剂。而且冷却剂也只能利用液态金属或气体，如液态金属钠或氦气。液态钠是一致的选择，早期小实验堆曾用过汞和钠-钾合金。

根据冷却剂的种类，可将快堆分为钠冷快堆和气冷快堆。气冷快堆虽然在物理上可提高增殖比，但由于缺乏工业基础，而且高速气流引起的振动以及氦气泄漏后堆芯失冷时的问题较大，所以目前仅处于探索阶段。

钠冷快堆用液态金属钠作为冷却剂，通过流经堆芯的液态金属钠将核反应释放的热量带出堆外。这是因为钠是快堆中一种很好的冷却剂：钠的中子吸收截面小；导热性好；沸点高达 886.6℃，在常压下钠的工作温度高，快堆使用钠作冷却剂时只需两三个大气压，冷却剂的温度即可达 500～600℃；比热大，因而钠冷堆的热容量大；在工作温度下对很多钢种腐蚀性小；无毒。世界上现有的、正在建造的和计划建造的都是钠冷快堆。但钠的熔点为 97.8℃，在室温下是凝固的，所以要用外加热的方法将钠熔化。钠的缺点是化学性质活泼，易与氧和水起化学反应。当蒸汽发生器管子破漏时，管外的钠与管内泄漏的水相接触，会引起强烈的钠-水反应。所以在使用钠时，要采取严格的防范措施，这比热堆中用水作为冷却剂的问题要复杂得多。

2. 钠冷快堆的结构

按结构来分，钠冷快堆有回路式和池式两种类型。

回路式结构是将堆本体、一回路的钠循环泵和中间热交换器分立布置，用管路把各个独立的设备连接成回路系统。优点是设备维修比较方便，中间热交换器可以布置较高，提高自然循环能力；缺点是管线长，焊缝多，系统复杂易发生事故，事故时增加了放射性钠泄漏的可能性。与一般压水堆回路系统相类似，钠冷快堆中通过封闭的钠冷却剂回路（一回路）最终将堆芯发热传输到汽-水回路，推动汽轮发电机组发电。所不同的是在两个回路之间增加了一个以液钠为工作介质的中间回路（二回路）和钠-钠中间热交换器，以确保因蒸汽发生器泄漏发生钠-水反应时的堆芯安全，如图 3-20 所示。

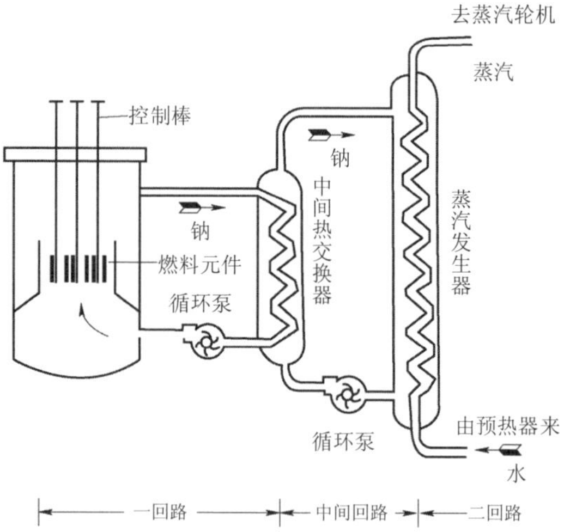

图 3-20　回路式钠冷快堆电站

池式即一体化方案，池式快堆将堆芯、一回路的钠循环泵、中间热交换器，浸泡在一个很大的液态钠池内（图 3-21）。通过钠循环泵使池内的液态钠在堆芯与中间热交换器之间流动。中间回路里循环流动的液态钠，不断地将从中间热交换器得到的热量带到蒸汽发生器，使汽-水回路里的水变成高温蒸汽。所以池式结构仅仅是整个一回路放在一个大的钠池内。在钠池内，冷、热液态钠被内层壳分开，钠池中冷的液态钠由钠循环泵唧送到堆芯底部，然后由下而上流经燃料组件，使它加热到 550℃左右。从堆芯上部流出的高温钠流经钠-钠中间热交换器，将热量传递给中间回路的钠工质，温度降至 400℃左右，再流经内层壳与钠池主壳之间，由一回路钠循环泵送回堆芯，构成一回路钠循环系统。

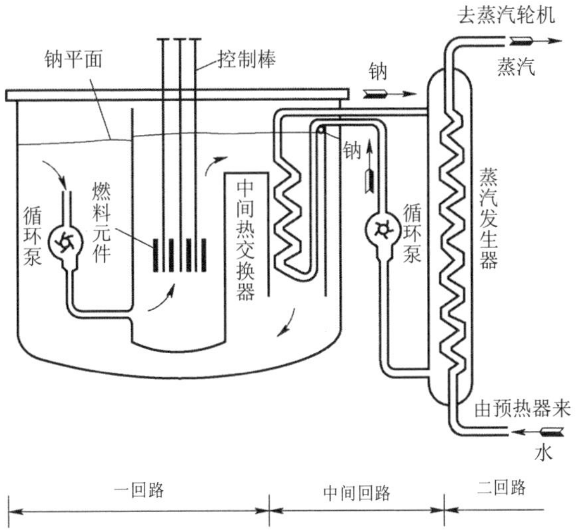

图 3-21 池式钠冷快堆电站

两种结构形式相比较发现，在池式结构中，即使循环泵出现故障，或者管道破裂和堵塞造成钠的漏失和断流，堆芯仍然泡在一个很大的钠池内。池内大量的钠所具有的足够的热容量及自然对流能力可以防止失冷事故，因而池式结构比回路式结构的安全性好。现有的钠冷快堆多采用这种池式结构。但是池式结构复杂，不便检修，用钠多。

中间回路内的压力高于一回路内的压力。每条回路连接一台蒸汽发生器和一台中间回路钠循环泵。汽-水回路的水在蒸汽发生器内吸收热量变为蒸汽，被送往汽轮发电机组发电。

钠冷快中子堆采用停堆换料的方案。换料是在 250℃左右高温液态钠池内进行。换料时通过移动臂将燃料组件取出，通过倾斜通道输送到乏燃料贮存池中去，经衰变后送后处理厂加工。

如从 1975 年起在法国境内合资建造的“超凤凰”快堆电站，就是一座钠冷、池式、四环路快中子堆商用验证电站。其电站热功率 3 000 MW，净电功率 1 242 MW。采用外径 8.5 mm 的不锈钢管作燃料元件包壳，271 根燃料棒组成一个组件。堆芯共 364 个燃料组件，通过堆芯的钠流量为 5.9 万 t/h。采用池式结构，钠池内径 21 m，高 19.5 m，堆芯高 1 m。有并列的四个环路，包括四台钠循环泵和八台中间热交换器都放在钠池内，冷却剂压力＜0.5 MPa，堆芯入口温度 395℃，出口温度 545℃。增殖比可达 1.24；平均功率密度为 270 kW/L；燃耗为 70～100 GW·d/t；热能利用效率达到 41%。

3. 快堆的主要优点

现将快中子堆核动力厂的主要优点归纳如下：

（1）可充分利用核燃料。我们知道，^{235}U 在天然铀中只占 0.71%。在热堆中，不可能完全耗尽燃料里的 ^{235}U。燃料元件在反应堆内“烧”过后，就存放在反应堆旁的贮存水池内。对于使用浓缩铀的反应堆，在浓缩铀厂的尾料中，还会剩余一部分 ^{235}U。所以大多数热堆，只能利用天然铀中一半的 ^{235}U。当然，热堆中 ^{238}U 吸收中子转化生成的 ^{239}Pu 也可以裂变，这就意味着天然铀中的 ^{238}U 也有消耗；且有极少一部分 ^{238}U 能被尚未来得及慢化的快中子击中而裂变。即使将 ^{238}U 的消耗考虑在内，目前的热中子动力堆对铀的利用率也还低于 1%。

对于快中子堆来说情况就大不相同了。由于天然铀中的 ^{238}U 作为可转化材料，能在快堆中转化为易裂变材料 ^{239}Pu，所以理论上通过乏燃料的后处理，快中子堆可以将 ^{235}U、^{238}U 及 ^{239}Pu 全部加以利用。但由于反复后处理时的燃料损失及在反应堆内变成其他核素，快堆只能利用 70%以上的铀资源。即使如此，也比目前的热堆对核燃料的利用率提高 80 倍。

由于快堆对核燃料的品位不如热堆那么敏感，因而品位低的铀矿也有开采的价值，海水提铀对人们的吸引力也大得多。而且目前浓缩铀厂库存的贫铀，热堆中卸出的乏燃料，都可以成为快堆的粮食来源。由于这些原因，快堆能够给人类提供的能量，就不只比热堆大 80 倍，而是大得多。

（2）可实现核燃料的增殖。当前反应堆的主要问题是，必须采用行之有效的措施，从根本上消除目前热堆对铀资源的浪费，使包括 ^{238}U 在内的铀资源，能在反应堆中得到充分的利用。只有采用能使核燃料增殖的，以铀-钚循环为基础的快堆，才是摆脱即将面临的铀资源日益枯竭困境的出路。

在快堆中由于没有慢化剂，再加上堆内结构材料、冷却剂及各种裂变产物对快中子的吸收概率很小，因此中子寄生俘获造成的浪费少。此外，^{239}Pu 裂变放出的中子多，^{238}U 在快堆中裂变的概率也大。所以每当有一个 ^{239}Pu 核裂变，除了维持自身链式反应，放出大量裂变能外，还可以剩余 1.2～1.3 个中子，用来使 ^{238}U 转变为新的 ^{239}Pu。这就是说，在快堆内只要添加 ^{238}U，核燃料就越烧越多，这种情况称为核燃料的增殖。这是快堆与目前热堆的主要区别，也是快堆的主要优点。因此快堆又称增殖堆或快中子增殖反应堆。

在快堆中，增殖比可达 1.2～1.3。在重水堆和轻水堆中，相应的值均小于 1。从某种意义上说，热堆核动力厂是消耗核燃料生产电能的工厂，而快堆核动力厂则是可以同时生产核燃料和电能的工厂。

由于快堆仅在启动时需要投入核燃料，快堆中 ^{239}Pu 能增殖，如果我们通过后处理，将快堆增殖的核燃料不断提取出来，则快堆电站每过一段时间，它所得到的 ^{239}Pu，还可以装备一座规模相同的快堆电站。这段时间，称为倍增时间。经过一段倍增时间，一座快堆会变成两座快堆，再经过一段倍增时间，这两座快堆就变成四座。按照目前的情况，快堆的倍增时间是 30 多年。也就是说，只要有足够的 ^{238}U，每过 30 多年，快堆电站就可以翻一番。

（3）低压堆芯下的高热效率。我们知道，压水堆堆芯在 15 MPa 下其出口水温才仅达 330℃左右。而快堆由于采用液态金属钠作为冷却剂，在堆芯基本处于常压下，冷却剂的出口温度可达 500～600℃。这为提高快堆核动力厂的热效率奠定了基础。“超凤凰”快堆电站的热能利用率达 41%，远超过现在先进压水堆可以达到的 34%的水平。

除上述突出的特点外，对于快中子堆核动力厂的安全性也应有足够的认识。

在钠作冷却剂的快堆中，液态金属钠与水（或蒸汽）相遇就会产生剧烈的化学反应，并可能引起爆炸；钠与空气接触就会燃烧；钠中含氧量超过一定数量会造成系统内结构等材料的严重腐蚀；堆内的液态金属钠由于沸腾所产生的气泡空腔会引入正的反应性，其结果会使反应堆的功率激增，容易导致反应堆堆芯熔化事故的发生；快堆为提高热利用率和适应功率密度的提高，燃料元件包壳的最高温度可达 650℃，远远超过压水堆燃料元件约 350℃的最高包壳温度。很高的温度、很深的燃耗以及数量很大的快中子的强烈轰击，使快堆内的燃料芯块及包壳碰到的问题比热堆复杂得多。由于以上原因，虽然快堆在 20 世纪 40 年代已起步，只比热堆的出现晚 4 年，而且第一座实现核能发电的是快堆，但是快堆现在还未发展到商用阶段。

然而，通过 40 年来的努力，以及一系列试验堆、示范堆和商用验证堆的建造，上述困难已基本克服。现在快堆技术上已日臻完善，为大规模商用准备了条件。可以说，快中子堆对即将到来的核能大发展是最为重要的堆型。

我国对快堆技术的开发始于 20 世纪 60 年代，到 1987 年建立了 12 台（套）实验装置和钠回路。1970 年 6 月建成零功率实验装置，并达到临界。1987 年快堆技术发展纳入国家 863 计划，确立了建造热功率 65 MW（电功率 25 MW）实验快堆的工程目标。2010 年 7 月 21 日首次达到临界，2011 年 7 月实现并网发电。

第四节 新型压水反应堆

一、新型压水反应堆的提出

1. 核动力厂“分代”的概念

为了形象地描述，根据核动力厂技术、经济和安全要求的发展，常常将核动力厂按“代”进行划分。

第一代是指 20 世纪 50—60 年代建成的试验堆和原型堆核动力厂，如苏联的第一原子能电站、美国的希平港压水堆核动力厂等，目前仅有较少的第一代反应堆在运行。第一代核动力厂属于原型堆核动力厂，主要目的是通过试验示范形式来验证核电在工程实施上的可行性。

第二代是指 20 世纪 60 年代末期后投入商业运行的核电机组，如 PWR、BWR、CANDU 和 VVER 等。第二代核动力厂主要是实现核电商业化、标准化、系列化、批量化，以提高经济性。

20 世纪 60 年代末至 70 年代，世界上建造了大批容量在 600～1 400 MW 的标准化和系列化核动力厂，如以美国西屋公司为代表的两环路 600 MW、三环路 1 000 MW 和四环路 1 200 MW 压水堆核动力厂。通用电力公司建造的一大批沸水堆（BWR）也可划入第二代核动力厂范畴。

法国建造的一大批 CPY、N4 核动力厂和我国已建成的大亚湾核动力厂和秦山核动力厂也都属于第二代核动力厂范畴。第二代核动力厂是目前世界正在运行的 400 多座核动力厂的主力机组。在美国三哩岛核动力厂和苏联切尔诺贝利核动力厂发生事故之后，各国对正在运行的核动力厂进行了不同程度的改进，在安全性和经济性方面都有了不同程度的提高。美国编制了下一代轻水核动力厂用户要求文件（URD），欧洲也编制了欧洲核电用户要求文件（EUR）。

第三代是指以满足美国核电用户要求文件（URD）和欧洲核电用户要求文件（EUR）为设计要求的，具有预防和缓解严重事故措施，经济上能与天然气机组相竞争的核电机组，它包括改革型的能动（安全系统）核动力厂和先进型的非能动（安全系统）核动力厂，并完成了全部工程论证和试验工作以及核动力厂的初步设计。我国引进的美国非能动 AP1000 核动力厂以及中国广核集团有限公司引进的法国 EPR 核动力厂都属于第三代核动力厂。

第三代反应堆的主要堆型包括：AP1000 先进非能动压水堆、EPR 欧洲压水堆、ABWR 先进沸水堆、APWR 日本先进压水堆、APR1400 韩国先进压水堆、ESBWR 经济简化型沸水堆以及 VVER-1200 俄罗斯先进压水堆，我国自主设计的国和一号（CAP1400）和华龙一号也是第三代反应堆。

第四代是指目前正进行概念设计和研究开发的，可望约在 2030 年建成，在经济性和安全性方面均更加优越、废物量极少、无须厂外应急并具有防核扩散能力的核能利用系统。

2．美国核电用户要求文件（URD）与欧洲核电用户要求文件（EUR）

在 21 世纪投入运行的核动力厂，都必须满足这两个文件所提出的要求，否则将难以为用户所接受，也难以被安全评审当局批准建造。

URD 和 EUR 规定先进反应堆应该有下列基本特征：

（1）抗事故能力：所有工况下都具有负的功率反应性系数、改进的人机界面系统、采用成熟的诊断监测技术、须留给操纵员足够的时间（30 min 或更长时间）。

（2）防止堆芯损坏：专设安全系统应满足执照申请的设计基准要求，有大的安全裕量，堆芯损坏频率小于 1×10^{-5}/（堆・年）。

（3）缓解事故能力：坚固而大容积的安全壳和相应的专设安全系统，采用现实源项分析，控制可燃氢气的浓度，在累积发生频率大于 10^{-6}/（堆・年）的严重事故条件下，在厂址边界处（离开反应堆约 0.5 英里，即约 0.8 km），公众个人的全身剂量小于 25 rem（1 Sv= 100 rem）等。

对于改进型核动力厂：采用更简化的专设安全系统，至少有两条隔离的和独立的交流电源与电网相连；在核动力厂的设计上做到事故后至少 30 min 内，不考虑操纵员的干预；在丧失全部给水的事故下，至少在 2 h 内不会发生燃料损坏；在丧失厂内外交流电源的 8 h

内，燃料没有损坏等。

对于非能动型核动力厂：不要求安全相关的交流电源；在核动力厂的设计上做到至少 72 h 内，不需要操作员干预；严重事故条件下，安全壳有足够的设计裕量；不需要厂外应急计划等。

先进反应堆的其他特点还包括：先进的燃料管理技术，先进的反应堆设计技术，先进的人因工程，先进的数字化仪表控制系统和控制室，宽裕的操作员可不干预时间，以及模块化设计和建造技术等方面。表 3-6 列出了用户对新型压水堆的基本要求。

表 3-6　用户对新型压水堆的基本要求

电厂规模	改进型设计：1 200～1 300 MW 非能动型设计：600 MW（实际上目前已可以达到 1 000 MW）
设计寿命	60 年
设计原则	简单、坚固，不需要原型电站
事故抑制	燃料热工裕量≥15%
堆芯损坏频率	通过概率风险分析，$<10^{-5}$/（堆·年）
失水事故	对于>15.24 cm 破口，无燃料损坏
严重事故缓解	对累积发生频率$>10^{-6}$/（堆·年）的严重事故，在厂址边界处个人剂量<25 rem
应急计划区	对于非能动型轻水堆，不需要厂外应急计划
设计可利用率	87%
换料周期	24 个月
负荷调度	日负荷跟踪
放射性职业照射	<100 人·rem/a
建造时间	1 300 MW，≤54 个月（从第一罐混凝土浇罐到商业运行）
	600 MW，≤42 个月
开始建造时的状态	完成 90%设计
经济目标	在运行 10 年后比非核动力厂成本低 10% 在运行 30 年后比非核动力厂成本低 20%

二、AP1000 压水堆核电厂

1. 概述

西屋公司的 AP1000 先进非能动型压水堆是一个在 AP600 基础上设计开发的电功率为 1 117 MW 的压水反应堆，它保留了 AP600 的设计结构，尽量减少对 AP600 设计上的改动。AP1000 核动力厂在成熟的压水堆核电技术的基础上，引入安全系统非能动理念，使核动力厂安全系统的设计发生了创新性的变化，在设计中采用了非能动的严重事故预防和缓解措施；简化了安全系统配置，减少了安全支持系统，大幅地减少了安全级设备（包括核级电动阀、泵和电缆等）及抗震构筑物，取消了 1E 级应急柴油发电机系统和大部分安全级能动设备；明显降低了对大宗材料的需求。

非能动安全系统的采用使 AP1000 比传统的核动力厂具有更大的优越性。非能动安全系统不需要操纵员的行动来缓解设计基准事故。这些系统仅仅利用自然力因素，例如重力、自然循环和压缩空气来使系统工作，而不需要采用泵、风机、柴油机、冷水机或其他能动部件。非能动安全系统只需少量的阀门连接，并能自动启动。这些阀门被设计成在失去电源或接收到安全保护启动信号时启动，达到它们的安全保护状态。

非能动安全系统不需要大规模的能动安全支持系统（如交流电源、供暖通风和空调系统、设备冷却水、厂用水系统以及有关抗震厂房）来放置其部件，而这些在典型的常规核动力厂里是必需的。

AP1000 的设计是一个两回路、百万级压水堆核动力厂，采用非能动安全设施以及简化的电厂设计，从而使核电厂具有良好的可建造性、可运行性和可维修性。它满足 URD 要求，其设计特点主要有：

（1）机组净电功率约 1 117 MW，电站设计寿命 60 年；

（2）机组可利用率≥93%，非计划停堆次数小于每年一次；

（3）燃料热工裕量，即偏离泡核沸腾比（DNBR）裕量大于 15%；

（4）燃料组件卸料燃耗可达 60 000 MW・d/tU，堆芯燃料循环的换料周期为 18 个月，17 天完成换料；

（5）堆芯损伤频率＜1×10^{-6}/（堆・年），严重事故下大量放射性物质释放频率＜1×10^{-7}/（堆・年）；

（6）换料周期为 18～24 个月；

（7）非能动安全系统保证了在事故发生后，操作员可不干预时间至少为 72 h；

（8）抗震设计的安全停堆地震（SSE）水平加速度为 0.3 g；

（9）采用安全壳外冷却的方案实现堆芯熔化后堆芯熔融物在压力壳内滞留。表 3-7 中列出了 AP1000 设计的总参数。

表 3-7　AP1000 设计的总参数

电厂设计寿命	60 年	反应堆热功率	3400 MW
安全停堆地震（水平加速度）	0.3 g	电厂效率（净）	32.7%
电厂输出电功率（毛）	1 200 MW	电厂可利用率	93%
电厂输出电功率（净）	1 117 MW	堆芯熔化频率	5.08×10^{-7}/（堆・年）
核蒸汽供应系统功率	3 415 MW	大量早期释放频率	5.94×10^{-8}/（堆・年）

2. 堆芯结构与燃料设计

AP1000 的堆芯、堆压力壳和堆内构件基本上与目前常用西屋公司压水堆的是一样的。由于两回路，在管嘴上作了调整。构件是标准的，只作了很少的修改。初始燃料循环平均线功率密度小于 5.71 kW/ft（187 W/cm）。

AP1000 堆芯有 157 个燃料组件，堆芯活性区高度为 4.267 m（14 英尺）。最大组件燃耗可达 60 GW·d/tU。堆芯围筒代替堆芯围板，避免了堆芯围板螺栓松动脱落，并且降低中子泄漏，提高了中子的经济性。原来在底部安装的可移动的堆内仪表用在顶部安装的固定式仪表代替，实现堆芯功率分布的在线监测，并且消除了压力壳底部可移动探测器的贯穿件，降低了在严重事故情况下压力壳下封头失效的概率。堆芯设置反应性价值比较低的灰控制棒，功率调节和负荷跟踪采用机械补偿运行，可以不需要调节硼浓度就能够完成日负荷跟踪。由于硼处理设备的取消，简化了系统，大大减少了调硼产生的废水量。

AP1000 提出了传统的堆芯三区装载和先进燃料装载两种首炉堆芯的燃料装载方式。在传统的堆芯三区燃料装载方式中，首炉堆芯采用三种 ^{235}U 富集度燃料的三区装载方式，三区富集度分别为 4.45%、3.4%和 2.35%。最高富集度的燃料，装在堆芯周边，较低富集度的两种燃料按棋盘式布置在堆芯内区。采用一体化燃料可燃吸收体（IFBA）和硼玻璃作可燃毒物。由于最高富集度的燃料装在堆芯外区，中子泄漏大，因此中子经济性差，但功率分布的控制比较容易。

在先进的 AP1000 燃料装载方式中，对首炉堆芯，推荐采用先进的堆芯燃料装载技术。先进燃料装载技术的主要特点有：堆芯采用六区燃料装载方式，六区燃料分别为 A、B、C、D、E 和 F，其富集度从低到高。较低富集度的燃料 A、C、D 装在堆芯的周边，较高富集度的燃料 E、F 和较低富集度的燃料 B 装在内区，这是模拟换料堆芯的低泄漏装载，以提高中子的经济性；在换料的燃料管理中采用湿环可燃吸收体（WABA）和 IFBA 作为可燃毒物。在 D、E 和 F 区的燃料棒两端有低富集度区，以提高燃料的有效利用；此外，E 和 F 高富集度区燃料组件内的燃料棒有不同富集度，以展平组件内功率分布。由于先进燃料装载技术以及用 WABA 可燃毒物代替硼玻璃，与传统的三区装载方式相比，首炉堆芯的燃料成本将节约 6%。

对于 AP1000 堆芯平衡燃料循环，采用以下的策略和技术：

（1）长周期高燃耗的燃料管理策略；

（2）堆芯燃料采用低泄漏装载方式；

（3）轴向设置低富集度区；

（4）采用 IFBA 可燃毒物，用于展平堆芯功率分布和燃耗反应性补偿。

在平衡循环的低泄漏装载方式中，每次换料更换 64 个燃料组件，添加的 64 个新组件有两种富集度，其中 36 个组件的富集度为 4.95%，28 个组件的富集度为 4.45%。采用两种富集度是为了提高燃料的利用效率并得到更好的径向功率分布。

低泄漏装载方式可以显著降低中子的泄漏，延长循环周期。同时低中子泄漏还可延长压力容器的寿命。

3．一回路及其特点

AP1000 一回路系统由两个环路组成，见图 3-22。系统包括一台反应堆压力容器、一台稳压器和两条冷却剂环路。每环路由一台蒸汽发生器、两台反应堆冷却剂泵、一个热管段（内径 787.4 mm，31 英寸）和两个冷管段（内径 558.8 mm，22 英寸）组成。系统还包括运行控制和安全保护所需要的阀门和仪表。

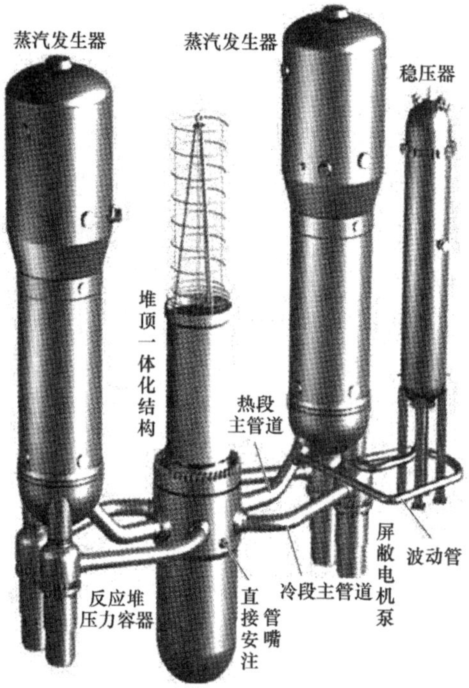

图 3-22 AP1000 一回路系统

核蒸汽供应系统（NSSS）设备在反应堆安全壳内。所有安全相关设备都在安全壳或辅助厂房内。安全壳和辅助厂房放在同一个抗震的筏基上。

AP1000 的压力容器大约高 12 m，内径 3.988 m，顶盖外径 4.775 m。材料是低合金钢，表面堆焊奥氏体不锈钢 0.56 cm。总重 417 t，设计参数为 17.1 MPa 和 343℃，工作压力 15.5 MPa，寿命 60 年。

AP1000 有两台 Delta-125 蒸汽发生器。都是标准的西屋 F-型技术，传热管与管板采用全深度液压胀接，三角型的管心距。10 025 根传热管为热处理、抗腐蚀的因科镍 690（Inconel 690）管子。

AP1000 的稳压器是西屋公司设计的并在 70 个核动力厂运行的稳压器。与 AP600 相比，其通过增加高度使体积增加到 59.5 m^3，增加了瞬态运行的余量，减少了非计划停堆次数。没有泄压箱（PRT），泄压时向换料水箱排放。

AP1000 的反应堆冷却剂泵为全密封式泵（又称为屏蔽泵），每台蒸汽发生器的底封头直接安装两台泵。总高度 6.77 m，额定功率 5.15 MW，额定流量 17 880 m^3/h，扬程 11.1 bar[①]。

① 1 bar=0.1 MPa。

其寿命很长，维修概率很低。泵吸入口直接放到蒸汽发生器底部，无过渡段，减少了回路压降。泵和蒸汽发生器可利用同一个支撑结构，简化了蒸汽发生器、泵和管道的基座和支撑系统，并为维修提供了作业空间。环路结构简化也减少了减震器、防甩动装置及支撑架的需求量。

屏蔽泵早在美国核潜艇堆上成功运行，其突出的优点是：由于屏蔽泵电机定子与转子均包容在与主回路连通的承压边界内，密封性良好，没有放射性介质外漏的可能。消除了因密封失效导致失水事故的可能性，提高了安全性，也简化了支持泵运行的辅助流体系统。全密封泵长期在核动力舰艇上使用，约有 1 500 台成功运行经验。屏蔽泵也有局限性，由于转子回转阻力高以及屏蔽套有涡流损失，效率比轴封泵低 10%～20%，此外屏蔽电动机造价相对昂贵，而且屏蔽泵容积小，不宜安装飞轮，因而转动惯量小，维修不便。

4．AP1000 专设安全设施

AP1000 专设安全设施采用非能动的设计原则。AP1000 的安全不是依赖安全功能系统大量冗余来实现的，而是通过简化设计，提高设计裕量和采用非能动系统来实现的。

AP1000 安全系统包括：

（1）非能动堆芯冷却系统（passive core cooling system，PXS）；包括非能动余热排出系统和非能动安全注入系统；

（2）非能动安全壳冷却系统（passive containment cooling system，PCS）；

（3）主控室应急可居留性系统（main control room habitability system，MCRHS）；

（4）安全壳隔离系统（containment isolation system）；

（5）安全壳氢气控制系统（hydrogen control system）。

与传统的核动力厂相比，AP1000 的非能动安全系统在电厂安全性和投资保护方面有了重大的提高。它们可以在无须操纵人员行动或交流电支持的情况下建立并长期地维持堆芯冷却和安全壳的完整性。非能动系统被设计成能满足单一故障准则，并且采用概率风险评价来验证它们的可靠性。

AP1000 反应堆的非能动安全系统与典型压水堆的安全系统相比有显著简化，这些非能动系统中所包含的设备部件大大减少了，从而减少了所需的试验、检查和维护。它们不需要能动支持系统，其就位状况很容易被监测。

5．AP1000 应急堆芯冷却系统

非能动堆芯冷却系统（PXS）的安全功能是：

（1）应急堆芯余热排出：在正常载热路径丧失时（蒸汽发生器不可用时）提供堆芯余热的载出。

（2）反应堆冷却剂系统应急补给和硼化：在非一回路失水事故下，当化容系统的补给失效或不足时提供补给。

（3）安全注入：在不同尺寸破口的泄漏和破裂的情况下实施安全注射，提供堆芯冷却和卸压。美国核管理委员会批准程序所作的安全分析，验证了在各种反应堆冷却剂系统破

口事件后，PXS 保护堆芯的有效性，这些压力容器注射管线的破口甚至达到直径 200 mm。即使对于反应堆主冷却剂管道的双端破裂，只要 PXS 的功能正常，最大峰值包壳温度限值也提供了一定裕度。

1）应急堆芯余热排出系统

为了实现应急堆芯余热排出功能，设计了非能动余热排出系统（PRHR），见图 3-23。在电厂事故工况下以及反应堆正常余热排出系统失效时，该系统可自动投入排出堆芯的余热。该系统主要设备包括一套 100%容量非能动余热排出的热交换器（PRHR HX）和相连的管道、阀门。PRHR HX 通过入口和出口管线连接到反应堆冷却剂系统的一个环路上。热交换器布置在换料水箱内，可大量吸收反应堆内的余热。安全壳内换料水箱为 PRHR HX 提供了热阱。PRHR HX 是按高压设计的，满足关于给水丧失、给水管道和蒸汽管道破裂的核安全准则。当启动非能动余热排出系统时，将开启隔离阀（FQ），冷却剂通过自然循环或强迫流量（如主冷却剂泵在运转）通过 PRHR HX 将热量传给换料水箱。当换料水箱内的水达到饱和温度时（需要 1～2 h），箱内产生的蒸汽进入反应堆钢安全壳，由于有非能动安全壳冷却系统冷却，蒸汽在钢安全壳的壁面冷却而冷凝，凝结水沿钢壳内壁向下流，收集以后依靠重力重新疏排又会回到换料水箱内，继续作为热交换器的冷却介质。钢安全壳外设有的非能动安全壳冷却系统，通过给安全壳外喷水和自然对流的空气带走热量，最后将反应堆的余热排出。PRHR HX 和非能动安全壳冷却系统提供了长期的衰变热排出能力，而不需要操纵人员的行动。

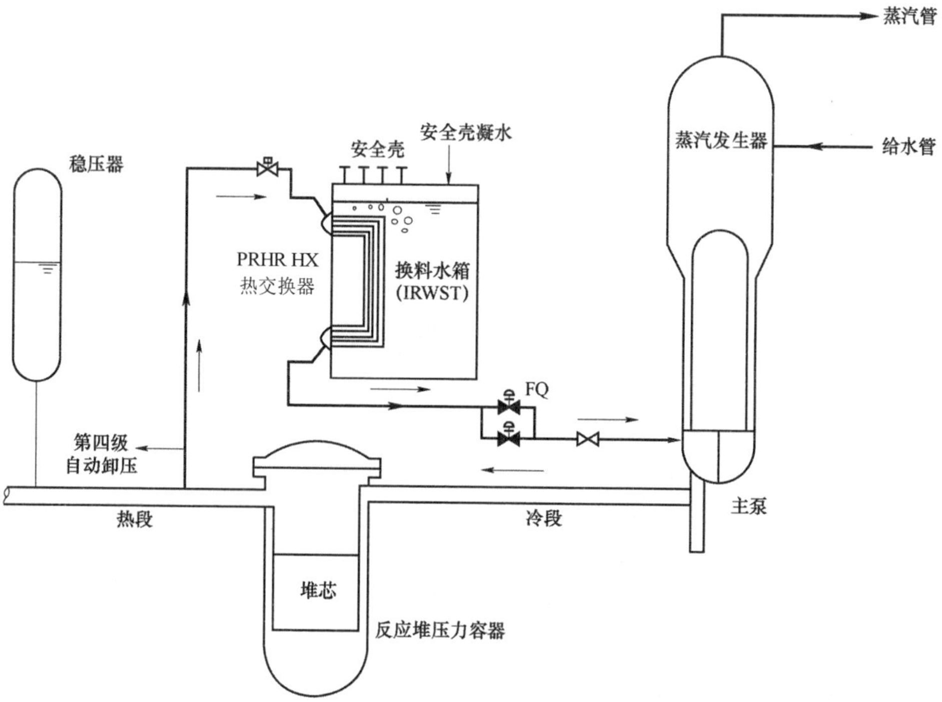

图 3-23　AP1000 非能动余热排出系统（PRHR）

2）非能动安全注入系统

非能动安全注入系统由 2 个堆芯补水箱、2 个安全注射箱、1 只内置换料水箱以及相连的阀门和管道组成。每个堆芯补水箱容积为 70.8 m^3，内装 3 400 ppm 的含硼水；每个安全注射箱容积为 56.6 m^3，内装 2 600 ppm 的含硼水；内置换料水箱容积为 2 092 m^3，内装 2600～2 900 ppm 的含硼水。

在 LOCA 下非能动堆芯冷却系统（PXS）利用堆芯补水箱、安全注射箱和安全壳内置换料水箱三种水源实现注入，冷却堆芯，见图 3-24。这些水源直接与反应堆压力容器的 2 个管嘴相接，因此在反应堆主冷却剂管道破裂情形下不会发生注射水流溢出。

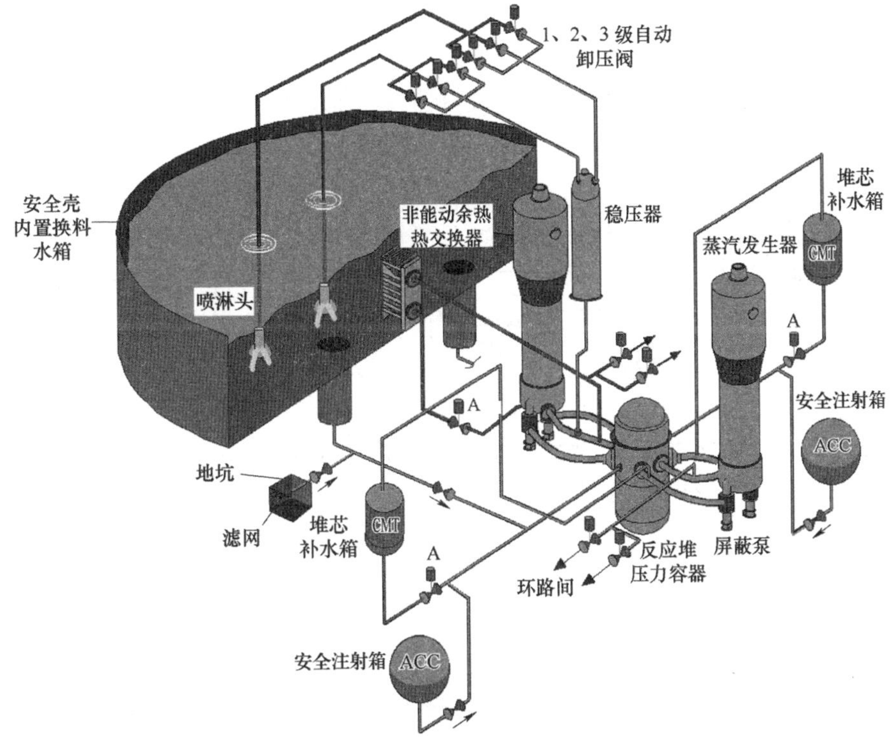

图 3-24 AP1000 非能动堆芯冷却系统

堆芯补水箱（CMT）是非能动安全注入系统三个水源之一，由于 CMT 有压力平衡管线与 RCP 冷管段相连，补水箱压力就是主回路压力。补水箱的位置较高，在压力壳安注管线的上方，位置高于反应堆和反应堆冷却剂系统。当一回路冷管段温度或稳压器液位下降时，堆芯补水箱自动投入。堆芯补水箱执行高压安全注射功能，在 LOCA 时，能在较长时间间隔内向堆芯注入较大的安注流量。具体地说，堆芯补水箱有下列功能：

（1）在非 LOCA 的情况下，当正常补水系统不可用或不足时，堆芯补水箱为反应堆冷却剂系统提供紧急补水和硼化。在 10 gpm[①]泄漏量下，CMT 可以至少维持 10 h。

（2）在事故情况下，根据驱动信号自动打开下泄注射管的气动阀，依靠位差产生的重力向反应堆注水，冷却堆芯。

第二个水源是安全注射箱，安全注射箱执行中压安全注射功能，在 LOCA 时，能在有限的几分钟时间间隔内向堆芯注射十分大的安注流量。在事故情况下，反应堆冷却剂系统压力下降到低于安注箱的氮气压力（50 大气压）时，两只串联的止回阀开启，硼水靠氮气压力注入反应堆冷却剂系统。

长期安全注入水则必须使用第三水源换料水箱中的水，见图 3-25。内置换料水箱执行低压安全注射功能，在 LOCA 时，能在很长时间间隔内向堆芯注射较小的安注流量。换料水箱放在安全壳内，通常换料水箱由爆破阀与一回路系统隔离。其标高高于冷却剂回路。在事故情况使用换料水箱时，根据驱动信号自动打开爆破阀，能依靠位差产生的重力向堆芯注水，冷却堆芯。

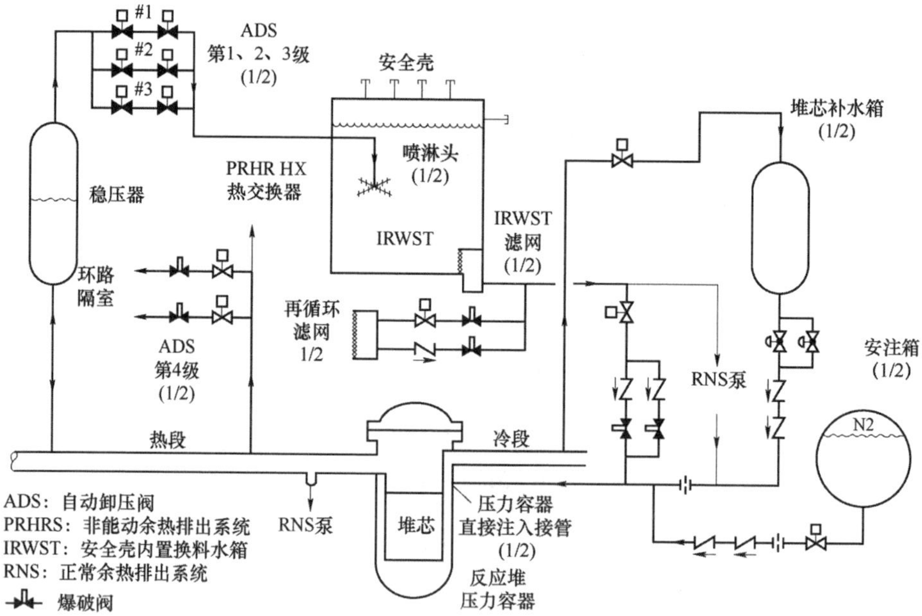

图 3-25　AP1000 的非能动安全注入系统

水箱被设计成正常大气压，IRWST 注入前反应堆冷却剂系统必须降压。反应堆冷却剂系统的减压是自动控制的，当压力将被减到约 0.18 MPa 时便可以进行 IRWST 的注射。PXS 提供了自动降压系统 4 个阶段的减压，以保证反应堆冷却剂系统相对缓慢且受控地减压。

淹没的安全壳是堆芯冷却的长期水源。当换料水箱的液位达到低-低液位时，与其相连

① 1 gpm=0.227 1 m^3/h。

的爆破阀和相关阀门自动打开，安全壳内的水经再循环滤网进入反应堆，冷却堆芯。当安全壳内的水温达到饱和温度时，产生的蒸汽由钢安全壳的壁面冷却而冷凝。凝结水沿钢壳内壁向下流，回到安全壳底部，进行再循环，实现反应堆长期冷却堆芯的目的。

6．AP1000 非能动安全壳系统

AP1000 安全壳是钢安全壳，直径为 39.624 m，高为 65.634 m，自由容积为 56 634 m^3。由 4 个环段和上下封头组成。安全壳壁厚 4.44 cm，设计压力（表压）为 4.07 bar。最大环段（包括支撑）重 658 t，两个封头每个重 500 t。安全壳设置两个设备闸门和两个人行通道气闸。钢安全壳外是屏蔽建筑物：内径 42.7 m，高度 83.3 m，壁厚 0.91 m，环形空间宽度 1.52 m。AP1000 安全壳内放置反应堆冷却剂系统以及专设安全设施，见图 3-26。

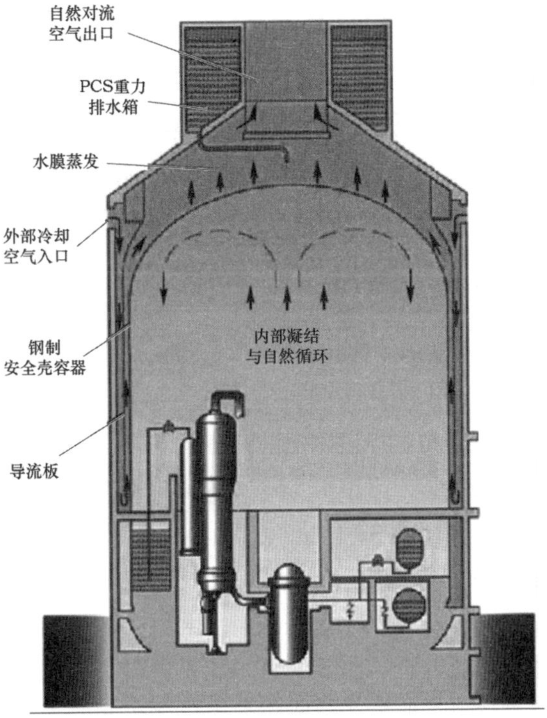

图 3-26 AP1000 的非能动安全壳系统

作为最后的一道安全屏障，安全壳有下列功能：

（1）在正常运行时为堆芯和反应堆冷却剂系统提供屏蔽；

（2）在设计基准事故下包容空气中的放射性物质；

（3）安全壳外有抗地震的混凝土结构，有保护安全壳使其免于受外部事件（龙卷风、导弹等）的损坏。

为了保护安全壳的完整，设计了非能动安全壳冷却系统，它主要由重力排水储水箱、水分配装置以及相关仪表管道阀门组成。它是一个安全相关的系统，其功能是：

（1）在事故情况下，导出安全壳内的热量，使钢安全壳内的温度和压力不超过设计值。

（2）非能动余热排出系统长时间运行后，换料水箱内的水加热蒸发，在安全壳壁面冷凝，将热量转给大气。

非能动安全壳冷却包括两个过程：

（1）安全壳内的蒸汽由钢安全壳的内壁面冷却，凝结水沿钢壳内壁向下流回安全壳底部，实现反应堆的再循环冷却；

（2）安全壳的外壁面由安全壳冷却水箱的分配装置在安全壳穹顶和圆柱筒体形成均匀水膜，以及自然对流的空气冷却安全壳，反应堆余热最终经安全壳屏蔽厂房的空气出口排入大气。

在事故后的 72 h 内，系统的运行不需要任何干预，运行人员不必调节冷却水流量，也不必补水。

7．AP1000 非能动主控制室应急可居留系统

非能动主控制室应急可居留系统（MCRHS）能自动启动和非能动地工作，保证主控制室可居留性和限制电厂选定区域内的温度，它可以不依靠厂内和厂外交流电源、操纵员的动作或能动部件。系统执行以下的功能：

（1）为主控制室人员提供呼吸用的空气；

（2）保持主控制室相对于周围区域维持正压，防止沾污的空气进入；

（3）在设计基准事故后，利用结构的热容量，为电厂中必须保持其功能的那些设备提供非能动的冷却。

非能动主控制室应急可居留系统能够在主控制室内居留人员最多为 11 人的情况下，向主控制室供应的设计空气流量为（110.4+8.5）m^3/h，保持 CO_2 的体积分数含量小于 0.5%。非能动主控制室应急可居留系统有 32 只空气储存箱（分成 4 个机械模块）储存压缩空气，在 72 h 内可向主控制室供应足够的呼吸用空气。由压缩仪表空气系统的可供呼吸用的空气压缩机为空气供应储存箱提供正常的空气补充。

当非放射性通风系统不工作时，非能动热阱能在任何 72 h 内限制主控制室、仪表控制室和直流设备室内的温度上升。非能动热阱主要由这些房间的天花板和墙的混凝土热质量组成。为了增加天花板的吸热能力，设计一种带有金属（散热）片的天花板，它是一种结构模块，即辅助厂房带金属（散热）板的楼板。在失去通风系统时，它能将热量很快地传到混凝土墙，使仪表设备室或直流设备室的温度限制在 49℃，主控制室的温度限制在 30℃。

8．AP1000 安全壳氢气控制系统

安全壳氢气控制系统功能：

（1）在设计基准事故（LOCA）发生后，限制和降低安全壳内的整体氢浓度；

（2）在严重事故发生后，为防止氢燃烧或爆炸提供纵深防御；

（3）在正常运行和 LOCA 发生后监测安全壳内大气中的氢浓度；

（4）在堆芯发生恶化或熔化情况时或之后，采用就地点燃释放氢气的方法，防止安全

壳内的整体氢浓度达到可燃限值。

安全壳氢气控制系统包括氢气浓度监测系统、氢气复合子系统和氢气点火子系统。氢气浓度监测系统有 3 个监测器，氢气复合子系统有 2 个非能动氢气自动催化复合器，氢气点火子系统有 64 个氢气点火器。

9．熔融堆芯在压力容器内的滞留

将熔融堆芯滞留在压力容器内（in-vessel retention，IVR）是 AP1000 非能动核动力厂采用的一项重要的对付严重事故的策略。它保证第二道屏障压力容器不被熔穿，避免了堆芯熔融物和混凝土底板发生反应，使放射性向环境释放的概率降到最低。

为了将熔融堆芯滞留在压力容器内，在发生堆芯熔化的严重事故情况下，堆腔淹没系统将水注入堆腔，淹没堆腔的水，从金属保温层底部的入水口进入压力容器和金属保温层之间的夹缝，从外部冷却反应堆压力容器，有效地冷却堆芯熔融碎片。从外部冷却压力容器的水吸收热量后，产生泡核沸腾形成两相混合流体，有效地冷却堆芯熔融碎片，使堆芯熔融碎片滞留在压力容器内，如图 3-27 所示。

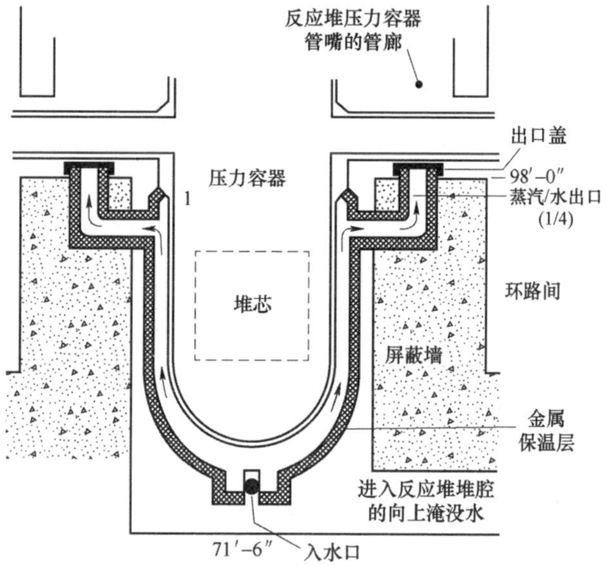

图 3-27　熔融堆芯滞留在压力容器内

10．CAP1400 简介

CAP1400 反应堆是我国自主开发的三代大型先进压水堆，该核电系统采用了大量的非能动安全理念，在严重事故的事件序列和事故分析等方面都与国内传统的“二代”和“二代加”电厂有较大差异。CAP1400 初步设计是在 AP1000 技术引进消化吸收基础上，进一步提高安全性和经济性，提升了功率，并对反应堆冷却剂系统、专设安全设施、主要核岛辅助系统和主设备以及核岛厂房布置等进行了重新设计和系统性的优化。

国核压水堆示范工程（CAP1400）是我国自主开发的具有自主知识产权的非能动压水

堆核电厂，该核电厂一回路系统主要包括压力容器、2 台蒸汽发生器、稳压器、稳压器波动管、4 台主冷却剂泵、4 条冷管段、2 条热管段。二回路系统包括主给水系统、启动给水系统、主蒸汽隔离阀、蒸汽发生器安全阀、汽轮机等。CAP1400 反应堆堆芯设计与 AP1000 的差异如下：

1）堆芯设计参数

CAP1400 的反应堆为加压轻水型反应堆，采用低富集度的二氧化铀燃料，反应堆的输出热功率为 4 040 MW，CAP1400 堆芯主要设计参数与 AP1000 的差异如表 3-8 所示。

表 3-8　CAP1400 堆芯主要设计参数与 AP1000 的差异

堆芯设计参数	CAP1400	AP1000
堆芯热功率/MW	4 040	3 400
冷却剂流量		
反应堆热工设计流量/（10^6 kg/h）	61.73	51.48
堆芯内的平均流速/（m/s）	4.481	4.816
堆芯传热的有效流通面积/m^2	4.75	3.88
堆芯传热的有效流量/（10^6 kg/h）	58.09	48.44
堆芯内的平均质量流速/［10^6 kg/（h・m^2）］	12.25	12.45
每环路入口流量（最佳估算）/gpm	381 150.00	315 000.00
冷却剂温度		
额定反应堆入口冷却剂温度/℃	283.1	279.4
反应堆冷却剂平均温升/℃	41.8	42.9
堆芯冷却剂平均温升/℃	44.1	45.2
堆芯冷却剂平均温度/℃	305.2	303.4
反应堆冷却剂平均温度/℃	304.0	300.9
传热		
堆芯有效传热面积/m^2	6 475.8	5 267.6
平均热流密度/（kW/m^2）	607.6	628.7
正常运行下的最大热流密度/（kW/m^2）	1 580	1 635
平均线功率密度/（kW/m）	18.10	18.77
正常运行下的峰值线功率密度/（kW/m）	47.15	48.88
体积功率密度/（kW/L）	106.1	109.7
比功率/［kW/（kg・U）］	38.8	40.2
燃料组件		
燃料组件数目	193	157
首堆芯 UO_2 质量/kg	118 060	95 975
包壳质量/kg	23 998	19 522
燃料棒数量	50 952	41 448

堆芯设计参数	CAP1400	AP1000
控制棒组件		
控制棒束数目	73RCCAs	53RCCAs
第一循环燃料富集度（质量百分比）		
第二区	1.600/—	1.580/—
第三区	3.000/1.600	3.200/1.580

2）堆芯布置

CAP1400 与 AP1000 堆芯虽均采用 5 区非均匀低泄漏装料，但 CAP1400 堆芯内组件总数为 193 盒，AP1000 堆芯内组件总数则为 157 盒，因此整个堆芯内第一循环的燃料具体布置有所区别，堆芯活性区高度一致。

三、欧洲压水反应堆（EPR）核动力厂

1. EPR 基本特性

欧洲压水反应堆（EPR）是由德国西门子公司（SIEMENS）和法国法玛通公司（FRAMATOME，现为 AREVA NP），以及法国电力公司（EDF）联合开发的第三代欧洲压水堆核动力厂，体现了法德两国超过 1 300 堆 • 年的核动力厂运行经验，采纳了法德两国最新投入的 N4 和 KONVOI 反应堆所应用的新技术，在核动力厂可靠性、运行安全、纵深防御和经济效益方面进行了改进。满足了欧洲电力公司在 EUR 中提出的全部要求。

表 3-9 列出了 EPR 的主要性能指标。为了降低发电成本，对一些主要因素进行了最优化考虑，提高了电功率；提高一回路压力和热工参数，机组热效率高，可达到 36%～37%；延长设计寿命至 60 年。

表 3-9 EPR 的主要性能指标

主要性能	单位	EPR
热功率	MW	4 250/4 500
电功率	MW	1 500～1 600
效率	%	36～37
一回路数	—	4
燃料组件数	—	241
燃耗	GW • d/tU	＞60
二回路压力	bar	78
抗震安全度	g	0.25
技术寿期	年	60

EPR 系统设计遵循简单化和多样化的原则。重要的安全系统及其支持功能设备，包括安全注入、应急给水、设备冷却、应急电源，都按四列设计。大型含硼贮水箱放在安全壳内，作为堆应急冷却系统和安全壳热量排出系统的供水。这种布置避免了在事故情况下向再循环系统的切换，也更好地保证了水的供应，免受外部灾害的影响。EPR 采用组合在一起的余热排出系统和低压安注系统。对于设计基准事故，不需要安全喷淋。针对飞机坠落的外部灾害，EPR 反应堆厂房、2 个安全厂房采用了掩体式设计，可以经受军用或商用飞机的撞击。

四列冗余的安全系统使预防性维修得到了优化。与当前核动力厂相比，在运行期间可以完成系统部件的试验和维修，即可进行不停运的日常保养维护。标准的停堆换料检修（包括必要的维护）时间为 16 天。机组在整个寿期内的平均可用因子达到 92%。紧急停堆频率小于每堆•年 1 次。使非计划容量因子的损失率小于 1.4%。

2. EPR 堆芯和一回路系统

EPR 在堆芯的物理设计上，采用大堆芯，燃料组件数为 241，降低了线功率密度，提供了大的裕度。堆芯尺寸的增加减少了中子的径向泄漏（2%～3%），适合采用低泄漏的燃料管理方式。核燃料利用率高，同等发电量下 EPR 比一般轻水堆节省 17%的铀燃料，锕系元素的产生量降低了 15%，减少了长寿命高放废物的产生量。

初始堆芯采用四种不同富集度的燃料分区布置，两区富集度最高，其中一组有钆。在换料方案上，可以是“由里向外”方案，也可以是“由外向里”方案。

堆芯设计很灵活，在技术上可以装载 UO_2 燃料，也可以装载 100%的 MOX 燃料（UO_2-PuO_2），换料周期在 12～24 个月。卸料燃耗（最大）大于 70 000 MW•d/tU，包壳材料 M5 已经辐照到 78 000 MW•d/tU。在 18 个月换料周期下，燃料组件的 ^{235}U 富集度是 4.95%。

控制棒由两部分组成，上部 261 cm，材料是硼（19.9%的 ^{10}B），下部 150 cm，材料是 Ag-In-Cd（80%-15%-5%）。

堆内中子通量密度的测量采用气动小球（钒制钢球）系统的可移动式标准仪表，通过将钒制钢球送入堆芯活化，由小球放射性测量出中子通量分布图。

对下部支承构件进行了改进，降低了堆压力壳的中子通量，保证了压力壳 60 年的寿期。

EPR 压力壳的内径为 4.885 m，高 13.44 m，压力容器壁厚为 250 mm，总质量为 558 t。压力容器下部无任何贯穿件，所有堆芯仪表贯穿件在压力容器的顶部。这有利于堆芯熔融物扩散收集区的设计。管座下部、堆内构件的下部支撑件、接管安全端的材料由 Inconel 600 改用 Inconel 690，减少应力腐蚀。加大管嘴到堆芯顶部的距离，使小 LOCA 下能够避免堆芯裸露，在大 LOCA 下，加大再淹没的静压头。EPR 的堆芯设计参数见表 3-10。

表 3-10 EPR 的堆芯设计参数

名称	EPR	名称	EPR
堆芯热功率/MW	4 500	堆芯直径（高度）/cm	377/420
环路数	4	燃料组件数	241
冷却剂流量/（m^3/h）	27 180	每组件内燃料棒数	265
堆芯旁流/%	5.5	堆燃料棒数	63 865
冷却剂入口温度/℃	295.6	燃料组件长度/mm	4 800
冷却剂平均温度/℃	313.7	燃料组件尺寸/mm	214×214
堆芯内平均温升/℃	36	燃料组件 UO_2 的重量/kg	598
热交换表面积/m^2	8 005	定位格架数量	10
平均堆芯热流/（W/cm^2）	54.7	定位格架材料	锆与 Inconel
功率密度/（kW/L）	94.6	控制棒导向管数	24
燃料平均线功率/（W/cm）	156.1	控制棒束的数目	89

EPR 的蒸汽发生器、稳压器和主泵是在目前大型压水堆使用设备基础上改进的。经过改进的蒸汽发生器，热交换面积增加了，传热管数为 5 980 根，饱和蒸汽压力提高到 78 bar。EPR 热效率达 37%。两级汽水分离器作了优化设计，减少了数量，便于维修。增加了二回路的水量，在给水管路完全断水情况下，延长了蒸汽发生器完全烧干的时间，改善了机组的安全性。蒸汽湿度由最大 0.25%变为 0.1%。总高度为 24.2 m，总质量约 500 t。

EPR 稳压器体积也增加到 75 m^3，有利于寿命延长到 60 年。结构的改进有利于卸压阀和电加热器的维修。特别是从核动力厂安全考虑，为了避免压力壳失效而导致堆芯熔融物直接喷射到安全壳，即避免高压熔堆，在稳压器顶部原有的三台安全阀（排量为 3×300 t/h，176 bar）外，再并联增设两个系列，每一系列串联两台专门的大排量压力释放阀。该电动释放阀在 176 bar 条件下其排量为 900 t/h。当严重事故（堆芯熔化）发生时，通过释放阀开启，向安全壳内排放，保证使反应堆一回路快速降压至＜20 bar。

EPR 主泵仍然是轴封泵，但流量提高了，冷却剂流量为 27 180 m^3/h，扬程达 100.2 m，总高度 9.4 m。EPR 主泵装了一个停运密封装置，以便在一回路破口情况下轴封水冷却装置长时间不可用或一号轴封发生故障时保证轴的密封性能。停运密封装置根据注入水和中间冷却水回路同时丧失的信号而自动启动。

3. EPR 专设安全设施

EPR 的专设安全设施即安全系统主要包括安注/余热载出系统、应急给水系统、应急电源系统、设备冷却水系统、重要服务水系统。

重要的安全系统及其支持功能设备，包括安全注入、应急给水、设备冷却、应急电源，都按 4 列（N+3）设计。每列包括中压安注泵、低压安注泵、低压注入热交换器和安注箱。按 4 列设计的理由是：按单一故障原则认为一列不能用，一列因为预防性维护而不能用，一列受到事故如 LOCA 影响而无法使用，最后只有一列有限供使用。四列分别安装在 4 个相互独立的安全厂房中，能够有效地抗内部和外部危害。四列冗余的安全系统也优化了预防性维修。与当前核动力厂相比，在运行期间可以完成系统部件的试验和维修。

1）EPR 安注/余热载出系统

设计遵循简单化和多样化原则。安注/余热载出系统（SIS/RHRS）包括中压安注系统（MHSI）、安注箱、低压安注系统（LHSI）、安全壳内置换料水箱（IRWST），如图 3-28 所示。此系统执行双重功能：在正常运行工况下执行余热载出功能，在反应堆冷却剂温度低于 120℃、压力小于 3 MPa 时，通过低压安注泵将反应堆冷却剂系统的热量经过余热载出系统热交换器输送给设备冷却水系统；在事故工况下当反应堆冷却剂温度低于 180℃、压力小于 3 MPa 时进行安注。安注/余热载出系统有四列，按 4×100%设计，每个安全系统有相互独立的厂房，每个安全系统都可以独立完成安全功能。每列包括中压安注泵、低压安注泵、低压注入热交换器和安注箱。

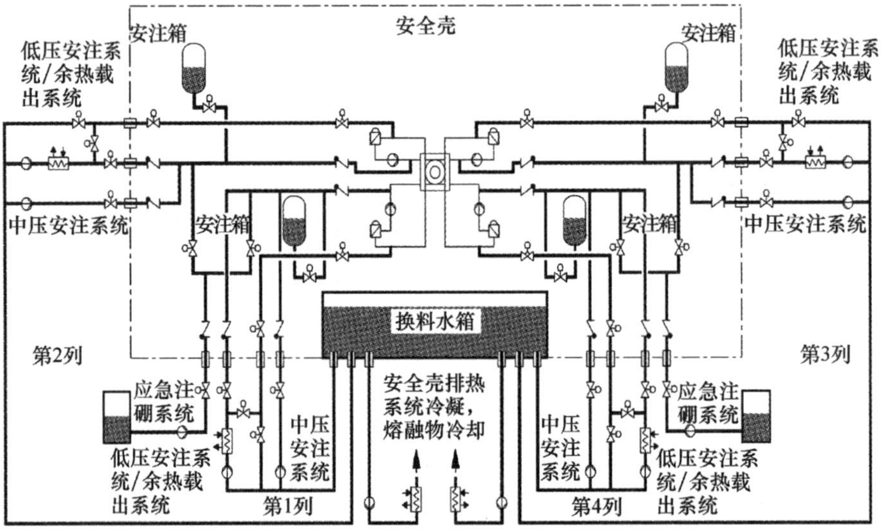

图 3-28 EPR 安注/余热载出系统

EPR 与标准 900 MW 核动力厂的安注系统有下列差别：

（1）列数由 2 列增加到 4 列。

（2）作为堆应急冷却系统和安全壳热量排出系统供水的换料水箱，其位置由安全壳外改为安全壳内，这种布置避免了在事故情况下向再循环系统的切换。也免受外部灾害的影响。

（3）低压安注系统与余热载出系统结合在一起。

（4）维修工作不必在停堆状态进行，可以在功率运行状态下完成。

（5）在标准 900 MW 机组中，高压安注（HHSI）压力是 180 bar，而现在压力下降了，实际上是中压安注，中压安全注入动作压力（85 bar）低于蒸汽发生器安全阀的定值。

中压安注泵是离心泵。设计压力是 100 bar，设计温度是 110℃，额定流量为 130 m^3/h。低压安注泵的设计压力是 80 bar，设计温度是 180℃，额定流量为 360 m^3/h。安注箱的设计压力是 50 bar，设计温度是 80℃。运行压力 45 bar，运行温度是 50℃。水体积是 35 m^3，气空间体积 15 m^3，注入时间为 120 s。

2）EPR 应急给水系统

EPR 的应急给水系统（EFWS）是一个专门的系统。在核动力厂启动和停闭时，不利用应急给水系统，而有专门的启动和停闭系统，它是主给水系统（MFWS）的一部分。EFWS 系统只是为安全功能所设计的，无运行功能。

EPR 的应急给水系统与标准 900 MW 机组的两列不同，按 4×100%设计，每列有一个水箱（第 2、3 列是 400 m^3，第 1、4 列是 440 m^3），供水容积 375 m^3，应急给水泵能力为 100 m^3/h。在飞机坠落情况下，依靠 3 列就能够过渡到 RHR 系统投入的工况。第 2 列与第 3 列应急给水泵的电源为 10 kV，可由应急柴油机供电，第 1 列与第 4 列应急给水泵的电源是 690 V，可以由应急柴油机和在全厂断电情况下由 690 V 的小柴油机供电。在泵的吸入口和出口，在 4 列之间设置联箱，以便每台泵能够从所有水箱吸水，将任何一个水箱的水注入任何一个蒸汽发生器。EPR 的应急给水系统的任何一列可以在功率状态维修。

3）EPR 安全壳

EPR 的安全壳为双层安全壳，安全壳非常牢固，具有非常高的密封性。混凝土底座厚达 6 m，安全壳内壳为预应力混凝土结构，外壳为钢筋混凝土结构，厚度都是 1.3 m，内壳有 6 mm 金属内衬，内安全壳直径是 46.8 m，高度是 57.5 m，自由空间体积约 78 000 m^3。两层之间的环腔由通风系统维持负压，按 2×100%设计，相互独立，有高效粒子空气过滤器、碘过滤器，内壳的任何微小泄漏在释放到环境之前都可得到净化处理。

总厚度达 2.6 m 的安全壳可抵御坠机等外部侵袭，考虑了军用、一般飞机和商用飞机（20 t，速度 215 m/s）。

安全壳设计压力提高到 0.65 MPa，设计温度提高到 170℃。安全壳在设计压力下的泄漏率为 0.3%/d。安全壳的抗震设计按 0.25 g 考虑。

为了防止氢爆，在 EPR 安全壳内装有氢复合器，安装了两种非能动催化复合器，在氢浓度达到 2%体积浓度时，氢复合器自动启动。其复合能力为在 1.5 bar 和 4%体积浓度下，氢的损耗率大于 220 kg/h。从而保证了安全壳内氢的总体积含量小于 10%，并能够在 12 h 内使氢含量降到 4%以下。即使在绝热完全燃烧下，氢爆产生的压力也小于 6.5 bar，以保证安全壳完整性。

4．堆芯熔融物收集系统

为了对付堆芯熔化的严重事故，EPR 设计了堆芯捕集器，冷却堆芯熔融物，并使用了耐特高温保护材料，保证混凝底板的密封性。在反应堆厂房内设有专门的堆芯熔融物扩展区，用来冷却从压力容器内流出的堆芯熔融物。

如图 3-29 所示，反应堆地坑底部和四周壁，以及堆芯捕集器表面有一层很厚的牺牲性混凝土，以保护核岛基础底板免受任何损害。堆芯熔融物从反应堆堆坑到堆芯熔融物扩散区的转运，是通过一个称为“可熔塞体”的非能动装置，它在反应堆压力壳下方，在堆芯熔融物热效应下，自动熔化，实现熔融物向扩展区的转运。

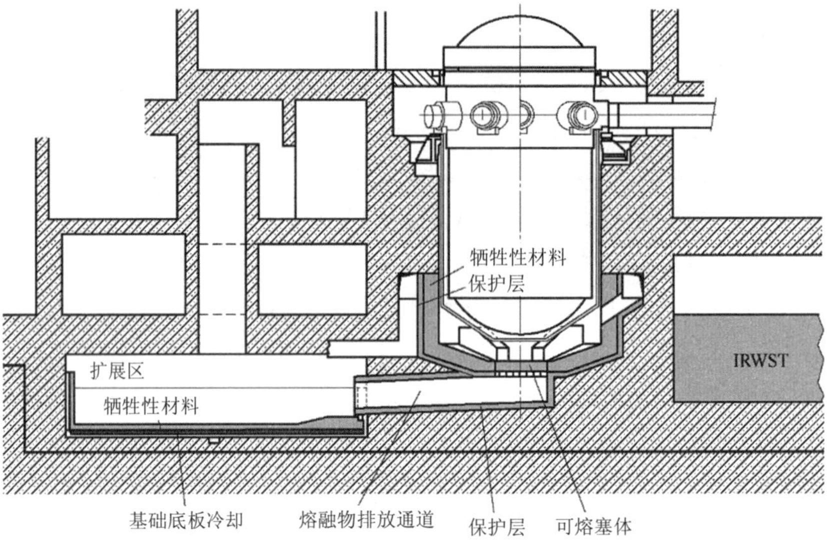

图 3-29　EPR 堆芯熔融物收集系统

堆芯捕集器扩展区（图 3-30）面积是 170 m^2。通过重力非能动或由安全壳排热系统的泵将换料水箱的水送入通道。通过上部水的蒸发和下部带大量散热片金属结构的冷却，实现熔融物的冷却。在几小时内冷却效应使熔融物固定，几天后完全固化。实验证明，能够排出大约 200 t 熔融物所带的热量（约 35 MW）。冷却产生的蒸汽进入安全壳，通过安全壳载热系统实现冷凝。

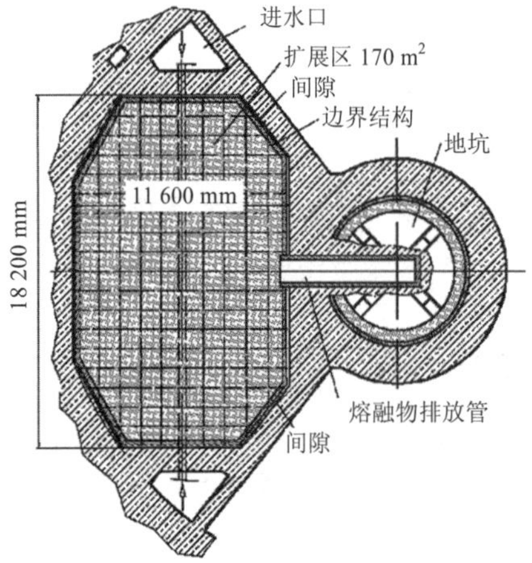

图 3-30　EPR 堆芯熔融物扩展区

5. EPR 安全壳排热系统

安全壳排热系统（CHRS）作用是控制安全壳压力，确保余热的载出，阻止余热效应使安全壳升压，以保持安全壳长期完整性。CHRS 由两列组成，泵和热交换器在安全厂房，从换料水箱（IRWST）吸水，通过喷淋系统降低安全壳压力和温度。热交换器二次侧是专用的中间冷却系统。在扩散区与 IRWST 之间的舱室有非能动的水淹装置。通过重力水从 IRWST 流到扩散区，实现能动的熔融物冷却。

安全壳热量载出的两种方式：第一种是冷的循环水喷淋到安全壳空间，降压和洗涤裂变产物。堆芯捕集器的冷却是完全非能动的；第二种是 CHRS 的一列或两列被用来直接向堆芯捕集器供水。水是过冷的，在这种能动模式下，扩散室水位会上升到蒸汽出口烟囱的顶部。

为保证堆芯捕集器的功能，针对堆芯熔融物的长期冷却，采用能动的安全壳排热系统，以确保安全壳内快速降压和改善结构基础冷却的要求。通过安全壳载热系统的运行，循环水注入堆芯捕集器。对于 CHRS 的启动，允许在堆芯熔化后有 12 h 宽限期。

四、华龙一号

1. 概述

华龙一号是利用 ACP1000 和 $ACPR1000^{+}$的研发设计成果，充分借鉴融合了三代核电技术的先进设计理念和我国现有压水堆核电站设计、建造、调试、运行的经验，以 177 组燃料组件堆芯和三个安全系列设计方案为基础，采用确定论和概率论相结合的安全分析方法进行充分论证，并根据分析结果和正确的工程判断，对方案进行融合并优化，由中国核工业集团和中国广核集团共同开发出自主创新的三代百万千瓦级压水堆核电技术。华龙一号是满足我国最新核安全法规要求和国际、国内最先进的标准要求，同时参考国际先进轻水堆核电厂用户要求（URD 和 EUR），满足三代核电技术的指标要求，具有技术成熟性和完全自主的知识产权，具有高度安全性、适合我国电力发展需要的自主创新三代核电技术。

2. 主要技术特征及电厂设计参数

华龙一号以 177 组燃料组件堆芯和三个安全系列为基础，采用能动与非能动相结合的设计理念，充分吸取福岛核事故经验反馈，具有完善的严重事故预防和缓解措施，具有很高的安全性和技术先进性。华龙一号在提高电厂经济性方面采取了大量措施，如电厂设计寿命 60 年，采用 18 个月换料方案，设计可利用率大于 90%等，使其与国内外其他三代核电厂相比具有很好的经济性和市场竞争力。

华龙一号的主要技术特征如下：

（1）177 个 12 英尺燃料组件的反应堆；

（2）三列安全系统；

（3）能动与非能动相结合的安全措施；

（4）概率安全目标：CDF＜1.0×10^{-6}/（堆·年）、LRF＜1.0×10^{-7}/（堆·年）；
（5）堆芯热工裕量≥15%；
（6）单堆布置；
（7）安全停堆地震 0.3 g；
（8）大自由容积双层安全壳；
（9）抗大型商用飞机撞击；
（10）60 年设计寿命；
（11）电厂平均可利用率≥90%；
（12）操纵员不干预时间 30 min；
（13）完善的严重事故预防和缓解措施；
（14）全数字化仪控系统；
（15）堆芯测量从堆顶引入，取消反应堆压力容器下封头贯穿件；
（16）安全壳内置换料水箱；
（17）破前漏（LBB）技术；
（18）疲劳监测系统；
（19）放射性废物离堆处理，待处置固体废物年产生量小于 50 m^3/（堆·年）；
（20）职业照射集体剂量小于 1 人·Sv/（堆·年）。

华龙一号核电厂总参数如表 3-11 所示。

表 3-11　华龙一号核电厂总参数

序号	参数名称	单位	总参数
1	电站类型	—	三环路压水堆
2	设计寿命	年	60
3	换料周期	月	18
4	机组额定功率	MW	≥1 150
5	电厂可利用率	%	≥90
6	极限安全地震动 SL-2	g	0.3
7	电厂布置	—	单堆
8	电厂运行方式	—	负荷跟踪（Mode G）
9	堆芯损坏频率 CDF（目标值）	堆·年	＜1×10^{-6}
10	大量放射性物质释放至环境的频率 LRF（目标值）	堆·年	＜1×10^{-7}
11	操纵员不干预时间	min	30
12	职业辐照剂量	人·Sv/（堆·年）	＜1

3. 堆芯及反应堆结构

华龙一号核电厂反应堆由堆芯及燃料组件、堆内构件、反应堆压力容器及其支承结构、保温层、控制棒驱动机构和堆顶结构等组成。本节重点介绍堆芯及燃料组件和堆内构件。

1）堆芯及燃料组件

华龙一号反应堆堆芯采用177个燃料组件，每个燃料组件含有呈17×17方形排列的264根燃料棒，24个可放置控制棒、可燃毒物棒或中子源的导向管和1个仪表管。堆芯设置一次中子源组件和二次中子源组件各2个。一次中子源为锎源，二次中子源为锑-铍源。华龙一号堆芯设计首循环采用成熟的年度换料燃料管理策略，从第二循环起提高换料燃料组件富集度，平衡循环采用18个月换料设计，每次换料更换堆芯中的68个燃料组件。燃料棒由包壳管及装在其中的低富集度烧结圆柱形 UO_2 或 UO_2-Gd_2O_3 芯块及螺旋弹簧组成，并在管的端部装上端塞，进行密封焊接。

2）堆内构件

堆内构件由上部堆内构件、下部堆内构件、压紧弹簧和U型嵌入件等组成。其主要功能是：

（1）盛装燃料组件及相关组件，并为其提供定位和压紧；

（2）为控制棒组件提供保护和可靠的导向；

（3）压力容器一起为冷却剂提供流道；

（4）合理分配流量，控制旁流，减少冷却剂无效漏流；

（5）屏蔽中子和γ射线，减少反应堆压力容器的辐照损伤和热应力；

（6）为堆芯测量仪表提供支承和导向；

（7）为反应堆压力容器辐照监督管提供安装位置等。

4. 反应堆冷却剂系统

1）系统功能

反应堆冷却剂系统功能有：

（1）导出堆芯热量；

（2）控制反应性；

（3）作为第二道安全屏障；

（4）控制一回路系统压力。

华龙一号控制压力反应堆冷却剂系统设置了反应堆压力容器高位排气系统，其主要功能如下：

（1）在停堆维修和换料前后，反应堆压力容器顶部的正常排气；

（2）事故工况下，提供安全级的方式由主控制室手动操作迅速排出反应堆压力容器上封头可能出现的不可凝气体，从而防止这些非凝结性气体对反应堆堆芯传热的影响，保证反应堆冷却剂系统中只有唯一的汽水界面。

2）系统配置

华龙一号一回路系统由三条并联到反应堆压力容器上的环路构成。每条环路包括一台蒸汽发生器、一台轴密封式反应堆冷却剂泵以及互相连接的反应堆冷却剂管道、控制仪表等。此外，三条并联环路与一个共用的压力安全系统相连，它包括一台稳压器、一台卸压箱以及用于压力控制、超压保护和严重事故下快速卸压的阀门、仪表和相应的连接管道等，如图 3-31 所示。

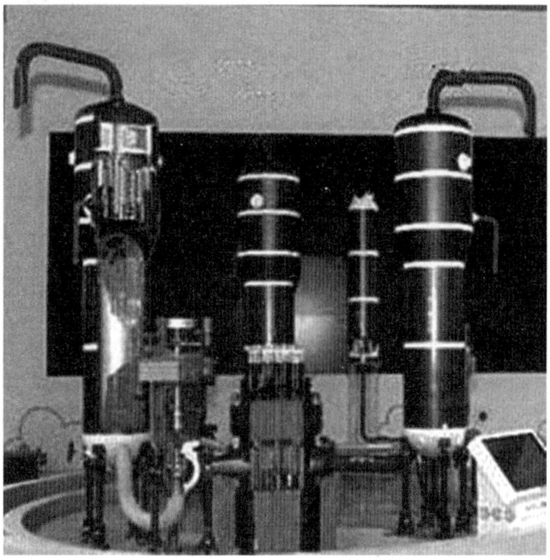

图 3-31　华龙一号一回路系统示意图

5. 核岛布置和安全壳

1）核岛布置

核岛包括以下厂房：反应堆厂房、核燃料厂房、安全厂房、核辅助厂房、进出厂房、应急柴油机厂房、运行服务厂房等，如图 3-32 所示。

图 3-32　华龙一号核岛布置示意图

2）安全壳

为满足安全功能和设计要求，机组采用双层安全壳设计。双层安全壳通过外层安全壳和内层安全壳组成的双重屏障及安全壳之间通风过滤系统来保证其密封性。内外层安全壳之间的环形空间通过通风系统使其保持负压。该通风系统还用于收集内壳的泄漏，并在向外部环境排放之前滤除放射性物质。在放射性影响到环境的各种工况下，特别是失水事故（LOCA）工况，安全壳有足够防止放射性泄漏的能力。安全壳在正常运转时以及在事故工况下，还作为生物屏蔽，保护人员免受放射性辐射的危害。安全壳也能保护厂房内与安全有关的设备免受外部事件的损坏。

内层安全壳为预应力钢筋混凝土结构，由筒壁和穹顶组成。内层安全壳设计成能承受失水事故或蒸汽管道破裂所产生的温度和压力负荷。安全壳的内表面覆盖钢板衬里，保证安全壳在各种情况下的密封性。

外层安全壳为钢筋混凝土结构，由筒体和穹顶组成，筒体上部绕安全壳一周设置有外挂水箱。外层安全壳设计中需考虑抵抗商用大飞机的撞击，并能在厂址出现龙卷风飞射物、外部爆炸以及轻型飞机撞击等其他外部事件时为内部厂房提供屏蔽作用。

6. 安全系统

华龙一号按照能动+非能动理念设置安全系统，并基于国际上对核电站严重事故的研究成果设置了完善的严重事故预防与缓解措施，安全系统主要包括：

（1）安全注入系统；

（2）蒸汽发生器辅助给水系统；

（3）蒸汽大气排放系统；

（4）应急硼酸注入系统；

（5）堆坑注水系统；

（6）非能动二次侧余热排出系统；

（7）多样化热阱系统；

（8）安全壳热量导出系统；

（9）安全壳可燃气体控制系统；

（10）一回路快速卸压系统；

（11）压力容器高位排气系统；

（12）大自由容积的双层安全壳；

（13）主控室可居留系统等。

此外，华龙一号还根据福岛核事故经验反馈，设置了厂区附加电源和移动电源与应急供水，提高了严重事故条件下应急指挥中心、运行支持中心的可居留性和可用性，增强了应急指挥中心和运行支持中心抵抗外部事件能力。

1）安全注入系统

安全注入系统对应反应堆冷却剂系统三个环路，每个系列的容量为 100%。安全注入系统的每个系列包括中压安注子系统、低压安注子系统和安注箱注入子系统三个子系统，安全壳内置换料水箱为各个系列共用。中压安注子系统、低压安注子系统为能动子系统，安注箱注入子系统为非能动子系统。安全壳内置换料水箱为混凝土内衬不锈钢水箱，位于反应堆厂房底部，内设有安全注入系统和安全壳热量导出系统的取水口和地坑滤网。

2）堆坑注水系统

在发生堆芯熔化的严重事故后，堆坑注水系统通过压力容器外冷却带走堆芯熔融物热量，降低反应堆压力容器外壁的温度，维持压力容器的完整性，实现压力容器内堆芯熔融物的滞留。系统配置如下：

（1）能动注入子系统

能动注入子系统设置了两个系列，严重事故工况下，堆坑注水泵从安全壳内置换料水箱（IRWST）取水，注入堆坑。另外，堆坑注水泵的入口还与消防水分配系统相连，将消防水作为能动注入的备用水源。

（2）非能动注入子系统

在安全壳内设置高位的非能动堆坑注水箱，依靠重力提供堆坑注水。严重事故后，开启出口隔离阀，非能动堆坑注水箱中的水依靠重力通过能动系列注入管道和堆坑，实现“非能动”的注水。

3）非能动二次侧余热排出系统

在发生全厂断电事故且辅助给水系统失效工况下，非能动二次侧余热排出系统投入运行，通过蒸汽发生器导出堆芯余热及反应堆冷却剂系统各设备的储热，使一回路不会超压，并将反应堆维持在安全的停堆状态。在发生全部给水丧失事故的情况下，非能动二次侧余热排出系统也能够运行。

非能动二次侧余热排出系统由三个相同的系列组成，分别对应反应堆冷却剂系统三个环路中的三台蒸汽发生器。非能动二次侧余热排出系统根据启动信号自动启动或由操作员手动投入运行。

4）多样化热阱系统

华龙一号设置能动或非能动的多样化热阱系统，在超设计基准事故工况下，保证相关安全设备的运行，排出反应堆余热以及乏燃料余热，保持安全壳完整性，以及乏燃料的可靠冷却。

能动多样化热阱系统由两套完全独立的系列（除机械通风冷却塔回路为两列共用外）组成，投运时分别冷却安全壳热量导出系统和乏燃料水池冷却系统的第一列和第二列。

非能动多样化热阱系统利用内置于安全壳内的换热器组，通过水蒸气在换热器上的冷凝、混合气体与换热器之间的对流和辐射换热实现安全壳的冷却，通过换热器管内水的流动，连续不断地将安全壳内的热量带到安全壳外，在安全壳外设置换热水箱，利用水的温度差导致的密度差实现非能动安全壳热量排出。

5）安全壳可燃气体控制系统

安全壳可燃气体控制系统的主要功能是控制安全壳内的可燃气体浓度，维持安全壳的完整性。此外，为了评估事故后安全壳氢气燃烧的威胁和消氢设施的工作状态，同时作为了解堆芯恶化情况的辅助参考，安全壳可燃气体控制系统还执行事故后安全壳内氢气浓度监测的功能。安全壳可燃气体控制系统主要由消氢子系统和氢气监测子系统组成。

6）安全壳过滤排放系统

核电站安全壳是防止放射性产物释放到环境中的最后一道屏障。在发生严重事故后，若安全壳内的压力逐渐升高，最终可能会破坏安全壳的完整性，造成放射性物质的外泄。安全壳过滤排气系统通过主动卸压使安全壳内的压力不超过其承载限值，从而确保安全壳的完整性。同时通过安装在卸压管线上的过滤装置对排放气体中的放射性物质进行过滤，使不可避免释放到环境中的放射性物质释放维持在尽可能低的水平。安全壳过滤排放系统主要由安全壳隔离阀，过滤组合装置及排放管线组成。本系统应对严重事故后安全壳的晚期超压。

第五节　研究堆

一、概述

研究堆是一种主要用于产生和利用中子通量和电离辐射进行科学试验、研究和其他目的的核反应堆。在核能科学与技术发展中，研究堆发挥了重要作用。此外，也在培训、教育和许多研究计划中作出了明显的贡献。研究堆根据燃料形式、冷却剂种类、中子能量分布形式、特殊的设计需要等因素，可分成各种不同的类型。

（1）按中子通量密度的大小，分为零功率堆、普通中子辐照反应堆和高通量堆。

（2）按中子产生的方式，分为次临界装置、临界装置和脉冲堆。

（3）按慢化剂的不同，分为重水堆、轻水堆、石墨堆等。

（4）按冷却剂的不同，分为水冷堆、气冷堆、液态金属堆、熔盐堆等。

（5）按中子能谱，分为热中子堆、超热中子堆和快中子堆。

（6）按燃料的形状，分为棒状燃料堆、板状燃料堆、圆环型燃料元件堆、各种形状的弥散体燃料堆和液体燃料堆。

（7）按堆芯的布置，分为池式研究堆、罐式或壳式研究堆。

（8）按燃料 ^{235}U 的富集度，分为高富集度铀（HEU）堆、低富集度铀（LEU）堆、天然铀堆等。

（9）按燃料形态的不同，分为固体燃料堆、溶液堆和熔盐堆等。

总之，研究堆的设计千姿百态，多种多样。国际原子能机构从研究堆的安全性和防止核扩散特性考虑，建议民用研究堆采用富集度不超过 20%的低富集度铀来制造核燃料。

二、研究堆的基本特点和应用领域

每个研究堆都有特殊用途，研究堆的设计和运行都有鲜明的特殊性和用途的导向性。因此，研究堆的设计和运行管理往往比常规的核动力反应堆更复杂及多样化，其临界安全问题是研究堆的核心安全问题。总体来看，研究堆比动力堆简单，大多也运行在相对较低的温度下。由于研究堆装载较少的燃料，堆功率一般比较小，因此潜在的放射性裂变产物总量比核动力厂少得多，一般研究堆发生堆芯严重损坏并造成放射性裂变产物大规模释放的风险比核动力厂小。

按国际原子能机构和我国研究堆相关法规规定，对反应堆功率达到几十兆瓦的高功率研究堆，其设计、运行和严重事故风险管理应参考核动力厂动力堆的规定。

研究堆的主要功能是产生中子源，并用于进行辐照和其他研究，通常研究堆的设计都会在堆芯或反射层中布置引出中子束流或安装辐照装置的辐照孔道，辐照孔道既可以垂直安装，通常称为垂直辐照孔道，也可以水平安装，通常称为水平辐照孔道或中子束流孔道。图 3-33 是典型池式研究堆的堆池结构布置。

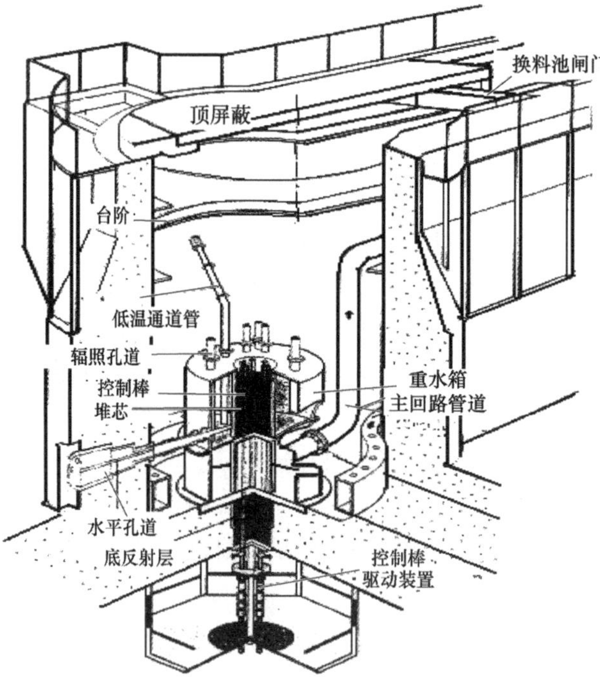

图 3-33　典型池式研究堆的堆池结构布置

不同研究堆的设计变化很大，但研究堆作为一个整体大概包括以下几个组成部分：

（1）反应堆本体：核燃料元件和堆内构件组成的堆芯及其支撑件，在反应堆堆芯中通过核裂变产生中子；

（2）堆芯冷却系统：指冷却剂循环系统，冷却剂流过堆芯载出堆芯核燃料裂变产生的能量，研究堆常用的冷却剂有轻水、重水、氦气或其他气体、液态金属、溶液和熔盐等；

（3）中子慢化剂系统：将反应堆裂变放出的高能快中子通过与慢化剂碰撞散射转变成低能的慢中子的系统；

（4）反应堆安全保护、控制及仪表系统：防止反应堆发生偏离正常运行，实现安全停堆，以及信号检测和仪表显示的系统，包括功率调节、紧急停堆控制棒及其驱动系统；

（5）辐射屏蔽系统：防止和缓解核裂变产生的中子和其他放射性射线照射对环境和人员产生辐照损伤的系统，包括反应堆的生物屏蔽、监测仪器屏蔽和辐照孔道屏蔽等；

（6）放射性监控及净化系统：监测放射性物质泄漏和净化冷却剂及慢化剂中的放射性裂变产物的系统；

（7）中子辐照应用系统：堆芯内或在反射层内设置的用于中子应用的装置和系统，包括辐照孔道，同位素生产线、跑兔气动样品自动输运系统、处理放射性同位素的相关热室或手套箱等。

通常根据不同的需要，利用研究堆中子源可以开展许多技术研究工作，主要包括：

1）热中子散射实验

利用热中子散射实验研究物质的静态结构和动态信息，已成具有特色的研究手段，在物理、化学、生物学、冶金学和材料科学等方面，得到了广泛的应用。例如，可研究稀土元素合金磁性材料；铁氧体磁性材料的磁结构、铁氧体结构和软膜相变研究；金属氢化物中子散射研究；超导微观机理研究；用小角散射开展金属材料缺陷研究，开展生物膜、生物分子和聚合物结构研究等。

2）材料和核燃料辐照研究

利用研究堆内设置各种辐照回路，进行了生产堆、研究堆、军用动力堆、核动力厂动力堆的燃料元件（或组件）的考验研究。利用辐照工艺管道，随堆考验燃料元件，或开展反应堆结构材料，反射层材料的辐照研究。

3）放射性同位素生产

利用研究堆辐照可生产多种放射性核素，生产的主要核素有：^{125}I、^{131}I、^{99}Mo、^{113}Sn、^{192}Ir、^{60}Co、^{210}Po、^{198}Au 等。可供农业、工业、医学和科学研究等诸多方面应用，应用放射性核素投资少，效益大。

研究堆辐照生产放射性核素，有以下较为有利的条件：

（1）反应堆使用低浓铀燃料，加上反应堆的综合利用，所以相对而言成本较低；

（2）活性区内可布置较多辐照管道，辐管空间大；

（3）中心垂直管道的热中子注量高，可生产较高活度浓度的产品；

（4）有专用的操作系统和工具，可以在反应堆运行工况下，方便地进行辐照样品罐的入堆、出堆操作。

4）堆中子活化分析

中子活化分析方法是分析痕量和超痕量元素的重要方法。在工业、农业、医学、环境科学、地质、天体化学、考古等许多领域得到了广泛的应用。可为中子活化分析提供所需要的中子通量，并通过安装跑兔系统和活化分析系统可实现各种要求的在线活化分析。

5）通过材料辐照改变材料特性

利用专用的辐照装置，在反应堆运行时，可进行单晶硅中子掺杂，生产中子嬗变掺杂（NTD）硅。在停堆工况下，利用堆芯 γ 射线，进行电子元器件的辐照。

6）培训工作

培训核动力厂或其他核设施反应堆物理、运行、维修和工程专业人员、为核工程专业本科学生和研究生提供实习和开展论文研究工作的平台。

此外，利用研究堆中子源还可开展核参数测量、中子照相、硼中子俘获治疗（BNCT）等方面的研究。

三、我国建造的典型研究堆

1. 概述

我国从 1956 年开始建造研究性核反应堆，于 1958 年 6 月建成了第一座研究性反应堆。表 3-12 中列出了我国研究堆的基本情况。表 3-13 给出我国部分研究堆的基本参数。

我国第一座研究性反应堆是重水研究堆（101 堆），于 1958 年 6 月 13 日达到首次临界，该堆安全运行近 50 年后于 2007 年 12 月 31 日最终停闭，转入安全关闭过渡期，2020 年开始退役。在运行期间，开展了大量的卓有成效的科研生产工作，产出了一大批有显示度的科研成果，培养和输送了一批又一批优秀的人才，对于推进我国核科学技术和核工业的发展，特别是对原子弹、氢弹和核潜艇的技术攻关，起到了历史性作用。

其后，在 20 世纪 60—70 年代建设了清华大学屏蔽试验堆、492 游泳池堆和 125 MW 高通量工程试验堆（HFETR）。并建立了快堆临界装置、铀水临界装置。20 世纪 80 年代末建成了 5 MW 低温核供热堆，2000 年 12 月高温气冷试验堆（HTR-10）达到了首次临界。此外，还建造了几座中子源微堆和两座脉冲堆。2010 年 5 月 13 日，中国先进研究堆（CARR）实现首次临界，2012 年 3 月 1 日达到满功率。

表 3-12　我国研究堆的基本情况

序号	堆名	堆型	热功率	初次临界时间
1	重水研究堆（101 堆）	重水堆	10 MW	1958-06-13，退役中
2	清华大学屏蔽试验堆	轻水堆	2.8 MW	1964-09
3	492 游泳池堆	轻水堆	3.5 MW	1964-12-30
4	快堆临界装置	临界装置	50 W	1969-07-01
5	铀水临界装置	临界装置		1969-10
6	临界装置（上海）	临界装置	1 kW	1975，已退役
7	高通量工程试验堆（HFETR）	轻水堆	125 MW	1979-12
8	微堆零功率装置	临界装置	50 W	1981-10-23
9	高通量工程试验零功率反应堆	临界装置		1982
10	原型微堆	轻水堆	27 kW	1984-03-10
11	中子源微堆（上海）	轻水堆	27 kW	1988，已退役
12	中子源微堆（济南）	轻水堆	27 kW	1989，已退役
13	低温核供热堆	轻水堆	5 MW	1989-11-03
14	中子源微堆（深圳）	轻水堆	27 kW	1991
15	中国脉冲堆	轻水堆	1 MW	1991-06
16	岷江试验堆（MJTR）	轻水堆	5 MW	1991-01
17	固态零功率反应堆	临界装置	10W	1992-09-22
18	西安脉冲堆（XAPR）	轻水堆	2 MW	1999-09
19	高温气冷试验堆（HTR-10）	气冷堆	10 MW	2000 年 12 月，首次临界；2003 年 1 月，满功率
20	中试厂铀溶液临界装置	临界装置		2001
21	中国先进研究堆（CARR）	重水堆	60 MW	2010 年 5 月 13 日，首次临界；2012 年 3 月 1 日，满功率
22	中国实验快堆（CEFR）	快堆	65 MW	2010 年 7 月 21 日，首次临界；2011 年 7 月，并网发电
23	液态钍基熔盐实验堆（TMSR-LF1）	熔盐堆	2 MW	在建

表 3-13　我国部分研究堆的基本参数

堆名称	高通量工程试验堆（HFETR）	中国先进研究堆（CARR）	西安脉冲堆（XAPR）
运营单位	中国核动力研究设计院	中国原子能科学研究院	西北核技术研究所
堆型	轻水壳式	轻水慢化冷却、重水反射反中子阱池式堆	轻水池式脉冲堆
功率/MW	125	60	2（稳态运行）
燃料富集度、燃料及包壳	90%，U-Al 合金（25.4%U）/305 合金	19.75%，U_3Si_2-Al/Al	6.05 kg^{235}U $UZrH_{1.6}$/Zr-2

堆名称	高通量工程试验堆（HFETR）	中国先进研究堆（CARR）	西安脉冲堆（XAPR）
中子通量密度/[n/（cm^2·s）]	快中子 1.7×10^{15} 热中子 6.2×10^{14}	快中子 1×10^{15} 热中子 8×10^{14}	稳态中央孔道峰值 5×10^{13} 脉冲峰值 1.06×10^{17}
堆芯冷却剂平均流速/（m/s）	10	11	自然循环
堆芯入、出口温度/℃；压力/MPa	35、85； 高压回路 15.5 反应堆入口 1.68	35、120；0.8	35、97.6；开放池式
状态	在役	在役	在役

2. 中国先进研究堆

中国先进研究堆（CARR）是一座技术性能先进的研究设施，是面向 21 世纪科学技术发展需要而研发的一座高性能、多用途、安全可靠的高通量核反应堆装置，并配套相关实验终端。2010 年 5 月 13 日实现首次临界，2012 年 3 月 1 日达到满功率运行。

CARR 为轻水慢化冷却、重水反射的反中子阱池式反应堆。设计核功率为 60 MW。图 3-34 为 CARR 堆本体布置。反应堆堆本体主要由导流箱、衰变箱和堆芯容器等部件组成。堆芯放在堆芯容器内。堆芯由 17 盒标准燃料组件及 4 盒带控制棒跟随体燃料组件构成。堆本体淹没在水池里，约 700 m^3 的池水为事故期间导出堆芯余热提供临时热阱，确保反应堆安全。冷却剂系统通过滤网与池水相通，使水池起到了稳压器的作用。反应堆冷却剂系统由 4 台转速为 1 500 r/min 的主泵、4 台板式换热器和相关的管道、阀门等组成。

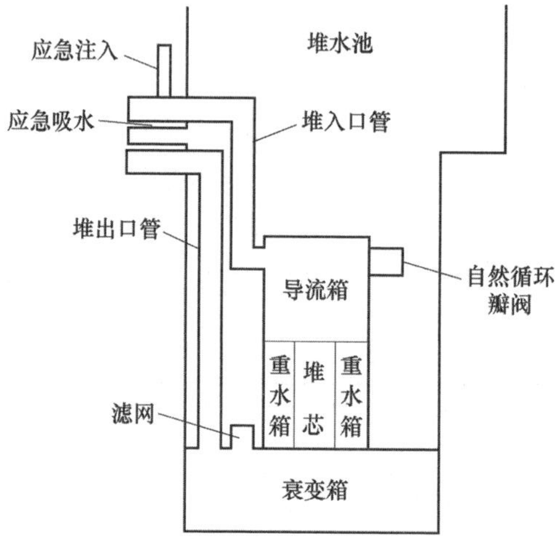

图 3-34　CARR 堆本体布置

反应堆进口管道连接在导流箱上，出口管道连接在衰变箱上。正常运行时，冷却剂通过导流箱，进入堆芯容器冷却堆芯，再流入衰变箱，经主回路系统返回导流箱。应急堆芯冷却系统两台应急泵随堆运行，事故时，当主回路压力低于某一值时应急泵开始将池水注入堆芯实现应急冷却。在导流箱上安装两个非能动的自然循环瓣阀，当其内外压差降低到某一定值，瓣阀非能动打开，可以建立自然循环。自然循环过程是从滤网处吸水，流过衰变箱、堆芯、导流箱、自然循环瓣阀，再流到堆水池。

CARR 的主要设计参数见表 3-14。

表 3-14　CARR 的主要设计参数

参数名	参数值
反应堆功率/MW	60
最大未扰热中子通量密度（活性区中央）/［n/（cm^2·s）］	1×10^{15}
最大未扰热中子通量密度（重水反射层）/［n/（cm^2·s）］	8×10^{14}
主冷却剂总流量/（m^3/h）	2 400
堆芯冷却剂平均流速/（m/s）	11
活性区高度/mm	850
活性区等效直径/mm	399
堆芯平均功率密度/（W/cm）	564

CARR 堆芯结构的设计特点主要包括：

（1）反中子阱型结构设计，采用这种结构后获得中子能谱的空间分离，具有在重水反射层中获得较高的热中子通量密度和中子可利用的空间大等特点。在重水反射层内最大热中子通量密度可达到 8×10^{14} n/（cm^2·s），品质因子（Φ_{th}^{max}/P）可达到 1.33×10^{13} n/（cm^2·s·MW）水平，已属世界研究堆参数的先进行列。

（2）选用 ^{235}U 富集度为 19.75%、芯体含铀密度为 4.3 g/cm^3 的 U_3Si_2-Al 弥散体作燃料芯体，铝作包壳的平板型燃料组件。

U_3Si_2-Al 弥散型燃料芯块具有以下特点：

①芯体含铀密度高，对提高紧凑堆芯的物理性能有利；

②芯体与冷却剂的相容性好；

③导热性能好，热导率与 UAl、U_3O_8 弥散体燃料相近；

④具有较高的起泡温度阈值（515℃）；

⑤辐照性能稳定，裂变气体保持能力强，挥发性裂变产物释放率小。

包壳材料的特点：燃料元件选用铝合金作为包壳材料。它具有与 U_3Si_2-Al 芯体结合性能好、中子吸收截面小、导热率高、易加工、适中的机械性能和抗水腐蚀性能、成本低等特点。

（3）反应堆活性区不裸露设计。堆本体浸没在一个深 15 m 的水池内，其活性区安装在水池底部的衰变箱上+1.2 m 处（活性区中心标高）。在结构上采取措施，致使发生回路管道破口的失水事故，工艺间被泄漏水充满时，堆芯燃料元件不会因为池水水位下降而裸露，其上仍有约 5 m 厚的水层，对反应堆安全极为有利。

（4）衰变箱的空间布置设计。反应堆运行时冷却剂中的氧在中子照射下会被活化形成 ^{16}N，^{16}N 的衰变将释放出能量为 6～7 MeV 的 γ 射线，但其半衰期较短，为 7.35 s。为此，在堆芯活性区和重水箱的下方、反应堆水池的底部布置衰变箱。这种布局，既满足了堆芯热工水力条件的要求，又有效利用了反应堆水池，节省了设备所占厂房空间，活化形成的 ^{16}N 在衰变箱中能够得到适当衰减，极大地降低了主回路系统工艺间的辐射水平。

CARR 还有其他一些特点，如控制保护系统设计采用全数字化技术，控制棒驱动机构的多样性设计，主回路系统和重水冷却系统采用结构紧凑的板式换热器，冷中子源冷包结构设计，非能动的自然循环瓣阀设计，抑制操作大厅辐射水平的热水层设计等。

CARR 堆的应用领域包括：

（1）先进核反应堆工程技术研究，包括燃料和材料辐照考验研究、聚变堆在线产氚工艺、反应堆工程技术研究；

（2）中子散射实验研究；

（3）中子核分析技术研究，包括在线中子活化分析和中子照相；

（4）非动力核应用技术研发，包括民用放射性同位素研发与单晶硅中子掺杂研发；

（5）硼中子俘获治疗技术（BNCT）研究；

（6）核技术和核能教育培训。

3. 脉冲堆

铀氢锆脉冲堆在科学技术研究方面具有广泛的应用价值，是一种具有固有安全特性的中子源辐照反应堆。铀氢锆脉冲堆是一种小型研究堆，采用氢化锆与铀均匀弥散混合作为固体燃料-慢化剂元件，采用轻水作冷却剂，构成一种池式反应堆，简称 TRIGA 堆。由于它结构简单，安全性和经济性好，能获得较强的功率脉冲和中子脉冲，因此在科学研究和应用技术上获得了较为广泛的重视。

我国第一座铀氢锆脉冲堆于 1990 年由中国核动力研究设计院设计研制建成。第二座铀氢锆脉冲堆是西安脉冲堆，是在第一座原型脉冲堆的基础上，根据用户对脉冲堆的应用要求进行设计、建造的。西安脉冲堆于 1996 年 11 月 18 日由我国西北核技术研究所开工建造，1999 年 9 月达到首次临界，2001 年 1 月，完成各项核调试工作后，已投入试运行及实验应用。西安脉冲堆稳态额定运行功率 2 MW，最大脉冲峰功率 4 200 MW。脉冲堆具有一堆多功能的独特性能。连带脉冲反应堆设置的多种实验辐照装置，可以开展多种核技术应用和科研、生产工作，如辐照生产放射性同位素、进行中子活化分析、中子照相、单晶硅中子辐照掺杂、材料辐照加工及辐照试验研究，开展核物理、中子物理、放射化学等科学理论研究以及人才培训等，为一堆多用以及开展研究堆的综合利用创造了条件。可广泛用于工业、农业、医疗、环保、司法、勘探、考古、刑事、食品加工等领域。

西安脉冲堆系统由反应堆本体、冷却剂系统、净化系统、测量及控制保护系统、剂量检测系统、辅助系统和实验设施组成，此外还配备两条同位素生产线、放射性废物处理等子项工程及其配套设施。该堆是一座小型池式研究堆，采用铀氢锆燃料-慢化剂粗棒状元件、石墨和轻水作反射层。堆芯靠池水自然循环冷却，池水则由冷却系统建立强迫循环，将热量从堆芯载出，释放到外环境最终热阱。

西安脉冲反应堆本体主要包括反应堆水池及水池盖板、池内构件、堆内构件及堆芯部件、堆桥、控制棒驱动机构等设备及部件，堆芯在稳态运行和脉冲运行时，堆芯的布置不同。反应堆水池内径 2.5 m、深 8.5 m，以 8 mm 厚的铝质覆面衬里，其外部为 2 m 厚的重混凝土结构作屏蔽。一座不锈钢堆桥固定在堆水池顶部，其上安装有 5 台稳态控制棒驱动机构和 1 台脉冲棒驱动机构以及单晶硅辐照装置驱动机构、水温测量装置等。6 块方形水池盖板安装在堆桥两侧，分别以铰链与水池壁相连。每块盖板都由不锈钢骨架和有机玻璃制成，便于观察堆内状况。西安脉冲堆的堆芯布置如图 3-35 所示。

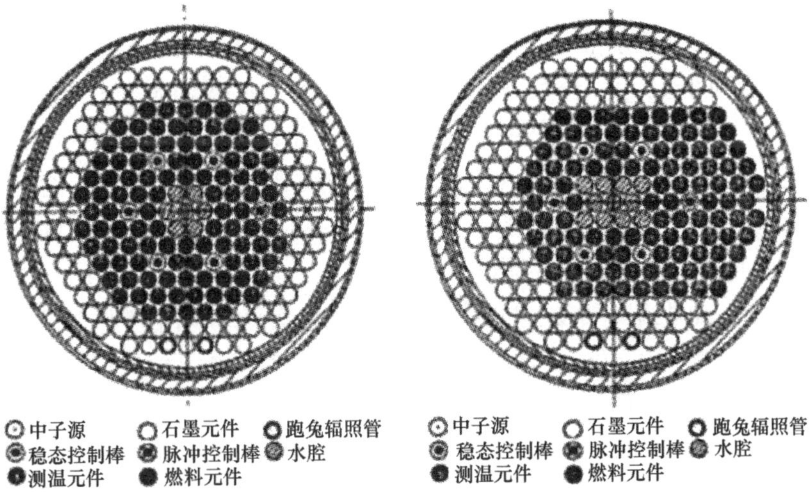

（a）稳态　　（b）脉冲

图 3-35　西安脉冲堆的堆芯布置

堆芯部件以正六边形环形布置，共 9 圈，中心向外圈依次为 A，B，…，I 圈，栅距均为 43 mm。堆芯部件由下栅板支承，上、下栅板各开有 211 个相对应的栅孔，除了为燃料元件及相关部件提供定位外，还兼作冷却剂自然循环的通道。在上栅板的 A 圈和 B 圈占用 7 个孔位，开了一个大孔，用以安装ϕ100 mm 的中央垂直孔道；上栅板上还对称地开有 2 个三角形孔，每个孔分别占据 1 个 E 圈和 2 个 F 圈的孔位，用于安放ϕ52 mm 的偏心腔垂直孔道。堆芯下方设有安全板，用以防止控制棒意外掉离堆芯，也为脉冲棒导向管提供支承。

西安脉冲堆使用的铀氢锆燃料元件由不锈钢作包壳材料，外径 37.2 mm，总长 760 mm，每根燃料元件中装有 3 块 $UZrH_{1.6}$ 芯体，芯体中插有锆合金棒。元件两端还各装有 1 块石墨芯块，用作堆芯的轴向中子反射层，内充 0.1 MPa 氦气。为了补偿热膨胀和辐照肿胀，芯体与上端塞及芯体与包壳管之间分别留有适当的轴向和径向间隙。燃料芯体中铀的质量比为 12%，每根燃料元件中 ^{235}U 含量达 57.1 g，比原型脉冲堆提高了。

西安脉冲堆共有 6 根控制棒。其中，5 根稳态控制棒和 1 根脉冲棒。5 根稳态控制棒为不锈钢包壳，中子吸收体为 10 块 B_4C 芯体，其下方还装有 3 块 $UZrH_{1.6}$ 燃料跟随体和 2 块石墨芯体。由堆芯上下栅板的 ϕ40 mm 孔导向，保证稳态控制棒在堆内上下运动。脉冲棒由上空腔、B_4C 中子吸收段和下空腔 3 段构成。脉冲棒在铝合金导向管中运动。

西安脉冲堆控制棒驱动机构采用了步进电机驱动、滚珠螺母丝杠副传动，通过电磁铁、衔铁吸合，由联杆带动控制棒上下移动。脉冲棒驱动机构是脉冲堆型特有的设备。在反应堆稳态运行工况下，该机构能带动脉冲棒上下移动，使其作补偿棒使用；当脉冲堆作瞬态运行（脉冲或方波）时，该机构可在 0.1 s 内将脉冲棒全部或部分弹射出堆芯，实现脉冲发射。

西安脉冲堆冷却水系统由一次冷却水系统和二次冷却水系统两个回路组成。一次冷却水系统是开式循环回路，由一台离心泵、两台热交换器及其相连的管道、阀门、仪表组成。该系统额定流量 174 t/h，通过两台热交换器将热量传给二次冷却水，维持堆池水温度不超过 45℃。经过热交器冷却后的一次水分两路返回堆水池；一路以 154 t/h 的流量送入堆池下部；另一路以 20 t/h 流量经过安装在堆芯上方的喷射器射入堆水池，用以延长流经堆芯水中产生的 ^{16}N 的上升时间，降低堆顶剂量水平。

二次冷却水系统是由一个吸水井、一台冷却水泵、两台玻璃钢冷却塔、一个管式过滤器及其相连的管道、阀门、仪表组成的开放式回路。系统以 346.5 m^3/h 的额定流量经热交换器带走一次冷却水的热量，并通过冷却塔把热量传给大气。

西安脉冲堆配置的实验辐照装置种类较多，其中有辐照腔、热柱、中子照相装置、水平切向孔道、水平径向孔道、单晶硅辐照装置、宝石辐照盒、气力输送系统（跑兔）、中央垂直孔道、偏心腔垂直孔道等。这些实验辐照装置可供开展各种核技术应用和多种科学实验研究。

4. 中国高通量工程试验堆

中国高通量工程试验反应堆（HFETR）是一座压壳型反应堆，它采用高浓铀多层套管型燃料元件，水作慢化剂和冷却剂，铍作反射层，热功率 125 MW，燃料内最大热中子通量密度 6.2×10^{14} n/（$cm^2\cdot s$）。堆芯的布置如图 3-36 所示。

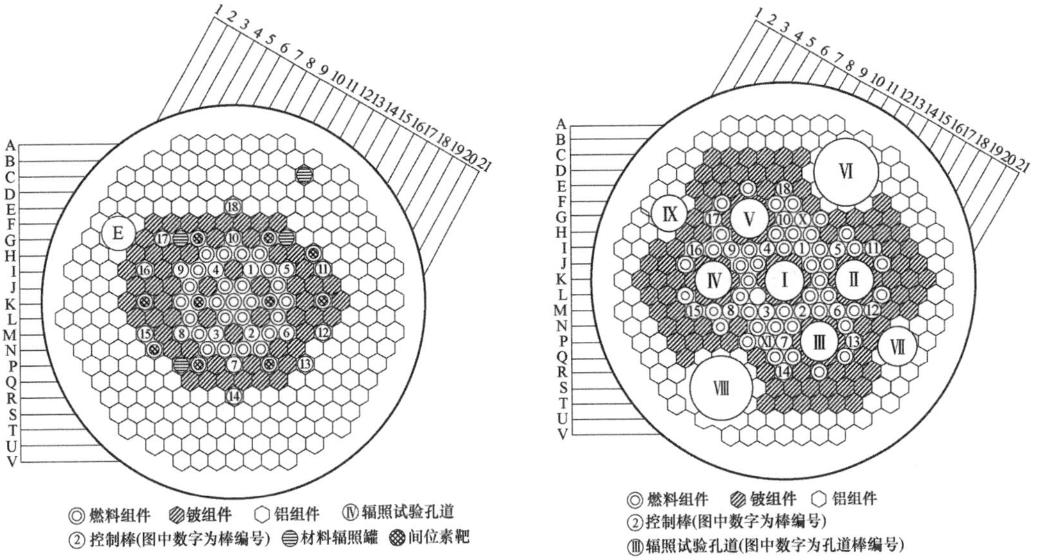

（a）堆芯布置方案一　　（b）堆芯布置方案二

图 3-36　中国高通量工程试验堆堆芯布置

HFETR 在 1979 年 12 月 27 日达到临界，随后于 1980 年 12 月 16 日实现了高功率运行。堆芯布置较为灵活。在方案一中活性区布置里有五个直径 150 mm 的辐照孔道，在它们周围被打破完整性的栅格由异形铍套筒所填充。这样既避免了热中子通量附加的局部不均匀性，又能节省高浓铀装料；在方案二中活性区布置了六盒铍块，这样就可以在小装载的情况下用铍来扩大活性区空间，使外围控制棒仍有较高的反应性价值，能有效地控制运行期所需的后备反应性。

堆芯燃料采取了规则的三角布置，栅距 64 mm。每个燃料组件、铍组件和铝组件均占据一个栅元，并可互换。辐照孔道在堆芯的位置是固定的，但对堆芯栅板上辐照孔道的开孔作了特殊结构处理，使得这些孔道的位置也可用燃料组件或铍组件来取代。18 根控制棒各占据一个固定栅元。

每盒燃料元件由最大外径为 63 mm 的 8 层同心套管构成，除最内层壁厚 1 mm 外，其余每层壁厚 1.5 mm，套管间冷却水流道宽 2 mm。最外层与最内层套管是联接构件，不含燃料，并起节流作用。中间六层为燃料元件管，均有 0.5 mm 厚的铀铝合金芯体，两侧包壳为 0.5 mm 厚的 305 铝合金，活性段长度为 1 m，^{235}U 富集度为 90%，芯体合金中铀重量百分比为 25.4%。每盒元件含 ^{235}U 为 270 g，如图 3-37 所示。

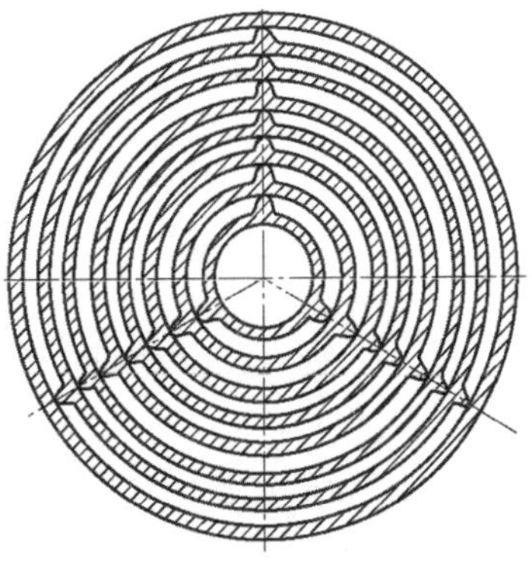

图 3-37　HFETR 燃料组件

HFETR 堆芯具有以下明显优点：

（1）堆芯不仅有较高的热中子通量密度，而且有较高的快中子通量密度，对于燃料和结构材料的辐照研究均较为有利，并能较好地适应不同堆型（包括快堆）的辐照任务，也由于堆芯中子能谱较硬，中心设置水腔时，还可得到热中子通量密度超过 1×10^{15} n/（cm^2 • s）的辐照空间，有利于超钚元素的生产。

（2）堆芯装载灵活性较大。该堆具有较大的功率，而且堆芯装载灵活，可按辐照任务的变化来改变堆芯的装载量。

（3）活性区结构空间内多余的水腔用铍来填充，且用铍作反射层，在提供同样数量的辐照孔道的前提下，可显著减少高富集度铀燃料的装载量。

该堆最大孔道直径可到 230 mm，大多数孔道直径可达 150 mm。反应堆结构还允许在三个孔道位置安装单流程的辐照装置，有利于扩大辐照试验件的尺度，能模拟核动力厂燃料组件的实际状态。该堆不仅为水堆核动力厂开展辐照研究，也为高温气冷堆和钠冷快堆的实验研究准备了一定条件。

中国高通量工程试验堆的冷却系统流程如图 3-38 所示。一回路冷却系统有五台主泵和十台主热交换器，它们分成五个并联的单元，每一单元的两端都有球阀，可将它与系统隔离。

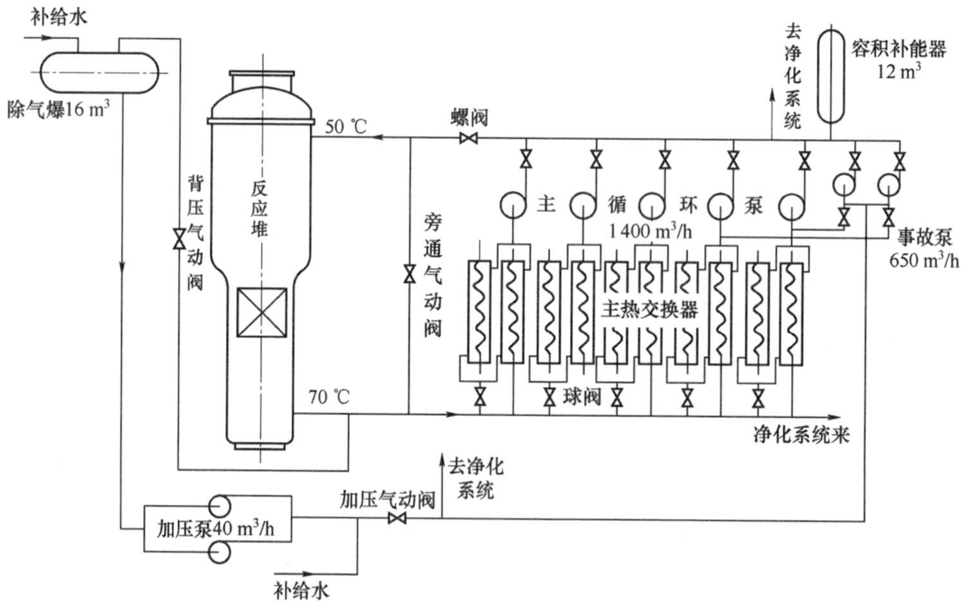

图 3-38　中国高通量工程试验堆的冷却系统流程

热交换器为固定管板列管式结构，二回路水在管内，一回路水在管间。每台传热面积 545 m^2，一回路侧和二回路侧额定流量分别为 700 m^3/h 和 1 250 m^3/h。为降低水流对管束的冲击，在热交换器一回路进出口设有挡板。

为了去除辐照分解的气体并维持系统压力，一回路设有除气加压系统。一回路水在除气器中平均停留 10 min，然后由离心式加压泵打回主系统。并避免事故时系统压力突然下降，在堆入口母管上接有 12 m^3 容积补偿器一台，其上部 1/3 的空间充以净化的压缩空气。

一回路系统补水依靠两台流量为 30 m^3/h 的补水泵，把高纯水从 150 m^3 水箱打入除气器或一回路母管。在一回路两母管之间还跨接有机械过滤器和离子交换柱组成的净化系统，从主系统引出 45 m^3/h 的水进行净化。二回路额定流量 10 000 m^3/h，采取开式循环。

中国高通量工程试验堆的主要应用包括：

（1）核燃料元件辐照试验；

（2）材料辐照试验；

（3）高比活度放射性同位素的研制与生产；

（4）单晶硅中子嬗变掺杂；

（5）卸料元件 γ 辐射源的开发利用；

（6）本科生、研究生实习与研究平台，以及核工程技术人员和反应堆操纵员培训。

四、世界典型研究堆

世界上建造的研究堆有几百座，种类繁多，表 3-15 列出了国外几座典型高通量研究堆的技术参数。

表 3-15　国外几座典型高通量研究堆的技术参数

国别		德国	日本	美国	法国
堆名		FRM-II	JRR-3M	ATR	OSIRIS
热功率/MW		20	20	250	70
活性区内最大热中子通量密度/［n/（cm^2·s）］		8×10^{14}	3×10^{14}	1.0×10^{15}	3×10^{14}
活性区内最大快中子通量密度/［n/（cm^2·s）］；堆型		池中低压回路	2×10^{14}；池式	5×10^{14}；压力壳式，2.7 MPa	4×10^{14}
辐照空间/mm	活性区内	无	堆芯内有垂直辐照孔道	9 个 ϕ133 孔道	5 个 87×87 回路空间
	活性区外	重水箱内多个辐照孔道；中心圆柱水腔	重水箱内多个辐照孔道	共 20 个最大 ϕ133 辐照孔道	7 个回路空间最大是 87×87
燃料元件	^{235}U 富集度	93%	19.73%	93%	原设计：90%，改进后：19.75%
	燃料	U_3Si_2-Al 弥散体/Al 包壳，控制棒在燃料中心水腔	U_3Si_2-Al 弥散体/Al 包壳	铀-铝合金/Al 包壳	原设计：铀-铝合金，改进后：U_3Si_2-Al 弥散体/Al 包壳
	型式	弧板内涡环	平板状	弧板状	平板状

第六节 反应堆及核动力装置的功率控制

一、缓发中子的作用

在核反应堆中核裂变产生的裂变中子分为两类：一类是在裂变后约 10^{-14} s 内放出的，称为瞬发中子；另一类是由裂变后产生的裂变产物在其衰变时产生的，这部分中子是在裂变后一直持续几分钟的时间内陆续放出的，称为缓发中子。对于由 ^{235}U 核燃料主要运行的反应堆，瞬发中子占全部裂变中子的 99.35%，而缓发中子占全部裂变中子的 0.65%。中子从产生到被吸收的平均时间称为中子平均寿命。它包括中子由裂变能慢化到热能所需的时间，再加上热中子被俘获以前的扩散时间。在热中子反应堆内，快中子的慢化时间比热中子扩散时间要小得多。在水慢化的反应堆中，快中子的慢化时间约为 6×10^{-6} s，而热中子扩散时间约为 2.1×10^{-4} s，平均中子寿命大约 2×10^{-4} s。

从不平衡系统内热中子扩散方程的数学推导，可以得到反应堆内中子通量密度随时间变化的关系：

$$\phi(t)=\phi(0)\exp(K_{过剩}t/\Lambda)$$

式中，$\phi(0)$ 为平衡状态下反应堆中子通量；t 为平衡状态被破坏的时间，s；$K_{过剩}=K_{有效}-1$ 为过剩增殖系数；Λ 为中子平均寿命，s。可以看出，在反应堆启动或提升功率时，由于 $K_{过剩}>0$，因此中子通量 $\phi(t)$ 随时间按指数规律增加，而在停堆或降功率时，由于 $K_{过剩}<0$，因此中子通量 $\phi(t)$ 就随时间按指数规律下降。

举一个中子通量密度按照上述方程变化的具体例子：假设有效增殖系数突然增加 0.001，即 $K_{过剩}$=0.001，中子的平均寿命为 0.000 1 s，则中子通量密度每隔 0.1 s 就增长 e 倍，那么在 1 s 内就要增长 e^{10} 倍，即 2×10^4 倍。显然，如果中子通量密度像这样迅速增加，反应堆就很难控制了。

但实际上，在维持链式反应中，除依靠瞬发中子外，还依靠着缓发中子。虽然缓发中子的份额不大，但作用很大，使得反应堆中子通量的增加就没有那样快了。考虑缓发中子后，代中子平均寿命为瞬发中子和缓发中子的权重平均值。代中子平均寿命约为 0.085 s。与不考虑缓发中子时的中子平均寿命 0.000 1 s 相比约大 850 倍。对于 0.1%的反应性变化，中子通量增加 e 倍所需要的时间即反应堆周期为 85 s，使反应堆控制成为可能。可见缓发中子在反应堆控制中起着很重要的作用。

为了让缓发中子发挥作用，在反应堆运行中必须保证 $K_{过剩}$不能太大，即反应性的变化不能太大。可以从中子动力学方程推导出，当 $K_{过剩}$一次增加量等于或大于缓发中子的总份额时，反应堆中子通量密度增长 e 倍所需时间就与缓发中子无关了，这时由于单靠瞬发中子就能使反应堆临界，稍微有一点反应性，中子通量就迅速增加。这种仅仅由于瞬发中子就能使反应堆达到临界的状态，叫作瞬发临界。这样，反应堆就无法控制了。因此，在设计中要求控制棒提升或其他因素所引入的正过剩增殖系数不能过大，以保证反应堆的安全。

从安全运行角度考虑，反应堆设计中保证了反应堆有负的反应性温度系数（至少在额定温度工况下），以提高反应堆的自调自稳特性和安全性。

二、核反应堆功率控制原理

为保证反应堆能安全可靠地运行，必须具备一整套相适应的控制保护系统去执行下列任务。

1. 启动、停堆以及改变反应堆的功率

通过直接控制反应堆内的中子数目来改变反应堆的有效增殖系数 $K_{有效}$。

在反应堆启动时，采取措施时 $K_{有效}$逐步接近 1，实现临界。在实现临界后，为了提高功率时，可让 $K_{有效}$略大于 1，则反应堆超临界，中子数目增加，核反应增多，功率就上升，直至达到所要求的功率水平时，再采取措施使 $K_{有效}$下降并维持 $K_{有效}=1$。

当反应堆降功率或停堆时，使 $K_{有效}<1$，反应堆处于次临界，中子数目减少，功率下降，直至达到所需功率或完全停堆。

2. 抵消过剩反应性，补偿燃耗

如果要反应堆在稳定状态下工作，必须保持 $K_{有效}$等于 1，也就是说必须维持反应堆处于临界状态。但是，如果一个堆建成时正好是临界，那么它就不能维持多久，因为燃料的消耗，裂变产物的积累会使有效增殖系数降低。因此建造一个动力堆应根据所要求的运行期限，第一次装入堆内的裂变燃料远比最小临界质量多得多。这样，反应堆在初始时 $K_{有效}>1$，需要用控制棒、硼酸溶液和固体可燃毒物等来抵消这部分过剩反应性。以后随着运行过程逐步地将控制棒提出，或把硼酸浓度稀释，来释放过剩反应性，补偿燃耗。到堆运行周期末无法运行需换料时，并向堆内补进新燃料。

3. 维持功率水平

由于运行时的各种原因，会使反应堆功率偏离指定值。为了维持一定功率水平，用控制棒的自动调节来抵消各种引起功率波动的因素。

4. 保证堆的安全

反应堆在运行过程中可能会发生事故或出现某种紧急情况，控制保护系统应能快速动作，及时制止事故的发生和发展，以保证反应堆安全。

前面已经提到，由于反应堆内核反应速率非常快，一般的加料、卸料等机械办法是来不及控制核反应的，主要是通过控制堆内中子数目以改变反应堆的核裂变数的方法来进行控制。

最常用的是采用控制棒的方法，即用一种或几种中子吸收截面很大的物质，如硼、镉、铪、银-铟-镉等材料制成吸收棒，直接通过快速传动机构插入或抽出堆芯来改变中子数目。

在停堆时，将控制棒插入堆内，大量中子被吸收体吸收，使 $K_{有效}<1$，链式反应就停止。启动时，将棒慢慢提起，使 $K_{有效}>1$，中子数目越来越多，裂变反应增加，功率上升，当达到一定功率时，将控制棒保持在一定位置上，使堆内产生的中子与损失的中子平衡，反应堆就维持在一定功率下运行了。

反应堆的控制过程中，由于参数多，时间短，准确性要求高，因此，一般都设计成手动、自动相互独立的控制系统，以确保安全可靠。

三、核动力厂功率控制系统

核动力厂控制的主要目的是将核能转换成电能，使核动力厂安全高效率运行。核动力厂的控制可以分为反应堆功率控制和过程参数控制。

核动力厂功率控制的基本目的是使一回路所产生的功率适应于二回路的功率需求，同时保证一、二回路的温度、压力等过程参数及堆芯功率分布满足各个方面的要求。

为了满足上述要求，压水堆核蒸汽供应系统配置了以下主要控制系统：

（1）反应性控制和功率分布控制系统，或简称为反应堆功率控制系统；

（2）反应堆功率调节系统；

（3）反应堆冷却剂平均温度调节系统；

（4）一回路即稳压器压力控制系统；

（5）稳压器水位调节系统；

（6）蒸汽发生器水位调节系统；

（7）蒸汽排放控制系统。

这里着重介绍反应堆功率控制。关于过程变量的控制，参见有关核反应堆控制的专业书籍。

1．反应堆功率控制

反应堆功率控制是由反应堆功率控制系统来实现的。反应堆功率控制系统的功能如下。

（1）实现反应堆的启动、停堆、升功率、降功率以及维持反应堆稳态运行。

（2）在不超过额定功率时允许负荷有±10%阶跃变化，能使电厂恢复至平衡状态而不导致事故停堆、蒸汽排放或卸压阀动作；当出现小于每分钟±5%线性负荷变化时，系统有较好的负荷跟踪能力。并且在负荷变化之后，将核反应堆冷却剂平均温度维持在调节特性规定的限度内。额定功率的15%以下，可采用手动控制。

（3）实现功率分布的控制，使反应堆处于良好的安全性和经济性状态下运行。

（4）抵消过剩反应性、补偿在运行中由于温度变化、中毒和燃耗所引起的反应性变化。

（5）使核蒸汽供应系统（NSSS）能适应正常运行的各种瞬态工况，根据电网的要求和运行的需要，改变系统的运行状态，保持操作上的灵活性。

（6）在运行的瞬态或设备故障时，保持电厂主要参数在允许的范围内，以尽可能减少反应堆保护系统的动作。

反应堆功率变化是通过改变反应性来实现的，因此要实现反应堆功率控制首先要实现反应性控制。压水堆的反应性控制主要通过改变控制棒在堆芯中的位置来实现。每个燃料组件内的控制棒组件，由 16 根（15×15 排列的燃料组件）、20 根（16×16 排列的燃料组件）或 24 根（17×17 排列的燃料组件）组成。上端固定在星形架上，控制棒为圆柱形棒，内装银-铟-镉材料的中子吸收体，可在燃料组件的控制棒导向管内插入或抽出。对于燃耗和氙中毒引起的缓慢的反应性变化，通过改变冷却剂中的硼酸浓度来补偿。核反应堆补给系统通过注入硼酸（硼化）或注入无离子水（稀释）来调节冷却剂中的硼酸浓度。

2．功率调节系统

反应堆功率调节系统的目的是使反应堆的功率迅速跟踪二回路的功率。它根据二回路的工况、控制模式和方式选出一个作为跟踪的功率，加上校正因子，作为功率整定值，然后将其转换为棒位整定值。

根据汽轮机冲动级的压力和反应堆冷却剂的平均温度，操纵控制棒在堆芯中的位置，以调节反应堆的功率，使其与汽轮发电机组的出力相匹配。同时根据反应堆轴向功率偏差信号，手动或自动调节冷却剂中的硼酸浓度，调整控制棒在堆芯中的位置，以调节反应堆轴向功率分布。

1）调节特性

压水堆具有良好的自调特性，但随负荷变化参数波动很大。为改善调节性能，必须让控制棒参加调节。

对核动力厂功率调节可以有各种调节方案，其调节特性也是不同的。

（1）平调节特性。其特点是当负荷变化时，维持一回路的平均温度不变。堆平均温度不变，对堆物理影响较小，此时控制棒参加的调节量较小，仅需补偿多普勒效应引起的反应性变化。但蒸汽参数将随负荷下降而变化，平均每增加 1%负荷，蒸汽温度下降 0.35～0.45℃，影响汽轮机热效率。这种方案下的调节特性对一回路是有利的，而对二回路有一定影响。

（2）过调节特性。此时当负荷变化时，蒸汽参数维持不变，但一回路的平均温度变化较大。平均每增加 1%负荷，回路平均温度上升 0.3～0.4℃，由于慢化剂温度效应和多普勒效应的作用，反应性变化较大，要求控制棒系统具有较大的补偿能力，因此在适应负荷变化的能力上较差。在移动式反应堆如潜艇上多采用该方案，它简化了二回路的设计，而对一回路物理特性有一定影响，带来一定困难。

（3）中间调节特性。介于上述两者之间的调节特性。例如，负荷每增加 1%，一回路平均温度上升约 0.22℃，而蒸汽温度下降为 0.1～0.15℃。

（4）组合调节特性。是上述方案的组合，不同调节特性的组合，即在低负荷段采用过调节特性或中间调节特性，以适应较小较慢的负荷变化，而在高负荷段采用平调节特性，以适应较大较快的负荷变化。

后两类调节方案应用比较广泛，特别是对大容量、高比功率的压水堆而言。

2）调节系统的组成

该系统由四个电子逻辑回路组成，即主控制回路、整定值确定回路、出力不一致回路、控制棒驱动回路。

（1）主控制回路。在实际运行时，压水堆各环路的平均温度可能有差异。为安全起见，将各环路的平均温度输入信号送到高参数选择器，选择其中最高的环路平均温度参数作为控制信号。然后经滤波线路，除去噪声，经相位补偿线路，补偿由于一回路冷却剂的热容量而引起的信号时滞。将补偿校正后的信号输入信号比较装置，与给定的整定值相比，其偏差就作为控制棒驱动回路的控制信号。

（2）整定值确定回路。按照选定的调节方案，根据汽轮机的出力，给出相应的回路冷却平均温度整定值信号，进入信号比较装置。汽轮机出力信号可通过下述方式测得：一是测高压缸第一级冲动压力，它正比于汽轮机的出力；二是测电厂发电部分的功率。一般采用的是第一种方式，其中整定值程序器的输入输出特性由所选择的调节特性确定。延滞补偿用来使整定值信号产生时滞，当出现微小急剧的负荷波动时，由核动力厂的回路热容量来补偿这些负荷波动，没有必要使反应堆功率跟踪这类负荷变化，避免控制棒过于频繁地来回调整。

（3）出力不一致回路。输入端是汽轮机第一级冲动压力信号及核反应堆中子通量信号。其偏差反映过渡过程中堆功率和汽轮机出力不平衡情况。采用前馈原理，经微分电路，二次放大后，输入信号比较装置，以加速控制系统的响应速度，提高系统的稳定性。第一级非线性放大，使不平衡量越大响应速度增加越快。为减少高出力时功率调节系统的超调量，设有第二级非线性放大，其增益随汽轮机出力增加而减少。

（4）控制棒驱动回路。根据信号比较装置的输出信号，触发控制棒传动机构。控制棒的动作速度正比于该输出信号的大小，但不能超过最大允许速度。其特性曲线由信号放大环节确定，为了在平衡点附近，消除控制棒驱动电机开关线路的强制振荡和自激振荡，特性曲线在零点附近设有不灵敏区和滞后特性。控制棒驱动回路还设有连锁装置，在核反应堆运行不正常时或控制系统故障时，禁止提升控制棒。连锁装置还允许转换到手动控制。控制棒驱动电路受停堆断路器矩阵控制，当控制棒驱动电源断开时或接到冗余紧急停堆信号时，功率调节系统的控制棒和其他控制棒一起，自动下落，插入堆芯。

压水堆上共有几十个控制棒束，它们分成若干个控制棒组。在正常运行工况下，大多数控制棒组都处在堆芯上部，仅 1～2 组控制棒组插入堆芯，受功率调节系统控制，进行堆功率调节。其中一组工作，另一组处于热备用状态。每一组控制棒又分成两个子组，它们交替移动，以便使每一步获得较小的反应性变化增量。每一子组内的所有控制棒束同时移动。控制棒束的移动速度为每分钟 6～72 步。

3）轴向功率分布调节

对于轴向功率分布，有两种不同的调节方式。

第一种方式为美国于20世纪80年代开发的，其基本原理是将堆芯外长中子电离室测得的轴向功率偏差信号与目标带信号进行比较。轴向功率偏差定义为上、下部电离室电流之差。目标带与堆功率、燃耗和氙浓度有关。如果实测的轴向功率偏差超出目标带，则自动驱动补给系统进行硼酸浓度调节。根据偏差值在目标带外的左或右，决定进行注硼或稀释操作，使控制棒做相应的动作，将偏差值调回到目标带内，从而保证了轴向功率分布在允许的限值以内。

第二种方式为德国于20世纪80年代开发的。控制棒束分为两类：一类称L组（负荷组），占控制棒束的多数；另一类称D组（多普勒组），共4组。在满功率稳定运行情况下，L组控制棒仅插入堆芯1/10高度左右，在此位置有较好的功率分布控制能力。D组控制棒除一组插入堆芯较深外，其他三组与L组控制棒插入同样深度。

在负荷缓慢变化（每分钟小于1%）的情况下，D组控制棒进行调节，根据需要依次提起或插入堆芯到相应位置。操纵D组棒可调节约30%的功率。由于D组棒是冷却剂硼酸浓度调节器的输入信号，故通过注硼或稀释调节，在瞬态过程结束时，使D组棒恢复到它们的给定位置。

当负荷变化较快（每分钟大于1%）时，L组和D组控制棒一起进行调节。由于L组棒的位置是D组棒位置定值参数之一，当L组棒位偏离整定值时，D组棒便移动。若一组棒不足以补偿，第二组、第三组、第四组D棒相继移动，使L组棒返回其给定位置。D组棒动作比较迅速，因此控制棒位置调整的瞬态过程很快终止。这时，由于温度效应、氙中毒引起的反应性变化将由D组棒来补偿，当D组棒超出限定的位置时，启动硼控系统进行补偿。两组棒都返回到给定的位置上，因此反应堆轴向功率分布得到了调整。

当功率分布变化时，轴向功率分布测量装置给出畸变信号，功率分布控制器给出L组棒的设定值，D组棒便进行调节，通过功率调节系统，使L棒移动到允许限值内。

3. 核动力厂稳态运行方式

核动力厂稳态运行方式大体上可以分为两大类型：一种是一回路冷却剂平均温度不变，而二回路蒸汽压力随负荷而变化；另一种是保持二回路蒸汽温度（压力）不变。

一回路冷却剂平均温度运行方式的优点是：可以利用压水堆装置自调节性，使外部控制系统简化；一回路体积基本不变，稳压器体积小，功率变化时废水少。但也有缺点，主要是：二回路参数随输出功率变化幅度太大，蒸汽温度随负荷增加而下降，影响循环热效率，在低功率时，蒸汽压力又相对较高，要求设备有较高的耐压能力，对给水泵、自动阀和汽轮机提出了苛刻要求。另一种方案是保持二回路蒸汽温度（压力）不变，但一回路平均温度随负荷呈线性变化，即随负荷增加而增加。这种方案的优点是提高了二回路循环效率，但必须设计很大的一回路稳压器。必须有复杂的外部控制系统，功率调节系统较为复杂。一般来说，陆地上发电用途的核动力厂采用第一种方案，而船用核设施采用第二种方案。虽然，陆地上发电用途的核动力厂在负荷变化下运行方式基本上属于第一种方案，但也适当作了一定调整，不完全是一回路冷却剂平均温度不变，如大亚湾核动力厂在负荷变化下是保持冷却剂入口温度不变，其目的是减少输出功率变时蒸汽温度的变化，以尽可能地提高循环热效率。不同堆型核动力厂有不同特点，其稳态运行方式也有所不同。

四、核反应堆的仪表控制系统

在近些年开发的大功率反应堆上，参数变化情况都是由仪表用数字、曲线、灯光等直接显示或打印出来。如果反应堆内的功率、功率上升速度、温度、中子通量、压力、冷却剂流量、放射性剂量等任何一个或几个参数，出现不正常的变化，反应堆中央控制室的仪表，除对数据进行自动显示和记录供人们分析外，还提出相应的音响和灯光信号，提醒操纵人员注意。这些信号，人们称为警告信号。警告信号离事故的发生还很远，仅仅有一点出现事故的苗头。

如果操纵员采取的措施未能使情况改善，反应堆的功率、温度、中子通量、冷却剂流量、压力、放射性剂量等继续向事故方向发展，超过了预定的安全警戒限度时，不需要操纵人员去扳动开关，安全棒就会自动释放并插入反应堆，中止链式反应。因此对事故的侦查、判断和反应，都由设备自动完成，各种信号的传递，是以光速进行的。对事故作出反应的时间，仅仅决定于探测仪表对所探测的参数的跟随速度即响应时间，以及控制棒插入反应堆的速度。目前快响应的探测仪表的研制，使得反应堆内中子通量、温度等的变化，能更快反映出来，从而进一步加快了对事故的反应速度。

反应堆里人们预定的各种安全警戒限度，与反应堆的事故工况相比，相差还很远，这就是所谓安全裕度。因此远在反应堆出现事故以前，反应堆的事故停堆系统就已经自动地将反应堆关闭。反应堆里与安全有关的各种控制系统是按三取二、四取二等原则进行设计的。也就是说，同时有几台仪表各自独立地进行同一参数的监测。只有当三台或四台仪表中有两台同时发出停堆信号，才会自动停堆。这样一来，即使一台仪表出现故障或发出错误信号，都不会影响安全系统作出正确的反应。

1. 核仪表系统

核仪表系统由分布于反应堆压力容器外的一系列中子探测器来组成，用于测量反应堆功率、功率变化率以及功率的径向和轴向分布等，是直接关系到反应堆安全的重要系统之一。

反应堆功率是指堆内单位时间内释放出能量的多少。在反应堆堆芯中，单位体积单位时间内发生的裂变数正比于该点的中子通量。这样我们就可以用测量某一点的中子通量来测量反应堆功率，而且当测点离控制棒较远时，移动控制棒所造成的局部扰动对测量的影响较小。所以堆功率一般都是通过测量堆外中子通量（泄漏）来得到的。当然，测点离开堆芯的距离，要受到探测器灵敏度的限制不能太远。根据这个道理堆功率的测量是把中子探测器放在堆芯外贴近压力容器的孔道内来测量的。

核仪表系统的功能是：

（1）提供信号：通过连续监测反应堆功率，功率变化及功率分布，并对测得的各种信号加以显示记录，从而向操纵员提供反应堆装料、停堆、启动及功率运行时反应堆状态的信息。

（2）提供控制信号：向反应堆控制系统提供堆功率信号，移动控制棒。

（3）监测功能：通过功率通道信号的计算值，来监测反应堆径向功率倾斜和轴向功率偏差。此外，在主控制室和反应堆厂房内设计有视听计数通道，在停堆和启堆期间给出中子的视听计数。

（4）安全功能：防止反应堆发生超功率，向反应堆保护系统提供中子通量高和中子通量变化率高信号，触发反应堆紧急停堆。

反应堆从启动至满功率运行，其核功率的动态变化范围达 11 个数量级，具体说从额定功率的 10^{-9}%至额定功率的 200%，使用一种探测器和电路是不可能满足要求的。例如，在大亚湾核动力厂的核仪表系统采用三种不同量程的 8 个独立测量通道来测量反应堆功率，即 2 个源量程通道、2 个中间量程通道及 4 个功率量程通道。它们各自配备性能各异和测量范围不同的探测器。三个量程之间两两互有重叠（至少两个数量级），确保从停堆直到满功率运行的整个阶段，系统都能连续提供信号控制和保护反应堆。

核仪表系统还会产生一些逻辑信号，包括一系列允许信号、闭锁信号和必要的保护信号。

2．堆芯测量系统

堆芯测量系统包括堆芯温度测量、堆芯中子通量测量和压力容器水位测量三部分，其总的功能是：提供反应堆燃料组件冷却剂出口温度信息、堆芯中子通量分布信息及压力容器内水位信息。

堆芯温度测量的功能是：①给出堆芯温度分布图，并连续记录堆芯温度，显示最高堆芯温度及最小温度裕度；②探测或验证堆内径向功率分布不平衡程度；③判断是否有控制棒脱离所在棒组；④供操纵员观察事故时和事故后堆芯温度和过冷度的变化趋势。

堆芯温度测量是通过热电偶实现的。热电偶由铬镍合金-铝镍合金制成，包壳用不锈钢，并用氧化铝作绝缘材料。热电偶的热端固定在所测燃料组件水流出口处的堆芯上栅格板上。热电偶导线穿入导线管，经过热电偶支承柱穿出压力容器顶盖，引出的热电偶信号由延伸补偿导线接往冷端箱，冷端箱位于安全壳的外边。从冷端箱传送来的温度信号沿着铜线经测量管道送到电气厂房的堆芯冷却监测机柜。

堆芯中子通量测量的功能是：①在反应堆启动升功率期间检查堆寿命初期功率分布与设计值的一致性，检查用于事故研究的热点因子是否安全，校准堆外中子测量各个电离室，监测在堆芯装料时可能的错误；②在反应堆正常运行期间检查功率分布作为燃耗的函数与设计要求的一致性，监测燃料组件的燃耗，校准堆外核仪表的刻度，监测堆内运行上的偏离。

压力容器水位测量的功能是：①失水事故发生时监测堆芯淹没情况；②正常充、排水时观察反应堆内水位情况；③主泵启动时，监测堆芯压差。

压力容器水位测量系统主要由水位探测部分、数据处理部分和显示部分组成。

第七节 核反应堆保护系统

保护系统必须提供能对付可能发生的安全事件和事故所需要的功能，并在需要时必须正确地工作（可靠性）。

一、保护系统的功能

保护系统的范围是：从监测电厂有关变量的敏感元件开始到安全驱动系统输入端和安全系统辅助设施输入端为止。保护系统用来探测核反应堆工况偏离正常运行状态，一旦超过安全系统整定值，就会发出保护动作，通过安全驱动系统和安全系统辅助设施，完成所需的安全动作，维持安全并减轻事故后果。

所谓安全限值，是指为防止放射性物质的释放超过国家核安全法规中对任何设计基准事故所规定的限额。为了满足这个总要求，保护系统必须及时发出保护动作，目标是保持安全屏障（燃料包壳、一回路冷却剂压力边界和安全壳）的完整性，防止放射性物质释放，并且还必须能减轻这些屏障中的任何一个或更多个破裂所造成的后果。

保护系统包括那些为了保护反应堆根据电站参数变化而操作紧急停堆断路器和专设安全设施执行机构的全部电气设备。保护系统主要由下列两个触发系统组成：

（1）核反应堆停堆触发系统；

（2）专设安全设施（应急堆芯冷却、蒸汽和给水管道隔离、辅助给水、安全壳隔离、安全壳喷淋和氢气复合等）触发系统。

由保护系统控制的安全设施包括：

（1）蒸汽管道隔离装置；

（2）主给水隔离装置；

（3）安全壳隔离装置；

（4）安全注入系统；

（5）安全壳喷淋系统；

（6）辅助给水泵；

（7）柴油发电机。

保护系统完成的任务是：

（1）探测电厂变量已达到整定值；

（2）判明需要保护的状况；

（3）按正确的次序触发相应安全任务所需要的所有安全动作，包括保护系统本身、安全驱动系统和安全系统辅助设施的动作；

（4）监测电厂变量并向运行人员显示其数值，供手动启动保护动作之用。

根据对保护系统的功能安排，其设计应满足下列要求：

（1）能自动触发有关的系统（必要时包括停堆系统）动作，以保证发生预期运行事件时不超过规定的设计限值；

（2）能检测到设计基准事故，并触发为把这些事故后果限制在设计基准范围内所需的系统动作；

（3）能抑制控制系统的不安全动作。

此外，保护系统本身的所有部件、组件、子系统，及其连接线都可能是发生故障的对象。

保护系统故障导致系统误动作的称为安全故障；保护系统的安全故障将降低核动力厂的可利用率，引起经济损失。降低误动作率是保护系统主要设计目标之一，目前已降低到每年一次。相反，导致系统拒动的称非安全故障。保护系统的非安全故障将使反应堆失去保护。

无保护事故率可以由下列关系式给出：

无保护事故率=事故发生率×保护系统非安全故障的平均概率

无保护事故涉及一般公众的危险和社会的反应。目前，许多国家将无保护事故率的允许值定为 10^{-6}～10^{-5}/（堆·年），有些国家规定为 10^{-7}/（堆·年），甚至更小。

安全性和可靠性这两个主要目标经常互相矛盾。通常安全性放在第一位；然而，误动作的经济代价迫使进行两者之间的权衡考虑。

二、保护系统的安全准则

保护系统必须与其所执行的安全功能相适应，因此其设计必须遵循下列安全准则。

1. 单一故障准则

所谓单一故障准则，是指要求某设备组合在其任何部位发生单一随机故障时仍能执行其正常功能。该准则要求保护系统内单一故障或单次事件引起的故障不应有损于系统的保护功能。为了满足单一故障准则，保护系统必须采取多重性措施。多重性，即运用多个通道、多个装置完成一个通道、一个装置的给定功能，使任何一个（或规定的最大个数）通道、装置的故障不会引起该功能的失效。实现多重性可利用相同的设备，或通过设备的多样性或功能的多样性来实现。

2. 冗余性和独立性

为了使保护系统满足单一故障准则，提高反应堆的安全性，设计中应采用冗余设计技术，包括安全监测通道的冗余、安全逻辑装置的冗余和整个系统的冗余等。如在保护系统中广泛采用二重、三重和四重通道以及三取二（2/3）、四取二（2/4）等逻辑符合电路等。冗余性的原则也应用于逻辑系统、执行器和电源的设计上。

为了排除由于环境因素、电气的物理现象相关影响，具有相同保护功能的重复通道之间应彼此独立，保持物理（或实体）上的分离及电气上的隔离，以免丧失冗余性。独立性是采用冗余技术的前提，是克服共模故障、实现在线检验和维修的重要措施。在保护系统与控制系统乃至与其他系统之间，要求在电气上和结构上也是相互独立的。

逻辑系列的两列应该分别装在两个彼此隔离的房间，以实现实体隔离；模拟电路产生的逻辑信号经隔离耦合电路传给几个逻辑电路，以实现它们空间的电气隔离。

3. 多样性

多样性已作为对付共模故障和共因故障的一种防护手段。多样性包括功能多样性和设备多样性。应该把重点放在触发保护动作的保护参数的功能多样性上，这样有助于克服共模故障。对每个预想的始发事件尽量用不同的物理效应或不同的变量来监测。在某些条件下可用不同类型的设备来测量同一物理量，以便克服共模故障。对于特定的保护功能在需要非常高的可靠性的地方，有主张设立两个独立的和不同的反应堆停堆系统。

4. 故障安全准则

故障安全准则是指当系统发生任何故障时仍能使其保持在安全状态。在系统断开、短接、失去能源等故障情况下，系统应该自动处于安全故障状态。特别是，紧急停堆断路器是在失去控制电源时动作（断开）的，从而保证控制电源故障时反应堆是安全的。经验表明，对于按故障安全设计的反应堆，将保证非安全故障率远低于安全故障率，以提高反应堆系统的安全性。

5. 逻辑符合

保护系统的设计必须能够满足可靠性和安全性两方面的要求。增加可靠性的一个重要方法是采用逻辑符合的办法，它要求在采取保护动作之前必须有两个或两个以上的冗余信号相符合。采用逻辑符合措施也便于进行在线测试，因为在此情况下，通道或装置可断开进行测试而无须用跨接线进行短接，以防止触发保护动作。常用的逻辑符合有三取二或四取二等。

6. 可试验性和可维修性

保护系统应用冗余度是为了使它们在发生一些故障之后还能继续运行。然而，为了能发现和修理故障的元件，防止故障积累而导致总的保护系统故障，仍需要定期试验。保护系统的冗余性为在线测试提供了可能性。而在线测试可及时发现故障并及早排除。在线测试主要包括：对仪表系统的测试，对逻辑单元的测试和针对执行器的测试。在核动力厂里，由于许多部件所需要的试验频度比允许的电厂停闭频度大得多，保护系统必须具备在反应堆运行情况下进行在线或在役试验的能力。为了在线试验，系统必须包含逻辑符合结构。此外，还必须对保护系统进行连续监测，在两个定期在线试验之间监测保护系统的工作状态。自动脉冲试验系统可被认为是连续监测的一种形式。

三、保护系统的实现

用以检测事故工况并触发系统动作的核动力厂变量通常称保护参数。为确定这些保护参数的动作整定值，必须进行安全分析。其主要步骤有：①确定可能发生的（或设计基准）事故；②分析事故的影响和后果，可以用事件树图形地表示事故序列发展的过程；③规定事故工况下反应堆特性的安全界限；④选择用于触发系统动作的保护参数和敏感元件；⑤确定保护动作的类型（启动反应堆停堆系统，启动相应的专设安全设施）和保护系统必须具有的性能特性（如系统的响应时间和仪表的精确度）。整定值的确定必须留有一定的裕量，以弥补核动力厂分析模型、仪表及其整定值的误差。

1. 核反应堆停堆触发系统

核反应堆停堆触发系统由以下几个部分组成：

（1）启动保护。防止停堆情况下控制棒失控或反应堆启动过快。保护参数为源量程和中间量程的高中子通量或反应堆短周期。

（2）核功率保护。在功率运行时发生控制棒失控、弹棒事故或其他反应性事故下实现保护。保护参数为高核功率及其高正变化率。

（3）堆芯保护。防止偏离泡核沸腾比过小和燃料线功率密度过大而导致堆芯损坏。保护参数为燃料线功率和偏离泡核沸腾比。

（4）冷却剂压力和液位保护。用以保护一回路管道破裂，稳压器卸压阀、安全阀误动作或汽轮发电机甩负荷等引起的系统压力降低、稳压器水位降低，或系统压力升高、稳压器水位升高等事故。保护参数主要为稳压器压力和水位。

（5）冷却剂低流量保护。用以保护主泵断电或故障引起的流量丧失事故。常用的保护参数有：主泵转速、断路器脱扣，以及母线低电压、低频率等。

（6）蒸汽发生器保护。用以防止蒸汽发生器给水系统故障而导致反应堆丧失热阱。保护参数为蒸汽与给水流量失配同蒸汽发生器低水位符合信号。

（7）高能管道破裂保护。用以在发生失水事故和主蒸汽管道破裂事故时，停闭反应堆，并可能启动应急堆芯冷却系统、安全壳喷淋、主蒸汽管道和主给水管道隔离、安全壳隔离等专设安全设施。

2. 专设安全设施触发系统

专设安全设施触发系统包括下列组成部分：

（1）应急堆芯冷却触发系统。根据一回路的压力相继启动高压安全注入和低压安全注入系统，同时控制硼酸注入系统，将浓硼水注入反应堆冷却剂，向堆芯引入大的负反应性。

（2）安全壳喷淋触发系统。启动喷淋泵，注入含硼和氢氧化钠溶液，向安全壳均匀喷淋含硼和氢氧化钠水，降低安全壳内的温度和压力，确保安全壳的完整性，并溶解放射性碘，减少放射性物质的释放。

（3）蒸汽和给水管道隔离触发系统。启动快速（一般小于 5 s）关闭主蒸汽隔离阀，隔离故障蒸汽管道。快速（一般 5～20 s）关闭给水调节阀，防止蒸汽发生器水位异常。

（4）安全壳隔离触发系统。启动关闭穿过安全壳工艺管道和通风管道的隔离阀，防止放射性物质释放至环境。

（5）辅助给水触发系统。用以在蒸汽发生器失去主给水系统情况下，自动启动辅助给水泵，操纵相应的控制阀，保证蒸汽发生器必需的事故给水，以维持反应堆的热阱。

（6）氢气复合触发系统。启动点火系统，防止发生失水事故时因高温下锆水反应产生的氢气在安全壳内聚积而引起爆炸，损坏安全壳。

第四章 民用核安全设备基础知识

引　言

依据《民用核安全设备监督管理条例》，民用核安全设备是指在民用核设施中使用的执行核安全功能的设备，包括核安全机械设备和核安全电气设备。民用核安全设备是民用核设施安全防护实体屏障的核心，其质量和可靠性直接关系到核设施的安全稳定运行。

第一节　民用核安全设备的特殊性

根据国际核能工业的成功实践和我国核安全法规的规定，民用核安全设备在设计、制造、质量控制和监管等方面有一系列有别于常规工业产品的特殊要求，包括：

（1）设计基准的确定原则不同。核安全设备的设计基准不仅要考虑在正常运行条件下能可靠地执行其规定的功能，而且还必须考虑在设计基准事故工况下仍能可靠地执行其规定的安全功能。

（2）所有应用于设计和设计验证的计算分析软件和验证设施（试验台架、回路等）均需通过国家核安全监管部门的认可。

（3）所有核安全设备必须根据相关要求通过设备鉴定方可用于民用核设施中。设备鉴定的目的是验证其在服役的各种工况下，特别是在设计基准事故工况下，该设备的可运行性和功能能够满足预定的要求。

（4）在核安全设备的设计、制造、安装、焊接和无损检验等活动中必须采用成熟的且经过验证的技术或工艺。

（5）所有从事核安全设备的设计、制造、安装和无损检验活动的单位必须依据 HAF601 或 HAF604 的相关规定取得资格许可。从事核安全设备的无损检验和焊接操作的个人也必须按照 HAF602 或 HAF603 的相关规定取得资格。

（6）所有从事核安全设备的设计、制造、安装和无损检验活动的单位都必须建立和实施满足核安全法规 HAF003 等要求的质量保证体系，并且所有核安全相关活动都必须置于该质量保证体系的有效控制之下。

（7）所有核安全设备的相关活动，包括设计、制造、安装、试验、运行、在役检查、维修和退役等都必须在国家核安全监管部门的监督下实施，使其处于严格的受控状态。

第二节 民用核安全设备的核安全分级要求

我国核安全法规《核动力厂设计安全规定》（HAF 102—2016）在核动力厂总体设计要求一章中明确规定了“必须识别所有安全重要物项，并根据其功能和安全重要性对其进行分级”以及“划分安全重要物项的安全重要性的方法，必须主要基于确定论方法，并适当辅以概率论方法”。

核电厂营运单位必须根据核安全设备在民用核设施中所负担的核安全功能，确定相应的核安全级别。这是核安全设备在设计、制造、安装、试验、运行、在役检查、定期试验、维修和退役等活动中正确选用标准的依据。为了便于履行这一要求，相关核安全导则对核电厂安全功能和部件的安全等级划分提出了具体指导。

现阶段，核电厂的设备分级以确定论为主，概率论为辅。一般来说，核电厂的机械设备分为核安全 1 级、核安全 2 级、核安全 3 级和非核安全级。主要包括（以压水堆核电厂的设备为例）以下内容。

一、核安全 1 级

对于压水堆核电厂，核安全 1 级设备包括组成反应堆冷却剂系统压力边界的主要设备：反应堆压力容器、反应堆冷却剂泵压力边界部分、稳压器、蒸汽发生器的一次侧、控制棒驱动机构的耐压壳、主管道以及与其相连延伸至并包括第二个隔离阀的其他系统管道。

二、核安全 2 级

一类是反应堆冷却剂系统压力边界内不属于核安全 1 级的各种设备。例如：属于反应堆冷却剂系统压力边界，但不会导致失水事故的小直径管道如仪表管线和取样管线的管道和阀门。

另一类是所有事故工况下执行停堆、维持堆芯冷却剂总量和排出堆芯热量及限制放射性物质向外释放的各种设备。例如：

（1）安全壳隔离系统的各种机械设备（如阀门）；

（2）余热排出系统的主要部件（如余热排出泵、余热排出热交换器等）；

（3）化容系统中冷却剂上充部分（若用于堆芯应急冷却，如上充泵）；

（4）安全壳喷淋系统的主要部件（如安全壳喷淋泵）；

（5）安全注射系统的主要部件（高压安注泵、低压安注泵、安注箱等）；

（6）辅助给水系统处于安全壳内的部分；

（7）安全壳内的主蒸汽系统以及主给水系统管道，直至并包括安全壳外的第一个隔离阀；
（8）安全壳厂房的主要部件（如安全壳、安全壳贯穿件等）；
（9）安全壳氢气控制和监测系统中的机械设备（如测量管线、氢气混合器）；
（10）堆芯仪表系统中的机械设备，直到并包括手动隔离阀。

三、核安全3级

主要是指下述一些系统的设备：
（1）化容系统中为控制反应性提供硼酸的部件（如容积控制箱）；
（2）辅助给水系统处于安全壳外的部分；
（3）为冷却、润滑安全1、2、3级设备所需部件；
（4）乏燃料贮存池冷却水系统中的重要部件；
（5）应急电源、水源，以及柴油机的润滑油、燃油和冷却水系统；
（6）压缩空气系统向安全级物项供气部分（贯穿安全壳部分属于安全2级）；
（7）放射性废物处理系统中其故障会导致放射性气体释放超过允许限值的部件，如废气衰变箱；
（8）重要厂用水系统和设备冷却水系统的管道、阀门、泵等；
（9）为控制室可居留性服务的冷冻水系统。

四、1E级电气设备

核安全电气设备的分级是根据支持功能的安全重要性将电气设备分成1E级（安全级）和非1E级（非安全级）两个级别。民用核安全（1E级）电气设备的类别为：传感器（包括探测器、变送器）、电缆、电气贯穿件、机柜（包括机箱和机架）、控制台屏、显示仪表、应急柴油发电机组、蓄电池（组）、阀门驱动装置、电动机等。

核安全电气设备的安全分级是一种功能性的分级，这种分级包括对环境条件或地震情况下的质量鉴定等方面规定了要求。

凡在事故处理过程中（包括事故工况后）参与保护公众的电气系统的设备和部件均定义为安全级，即IE级。具体地，执行下述安全功能的电气系统和部件的安全等级定义为IE级：
（1）反应堆紧急停堆；
（2）安全壳隔离；
（3）堆芯应急冷却；
（4）反应堆余热排出；
（5）安全壳厂房热量排出；
（6）防止放射性物质大量释放到环境中。

典型的 IE 级电气设备所属安全系统，包括：

（1）反应堆保护系统。

（2）应急供电系统（柴油发电机组、蓄电池组、充电器和相关的配电系统）。

（3）紧急停堆执行机构。

（4）专设安全设施：①紧急堆芯冷却；②安全壳大气监测系统；③蒸汽发生器辅助给水系统，包括正常给水系统的隔离装置；④安全壳隔离系统。

（5）专设安全设施支持系统：①设备冷却水系统；②重要厂用水系统；③支持专设安全设施的通风系统。

具体的核安全电气设备类型：

（1）承受事故和事故后环境条件（如 LOCA 或蒸汽管线破裂事故）作用的安全壳内的各类电气设备如下：①控制气动阀（特别是安全壳的隔离阀）的电磁阀；②电动阀（安全壳隔离阀）的电器执行元件；③限位开关或限制扭矩设备；④稳压器的启停备用电加热器及其供电箱；⑤压力或差压变送器（流量和液位测量）；⑥主泵的转速传感器；⑦与上述设备相关的电缆和连接件；⑧温度传感器；⑨辐射探测器；⑩电气贯穿件。

（2）严重事故中需要运行的仪表：①堆芯出口温度测量装置；②安全壳卸压排放放射性活度检测装置；③安全壳压力测量装置。

凡不执行上述安全功能的电气设备，均被分类为非 1E 级（非安全级）设备。

第三节 民用核安全设备标准

目前，国际上核电厂的设计和建造主要有以下几个核电标准体系：针对机械设备的美国机械工程师学会（ASME）的《锅炉及压力容器规范》（以下简称 ASME 规范）；法国核岛设备设计建造规则协会（AFCEN）编制的《核电厂设计和建造规则》，如 RCC-P、RCC-M、RCC-E、RCC-G、RCC-I、RCC-C 和 RSEM 等（以下简称 RCC 规范）；俄罗斯的 ПНАЭГ 标准；德国的 KTA 标准以及日本和韩国的标准规范。

一、国内核安全设备标准

我国从 1972 年 8 月开始核电厂的设计制造以来，为实现核安全设备的国产化进行了不懈努力，建立了一批核电和核安全设备相关的国家标准和行业标准，并保持与国际核标准体系接轨。

我国在 20 世纪 80 年代引进国外成熟核电项目时，为保证核电项目建设的顺利进行，在项目审批时，同时成套接受了核电引进国的核电规范标准。目前的核电厂也大多沿用这些国际上比较成熟的核电规范标准，例如，我国秦山核电厂（CNP300）、海阳核电厂

（AP1000）、三门核电厂（AP1000）等执行的是美国的 ASME 规范；大亚湾核电厂（M310）、岭澳核电厂（M310/CPR1000）和红沿河（CPR1000）、阳江（CPR1000/ACPR1000）等核电厂执行的是法国的 RCC 规范，田湾核电厂（VVER 堆型）执行俄罗斯的 ПНАЭГ 标准。以上三个规范标准为国际公认和通用的规范标准，是我国核安全设备现行最常使用的规范标准。对于具体的核工程，核安全设备所用规范标准为国家核安全局在安全分析报告中认可的规范标准。

二、美国 ASME 规范体系

美国的核电标准多是由行业协会制定的，如美国机械工程师协会（ASME）、美国材料与试验协会（ASTM）、美国电气和电子工程师协会（IEEE）、美国核学会（ANS）等，美国国家标准协会（ANSI）起到总的协调作用。

ASME 规范已成为许多工业国家机械设备设计、制造、订货以及制订本国标准的依据，尤其是在核动力厂机械设备设计、制造和安装等活动中被许多国家直接采用。

ASME 规范是由美国机械工程师协会制定的，每三年修订一次，共 12 卷，其中与核电相关的有以下各卷：

（1）第Ⅱ卷　材料技术条件。

包括：①A 篇　钢铁材料；②B 篇　有色金属材料；③C 篇　焊条、焊丝及填充金属；④D 篇　性能。

（2）第Ⅲ卷　核动力装置设备。

包括：①NCA 分卷；②第一册及第二册的总要求。

a．第一册：

NB 分卷　一级设备；

NC 分卷　二级设备；

ND 分卷　三级设备；

NE 分卷　MC 级设备；

NF 分卷　设备支撑结构；

NG 分卷　堆芯支撑结构；

NH 分卷　高温使用的一级设备；

附录。

b．第二册：混凝土反应堆容器与安全壳规范。

c．第三册：乏燃料及高放射性废料的贮存和运输包装用安全容器。

（3）第Ⅴ卷　无损检测。

（4）第Ⅸ卷　焊接及钎焊评定。

（5）第Ⅺ卷　核动力装置设备在役检查规程。

三、法国 RCC 规范体系

法国核电厂 RCC 规范系列包括 RCC-P、RCC-G、RCC-M、RSEM、RCC-E、RCC-I 和 RCC-C 等，覆盖了核电厂系统、构筑物、机械设备、在役检查、电气设备、防火、燃料组件等几乎全部的核电厂领域。

RCC 规范由法国核岛设备设计建造规则协会（AFCEN）编制，该协会是由法国电力公司（EDF）、法玛通原子能公司（FRAMATOME）和诺瓦通原子能公司（NOVATOME）于 1980 年 10 月 19 日组建成立的，其主要任务是：编制核电厂核岛设备的设计、建造、安装和调试的规则；根据经验、技术进展和管理要求的变化对规则进行修订；颁布这些规则及其后续修改的相应条文。

RCC 规范主要适用于压水堆核岛机械设备，其中设计方面的规定是基于美国 ASME 规范第Ⅲ卷核动力装置设备 NB、NC、ND、NF 和 NG 等分卷，同时吸收了法国在工业发展实践中所取得的成果。其中 RCC-M 规范中的机械设备制造和检验规则以法国的制造和检验标准为基础，是法国核工业实践经验的具体体现。

RCC-M 规范的结构如下：

（1）第Ⅰ卷　机械设备（设计/建造）。

包括：①A 篇　总则；②B 篇　一级设备；③C 篇　二级设备；④D 篇　三级设备；⑤E 篇　小型设备；⑥G 篇　堆芯支承结构；⑦H 篇　支承件；⑧J 篇　低压或常压贮罐；⑨Z 篇　技术性附录。

（2）第Ⅱ卷　M 册　材料。

（3）第Ⅲ卷　MC 册　检验方法。

（4）第Ⅳ卷　S 册　焊接。

（5）第Ⅴ卷　F 册　制造。

四、俄罗斯法规和标准

俄罗斯在核能使用方面的标准分为三个级别：法律法令、核安全法规及核安全导则、专业技术标准。法律法令为最高级别，一般有国际基本协议、联邦法规、总统令、政府决定及核能利用方面的部门间协议。其中，俄罗斯国家核监督委员会编制批准的 ОПБ-88《核动力厂安全保障总则》是核电厂必须遵守的总原则。

ОПБ-88《核动力厂安全保障总则》从核安全、辐射安全、消防安全、技术安全等方面对基本安全保障原则作了规定，对企业各种活动，包括建筑、技术、电气、监测控制、事故分析、施工、运行、质保等提出了要求；并对核电厂重要系统如反应堆、包容系统、余热导出系统、供电系统、仪控系统、消防系统等作出具体要求。

根据上述法规，俄罗斯国家原子能部和核安全监督委员会制定了一系列导则和实施规范，例如，国家核辐射安全监督局逐渐完善了苏联核动力法规 ПНАЭГ 系列，编制了一系列导则类文件，如 НП、РБ、РД 系列；国家原子能部及技术监督委员会编制了 ПБ 类安全规程。同时，还引用大量苏联时期的标准文件，如苏联原子能部批准的核动力法规（ПНАЭГ）、规程（ПБЯ）、防火标准（ВСН）；苏联国家建设委员会批准的建筑标准（СНиП）。

第四节　民用核安全设备常用金属结构材料

一、金属结构材料

金属材料的研究与应用是工程科学的基础。由于工程科学的精细化和专门化，目前不同的工程领域，不同的国家对金属材料的分类方法很多。

按我国的使用习惯，可以简单地按金属成分将金属材料分成黑色金属和有色金属。

1. 黑色金属

黑色金属是指铁和铁合金。如钢、生铁、铁合金、铸铁等。钢和生铁都是以铁为基础，以碳为主要添加元素的合金，统称为铁碳合金。

生铁是指把铁矿石放到高炉中冶炼而成的产品，主要用来炼钢和制造铸件。把铸造生铁放在熔铁炉中熔炼，再把液状铸铁浇铸成铸件，形成铸铁件。铁合金是由铁与硅、锰、铬、钛等元素组成的合金，铁合金是炼钢的原料之一，在炼钢时作为钢的脱氧剂和合金元素添加剂用。

把炼钢用生铁放到炼钢炉内按一定工艺熔炼，即得到钢。通常所讲的钢材，一般是指钢锭、钢坯或钢材通过压力加工制成的各种钢材的钢。

2. 有色金属

有色金属又称非铁金属，指除黑色金属外的金属和合金，如铜、锡、铅、锌、铝以及黄铜、青铜、铝合金和轴承合金等。另外在工业上还采用铬、镍、锰、钼、钴、钒、钨、钛等，这些金属主要用作合金成分，以改善金属的性能，其中钨、钛、钼等多用以生产刀具用的硬质合金。

其中对于核安全设备，特别是对有焊接结构的核安全设备，常用的金属材料是金属结构材料以及焊接用材。金属结构材料是指符合特定强度和可成型性等级的钢或合金等结构用材。

二、金属结构材料的力学性能

金属结构材料的性能指标很多，包括力学性能、物理性能、化学性能和工艺性能等。金属材料的密度、熔点、热膨胀性等物理性能是材料的基本性质；金属材料的耐酸性、耐碱性、抗氧化性等化学性能是在各种环境和使用条件材料下维持力学性能的能力指标。材料的铸造性能、可锻性、焊接性能、切削加工性能等工艺性能是衡量材料用于设备制造的难易程度指标。

金属材料的力学性能是指其在受外力作用时所反映出来的性能。力学性能指标是选择、使用和评价金属结构材料的重要依据。金属材料力学性能主要有强度、塑性、硬度、冲击韧性和疲劳强度等。

三、钢材的非铁元素及其对性能的影响

钢材的主要化学成分是铁和少量的碳，另外还有一些非铁元素，这些非铁元素有些是特意添加的合金元素，有些是不可避免的有害杂质元素，这些非铁元素对钢材的性能影响很大。

一般来讲，结构钢分为碳素结构钢和合金结构钢。由于各种原因，碳素结构钢中往往存在碳、硅、锰、硫、磷，它们的含量对碳素结构钢影响很大。合金结构钢是在这些非铁元素外，另外含有一定量的合金元素，如钼、镍、铬、钒、钛、铌、硼、铅、稀土等其中的一种或几种。

（1）碳元素对钢材的强度、塑性、韧性和焊接性能有决定性的影响。随着碳含量的增加，钢材的抗拉强度和屈服强度增加，但塑性、冷弯性能和冲击韧性，特别是低温冲击韧性降低，焊接性能降低，所以钢材中的碳含量不能过高。

（2）硫元素和铁化合形成硫化铁，容易在高温时熔化而使钢材出现裂纹，称为“热脆”现象；同时，使钢的焊接性能变坏，硫元素还会降低钢的塑性和冲击韧性。

（3）氧元素的有害作用类同于硫元素，会增加钢的脆性。

（4）磷元素使钢材在低温时韧性降低，并容易产生脆性破坏，称为“冷脆”现象，高温时也会使钢的塑性变差。

（5）氮元素作用类似于磷元素，能显著降低钢的塑性和冲击韧性并增大其“冷脆”性。对于结构钢来讲，硫、氧、磷是典型的有害杂质。

（6）炼钢过程中，锰元素是良好的脱氧剂和脱硫剂。锰在含量不多时能显著提高钢的冷脆性能、屈服强度和抗拉强度，而又不过多地降低塑性和冲击韧性；但过量时也会使钢材变脆和塑性降低。锰元素还是结构钢的合金元素，跟一般的钢种相比不但有足够的韧性，且有较高的强度和硬度，提高钢的可淬性，改善钢的热加工性能。

（7）硅元素能使钢中纯铁体晶粒细小和均匀分布，是一种熔炼有较好性能镇静钢的脱氧剂，适量的硅可以提高钢的强度，而对钢的塑性、冷弯性能和冲击韧性及焊接性无显著不良影响。因此，硅也是一种合金元素。但过量的硅会降低钢的塑性和冲击韧性，恶化钢材的抗腐蚀性和焊接性。

（8）在结构钢中，铬元素能显著提高钢的强度、硬度和耐磨性，但同时降低塑性和韧性。铬又能提高钢的抗氧化性和耐腐蚀性，因而是不锈钢、耐热钢的重要合金元素。

（9）镍元素能提高钢的强度，而又保持良好的塑性和韧性，对酸碱有较高的耐腐蚀能力，在高温下有防锈和耐热能力。

（10）钼元素能使钢的晶粒细化，提高淬透性和热强性能，在高温时保持足够的强度和抗蠕变能力（长期在高温下受到应力，发生变形，称为蠕变）。结构钢中加入钼，能提高机械性能，还可以抑制合金钢由于淬火而引起的脆性。

（11）钛元素是钢中强脱氧剂，能使钢的内部组织致密，细化晶粒力；降低时效敏感性和冷脆性。在奥氏体不锈钢中加入适量的钛，可避免晶间腐蚀。

（12）钒元素是钢的优良脱氧剂，可细化组织晶粒，提高强度和韧性。钒元素与碳元素结合形成的碳化物，可提高在高温高压下抗氢腐蚀能力。

（13）铌元素能细化晶粒和降低钢的过热敏感性及回火脆性，提高强度，但塑性和韧性有所下降。在普通低合金钢中加铌，可提高抗大气腐蚀及高温下抗氢、氮、氨腐蚀能力。铌可改善焊接性能。在奥氏体不锈钢中加铌，可防止晶间腐蚀现象。

（14）钴元素是稀有的贵重金属，多用于特殊钢和合金中，如热强钢和磁性材料。

（15）铜元素能提高钢的强度和韧性，特别是大气腐蚀性能。缺点是在热加工时容易产生热脆。

各国的合金钢系统，随资源情况、生产和使用条件而不同，西方国家以往曾发展镍、铬钢系统，我国则发展以硅、锰、钒、钛、铌、硼、铅、稀土为主的合金钢系统。因此，钢种的发展表现出一定的地域性。

四、辐照对金属材料的影响

金属受到辐照后，由于高能粒子和金属的点阵原子发生一系列碰撞，从而在金属内部产生大量的点缺陷，这种碰撞的原始微观过程叫作辐照损伤。辐照损伤所产生的种种宏观性质变化，叫作辐照效应。辐射效应可能使金属产生种种缺陷，这些缺陷必然会使金属的性质和行为发生变化。例如，大量点缺陷的存在可以影响扩散、碳化物析出、相变等。特别值得举出的是以下一些在工程上很重要的现象：

（1）辐照生长——点缺陷（空位或间隙原子）能在一定晶面上聚集，从而造成某些材料沿一定方向的尺寸随辐照而显著变化。辐照生长对各向异性的核燃料（如铀、钚）和结构材料（如石墨、锆）是一个很重要的问题。

（2）辐照肿胀——空位和惰性气体原子的聚集可以造成辐照肿胀。它表现为材料的体积和密度随辐照发生变化。核燃料在较高温度时以及快中子堆中的不锈钢都有肿胀问题。

（3）辐照蠕变——是指辐照可以导致蠕变或加速热蠕变。作为辐照蠕变的特征必须是蠕变和辐照剂量或辐照通量有关。发生辐照蠕变的一种原因是：在应力作用下辐照点缺陷将择优聚集，表现为位错的定向攀移或位错环的定向形成，结果材料的尺寸变化既和辐照有关又和应力矢量有关。

（4）辐照硬化和辐照脆化——点缺陷与贫化区的存在将影响晶体中位错的运动。这会使金属发生硬化，表现为屈服强度提高。也会导致体心立方金属韧性－脆性转变温度上升，使材料经长期辐照后在其使用温度下变为脆性材料，这是辐照对反应堆压力容器壳体钢的重要威胁。在这些现象中，对于核安全设备以辐照硬化和辐照脆化最为重要。

五、核安全设备常用钢材

一般来说，压水堆核电厂的主设备是指反应堆冷却剂系统（一回路压力边界）的核安全 1 级设备，如反应堆压力容器、蒸汽发生器、反应堆冷却剂泵（主泵）、反应堆冷却剂管道（主管道）、稳压器等。

执行 ASME 规范体系的压水堆核电厂的主设备如反应堆压力容器、蒸汽发生器和稳压器的封头、筒节、法兰和管板锻件等主要采用的是美国 ASME 规范的 SA508Gr3 钢。我国秦山一期和秦山二期反应堆压力容器选用的材料是 SA508Gr3 钢。主管道的材料主要采用 ASME SA451 CPF8M 离心铸造奥氏体不锈钢，或技术条件为 SA182 和 SA376 的不锈钢锻件和钢管。秦山三期主热传输泵泵壳材料选用 SA216 GrWCC 的碳钢铸件。主泵叶轮和轴主要分别采用 ASME SA351 CF8 不锈钢铸件和 ASME SA182 F347 不锈钢锻件，如秦山二期的主泵叶轮和轴。蒸汽发生器传热管的材料选用 SB163 N06690 的镍铬铁合金无缝管（Inconel 690）。

执行 RCC 系列规范的核电厂的主设备如压力容器的材料主要是 16MND5；蒸汽发生器的下封头、管板和筒体锻件的材料采用了 18MND5，传热管的材料采用了 NC30Fe；稳压器的壳体材料采用了 18MND5，压力容器主螺栓材料是 40NCDV7-03；主泵的飞轮材料采用了 20NCD14-7。

第五节 主要民用核安全设备举例

核电厂虽然设备很多，但是涉及核安全的重要机械设备主要是核岛中的设备。以压水堆核电厂为例，核岛中的核安全机械设备主要是核电厂一回路主设备，反应堆安全壳钢覆面或钢制安全壳，以及涉及核安全功能的管道、泵、阀、换热器和容器等。

核反应堆核心部件主要由反应堆压力容器、堆内构件和控制棒驱动机构等组成。核电厂一回路主设备还包括蒸汽发生器、稳压器、主泵和主管道等。

一、反应堆压力容器

反应堆压力容器是核电厂最关键的部件之一。反应堆压力容器长期工作在高温（320℃左右）、高压（15.5 MPa 左右）、含硼酸水介质和高放射性辐照的条件下，属于在核电厂整个寿期内（一般 40 年，有的要求 60 年）不可更换的设备。

压水堆核电厂反应堆压力容器是一个底部焊有半球形封头的圆筒形承压密封容器。图 4-1 所示为大亚湾核电站的反应堆压力容器结构。

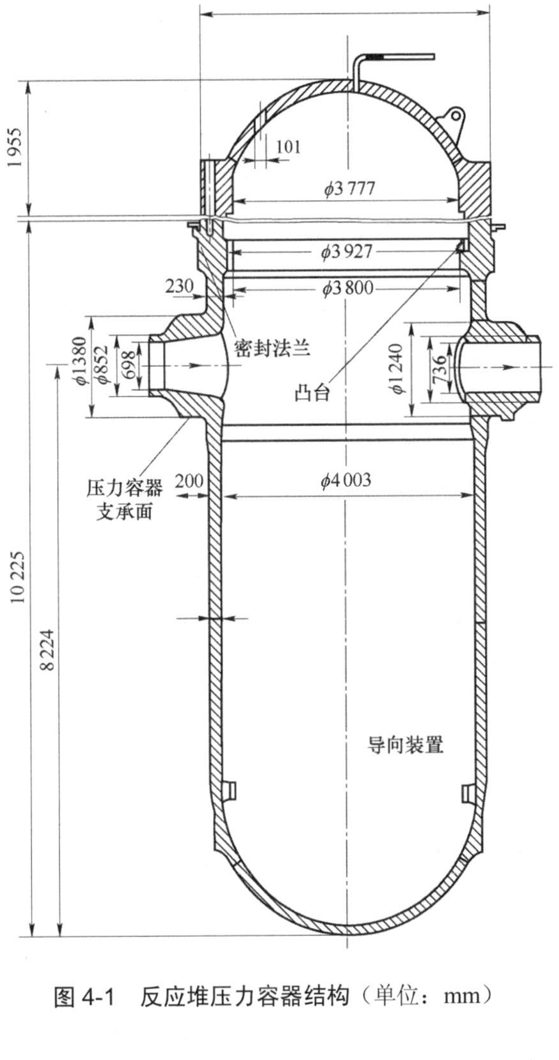

图 4-1　反应堆压力容器结构（单位：mm）

为了满足压力容器在高温、高压及强辐照条件下工作的特殊要求，考虑到核电厂寿期内冷却剂的流动冲刷、含硼水对材料的腐蚀、辐照对材料性能的影响及金属材料的老化等因素，压力容器材料要求有较高的综合机械性能和抗辐照性能，常用材料一般为低碳低合金钢。

除田湾核电厂 VVER 堆型的压力容器采用 Cr-Ni-Mo 钢（15X2HMΦA）外，我国其他核电厂的压力容器的材料一般采用 Mn-Ni-Mo 钢，典型的材料有符合美国 ASME 规范的 SA-508Gr3Cl1 锻件和符合法国 RCC-M 规范的 16MND5 锻件等，它们的化学成分和机械性能大体相当。

反应堆压力容器一般由上封头、下封头、筒体、接管和贯穿件等部件组成。上封头为用法兰螺栓连接的可拆卸半球形封头。封头和法兰一般为焊接而成。反应堆压力容器靠上封头和本体主螺栓及上下法兰间的两道镍制 O 形环紧固密封。

反应堆压力容器筒体由 4～5 个筒节拼焊而成，并与下封头焊接构成压力容器本体。筒节均为整体锻件，无纵缝。4～8 个冷却剂进出入口接管一般是通过马鞍形焊缝连接到相应的筒节。由于主管道的材料一般为不锈钢，因此接管与主管道的连接处还需要焊接接口安全端。

控制棒驱动机构及堆内测温装置的管座（39～65 个）贯穿在反应堆压力容器顶盖上，有的堆型的反应堆压力容器底部也焊有堆芯核测量装置的管座，焊接工艺与顶盖上的管座焊接工艺类似。

为防止高温含硼水对反应堆压力容器材料的腐蚀，压力容器内表面所有与冷却剂接触的部位都有厚度不小于 5 mm 的不锈钢耐蚀堆焊层。

俄罗斯 VVER 堆型反应堆压力容器上的接管是直接与相应筒节锻造出来的，无须焊接；主管道与反应堆压力容器材质类似，无须焊接接口安全端。

高温气冷堆的堆芯功率密度较低，其反应堆压力容器比同等功率压水堆的反应堆压力容器要大得多，反应堆压力容器内装石墨作为慢化剂和堆内构件。

AP1000 反应堆压力容器是基于西屋公司三环路反应堆压力容器的设计改进而成，由上封头、上筒体、下筒体、过渡段、下封头组成，也采用 ASME SA-508Gr3Cl1 锻件和板材制造，内壁堆焊奥氏体不锈钢（308 L）堆焊层。下封头、过渡段、下筒体和上筒体焊接在一起。下封头上没有贯穿件，堆芯中子测量仪表从上封头引入，减少了下封头贯穿件失效引起的堆芯损坏风险。

EPR 反应堆压力容器也是由上封头、筒体和球形下封头组成，设计寿期 60 年，由锻造的低合金铁素体钢 16MND5 制造。上部筒体为整体锻件机加工而成，法兰与接管段壳体是一体的，减少了法兰与接管段之间焊缝。压力容器的下封头没有贯穿件。压力容器内壁表面采用双层不锈钢堆焊。第一层是 309 L，第二层是 308 L，采用双层堆焊的目的是获得低碳含量的不锈钢表面。

二、反应堆堆内构件

压水堆核电厂的堆内构件由不锈钢型的高合金钢制成。主要包括上部堆内构件和下部堆内构件两大部分。

如图 4-2 所示，下部堆内构件由堆芯吊篮、堆芯支承板、堆芯下栅格板、流量分配孔板、二次支承组件、堆芯围板及热屏等主要部件组成。

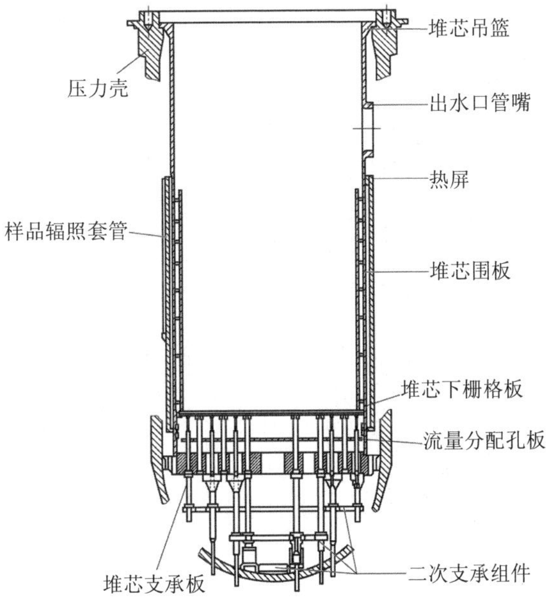

图 4-2　反应堆下部堆内构件

堆芯吊篮是一个高约 10 m 的不锈钢圆筒，由不锈钢板材卷焊筒节拼焊而成。吊篮通过反应堆压力容器上部凸肩悬挂并被压紧，堆芯支承板被焊接在吊篮下部，燃料组件直立坐于吊篮中，堆芯重量由堆芯下栅格板及几根支承柱传递到支承板上。

反应堆上部堆内构件如图 4-3 所示，它是由堆芯上栅格板、导向管支承板、控制棒导向管及支承柱等主要部件组成。

堆芯上栅格板是位于堆芯燃料组件上部的压紧定位板，它直接压紧燃料组件，可燃毒物棒组件、中子源棒组件和阻力塞棒组件，避免这些组件因水力冲击而“向上飞”。

导向管支承板是一块直径约 3.9 m，厚约 100 mm 的圆板。为了加强刚性避免变形，在支承板下平面焊接有圆筒状肋板进行加固。导向管支承板利用支承柱与堆芯上栅格板连接成为一个整体。上部堆内构件通过导向管支承板法兰坐落在吊篮法兰上面，两个法兰间有一个环形的板状压紧弹簧。

控制棒导向管是给控制棒组件在堆芯燃料组件内上下抽插时起导向作用的部件。由于控制棒导向管较长，形状复杂，要求有精确的对中尺寸确保控制棒束在导向管内自由移动，装配精度要求较高。由于控制棒导向管壁薄而且焊接后不能再进行机加工，所以一般采用真空电子束焊接保证其尺寸精度和预防变形。

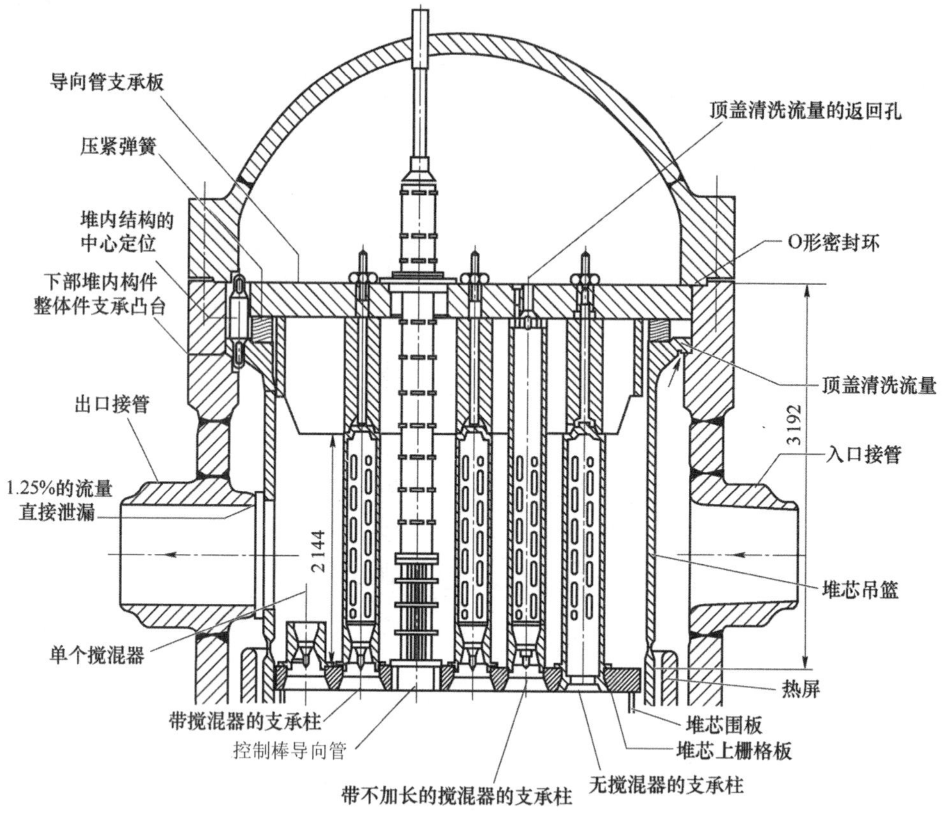

图 4-3　反应堆上部堆内构件（单位：mm）

三、控制棒驱动机构

销爪式磁力提升型控制棒驱动机构，包括内部销爪组件、传动轴组件、耐压壳组件、磁轭线圈组件和位置指示组件。其中，耐压壳组件是驱动轴和销爪组件的包壳，由圆长管密封承压壳及其上部位置传送器套管组成，圆长管密封承压壳由分段壳体通过 Ω 密封环焊接而成。耐压壳安装在反应堆压力容器管座上，它与管座采用梯形螺纹连接和小 Ω 密封环焊接密封。耐压壳是承压边界，该承压边界的破损将产生放射性的冷却剂外溢。因此，该组件的 3 道 Ω 密封环焊接工艺和质量非常关键。耐压壳与管座之间的 Ω 密封焊接一般在安装现场进行。

四、蒸汽发生器

蒸汽发生器是压水堆核电站一回路和二回路之间的枢纽，它将反应堆产生的热量传递给二回路，将二回路的给水变成蒸汽，推动汽轮机做功。

目前压水堆核电站中使用较为广泛的蒸汽发生器是立式U型管自然循环蒸汽发生器和卧式自然循环蒸汽发生器。后者在俄罗斯和一些东欧国家使用较广，我国目前只有田湾（VVER堆型）核电站采用的是卧式自然循环蒸汽发生器。

立式U型管自然循环蒸汽发生器的典型结构如图4-4所示。蒸汽发生器由下封头、管板、U型传热管和筒体组件等构成。下封头、管板及U型传热管为一回路压力边界，筒体件为二回路压力边界。

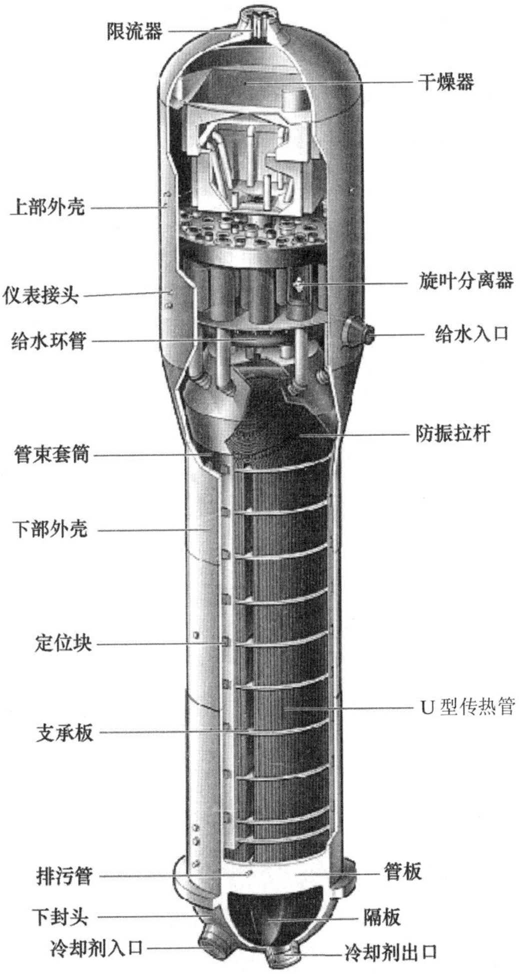

图4-4　立式U型管自然循环蒸汽发生器的典型结构

下封头是蒸汽发生器中承受压差最大的部件，通常为半球形，冲压成型。

下封头内壁与冷却剂接触表面堆焊 5～6 mm 厚的不锈钢堆焊层，以降低腐蚀，使冷却剂保持良好的水质和较低的放射性水平。下封头与管板焊成一体，并由焊接在管板上的镍基合金隔板将下封头空间分隔成两个水室，每个水室开有一个进口（或出口）接管和一个人孔。人孔用来对蒸汽发生器管板、传热管进行在役检查和检修。

管板厚 500～800 mm，采用低合金高强度 Mn-Mo-Ni 铁素体钢锻造而成，属于超厚锻件，且要求具有优良的塑韧性和淬透性，锻造难度较大。另外，大型管板上需要钻出数千个管孔，有的甚至达到上万个管孔，且对管孔的孔径公差、节距公差、形位公差和光洁度要求很高。因此，深孔钻也是蒸汽发生器制造过程中的一个关键工艺。管板与一回路冷却剂接触表面堆焊有与传热管材质一样的堆焊层。传热管与管板连接采用管板全深度胀管工艺加端部密封焊接，消除管孔与传热管间隙，避免间隙内沉积、浓缩化学物质。

U 型传热管外径 16～20 mm，管壁厚 1～1.5 mm，材料一般为抗腐蚀能力较强的 Inconel 600 或 Inconel 690 合金。

蒸汽发生器筒体组件由下筒体蒸发段和上筒体汽水分离段两部分组合而成。在下筒体蒸发段中，U 型传热管将一回路的热量传给二回路给水使其汽化；上筒体的汽水分离组件则用来将汽水混合物分离，并使蒸汽干燥。

蒸汽发生器筒体由上封头、上筒体、锥形连接段及下筒体组成。上筒体、锥形连接段及下筒体分别用厚 75～100 mm 的低合金铁素体钢板卷制拼焊而成，也可是整体锻件，然后将各部件环焊连成一个整体。上封头为标准椭球形状。下筒体下端与管板、下封头焊接成一个整体。上筒体内主要设置有汽水分离器和蒸汽干燥器，上筒体下部设有给水接管，管嘴与筒体内给水环管相连。

AP1000 堆型也采用 2 台典型的带有一体化汽水分离器的直立倒 U 型管自然循环蒸汽发生器。但与传统的压水堆蒸汽发生器最大的不同是其下封头直接与两台主泵的壳体相连接。

高温气冷堆的蒸汽发生器与压水堆的结构差异较大，其顶部直接连接 2 台氦风机。传热管为螺旋盘管结构，传热管中是二回路水，管外侧是一回路冷却剂。传热管是组件结构，共 19 组，材料为 Inconel 800。

五、稳压器

稳压器是对一回路冷却剂系统压力进行控制和超压保护的重要设备，基本功能是建立并维持一回路系统的压力，避免冷却剂在反应堆内发生容积沸腾。整个压水堆冷却剂系统用一台稳压器，通过波动管与一个环路的热管段相连。按原理和结构形式的不同，稳压器分为气罐式和电加热式两种。现代压水堆核电站普遍采用电加热式稳压器。下面以大亚湾核电站稳压器为例介绍电加热式稳压器。

如图 4-5 所示，稳压器为一立式上下为半球形封头的圆柱筒形高压容器，安装在下部裙座上，裙座通过地脚螺栓固定在地基上。整个稳压器由容器本体、波动管接口、电加热器支承板、喷淋管接口、安全阀组排放管接口等部件组成。

容器用材料为锰-钼-镍低合金钢板卷焊或锻件加工焊接成一个整体，内壁堆焊奥氏体不锈钢耐蚀层。

在稳压器顶部封头上焊有喷淋管接口以及能够提供超压保护的安全阀组排放管接口。

容器顶部设计有人孔，以便人员进入，人孔用封盖通过螺栓盖封。过渡段接在底封头中心，另一端与一条环路的热管段管道相连接。容器底部还设置有核取样管接口。

在底部封头上焊接有电加热器的套筒，以容器封头中心轴线为圆心呈同心圆布置。稳压器电加热组件的焊接是稳压器制造的关键工艺，具有一定的技术难度。

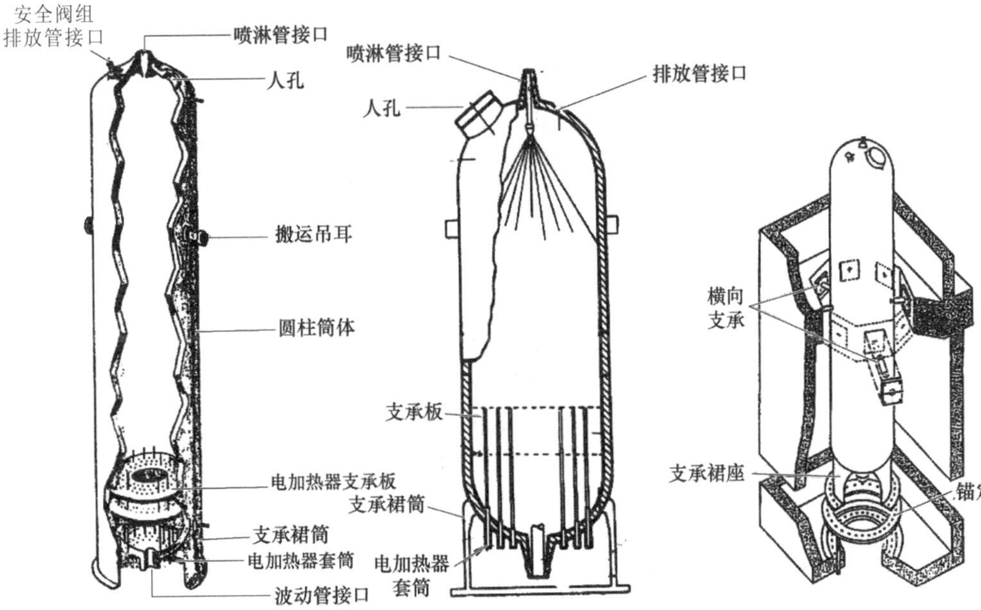

图 4-5 电加热式稳压器

台山核电厂（EPR）稳压器重 150 t，长 14 m，直径 3 m。所有的稳压器压力边界部件，除加热器贯穿件外，钢的等级同反应堆压力容器，都是高强度低合金锰-钼-镍铁素体锻钢（18MND5）制成，并有两层堆焊覆面。

六、反应堆冷却剂泵

反应堆冷却剂泵是压水堆冷却剂回路系统中唯一的转动机械设备，属于压水堆核电站的关键设备之一。

现代压水堆核电站使用最广泛的主泵是立式、单级轴密封泵（图 4-6）。大亚湾核电厂（M310）的主泵是空气冷却、立式、电动、单级离心泵，带有可控泄漏轴封装置。这种轴封泵由水力机械部分、轴封组件部分和电动机三部分组成。立式放置便于布置，减小反应堆厂房径向尺寸。

一般来讲，立式主泵从底部到顶部可分为三个部分，即水力机械部分、轴封组件部分和电动机部分。

（1）水力机械部分，包括入水口和出水口接管、泵壳、叶轮、扩散器和导流管、泵轴、主泵轴承和热屏等部件。其中：

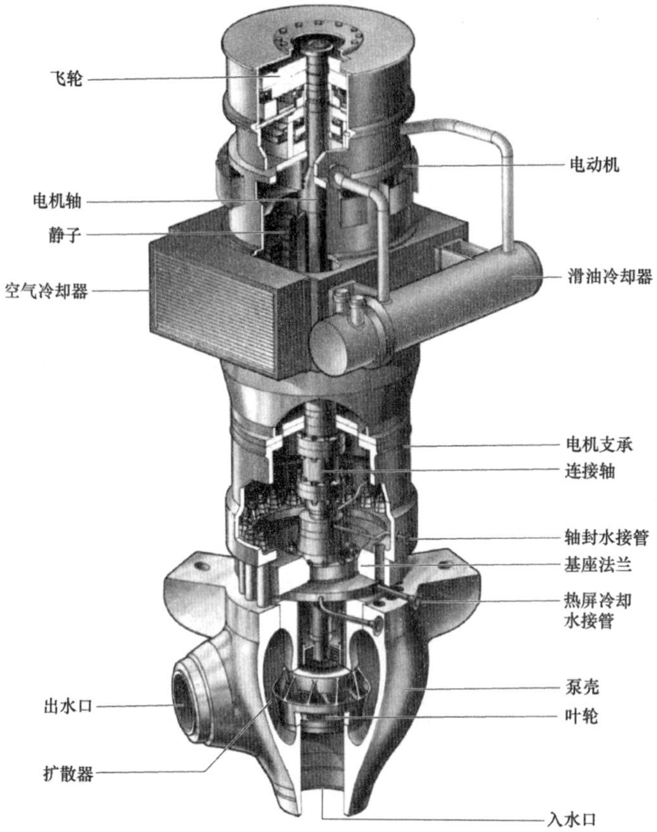

图 4-6　立式、单级轴密封泵

①泵壳：为铬-镍奥氏体铁素体不锈钢整体铸件，是一回路压力边界的一部分，为核 1 级部件。应能承受设计工况以及事故状态下的各类载荷，如最高温度、压力瞬态、地震、管道破裂引起的应力，以及寿期内的交变应力。轴向入水口在下部，出水口与叶轮成切线方向。管口与一回路管道全厚度焊接。

②叶轮：为一个单级有 7 个螺旋叶片组成的不锈钢铸件，装在泵轴的下端。冷却剂由泵底入水口进入叶轮吸入口，高速旋转的叶轮将冷却剂经扩散器及与其方向相同的切线出水口接管送至堆入口环路管冷段。

③泵轴：为不锈钢锻件，它需要承受很大的扭转力矩。泵轴上端为刚性联轴器，与电

动机相连接，下端与叶轮固定联接，中间设置有一个径向导向轴承。

④热屏蔽：目的是在泵的上部和泵的下部之间进行隔热。泵的上部为轴承和联轴器等，要求温度保持在 90℃左右；而泵的下部为高温高压的冷却剂。

⑤主泵轴承：主泵机组装有双向推力轴承和三个导向轴承。两个导向轴承装在电机上，为常规油润滑滑动轴承；第三个为泵轴承，是浸在水中的水润滑轴承，安装在热屏蔽和轴封之间。它包括不锈钢轴颈和由几个石墨环构成的壳体，轴颈在壳体内旋转。轴承安装在环型箱中，该箱能校正轴的偏心度。

（2）轴封泵的关键部件是其轴封组件，它位于泵水力机械部分和电动机之间，在泵轴末端。轴封组件由自下而上串联的三级轴封组成。轴密封组件部分保证主泵轴向的密封，包括三个轴密封、主法兰和密封罩等部件；通过连续的三级泄漏，将系统压力过渡到大气压。第一道轴封是可控制泄漏的液膜密封，第二、三道轴封是摩擦面密封。头两道是全设计压力的轴封，而第三道轴封只是一个泄漏水导流轴封，即将第二道轴封的泄漏水导流至收集点。1 号轴封位于泵轴承上方，它是密封组件中最重要的部件，又称主轴封。它是一种密封表面彼此不接触的依靠液膜悬浮的流体动力密封。液膜是由通过此级密封上下游间的压降建立的，因而存在可控泄漏。1 号轴封的主要部件是一个随轴转动的动环和不转动的静环，动环和静环都是不锈钢圆环，表面涂氧化铝，动环和静环之间形成一层薄水膜，因而不会直接接触产生磨损。在运行中如果两个表面接触，密封就会被破坏，并将发生过量泄漏。通过 1 号密封的泄漏量是预先确定的并受到控制，此种密封又称为“受控泄漏”密封，因为环与动环之间的间隙始终维持一个定值。

（3）电动机部分，包括电动机、止推轴承、上下径向轴承、顶轴油泵系统和惯性/惰转飞轮等部件。惯性/惰转飞轮提高了主泵的惰转性能，当主泵突然断电时，泵仍能继续运行十几分钟，以保证有足够的堆芯冷却，以及及时采取应急措施，从而提高了全厂断电时堆芯的安全性。因此，惯性/惰转飞轮为余热排出相关的核 3 级部件。

三门、海阳核电厂（AP1000）核电站采用的是每个环路并联两台全密封的屏蔽离心泵（图 4-7），代替传统的每个环路一台轴密封泵。AP1000 的屏蔽泵为单级、立式、无轴封、高惯量离心泵，其电机和所有转动部件均包含在同一个压力容器内，该压力容器由泵壳、定子顶盖、定子顶盖环、定子主法兰和定子壳体、定子下法兰和定子底盖组成。压力边界部件有泵壳、定子顶盖、定子主法兰、定子壳体、定子下法兰、定子底盖、外部管道和外置热交换器的管侧等。与反应堆冷却剂和冷却水

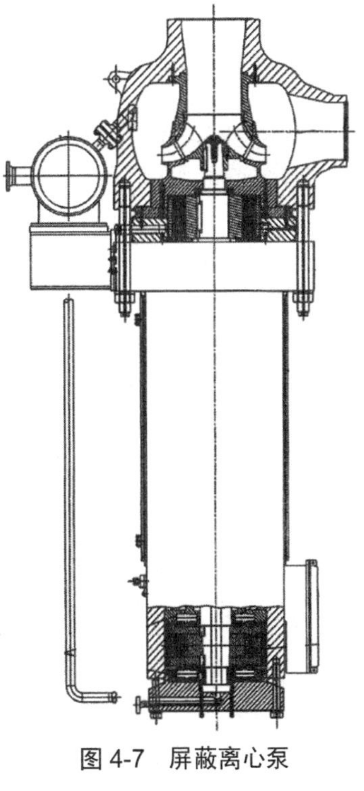

图 4-7　屏蔽离心泵

相接触的材料采用奥氏体不锈钢、镍-铬-铁合金或耐腐蚀性能相当的材料。

每台屏蔽泵有两个高密度的飞轮和一个高惯量的转子，在惰转时利用泵、电机和飞轮的转动惯量使反应堆冷却剂继续流动，从而保护反应堆。每个飞轮组件由重钨合金、403 不锈钢内轮毂和 18Mn-18Cr 合金钢保持环组成。

采用屏蔽泵的最大好处是避免了常规泵的轴封困难，不再需要复杂的轴封水系统。但屏蔽泵制造技术难度较大，且运行效率较低。

国和一号（CAP1400）项目 1 号机组采用了湿绕组电机主泵（简称湿绕组泵），湿绕组泵为立式、单级、无轴封、高惯量、离心式、湿绕组泵，用于输送高温高压的反应堆冷却剂。湿绕组泵的电机和所有转动部件均包含在同一个压力容器内，该压力容器由泵壳、主法兰螺栓和螺母、热屏壳体、热屏、电机壳、轴承支架、推力轴承箱、电机螺栓和螺母、包容一回路冷却剂的管道和法兰、外置热交换器管侧组成，按反应堆冷却剂系统全压力设计。外置热交换器壳侧按设备冷却水系统压力设计。湿绕组泵中，定子和转子直接与反应堆冷却剂接触。由于叶轮和转子的轴包括在压力边界中，因此不需要轴密封来限制泵的泄漏进入安全壳。

湿绕组电机由三条冷却回路中的冷却剂冷却，包括低温高压电机冷却水回路、热屏内的设备冷却水回路和高温高压一次水回路。外置热交换器管侧的反应堆冷却剂经冷却后进入电机下端，沿轴向流经绕组、转子和定子之间的间隙，带走定子和转子的热量。经辅助叶轮循环的一次水，同时润滑轴承。

为了满足惰转流量的要求，湿绕组泵设置了一个飞轮，飞轮组件由马氏体不锈钢飞轮母材、重钨合金棒和飞轮外周不锈钢覆盖板组成。飞轮组件位于热屏内部。

湿绕组泵内有三个水润滑径向导轴承，一个位于叶轮与飞轮之间，另一个位于飞轮与转子铁芯之间，第三个位于转子铁芯与推力轴承之间，一个双向推力轴承位于转子底部，用于承受双向推力。

七、主管道

通常压水堆核电站的反应堆冷却剂系统由 2～4 个环路组成，每条环路包括一台蒸汽发生器、一台主泵和将这些设备与反应堆压力容器连接起来的反应堆冷却剂管道，也称主管道。

每条环路中反应堆压力容器与蒸汽发生器之间的主管道称为热管段（热腿），蒸汽发生器与主泵之间的主管道称为过渡段，主泵与反应堆压力容器之间的主管道称为冷管段（冷腿），每个管段上还带有一定数量的接管嘴。

三门、海阳核电厂（AP1000）和国和一号核电站（CAP1400）每条环路有两台并联的主泵，主泵直接悬挂在蒸汽发生器下封头汇水腔下，省去了主管道过渡段。

除了田湾核电厂 VVER 堆型的主管道与其反应堆压力容器筒体材质类似以外，其他压水堆型的主管道基本为不锈钢材料。目前国产主管道主要采用的是铸造工艺。其中，直管段采用离心浇铸，弯头和斜接管嘴采用砂箱静力铸造，热套管采用锻造。通常将热段、冷段和过渡段组件预制焊接、检验和试验完成后再运到核电站安装现场进行焊接。

核电厂主管道属于厚壁大口径奥氏体不锈钢管道，对其焊接要求极为严格，焊缝内不得存在任何宏观或微观焊接缺陷。在保证力学性能的前提下，对其焊接造成的变形和收缩量应控制在所规定的范围之内，焊接难度很大。在现场，一般采用手工钨极氩弧焊封底和手工电弧焊填充的组合方法。焊接底层时，用氩气在外面和里面进行保护。随着焊接技术的发展，在主管道焊接工程中逐渐采用全位置窄间隙热丝氩弧焊接设备进行焊接。

台山 EPR 堆型主管道材质采用奥氏体超低碳不锈钢；主管道材料为 Z2CN19.10 型，主管道尺寸为ϕ780 mm×76 mm；波动管材料为 Z2CND18.12 型，波动管尺寸为ϕ325.5 mm×35 mm。管道的焊接工艺实施了重大改进，使用轨道窄间隙 TIG 焊接技术得到均匀的圆周焊缝。使用自动 TIG 机焊接，大大减少了焊接金属体积并提高了焊接质量。奥氏体不锈钢与铁素体部件之间的异种金属焊接通过因科镍-52 直接自动焊接进行。

八、安全壳附件

安全壳是一个将反应堆本体及一回路蒸汽发生器、主泵、稳压器、管道阀门等设备包围集中在一起的密封建筑，是核电厂防止放射性物质向环境释放的最后一道实体屏障，是一个极其重要的建筑物。

安全壳按材料分类有钢壳、钢筋混凝土壳和预应力混凝土壳等几种；按结构分类有单层壳和双层壳两种。

1. 安全壳钢衬里

在预应力混凝土安全壳内，一般有一层起密封作用的钢衬里。安全壳钢衬里由底板、截锥体、圆柱形筒体和穹顶组成，形成整体压力“容器”（图 4-8）。筒体壁板安装牛腿、贯穿件、人员闸门、设备闸门、锚固件，以及背面锚固在混凝土中的角钢、连接件（焊钉）等。

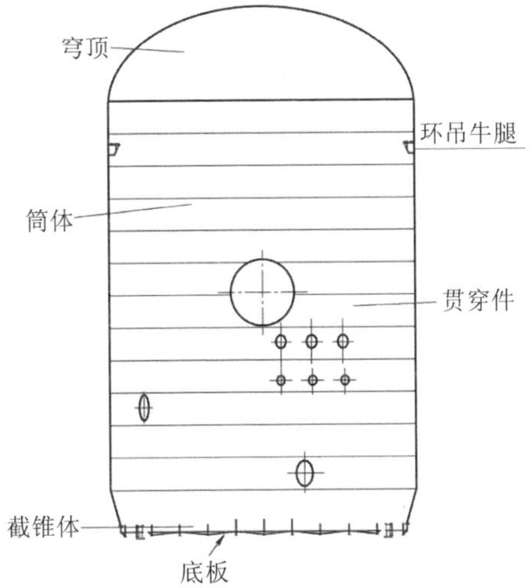

图 4-8 安全壳钢衬里结构示意图

钢衬里车间拼接采用埋弧焊，现场焊接为焊条电弧焊。分为立向纵缝和环向焊缝，壁板安装精度要求高，工作量大，焊接收缩量大，为保证设计尺寸和焊接质量并减小变形、应采取适当的焊接措施。钢衬里通过螺柱焊与安全壳连接。

2. 钢制安全壳

AP1000 堆型压水堆核电站的钢制安全壳是反应堆厂房的内层屏蔽结构，是容器式安全壳反应堆厂房的一道重要安全屏障，也是非能动安全系统中的重要构件之一。整个安全壳容器由中间圆柱形筒体及上、下两个椭圆型封头组成。主要受压部件材料为 ASME SA738 Gr.B，板焊结构，属于 ASME 规范第Ⅲ卷 NE 分卷 MC 级钢制安全壳设备。

3. 人员闸门

人员闸门是供工作人员经与辅助厂房连接的专用通道以便出入安全壳。另外，通常还设有一个应急用人员闸门，供工作人员在应急情况通过更衣室厂房出入安全壳。专用通道可以对外部事件提供必要的防护。人员闸门是一个直径约 2.9 m，长约 5.4 m 的圆筒形结构，圆筒内外各设一道密封门。密封门自动启闭，设有门速控制装置保证密封门能以稳定的并可调的速度平稳工作，门上装有防回弹的阻尼机构。

4. 设备闸门

设备闸门贯穿筒节预埋在安全壳混凝土内，并与安全壳钢衬里焊接。设备闸门的封头为椭圆形瓜瓣拼焊结构，直径达 7 m 多。这种大直径封头拼焊较难保证尺寸准确，因此焊接工艺复杂，需设计专用的辅助工装进行组焊。设备闸门封头与筒节法兰在安全壳封顶前运入安全壳存放。在完成安全壳的预应力张拉后，设备闸门封头和筒节法兰与贯穿筒节焊接在一起，完成安装。设备闸门是安全壳上的重要设备，在反应堆运行时，它处于关闭状态。设备闸门作为重型设备的进出口，其外设有设备吊装平台，平台上设有龙门吊车。重型设备由吊装平台吊车通过设备闸门出入安全壳，以便安装和检修。

5. 安全壳贯穿件

安全壳贯穿件包括机械贯穿件和电气贯穿件两类。贯穿件由一个穿过安全壳混凝土壁面并锚固在混凝土上的钢套管及两个接头构成（图 4-9）。接头保证了套管和穿过安全壳的管道（或电缆）间的密封连接。机械贯穿件有不同的直径和厚度，以满足所贯穿连接的设备的尺寸和传递机械载负的要求。

大亚湾核电厂安全壳贯穿件分 10 个类型，有电缆贯穿件、管道贯穿件、核燃料运输管道贯穿件，以及管道、电缆备用贯穿件等。其中，电缆贯穿件的密封性由钢套筒内充满加压氮气来保证。管道贯穿件内可以是单根管道，也可以是多根管道，视安全和设计要求而定。大部分贯穿件垂直于安全壳筒体壁面，焊接在安全壳内侧的侧板上。

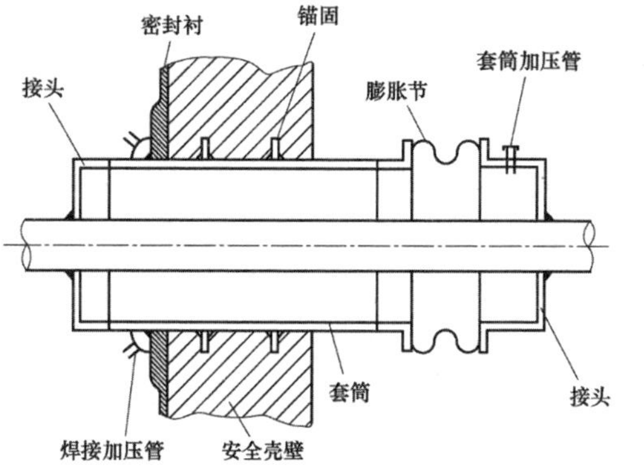

图 4-9　安全壳贯穿件

九、其他核级容器和管道

压水堆核电厂各系统中还用到很多核级容器，如硼注箱、安注箱、容积控制箱、卸压箱、硼酸制备箱、浓硼酸卸放箱、设备冷却水波动箱等。

1. 硼注箱

硼注箱位于高压安注泵出口，高压安注水经硼注箱进入一回路冷段。硼注箱使用容积约为 3.4 m^3。正常运行状态下，箱内充满 7 000 ppm 的高浓度硼酸溶液。发生事故时，根据安注信号打开隔离阀，由高压安注泵将硼注箱内的高浓度硼酸溶液注入一回路冷段。由于硼注箱内高浓度硼酸溶液的硼结晶温度较高，为防止硼结晶，硼注箱绝热并由电加热器加热，以保持溶液温度。为了保持硼注箱内温度和硼浓度的均匀，设有由再循环泵和缓冲箱组成的再循环回路。

硼注箱由筒体、封头、筒式支座、接管和人孔组成。主体材料多为 P355GH 碳钢，内表面堆焊不锈钢，筒体直径 1 200 mm 左右，是由 1～2 块 130 mm 左右的厚钢板卷焊而成，封头一般为整体压制而成。

2. 安注箱

安全壳内每个环路的冷管段上都接着一个安注箱。安注箱为一直立式筒体结构，总容积约 50 m^3，内充 2 000 ppm 的含硼水，用加压 40～60 kg 的氮气覆盖。中压安注为非能动安全系统，不用安注信号启动。当反应堆冷却剂系统压力降到安注箱内压力以下时，由氮气将含硼水压入反应堆冷却剂系统冷段。

安注箱由筒体、封头、筒式支座、接管和人孔组成。现主体材料多为 Z2CN19.10 控氮不锈钢，筒体是由板材卷焊而成，封头一般由 6 块瓜瓣压制成型后拼焊而成。

十、核 2、3 级泵

泵在核电站的生产过程中，占有相当重要的位置，也是应用较多的机械设备之一。一般二代压水堆核电厂中，除核 1 级的主泵外，单堆核 2 级泵有 7 种 14 台，分别是余热排出泵 2 台、上充泵/高压安注泵 3 台、低压安注泵 2 台、安全壳喷淋泵 2 台、水压试验泵 1 台、电动辅助给水泵 2 台、汽动辅助给水泵 2 台。单堆核 3 级泵共 9 种 19 台，分别是设备冷却水泵 4 台、重要厂用水泵 4 台、硼酸输送泵 2 台、乏燃料水池冷却泵 2 台、冷冻水循环泵 2 台、硼酸再循环泵 2 台、前贮槽循环供料泵 1 台、除气塔疏水泵 1 台、化学添加剂混合泵 1 台。

与其他工业用泵一样，核电站最常用的泵是离心泵，但也会用到柱塞泵、屏蔽泵和其他类型的泵。

1. 上充泵/高压安注泵

上充泵是化学与容积控制系统的一个重要设备。在正常工况下向反应堆冷却剂系统输送净化水、泄漏补充水和主泵轴封水。在换料时，对系统充水。当一回路发生中小破口失水事故或发生主蒸汽管道破裂而引起一回路温度、压力下降到一定值时，安注信号发生，又作为高压安注泵从换料水箱吸取含硼水通过硼注箱向 RCP 冷段注水，或直接注入 RCP 的冷段和热段，防止堆芯烧毁。

上充泵有往复式和离心式两种。大亚湾核电站采用的是三台并联的卧式多级离心式上充泵。离心式上充泵一般为小流量、高扬程离心泵。

2. 辅助给水泵

辅助给水泵属于专设安全设施，作为主给水系统的后备，当主给水丧失时，一直处于热备用状态的辅助给水泵立即启动向蒸汽发生器二次侧提供给水。为了满足单一故障原则和多样性原则，一般并列采用两种泵。辅助给水泵一般为多级卧式离心泵，分为汽动和电动两种。两台电动辅助给水泵由应急电源供电，每台提供 50%额定流量。另一台为汽动，提供 100%额定流量。汽机是单级冲动式汽轮机，由主蒸汽管道上主隔离阀前 3 个分管供汽，只要其中一个供汽就能满足供汽量。我国后期的二代核电站中采用两台 50%额定流量联体式单级卧式汽动辅助给水泵。

十一、核级阀门

阀门作为一种通用机械设备，在核电站系统中大量使用，而且种类繁多、数量庞大、功能各异。例如，在秦山二期 2×650 MW 核电站中，核级阀门（不包括风阀）就有 3 500 台左右，其中核 1 级阀门 150 台左右。按阀门结构划分，主要有截止阀、隔膜阀、闸阀、蝶阀、球阀、止回阀、弹簧式安全阀、先导式安全阀等。

核级阀门的阀体一般不允许采用焊接结构的阀体，因此核级阀门本身需要焊接的地方不多，除了主要铸锻件的补焊外，主要是硬密封阀门的密封面上堆焊硬质合金等材料，以提高核电阀门密封面耐磨和耐蚀性能。

目前较为常见的阀门密封面堆焊方法有气焊堆焊、焊条电弧堆焊、钨极氩弧堆焊和等离子弧堆焊等方法。由于核级阀门与管道的连接基本是采用焊接连接的方式，因此阀门在现场安装中的焊接质量尤为重要。

十二、核级热交换器

压水堆核电站一回路辅助系统采用了大量核 2、3 级的热交换器，且种类繁多，基本为管壳式和管板式，也有板式换热器。其中，核 2 级的主要有余热排出热交换器、安全壳喷淋热交换器、化容热交换器。核 3 级的主要有再生热交换器、下泄热交换器、设备冷却水热交换器等。

1. 余热排出热交换器

余热排出热交换器为立式 U 型管壳式热交换器。U 型管束焊接在管板上，管板被夹在壳体和流道封头法兰之间。流道封头内有隔板将进出口流体分开（图 4-10）。冷却剂从 U 型管内流过，设备冷却水从壳体流过。

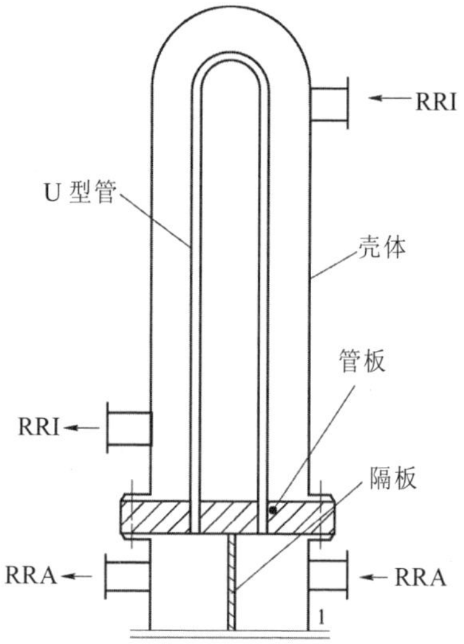

图 4-10 余热排出热交换器

2. 再生热交换器

再生热交换器是以管内的上充流为冷源进行热量回收，完成下泄流降压前首次冷却降温。以大亚湾运行参数为例，稳态正常运行时，292℃冷却剂从一条环路的冷段引出，经两个气动隔离阀进入再生热交换器壳侧，被管侧上充流冷却。下泄流正常流量约为

13.6 m^3/h，温度由 292℃降至 140℃。由再生热交换器引出的下泄流经三组并联的下泄孔板减压（正常时一组运行）。然后流出反应堆厂房（安全壳），进入设在核辅助厂房内的下泄热交换器管侧，被壳侧 RRI 系统设备冷却水冷却，下泄流冷却剂温度由 140℃降至 46℃。

再生热交换器一般采用卧式 U 型管壳结构，筒体、封头以及换热管材料均为不锈钢。

3．板式换热器

板式换热器结构紧凑、单位体积设备提供的传热面积大；总传热系数 K 值高，检修和清洗都较方便。图 4-11 为大亚湾核电站核岛设备冷却水系统采用的板式换热器结构。主要由一组长方形的薄金属板平行排列、夹紧组装于支架上而构成。两相邻板片的边缘衬有垫片，压紧后可以达到密封的目的，且可用垫片的厚度调节两板间流体通道的大小。每块板的四个角上，各开一个圆孔，其中有两个圆孔和板面上的流道相通，另外两个圆孔则不相通，它们的位置在相邻的板上是错开的，以分别形成两流体的通道。冷、热流体交替地在板片两侧流过，通过金属板片进行换热。每块金属板面冲压成凹凸规则的波纹，以使流体均匀流过板面，增加传热面积，并促使流体的湍动，有利于传热。

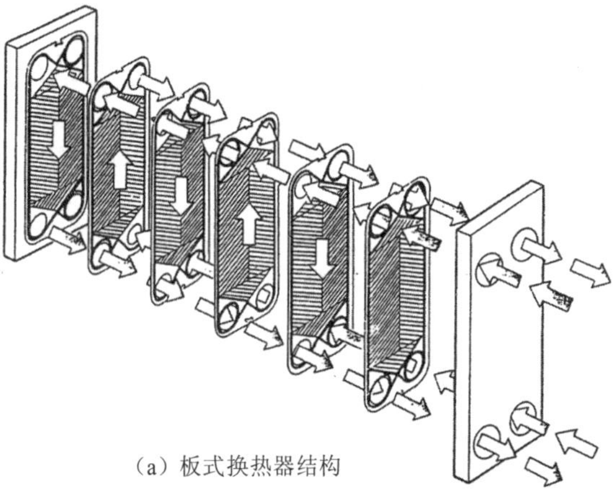
（a）板式换热器结构

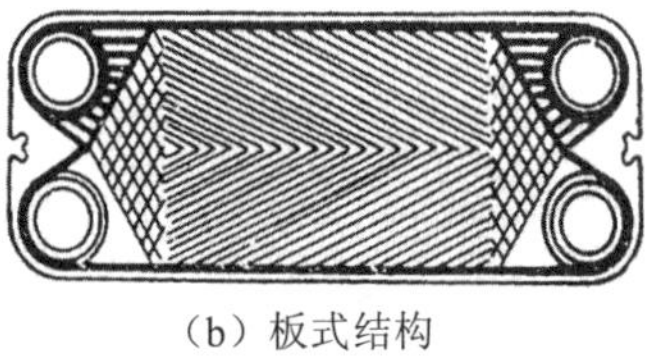
（b）板式结构

图 4-11　板式换热器结构

第五章 核燃料循环

引 言

核燃料是指含有易裂变核素，在反应堆内使自持核裂变链式反应得以实现的材料。它主要由易裂变核素和可转换核素两种成分组成。所谓易裂变核素，是指能与慢中子作用而产生裂变的核素。通常把含有一种或几种易裂变核素，并在适当条件下能达到临界的材料称为易裂变材料。所谓可转换核素，是指俘获中子后能直接或间接地转变为易裂变核素的核素。通常把含有一种或几种可转换核素的材料称为可转换材料。主要的易裂变核素有 ^{235}U、^{239}Pu 和 ^{233}U，^{241}Pu 也具有良好的裂变性能。主要的可转换核素有 ^{238}U、^{232}Th，而 ^{240}Pu、^{234}U 也能起可转换核素的作用。可转换核素虽然本身不易被慢中子所裂变，但因为它们能够在吸收中子后转变为易裂变核素，所以，天然铀（^{238}U 占 99.285%）和天然钍（^{232}Th）仍是最基础的核燃料。本章仅介绍铀燃料及其循环利用。

核燃料循环以反应堆为中心构建，包括核燃料进入反应堆前的加工处理过程、在反应堆中燃烧和燃烧后的整个处理过程——前段、反应堆和后段。通常，将核燃料在反应堆中使用前的工业过程，即包括铀矿开采及加工冶炼、铀纯化与转化、铀浓缩和核燃料组件的加工制造称为核燃料循环前段。核燃料在反应堆堆芯内受过辐照并从堆芯永久卸出成为乏燃料，对其开展的后处理、回收核燃料、再循环使用及产生的放射性废物的处理、处置等工业过程称为核燃料循环后段。

按照对乏燃料的管理策略的不同，核燃料循环基本上有两大模式，也称两大技术路线。

一、闭式循环

在核反应堆中装填的核燃料实际上不可能一次完全耗尽，而其在辐照过程中也会产生新的核燃料。如果将反应堆中已烧“乏”的燃料，通过化工后处理过程将残留的和新生成的燃料提取出来，经加工后再制成元件，重新返回堆中使用，这就构成了真正意义上的完整核燃料循环。因此，也称其为“闭式核燃料循环”。

在闭式循环模式中，所包含的环节有铀矿勘探开采、矿石加工冶炼、铀转化、铀浓缩和燃料组件加工制造、从反应堆中卸出的乏燃料中间储存、乏燃料后处理、回收燃料 U 和 Pu 的再循环、放射性废物处理与最终处置。后处理回收的 Pu 可与贫铀混合制成 MOX 燃料，在轻水堆或快堆进行再循环使用，快堆循环可以实现增殖，更充分利用铀资源。后处理回收的铀，目前国际上还以贮存为主，可直接制成燃料在重水堆使用或再浓缩后进入轻水堆。

为了获取武器级钚装料，只有通过后处理过程才能将在反应堆辐照后的燃料中的钚分离出来。显然，此情况下必须采用这一模式。

二、开式循环

随着核电事业的逐渐发展，乏燃料的数量越积越多，相应的天然铀原料却因供过于求而价格过低，而反应堆级钚的需求因快增殖堆发展迟滞而锐减；同时对乏燃料后处理的安全与环保要求愈加严格，导致后处理的费用大幅度上升；加之国际政治推行核不扩散政策。由此，20 多年前，开始出现了“一次通过”的模式，即让乏燃料先暂时（也可能需长达数 10 年）贮存，然后将其直接永久处置掉，不再经后处理。按这种模式，核燃料仅在反应堆中使用一次，不能被回收并返回，实质上也并未构成“循环”，因此只能称为“开式核燃料循环”。

各个国家依据各自的政治、经济、自然和资源等条件来选择不同的模式。由于某些条件的限制，尤其对一些中小国家来说，以上两种模式对它们目前都不适宜。因而，一段时期以来，又诞生了一种叫作“等着瞧”（wait and see）的模式，即当前先将乏燃料长期（也许数十至上百年）贮存，等待将来时机成熟时再作出抉择。不过，这终究只是一种权宜之计，而且有将当代人的职责留存给后代人去负担的嫌疑。

近期，为了减少乏燃料的数量并充分利用压水堆乏燃料中的资源，韩国和加拿大等国正在开发一种称为“DUPIC”（PWR 乏燃料直接在 CANDU 堆中利用）的循环模式，即先将压水堆的乏燃料只经简单的高温氧化挥发处理以去除气态裂变产物，再将粉末状的二氧化铀烧结成芯块，制成供 CANDU 堆使用的燃料。

核燃料闭式循环体系见图 5-1，铀燃料闭式循环流程见图 5-2。

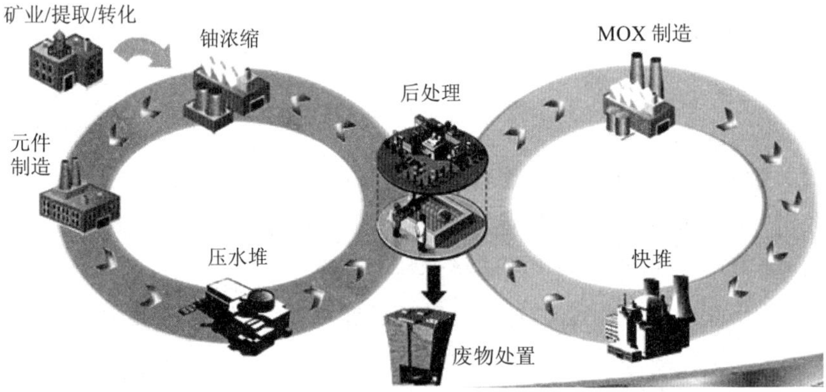

图 5-1 核燃料闭式循环体系

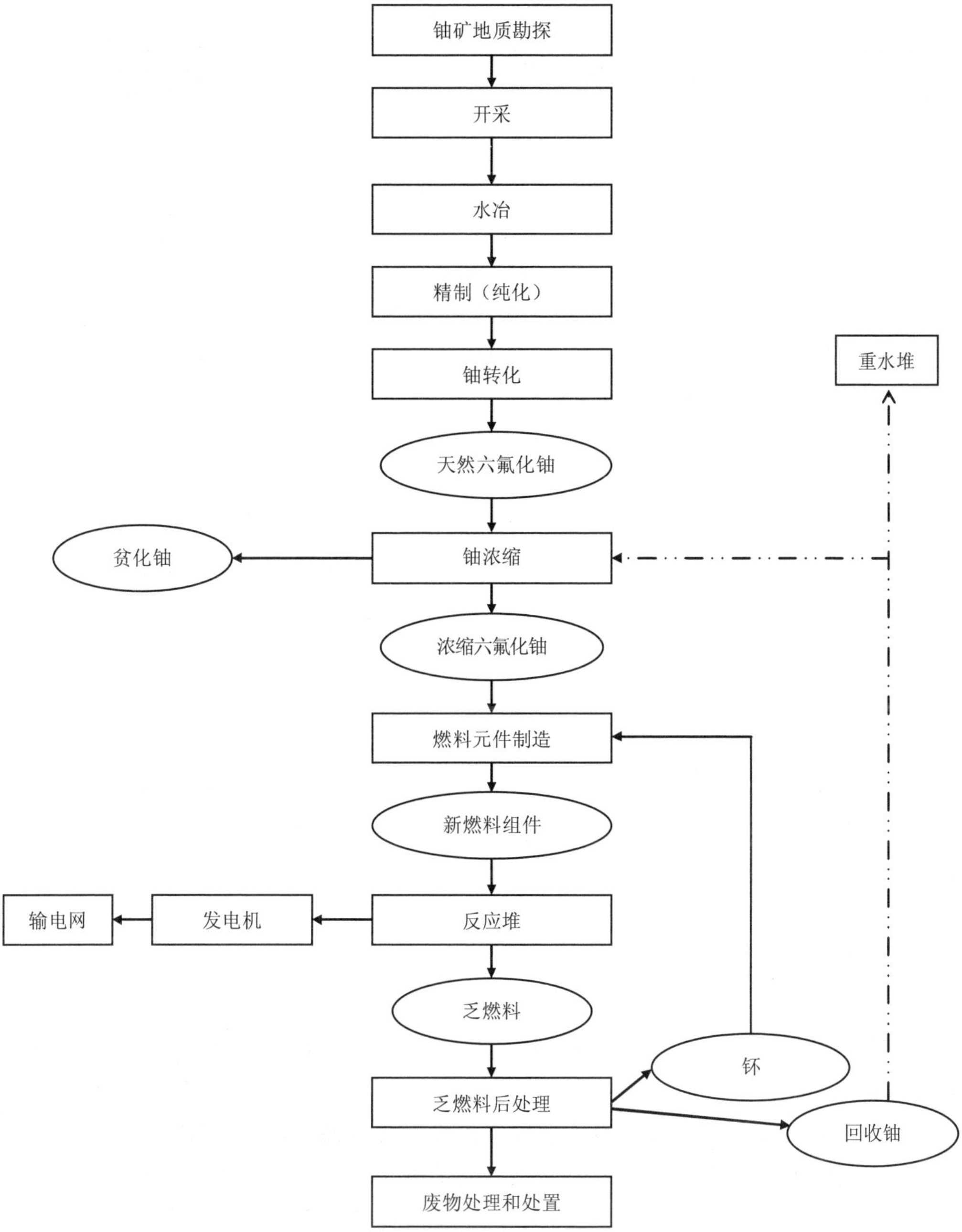

图 5-2　铀燃料闭式循环流程

第一节 铀矿地质勘探

因为铀是国家安全的重要战略资源，也是当前核能发展的基础原料，所以铀在国家占有特殊重要的地位，为此世界各国都在竞相储备铀资源。铀资源储备离不开铀矿地质勘探。

铀矿地质勘探是铀矿开采的基础，通过大量的勘探活动，寻找和探明具有工业价值的铀资源，用科学的方法确定铀矿床类型、矿物组成、成矿原因、水文地质特性、矿体特性、矿床范围、铀品位、矿体形状、资源量和远景储量，并给出有关铀、钍矿的相关参数和数据，以及各种铀矿地质勘探成果图和相关水文地质和矿山开采等技术资料，为铀矿的开采设计提供可靠的地质储量报告。

铀矿地质勘探方法主要有地质测量、放射性物探测量（含航空伽马测量、地面伽马测量、射气测量、径迹蚀刻测量等）、普通物探测量（含重力测量、磁法测量、电法测量和地震测量等）、地球化学测量（含水化测量、河谷底沉积测量、原生晕测量、次生晕测量、^{210}Po 测量等）、探矿工程（含槽探、井探、钻探和硐探）、室内分析测试、岩石矿物鉴定和矿石技术加工试验等方法。同时还开展应用遥感技术、电算技术及先进分析测试技术。

铀矿地质勘探根据铀矿成矿理论及已知成矿规律，根据工作地区地质特点，采用地质、地球化学、放射性物探测量等方法进行找矿。铀矿找矿按照程序分为地质普查、地质详查、地质揭露勘探三个阶段。

一、第一阶段：地质普查阶段

地质普查阶段是在区域地质调查的基础上，选出成矿有利的地区开展普查工作，查明区域地质成矿条件，发现放射性异常点（带）、矿化点和矿点以及成矿远景地段。

在普查铀矿床时，铀矿物固有的放射性是极重要的表征因素。但铀矿床的普查也有其特殊的困难，因为放射性测量并不是唯一的手段。由于铀是一个典型的分散元素，又因铀矿在地表氧化快、易被淋浸，较难发现富集成有工业价值的铀矿床，因此必须配合其他的技术手段进行综合性普查勘探，但放射性测量在普查阶段对铀矿床评价具有重要作用。

放射性普查包括：野外放射性普查、深部天然铀层矿化的放射性测量、矿石的放射性测量。野外放射性普查有航空伽马测量、汽车伽马测量、步行伽马测量、射气测量、径迹蚀刻测量和放射性检验等。在我国，航空放射性测量是找铀矿的首要手段，航空伽马测量装置及野外步行伽马测量见图 5-3。现代勘探还包括遥感技术和磁力测量物探技术，进一步发现异常和确定进一步勘探范围，并给出遥感地质图和遥感矿产图。

图 5-3　铀矿航空伽马测量装置及野外步行伽马测量

此外，还要配合地球化学测量（含水化测量、河谷底沉积测量、原生晕测量、次生晕测量、^{210}Po 测量等）和普通物探测量（含重力测量、磁法测量、电法测量和地震测量等）等技术手段，在第一阶段充分占有普查资料基础上即转入第二阶段。

二、第二阶段：地质详查阶段

地质详查阶段是对已发现的放射性异常点（带）、矿化带和矿点进行更为详细的地质测量和一定数量的探矿工程，对其作出是否具有发展前景和进一步勘探价值的评价。

详查阶段需要进行地质填图，开展详细放射性测量，找出全部异常带，确定矿化带的分布方向。放射性测量通常按照剖面线进行，当表土层不厚时，揭露异常需要剥土或施工探槽，其间距一般为 10～20 m。当表土层较厚时，应施工浅井或浅钻孔。为查明深部铀矿化情况，要施工钻孔和小型地下坑道。施工位置的选择以穿过矿体为目的，所有工程要进行地质和物探编录，详查阶段只能说明矿化范围、矿床成因类型、构造特征和矿体大致形态等，尚不能作出工业利用价值的评价。此时还必须将详查结果提交至勘探基地转入第三阶段。

三、第三阶段：地质揭露勘探阶段

地质揭露勘探阶段是对选出值得进一步工作的矿点进行详细的系统的技术工作，查明地质矿化特征、成矿条件和分布规律，探明储量，进行技术经济评价，为矿床开采提供资源基地。

具体铀矿地质揭露勘探手段有钻探和硐探。钻探的任务是圈定矿体范围。硐探的任务是通过打竖井或坑道对地下矿体进行详细探查和取样，对勘探过程取的样品进行实验室放射性测量，通过一系列的勘探活动，验证钻孔的资料。

通过地质揭露勘探，最终确定铀矿床类型、矿物组成、成矿原因、水文地质特性、矿体特性、矿床范围、铀品位、矿体形状、资源量和远景储量，并给出详细的有关铀矿的相关参数数据图，以及各种铀矿地质勘探成果图和相关水文地质和矿山开采等完整的科学技术资料，编写可供矿山设计的矿床储量报告和资料，为铀矿山开采设计提供科学依据。

通常探明一个 1 000 t 级的铀矿床需要投入十数万米的钻探、硐探工程量。随着我国铀矿地质勘探手段与方法的进步和提高，目前主要是以钻探方法进行探矿，基本不再用硐探方法。

我国核地质工作者在铀矿地质勘察技术方面，增加了航磁、航电和遥感等新技术。构建了“大型层间氧化带砂岩型铀矿”预测评价技术体系，掌握了地质评价、铀矿田遥感评价与预测技术，以及地球物理攻深找盲和地球化学攻深找盲四大技术成果。

我国地面地球物理勘查方法在铀矿找矿中得到广泛应用，可控源音频大地电磁法、音频大地电磁法、瞬变电磁法、激发极化法和高精度磁法等也已发挥很好的作用。土壤天然热释光法、^{210}Po 法、活性炭测量法等放射性物探方法，具有一定的攻深找盲效果，能较快提供铀矿找矿线索。

航空物探技术发展迅速。航空磁探头研发、航磁场梯度测量技术、航空重力梯度测量技术、时间域航空电磁测量技术、航空伽马能谱测量的自动寻峰稳谱技术、系统无死时间修正技术及 1 024 道全能谱数据技术等日臻完备，应用广泛。物化探仪器的制造以及深部探测技术向高精度、大深度方向发展，尤其是金属矿产的勘探较为成功。现代遥感技术已经进入一个能动态、快速地提供多平台、多时相、高分辨率的对地观测数据的新阶段，遥感技术应用于地质找矿将向高分辨率、高精度方向发展，实现 5S 技术的联合应用，即遥感、全球定位系统、地理信息系统、智能系统和多媒体系统的联合应用，推进高光谱和超高光谱传感器的研制和应用等。随着信息化程度的提高，信息集成及其在找矿中的应用显得越来越重要。

由于我国铀矿原地浸出技术的不断发展，需要继续加大和拓宽地浸砂岩型铀矿床勘探工作，发现更多适合地浸的铀矿床。目前，在我国新疆、内蒙古以及华北、西南等地区均发现有可供地浸的砂岩型铀矿床。此外，地质物探综合测井技术在地浸科研、设计、生产中得到广泛应用，如通过钻孔测定给出铀矿层深度、厚度、金属品位、渗透性能、孔隙度、含泥量、井径、井斜，为原地浸出采铀工艺提供重要技术参数等。

第二节　铀矿开采

铀矿的开采应在充分掌握地质勘查资料和地质报告的基础上，根据矿床储量、特点及所在地的实际情况，科学地确定矿山建设规模和服务年限。根据矿床地质构造、形态、埋藏深度和赋存状况，矿山地质和水文地质条件，合理选择开拓方案、采矿方法。矿山开采一般采用原地浸出采铀工艺，原常用工艺还包括地下开采、露天开采和原地爆破浸出。

开采方式的选择需考虑安全、环保、合理和经济等条件，最大限度地采出铀资源。选择开采方法的具体要求：

第一，技术方面。适应矿床赋存的具体条件、勘探程度、开采技术条件和设备条件。

第二，安全和环境保护方面。必须确保工作人员和公众安全和健康，确保环境生态安全和生态文明。

第三，经济方面。投资和成本的综合经济效益好；基建速度快，能早日获得投资效果；生产能力高，生产效率高，取得较高的产出投入比；资源回收率高，最经济地获得铀矿产品。

一、铀矿常规开采

铀矿的常规开采方式有地下开采和露天开采。

1. 地下开采

地下开采是通过掘进联系地表与矿体的一系列井巷，从矿体中采出矿石的方法。地下开采一般在矿床离地表较深、采掘比极大的条件下采用。这种方法的工艺过程比较复杂。地下开采的缺点是：采矿劳动强度大，井下防护条件差，通风要求高，生产效率低，损失和贫化率较高，同时存在较大的安全风险。矿井建设应具备：

（1）矿床开拓：开掘从地表至矿体的一系列井巷工程，使矿床与地面形成完整的运输、通风、排水及其他必要系统。

（2）提升运输：常规井下运输，多采用架线式轨道电机车牵引，固定式或翻斗式轨道矿车运输矿石及废石。

（3）矿井通风：为了驱散和稀释生产过程产生的炮烟和井下析出的氡气及氡子体，地下开采必须设置科学、合理的通风系统和有效的通风方式。

（4）矿井排水：地下涌水和生产用水汇集形成井下废水。通常出露地表的平硐开拓，废水通过自流排至硐口外地表；多数竖井、斜井和盲井在地下的废水，通过井下设置的水仓与水泵房，由一段或多段接力式机械排水设施排至地表。

（5）采矿方法：地下开采的主要采矿方法有充填采矿法、空场采矿法和崩落采矿法。充填法包括上向水平干式充填法、上向倾斜干式充填法和方框支柱干式充填法。充填有干式充填、水砂充填和胶结充填。根据矿体具体情况科学合理的选用，可以采用单一的采矿方法，也可以几种方法联合采用。

（6）此外，在地下矿山，必须建设完整的矿井六大安全避险系统和完备的救灾抢险应急措施及物资准备。

2. 露天开采

露天开采是通过开掘露天沟道，剥离矿体上部的表土和覆盖岩层，使矿体外露，在敞露的地表对矿体进行采剥的开采方式。矿体赋存于地平面以上的山坡，并在山坡剥采的为山坡露天；矿体赋存于地平面以下，向下部剥采的为凹陷露天。通常认为露天开采适用于矿体大、埋藏较浅、覆盖层不厚的矿床。露天开采与地下开采相比具有如下优点：机械化程度高，生产能力大，劳动生产效率高，生产成本低，劳动条件好，矿石损失小。露天开采的缺点是：需要剥离排弃大量废石和剥土，土地压占较多，受天气影响大，引发的生态环境问题较多。

铀矿开采可以根据矿体实际情况采用综合灵活的开拓运输方式，如采用露天与地下联合的生产方式等。

常规铀矿开采不管是地下开采还是露天开采都会产生大量含铀系放射性衰变子体及重金属毒物的铀废石，所以铀矿山必须建造规模庞大的专用铀废石场，采取综合防护措施，防止对环境造成污染。

二、化学采矿

铀矿化学采矿包括原地浸出和原地爆破浸出。这两种方法的主要技术是向矿体内注入化学溶浸剂，通过化学反应选择性地溶解矿石中的铀，并将浸出液抽至地表水冶厂进行铀的提取和回收。两者的区别是：前者是直接通过地表钻孔向矿体注入化学溶浸剂，后者是向经过原地爆破后松动的矿体注入化学溶浸剂。

1. 原地浸出

原地浸出是在矿体顶部岩层，按设计井型井距和钻孔深度的要求，采用钻机施工形成注液孔和抽液孔。通过注液孔将浸出剂（酸性溶浸剂或碱性溶浸剂）注入天然埋藏条件下的铀矿体中，经化学反应选择性地溶浸矿石中的铀，将铀溶浸液抽出（可采用潜水泵提升或压缩空气提升），输送到铀水冶厂进行铀提取的工艺简称铀地浸。

原地浸出生产企业彻底改变了常规矿山面貌，地表井场的建设仅有钻孔工程（溶浸液注入孔、抽出孔，观测孔）及配液池、集液池、废水蒸发池和配套管线等设施，再有就是气体站（储气罐）、原液泵池及泵房，集控室等建筑物。由繁重的矿山体力劳动转化为自动化控制作业，实现了矿山“工厂化”。

原地浸出工艺分为酸法地浸和碱法地浸两种。酸法地浸是使用酸性溶液作为浸出剂的地浸过程。用作酸性浸出剂的主要有硫酸、硝酸、盐酸等。碱法地浸是使用碱性溶液作为浸出剂的地浸过程。用作碱性溶浸剂的主要有碳酸钠、碳酸铵、碳酸氢钠、碳酸氢铵等。

在原地浸出生产中，为了防止浸出液流散造成地下水污染，必须采取有效措施控制溶浸液流出规定的溶浸范围，通常采用抽取量略大于注入量（0.3%～1.0%）的生产方式。

原地浸出采铀与铀矿常规开采相比具有以下优点：

（1）建设投资少、建设周期短，生产能耗少，生产成本低。原地浸出采铀省去了井巷基建、大量剥离工程、井巷工程建设，废石场、尾矿库建设和破碎、磨矿、搅拌浸出设施，因此建设投资和生产成本都很低，仅相当于常规矿山的 40%～50%。

（2）生产条件好、劳动强度小。铀地浸全过程都是地表化工作业，不存在井下的恶劣作业环境和安全隐患，极大地改善了劳动卫生条件。

（3）由于铀地浸的特点，可使地浸区域周边围岩中的铀得到回收，达到最大限度回收铀资源的目的。同时由于集中控制和自动化程度高，工作人员少，所以劳动生产效率较高，可比常规矿山高 5～10 倍。

（4）因地浸矿山不产生废石和尾矿，地表没有废石场和尾矿（渣）库，所以铀地浸矿山压占土地极少，不破坏当地的自然景观，不破坏地层结构，不会产生地面下沉和塌陷。工艺过程排氡量大幅降低，产生的废水量也极少，对地表环境的污染和影响很低，所以非常有利于地表环境的保护。

原地浸出采铀的缺点是：①要求地质条件较高，必须是渗透性较好砂岩性铀矿床或相近的地质条件；②酸法地浸可能会对地下水有一定影响，因此必须加强对地下水的观测和保护，严格控制和防止对地下水的污染。

正因为原地浸出工艺具有上述诸多优点，所以世界许多产铀国都采用了原地浸出采铀技术。如苏联、美国、保加利亚、捷克斯洛伐克、乌兹别克斯坦、哈萨克斯坦等国基本都是采用原地浸出提铀工艺。美国地浸基本采用碱法或弱碱法地浸工艺，并已形成了完善的钻孔施工技术、地下流体的监测与控制技术、地下水污染治理技术，以及地浸矿山计算机最优化设计技术等技术体系，并开发出专用地浸钻孔机具、综合物探设备和专用的钻孔井口装置。

针对酸法和碱法浸出存在的不足，有关方面在浸出剂的使用方面开展了中性（弱碱性）浸出的研究。我国的部分原地浸出铀矿山已经采用 O_2+CO_2 工艺技术。即通过混氧装置把氧气溶于浸出剂中，溶解氧把矿石中的四价铀氧化成六价铀，在地下水中天然碳酸氢根的作用下，六价铀同碳酸氢根反应生成碳酸铀酰络合离子，铀元素从固相转入液相的浸出液中。由于 O_2+CO_2 地浸过程基本是在中性（pH 为 6.5～8.0）条件进行化学反应，对地下水的影响较小，且对地下水治理比较简单，费用低。可以预见中性地浸采铀工艺技术将会有更加广阔的前途。

CO_2+O_2 原地浸出采铀工艺技术解决了我国低品位、低渗透、高碳酸盐、高矿化度砂岩型铀矿资源的开采问题，实现了高效、试剂消耗少、安全和低碳绿色开采。在采冶过程中实现了无废水、无废渣和无废气，减轻了地浸采铀对地下水环境的污染。同时促进了节能减排的成效，每年减排 CO_2 气体约 1 800 t，达到了经济发展与环境保护双赢的局面。该技术以 11 项专利技术为核心，构建了我国第三代铀矿采冶新技术体系。

2．原地爆破浸出

原地爆破浸出为解决除砂岩外的其他含铀硬岩的一种回收铀的方法。一般先采出 30%的矿石，对余下的 70%矿体采用微差挤压爆破等方法，将矿石按规定的矿块粒度要求进行爆破松动，然后根据实验条件要求，向爆破后的松散矿岩内注入溶浸剂或向崩落矿体进行淋浸，使溶浸液在毛细管作用下浸润和渗流，溶解矿石中的铀，并将浸出液提升至地表水冶厂进行铀的提取。

原地爆破浸出与常规采矿相比具有如下优点：采取原地爆破浸出时 70%的矿石不需要运出地表，一方面避免了大量矿石的采运，也相应地减少了废石和尾矿对地面的压占和场库的建设；另一方面省去了充填工序，减轻采场管理，省去了 70%矿石的提升运输量、破磨工作量，相应地减少了 70%的尾矿量。原地爆破浸出的废水产生量仅为常规工艺的 1/15，大大减少了对地表水环境的影响，因此原地爆破浸出工艺的地表环境效益较好。

原地爆破浸出与常规采矿相比具有以下缺点：资源回收率较低；爆破后铀矿石的 70%存留在矿井中，因此在井下氡浓度和氡子体较高，矿井劳动条件和防护条件较差；浸出过程及终采后浸出渣可能会对地下水体产生一定影响。

第三节 铀的提取和精制（纯化）

铀的提取必须用化学试剂（包括酸、碱、盐的水溶液和有机溶剂）把矿石中铀的有用组分转化为可溶性化合物，即把铀从固相转为液相，再经固液分离把含铀的浸出液与矿渣分离，然后用离子交换或溶剂萃取、沉淀等方法对含铀浓度低、杂质含量高的浸出液进行铀的浓缩、提取，得到铀化学浓缩物重铀酸盐，俗称“黄饼”。主要的重铀酸盐有重铀酸铵［$(NH_4)_2U_2O_7$］和重铀酸钠（$Na_2U_2O_7$），也可由重铀酸盐煅烧得到八氧化三铀（U_3O_8），以上均为中间产品。

在所有铀氧化物中，八氧化三铀是最稳定的，易于长期储存，所以当今世界铀交易是以八氧化三铀的形式进行的。根据需求再进一步加工精制（纯化）成不同纯度（核纯级或核电纯级）的铀产品。

铀水冶工艺流程可根据溶浸剂的性质分为酸法流程、碱法流程以及酸-碱联合流程等。铀水冶工艺方法主要有常规铀水冶工艺、堆浸工艺、原地浸出和原地爆破浸出工艺等，铀水冶工艺流程见图 5-4。

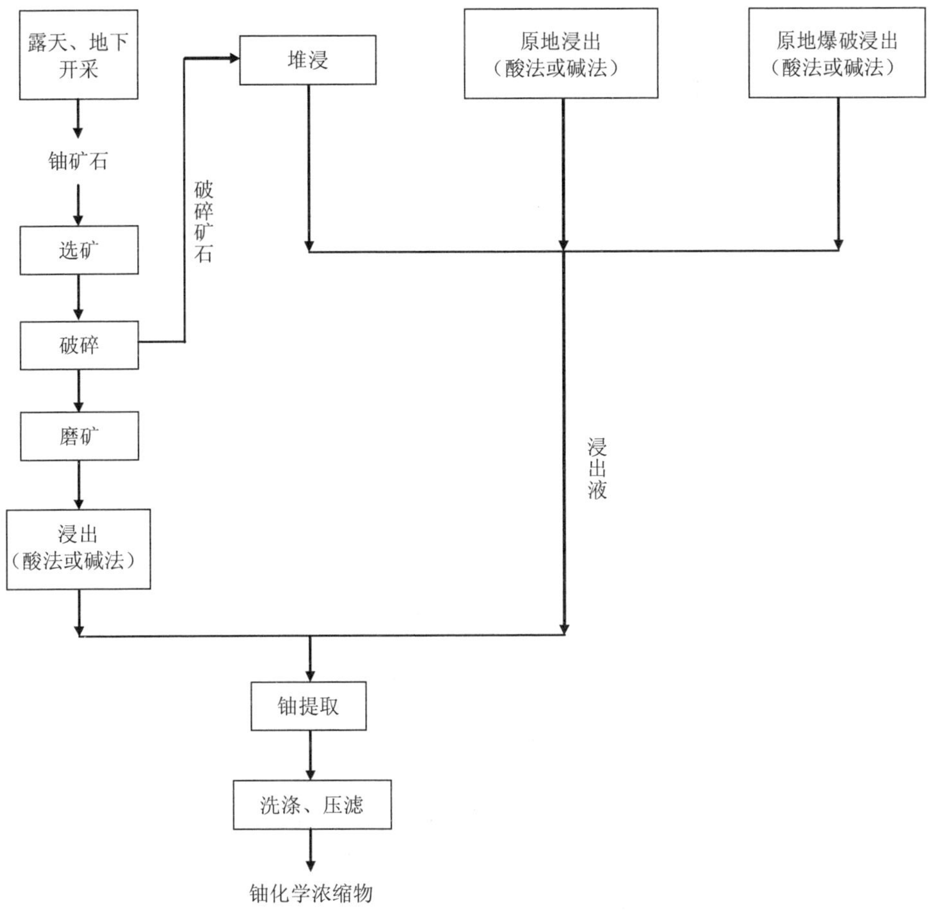

图 5-4　铀水冶工艺流程

一、常规铀水冶工艺

开采出的铀矿石大多含铀量较低，并常常含有较高的硫化物、碳酸盐、黏土、有机物以及各种金属氧化物等杂质。因此，在采用常规铀水冶工艺加工前应对其进行选矿，尽可能地筛选掉不含铀的无用矿岩成分，以减少矿石运输量和化学试剂消耗量，进一步降低矿石加工成本。常规铀水冶工艺过程是将选矿后的铀精矿，进行破碎磨细，再用溶浸剂（酸或碱）进行浸泡和搅拌将铀浸出。搅拌浸出是指在强化浸出条件下（如加温、加压、提高溶浸剂浓度等），溶浸剂与破磨成粉状的矿石发生化学反应，选择性地溶解出有价值的铀组分。然后通过固液分离把含铀的浸出液与矿渣分离。此时浸出液中铀的含量低，杂质种类多且含量高，必须对含铀溶液进行纯化，离子交换或溶剂萃取去除杂质，再进入沉淀工序，最后进行压滤得到铀化学浓缩物（图 5-5）。

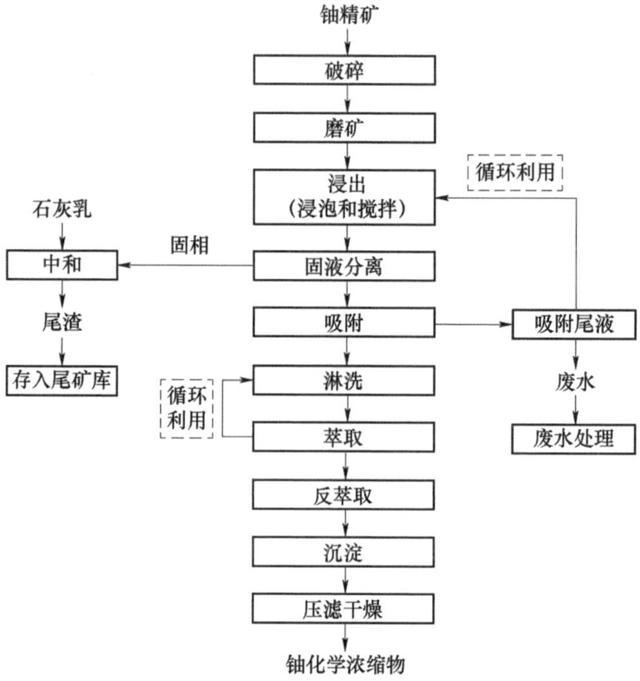

图 5-5　铀水冶工艺流程

常规铀水冶工艺具有很强的适应性，可以加工处理各种类型的铀矿石，并具有浸出率高、总回收率高的特点。缺点是工艺流程长、加工费用高。常规铀水冶过程铀的浸出率约在 98%以上，铀的总回收率约在 95%以上。

1．矿石预处理

常规铀矿石加工的预处理，包括选矿、破碎、磨矿。

1）选矿

根据铀矿石放射性的特点，将含铀矿石和岩石区分开的过程称为选矿。每一个矿山的出口均设置放射性计量检查站，满足工业品位的矿石送选冶厂，废石送废石场。根据需要建立专门的放射性选矿厂，采用放射性预选机对矿石进行分选。

2）破碎

为后续工序的需要，采用机械撞击和挤压的方式，将矿石破碎到一定粒度范围之内。常用的机械有颚式破碎机、圆锥破碎机和辊式破碎机等。工业生产采用一段式或多段式破碎。破碎后矿石通过振动筛筛分实现矿石粒度的分级。

3）磨矿

为获取更细颗粒的铀矿石，采用磨矿工艺来实现。磨矿机有球磨机、棒磨机和自磨机。湿式磨矿后通过螺旋分级机或水力旋流器等进行粒度分级。通常磨矿工序后得到的是矿浆液。

2. 铀浸出

浸出工序是通过用酸或碱配制成的浸出剂与铀矿石发生化学反应，把铀从矿石中溶解并分离，形成铀的浸出液的过程。浸出剂由水、浸出试剂和氧化剂构成。酸法浸出多以硫酸作浸出试剂，而碱法浸出多以碳酸钠或碳酸铵作浸出试剂。为使矿石中难溶的四价铀氧化为易溶的六价铀，浸出过程常需要添加氧化剂，通常使用的氧化剂有软锰矿（MnO_2）、过氧化氢（H_2O_2）、氧气或空气。利用某类细菌促进矿石中铀的浸出以降低酸耗，通常称为细菌浸出。

常规浸出是在浸出设备中，通过搅拌的方法使矿石与浸出剂充分均匀混合，发生化学反应而浸出的过程，又称搅拌浸出或混合浸出。常规搅拌浸出包括浸出和固液分离两个工序。

1）浸出

通常耗酸物质含量较少的铀矿石多采用酸法浸出；而耗酸物质较多的铀矿石可采用碱法浸出。搅拌浸出设备主要有浸出搅拌槽和流态化浸出塔等。浸出搅拌槽的搅拌方式有机械搅拌浸出槽和空气搅拌浸出槽（又称巴秋克浸出塔）。浸出流程可以是单槽也可以是多槽串联的。对于易浸矿石的浸出，一般采用常压浸出；对于难溶矿石，则采用加热、加压的方式浸出。常用设备有以空气搅拌的哨式加压釜和以机械搅拌的高压釜。流态化浸出塔是在塔内由上升流动的浸出剂带动，使细颗粒矿石在塔内呈悬浮状态，使矿粒与浸出剂之间充分混合、接触和发生化学反应，从而完成连续的浸出过程。流态化浸出多采用逆流浸出的方法，即矿浆与浸出剂流动方向相反。

2）固液分离

浸出工序后，绝大部分铀成为水溶液，需要将含铀量很低的固体颗粒进行分离。固液分离一般通过浓密-过滤来实现。浓密是矿浆浓缩过程，同时获取了清液，即浸出合格液。为了强化浓密的澄清效果，通常加入絮凝剂，常用絮凝剂为聚丙烯酰胺类絮凝剂，如聚丙烯腈等。浓密是在装有慢速旋转耙的浓密机内进行，浓密机溢流是浸出液，底流是尾渣，尾渣通过洗涤进一步回收残留的铀。洗涤方式有连续逆流洗涤和流态化洗涤等。经浓密和洗涤后的矿渣，需要进一步过滤后变为尾矿渣，送尾矿库储存。浸出合格液送提取工序，进行提纯和沉淀，制备铀的化学浓缩物。

3. 铀提取

1）酸性浸出液的提取工艺

通常从酸性浸出工序得到的浸出液，不仅含有铀，也含有一定种类和数量的杂质，因此酸性浸出液的提取工艺包括了提纯-沉淀工序，最终得到铀的化学浓缩物。

（1）离子交换。利用某些离子交换树脂对不同金属离子亲和力的区别，使铀与其他金属离子分离，实现铀溶液的提纯。离子交换过程，要通过吸附和解析两道工序。其过程为：浸出液与离子交换树脂充分接触，树脂将浸出液中铀吸附，待树脂吸附达到最大容量而饱和后，再用解析剂将树脂吸附的铀解析下来，形成含铀纯度较高的解析液，解析过程又称淋洗工艺。通常使用强碱性阴离子交换树脂进行吸附过程，而解析剂通常采用氯化钠（NaCl）、硝酸钠（$NaNO_3$）、硫酸（H_2SO_4）、碳酸铵［$(NH_4)_2CO_3$］的酸（或碱）性溶液。解析后的树脂要通过酸（或碱）洗涤再生，然后返回吸附工序。离子交换过程均在离子交换塔、柱、槽内进行，可以在同一个离子交换设备内分步完成吸附-解析-洗涤等过程，也可以在不同设备内分步完成。离子交换设备种类繁多，当树脂停留在固定设备内不移动时，称为固定床；而当树脂在两个以上设备内移动时，称为移动床。此外在操作时，按树脂床层的状态，又有密实床、流化床和搅拌床之分。密实床是设备内树脂互相紧密连接在一起，树脂间相对排列位置不变的树脂层；流化床则是树脂被上升液流托升和冲散，树脂呈悬浮态；搅拌床则是依靠机械或空气搅动，使树脂在搅动中与料液产生混合作用。在实际应用中，根据实验，离子交换设备可采用密实固定床、密实移动床、流化固定床、搅拌固定床等。生产过程中，处理能力较大时，常采用连续逆流方式操作。离子交换工序的产品是经提纯的离子交换解析合格液，用于铀化学浓缩物产品制备。

（2）萃取。利用某种化学元素在特定的有机相和水溶液之间的溶解度不同和两相的互不相溶性，采用有机萃取剂从浸出液中提取铀，使铀与杂质分离，实现铀溶液的提纯。萃取过程主要经过萃取-反萃取两个工序，其过程为：由有机萃取剂、添加剂和有机溶剂组成的有机相，与浸出液通过搅动充分混合，并将浸出液中的铀萃取，萃余水相回收有机相后送废水处理设施，负载铀的有机相通过洗涤去除杂质，再用反萃取剂把铀重新转入水相，得到反萃取成品合格液，用于铀化学浓缩物产品制备。反萃取后的贫有机相经再生剂去除有机项杂质后返回使用。萃取工艺的萃取剂多采用胺类萃取剂和酸性磷类萃取剂，而反萃取剂多采用碳酸钠（Na_2CO_3）、氢氧化钠（NaOH）等。溶剂萃取设备通常有以混合澄清器为代表的卧式（分级式）设备，也有以筛板塔、填料塔、喷雾塔形式的塔式（分级式）设备。设备多以多级串联连续逆流的方式操作。

（3）沉淀提取铀。通常采用沉淀法将溶液中的铀转化为固体状态并分离出来。其步骤为沉淀—固液分离—干燥，其过程为：在解析液或反萃取液中加入沉淀剂，使其沉淀，沉淀剂是氨或氨水（NH_4OH）、氢氧化钠（NaOH）、氧化镁（MgO）和过氧化氢（H_2O_2）等，通常可采用一步沉淀或两步沉淀。沉淀之后进行固液分离，通常采用浓密或过滤的方式来降低沉淀物的水分以获取滤饼，为了进一步去除滤饼中可溶性杂质，要对滤饼进行洗涤。洗涤后滤饼经干燥降低产品含水量，即获取铀化学浓缩物。

沉淀反应是在沉淀槽（罐）或流化床沉淀设备内进行。铀化学浓缩物的过滤，多采用板框压滤机进行间歇式脱水，或采用真空过滤机、离心过滤机等连续过滤设备。

2）碱性浸出液的提取工艺

大多数碱法浸出的浸出液中杂质含量很低，不需要提纯即可直接沉淀铀。通常采用氢氧化钠（NaOH）作为沉淀剂，从碳酸铀溶液中直接进行沉淀，过滤后得到重铀酸钠产品（$Na_2U_2O_7$）。

碱法浸出也可用固液分离得到的浸出清液，由季胺萃取、再用碳酸钠或碳酸铵反萃取、结晶、经三相分离和过滤后，获得三碳酸铀酰铵$(NH_4)_4UO_2(CO_3)_3$。

二、堆浸

堆浸是堆置浸出法的简称。堆浸是按照浸出工艺对矿石粒度的要求，将矿石破碎到一定粒度后，放入堆浸场地，然后将化学溶浸剂喷洒到预先堆置好的矿石堆上，选择性地溶解矿石中的铀成分，形成离子或配合离子并使其转入溶液，再将该浸出液输送到铀水冶厂进行铀的提取和回收，最终得到铀化学浓缩物的工艺流程见图 5-6。

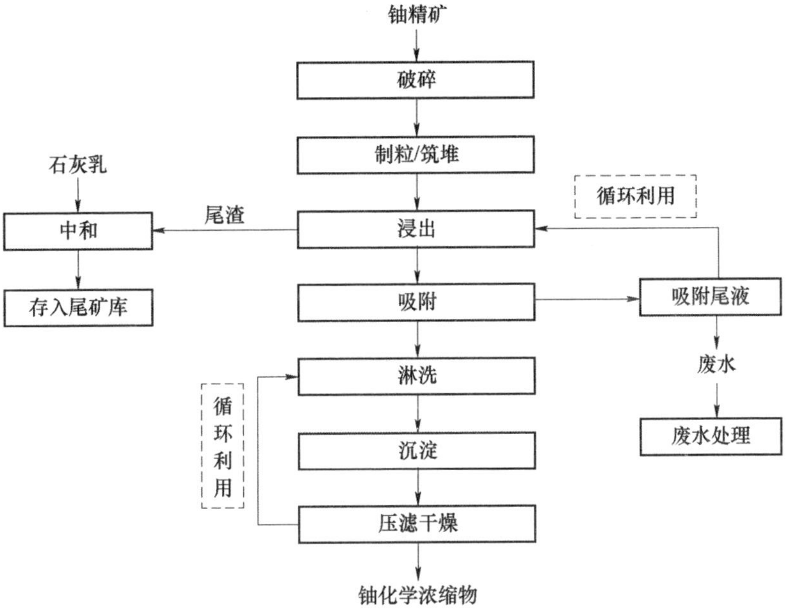

图 5-6　堆浸工艺流程

堆浸工艺要求堆场地面平整坚实，有一定坡度，底部需经过防渗处理，同时需在防渗层上铺设细砾石，以利于浸出液流动收集，堆浸场顶部设置旋转式喷头喷淋溶浸剂。在堆浸场低端设贮液池，收集铀浸出液。然后将溶浸液输送至水冶厂进行铀的提取。

堆浸工艺与常规铀水冶工艺相比的优点：铀堆浸工艺投资少、生产成本低；堆浸工艺具有装置简单、不需细碎和磨矿、不需搅拌设备及液固分离设备；节省试剂、节约能源，废水产生量少、尾渣易处理。

堆浸工艺与常规铀水冶工艺相比的缺点：铀矿堆浸周期长，铀浸出率、回收率均较为低；个别矿石堆易板结，影响溶浸液的渗透性；露天堆浸场会受气候条件影响；堆浸工艺仍需在地表建造一定量的废石场和 30%矿量的尾石（渣）库，对环境的影响与常规铀水冶工艺相差不大。

由于常规铀水冶工艺过程或堆浸铀水冶工艺过程都产生数量庞大的含 ^{226}Ra、^{210}Po、^{210}Pb 等子体，以及含多种有害化学元素和重金属毒物的铀尾矿或铀尾渣，所以必须建造规模庞大的铀尾矿库或尾渣库，防止铀尾矿渣流失、尾矿废水泄漏造成环境污染。

三、原地浸出和原地爆破浸出提铀

原地浸出和原地爆破浸出铀的提取，是将铀浸出液直接送往铀水冶厂。因为浸出液铀浓度较低，一般每升只有几十毫克至几百毫克，对于低浓度含铀溶液的处理，最好的方法是离子交换法。由于离子交换回收铀既适用于酸性介质，又适用于碱性介质，因此无论是酸法还是碱法原地浸出或原地爆破浸出得到的浸出液都适用。目前世界各国原地浸出采铀生产过程基本都是采用离子交换法进行铀提取。原地浸出和原地爆破浸出的铀提取工艺流程见图 5-7。

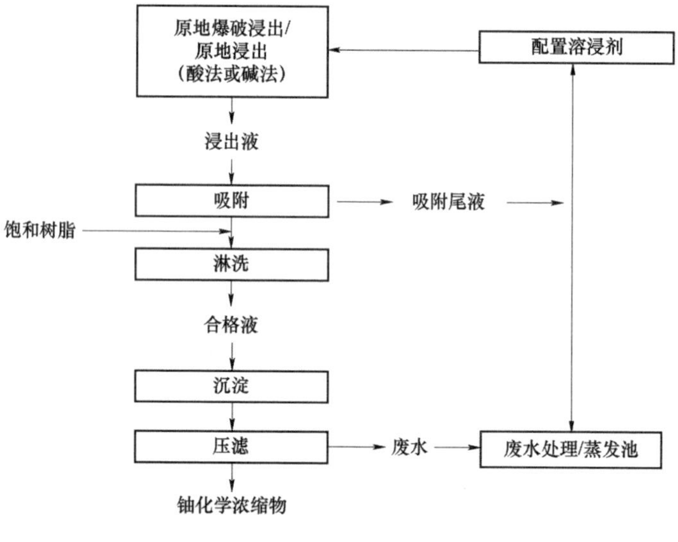

图 5-7 原地浸出和原地爆破浸出的铀提取工艺流程

四、铀精制（纯化）

铀精制（纯化）是对铀水冶产品铀化学浓缩物（重铀酸钠、重铀酸氨、铀的氢氧化物）和八氧化三铀进一步加工提纯的工艺过程。虽然铀化学浓缩物和八氧化三铀中的天然铀含量得到了浓缩和提高（铀化学浓缩物的铀品位达 60%，八氧化三铀的铀品位达 85%），但是产品中仍含有热中子吸收截面较大的中子毒物和影响铀产品加工及燃料性质的杂质，达不到国家核纯级、核电级产品标准要求。因此必须对铀化学浓缩物或八氧化三铀进一步精制（纯化）。

铀精制（纯化）工艺有溶剂萃取法和离子交换法。在工业上应用较多的是溶剂萃取法，其工业过程是用硝酸将铀化学浓缩物或八氧化三铀溶解、过滤，用磷酸三丁酯（TBP）进行萃取，再进行反萃取、沉淀、结晶和煅烧，使铀氧化物得到进一步提纯，达到国家核产品标准要求。铀精制（纯化）工艺流程见图 5-8。

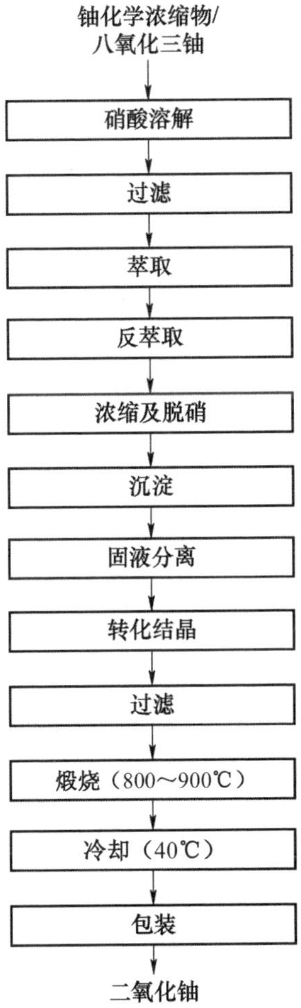

图 5-8　铀精制（纯化）工艺流程

核纯级产品二氧化铀国家质量要求是：严格控制产品中吸收中子能力较强的镉、钼、钛、钨、钽、钒等元素含量不超过 $10^{-4}\%$～$10^{-3}\%$；控制产品中吸收中子能力较弱的锂、硅、铁、铝、碳等元素含量不超过 $10^{-3}\%$～$10^{-2}\%$。

铀精制（纯化）后绝大部分放射性子体杂质被除掉，所以纯化后的铀金属及其铀化合物产品的放射性毒害远比铀原矿小。

在铀水冶产品精制（纯化）过程中，会在投料时发生喷溅，在煅烧、冷却过程中产生大量活性较高的二氧化铀微尘及 α 放射性气溶胶。因此，必须确保原料溶解和结晶煅烧，冷却设备及其他设施的气密性和废气净化装置的有效性，严格控制氮氧化物、α 气溶胶和铀微尘外泄；注意对厂房的表面去污处理，减少表面放射性污染；同时加强对环境大气的监测，做到及时发现和解决问题。

第四节 铀化合物的转化

一、铀化合物转化的主要过程及其工艺特点

铀化合物的转化（以下简称铀转化）过程的原料与产物多种多样，工艺过程繁多。它既是生产工艺的一部分，又包容于核燃料循环的各个环节之中，成为联系各个环节的纽带。本节所述“铀转化”仅涵盖先由天然铀精炼制得的铀氧化物制备成四氟化铀（UF_4），再转化成六氟化铀（UF_6）及其还原的主要工艺过程。由 UF_4 和 UF_6 还原成二氧化铀（UO_2）或金属铀的过程在本章第六节“燃料组件制造”中叙述；而由乏燃料后处理所得硝酸铀酰［$UO_2(NO_3)_2 \cdot 6H_2O$］溶液转化为三氧化铀（UO_3）的过程则编于其尾端工艺中（见本章第七节“乏燃料及其后处理”）。

铀转化过程大多属于气-固相反应，其工艺特点有：

（1）固体的反应性（活性）极为重要。它不仅与化学组成有关，而且是固体结构特征的反映。这些特性（如颗粒的大小、形貌、内部的空隙结构、比表面、晶型和晶粒的大小等）对界面过程的速率以及气相反应物和生成物在颗粒内部的传输都起着重要的作用。

（2）固体颗粒的形貌及结构都与原料有关。各个转化步骤往往相互衔接，前一步骤的产物即后续步骤的原料，因此要想得到高活性的子体产物，必须以高活性的母体为原料。

（3）气-固相反应时，固体反应物结构在不断发生变化，体系总是处于瞬变状态之中。

（4）一般要求有较高的转化率（≥95%）。

（5）多数转化反应在较高的温度下进行，而且通常伴有较大的热效应。

（6）转化反应常在含有 HF、F_2 等强腐蚀性的气体中进行，因此必须用镍或镍基合金等耐腐材料制作反应器，并且设备要有良好的密闭性以防有毒气体外逸。

二、四氟化铀的生产

1. 湿法与干法生产的比较

UF_4是制备UF_6和金属铀的原料，其生产始于20世纪40年代的湿法（氢氟酸沉淀法）。该工艺以核纯级的UO_2为原料，先将其溶解制备成四价铀料液，然后加入氢氟酸溶液，生成的沉淀经过滤、干燥和煅烧，得到无水UF_4产品。之后，该工艺被引入天然铀精炼过程中，以省去铀化学浓缩物沉淀与煅烧工序而直接得到核纯级UF_4。湿法生产的最突出优点是沉淀过程有纯化作用，但所需工序较多，产生的废液量大，生产成本高。与湿法相对应的是干法，即在高温下用气态无水氟化氢（HF）与UO_2发生气-固相反应直接制得几乎不含水的UF_4。此方法后来得到了大力发展，至20世纪60年代就趋于成熟，而且在其工业生产领域占据了首要地位。与湿法相比，用该法生产的优点是：

（1）铀的直接回收率高；

（2）所产生的工艺废液量仅为湿法的1/10；

（3）工艺过程简化，设备数约减少一半；

（4）工厂的基建、运行、维修、动力、辅料等费用均下降，生产成本较低。

但其缺点为：

（1）干法所得产品的物理和化学性质主要取决于原料的性状，即取决于原料的制备方法，因而流程的适应性较差，对原料要求严格；

（2）生产中无水HF的过剩量较大；

（3）由于设备磨损和腐蚀会给产品带来杂质，而且纯化作用较差。

2. UO_2氢氟化工艺过程及其主体设备

UO_2干法生产UF_4的工艺过程主要包括UO_2原料与无水HF的供给、UF_4反应、尾气中HF回收及处理和产品处理及包装四部分。由于UO_2在储运过程中易被氧化，通常还设有预还原工序；有的工厂也以UO_3或铀盐的形式进料，专设有UO_3还原工序或铀盐分解-还原工序。

UF_4产品按用途可分为两种：一是用于制备金属铀（其UF_4含量被称为“金属品位”）；二是用于生产UF_6（其UF_4含量被称为“级联品位”）。在产品中，“金属品位”的UF_4含量不小于96%，其余部分是UO_2及少量高价氧化物；“级联品位”的UF_4含量仅为95%，其余部分是UO_2及一些痕量物质。另外，前者的振实密度要不小于3.0 g/cm^3，后者则强调有适宜的反应性。总体来看，前者的产品质量要求比后者高，此转化过程的核心是UO_2的氢氟化，其反应器设计的关键在于提供适宜的温度分布和良好的气-固相接触条件。

所使用的设备主要有卧式搅拌床、流化床和移动床三类反应器。这三类设备各具特点，可根据原料的特性、产品要求及其他技术经济指标择优选用，也可将其组合成新型反应器。例如，移动床和搅拌床的组合。这些设备性能差异的主要指标是：UF_4产品的质量、产率和 HF 的利用率，因为 HF 剩量过多，不仅会加大试剂消耗，而且增加了 HF 回收系统的投资和尾气处理的困难。

1）卧式搅拌床反应器

此反应器由水平管和管内的带状螺旋搅拌器或带刮板转轴组成，用电阻炉分段加热，且配有冷风降温装置，以调节温度分布。此设备基本上可实现气-固相逆流，轴向混合比较小，可建立一定的浓度梯度，但在大规模工业生产中不常应用，其原因是：

（1）气-固相的接触较差，传热和传质效率不高，床内物料填充系数小，生产能力低；

（2）流程较长，一般要多级串联；

（3）设备结构复杂，床内有转动轴及抄板，制造、安装、运行和维修都较困难，投资也大；

（4）设备腐蚀和磨损严重，易漏气、漏料。

2）流化床反应器

流化床反应器靠通入的气体将输入的固态粉末状物料悬浮起来，在流化状态下发生反应。具有气-固相接触充分的特点，因而反应速率快，传热与传质效率高，温度较为均匀，设备生产能力高而且简单。但是，单个流化床内不易建立温度和物料浓度的梯度，HF 的过剩率一般在 10%以上。目前工业上常采用两级串联系统：第一级选用具有良好气-固相接触性能的圆柱形流化床，以增大传热速率，避免物料烧结；第二级选用能减少固相返混的下锥形流化床，以有利于两相逆流接触和温度梯度的建立。当使用具有高活性的分解原料时，采用两级反应法可得到高质量的 UF_4 产品，同时 HF 的过剩率降至 5%左右。

3）移动床反应器

移动床反应器将制成一定粒度的物料并加入反应器的顶部，靠粒子的自身重力沿床自上向下缓慢移动而进行反应。物料移动时各颗粒之间的相对位置基本上保持不变，并且它们与反应器底部通入的气体反应剂接触，发生反应。此类设备的特点是气-固相有较为理想的逆流接触，可使反应剂的消耗降至最低（接近化学计算值）；但它的传热性能差，单元设备生产能力受限，生产强度低，而且不适于处理过细的粉末物料。为此，要增加一道原料造粒工序，以改善其粒度和活性，并减少粉尘夹带。

三、六氟化铀的生产

1. 制备方法概述

由于 UF_6 是唯一一种既稳定又具高度挥发性的铀化合物，故至今一直被用于铀同位素浓缩工厂（无论其采用气体扩散法还是气体离心法）的供料。

生产 UF_6 的工业方法几乎都是用核纯级的 UF_4 在高温下与 F_2 发生作用而进行氟化。在各种方法中，只有这种方法消耗的氟气量最少。氟是价格较昂贵的试剂，对氟化工艺的经济性影响很大，而且此反应无其他产物。

在特定情况下，也可用氟气直接氟化铀的氧化物。例如：①将铀矿的化学浓缩物（U_3O_8）直接经干法转化为粗制 UF_6，然后用精馏法纯化得到核纯级 UF_6；②乏燃料后处理回收的 $UO_2(NO_3)_2 \cdot 6H_2O$（硝酸铀酰）溶液可先行脱硝制得 UO_3，再直接转化为 UF_6，此方法可以省去还原和氢氟化两道工序；③回收高富集度的铀废料时，用氟直接转化高价铀的氧化物。

2. 生产过程与设备

在氟化工艺中，为了最大限度地提高 UF_6 的转化率和氟气的利用率，要使用过量的氟气，以确保铀的直接回收率大于 98%。而过量的氟气需再循环，使其总利用率不低于 99%。

UF_6 生产过程主要由氟化、UF_6 冷凝收集、氟气回收和尾气处理四部分组成，其基本流程大致分为四段：UF_4 氟化反应器——由氟化反应器导出的气体经过滤去除其中夹带的灰分（未反应掉的 UF_4 和非挥发性氟化物杂质）；UF_6 产品的收集——过滤后气体进入第一级冷凝器（又称主冷凝器），在此绝大部分气态 UF_6 被冷凝成固体，再经液化转移到 UF_6 产品容器；氟气回收——由主冷凝器排出的不凝气中含有过量的 F_2，将其送入净化反应器（也称二次反应器）回收其中的 F_2，而产生的 UF_6 用第二级冷凝器（又称辅助冷凝器）收集；尾气处理——最后排放的尾气被送入尾气处理工序，除去有害的 F_2、HF 并回收其中的铀后排入大气。

1）UF_4 氟化反应器

（1）火焰炉反应器。UF_4 细粉末均匀地分散在 350～537℃的氟气中时会发生燃烧，氟化反应就在火焰中进行，故称此种设备为火焰炉反应器。它主要由气-固相分布器、塔体和残渣收集器组成。气-固相分布器位于塔的上部，其作用是使 UF_4 粉末均匀地弥散于氟气之中。塔体外壁绕焊冷却蛇管，分段控制壁温。此设备结构紧凑，生产强度大，但缺点是：对 UF_4 粉末的纯度、粒度及其分散装置要求严，不适于转化粗制 UF_4，炉体腐蚀较严重，残渣量较多（1%～2%），氟气过剩量大（15%～20%）。

（2）流化床反应器。由于流化床反应器内的固体颗粒能迅速混合，致使全床层处于等温状态，故能简便而可靠地实现床层的温度控制，其气-固相之间的传热与传质速率一般也优于其他接触方法。这些特性对于改善氟化反应器的传热和消除因床料过热而引起的烧结现象大为有益。此反应器对原料的适应性强，用于氟化粗制 UF_4 较为理想。但是，此类设备的尺寸较大，生产能力低，而且氟气过剩量（约 10%）和灰渣率（1%）都较大。

UF_4 的给料速率、氟气的浓度和氟化温度（450～540℃）均是氟化反应的重要操作参数。为了顺利地解决床层的温度控制问题，并把氟化过程中产生的非稳态效应降到不影响正常流化的水平，已开发出一种填充流化床反应器，即以惰性粒子（如 CaF_2）构成床料的主体。

（3）立式氟化炉。它兼容了火焰炉反应器和流化床反应器的某些优点，因而另有一些特点：可在保持良好气-固相接触的条件下实现一定程度的物流逆流流动，因此可在小于 5%的氟气过剩量下运行；由于底部装有分布板，可使落在板上的未转化料继续与浓度较高的氟气反应，因而灰渣率可降至 0.02%～0.05%；其生产强度虽小于火焰炉，却远比流化床高，因为床层中不含稀释料，提高了床的容积效率，而且能以较高的气速进行操作；设备结构简单，工作温度低，对原料中的Na、K含量要求不严。

（4）卧式搅拌炉。能完全实现气-固相的逆流接触，因而能在氟气耗量接近化学计算量的条件下，使UF_4几乎完全的转化。但是这种设备的传热性能不良，一般只适合在较低温度（350～370℃）下氟化。因此，不仅产率低，而且容易发生中间氟化物的烧结，造成操作上的困难。

2）UF_6产品的收集

UF_6的收集指从氟化反应器及其净化反应器（见本小节“3）氟气回收”）排放出来的成品混合气中分离出UF_6，再将其转装于专用产品容器中。成品混合气中UF_6的含量范围为30%～90%，其余为F_2、HF、N_2、O_2等不凝性气体。

工业上用于收集UF_6的方法有凝华法和液化法两种。

（1）凝华法。凝华指由气态经冷却直接转变为固态的过程。它使UF_6的性质和结构发生很大变化，是一种非稳态的传热过程。为增加冷却面积和减少扩散路程的长度，冷凝器（也称冷阱或结晶器）内设有挡板或翅片。按冷却剂（如乙二醇水溶液）在设备内部和外部流动而带走热量的方式，可分为内冷式和外冷式两种。为确保UF_6冷凝完全，通常采用两级冷凝器串联间歇操作。为了捕集冷凝器内因发生对流搅动而引发UF_6气相冷凝形成的微细颗粒，在其出口处要设置高效过滤网。

（2）液化法。当将含UF_6的混合气体压缩至151.7 kPa（三相点压力）以上且导入以水冷却的冷凝器中时，UF_6即被液化。此过程适应大规模的连续生产，冷凝器的设计简单，无须设置冷冻系统（因UF_6的三相点温度为64.1℃）。此时的传热效率远比冷凝成固态UF_6时要大得多，所以单位传热表面的生产能力也大得多。此外，液态UF_6可以直接装入产品容器，既节省能量，又简化设备。直接冷凝液化的主要问题是必须将混合气体压缩到较高的压力，而且液化的一次回收率比较低，必须在水冷凝器后再加一级冷冻冷凝。因此，此法的应用受到限制。

在某些场合，为了让产品极度均匀化（这一点在生产富集铀时尤为重要），也可在UF_6凝华后，通过加热使其以气态转移出去，而在另一冷却器中再将其液化；或在凝华冷凝器卸料时，将其中的固体UF_6加热到90～100℃（压力为202.6～405.2 kPa）使其直接液化。

3）氟气回收

由氟化反应器排出的气体中，除含有UF_6、F_2和作为稀释气的N_2以外，还含有少量的HF、O_2等不凝性气体。此混合气体在冷凝器中，绝大部分的UF_6被冷凝成固体，排出的不凝性气体中还含有20%～40%的F_2。为了最大限度地利用氟气，需设置气体净化并循环利用系统。其流程为：从主冷凝器排出的不凝性气体中分出一部分，在补加F_2后，再循环到氟化反应器中作为氟化气体；其余部分则导往二次反应系统（或称氟气净化系统），与过量的UF_4反应，生成中间氟化物和UF_6。所得固体返回氟化反应器作为供料，气体则经过滤后送入二级冷凝器（或称辅助冷凝器）。约占总产量10%的UF_6是在辅助冷凝器中被收集的，不凝性尾气则送入吸收系统处理。

（1）塔式氟气净化反应器。这是类似于火焰炉氟化反应器的塔式设备。塔体外绕有 4 段冷却蛇管，外部用电炉加热，使各段壁温保持在 450℃以上，以防止物料结壁。净化塔下接卧式螺旋冷却器，其外壳装有冷却管，内装螺旋形刮板，以便清除熔结在内壁上的中间氟化物。螺旋冷却器被用于冷却吸收处理后排出的气体和输送固体物料进入贮料斗，以给氟化反应器供料。净化后的气体含氟量约为 0.1%，F_2 的总利用率可达 99%以上。此装置的缺点是操作稳定性和适应性都不够理想，而且结构较为复杂，尤其是螺旋冷却器易于腐蚀和磨损，运行周期短，维修工作量大。

（2）流化床氟气净化反应器。这种反应器的优点是：由于流化床中的 UF_4 藏量大，因而操作裕度很大，即使 F_2 浓度发生较大的波动，也能提供过量的 UF_4，从而确保了对 F_2 的有效净化；床层的热容量大，传热好，可将因 F_2 浓度周期性波动对操作造成的影响减至最低；反应器结构简单，易于操作和维修，运行周期长；当床温为 370～400℃、进气中 F_2 浓度为 5%～30%时，氟的回收率大于 95%。

4）尾气处理

从第二级冷凝器排出的不凝气体中，通常尚残留有 3×10^{-4}～1×10^{-3} 的 UF_6、3%～7%的 F_2 和少量的 HF 等有害气体，在将其排放前必须进行处理，以回收其中的铀并防止铀和氟对环境的污染。

（1）固体化学阱法。让尾气通过填料吸收柱，即可将 UF_6 等有害物质捕集下来。用作捕集剂的有活性 Al_2O_3、$CaSO_4$、活性炭和碱石灰等。无水 $CaSO_4$ 可以处理废气中的全部有害成分，不致产生过高的热效应，吸附层温度可维持在 10～42℃，而且回收铀也较方便。NaF（沸石型固体）的晶格间隙可吸附 HF 和 UF_6，也是一种良好的吸附剂。

（2）UF_4 吸收法。实质上这是一种改进的固体化学阱法，其优点是利用 UF_4 来吸收 F_2，能直接把铀和氟回收并返回利用，经济上最为合理。现已有工厂采用流化床实现此过程。

（3）碱液洗涤法。这是尾气排放前的最终处理步骤，因为前两种方法一般都不可能把废气中的有害气体全部除去。多数工厂都直接用碱液（KOH 或 K_2CO_3 溶液）洗涤第二级冷凝器排出的尾气，之后再从碱液中回收铀，并用石灰水沉淀氟，转为 CaF_2 灰渣。

3. 由再循环铀生产 UF_6

1）再循环铀的特点

再循环铀（REU）指由乏燃料后处理过程回收得到的铀（通常是 UO_3 的形式），因此又称后处理铀。这种铀的放射性活度比天然铀大得多，会给后续处理带来许多困难和附加要求。首先，此种产品中仍含有残留的少量放射性裂变产物（如 ^{99}Tc 和 ^{106}Ru）和超铀元素（钚、镎等）；其次，^{232}U 和 ^{236}U 是天然铀或其富集铀在辐照时产生的两种特有同位素。^{232}U 衰变子体的积累会使其 γ 剂量率随时间而显著增加。因此，当加工再循环铀时，为了减少操作人员的受照剂量，要求尽量缩短自化学分离后到再加工的时间。如果此段时间延长，则须增设附加辐射屏蔽。此外，由于 ^{236}U 是一种中子吸收剂，用再循环铀再富集时需要额外的分离功。

2）再循环铀的转化

从化学转化过程看，再循环铀与天然铀并无区别。只是由于存在 ^{232}U 衰变子体和某些裂变产物的较强 γ 辐射以及超铀元素的 α 辐射，需要周全地考虑厂房与设备的屏蔽和气密性问题；对由富集铀燃料得到的再循环铀还应注意核临界安全问题。

在此转化过程中，利用各种杂质元素氟化物的挥发性和化学特性的差异，可对产品实现净化。比 UF_6 挥发性更强的杂质（如 B、P、Si、S 等）在 UF_6 结晶过程中被分离出去；非挥发性的固态氟化物可被 UF_6 气流的微孔过滤器除去；放射性元素，包括超铀元素（Np、Pu、Am、Cm）和裂变产物（Ru、Tc、Te、Nb），则利用其不同的化学性质与 UF_6 分离，采用的方法有控制氟化温度或 F_2 浓度、蒸馏或吸附。

四、六氟化铀的还原

无论天然铀、富集铀还是贫化铀的六氟化物，其最终都要加工成 UO_2 或金属铀。前者用于反应堆的燃料芯体制造；后者则先要将其转化成 UF_4，再用 Ca 或 Mg 还原成金属。此处仅介绍 UF_6 干法转化为 UF_4。

1. 氢气还原法

用氢气还原 UF_6 制备 UF_4 是目前应用最广的方法，其特点是产品的堆密度大、生产能力大而且操作特性好。工业上已开发出两种提供起始反应所需能量的方法：一种是经由高温（约 650℃）反应器壁供给，称为热壁法；另一种则由引入的 F_2 与 H_2 燃烧释放的反应热来供给，此时反应仅在狭窄的火焰区内进行，器壁仍可维持在较低温度，称为冷壁法。热壁法操作的严重缺点是：在塔壁上会生成熔结层，并不断增厚，需要停车清除，致使生产不能连续进行；清除工作的劳动强度大，防护条件差；不适宜处理批量大的物料。冷壁法由于还原反应能在火焰中被激发，并于瞬间内完成，这就从根本上消除了热壁法的缺点，且可顺利实现连续气相转化过程。为使此过程更经济，还开发了以 ClF_3 取代 F_2 作为引发剂的方法。

2. 四氯化碳还原法

当还原小批量的高富集度 UF_6 时，控制温度在 150℃以上并且让 CCl_4 大量过剩，UF_6 即可氟化 CCl_4 并发生取代反应，被完全还原成 UF_4，其他反应产物有各种氟氯烷（主要是 CCl_3F）及 Cl_2。反应要在热压釜中批式地进行。当转化大量的低富集度或贫化的 UF_6 时，可在 350～400℃下用回转炉处理。与氢气还原法相比，此方法的操作裕度小，对工艺条件的控制要求较为严格；而且 CCl_4 的消耗量大，尾气组成复杂，氟氯甲烷的组成又不恒定，以致回收和利用都较困难。

3. 氨还原法

UF_6 与 NH_3 在 300～400℃发生反应，生成 NH_4UF_5，再在大于 450℃的温度下，于惰性气体中分解可得 UF_4。前段采用火焰反应器；后段则用卧式搅拌炉或流化床反应器。

第五节 铀浓缩

一、铀浓缩的基本概念

1. 铀浓缩的必要性和重要性

^{235}U 是唯一天然存在的易裂变核素，它在天然铀中的丰度为 0.710%，而 ^{238}U 占 99.285%，^{234}U 占 0.005%。在现代热中子反应堆中，除少数重水堆、石墨气冷反应堆用天然铀作核燃料外，轻水动力堆需使用低浓缩铀燃料，其中 ^{235}U 的富集度为 2%～5%。一些研究试验堆和快中子堆要求富集度更高的燃料。高通量的材料试验堆则需要富集到 90%以上的高浓铀。

铀浓缩是指用人工方法使 ^{235}U 丰度增加的过程。因此，铀同位素分离（铀浓缩）工厂是核燃料循环中的重要环节。

2. 分离功的基本概念

分离功是一种仅专用于铀浓缩工业的度量单位。把一定量的铀浓缩到一定的 ^{235}U 富集度所需要投入的工作量叫作分离功（SWU），以 kgSWU 或 tSWU 为单位。从天然铀原料生产 1 t 富集度为 3%的浓缩铀，大约需要 4.3 tSWU 以及 5.5 t 天然铀原料。浓缩过程中剩下 4.5 t 贫化铀，其 ^{235}U 富集度下降到 0.2%左右，一般无工业应用价值，作为尾料贮存。

现在世界上仅有美国、法国、俄罗斯、西欧三国（英国、德国、荷兰）、中国和日本等少数国家拥有不同规模的工业化铀浓缩生产能力，其中西欧三国和俄罗斯采用气体离心法，美国和法国则还依赖早期建成的气体扩散法。表 5-1 列举了世界上主要铀浓缩企业 2020 年的生产能力。

表 5-1　世界上主要铀浓缩企业 2020 年的生产能力

铀浓缩企业	生产能力/（tSWU/a）
法国 Areva，Georges Besse Ⅰ&Ⅱ	7 500
西欧三国 Gronau，Almelo，Capenhurst	13 700
美国 Urenco USA，New Mexico	4 900
俄罗斯 Tenex	27 700
中国	6 300
其他	66
总计	60 166

数据来源：WNA Nuclear Fuel Report 2021。

二、浓缩铀生产的基本原理

由于 ^{235}U 和 ^{238}U 的化学性质相同而仅在质量上有微小差别，这给同位素分离在技术上带来很大困难。用人工方法获得浓缩铀的方法有多种，但迄今为止，真正形成工业规模的生产方法是气体扩散法和气体离心法。激光分离技术虽然理论上可在单级实现，但仍存在许多技术难关，需要继续进行大量的研究开发工作。

1. 气体扩散法

气体扩散法是最早实现工业应用的大规模生产方法。工作介质是六氟化铀。它的原理是基于两种不同分子量的气体混合物在热运动平衡时，两种分子具有相同的平均动能而速度不同。较轻分子的平均速度大一些，它与容器壁或多孔隔膜的碰撞次数（概率）相对重分子就要多一些。隔膜上分布有容许分子通过的无数微孔，因此两种组分就以不同的速度通过多孔膜（又称扩散膜或分离膜）而扩散。用扩散法分离同位素的条件是膜孔径必须足够小，混合气体压力足够低，并维持进出口有一定的压差。具备这些条件，当六氟化铀气体通过扩散分离时，在过膜的低压侧 ^{235}U 有微小的加浓，在不过膜的高压侧 ^{235}U 被贫化，从而实现两种同位素分离。

扩散分离级的主要组成部分包括：

（1）分离器——一般做成圆筒形。分离器内安装扩散膜，扩散膜常制成管状，直径几厘米，长为 1～1.5 m。每一个分离器内可装有几千支膜管。

（2）压缩机——用它向分离器连续供料并维持扩散膜两侧压差。

（3）热交换器——六氟化铀气体被压缩后，温度会升高，要用热交换器把热量带走，使气体温度保持恒定。

扩散分离级原理见图 5-9。

通常用分离系数表示分离效果。分离系数就是在分离级前后所需同位素（^{235}U）的相对丰度比。理论上，扩散分离系数最大值等于两种组分的分子量比的平方根。

$$扩散理论分离系数\alpha_{max}=\sqrt{\frac{^{238}UF_6的分子量}{^{235}UF_6的分子量}}=\sqrt{\frac{352}{349}}=1.004\,3$$

实际分离系数 α 远低于此值，一般为 1.002 左右。由于单级的分离效果极小，为了达到丰度为 3%的低浓铀产品，需把 1 000 多级扩散级串联起来组成级联。

由于必须把气体不断地重新压缩，使它通过扩散膜，扩散厂要消耗大量的电能。大型扩散厂每 kg SWU 需消耗 2 300～2 500 kW · h 电能。由于比电耗大，扩散法缺乏经济竞争力。

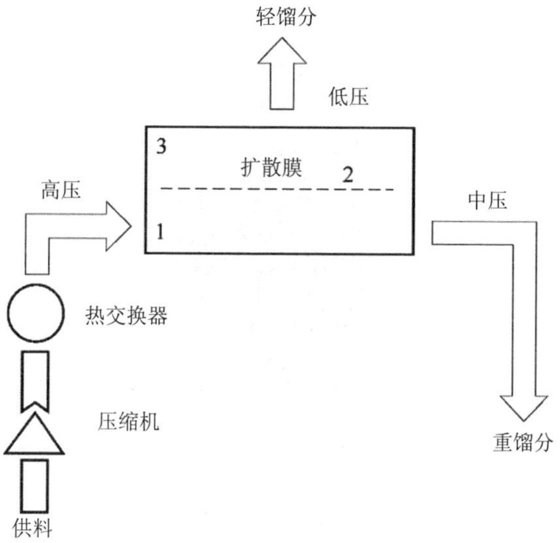

图 5-9　扩散分离级原理

2．气体离心法

在高速旋转的离心机中，由于很强的离心力场的作用，可以实现轻、重同位素的分离。在离心机中，较重的分子靠近外周富集，较轻的分子靠近轴线富集。从外周和中心分别引出气体流，就可以得到略为贫化和略为富集的两股流分。为了进一步提高分离效果，可以用加热或机械方法驱动在转子内旋转的气体，造成一个轴向流动的逆向环流。离心机主要由转子、轴承、取集器、电动机和外套筒等零部件组成，其结构如图 5-10 所示。离心机的生产能力取决于转筒的转速和长度。转子的速度越高，离心机的分离能力越大，但转子的线速度受到转子材料强度的限制。通过发展高比强度（抗拉强度与密度之比叫作比强度）的材料（如高强度铝合金、马氏体时效钢、玻璃纤维和碳纤维复合材料等）可以提高离心机转速。另外，也可发展超临界离心机，增加转子的长度。

与气体扩散法相比，气体离心法的主要优点是：

（1）比能耗低，为气体扩散法的 4%～10%，即生产单位产品的耗电量少。

（2）单机浓缩系数（分离系数与 1 之差）大。气体离心机单机浓缩系数在 0.2 左右，而气体扩散法仅为 0.002。要得到丰度为 3%的低浓铀产品，气体离心法只需要十几级的级联，而气体扩散法则需要 1 000 多级的级联，相差两个数量级。

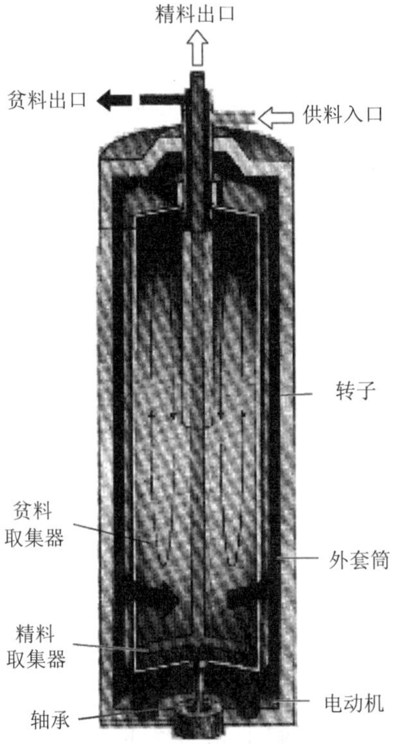

图 5-10 离心机结构

（3）技术发展潜力大。气体离心机单机分离能力主要取决于转子长度和周边线速度。高强度、高能量新材料的不断出现，使转子线速度大幅提高成为可能；随着设计和工艺水平的提高，转子长度可以不断增加，并由亚临界机器发展为超临界机器。因此，单机分离能力可以不断提高，经济性越来越好。目前，气体离心法分离功成本已远低于气体扩散法。

由于离心机单机分离能力很小，为实现相当的产量，在各级中必须并联很多离心机。一个实用的离心机分离工厂往往需要安装几万台甚至几十万台。离心机的实际应用关键在于造价和运行寿命。

3. 激光法

激光法是继扩散法和离心法之后最有发展前途的一种分离技术，目前正处于开发阶段。它的基本原理是：利用同位素质量差所引起的激发能差别，根据不同同位素原子（或由其组成的分子）在吸收光谱上的微小差别（称为同位素位移），用线宽极窄即单色性极好的激光，选择性地将某一种原子（或分子）激发到特定的激发态，再用物理或化学方法使其与未激发的原子（或分子）相分离。

1）激光化学法

气体分子在激光辐照下，因受激发，其活化能减少，在化学反应中反应速度加快。根据此原理，在具有不同同位素的分子系统中，用激光选择性激发某种同位素，使其反应速度加快。这样在反应产物中，形成的同位素组成不同，以此达到富集某一种同位素的目的，这种方法在反应过程中要依靠分子之间的碰撞来实现，为达到高的选择性，必须找到一种受体，使其与激发态分子的反应速度明显高于其他。

2）分子激光法

该法全称为分子激光同位素分离法（molecule laser isotope separation，MLIS），又简称分子法，这是一种单分子光化学反应过程。分子的吸收谱带比较宽，具有分立能级和准连续能级交叉的分子，吸收一个光子不能获得较好的选择性，所以一般利用分立能级吸收谱线的宽窄度，吸收一个光子获得一定的选择性，再进一步吸收多个光子达到分子离解，这称为无碰撞多光子离解。被离解的分子形成新的产物，经化学处理后使不同的同位素分子分开。这种方法是多原子分子进行同位素分离的理想方法。

3）原子激光法

激光分离铀同位素方法中最成熟的原子激光法（AVLIS）分离铀同位素的基本过程（图 5-11）如下：将燃料激光器输出的激光束波长精确调谐到 ^{235}U 原子的共振吸收波长，以三色或四色合成的激光束照射铀原子蒸气，使其中的 ^{235}U 原子共振吸收光子而激发和电离，未激发的 ^{238}U 原子始终处于中性基态。此时加一电磁场，使 ^{235}U 发生偏转与中性的 ^{238}U 原子束分开，分别予以收集。

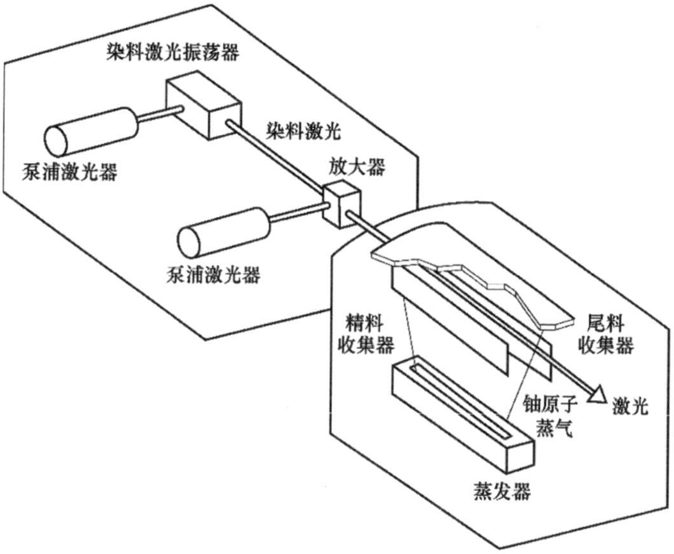

图 5-11　原子激光法分离铀同位素的基本过程

原子激光法分离系统由激光器系统和分离器系统以及所需的辅助系统组成。前者用以提供激发和电离铀原子所需的激光束，包括波长可调谐的染料激光器，作为其泵浦光源的铜蒸气激光器（或半导体激光器）和激光传输合成系统；后者为高真空容器，包括电子枪蒸发器、回流供料系统和精料、尾料收集器。

激光法的突出优点是分离系数大，一次分离即可获得适于制造核武器的高浓缩铀，但因其技术上难度较大，目前离工业应用尚有较大距离。

4．分离喷嘴法（气体动力学法）

当 UF_6 的高速流体急剧弯转时，会产生强离心力的作用，致使在弯道内部的流体之中仅有微量较轻成分的 UF_6 被浓缩。这个原理的设计者是 Becker，因此又称为 Becker 法。供给流被挤入弯道，在通过最窄之处后逐渐变大直至出口处。通过这个喷嘴的流体被加速到很高的速度，为了进一步提高流体速度，将 UF_6 气体通过超声速氢气稀释。另外，半圆形的弯道的曲率半径仅为 0.1 mm，气体通过时剧烈地被流道弯曲。在出口处配置有刃型支架，轻成分的 ^{235}U 和氢气的浓缩流体在弯道内侧被分离。分离喷嘴法得到的分离系数是 1.015。巴西通过德国的技术协助，设置了小规模的分离喷嘴法浓缩设施，但因为孔眼堵塞问题已被关闭。

三、浓缩铀生产的工艺流程

1．级联

无论是气体扩散法还是气体离心法，单个分离单元的分离效果都很小。要把天然铀中仅占 0.710%的 ^{235}U 浓缩到 3%～90%的富集度，就要将很多分离单元以一定的形式连接成级联（图 5-12）。

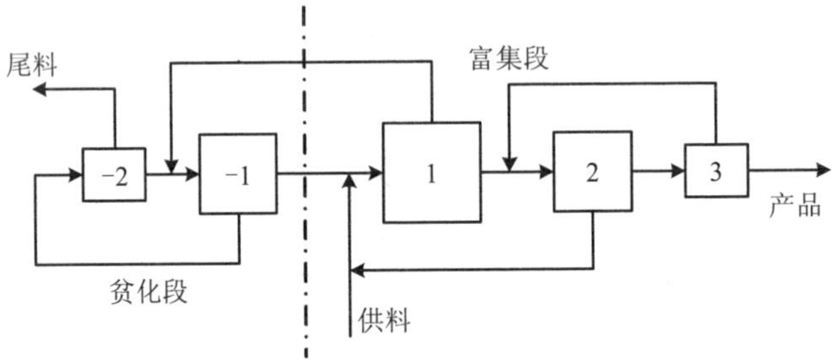

图 5-12　带贫化段的逆流型级联示意图

分离级是级联的组成单位，而级联是分离级之间串联形成的组合。分离级可以是一个分离单元（扩散单机或离心单机），也可以是并联的数个分离单元，其中每个分离单元的入口和出口处的 ^{235}U 同位素丰度相同。在实际分离工厂中，通常将每一级的精料作为下一级的供料，同时将每一级的贫料返回到上一个较低丰度的级再参与分离，形成与不断浓缩的精料流反向流动的贫料流，称为逆流型级联。

理想级联是在每级入口各流分汇合处，各流分所需的同位素丰度相同，而且等于该级中 ^{235}U 丰度的级联，即在各级入口处没有不同丰度物料的混合损失。理想级联各级流量不同，供料点处最大，向精料端及贫料端逐渐减小，是一个锥形级联（图 5-13）。在实际工厂的级联设计中，通常采用按流量大小排列成接近于理想级联的阶梯矩形级联。

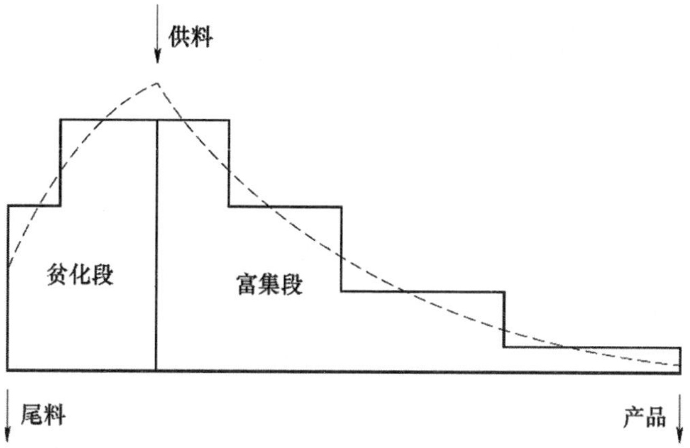

图 5-13 理想级联和实际级联的流量分布示意图

2. 工艺流程概述

主要工艺过程为：原料 UF_6 容器放入压热罐中加热，UF_6 以气态形式供入级联进行分离，当 ^{235}U 被浓缩到所需丰度时，装入冷冻状态下的产品容器，再经液化均质，取样合格后存入成品库房。贫料 UF_6 装入冷冻状态下的贫料容器，完全固化后送往贫料场暂存。

为了实施以上分离，铀浓缩工厂主工艺系统主要有级联系统、供取料系统、产品液化倒料系统、物料贮存运输系统、沾污设备清洗系统、废液处理系统、主要沾污设备检修系统等。公用支持系统主要有供电系统、供水系统、水处理系统、冷冻水系统、蒸汽供应系统、压缩空气供应系统、液氮供应系统、通讯与报警系统和实物保护系统等。

3. 铀浓缩工厂的基本特点

1）工作介质为六氟化铀

由于六氟化铀化学性质活泼，化学腐蚀性强，需在铀浓缩使用设备和材料的选型，工作人员的健康防护，以及工艺过程管控等方面给予特殊关注。

2）工艺系统的高度密封性和清洁度

铀浓缩工厂的主要工艺回路在负压下工作，因此应严格保证真空密封。若密封性遭到破坏：对气体扩散厂来说，空气中的水分与六氟化铀作用后形成固体粉末，会堵塞或破坏分离膜，以致损失工作物质和分离功；对于气体离心工厂来说，一旦空气大量漏入，则可能发生大量离心机损坏的重大事故。

3）长期运行的安全性与可靠性

铀浓缩工厂级联装置一旦启动，就要求常年连续运行。因此，铀浓缩工厂要求非常可靠的供电，必须配置备用电源。此外，铀浓缩工厂的供料和取料（精料、贫料），以及冷却水、压缩空气、蒸汽的供应等均不允许中断。

第六节 燃料组件制造

一、核燃料组件简述

1. 压水堆燃料组件

根据反应堆类型和结构的不同，核燃料组件有多种类型。目前常用的压水堆核电厂核燃料组件是由封装了易裂变材料的核燃料元件棒按一定的规律排列组成的。它主要由上下管座、格架、控制棒导向管和燃料元件棒组成（图 5-14）。为防止冷却水内碎片对元件棒磨蚀破坏，目前防碎片装置已成为核燃料组件的一个重要组成部分。

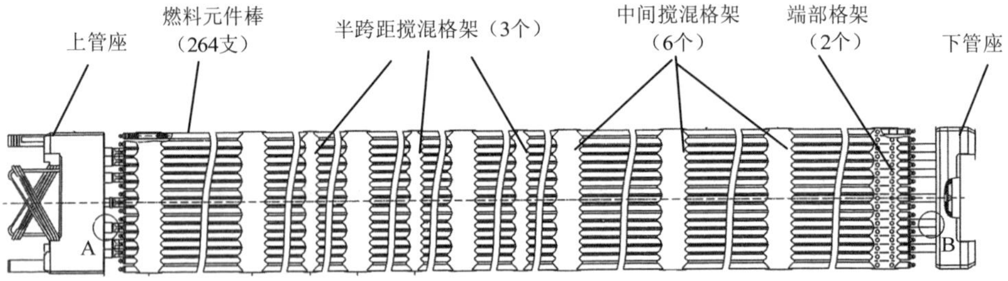

图 5-14 压水堆燃料组件基本结构

核燃料的特点是能量高度集中。一座 1 000 MW 级的压水堆核电机组每年需要补充约 24 t 低浓铀燃料。一般燃料组件在反应堆内使用 3～5 年的时间。燃料组件在堆内处于强中子场中，经受高温、高压、高流速冷却剂的冲刷，同时承受裂变产物化学作用和复杂的机械载荷，工作条件十分苛刻，要求燃料组件有高度的可靠性和安全性。燃料组件的设计和制造对运行可靠性和安全性有着显著影响。就燃料组件设计而言，通常应考虑以下技术要求：

（1）燃料芯块和包壳的温度——任何情况下绝不允许超过其熔点，并且要留有足够的安全裕度。

（2）包壳的应力和应变范围——包壳的应力分析应满足反应堆压力容器有关设计规范的规定，应有足够的机械强度和刚度。包壳的最大容许应变量不超过 1%。

（3）包壳的腐蚀——组件寿期终了时，包壳的最大腐蚀深度应低于壁厚的 10%。

（4）壳内的气体压力——在组件寿期终了时，包壳内部的气体压力值应和外部压力值相近。

（5）包壳的吸氢——过量氢能使锆合金包壳脆化破损。在寿期终了时，包壳含氢量一般不允许超过 $2.5\times10^{-2}\%\sim3\times10^{-2}\%$。除此之外，对有关结构材料的中子经济性、芯块的微观结构和含氢量及单棒的水含量等都有严格的要求。

2．高温气冷堆燃料元件

高温气冷堆的燃料元件有球形燃料元件和柱形燃料元件两种。目前，我国已建成并投运了山东石岛湾高温气冷堆示范电站，其采用的燃料元件为球形燃料元件，与此配套，我国建成了设计生产能力为年产 30 万个球形燃料元件的生产线。球形燃料元件主要由包覆燃料颗粒、石墨基体和石墨壳三部分组成（图 5-15）。其中包覆燃料颗粒由 UO_2 核芯、疏松热解炭层、内致密热解炭层、碳化硅层和外致密热解炭层构成。球形燃料元件的主要特点是利用球的流动性，实现不必停堆就能完成装卸料。

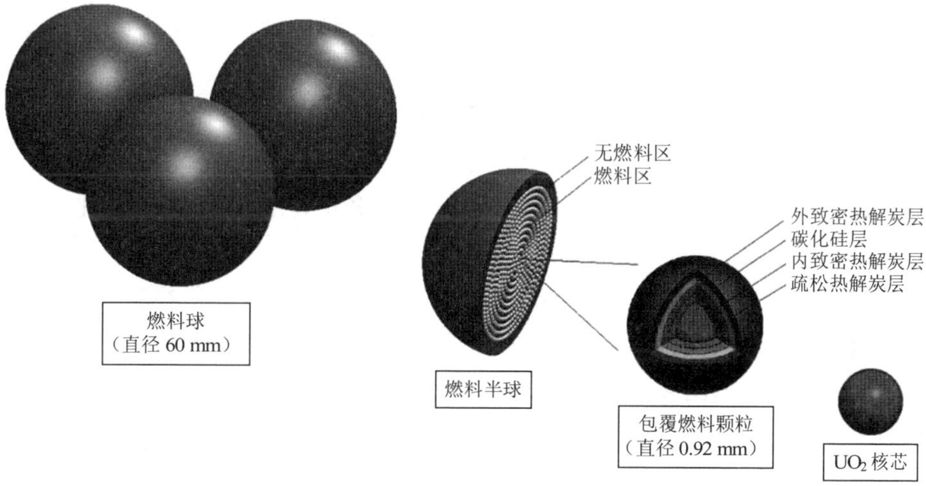

图 5-15　高温气冷堆球形燃料元件基本结构

二、压水堆核燃料组件的制造工艺

核燃料组件制造从低浓六氟化铀（^{235}U 富集度在 5%以下）开始到生产出燃料组件成品，主要有五个工序：化工转化制备可烧结二氧化铀（UO_2）粉末、UO_2 芯块制备、燃料棒制造、组件零部件制造和组件组装。

1．化工转化制备可烧结 UO_2 粉末

目前用于制备可烧结 UO_2 粉末的化工转化工艺流程较多。其中，湿法工艺有重铀酸铵（ADU）工艺流程和三碳酸铀酰铵（AUC）工艺流程；干法工艺有流化床法（FBP）工艺流程、火焰反应法（FRP）工艺流程和一体化干法（IDR）工艺流程。

我国目前采用两种化工转化工艺：ADU 工艺和 IDR 工艺。

1）ADU 工艺

ADU 工艺是最早实现工业规模生产陶瓷二氧化铀粉末的方法。它既适用于 UF_6 作原料，也适用于 $UO_2(NO_3)_2$ 作原料，还能处理生产过程中不可避免地产生的废品和废料，不需另设回收工艺。其缺点是流程比较长，过程中产生大量的废水，ADU 工艺组成复杂，生产的 UO_2 粉末再现性不好，氟含量高等，对芯块制造有一定的不利影响。

以 UF_6 为原料采用 ADU 工艺流程制备陶瓷 UO_2 粉末的工艺过程如下：

（1）UF_6 的气化。用热空气加热装于特制钢瓶中的 UF_6 使其气化，在保温条件下将 UF_6 气化后转送到下一道工序，以防 UF_6 结晶堵塞转送管道。

（2）UF_6 的水解。UF_6 蒸汽溶解于水，生成氟化铀酰溶液，反应式为

$$UF_6（气）+ 2H_2O（液）\longrightarrow UO_2F_2（液）+ 4HF（液）$$

此反应为放热反应，水解温度可从室温升高到 80℃或更高，因此水解槽装有冷却水夹套，在负压下工作。

（3）ADU 的沉淀。氟化铀酰溶液用过量氨水沉淀时形成多种铀酸盐沉淀，沉淀物（ADU）的化学组成、颗粒形态都很复杂。ADU 沉淀工艺不仅影响 ADU 的性能，也影响 UO_2 粉末和烧结芯块的性能。例如，UO_2 的比表面积和松装密度随 ADU 的比表面积和松装密度增大而增大，而这又直接影响烧结芯块的密度。因此，ADU 的特性往往可以预示 UO_2 粉末及其烧结芯块的特性，应控制适宜的 ADU 沉淀条件、工艺参数，即反应温度、反应时间、pH 值、铀浓度、沉淀剂浓度和过量程度等影响因素。

（4）ADU 的过滤和洗涤。ADU 沉淀是颗粒细小且黏聚的浆体，直径一般是几微米，过滤比较困难。工业上采用的过滤设备中，效果较好的是真空式过滤机和卧式螺旋卸料离心机。另外，沉淀物中含有 4%～5%的氟化物，氟的存在会导致元件包壳在反应堆内的腐蚀破坏，通常采用洗涤的方式加以除去，洗涤剂通常采用去离子水。经过滤洗涤除去以物理状态吸附于 ADU 上的氟，可使氟含量从 4.5%降到 1.4%，脱氟近 70%。但以化学形态结合于 ADU 中的氟无法通过洗涤去除，需在之后的煅烧还原中实现脱氟，以达到芯块氟含量的要求。

（5）ADU 的干燥。过滤后的 ADU 滤饼含水 30%～60%，必须经干燥脱水后才能进入后工序。干燥方式和干燥温度对以后制备的 UO_2 性能有一定影响。目前用于 ADU 干燥的方法有固定床托盘式干燥、转炉干燥、连续带式干燥、喷雾干燥和流化床干燥等，经过干燥使 ADU 含水量降至 10%以下。

（6）ADU 的分解、还原和脱氟。干燥后的 ADU 在回转炉内煅烧分解还原成 UO_2 粉末。实际过程是先分解成高价铀氧化物，然后再还原成 UO_2，即 ADU—UO_3—U_3O_8—UO_2。干燥后的 ADU 中尚含有部分水和氟盐或硝酸盐，所以转化过程还包括脱水、脱氟。分解还原在氢和水蒸气的混合气氛下进行。利用水蒸气将氟除去，使氟含量降到 2×10^{-4} 以下。

ADU 转化成 UO_2 粉末时，其工艺参数对 UO_2 粉末的特性影响极大。例如，UO_2 粉末的比表面积、松装密度和流动性与还原温度密切相关。因此，控制 ADU 的沉淀条件和分解还原的工艺参数是生产性能适宜的 UO_2 粉末的关键。

ADU 工艺流程简图见图 5-16。

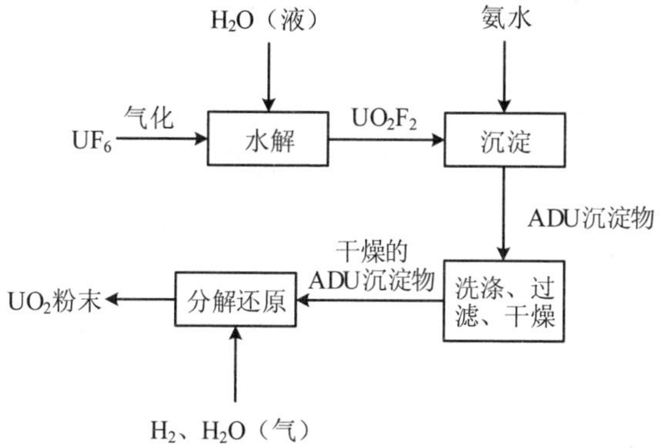

图 5-16 ADU 工艺流程简图

2）IDR 工艺

IDR 工艺的化学反应是气体—气体和气体—固体间的反应，整个反应过程是在干法转化炉中完成的。反应炉内主要分两个反应室：前一部分是气—气反应室，UF_6 汽化后和过热的水蒸气在这里发生水解反应并生成氟化铀酰（UO_2F_2）；后一部分是转化炉，室内温度达 600～700℃，氟化铀酰和氢气在这里发生还原反应生成粉末。简言之，IDR 工艺中，UF_6 直接转换成 UO_2 的反应式为

$$UF_6+2H_2O+H_2 \longrightarrow UO_2+6HF$$

工艺过程主要包括 UF_6 气化和水解、反应转化、UO_2 粉末的稳定化和均匀化、尾气处理。

（1）UF_6 气化和水解

气态的 UF_6 和来自电热蒸汽机组的水蒸气各自经过预热后，通过同心圆锥形喷嘴喷入干法转化炉反应室内，在反应室中 UF_6 气体和水蒸气发生气相水解反应，生成羽状的 UO_2F_2 微粒和 HF 气体。反应式为

$$UF_6+2H_2O \longrightarrow UO_2F_2+4HF$$

（2）反应转化

UO_2F_2 微粒沉降反应室底部，被反应室下部的螺旋输送机送至干法转化炉内，与从炉尾部进入的 H_2 发生还原脱氟反应，制得 UO_2 粉末。从炉尾排除至落料管。反应式为

$$UO_2F_2+H_2 \longrightarrow UO_2+2HF$$

（3）UO_2粉末的稳定化和均匀化

热解还原得到的UO_2粉末在空气中易于氧化，氧化放出的热量又会加速这种氧化反应过程，特别是刚出炉的粉末温度较高氧化更快。为此，对还原出的粉末要进行稳定化处理，方法是把含有一定量空气或者氧气的氮气通入粉末中，使粉末颗粒的表层预先吸附一些氧而在后来的储存和使用中对氧的反应钝化。由于UO_2粉末性能波动性较大，需要进行合批均匀化处理，以便在一个生产批号内的粉末性能均匀，以利于后续芯块制造工艺参数的控制。

（4）尾气处理

反应尾气经反应室内上部微孔过滤器过滤后送尾气处理系统处理。

IDR 工艺的优点是工序短，产量大，废液量极少，从UF_6转化到UO_2粉末可在一台设备内完成，生产连续化，易实现自动化，生产的UO_2粉末压制烧结性能好，尾气中的 HF 容易回收等；缺点是粉末流动性差，需要制粒工序，不能处理$UO_2(NO_3)_2$来料。

IDR 工艺流程简图见图 5-17。

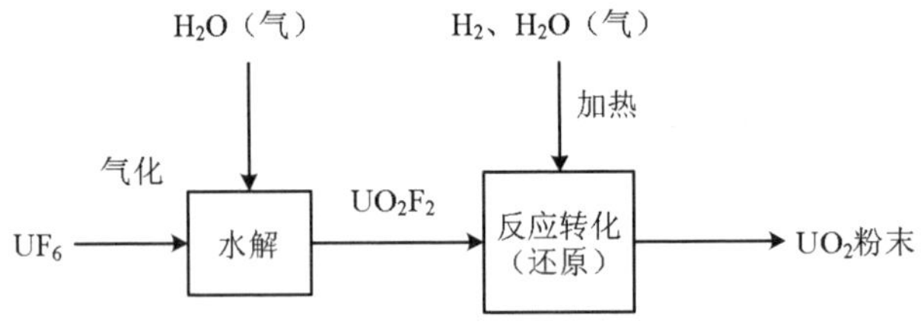

图 5-17　IDR 工艺流程简图

2. UO_2芯块制备

经化工转化工艺制备合格的UO_2粉末首先要经过合批均匀化处理，其目的是使不同批次的粉末化学组成、物理性能和同位素丰度更加均匀一致。经均匀化后的粉末进入制粒工序，经压块、破碎和筛分后，按规定的粒度配比，使粉末有良好的流动性。

目前芯块生坯多在旋转压机或者多冲头压机上压制。一般都采用等压压制，由于保证了压制力的恒定，压制的生坯密度波动很小，从而保证了烧结密度的均匀性。

芯块烧结是芯块制备的关键工序。工业上一般都采用连续烧结炉。把压制好的生坯放在钼舟中，再将钼舟连续送入充有还原气体（氢气）的烧结炉中烧结。送钼舟方式有两种：一种是步进动梁式，另一种是推舟式。烧结温度一般控制在 1 700℃左右。芯块的烧结密度一般控制在理论密度的（95±1.5）%。一般芯块在氢气中烧结。为保证安全，通常要在炉端设置长明火，将尾气中的氢气烧掉，同时在车间设置测量和报警装置，并保证良好的通风条件。

烧结合格的芯块进入磨削工序，其目的是保证芯块的外形尺寸公差和表面光洁度，磨削后的芯块要清洗干燥，最后是外观完整性的检查。

3．组件零部件制造

组件零部件制造是指元件棒端塞、上下管座、定位格架和控制棒导向管等的制造。上下管座一般由低钴不锈钢制成，座面上所有控制棒导向管的位置度公差要求严格，目前我国由精密程控加工中心来完成。

定位格架的加工工艺因格架结构的不同而有所差别。对弹簧和条带采用不同材料的双金属格架，主要有条带冲制、弹簧成型和焊接。格架是燃料组件的关键部件，除对栅元的位置度及公差要求严格外，同时又对每个栅元对元件棒的夹持力有严格要求。焊接是格架加工的重要工艺方法，一般用接触电阻焊将弹簧与格架条带焊接，组装成型后再用钎焊或激光焊接方法将条带焊接在一起组成格架。

4．燃料元件棒制备

燃料元件棒制备工序主要包括锆合金管准备，端塞焊接，装入芯块、弹簧和隔离块，充氦和堵孔焊接。元件棒基本结构如图 5-18 所示。

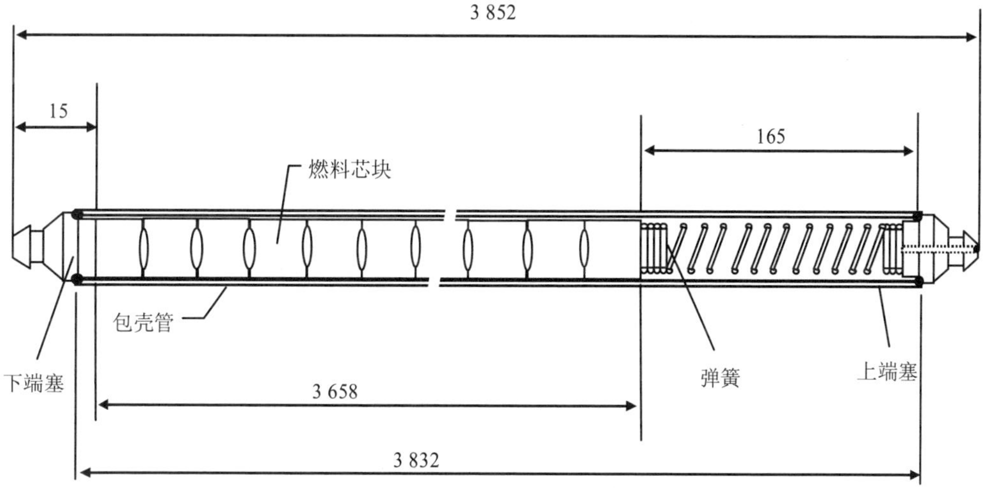

图 5-18　压水堆燃料元件棒基本结构（单位：mm）

一般锆合金管进入燃料组件生产厂要进行技术指标复验，以确保燃料组件产品质量。合格的锆合金管先用电子束或钨极保护气体（TIG）焊接工艺焊接第一个端塞。根据元件棒设计工艺的不同，有的元件棒也采用压力电阻焊。芯块装管前先在 150℃下经 1～2 h 烘干，以免元件棒带入过多的水分而影响堆内辐照行为。芯块装管采用机械化自动装管工艺，也有的使用手工装管工艺。

为保证端塞焊接的可靠性，除工艺控制外，焊接质量检测是必要的质量保证手段。常用的检测方法有超声检测和 X 光透射检测。

组装好的元件棒要经过芯块间隔检查和同位素丰度检查，以免出现芯块悬浮和不同丰度芯块的混装现象。

5．组件组装

一般压水堆燃料组件全长为 4～5 m，重量为 550～670 kg，是一个大型而又精密的高技术产品。

核燃料的组件组装主要包括骨架组装和拉棒或推棒。在专用平台上把格架和控制棒导向管点焊起来，组成核燃料组件骨架。在骨架焊好以后，将燃料棒拉（或推）入骨架。燃料棒在组装前，为了防止划伤，有时要先涂上一层保护膜，待组装完成后将膜清洗干净，也有在组装过程中采用喷水润滑方法来防止划伤的。不论采用何种方法，划伤深度必须小于包壳厚度的 10%。

组装的最后工序是将上下管座与装完燃料棒的骨架用导向管连接起来。连接的方式有可拆卸和不可拆卸两种，前者的优点是可以在水下进行检查和更换燃料棒（如果燃耗深度未达预定值的组件发生了破损）。

采用铀-钚混合物制成的燃料元（组）件，称为 MOX 燃料元（组）件。

三、高温气冷堆球形核燃料元件的制造工艺

高温气冷堆球形燃料元件的制造工艺主要包括湿法化工转换、核芯制备、燃料颗粒制备、球形燃料元件制造四个步骤。

1）湿法化工转换

装在容器内的丰度 5%以上的 UF_6 经气化、水解、ADU 沉淀、固液分离、干燥、脱氟煅烧得到 U_3O_8 粉末。

2）核芯制备

U_3O_8 粉末经硝酸溶解、溶胶分散工序制备得到 ADU 凝胶微球，再经陈化、洗涤、干燥、焙烧、还原、烧结、筛分优选、振选和混批等工序制备得到 UO_2 燃料核芯。

3）燃料颗粒制备

在 UO_2 燃料核芯表面上依次沉积疏松热解炭层、内致密热解炭层、碳化硅层和外致密热解炭层，制备出包覆燃料颗粒。

4）球形燃料元件制造

以包覆燃料颗粒和石墨基体粉为原料，通过穿衣、压制、碳化、车削、高温纯化等工艺过程制备出球形燃料元件。

第七节 乏燃料及其后处理

一、后处理的意义和特点

1. 后处理的意义

1）后处理是充分利用铀资源的重要途径

核电是保障我国能源安全的重要组成部分，要保障核电的长期稳定运行，就需要保证铀资源的长期稳定供给和利用。我国已探明的铀资源储量规模小且品位低，要实现压水堆-快堆-聚变堆的核能战略发展，应积极发展乏燃料后处理，分阶段构建压水堆、快堆闭式燃料循环，有效利用铀资源，大幅提升铀资源利用率，实现我国核能可持续发展。

目前，核电主要使用的是热中子堆，核燃料通过反应堆使用一次，只能利用燃料总量的一小部分。这类反应堆对天然铀资源的利用率较低，如果把热堆中的 ^{238}U 转化成 ^{239}Pu 的利用考虑进去，动力堆的天然铀资源利用率也只有 1%左右。全世界目前探明的铀资源储量约 450 万 t，可供全世界常规核电站使用 50 年左右。如果通过后处理将热堆乏燃料回收的 U 和 Pu 循环使用，则大约可节省天然铀资源 30%。

后处理回收的钚可用于制作快堆燃料，以 MOX 元件用于快堆，并对快堆乏燃料继续实施后处理，则铀资源利用率可提高 60 倍左右。由此可见，乏燃料后处理是实现核燃料闭式循环的关键，是实现从热堆到快堆再到聚变能利用的关键途径。

2）后处理可以减少放射性废物量

利用核裂变能的一个缺点是人为地产生大量的放射性废物。减少放射性废物对核能的可持续发展十分重要。因此，实现放射性废物最小化已成为先进后处理流程的重要目的之一。

开展乏燃料后处理，实现放射性废物最小化，回收复用钚，既能扩大核资源又能减少放射性废物。后处理厂通过工艺设备及操作改进，放射性废物量将大幅减少，如法国阿格厂 2001 年的固体废物体积已降低到 1991 年的 1/3，废液量减少到 1/10。后处理产生的放射性废物量不到“一次通过”产生量的 1/3：采用一次通过，乏燃料组件经过包装进行最终处置，体积约为 2.0 m^3/tHM；如采用后处理，可回收＞99.5%的铀和钚，约产生高放废液玻璃固化体 0.13 m^3/tHM，再考虑燃料包壳和其他固体废物，总体积仍＜0.5 m^3/tHM。

3）后处理可以降低长寿命核素的危害

通过后处理固然减少了产生的废物量，但是需要长时间与生物圈隔离的高放废液玻璃固化块毒性基本上无变化。因此，进一步降低高放废物的量和毒性需要研究开发分离-嬗变技术，发展新的核燃料循环后段。

分离是后处理过程的强化和延伸。乏燃料中含有约 95%U、1%Pu 和 4%的裂变产物，其中有些锕系元素和长寿命裂变产物的半衰期长达 10^5～10^7a，具有长期潜在的放射性毒性，它们衰减到天然铀的水平要几十万年到上百万年。乏燃料中放射性核素长期毒性的主要组分按重要性降序排列是钚、次锕系元素和几个长寿命裂变产物。从长期来看，钚提供约 90%的乏燃料放射性毒性。后处理把乏燃料中的钚从裂变产物中分离回收，制成燃料元件在反应堆中复用可以说就是一个分离-嬗变的过程。进一步把次锕系元素和某些长寿命裂变产物分出，用中子核反应使其裂变或转变成短寿命的或稳定的核素，是目前各有核国家关注的焦点。次锕系元素嬗变时还有能量收益。次锕系元素的量只占高放废液盐分的 1%～2%，分离次锕系元素后其余部分成为非 α 的废液，虽仍需玻璃固化，但其与生物圈隔离时间缩短到几百年，减少了放射毒性。如将废液中的 ^{90}Sr 和 ^{137}Cs 进一步分出，则废液的主体可变成中放水平，经水泥固化后实施近地表处置，可大大减少高放废物深地质处置的费用。

4）后处理是增强综合国力的需要

一个国家的核威慑力量主要由下列几部分组成：现有核武器、运载工具、军用核材料和核材料生产技术。正因如此，世界上很多国家都积极发展后处理技术。后处理是生产核武器装料 ^{239}Pu 的唯一途径，迄今为止，核武器实际使用的核装料只有 ^{235}U 和 ^{239}Pu。从技术及经济性上看，生产武器级钚比生产武器级铀更容易实现。从核武器的性能上看，钚弹的效率比铀弹高，同样威力的钚弹装料量只是铀弹装料量的 1/3。可以说，谁掌握了后处理技术，谁就可以拥有核武器小型化的装料。

2．后处理的特点

1）产品回收率很高

后处理的产品非常贵重，产品的总回收率大于 99%，每一步操作的回收率更要大于 99.9%。

2）产品纯度极高

（1）β、γ 放射性的裂变产物的去除——由于从后处理得到的铀产品要像天然铀一样进行直接操作，钚产品也只在具有薄屏蔽层的工作箱内加工，所以必须充分去除带有 β、γ 放射性的裂变产物。一般要求回收铀的 β、γ 放射性活度不大于老化后的天然铀放射性活度（β 放射性为 25 kBq/gU，γ 放射性为 5.9 kBq/gU）的 2 倍；回收钚的裂变产物 γ 放射性活度则可稍高（不大于 1.5 MBq/gPu）。常用“去污系数”这一术语来表征对裂变产物的去除程度，其定义为

$$\text{去污系数（DF）}=\frac{\text{原料中裂变产物的总放射性活度/原料中待提取元素的总量}}{\text{产品中裂变产物的总放射性活度/产品中所提取元素的总量}}$$

由于铀、钚产品的回收率接近 100%，所以上式可简化为

$$\text{去污系数（DF）}=\frac{\text{原料中裂变产物的总放射性活度}}{\text{产品中裂变产物的总放射性活度}}$$

后处理工厂的总去污系数往往高达 10^6～10^8，具体数值取决于乏燃料的特性、产品的用途以及经济、安全等因素。

（2）铀、钚产品的分离——对铀、钚两种产品的分离也有一定要求，可用分离系数 β（指两种物质在分离前原料中含量的比值与分离后产品中含量的比值之比）来表征，一般在 10^4～10^6 量级。钚的 α 放射性比活度及化学毒性均远大于铀，因此铀中去钚的分离系数较高。产品铀中超铀核素的总 α 放射性比活度≤250 Bq/gU，仅相当于铀中含钚约 1×10^{-8}。相应的钚中去铀的分离系数则可稍低，允许钚产品中含有很少量的铀（≤1×10^{-4}）。

（3）化学杂质的去除——裂变产物中还存在其他稳定同位素杂质和某些中子吸收截面很大的毒物（如稀土类的 ^{149}Sm、^{151}Sm、^{199}Eu、^{199}Gd 等），而产品又必须达到核级纯度。化学杂质的含量一般都在 10^{-6} 数量级，各种杂质的范围较宽；而所有杂质的中子吸收截面最多只能相当于含 ^{10}B 的 8×10^{-6} 的中子吸收截面。

3）远距离操作与控制

乏燃料虽经贮存冷却，但仍有极强的 γ 放射性，不允许人员直接靠近操作。因此，后处理工厂的工艺设备与管道等均须置于屏蔽层后面，而采用远距离操作和控制的方式，部分工厂的设备还采用远距离维修。在维修时仅需对屏障进行临时修改而不破坏封闭屏障，就可在封闭区内完成待修设备关键部件的更换维修工作，其大量的日常维修和临时性抢修工作基本上是在远距离下完成的。这种远距离的方式带来了复杂的技术问题，并由此大大增加了工厂的投资。

4）免维修与少维修

后处理厂的机械设备在设计理念上尽可能地贯彻免维修和少维修。通过利用自然原理实现部件功能可以有效提高设备的可靠性；通过使设备中的易坏部件和稳定部件分离设置，并将易坏部件置于人员停留较安全的区域可大大降低维修难度。已经建成并投入运行的几座后处理厂，在设计和建造时都极为重视设备维修工作的合理性和可靠性，在设计时就能够系统地考虑各类维修工作需要具备的必要条件，通过长期积累的运行经验和完备的科研成果转化体系，形成了水平较高的维修模式和可靠性强的维修机具，可使维修人员受到的辐射剂量降到合理可行、尽量低的水平，也可保证工厂有较高的开工率。

5）十分严格的安全要求

后处理使用的物料具有化学毒性、腐蚀性和易燃易爆性，因此后处理工厂也有一般化工厂的密闭、通风、防腐、防火、防爆等要求。此外，工厂更有特殊的核安全要求。首先，厂房及其内部的区域必须按照辐射的性质和强弱实行分区布置的原则，以确保人员、风向和物流均有合理的走向；其次，凡有易裂变物质存在且可能达到核临界状态而造成事故的场合均需严加防范。

具体做法有：

几何控制——使设备的几何形状和尺寸在任何情况下均不致发生临界事故；

质量控制——不使易裂变物质的总质量达到或超过次临界限值；

溶液浓度或体积控制——不使易裂变物质溶液的浓度或体积达到或超过次临界限值；

毒物控制——将某些吸收慢中子截面很大的物质溶解在溶液中（可溶性毒物）或固定

在设备上或掺杂在设备材料中（固定毒物）。

为确保核临界安全，实际选用的临界数据要考虑有一定的安全裕度，而且采用不止一种方法来加以控制。

6）安全风险

采用面向对象的评价方法，对后处理厂可能导致损害人员和环境的影响因素和风险进行分类，可以分为核风险和非核风险两类。采用逐一风险分析法对风险进行分析，其主要特点是根据每个设施技术特点和主要的安全功能，根据上述两类风险分析核设施可能发生的风险，然后再考虑需要采取的预防措施。这种方法的优点是避免由于不必要的保守考虑而带来的增加工厂建造的成本问题。核风险主要包括放射性物质扩散风险、外照射风险、临界风险、辐解风险、衰变热风险；非核风险主要包括重物操作风险、火灾风险、内部爆炸风险、化学品使用风险、电气设备使用风险、加热和冷却流体风险、压力设备风险、内部水淹风险、地震风险、飞机撞击风险、气象条件风险、外部水淹风险、运输风险和电力丧失风险等。

7）物项安全分级管理

（1）分级对象的确定

后处理厂的物项包括建（构）筑物、系统和部件。在进行分级时，物项应具体化，以能够赋予单一等级的最小单元作为分级的具体对象。一个系统或一个复杂设备在其分部件履行不同的安全功能时，应按照各部件履行的不同安全功能来确定不同的安全等级。当笼统地说某件复杂设备是某安全等级时，是指该设备有代表性部件的安全等级。

（2）确定安全等级的依据和方法

①确定安全等级的依据

确定后处理厂各物项的安全等级，依据物项承担的安全功能及物项所承担安全功能的重要程度。

后处理厂的安全总目标：建立并保持有效的防御措施，保护工作人员、公众和环境免遭辐射危害。

后处理厂的基本安全要求：在运行状态、事故工况期间和事故工况后，后处理厂能安全停车并保持安全停车状态；保证放射性物质释放在运行状态期间低于规定限值，在事故工况期间低于可接受限值；保证衰变热的导出。

后处理厂的安全功能：包容放射性物质、防止核临界、屏蔽辐射、导出衰变热、防止火灾和爆炸等。

②安全分级的方法

划分建（构）筑物、系统和部件的安全功能重要程度和安全等级主要基于确定论方法，辅以概率论方法，结合工程经验，应考虑以下因素：

要求该物项执行的安全功能；需要该物项执行某一安全功能的可能性；未执行其安全功能的后果和可能性；假设始发事件后需要该物项投入运行的时间或持续时间；被评价物

项包容的放射性物质的种类、毒性、数量、状态、潜在迁移率、电离辐射的生物效应；部件或系统失效后，在未酿成严重后果之前可将其更换或修复的可能性。

（3）确定安全等级的一些特殊考虑因素

①系统内的多重性

在某一系统内，可能有履行同一安全功能的多重系统或部件。分级时，多重系统或部件应与履行该安全功能的在役系统或部件属同一安全等级。某些安全功能除由专门设置的系统和部件来完成外，还可能由履行其他安全功能的系统和部件来完成。在这种情况下，只对履行此安全功能的专设系统和部件进行安全分级。

②用于监测、检查的系统和部件

凡对安全系统或部件执行监测或检查功能和对事故后果缓解或对安全系统、部件复原起重要作用的物项，均应与对应的被监测、检查的物项属同一安全等级。如中央控制室与执行安全功能有关的仪表、自控系统和被监测、控制的物项属同一安全等级。

③不同安全等级物项间的接口

应合理地确定不同安全等级物项间的接口，以便在较低安全级物项的功能失效时，不影响较高安全级物项的安全功能。接口处部件的安全等级必须与较高安全级部件的安全等级相同。

④物项更换或修复可行性

部件或系统失效后，在未酿成严重后果之前，可及时将其更换或修复的物项可划为非安全级。

（4）抗震分类、质量保证等级和设计建造标准规范

安全分级是最关键的分级。对每一个具体的物项应首先确定其安全等级，然后再确定抗震分类、质量保证等级和所采用的标准、规范。

（5）安全分级的具体划分

对物项进行安全分级有助于在后处理设施的项目管理中更好地平衡经济性和安全性。后处理厂的建（构）筑物、系统和部件等物项（SSCs）分类，分为建（构）筑物、化工设备、机械设备和电气设备四类。对物项进行安全分级管理，将物项划分为放化安全级和非安全级两大类。凡承担或支持后处理厂安全功能、其损坏可直接或间接导致事故工况，以及其他具有防止事故发生或缓解事故后果功能的物项，属于放化安全级物项，其余为非安全级物项，但应识别出其中安全相关的有特殊要求的物项。由于放化安全级化工设备直接包容放射性物质，因此安全等级的划分更为严格，进一步分为放化1级和放化2级。

二、乏燃料的特性

在核反应堆内使用（辐照）达到计划的卸料比燃耗后，自反应堆内卸出且不再在该堆中使用的核燃料称为“乏燃料”。

核燃料在反应堆内发生各种核反应（主要是裂变反应和中子俘获反应）后，除仍剩有新燃料中原有的元素外，还生成两大类产物，即裂变产物和锕系产物。UO_2燃料组件在反应堆中经过约 3 年的辐照，部分铀转变为钚、裂变产物和次锕系元素。例如，辐照前的初始组分为 96.3%的 ^{238}U 和 3.7%的 ^{235}U，辐照后的组分主要为 92.8%的 ^{238}U、4.8%的裂变产物和次锕系元素、1.1%的 Pu、0.7%的 ^{235}U 和 0.5%的 U 的其他同位素。

初级和次级裂变产物的种类繁多，共有 36 种化学元素，其原子序号自 30（锌）至 65（铽），质量数从 72～161。因此，其核素有二三百种之多。此外，还有对安全性较为重要的氚。

这些裂变产物核素除少部分是稳定的以外，大部分具有极强的 β、γ 放射性。所幸其中相当多的核素半衰期极短，出反应堆后很快衰变成稳定核素。其中，裂变产额较大、半衰期适中（或更长）且对随后的乏燃料处理工艺过程具有重要意义的这类核素有：^{3}H、^{85}Kr、^{129}I、^{131}I、^{133}Xe（以上为挥发性气态）和 ^{90}Sr、^{95}Zr、^{95}Nb、^{99}Tc、^{103}Ru、^{106}Ru、^{137}Cs、^{144}Ce、^{147}Pm、^{151}Sm 等。

锕系产物由铀同位素中子俘获反应（有时伴随衰变）而生成，其中最重要的是钚的各种同位素，尤以 ^{239}Pu（另一种重要易裂变核素）为主，其他锕系产物有镎、镅、锔等（又称“次锕系元素”）。各核素的产额随其电荷数和质量数的增加而减少。锕系产物大多具有半衰期较长的 α、γ 放射性，而且伴有一定的中子发射率。

因此，乏燃料本身会发出各种极强的射线和中子，并由此伴随放出热量。此外，乏燃料中不少元素还具有相当强的生物毒性。典型轻水堆的乏燃料特性列于表 5-2 中。

表 5-2 典型轻水堆的乏燃料特性

放射性比活度	1.67×10^{17} Bq/tU	发热量	20 kW/tU
化学组分			
主要锕系元素	含量/（kg/tU）	主要裂变产物	含量/（kg/tU）
铀（U）	955	氙（Xe）	5.40
镎（Np）	0.76	钕（Nd）	3.90
钚（Pu）	9.10	锆（Zr）	3.65
镅（Am）	0.15	钼（Mo）	3.45
锔（Cm）	0.035	铈（Ce）	2.85
		铯（Cs）	2.70
		钌（Ru）	2.25
		钡（Ba）	1.40
		钯（Pd）	1.30
		镧（La）	1.25
		镨（Pr）	1.20
		锶（Sr）	0.88
		碲（Te）	0.56
		钇（Y）	0.47
总量	965	总量	35

注：轻水堆乏燃料特征：低富集的 UO_2 燃料，燃耗 33 GW·d/tU，冷却 150 d。

三、乏燃料贮存

乏燃料贮存的技术路线分为湿法和干法。目前绝大部分贮存方式采用湿法，即将乏燃料存放于水池内的格架或吊篮内。池水既可起放射性屏蔽隔离作用，又可带走乏燃料的热量。水池须配备池水处理系统和热交换系统。湿式贮存时间可长达20～30年。除湿法外，近20年来还开发了干法贮存，包括干井、金属或混凝土容器、土圆仓、地窖等。乏燃料采用这种贮存方式的贮存时间可更长（50～100年）。按贮存设施的所在地可分为“在堆贮存”和“离堆贮存”两种。前者指在反应堆现场，一般就是反应堆附设的燃料水池；后者则指将乏燃料运输到远离反应堆的地方（通常是设有后处理厂的厂址）集中贮存。

目前，通用的干法贮存基本上有三种：贮存室、容器贮存和干井贮存。容器贮存又分为混凝土容器和金属容器两类。干法贮存的关键是乏燃料衰变热的导出问题。气体的导热性能较差，因此乏燃料将比在水中贮存时具有更高的温度。在开始贮存时，衰变热释出率很高，这时主要的危害来自空气（氧气）的侵入。燃料和包壳与空气接触而发生氧化，并且氧化速率随着温度的升高而增加。因此，许多干法贮存系统都使用高纯度的惰性气体，如氩气和氦气等。

乏燃料贮存时间的选择除考虑上述因素外，还要兼顾贮存装置的容量、乏燃料积存对燃料循环经济性的影响以及适宜后处理的时机。目前，轻水堆乏燃料在反应堆现场至少贮存一年才被运出。辐照过的燃料从反应堆里卸出后必须存放一段时间，以使短半衰期的放射性核素绝大部分衰变掉。这一贮存过程又称为“冷却”，其含义指乏燃料的放射性衰减，并带走其衰变热。

乏燃料贮存过程的安全主要考虑以下几个方面：

（1）水池结构的完整性。水池的结构应保证在现场发生地震的情况下仍能完好；而在卸料水池的底部要有良好的吸震性能，以确保在吊装乏燃料运输容器时万一发生容器坠落，水池的不锈钢覆面仍不破损。

（2）确保乏燃料处于次临界状态。为增加水池的贮存容量，应尽可能使乏燃料的排列紧密，这就会带来核临界安全的问题。往池水中加入可溶性中子毒物或采用含有中子毒物的材料制成的贮存格架，都可使乏燃料贮存更加密集化。此外，还应考虑贮存乏燃料组件的格架在地震时可能发生的位移和倾倒。所有这些均须经过严格的分析与计算，以确保核临界安全。

（3）卸出的乏燃料必须先冷却。冷却的目的在于：

①显著降低其放射性水平。乏燃料在刚停堆时的放射性比活度极高。由于相当多的放射性裂变产物的半衰期很短，因此在贮存初期放射性衰减极快。现代轻水堆的乏燃料在停堆的瞬间（约1 s后），其比活度高达1×10^{16}～1.5×10^{16} Bq/kgU，仅过一天即衰减一个数量级，而一年后仅为7.4×10^{13} Bq/kgU。但是，乏燃料经5年冷却后，其放射性衰减就大大变

慢了。乏燃料放射性的显著衰减对简化其随后的运输及后处理过程有着极为重要的意义。例如，对于较难处理而放射毒性又大的挥发性 ^{131}I（$T_{1/2}$，8.05 d）而言，需经至少 120 d 的冷却使其衰变殆尽，才能避免在元件溶解过程中逸出，造成事故。

②确保转换成易裂变物质。某些可转换的核素吸收中子后生成的中间产物须有足够的衰变时间才能完全转化为易裂变物质。例如，^{239}Np（$T_{1/2}$，2.35 d）转化为 ^{239}Pu 至少要 30 d 才比较完全。

③让某些放射性很强的铀同位素衰变。^{237}U（$T_{1/2}$，6.75 d）是铀的一种同位素，在后处理过程中不可能与其他铀同位素分离，但它具有强放射性，会给后面再制造燃料元件带来困难。因此，为使 ^{237}U 衰减到与天然铀相当的放射性水平，一般需冷却 160～180 d。

乏燃料贮存时间的选择除考虑上述因素外，还要兼顾贮存装置的容量、乏燃料积存对燃料循环经济性的影响以及适宜后处理的时机。

四、乏燃料运输

乏燃料在堆贮存的容量终究有限，一段时间以后必须将其运往后处理厂或国家的集中贮存设施。由于乏燃料的固有特征，给其运输带来了密闭、屏蔽、散热、防核临界等复杂问题，因而在运输过程中一定要确保其安全，以免造成危害。

1．运输容器

运输容器是确保运输安全的关键装备，必须具有足够的机械强度，以抵御各种外力的作用。常用的圆柱形容器由带底的开口圆筒、内腔篮筐和顶盖及 O 形密封圈等组成，以保证严格的密闭性。圆筒上附设有吊耳以便吊装。运输过程中，容器的两端连有防冲撞的减震器（内用木块吸震），并安放在专用托架上。

圆筒和顶盖内设有能阻挡各种射线（特别是 γ 放射性）的屏蔽层。常用的屏蔽材料为铅或锻钢，少数容器选用球墨铸铁或贫铀金属。用于装运燃耗大于 20 GW • d/tU 燃料的容器，还须设置中子吸收层（水或有机树脂材料）。容器内腔装有金属篮筐。乏燃料组件在篮筐内的排列既要尽可能紧密又要确保临界安全。对于高燃耗燃料，此篮筐由含有中子毒物的材料制成。

在容器设计中，应考虑乏燃料产生热量的导出问题。各层材料之间要有良好的导热性能；某些容器的外壳上可焊有金属翅片，以助散热。湿式容器内部所充的水也是传热介质。

对于冷却期较长的乏燃料，为使其能经济的长期安全贮存，现已开发出由金属或混凝土制成的既能用于运输又可用来贮存的双用途容器。

容器的设计、制造和检验均有非常严格的规范和标准，且实行许可证制度。在研制过程中，容器要经受一系列极其苛刻的试验，以检验各种可信事故下容器的性能。例如，容器要做 200 m 水深处的水压密封试验；跌落在 1 m 高垂直的金属立棒上的贯穿试验；从 9 m 高处自由跌落在刚性平台上；在 800℃高温下火烧半小时等。

为减少运输次数以节省费用，运输容器的容量应尽可能大。容器的重量因有厚屏蔽层显得较重，一般为数吨至数十吨。目前用于大型轻水堆核电厂乏燃料的运输容器重量已达 120 t 级，一次可装运 20 个组件以上。

法国在 UP2-800 投入运营之前就有约 90 个大型运输容器和 30 辆载重 150 t 的专用火车车厢，为阿格厂提供乏燃料运输服务。法国已经决定只用大装载量的容器而不用小型和中型容器。TN13 就是由锻钢制成的大载量容器（图 5-19）。经过改进的 TN12/2 和 TN13/2 容器可以装运燃耗高达 50 GW • d/tU 的富集度为 4.3%的乏燃料组件。近年来，法国大力发展运输-贮存两用容器。

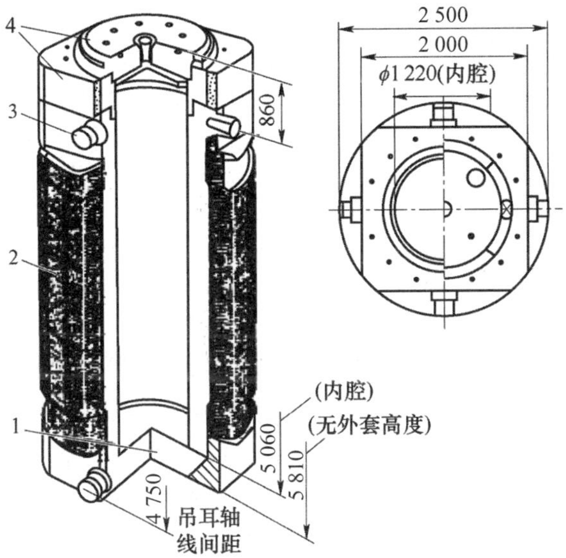

1-罐体；2-肋条；3-吊耳；4-盖。

图 5-19　TN13 运输容器（单位：mm）

2. 运输方式

乏燃料可采用公路、铁路和水路（内河或海洋）运输。

（1）公路运输具有“门到门”的优点，适于运距不太长和运抵铁路车站或水路码头接驳时采用，但对沿途的干扰大而且效率低、成本高。重型货包装载在大型平板车上，由牵引车拖动。运输线路要选择较高等级的公路，注意坡度和弯道，还应考虑沿途桥梁和隧洞的通过限制。

（2）铁路运输适于中长距离，对沿途的影响较小，费用适中，但货包的起运点和终点常无铁路通达，此时还须汽车接驳。采用铁路专列编组的方式，一次可牵引多节车厢，能提高运输效率。

（3）水路运输适于中长运距，一次也可装运多个容器，成本低而效率高。为保证安全，这种专门特制的船舶具有双层船底和双层侧壁以及两台主引擎，设有多个互相隔离的水密舱且能屏蔽辐射，还装有用于辐射监测和万一发生沉船时能发出呼救信息的仪表。

（4）运输方式的联合使用。

以上三种运输乏燃料的主要形式，具体如何采用，取决于各国的情况，取决于运出地和接受地的条件。目前中国的核电站都分布在沿海，运出核电站的第一步选择海运是比较合适的，先集中运至某个港口；后处理厂无论建造于哪个地方，乏燃料都可通过铁路运输至最近的火车站，然后再通过公路转运至厂内，也可直接将专用铁路线修建至厂内，这样可以最大限度地避免对公众出行造成影响；或者后处理厂与港口的距离足够近，可在港口通过公路直接转运至厂内。因此，合理进行公路、海路和铁路的联合使用，使乏燃料运输能以最低的成本和最高的效率持续运行。

乏燃料运输涉及重大安全和保卫问题，须由培训过的专业人员实施。运输过程要保证有最大的安全性，并有事故应急预案。为了减少对沿途公众和环境的影响，运输路径应尽可能避开人口稠密的城市或区域。各国都有极其严格的规章制度和管理、实施措施，因此全世界的乏燃料运输业务虽然繁忙，但至今尚未发生过一次放射性泄漏事故。

五、后处理工艺过程简介

依据后处理工艺是否涉及水介质可分为湿法（又称水法）和干法两大类。水法分离过程曾用过的沉淀法和离子交换法均已淘汰，而改为溶剂萃取法。干法中又可按处理原理的不同分为高温冶金法、高温化学法和氟化挥发法三种。干法与水法相比有一些优点，强辐照条件对其影响不大（此点对短冷却的高燃耗燃料尤其重要），但它存在许多不易克服的工程性技术难题（如设备、材料、仪表、控制等），因此仅由实验室研究进展到小型中间试验工厂验证阶段。当今，各国在工业规模中得到应用的全部是以溶剂萃取法为核心的水法后处理工艺。

水法后处理工艺可分为以下三个过程。

1．首端过程

首端过程指将乏燃料制备成可供溶剂萃取分离用的合格进料液的全过程。进一步划分为机械首端和化学首端。其中，机械首端以机械方法对乏燃料组件实施剪切，化学首端以化学溶解和料液预处理为主。

1）机械剪切

由于轻水型动力堆燃料元件的包壳和组件的格架使用锆合金或不锈钢制作，常用的化学试剂难以将其溶解，除非采用加入氟离子的强腐蚀性试剂或引入电解的手段。而且，若将其与燃料芯体一起溶解，它们会进入溶剂萃取过程的高放废液中使含盐量大大增加，从而降低随后的蒸发浓缩倍数。因此，自 20 世纪 70 年代中期起，各国已全部采用机械剪切法，即将整个燃料组件集束剪切成 5 cm 左右长的元件小段，以暴露出两端的燃料芯体。剪断的元件短段经分配器和溜槽落入溶解器的吊篮之中。

机械剪切系统技术十分复杂，造价高昂，需布置在大型屏蔽热室中，采用远距离操作和维修方式，还要解决剪切粉末回收、防止锆屑自燃及气溶胶处理等问题。

2）化学溶解

往溶解器中加入硝酸，通过吊篮上的空隙与里面的元件芯体接触。在稍低于沸点的温度下，硝酸与二氧化铀芯体发生化学反应使其溶解（此过程也称“浸取”），而对元件包壳则不起作用。溶解结束后提出吊篮，经稀酸漂洗后用专门仪器检测其中的残余燃料量。若损失率小于 0.1%，则将包壳作为废物处理，否则返回再溶解。

对于以铝合金作包壳的生产堆天然铀金属燃料，先用氢氧化钠溶液溶去包壳，用水漂洗后再用硝酸溶解芯体；而对以铝（或镁）合金作包壳、以铝（或镁）与富集铀金属弥散体为芯体的研究试验堆辐照燃料，则也可用硝酸一次性予以溶解。

溶解过程可分批或（半）连续地在带夹套（内通加热蒸汽或冷却水）和雾化蒸汽冷凝器的溶解器中进行。无核临界限制的溶解器常为锅式；而需考虑核临界安全的溶解器为几何安全或几何良好的圆柱状，对于形状和尺寸均有一定限制。

3）料液预处理

溶解产品液需预先处理。首先采用过滤（以玻璃棉或烧结不锈钢粉末体为滤材）或靠离心的作用（用高速离心沉降机）使料液澄清，以除去其中极细微的不溶性颗粒（主要是剪切过程产生的包壳粉末和未完全溶解及化学上极难溶解的组分）。澄清所得料液还要加入若干化学试剂来调节铀浓度、酸度和镎、钚的化学价态。在溶解以后，铀自然处于最易被萃取的Ⅵ价（UO_2^{2+}）；而钚必须靠 $NaNO_2$ 才能几乎全部稳定在易被萃取的Ⅳ价（Pu^{4+}）。有时为改善对某些裂变产物（如钌）的去污效果，也可用化学试剂加以处理。最终，在此阶段制备成合格的溶剂萃取料液。

2. 溶剂萃取过程

在后处理工艺中应用最普遍也最为成功的是以 30%磷酸三丁酯（TBP）为萃取剂、以硝酸为盐析剂的 PUREX（其含义为“钚、铀还原萃取”的英文词头缩写）流程。一些使用其他萃取剂的流程（如用甲基异丁基酮的 REDOX 流程和用二丁基卡必醇的 BUTEX 流程等）都早已废弃。

1）萃取分离基础

用与水基本不相溶的有机溶剂从水相中选择性地提取某种物质，使之与其余杂质分离的过程称为溶剂萃取法。有机溶剂应具有以下特点：

（1）对要求提取的元素选择性高；

（2）与水溶液基本上不互溶；

（3）化学稳定性和辐照稳定性好；

（4）与水相有一定的密度差，而黏度较低；

（5）价格低廉且可回收；

（6）毒性小，着火点高。

TBP 虽然具有这些优点，但其黏度较大，使用时要以烷烃（如煤油、正烷烃混合物等）作稀释剂，通常配制成 30%（体积比）的浓度。

TBP 萃取铀、钚是通过生成络合物实现的，能较好地被萃取的只有 $UO_2(NO_3)_2$ 和 $Pu(NO_3)_4$ 两种形态，而Ⅲ价状态的钚和绝大部分的裂变产物及其他超铀元素（如镎、镅、锔等）均难以被萃取，因而可实现它们之间的分离。元素或离子被萃取的能力以其分配比（D 值，定义为“在达到萃取平衡以后，某元素或离子在有机相中的浓度与其在水相中的浓度之比”）来表征。元素或离子的化学价态、水相中的 HNO_3 浓度及其他盐或杂质离子（尤其是 NO_3^-）的浓度、有机相中的铀饱和度和温度等因素都与分配比有关系。有目的地利用或改变溶剂萃取过程中这些因素，即可选择性地控制各种金属离子的分配比，实现回收或分离的目标。

在 PUREX 流程中，位于化学元素周期表中的Ⅰ、Ⅱ、Ⅲ价的金属离子很容易被去除，而高价或有变价的金属离子则较难去除。例如，对短冷却期的乏燃料，^{95}Zr-^{95}Nb 和 ^{106}Ru-^{106}Rh 常成为此过程的“麻烦制造者”；而对长冷却期高燃耗的燃料，^{99}Tc 和 ^{237}Np 的去除则须加以格外重视。

2）PUREX 工艺流程

经历一个萃取、洗涤和反萃取的过程称为一个溶剂萃取循环。典型的 PUREX 工艺流程对每种产品而言须经历三个循环（图 5-20）；近期由于乏燃料冷却期的延长和处理工艺的改进，通常缩减为两个循环。

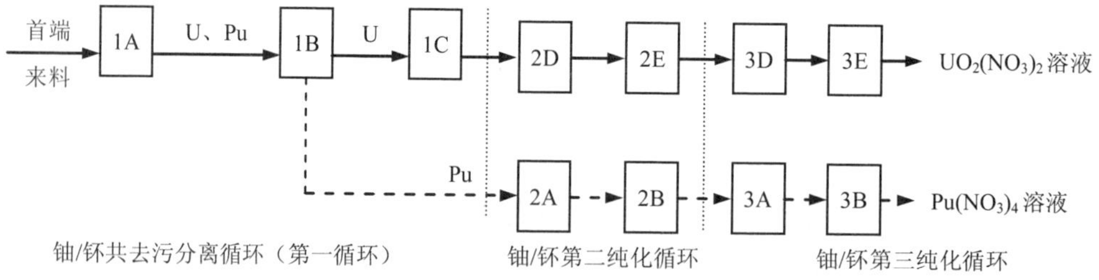

图 5-20 典型的 PUREX 工艺流程

（1）铀/钚共去污分离循环（第一循环）：通常由三台接触器（分别标以 1A、1B、1C）组成。在 1A 中用 30%的 TBP 进行铀、钚共萃取，并用硝酸溶液洗涤，去除绝大部分（99%以上）的裂变产物杂质；在 1B 中采用Ⅱ价的亚铁离子或Ⅳ价的铀离子将钚还原成不被萃取的Ⅲ价状态，从而实现钚与铀的分离；在 1C 中再用稀硝酸将铀反萃出来。

（2）铀/钚第二纯化循环：从 1C 来的含铀水相溶液可经蒸发浓缩或直接调料后作为第二铀循环（2D-2E 接触器）的料液，通过加入有机还原剂的硝酸溶液洗涤，进一步去除裂变产物并分离钚。有时，还须用铀/钚第三纯化循环（3D-3E 接触器）进行同样的操作，以满足总去污要求。第二和第三循环的工艺条件可能略有差异，以便更有针对性地去除某元素。

（3）铀/钚第三纯化循环：从1B来的水相产品几乎含有全部的钚。类似地，它们依次经过2A-2B接触器和3A-3B接触器两个循环，进一步去除铀和裂变产物，并使钚溶液得到浓缩。

有机溶剂在使用过程中，其质量因辐照和化学的原因而降解，所生成的多种降解产物与某些裂变产物（如锆、铌、钌等）以及铀、钚可能形成“保留”，从而影响去污系数及产品的回收率。TBP的降解产物为磷酸二丁酯（HDBP）、磷酸一丁酯（H_2MBP）和磷酸；而稀释剂降解却生成一系列较为复杂的有机化合物。为避免各循环溶剂之间相互混合，每个溶剂萃取循环都设有独立的溶剂净化系统，依次用碳酸钠碱性溶液和稀硝酸溶液洗涤，以除去降解产物。经净化的溶剂再返回重新使用。

3）溶剂萃取设备

后处理工厂中使用的溶剂萃取设备主要有以下三种：

（1）混合澄清槽——箱体型的多级装置，每一级均由混合室和澄清室组成。在混合室中，通过机械或空气脉冲的搅拌作用，使有机相和水相充分混合，达到传质的目的。在澄清室中，靠两相的密度差，使来自混合室的乳状混合液澄清分层。此类设备的优点是结构简单，操作可靠，适应性强，停车后不破坏平衡；其缺点是物料存留量大，停留时间长，长期运行时溶剂降解严重，产生的界面污物会影响操作，因而不宜在高辐照条件下应用。

（2）脉冲筛板柱——细长的圆柱状结构，内设许多块筛板。两相在柱中上下对流，依靠空气脉冲使其中一相穿过筛板或被折流分散继而凝聚的反复过程，实现传质过程。柱体的上下端各有一扩大段，供两相澄清分层之用。这种柱的结构也较简单，物料存留量小，停留时间较短，溶剂降解程度较轻，容易排除降解产物，还有利于实现临界安全几何控制。但是其操作要求较高，且通常设备长达十余m，对厂房高度有要求。

（3）离心接触器——每个单级由两个同心圆筒组成。内筒固定在中心转轴上，称为转鼓。筒下部为混合室，中心转轴上装有搅拌桨。两相在此混合后被抽吸至转鼓内，靠高速旋转产生的离心力作用使两相很好的分离。此设备的最大优点是物料的停留时间极短，存留量也较少，适于在强辐照场合下使用；但其缺点是制造、安装及维修要求严格，费用较高。

3. 尾端过程

由溶剂萃取获得的产品分别是铀和钚的硝酸盐溶液，不便于安全运输和应用，还需使其浓缩并转形以获得最终固体产品，称为“尾端过程”。此过程对产品通常还具有补充净化的作用。

在硝酸钚溶液中加入草酸溶液，即生成溶解度很低的草酸钚沉淀，可得较高的回收率；其组成固定，结晶颗粒大，易于过滤与洗涤；而且经煅烧所得产品的活性好。此沉淀经过滤与洗涤后，在空气中于800～1 000℃的高温下煅烧，即得黄褐色的二氧化钚松散粉末。

在硝酸铀酰溶液中加入碳酸铵溶液，可通过沉淀获得三碳酸铀酰铵产品；也可直接从含铀有机相中将其反萃沉淀出来。沉淀物经陈化、过滤、洗涤和干燥后，在H_2气氛下的高温炉内煅烧即得二氧化铀产品。此方法工艺成熟，操作稳定，产品的化学组成恒定，还有附加净化效果，晶体的物理性质和反应性优良，适于用干法氢氟化生产 UF_4；但它的试剂耗量大，因而废液也多，还须回收母液中的铀与氨，而且操作步骤多，难以实现远距离控制。

为克服上述缺点，当今铀尾端工艺已改为先在流化床设备中直接将硝酸铀酰溶液脱硝转化成 UO_3，然后再在氢气氛下还原成 UO_2（二步法）；也可由一步法直接制得，但此时获得的产品活性很差。流化床脱硝具有传热与传质好、结构简单、单器生产能力大、适于集中控制等优点，但也存在操作技术难度大和产品活性低等缺点。

第八节 放射性废物处理与处置

在核燃料循环过程中，会产生一定数量的放射性废物，这些废物具有放射性、放射毒性、化学毒性和辐射化学特性等，部分放射性废物还具有发热性、易燃性、易爆性、放出有害气体等性质，必须对这些废物进行有效的处理与处置，确保工作人员、公众健康，保护国土资源。因此，放射性废物的处理与处置是核燃料循环中的重要环节之一。本节主要介绍核燃料循环过程中可能产生的放射性废物、可采取的处理技术及处置去向，具体监管要求、分类方法等详见《核安全专业实务（2024 年版）》第十一章。

一、放射性废物的来源

1. 核燃料循环前段

核燃料循环前段主要的处理对象为天然铀和浓缩铀，废物中的放射性核素主要为天然放射性核素，详见表 5-3，通常属于低放废物。核燃料循环前段中的铀矿冶环节产生的废物占比相对较大。

表 5-3 核燃料循环前段重要放射性核素

核素	辐射类型	半衰期
^{238}U	α	4.5×10^{9} a
^{230}Th	α	5×10^{10} a
^{226}Ra	α	1 602 a
^{222}Rn	α	3.8 d
^{210}Po	α	138.4 d
^{210}Pb	α	22.3 a

1）放射性气体废物

核燃料循环前段的放射性气体废物主要包括：

（1）铀矿冶过程中产生的铀矿尘；

（2）铀矿冶、铀矿石加工及尾矿释放出来的气体，主要为铀尘、氡及其子体等；

（3）燃料元件制造的工艺废气，主要含铀，还含有少量 NO_x、氨气。

2）放射性液体废物

核燃料循环前段的放射性液体废物主要来自铀矿勘探开采和化学冶金等过程，为低放废液，包括：矿井水，水冶工艺废水（如铵盐沉淀过程中产生的废水、硅胶处理过程中产生的废水等），尾矿库废水，废石场和尾渣库的渗漏水，以及设备去污水等。

3）放射性固体废物

核燃料循环前段产生的放射性固体废物主要有：采矿废石、选冶尾矿、废水中和沉淀物及其他沉积物、污染废旧设备及管线、废树脂、各类防护用具、包装材料等，但影响面广、危害最大的是铀废石和尾矿。通常情况下，每生产 1 t 铀矿，产生 0.8～2 t 废石，如果采用露天开采，其剥离废石量更大，是采矿量的 7～8 倍。每水冶加工生产 1 t 铀金属，将排放 1 100～1 200 t 铀尾矿（渣），特别是常规水冶搅拌浸出的铀尾矿粒度细小，见表 5-4。

铀提取后的尾矿（渣）中镭、钋含量可分别占原矿中镭和钋的 95%～99.5%、86%～90%，其总放射性保留了原矿总放射性的 70%～80%，且含有多种放射性子体核素，见表 5-5。

一般铀化学冶金工艺产生的固体废物种类和数量情况见表 5-6。

表 5-4　常规水冶搅拌浸出的铀尾矿粒级和比重

粒级/目	＜40	40～80	80～120	120～200	200～400	＞400
比例/%	7.05	18.8	9.65	12.1	14.1	38.3
真比重/（kg/m^2）	2.67	2.63	2.63	2.63	2.59	2.65
堆比重/（kg/m^2）	1.41	1.39	1.37	1.29	1.12	0.93

表 5-5　常规搅拌浸出铀尾矿的放射性特征值

项目	铀/（10^{-4} g/g）	镭/（kBq/kg）	总 α 活度浓度/（kBq/kg）	氡析出率/[Bq/（m^2・s）]	γ 辐射剂量率/（10^{-8} Gy/h）
尾矿	0.8～2.0	2.0～12.1	74～380	0.5～3.3	100～300
天然本底	0.05～0.21	0.02～0.048	2～10	0.018～0.036	20～38

表 5-6　一般铀化学冶金工艺产生的固体废物种类和数量情况

固体废物	年产生量/kg	比活度/（Bq/kg）	分类
不溶残渣	约 250	约 7.0×10^3	极低放
抹布	约 100	约 4.0×10^3	极低放
橡胶、手套、塑料	200	约 4.0×10^3	极低放

固体废物	年产生量/kg	比活度/（Bq/kg）	分类
过滤器芯子	60	约 4.0×10^5	极低放
劳动用品	500	约 2.0×10^2	极低放
工器具	170	约 5.0×10^2	极低放

2. 核燃料循环后段

核燃料循环后段是指燃料元件经反应堆“燃烧”之后，对卸出的乏燃料及放射性废物进行处理和处置。乏燃料从反应堆卸出后，经适当的时间冷却，进行后处理，分离和回收利用铀以及新产生的钚。

乏燃料后处理过程产生放射性废物的种类复杂且放射性水平很高，其放射性占核燃料循环总废物量的 95%。动力堆乏燃料中含有 U 约 95%，Pu 和次锕系元素约 1%，以及裂变产物约 4%，具有很高的放射性活度，并产生大量衰变热。随着核电站燃料燃耗的加深，卸出乏燃料的放射性活度和衰变热更高。需重点关注的核素为 ^{239}Pu、^{237}Np、^{241}Am、^{99}Tc、^{129}I、^{90}Sr、^{137}Cs。目前已商用的 PUREX 流程工业应用中，一般来说处理 1 t 动力堆乏燃料产生：

（1）0.1 m^3 高放废物，包含乏燃料中大于 95%的放射性；

（2）1 m^3 中放废物，包含乏燃料中小于 3%的放射性；

（3）4 m^3 低放废物，包含乏燃料中小于 1%的放射性。

核燃料循环后段产生的放射性废物类型及基本特性见表 5-7。

表 5-7　核燃料循环后段产生的放射性废物类型及基本特性（按核电发电 1 GW 计）

废物类型	废物量	分类
乏燃料贮存废树脂、废过滤器、放射性泥浆	2～5 m^3	低、中放废物
蒸发浓缩物	20～40 m^3	低、中放废物
放射性可燃和可压缩废物	20～30 m^3	低、中放废物
废过滤器	5 m^3	中放废物
高放废液玻璃固化体	0.5～3 m^3	高放废物
废包壳	2～10 m^3	高放/长寿命低中放废物

根据放射性废物的状态，核燃料循环后段的废物介绍如下：

1）放射性气体废物

后处理厂中设置了分别独立的总体通风系统和工艺气体净化系统。工艺气体净化系统用来净化主工艺系统和设备排出的气体，该系统能滞留几乎所有的放射性核素、气溶胶和固体颗粒。在首端操作过程中会释放出一些半衰期较长、有较高产率的挥发性核素，主要是 ^{129}I、^{85}Kr、^{3}H 和 ^{14}C，处理后以气态流出物的形式排放。

2）放射性液体废物

（1）高放废液

高放废液为铀/钚共去污分离循环中产生的萃余液，其体积小而包含全部裂变产物99.9%以上。通常每处理 1 t 乏燃料元件，产生将近 5 000 L 的高放废液，经蒸发浓缩后，体积减小到 400 L 左右。高放废液经过 6 年和 10 年衰变之后，其热功率仍能分别保持 20 W/L 和 3.5 W/L 的水平。通常采用玻璃固化处理。

（2）中放废液

后处理厂产生的中放废液主要来源是燃料溶解尾气的洗涤液、焚化炉尾气清洗液、去污溶液、污溶剂洗涤液、高放废液除雾洗涤器溶液和操作区的污水。后处理厂的中放废液通常是酸性的，一般不与高放废液混合，可用碱中和后蒸发浓缩为高放废液。

（3）低放废液

低放废液的产生量很大，除含氚外，还含有少量裂片元素和锕系元素，包括中放废液蒸发冷凝液、酸回收冷凝液和实验室废液等，废物处理过程中产生的二次废水也属此类。此外污溶剂洗涤废液中还含有一定量的α放射性核素。

3）放射性固体废物

后处理厂产生的中放固体废物来自废离子交换树脂、硅胶、银沸石、可燃性的垃圾、不可燃的垃圾、废设备和过滤器等。

同时，后处理厂也产生大量的低放固体废物，主要产生于后处理工艺中纯化后的硝酸钚转化为氧化钚的过程和 MOX 燃料元件制造过程，如纸张、橡胶、塑料、实验室设备、过滤器、元件包壳以及废物焚化和铀氟化过程产生的灰渣等。

3. 核燃料循环活动放射性废物比较

核燃料循环活动的主要放射性废物、废物中主要核素和主要特性见表 5-8。

表 5-8 核燃料循环活动的主要放射性废物、废物中主要核素和主要特性

<table>
<tr><th colspan="2">核燃料循环活动</th><th>采矿水冶</th><th>精炼转化</th><th>富集浓缩</th><th>元件制造</th><th>后处理</th></tr>
<tr><td colspan="2">主要废物</td><td>废石、尾矿砂</td><td colspan="3">废过滤器芯、滤渣、氟化钙、铀屑、废萃取剂、废机油等</td><td>高放废液及固化体，少量α废物。中放蒸发浓缩物、废萃取剂等</td></tr>
<tr><td rowspan="2">主要核素</td><td>气态</td><td>氡及子体</td><td colspan="3">铀</td><td>^{129}I、^{85}Kr、^{14}C、^{3}H 等</td></tr>
<tr><td>液态/固态</td><td>铀、镭及其子体</td><td colspan="3">铀</td><td>^{239}Pu、^{241}Am、^{90}Sr、^{137}Cs、^{3}H 等</td></tr>
<tr><td colspan="2">主要特性</td><td>体积大、集体剂量贡献大</td><td>—</td><td colspan="2">存在临界安全问题</td><td>高放废物需深地质处置</td></tr>
</table>

二、放射性废物的处理

1. 放射性气体废物

1）降氡

核燃料循环前段气体废物处理的重点在于除尘降氡。因此，分析氡的析出和释放规律十分重要。

（1）氡的析出和释放规律

①氡射气系数与矿石粒度

矿石氡射气系数 f 随矿石粒度的增高而减小，但当矿石粒度小到一定程度，或大到一定程度时将趋近于某一定值（图 5-21）。

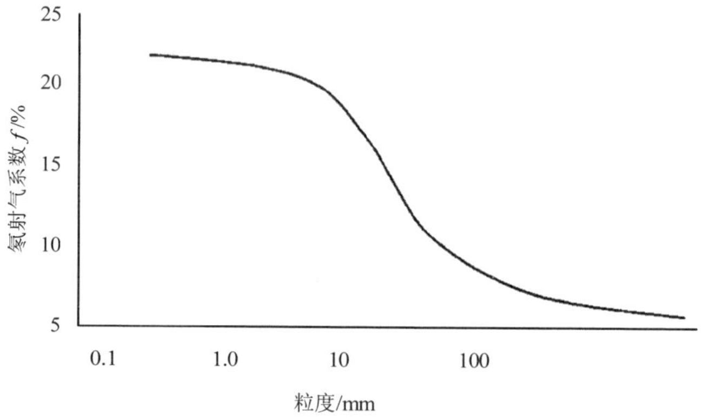

图 5-21　氡射气系数与矿石粒度变化关系

②氡射气系数与矿石含水率

矿石氡射气系数 f 随矿石含水率呈一个峰值形变化，即矿石含水率在 14%～17%时氡射气系数出现峰值（图 5-22）。

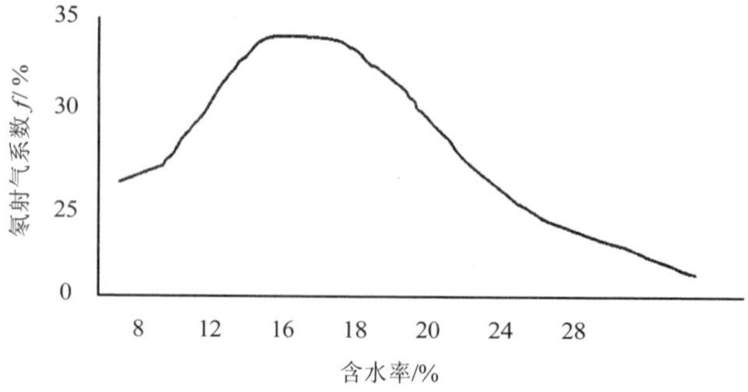

图 5-22　氡射气系数与矿石含水率变化关系

③氡析出率与铀品位

矿石氡析出率表示在单位时间间隔内穿过单位矿石（围岩）表面，析出到空气中的氡的活度，用符号 ζ 表示。矿石氡析出率 ζ 随矿石铀品位增高而增大，因为铀品位高，即镭含量高，因此氡析出量也随之增大。矿石品位在一定范围内呈线性关系（图 5-23）。

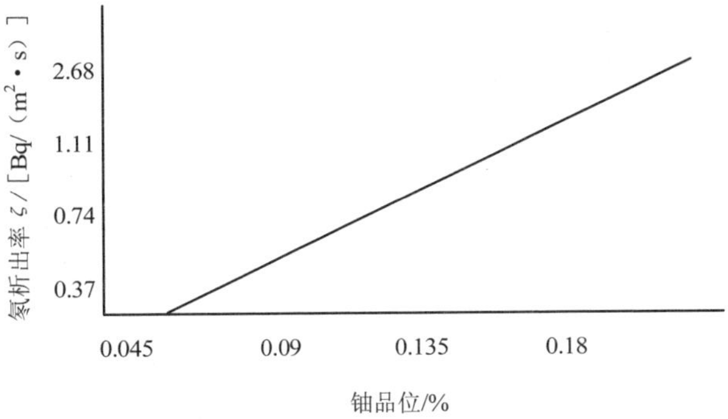

图 5-23 氡析出率与铀品位关系

氡析出率 ζ 随矿石粒度的缩小而规律性增高，一般小颗粒矿石要比大颗粒高 3～4 倍。其变化趋势与氡射气系数的规律相近。

（2）降氡方法

20 世纪 50 年代，矿井主要以通风稀释控制氡。70 年代以后，由于氡及氡子体浓度控制标准更加严格，只靠加强通风稀释不能满足要求，所以必然根据铀矿通风特点和要求，采取综合防护措施降低矿井氡及氡子体浓度。降氡方法主要有：通风降氡，根据氡及氡子体的总析出量和浓度设计通风量；密闭氡源，密闭废旧巷道和采空区；喷涂防氡保护层；控制入风流污染；排除矿坑水；正压通风；分区通风；清除堆积的铀矿石。

密闭巷道密闭墙的防氡效果与密闭质量有直接关系，气密性好的密闭墙，防氡效果可达 80%以上（表 5-9 和表 5-10）。

表 5-9 密闭墙防氡效果与密闭质量关系

名称	气密性压差值/mm Hg	防氡效果/%	备注
未抹面的单砖密闭墙	0～2	10	质量差
勾缝的单砖密闭墙	10～87	40～50	质量较好
水泥砂浆抹面的单砖密闭墙	＞92	80	质量最好

注：1 mm Hg=133.32 Pa。

表 5-10 各种密封剂材料的防氡效果汇总

密封剂种类	防氡效率/%	备注
偏氯乙烯共聚乳液（无毒）	75.7～80	原核六所防氡实验组
RT 水性涂料	80	二炮研制
沥青乳液	95	美国资料
水基环氧树脂和水基丙烯酸乳液	50～75	美国犹他州矿 Pandora
聚氨酰（200～300 μm 厚）	99	奥地利 Friedrich Steinhausler
高密度聚乙烯土工膜	99.3（300 g/m^2）	核工业湖南无纺布厂
水泥砂浆 1∶1（1 cm 厚）	85.3	原核六所实验组
水泥砂浆 1∶1（5 cm 厚）	92.2	原核六所实验组
水泥砂浆 1∶2.5（1 cm 厚）	78.1～80	原核六所实验组

2）放射性废气处理

核燃料循环其余工艺过程产生的放射性气体废物的处理方法较多，主要包括洗涤吸收法、固体吸附法、过滤法等。

洗涤吸收法是使放射性废气中的颗粒或放射性物质与水或者其他液体接触，将一种或一种以上的组分有选择性地从气体混合物中分离出来，从而使放射性气体废物得到净化的方法，其除尘效率一般大于 90%，最高可达到 99.5%。主要的设备类型包括筛板塔、泡罩塔、填充床洗涤器、喷淋洗涤器、文丘里洗涤器等。

固体吸附法是利用气体与吸附剂表面接触时发生吸附作用，从而达到净化效果，吸附分为物理吸附和化学吸附，常见的吸附剂包括：活性炭、氢氧化银、银沸石、活性氧化铝、分子筛等。常用的吸附过滤器主要包括碘吸附器、预过滤器、高效微粒空气过滤器等。以下主要介绍预过滤器和高效微粒空气过滤器。

（1）预过滤器

预过滤器对微米级及大于微米级的灰尘颗粒具有很高的捕集效率，而对于亚微米级的较小尘粒，捕集效率很低。预过滤器的滤材一般采用细孔泡沫塑料、玻璃纤维或无纺布等，通常为格栅形结构。

安装在高效微粒空气过滤器前面的排风预过滤器，过滤效率至少为 85%，用来保护高效微粒空气过滤器不受灰尘或其他不良环境条件的损害。用于进风过滤的预过滤器，过滤效率至少达 85%。

（2）高效微粒空气过滤器

高效微粒空气过滤器（HEPA 过滤器），是一种用来过滤亚微米级微粒的干式过滤装置，过滤介质为合成纤维、玻璃纤维。其过滤机理是通过碰撞、扩散、惯性、重力和静电等多种效应实现捕集微粒，达到净化目的。高效微粒空气过滤器在核工业厂矿使用很多，对空气清洁度要求较高的场合也广泛被采用。

HEPA 过滤器通常使用框架式、折叠式（带分离隔板或无分离隔板）等类型。框架式将纤维介质安装在刚性框架内，中间有铝材或其他材料制造的波纹隔板作支持。

HEPA 过滤器两端设置压差计，用来检测过滤器是否失效，通过这样的措施，可及时发现排风系统的问题，及时更换过滤器。例如，过滤器发生阻塞，压差会升到高于 500 Pa；过滤器发生蚀穿，压差会降到低于 10 Pa。在过滤器旁设固定式 γ 仪表，监测过滤器外表面 γ 辐照剂量率。当固定式 γ 仪表监测到过滤器外表面的剂量率超过规定值时，也需要更换过滤器芯。

HEPA 过滤器对粒径为 0.3 μm 以上微粒的过滤效率不低于 99.97%。改进 HEPA 过滤器产品，过滤效率可达 99.99%，甚至更高。

为了延长 HEPA 过滤器的使用寿命，常在它的前面设置预过滤器、除雾器。为了防止排出气体中水汽形成水雾，把过滤介质浸湿降低过滤效果并增加阻力，进入 HEPA 过滤器之前，应将进气加热升温到露点以上。

操作钚和超钚元素的场合，常把多个高效微粒空气过滤器串联起来使用，以保证满足净化要求。但多个 HEPA 过滤器串联使用，会增加阻力和投资。

核燃料循环过程中，主要的废气处理方式如下：

铀化学的溶解尾气主要含有 U、U_3O_8、NO_x、HNO_3 等，其主要处理方式有：尾气冷凝、5%（质量分数）Na_2CO_3 溶液吸收、酸雾淋洗、丝网除沫、预过滤和高效过滤器过滤等。

煅烧尾气中主要含有 U_3O_8 气溶胶、NO_x 等，其处理方式为先中和，再利用过滤等方式。

氟化尾气中主要含有 U_3O_8、CCl_2F_2、UF_4、$COCl_2$ 等，先经过水、碳酸钠吸收，再经过滤器过滤。

后处理厂放射性气体废物中含有 ^{239}Pu、^{90}Sr、^{137}Cs 等，因此去污因子要求也更高，尾气净化装置通常采用湿法加干法的综合处理系统。

2. 放射性液体废物

核燃料循环过程中产生的放射性废液多种多样，所含核素的种类、数量、形态，以及盐分、酸碱度差别很大，要优选适当的工艺进行处理。放射性液体废物的处理目的如下：

（1）去除放射性核素，达到可排放或再利用；

（2）浓缩减容；

（3）改变性状，以便于安全贮存或后续的处理和整备。

低中放射性液体废物的主要处理方法包括蒸发浓缩法、凝聚沉淀法、离子交换法、膜分离法等，高放废液一般采用玻璃固化的方式处理，有机废液一般可采用焚烧处理或乳化固化处理。

1）蒸发浓缩法

由于放射性废液中大多数放射性核素是不挥发的，因此可利用蒸发法来处理一部分放射性废液，蒸发处理后，产生的二次蒸汽冷凝液体积较大，但放射性浓度大大降低；另一部分蒸残液体积较小，但浓缩了废液中绝大部分放射性核素。该方法的主要优点是净化系数高，一般可达 10^2～10^3，多级串联可达 10^4～10^6；缺点是能耗高、投资和运行费用高、系统复杂、运行和维修要求高，不适合处理含有易挥发放射性核素的废液。

常用的蒸发器包括釜式蒸发器、自然循环蒸发器、强制循环蒸发器，此外还有天然蒸发池和太阳能蒸发池设施，可利用太阳能实现放射性液体废物的蒸发。

2）凝聚沉淀法

在放射性废液中，放射性核素的氢氧化物、碳酸盐、磷酸盐等化合物大多是不溶性的，因此在放射性废液中加入凝聚剂，通过化学反应，形成细小分散状态的胶体颗粒，各细小的胶体颗粒逐渐凝聚成大的絮团。这些絮团在沉淀过程中，通过物理或化学吸附，或者生成同晶或混晶共沉淀，将放射性废液中处于离子或胶体状态的放射性核素载带下来，从而达到净化放射性废液的目的。

该方法的主要优点是：方法简便，对设备要求不高；在去除放射性的同时，还可以除去悬浮物、胶体、硬度、有机物、微生物等；处理成本低，仅为蒸发的 1/50～1/20。其缺点包括：净化系数较低，一般在 10 左右；过程产生的放射性污泥量较多，需要妥善地处理与处置；放射性废液在沉淀设备中停留时间较长，因此处理能力不强。

3）离子交换法

放射性废液中的放射性核素一般以离子状态存在，特别是经过凝聚沉淀处理后的放射性废液，由于除去了其中处于胶体状态的放射性核素，废液中剩余的核素几乎均呈离子状态，其中大多数是阳离子，另有少数是阴离子，如钼、锝等放射性核素在溶液中往往以阴离子形式存在，当放射性废液与离子交换剂接触时，借助于离子交换剂上的可交换离子（活性基团）与废液中的放射性离子进行交换，当活性基团带正电荷时，可与废液中的阳离子进行交换，反之，离子交换剂将与废液中的阴离子进行交换，从而将废液中的放射性核素转移到离子交换剂中，有选择性地将其除去，达到净化废液的目的。离子交换法的去污因子一般在 10～100。

该方法的主要优点是：工艺成熟；净化系数较高；操作简便，可连续运行和自动化控制。其缺点包括：对处理废液的要求比较高；对钌、单价和低原子序数核素去除困难；废离子交换树脂的处理和处置比较困难；有机离子交换树脂的耐辐照性和耐热性较差。

常用的离子交换设备包括固定床、移动床和流动床三种。床内只有一种阳离子树脂（或阴离子树脂）称为单床，同时装有阴、阳两种离子树脂称为混床，单床、混床可单独使用，也可串联使用。

4）膜分离法

膜分离技术是以具有选择透过性的无机或高分子材料作为分离层，以压力差、浓度差、电位差、温度差等中的一种或者几种为推动力，使流体中各组分得以分离、分级或富集的一种方法。与传统处理工艺（凝聚沉降、蒸发浓缩、离子交换）相比，膜分离技术在处理低放废液时，具有出水水质好（净化系数达到 1 000 以上）、浓缩倍数高（可达 50 左右）、操作条件温和，设备简单，运行稳定可靠等诸多优点。该方法对处理的放射性废液要求较高，一般要求预处理。因此，膜分离技术宜与其他方法联合使用。

常用的膜分离技术主要包括：电渗析、反渗透、纳滤、超滤和微滤等。

低中放废液处理方法效能比较见表 5-11。

表 5-11 低中放废液处理方法效能比较

	蒸发浓缩法	凝聚沉淀法	离子交换法	膜分离法		
				电渗析	反渗透	超滤
适用废液	低、中、高放，特别适合中、高放	低、中放，特别适合低放	低、中放，特别适合低放	低、中放，特别适合低放	低放	低放
允许含盐量	高（200～300 g/L）	中	低（<1 g/L）	高	中（0.5～40 g/L）	中
去污因子	高（10^3～10^6）	低（5～10）	中（10～100）	中（10～100）	中-高（10～10^3）	中-高（10～10^3）
减容倍数	高	低	中	中	中	高
运行方式	连续	批式	连续、批式	连续	连续	连续
耗能	多	少	少	中	少	少
主要问题	腐蚀、泡沫	泥浆废物含水量大、分离困难	树脂失效，树脂处理困难	膜清洗困难，除垢，二次废液较多	要定期清洗和更换膜组件	浓差极化，半透膜要定期清洗
设备投资	高	低	中	低-中	低-中	低-中
运行费用	高	低	低	低-中	中	低-中
处置费用	低	中	中-高	低-中	低-中	低-中

5）玻璃固化法

玻璃固化是将高放废液与玻璃基材按一定比例混合后，在高温（900～1 200℃）下煅烧、熔融、浇注，经退火后转化为稳定玻璃固化体。以磷酸、磷酸盐或其他含磷物质作玻璃形成剂的称为磷酸盐玻璃固化，以二氧化硅和三氧化二硼作玻璃形成剂的称为硼硅酸盐玻璃固化。玻璃固化时，大部分放射性核素在高温下以氧化物形式和玻璃形成剂熔制成均匀的玻璃体，从而使放射性核素有效地固定。固化体具有较高的抗化学介质侵蚀的能力和良好的辐照稳定性、热稳定性和机械稳定性。

20 世纪 50 年代以来，玻璃固化开发了多种工艺，主要包括罐式法、煅烧-熔融两步法、焦耳加热陶瓷熔炉法、冷坩埚法四种。不同工艺的性能比较见表 5-12。

表 5-12 四种玻璃固化工艺性能比较

	罐式法	煅烧-熔融两步法	焦耳加热陶瓷熔炉法	冷坩埚法
进料	一步法	二步法	一步法	一步法（也可二步法）
加热方式	中频分段感应加热	煅烧+中频分段感应加热	电极加热	高频感应加热
处理能力	小	可大可小	可大可小	较小
熔融温度	1 100℃	1 100～1 200℃	1 100～1 200℃	1 600℃以上
熔炉寿命	短	煅烧炉可达 2 年，熔炉罐 5 000 h	约 5 年	20 年以上

	罐式法	煅烧-熔融两步法	焦耳加热陶瓷熔炉法	冷坩埚法
适应性	小	较小	较小	较大
热效率	高	较高	高	低
退役废物	少	较多	较多	较少

我国八二一厂引进了德国陶瓷电熔炉玻璃固化技术，建成了我国首个玻璃固化设施，熔炉处理量为 50 L/h 高放废液，玻璃产率为 33.7 kg/h。陶瓷电熔炉玻璃固化技术基本原理为：高温液态玻璃具有导电性，将电流通过电极引入玻璃中，通电后两电极间的玻璃在交流电的作用下，产生焦耳热，从而达到熔化的目的。八二一厂陶瓷电熔炉玻璃固化流程如图 5-24 所示。

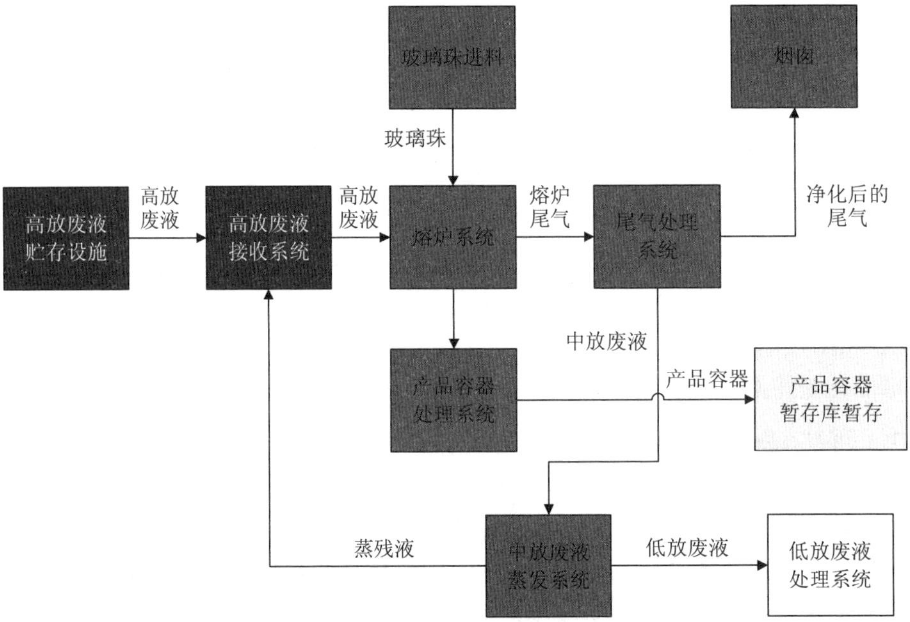

图 5-24　八二一厂陶瓷电熔炉玻璃固化流程

6）有机废液焚烧

有机废液通常具有易燃、易挥发以及易辐射分解、热分解、生物降解等特性。这使得有机废液的处理需要特殊考虑。下面介绍后处理厂产生的 TBP/煤油的焚烧处理方法。

后处理厂产生的 TBP/煤油废溶剂数量大，放射性水平高，成分复杂，热解焚烧炉可用来专门处理 TBP/煤油废溶剂。有些焚烧炉可能有多功能用途，可同时烧固体废物和有机废液。例如，德国卡尔斯鲁厄研究中心的焚烧炉具备 25～40 kg/h 的有机废液［含油 40%，溶剂 34%，闪烁液 10%，水 16%（体积分数）］处理能力；法国卡特拉奇核中心的焚烧炉可烧 TBP、含氯溶剂、机油、闪烁液，处理能力为 30 L/h。

热解焚烧 TBP 有机溶剂，将 TBP/煤油和一定比例的 $Ca(OH)_2$、水和乳化剂搅拌均匀，制成适当黏度的乳状液注入热解炉，TBP 在 N_2 气氛中，在 350～450℃发生热解，生成 P_2O_5 和 C_4H_{10}、C_4H_9OH。

TBP 热解生成的 P_2O_5 与 $Ca(OH)_2$ 反应生成焦磷酸钙，沉降在反应器底部，定期排出，经水泥固化后处置。蒸发出来的煤油和丁烷与丁醇等经高温过滤器进入后燃烧室，在后燃烧室被烧掉。热解焚烧 TBP/煤油可避免生成带有腐蚀性的磷酸，且可避免尾气处理问题。

中国辐射防护研究院和中国原子能科学研究院先后开发了热解炉，可用于焚烧 TBP/煤油废溶剂。

3. 放射性固体废物

放射性固体废物根据其放射性水平可以分为高放固体废物、中放固体废物和低放固体废物。在放射性固体废物中，中、低放固体废物的处理占有重要地位，它占所有放射性固体废物总体积的 90%以上。中、低放固体废物按照其性质可以分为干固体废物（如工作服、橡胶、塑料等）和湿固体废物（如放射性废树脂、泥浆等），金属废物和非金属废物；根据其可燃性可以分为可燃废物和不可燃废物，其中不可燃固体废物占 50%以上；根据其压缩性又可分为可压缩废物和不可压缩废物。根据这些性质可以采取相应的处理方法，如压缩、焚烧、金属熔炼、固化等。

1）放射性固体废物的压缩

压缩是一种应用广泛的传统技术，也是目前常用的放射性固体废物最小化方法，主要用于中、低放固体废物的处理。它是借助压力机将废物压缩，提高其整体密度来达到减容的目的。

可采用压缩技术进行减容处理的放射性废物很多，包括可压缩的金属废物（如废设备、管道、阀门、仪表件、工具、吊具等）和可压缩非金属废物（如工作服、鞋、袜、帽、手套、纸、棉纱、玻璃、保温材料等）。但是，混凝土、砂、石、土、塑料、橡胶、废树脂、含有较多游离液体或在压缩过程中会产生较多游离液体的废物，一般不宜作压缩处理。

压缩减容技术作为直接和简便的减容方法，具有设备简单、操作容易、易于实现自动化、投资少、运行费用低、几乎不产生二次废物等优点。压缩减容法也存在一定的缺点，如不能减轻废物的质量，未消除废物着火、热解发酵和腐烂的可能等。

2）放射性有机废物的焚烧

焚烧是可燃废物减容的常用处理技术，在工业垃圾处理中应用十分广泛。所谓放射性废物焚烧是指将放射性废物置于高温焚烧炉内焚烧，废物中的有害物质在高温下氧化、热解而被破坏，产生惰性熔渣或灰烬的过程。

根据焚烧方式的不同，放射性固体废物焚烧处理技术可分为干法焚烧和湿法焚烧两大类。

（1）干法焚烧

干法焚烧技术按照燃烧控制方式又可分为过量空气焚烧、控制空气焚烧、热解焚烧等。所谓过量空气焚烧是指向焚烧炉中通入理论计算值以上的空气量，使废物充分、完全地燃烧。该方法有利于大体积可燃性纤维固体物质的燃烧。

控制空气焚烧是通过控制空气的供应量和燃烧温度来控制燃烧过程的反应速度，使过程平稳地进行，以实现固体废物的完全燃烧。通常可燃废物先在空气不足的第一燃烧室中燃烧（500～800℃），生成的氧化物和挥发分进入第二燃烧室，在过量空气条件下完全燃烧（800～1 100℃）。该方法适于发热量大、烟灰量多的塑料等废物的处理。

热解焚烧与控制空气焚烧类似。首先，在无氧或近乎无氧的热解室中利用热能破坏含碳高分子化合物的化学键，使含碳化合物破坏或进行化学重组。然后产生的热解焦和热解气（燃气）在燃烧室内，在过量空气的条件下进行充分燃烧。

在上述焚烧方式中，热解焚烧应用较为广泛。

（2）湿法焚烧

湿法焚烧也称为湿法氧化法。它主要有酸消化法和过氧化氢氧化法等。由于湿法焚烧在液体中氧化处理废物，可以弥补干法焚烧的缺点，因而尾气处理简单，容易回收铀和钚，但其处理效率较低。该方法尤其适用于焚烧 α 废物，其减容比最高可达 70～80，并可回收废物中 95%以上的铀和钚，因而也适用于处理含铀废物。

焚烧炉的类型很多，目前采用最多的是过量空气焚烧炉和控制空气焚烧炉。

过量空气焚烧炉通常只有一个燃烧室，炉式分为立式和卧式，一般控制过量空气 30%～100%，炉温 800～1 100℃。其优点是结构和操作简单，缺点是燃烧不完全，烟气中焦油多，烟气净化难。

控制空气焚烧炉是为了克服过量空气焚烧炉燃烧不完全的缺点，采用两个或多个燃烧室。炉式分为立式和卧式，燃烧的两个阶段分别在两个炉子中进行，其结构比过量空气焚烧炉复杂，但可烧含较多塑料和橡胶成分的废物。

除上述两种焚烧炉外，还有旋风炉、高温熔渣炉、流化床炉、熔岩炉等。

3）金属熔炼

金属熔炼去污是通过将放射性污染的金属（如碳钢、不锈钢、铜、铝、镍等）经过简单的去污预处理，再将其放入电弧炉或感应炉中进行熔炼，通过加入造渣剂和氧化剂使其与金属材料发生化学反应，把存在于金属中的放射性核素络合到渣中，达到降低金属材料中铀残留量的方法。该去污法具有较大的减容系数，并且可大大降低金属材料中的铀残留量。该方法适用于大宗废旧金属的去污处理。

金属熔炼去污法与化学去污法相比，具有以下优点：

①污染金属废物的减容效果非常显著；

②金属基材可以有效清除放射性核素，达到较彻底去污的目的；

③残留在熔炼金属中的污染物较均匀分布在金属基材（锭）中；

④易于用谱仪测量技术对金属熔炼的中间产物进行精确测量，分析其放射性和组分，有益于日后合理的利用这些金属材料；

⑤经处理的金属可进行再循环，用作制造企业内部的设备和配件，以及制造放射性废物容器、屏蔽设备等。

4）固化

气体和液体放射性废物经过净化处理之后，大部分体积已经达到允许排放水平，作为气态流出物和液态流出物排放或可重复使用。留下小部分体积的浓缩物，包括蒸残液、残渣、泥浆、废离子交换剂、焚烧灰等，需要采用固化的方式处理，以实现将放射性核素牢固结合到稳定的、惰性的基材中，满足安全处置的要求。主要的固化技术包括水泥固化、沥青固化、塑料固化等，其中水泥固化是最早开发且目前广泛使用的技术手段。

（1）水泥固化

利用水泥来固化低、中放废物，是利用其物理包容和吸附作用来固结放射性核素，其具有较强的抗压强度和自屏蔽能力，耐辐射和耐热性能比较好。可用于固化放射性废物的水泥包括波兰特水泥（普通硅酸盐水泥）和高炉水泥。此外，火山灰水泥和高铝水泥也越来越多地被应用。

水泥固化需选取最佳配方，获得最佳固化效果。其中最关键的因素是水灰比和盐灰比。此外还有流动度、凝结时间、泌水性、水化热等多个要素值得关注。水泥固化后形成的水泥固化体的性能主要包括抗浸出性、机械强度（抗压强度）、耐辐照性和热稳定性。上述参数必须满足 GB 14569.1 的要求。

水泥固化的工艺很多，有桶内搅拌、桶外搅拌、冷压水泥固化、热压水泥固化等。

桶内搅拌工艺为批式生产，操作方法是将废物、水泥和添加剂分别加入桶内，放入搅拌桨，进行搅拌，直到充分混匀，提出搅拌桨（也有将搅拌桨丢弃在桶内的，称为弃桨式），盖上桶盖，对桶外表用擦拭法作污染检查。如有必要，要作去污，然后送去养护。

过去，桶内搅拌常用平板式搅拌桨，由于出现飞溅问题，桶内装填系数只能达到近70%，并且底部和四壁可能有不能搅拌到的“死角”。既可绕着桶中心自转、公转，还可上下移动的新型自洁净星式双螺旋搅拌桨的引入，将桶内搅拌废物装填系数提升至90%以上，且底部和周壁都能得到均匀混合。

桶外搅拌则是将废物、水泥和添加剂以一定比例混合均匀后注入贮桶中的技术，此法处理能力大，可批式操作，也可连续运行，适用于灌装不同形状的容器。

（2）沥青固化

沥青是脂肪烃和芳香烃高分子化合物的混合物，来源于石油和煤焦油提炼过程。沥青是热塑性、黏滞性液体或弹性固体物质，取决于温度状况。

沥青固化是将熔融沥青或乳化沥青同废物均匀混合，同时蒸发除去水分，最后装桶，冷却获得固化产品。利用乳化沥青可以在室温下实现固化，这样可以避免严格控制操作温度，但仍要蒸发除去乳化剂的水分。

沥青固化体的废物包容量为40%～60%（质量分数）。由于温度高于60℃沥青会软化，所包容的盐会发生分离和沉降，所以沥青固化体的贮存温度不得超出60℃。

沥青固化产品包容的放射性总活度受限制，沥青不能用于固化高放废液，原因是：

①沥青的熔化温度低，包容的裂变产物的衰变热量不能过大。

②辐射作用会使沥青固化体中的水分和碳氢有机物分解，产生氢气和甲烷等燃爆性气体。研究发现，直馏沥青受10^4～10^5 Gy剂量辐照，没有明显变化；但受10^6 Gy剂量辐照，辐解气体会使固化体的体积增大；受10^7 Gy剂量辐照，体积增大达60%～70%。

沥青包容高浓度的硝酸盐会加速沥青的氧化。包容的重金属会对沥青的氧化起催化作用。泥浆和焚烧灰都是惰性物质，原则上适于沥青固化，但因为沥青导热性差，泥浆要尽可能预先去除水分，然后作为供料。焚烧灰因为比重轻，难以同沥青有效混合。

沥青固化的主要优点包括：工艺设备和固化材料容易获得；可处理多种废物；废物包容率高；固化产品浸出率低。

但由于沥青可燃，且固化产品受热和辐照的影响较大，特别是沥青固化氧化性硝酸盐产物，燃爆风险大，国内外多次发生着火爆炸事故/事件。近年来沥青固化工艺已被不少国家废弃不用。

（3）塑料固化

塑料固化又称聚合物固化。塑料固化有热塑性塑料固化和热固性塑料固化两大类。热塑性塑料固化的工艺类似沥青固化，热固性塑料固化的工艺类似水泥固化。聚酯固化、环氧树脂固化属热固性塑料固化；聚乙烯固化、聚氯乙烯固化属热塑性塑料固化。热固性塑料固化成型后具有网状体型结构，受热不再软化，高温则分解破坏，不能反复塑制。热塑性塑料固化成型后是线型高分子结构，在特定温度范围内受热软化（或熔化），可反复塑制。塑料固化包容废物的机理属于物理包容。对废物中的含水量有限制，通常需要作脱水处理，或加入乳化剂乳化。

塑料固化通过选择适当的引发剂、催化剂、硬化剂和促进剂，选择适当的配料比、搅拌速度和温度条件，使聚合反应不致太猛烈，放热不致太强，聚合速度不过快或过慢。聚合反应过快，不仅影响固化产品的质量，还可能导致燃爆事故。聚合速度过慢，不仅影响固化产品的产量，也会影响固化产品的质量。

水泥固化、沥青固化和塑料固化三种固化方法的性能比较见表5-13。

表5-13 水泥固化、沥青固化和塑料固化三种固化方法的性能比较

要素			水泥固化	沥青固化	塑料固化
适用性	低中放废物	蒸残液	好	可以	可以
		离子交换树脂	差或可以	差或可以	好
		焚烧灰	可以	可以或好	好
		过滤泥浆	好	可以或好	可以
		有机废液	不可以	可以	好

要素			水泥固化	沥青固化	塑料固化
安全性	产品质量	浸出率/（$g/cm^2 \cdot d$）	10^{-3}～10^{-1}	10^{-5}～10^{-3}	10^{-6}～10^{-4}
		可受最大受照剂量/Gy	10^8	10^6	10^7
		辐射分解气体	H_2、O_2	H_2、CH_4、CO、CO_2、低碳氢氧化合物	H_2、CH_4、CO、CO_2、低碳氢氧化合物
		抗压强度/MPa	好（10～20）	塑性	塑性或好
	运行情况	操作温度/℃	室温	130～180	室温或稍高温度
		运行主要问题	停车后要清洗设备	防止着火爆炸	防火，常需要脱水，干燥预处理
		废物包容率（质量分数）/%	20～40	40～60	30～70
经济性		设备要求	简单	较复杂	简单或较复杂
		固化成本	低	中等	较高
		包装运输、贮存、处置费用	较高	较低	较低

三、放射性废物的处置

放射性废物的处置是核燃料循环的最后一个环节，其目标是将废物与人类及环境长期、安全地隔离，使它们对人类环境的影响减小到可合理达到的尽量低水平。核燃料循环全过程中，将产生极低放、低放、中放及高放废物。其主要处置方式如下：

1. 浅层填埋

浅层填埋主要用于处置极低放废物，使用该种处置方式处置极低放废物在安全、经济、废物管理上具有巨大优势。

2. 近地表处置

低放废物近地表处置是应用最早、最广泛的一种处置方式。所谓近地表处置是在地表或地下，具有防护覆盖层、有工程屏障或没有工程屏障的浅埋处置，深度一般为地表到地下 30 m。这种处置方式是利用处置场地层岩土具有良好的离子交换和吸附性能，并通过设置工程屏障等措施改善场址的屏障功能，使废物中的放射性核素限制在处置范围内，以防止放射性核素以不可接受的浓度或数量向环境扩散而危害人类安全。所谓处置场就是指处置废物的一个陆地处置设施区，它由若干个处置单元、构筑物和场所组成。

近地表处置具有投资少，设施比较简单，运行费用低，实施容易等优点，缺点为占地面积大。

3. 中等深度处置

中等深度处置（30～300 m）是介于近地表处置和深地质处置之间的一种方式，用于处置中放废物，特别是含有发射α粒子的放射性核素的废物。中等深度处置的方式主要包括专门挖掘的岩洞（如竖井、深井等形式）、废矿井、天然岩洞等。

目前使用较多的是废矿井，主要包括盐矿、铁矿、铀矿、石灰石矿。其优点为不需要占用大面积土地、已具备竖井或地下空间、贮存空间大、处置深度较深。

4．深地质处置

深地质处置方式主要用于高放废物，该方式在深度 300 m 以下的稳定地质层中，采用人工屏障和天然屏障相结合的多重屏障隔离体系将高放废物与人类生活圈长期安全隔离。

第九节 天然放射性物质管理

一、基本概念

天然放射性物质（naturally occurring radioactive materials，NORM）是指除天然放射性核素外，不含有显著量其他放射性核素的放射性物质。具体来说，天然来源放射性核素主要指 ^{40}K、铀系、钍系、锕系等原生放射性核素衰变链中的放射性核素，地壳中铀系和钍系产生剂量约占原生核素总剂量的 80%。

国际放射防护委员会（ICRP）提出，对于涉及 NORM 的照射情况，监管机构应当将母体放射性核素的活度浓度是否处在 1 000～10 000 Bq/kg 作为对其监管的依据。IAEA 使用排除概念导出了天然放射性核素的活度浓度值，^{40}K 以外的所有其他天然放射性核素活度浓度均为 1 Bq/g。我国《可免于辐射防护监管的物料中放射性核素活度浓度》（GB 27742—2011）也明确指出，可免于监管物料中天然核素活度浓度限值是 1 Bq/g。因此，NORM 重点管理的对象为天然核素活度浓度超过 1 Bq/g 的物料、废物及相关活动。

天然放射性物质（NORM）相关概念介绍如下：

1）伴生放射性矿（other radioactive mines）

根据《中华人民共和国放射性污染防治法》，伴生放射性矿是指含有较高水平天然放射性核素浓度的非铀矿（如稀土矿和磷酸盐矿等）。

2）伴生放射性物料（other radioactive material）

非铀（钍）矿产资源开发利用活动中使用或产生的铀（钍）系单个核素活度浓度超过 1 Bq/g 的原矿、中间产品、尾矿、尾渣和其他残留物等。

3）伴生放射性固体废物（other radioactive solid waste）

非铀（钍）矿产资源开发利用活动中产生的铀（钍）系单个核素活度浓度超过 1 Bq/g 的固体废物，包括采选及冶炼过程产生的尾矿、尾渣和其他残留物等。

二、现状

我国矿产资源丰富，多种矿产伴生铀、钍等天然放射性核素，开发利用过程中可能使用到伴生放射性原料，产生伴生放射性固体废物。从20世纪90年代开始，我国开始对伴生放射性矿开发利用进行调研摸底，先后开展了广东等7省（市）伴生放射性矿开发利用辐射水平调查；2007年，国务院组织开展了第一次全国污染源普查；2013年，环境保护部颁布了《矿产资源开发利用辐射环境监督管理名录（第一批）》，根据《可免于辐射防护监管的物料中放射性核素活度浓度》，将原矿、中间产品、尾矿（渣）或者其他残留物中铀（钍）系单个核素含量超过1 Bq/g的稀土、铌/钽、锆及氧化锆、钒、石煤等5类矿产资源开发利用项目纳入辐射环境监督管理；2017年，国务院又组织开展了第二次全国污染源普查，根据第二次全国污染源普查伴生放射性矿普查结果，截至2017年年末，全国共有伴生放射性矿开发利用企业464家，伴生放射性固体废物累积贮存量为20.30亿t，其中铀（钍）系单个核素活度浓度超过10 Bq/g的固体废物为224.95万t，伴生放射性固体废物贮存和处置的辐射环境隐患突出，放射性污染防治形势不容乐观；2020年，为保护环境、保护公众健康、促进非铀（钍）矿产资源开发利用可持续发展，根据《中华人民共和国放射性污染防治法》《中华人民共和国环境影响评价法》《建设项目环境保护管理条例》等法律法规，基于伴生放射性矿普查成果，生态环境部公布了《矿产资源开发利用辐射环境监督管理名录》（表5-14），将稀土、锆及氧化锆、铌/钽、锡、铝、铅/锌、铜、铁、钒、钼、镍、锗、钛、金、磷酸盐、煤共16类矿产纳入辐射环境监督管理。

表5-14 矿产资源开发利用辐射环境监督管理名录

序号	类别	工业活动
1	稀土	各类稀土矿（包括氟碳铈矿、磷钇矿和离子型稀土矿）的开采、选矿和冶炼；独居石的选矿和冶炼
2	锆及氧化锆、铌/钽、锡、铝、铅/锌、铜、铁、钒、钼、镍、锗、钛、金	开采、选矿和冶炼
3	磷酸盐	开采、选矿和直接以磷酸盐矿为原料的加工活动
4	煤	开采、选矿

此外，《矿产资源开发利用辐射环境监督管理名录》还对环评和验收提出了相关要求，如下：

依照《建设项目环境影响评价分类管理名录》（2021年版）环评类别为环境影响报告书（表）且已纳入名录中的矿产资源开发利用建设项目，建设单位应在环境影响报告书（表）中给出原矿、中间产品、尾矿、尾渣或者其他残留物中铀（钍）系单个核素活度浓度是否超过1 Bq/g的结论。

依照《建设项目环境影响评价分类管理名录》（2021 年版）环评类别为环境影响报告书（表）且已纳入名录，并且原矿、中间产品、尾矿、尾渣或者其他残留物中铀（钍）系单个核素活度浓度超过 1 Bq/g 的矿产资源开发利用建设项目，建设单位应当组织编制辐射环境影响评价专篇，并纳入环境影响报告书（表）同步报批；建设单位在竣工环境保护验收时，应当组织对配套建设的辐射环境保护设施进行验收，组织编制辐射环境保护验收监测报告并纳入验收监测报告。

国际原子能机构、欧盟和联合国原子辐射效应科学委员会也出版了相关文件，对 NORM 的行业进行了划分，如表 5-15 所示。

表 5-15　国际 NORM 行业划分

序号	IAEA	欧盟	联合国原子辐射效应科学委员会
1	稀土元素的提取	磷酸盐工业	处理金属矿，如锡石、钽铁矿、钶铁矿、褐钇铌矿、重烧绿石、铌钇矿和烧绿石（铌、铁、锰和其他）等
2	钍及其化合物的生产和使用	硫酸生产	处理磷酸盐，包括湿法处理、热处理和生产磷肥
3	铌和铌铁合金的生产	煤矿脱水	锆英砂工业活动
4	非铀矿的开采	煤和粉煤灰	生产钛白粉
5	石油和天然气的生产	金属生产冶炼厂	化石燃料应用工业活动，如煤、天然气和石油的燃烧
6	钛白粉的加工	镁/钍合金	石油和天然气的提取
7	磷酸盐工业	稀土：独居石砂等的加工	建筑材料工业活动
8	锆石和氧化锆工业	铸造沙	钍合成物工业活动，如焊接电极、汽灯罩以及特殊合金
9	锡、铜、铝、锌、铅、铁的生产	折射材料、磨料和陶瓷	废旧金属处理工业活动
10	煤的燃烧利用	石油/天然气工业	
11	水处理	钛白粉工业	
12		镀钍焊条和煤气炉	
13		瓷牙	
14		光学工业及玻璃器皿	

通过表 5-14 和表 5-15 对比目前国内外 NORM 行业的划分，目前我国尚未列入监管的行业主要为石油、天然气生产行业。

三、特点

1．含天然放射性核素，衰变周期长

伴生放射性固体废物所含有的放射性核素主要为铀（钍）系核素，其中 ^{238}U、^{232}Th

等核素的半衰期在数十亿年以上，属于长寿命的放射性废物，对该类废物的长期管理提出了挑战。

2. 涉及行业多

伴生矿废物不仅产生于伴生放射性矿的开采过程中，在应用和冶炼过程中也会产生伴生矿废物。国际原子能机构将产生伴生矿废物的行业划分为 11 大类，而我国将稀土、铌/钽、锆石和氧化锆、锡、铅/锌矿、铜、铁、钒、磷酸盐、煤、铝、钼、金、锗、钛、镍等 16 种矿产类别纳入了辐射环境监督管理名录。

由于矿物种类、来源、生产工艺不同，伴生放射性废物的性状存在着较大差异，给伴生矿的管理带来了一定难度。

3. 活度浓度水平跨度大

由于产生伴生放射性废物的行业繁多，产生的废物核素活度浓度水平跨度较大，在 1～6 000 Bq/g。一般采选尾矿（渣）的放射性核素活度浓度较低，在 1～5 Bq/g，经过冶炼加工后的废渣特别是稀土、铌钽、锆及氧化锆等行业的冶炼废渣中核素活度浓度较高，高达数百 Bq/g 甚至数千 Bq/g。

4. 数量大，区域分布差异大

由于涉及行业多，来源广，使得矿产资源开发利用含放射性废渣的产生量巨大，截至 2017 年年末，伴生放射性固体废物累积贮存量为 20.30 亿 t，其中铀（钍）系单个核素活度浓度超过 10 Bq/g 的固体废物为 224.95 万 t。此外，由于伴生放射性废物主要来自矿产资源开发利用，其区域分布特性明显，我国伴生放射性废渣年产生量及贮存量较大的地区主要包括内蒙古、广西、辽宁、四川、湖南、云南、江西、广东等。

5. 物理化学特性复杂

由于来源范围广，伴生放射性废渣的理化性质较为复杂，部分废渣酸碱度相差较大，例如，冶炼废物的 pH 大多在 3 以下，冶炼废物中通常含有大量的酸根、氯离子、重金属等，由于废渣未进行中和处理，核素极具浸出性。废渣含水率各不相同，部分高达 80%，例如一些选矿尾矿等；废渣的粒径大小不一，部分为微米级，部分则为厘米级；不同的酸碱度、粒度及含水率等导致废渣的堆存状态不同，有散料、有泥状的，也有板结的。

四、暂存与处置

生态环境部组织编制并颁布了《伴生放射性物料贮存及固体废物填埋辐射环境保护技术规范（试行）》（HJ 1114—2020），对伴生放射性物料的贮存及固体废物填埋作出了具体要求。

标准提出了伴生放射性物料贮存及固体废物填埋的 6 项基本原则和 6 项一般要求。

6 项基本原则包括全过程管理原则、辐射防护三原则、环保设施“三同时”原则、废物最小化和达标排放原则、长期安全稳定性原则和废物有效填埋原则。

6 项一般要求要包括物料分区存放、固体废物暂存与填埋、铀资源回收、执行台账制度、建立管理体系、考虑危险废物特性。

具体技术要求如下：

1. 选址

（1）填埋设施场址应符合国家及地方生态环境功能区划、国土空间规划等相关要求。

（2）填埋设施场址优先选择在人口密度相对较低的区域，并远离饮用水水源地；根据公众剂量约束值要求和自然环境条件等因素，通过环境影响评价确定场址与环境敏感目标的距离。

（3）填埋设施场址应有良好的区域稳定性和岩土体稳定性，没有泉水出露，渗透性低，对放射性核素有较好的阻滞性能。

（4）填埋设施场址基础层底部应与地下水有记录以来的最高水位保持3 m以上的距离，否则应采取导排水等措施或提高防渗设计标准。

（5）填埋设施场址应避开活动断裂带，避免建在溶洞区或易受洪水、滑坡、泥石流、尚未稳定的冲积扇及冲沟等地表作用影响的区域。

（6）填埋设施场址应位于重现期不小于百年一遇洪水水位之上，并在规划中的水利设施淹没区和保护区之外。

2. 设计与建设

1）伴生放射性物料贮存设施设计要求

（1）贮存设施应根据企业总平面布置等相关要求，尽量布置在远离人群活动的地方。

（2）贮存设施应采取实体隔离措施，防止无关人员进入。

（3）贮存设施应进行清污分流，防止雨水进入；物料可能产生渗水的应设置地沟等渗水收集系统，渗水应进行回收利用或处理后达标排放。

（4）贮存设施应进行防腐防渗设计，防渗性能应不低于渗透系数为 1×10^{-7} cm/s、厚度为2 m的黏土层的防渗效果。

（5）物料贮存应采取防尘、抑尘措施，防止物料逸散。

（6）应根据物料来源、放射性水平等进行合理的贮存区域划分。

2）伴生放射性固体废物填埋设施设计要求

（1）填埋设施的设计应以实现废物与生物圈的有效隔离为目标。

（2）总体布置应结合当地气象、水文、地形等自然条件和周围人口分布情况，合理布置填埋区和办公区，办公区宜布置在区域常年最小风频下风向。

（3）填埋设施应设置防渗系统、截排洪系统等，并根据实际情况设置渗水导排系统、地下水导排系统、废水处理系统等。

（4）填埋设施的防渗系统主要由天然基础层、天然材料防渗层和双人工防渗衬层组成，应满足以下要求：

①天然基础层渗透系数不大于 1×10^{-5} cm/s，且厚度不宜小于2 m。

②天然基础层与双人工防渗衬层之间应设置天然材料防渗层，渗透系数不大于 1×10^{-7} cm/s，厚度应根据天然放射性核素特征和天然材料防渗层核素阻滞性能确定。

③双人工防渗衬层由主衬层、主衬层保护层和次衬层组成，主衬层、次衬层渗透系数均不大于 1×10^{-12} cm/s，厚度均不小于 2.0 mm；主衬层保护层应为渗透系数不大于 1×10^{-7} cm/s、厚度不小于 0.3 m 的黏土衬层。

（5）填埋设施的渗水导排系统由渗水导排层、集排水管道和集水井组成；导排层应采用天然材料，坡度不宜小于 2%。

（6）双人工防渗衬层之间应设置渗漏检测层（兼作排水层），由双人工防渗衬层之间的导排介质、集排水管道和集水井组成；检测层渗透系数应不小于 0.1 cm/s。

（7）填埋设施上游、下游应分别设置地下水监测井，两侧宜设置地下水监测井。

（8）应根据实际运行情况对填埋设施进行中间覆盖和封场覆盖，封场设计应同时满足安全稳定和辐射屏蔽要求。

（9）填埋设施封场结构应包括氡（钍）屏蔽层（兼作天然防渗层）、人工防渗衬层、排水层、防生物侵扰层、植被恢复层等，应满足以下要求：

①氡（钍）屏蔽层：采用天然材料，渗透系数不大于 1×10^{-7} cm/s，厚度应根据氡（钍射气）扩散特征和材料屏蔽性能确定。

②人工防渗衬层：渗透系数不大于 1×10^{-12} cm/s，厚度不小于 1.5 mm。

③排水层：渗透系数不小于 0.1 cm/s。

④防生物侵扰层：厚度不小于 30 cm 的卵砾石层。

⑤植被恢复层：厚度不小于 35 cm，植被不应破坏防渗层。

伴生放射性物料贮存、固体废物填埋应根据放射性水平，采取必要的辐射防护措施。

伴生放射性物料贮存、固体废物填埋设施改建及扩建过程应采取相应的放射性污染防治措施。

3．运行

1）伴生放射性物料贮存设施运行要求

（1）贮存设施边界明显部位应设置电离辐射标志，并加强管理，防止无关人员进入。

（2）固体废物贮存应有明确标识，并结合实际情况注明废物的名称、数量、放射性核素活度浓度等。

（3）固体废物贮存台账应结合实际情况注明名称、来源、数量、放射性核素活度浓度、入库日期、出库日期及接收单位名称等信息。

（4）物料贮存相配套的废水处理设施和防尘、抑尘措施，应稳定运行、有效实施。

2）伴生放射性固体废物填埋设施运行要求

（1）接收准则

①固体废物填埋前应进行中和、稳定化等预处理，降低放射性核素浸出性能。

②固体废物 pH 应为 6～9。

③固体废物含水率不宜大于 40%。

④标识不清或来源不明的固体废物不得进入填埋设施。

⑤填埋设施内严禁混入人工放射性废物和非放射性废物。

（2）填埋设施运行应同时满足贮存设施的相关要求。

4．关闭

（1）伴生放射性物料贮存设施关闭后或转为他用时，应对受到放射性污染的厂房、设备、场地、周围环境进行治理，开展辐射监测，确保治理后满足相关要求。

（2）伴生放射性固体废物填埋设施关闭后应进行封场治理，并设置永久性标识。

5．监护

（1）伴生放射性固体废物填埋设施关闭后，应对设施的安全稳定性与辐射防护有效性开展监护，监护期为 30 年。

（2）监护期间应定期巡视，维护相关设施，防止无关人员闯入，并定期开展辐射监测工作。

6．辐射监测

1）伴生放射性物料贮存设施辐射监测要求

（1）贮存设施运行期间，应按照相关要求并结合环境影响评价文件制定流出物监测方案，开展流出物监测。

（2）应根据物料来源、批次等对物料开展监测，监测项目包括 ^{238}U、^{226}Ra、^{232}Th 等。

（3）贮存设施的辐射环境监测包括运行前辐射本底调查、运行期辐射环境监测及关闭后辐射环境监测等。

（4）贮存设施运行期间，应按照相关要求并结合环境影响评价文件制定辐射环境监测方案，开展辐射环境监测工作；其他阶段的辐射环境监测方案可参照运行期辐射环境监测方案，并根据实际情况适当调整。

2）伴生放射性固体废物填埋设施辐射监测要求

（1）填埋设施流出物监测要求、固体废物监测要求、辐射环境监测要求同贮存设施相关要求。

（2）填埋设施关闭后监护期的监测项目包括：设施表面氡析出率、γ 辐射空气吸收剂量率，液态流出物及地下水监测井水中天然铀、^{226}Ra、Th、总 α、总 β 等；监测频次为 1 次/a，2 年后可结合实际情况适当降低监测频次。

五、伴生放射性废物处置实践

1．内蒙古自治区

内蒙古包头市有包括“包钢稀土”在内的多家稀土生产企业，是我国稀土的主产区。以“包钢稀土”为主的企业，从白云鄂博矿山提炼出稀土后，产生的废水和废渣中含有钍等放射性核素，这些废物都集中排向尾矿库。经过几十年的开采冶炼，包头地区形成了一个区域面积已达 20 km^2，储存尾矿 1.5 亿多 t，积水 1 700 多万 m^3 的尾矿库。根据 2004 年的监测结果，包头尾矿库中的 γ 辐射剂量率约为 100.7×10^{-8} Gy/h，约为天然本底值的 10 倍。

可以认为，包头尾矿库是一个 NORM 废物的处置场，该处置场主要接收以“包钢稀土”为主的稀土企业生产活动产生的 NORM 废物，废物来源单一。但由于尾矿库建成年代较早，设计要求低，运行时间长，已经影响了周边的辐射环境。近年来，通过开展尾矿库防渗工程、尾矿库及周边地区保护工程以及附近农牧民搬迁安置工程等，降低了包头尾矿库周边的辐射风险。

2. 浙江省

从 2020 年开始，浙江省为推动解决历史遗留的 NORM 废物问题，联合各级政府，筹集治理资金，启动了 NORM 废物处置工程的建设工作。处置的 NORM 废物主要包括独居石、绿柱石、污染土以及治理活动产生的二次废物，其放射性水平在 1×10^3～1×10^5 Bq/g。该处置场在满足《伴生放射性物料贮存及固体废物填埋辐射环境保护技术规范（试行）》（HJ 1114—2020）中设计要求的基础上，建造三个钢筋混凝土填埋单元（处置容量为 1.67 万 m^3），设置防渗系统和渗水导排系统，废物装满后进行水泥灌浆填充。

目前，该处置场已接收完送处的 NORM 废物，并设置了 3 m 厚的覆盖层进行关闭，开始了 30 年的监护工作。这是我国第一座建成、运行并关闭的 NORM 废物填埋场，处置的废物类别明确，设计标准较高，可为国内的其他 NORM 废物处置设施提供现实的工程经验。但该处置设施的目的只为解决历史遗留的 NORM 废物处置问题，不具有市场性和可复制性。

3. 江西省

江西省积极推动江西伴生放射性固体废物处置项目，先后于 2022 年 8 月取得项目立项审批备案，2023 年 6 月取得环评批复，2023 年 7 月取得可研代初设批复，目前处置场正在按既定计划加快建设中。该项目总库容为 7.5 万 t，年处置能力 1 万 t。其接收限值为：伴生放射性固体废物中铀（钍）系单个核素活度浓度超过 1 Bq/g，不高于 400 Bq/g，不接收混入人工放射性核素固体废物、危险废物和其他非放射性固体废物。2023 年 7 月，江西首批伴生放射性固体废物收储渣在赣州装车启运，陆续运至该处置场。

第六章 核技术利用基础知识

引 言

随着核能和核科学技术的发展，放射性同位素和射线装置在医疗、工业、农业、地质调查、科学研究和教学等领域中的应用越来越广泛。

核技术利用是指放射性同位素和射线装置在医疗、工业、农业、地质调查、科学研究和教学等领域中的使用。它是利用放射性同位素和射线装置发射的电离辐射与物质相互作用所产生的物理、化学及生物效应来进行应用研究与开发的技术，也就是电离辐射技术，其种类繁多，应用领域十分广阔。

本章主要简述核技术利用中放射源、非密封放射性物质和射线装置在医疗、工业、农业、地质调查、科学研究和教学等领域中的应用。

第一节 辐射源

辐射源是指可以通过发射电离辐射而引起辐射照射的一切物质或实体。辐射源的种类很多，从辐射源的产生来源可分为天然辐射源和人工辐射源两种。

自从人类在地球上出现以来，就一直受到天然辐射源的照射。这种天然存在的辐射源称为天然辐射源，把这种辐射称为天然辐射。天然辐射源主要来自宇宙射线、宇生放射性核素和原生放射性核素。

人工辐射源是用人工方法产生的辐射源。人工辐射源主要有核设施、核技术利用的辐射源和核试验落下灰等。目前核技术利用的辐射源主要是人工辐射源，包括放射源、非密封放射性物质和射线装置。

一、放射源

放射源是密封在包壳里的或紧密地固结在覆盖层里并呈固体形态的放射性物质。放射源的包壳或覆盖层应具有足够的强度，使源在设计使用条件下，均能保持密封性能，不会有放射性物质泄漏出来。

放射源的种类很多，分类方法也是多种多样。按辐射的射线可分为 α 放射源、β 放射源、γ 放射源、低能光子源、中子源等。按放射源的几何形状可分为点源、线源、平面源、圆柱源、圆环源、针状源、棒状源等。按活度的不确定度可分为检查源、工作源、参考源、标准源等。按用途可分为医疗用、工业照相（探伤）用、核仪表用、辐射加工用、放射性测井用、放射性测量及仪表刻度用等。

由于使用要求不同，放射源的核素种类、辐射类型、活度大小、几何形状、密封方式和性能指标等各不相同。下面按所用射线种类介绍放射源的基本性能。

1）α 放射源

α 放射源主要用于烟雾报警器、静电消除器和放射性避雷器等的离子发生器。常用的 α 放射性核素有 ^{210}Po、^{238}U、^{238}Pu、^{239}Pu、^{241}Am 等。

常用的 α 放射源，活度一般较低（1×10^{4}～3.7×10^{9} Bq），而且 α 粒子的能量一般低于 7 MeV，在空气中的射程小于 6 cm，穿不透皮肤表层，故没有外照射危险。但是绝大多数 α 核素属于极毒或高毒核素，即使摄入体内的量极少，也会造成严重的内照射。因此，使用 α 放射源必须特别注意保护源的密封性能，防止源的丢失或被盗。没有使用价值的废源，应按规定处理，不能随便拆开或扔掉。

2）β 放射源

β 放射源主要用作 β 活度测量和 β 能量响应刻度时的参考源和工作源，还可用作放射性测厚仪、皮肤敷贴器和气相色谱仪的电子捕集器等。常用的 β 放射性核素有 ^{3}H、^{14}C、^{58}Co、^{63}Ni、^{85}Kr、^{90}Sr-^{90}Y、^{147}Pm、^{204}Tl 等。

β 射线的穿透能力比同样能量 α 粒子约强 100 倍，能量超过 70 keV 的 β 粒子可穿透皮肤表层。常用的 β 放射源的 β 粒子能量均大于 70 keV，故应考虑 β 外照射的防护。

β 放射性核素衰变时，常伴随有 γ 辐射或其他形式的光子，只有少数核素（如 ^{3}H、^{14}C、^{32}P、^{35}S、^{90}Sr-^{90}Y 等）例外。β 粒子穿过周围物质时会产生韧致辐射，韧致辐射的穿透能力比 β 粒子强得多。因此，在使用 β 放射源时不能忽视 X、γ 光子的防护，即使是纯 β 发射体，也要注意减少韧致辐射的影响。屏蔽 β 射线应选用低原子序数的材料（如塑料、有机玻璃、铝板等），以减少韧致辐射，外面再用高原子序数的材料屏蔽韧致辐射和其他 γ 光子。

3）γ 放射源

γ 放射源是使用最多的放射源，广泛用于工业、农业、医疗和科研等各个部门。为了获得高剂量率的辐射场，装源量多数在 3×10^{15}～2×10^{16} Bq（1×10^{5}～6×10^{5} Ci），大于 3×10^{16} Bq（约 10^{6} Ci）的 γ 辐照装置已不少见。活度在 1×10^{8}～3.7×10^{12} Bq（3 mCi～100 Ci）的 γ 放射源主要用于各种核仪表（如料位计、核子秤、密度计等）、工业射线照相（无损探伤）和医疗照射（人体腔内治疗）等。表 6-1 列出了各种 γ 放射源的主要用途。

表 6-1　γ 放射源的主要用途

用途	常用核素	活度范围/Bq（Ci）
辐照装置	^{60}Co、^{137}Cs	＞10^{14}（约 3×10^{3}）
核仪表	^{60}Co、^{137}Cs、^{192}Ir、^{170}Tm、^{152}Eu、^{241}Am 等	1×10^{8}～2×10^{12}（3×10^{-3}～6×10^{1}）
工业射线照相	^{60}Co、^{75}Se、^{137}Cs、^{192}Ir、^{170}Tm 等	1×10^{9}～1×10^{13}（3×10^{-2}～3×10^{2}）
医疗照射	^{60}Co、^{137}Cs、^{192}Ir、^{198}Au 等	1×10^{8}～6×10^{14}（3×10^{-3}～1.6×10^{4}）
仪表刻度、检查	^{60}Co、^{137}Cs、^{226}Ra、^{241}Am 等	1×10^{6}～1×10^{14}（3×10^{-5}～3×10^{3}）

γ 射线的贯穿能力很强，其辐照范围往往超出工作场所之外。使用 γ 放射源主要防止外照射。

γ 源在固定工作场所使用时，应利用建筑物的墙和门或源容器进行屏蔽，使屏蔽体外人员所受照射低于规定的剂量限值。同时，为了防止人员误入辐照室造成误照射，应有可靠的安全联锁装置，设置警示信号和电离辐射警告标志等。源的使用场所若经常变化（如室外 γ 探伤），应划定作业场所警戒区域，通过距离进行防护，并在相应的边界设置警示标识。

活度小于 50 MBq（约 1.5 mCi）的 γ 源，一般可采用时间防护和距离防护，对工作场所外的影响很小。

4）低能光子源

利用发射低能（小于 150 keV）γ 射线和 X 射线的放射性核素，或利用 β 辐射体与靶物质产生的轫致辐射制成的源统称为低能光子源。低能光子源主要用于厚度计、密度计、X 射线荧光分析仪等仪表。发射低能光子的常用放射性核素有 ^{55}Fe、^{57}Co、^{125}I、^{238}Pu、^{241}Am、^{244}Cm 等。

低能光子比较容易屏蔽，但要注意可能存在的高能 γ 射线和轫致辐射的影响。由 ^{238}Pu、^{241}Am 等 α 放射性核素制成的低能光子源，当活度较高时，不能忽略其自发裂变和(α, n)反应产生的中子。另外，低能光子的散射效应相当显著，使用时应考虑对散射的防护。

低能光子源常用铍窗密封，铍不耐酸、碱腐蚀，也不耐水，使用和存放时应保持干燥，防止受潮，以免铍窗变质。

5）中子源

中子源在地质勘探、活化分析、辐射育种、湿度测量和科学研究等领域得到了广泛应用。利用 α 粒子与轻元素（如铍）的(α, n)反应或高能 γ 射线与铍（或氘）的(γ, n)反应，可制成具有不同能谱的中子源。常用的中子源有镭-铍中子源、镅-铍中子源、钋-铍中子源、钚-铍中子源等。表 6-2 列出了常用(α, n)中子源的辐射特性。

表 6-2　常用(α, n)中子源的辐射特性

源	半衰期	中子产额[a]		中子能量/MeV		γ 照射量率（距 10^6 n/s 的源 1 m 处）/［10^{-12} C/（kg·s）］
		×10^6 /［n/（s·GBq）］	×10^6 /［n/（s·Ci）］	最大	平均	
^{226}Ra-Be	1 620 a	0.27～0.54（0.35）	10～20（13）	13.08	3.9～4.7	2 866～4 300
^{210}Po-Be	138.4 d	0.062～0.081（0.068）	2.3～3.0（2.5）	10.87	4.2	0.7～2.9
^{238}Pu-Be	86.4 a	0.059～0.108（0.059）	2.2～4.0（2.2）	11.3	5.0	0.7～36
^{239}Pu-Be	24 400 a	0.04～0.059（0.04）	1.5～2.2（1.5）	10.74	4.5～5.0	0.7～122
^{241}Am-Be	433 a	0.059～0.073（0.059）	2.2～2.7（2.2）	11.5	5.0	0.7～72
^{242}Cm-Be	162.5 d	0.068～0.189（0.068～0.081）	2.5～7.0（2.5～3.0）	11.5	—	72

a 数值为一般工业产品所能达到的实际产额。

由表 6-2 可见，同一类型、同样 α 活度的中子源，由于制源方法不同，它们的中子产额、中子能量和 γ 照射量率可能差别很大，应以生产单位给出的数据为准。

利用重核自发裂变产生中子的中子源称为自发裂变中子源。其中，^{252}Cf 中子源应用最多。它的半衰期为 2.65 年，单位质量 ^{252}Cf 自发裂变中子产额为 2.31×10^{12} n/（s • g）。中子能谱与 ^{235}U 裂变中子能谱相似，中子平均能量为 2.35 MeV。单位质量 ^{252}Cf 在空气中 1 m 处的中子和 γ 剂量率分别为 22 Sv/（h • g）和 1.6 Gy/（h • g）。由于 ^{252}Cf 中子源中子产额高、体积小、可制成点源，因此用它作为中子源在各个领域得到了广泛应用。

中子的贯穿能力很强，使用中子源时应着重外照射的防护，一般用石蜡、聚乙烯等含氢材料较多的物质，将快中子慢化，然后用吸收截面大的物质（如锂、硼等）吸收慢中子。同时在屏蔽中子的同时要注意对 γ 射线的屏蔽。所以对中子源的屏蔽要进行中子和 γ 射线的混合屏蔽。

二、非密封放射性物质

非密封放射性物质是指非永久密封在包壳里或者紧密地固结在覆盖层里的放射性物质。

非密封放射性物质在工业、农业、医学和科学研究等方面的应用越来越广泛。使用非密封放射性物质的种类和数量越来越多。最常用的核素有 ^{3}H、^{14}C、^{18}F、^{32}P、^{35}S、^{68}Ga、^{89}Sr、^{90}Y、^{99}Mo、^{99m}Tc、^{125}I、^{131}I、^{153}Sm、^{177}Lu 等。主要用于医学诊断治疗用放射性药物、放射免疫药盒，农业、生物、水文、地质、科研用放射性同位素示踪剂等。

非密封放射性物质的特点是在使用或操作过程中它们的物理化学性质可能变化，如加温时固体可变成液体，液体可变成气体。当容器损坏时，液体会漏出扩散，造成表面污染。所以在使用非密封放射性物质时，会对人员造成外照射和内照射，会产生放射性废水、废气和固体废物，如果发生事故还会造成人员损伤、工作场所和环境污染。

1）工作场所分级

在防护条件相同的条件下，操作的放射性活度（操作量）越大，可能造成工作场所和环境污染的程度越严重。为了便于对操作量不同的工作场所提出相应的防护要求，将非密封放射性物质工作场所按放射性核素日等效最大操作量的大小分为甲、乙、丙三个等级，如表 6-3 所列。

表 6-3　非密封放射性物质工作场所的分级

级别	日等效最大操作量/Bq
甲	＞4×10^{9}
乙	2×10^{7}～4×10^{9}
丙	豁免活度值以上～2×10^{7}

放射性核素的日等效操作量等于放射性核素的实际日操作量（Bq）与该核素毒性组别修正因子的积除以与操作方式有关的修正因子所得的商。放射性核素的毒性组别修正因子见表 6-4，操作方式与放射源状态修正因子见表 6-5。

表 6-4　放射性核素的毒性组别修正因子

毒性组别	毒性组别修正因子
极毒	10
高毒	1
中毒	0.1
低毒	0.01

表 6-5　操作方式与放射源状态修正因子

操作方式	放射源状态			
	表面污染水平较低的固体	液体、溶液、悬浮液	表面有污染的固体	气体、蒸汽、粉末、压力很高的液体、固体
源的贮存	1 000	100	10	1
很简单的操作	100	10	1	0.1
简单操作	10	1	0.1	0.01
特别危险的操作	1	0.1	0.01	0.001

常用的放射性药品生产、使用场所日等效操作量核算中操作因子的选取如下：①利用放射性核素发生器淋洗子体时，母体核素的操作视为“源的贮存”，子体核素淋洗活动视为“简单操作”；②放射性药品生产中，分装、标记等活动视为“简单操作”；③医疗机构使用 ^{18}F、^{99m}Tc 等诊断放射性药物以及 ^{125}I 等粒籽源相关活动视为“很简单操作”；④使用 ^{131}I 开展核素治疗相关活动视为“简单操作”。

2）放射性核素毒性分组

放射性核素毒性分组详见《电离辐射防护与辐射源安全基本标准》（GB 18871—2002）附录 D。常用放射性核素的毒性分组如下：

极毒组：^{210}Po、^{226}Ra、^{233}U、^{234}U、^{238}Pu、^{239}Pu、^{241}Am、^{242}Cm、^{252}Cf

高毒组：^{32}Si、^{60}Co、^{90}Sr、^{144}Ce、^{152}Eu、^{192m}Ir、^{210}Pb、^{210}Bi、^{237}Np

中毒组：^{22}Na、^{32}P、^{35}S（无机）、^{45}Ca、^{55}Fe、^{57}Co、^{63}Ni、^{65}Zn、^{67}Ga、^{89}Sr、^{90}Y、^{99}Mo、^{124}Sb、^{125}I、^{131}I、^{137}Cs、^{133}Ba、^{147}Pm、^{153}Sm、^{177}Lu、^{192}Ir、^{198}Au、^{204}Tl、^{214}Pb、^{214}Bi、$U_{天然}$

气态核素：^{14}C、^{125}I、^{131}I

低毒组：^{18}F、^{40}K、^{68}Ga、^{99m}Tc、^{115}In、^{129}I、^{232}Th、^{235}U、^{238}U

气态核素：^{3}H（元素）、^{3}H（氚水）、$^{35}SO_2$、^{41}Ar、^{85}Kr、^{133}Xe

三、射线装置

射线装置是指 X 射线机、加速器、中子发生器等通电情况下产生射线的装置。

1）X 射线机

X 射线机的种类很多，如诊断 X 射线机、治疗 X 射线机、工业探伤 X 射线机、X 射线分析仪等。

X 射线机的核心部分是 X 射线管。通常由安装在真空玻璃壳内的阴极和阳极组成。阴极通常是钨制灯丝，阳极是根据应用需要由某种高原子序数材料（如钨、钼等）制成的靶。当接通阴极灯丝电源后，灯丝加热，发射热电子。在阳极和阴极间电场加速下，高速电子流轰击阳极靶物质产生 X 射线。X 射线有两种类型，一种是高速电子在靶原子核附近经过时，受靶核的强库仑场作用而损失其部分或全部动能，转变为具有连续能谱的轫致辐射；另一种是高速电子轰击靶物质时，靶原子的内层电子被电离而离开原子，位能较高的相邻外层电子进入内层轨道填补空位，多余的能量以辐射形式释放，因为靶原子各壳层之间的能级差是一定的，所以这种辐射光子具有确定的能量，称为特征 X 射线。

由高速电子轰击阳极靶产生的 X 射线光子能谱是轫致辐射连续谱上叠加特征 X 射线单色谱。连续谱的能量从零到一个最大值。最大值与电子加速电压的峰值相对应，如管电压为 90 kV，则其最大能量为 90 keV。当管电压较低，被加速的电子能量低到不足以击出内层电子时，X 射线中就没有特征 X 射线，其能谱是平滑的连续曲线。图 6-1 为 X 射线能谱示意图。

X 射线机产生的 X 射线的强度正比于阳极靶物质的原子序数 Z 的平方、电子流强度 I 和电子加速电压（管电压）U。所以，X 射线机的管电压、管电流和阳极靶物质是影响 X 射线强度的直接因素。一般 X 射线机的管电压（峰值）为几十 kV 至几百 kV。知道了管电压和过滤材料及厚度，就可从文献上查得离靶 1 m 处产生的 X 射线的发射率常数 mGy • m^2/（mA • min）。

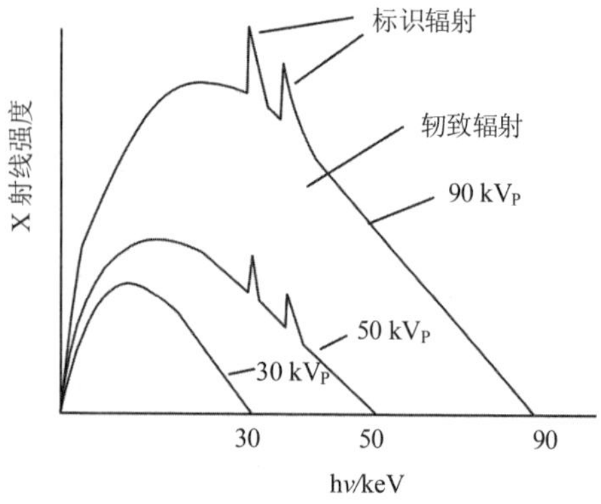

图 6-1　X 射线能谱示意图

2）加速器

加速器是利用电磁场使带电粒子（如电子、质子、氘核及重离子等）获得高能量的装置。加速器的种类很多，按加速粒子的能量区分，有高能加速器（>1 GeV）、中能加速器（100 MeV～1 GeV）和低能加速器（<100 MeV）。此处主要讨论低能加速器辐射源。

加速器是一个重要的辐射源，它具有所获得的粒子种类多、能量范围广、射线束的定向性好、能量和流强可调、操作维修方便、可随时启动或停机等特点。

加速器主要由产生带电粒子系统（离子源或电子枪）、电磁场系统（粒子加速、聚焦、输运）、真空系统（减少与气体分子碰撞）、粒子束引出系统（通过电场或磁场使粒子偏转到特定方向）和控制系统组成。

低能加速器产生的辐射有瞬发辐射和缓发辐射。瞬发辐射包括初级辐射（加速的带电粒子）和次级辐射（加速粒子与物质相互作用产生的 X 射线、γ 射线和中子等）。缓发辐射是由瞬发辐射与周围物质相互作用产生的感生放射性材料放出的 β 射线和 γ 射线等。瞬发辐射只有在加速器开机时产生，停机后即消失；缓发辐射在加速器停机后仍然存在，而且随着加速器运行时间的增加而积累。表 6-6 给出了有代表性的几种加速器运行时可能存在的辐射种类。

表 6-6 加速器运行时可能存在的辐射

<table>
<tr><th>加速器类型</th><th>加速粒子</th><th>粒子能量/MeV</th><th>辐射种类</th></tr>
<tr><td rowspan="4">高压型加速器</td><td>质子</td><td>1～10</td><td rowspan="3">快中子
热中子
γ 射线</td></tr>
<tr><td>氘核</td><td>1～10</td></tr>
<tr><td>α 粒子</td><td>2～20</td></tr>
<tr><td>电子</td><td>1～10</td><td>电子
X 射线</td></tr>
<tr><td rowspan="2">电子直线加速器</td><td>电子</td><td>1～10</td><td>电子
X 射线</td></tr>
<tr><td>电子</td><td>>10</td><td>电子
X 射线
快中子
热中子
γ 射线</td></tr>
<tr><td rowspan="3">回旋加速器</td><td>质子</td><td>15～50</td><td rowspan="3">快中子
热中子
γ 射线</td></tr>
<tr><td>氘核</td><td>7.5～24</td></tr>
<tr><td>α 粒子</td><td>15～50</td></tr>
<tr><td>电子感应加速器</td><td>电子</td><td>1～50</td><td>电子
X 射线</td></tr>
</table>

韧致辐射：当加速器加速的电子与物质相互作用时，会产生韧致辐射（X 射线），韧致辐射为连续谱，能量从零到加速电子能量。韧致辐射的发射率随靶材料的原子序数和电子能量的增加而增加，当电子的能量低于 10 MeV 时，一定的束流强度在向前方向产生的 X 射线强度，几乎与电子能量呈三次方关系增加。

中子：在加速器上，中子是由各种核反应产生的，中子的发射率、能量和角分布强烈地依赖于入射粒子的种类、能量以及靶材料及核反应特性（反应截面、阈能等）。在电子加速器上，电子与靶材料相互作用产生韧致辐射，韧致辐射又与靶材料及其他材料相互作用产生中子，习惯上将这种反应称为(γ, n)反应。中子的能谱为连续谱，其最大能量近似等于韧致辐射的最大能量减去这种反应的阈能。(γ, n)反应的阈能约为 10 MeV，所以通常对能量大于 10 MeV 的电子加速器会产生中子，在辐射屏蔽设计时，要考虑中子的影响。

感生放射性：加速器的结构材料、冷却水及加速器厅和辐照厅内的空气受中子照射会产生感生放射性，其辐射水平取决于加速粒子的能量、种类、流强和被辐照材料的性质以及加速器的运行时间等。加速器停机后，人员进入加速器厅或靶厅时，要考虑感生放射性的影响。

3）中子发生器

中子发生器是利用直流电压，能量在 1 MeV 以下，通过(d, n)反应产生快中子的小型加速器。早期都用倍压方法得到所需要的高压，所以叫作高压倍加器。由于倍压线路体积庞大，目前已改用如绝缘芯变压器等方法获得高压，所以现在更多使用中子发生器这个名称。

中子发生器加速离子的能量不高，多数在 400 keV 以下，也有的到 600 keV。它的电源电流容量较大，能提供较强的离子流，一般能达到毫安数量级，高的可达数十毫安。由于它加速的能量有限，通常只能利用 $D(d, n)^3He$ 和 $T(d, n)^4He$ 反应获得 2.5 MeV 和 14 MeV 能量的单能中子。由于 $T(d, n)^4He$ 反应截面在氘核能量近于 110 keV 处出现共振截面峰值达到 5 b。因此，可利用此反应在中子发生器上获得中子产额较高的 14 MeV 中子。一般中子产额在 10^9～10^{10} n/s，强流中子发生器的中子产额可达 10^{12}～10^{14} n/s。所以中子发生器主要用于产生 14 MeV 中子，开展 14 MeV 中子的各种应用。

密封中子管是紧凑型中子发生器，将离子源、加速间隙、靶等密封在一个玻璃管中，管子的直径几厘米，长几十厘米。由氘氚反应产生的 14 MeV 中子产额一般为 10^8～10^9 n/s，高的可达 10^{10}～10^{11} n/s，寿命为 200～500 h。由于它结构紧凑、体积小，便于携带和使用简单，所以是一种很实用的中子源。特别适用于野外和现场应用。

第二节　常用的放射性同位素

放射性同位素是指某种发生放射性衰变的元素中具有相同原子序数但质量不同的核素。放射性同位素具有不稳定性，会自发地放出 α 射线、β 射线或通过电子俘获等方式进行衰变，具有特征的半衰期。按放射性同位素封装方式不同，分为放射源和非密封放射性物质。国家根据放射源对人体健康和环境的潜在危害程度，从高到低将放射源分为 I 类、II类、III类、IV类、V类，将生产、销售、使用非密封放射性物质工作场所分为甲、乙、丙三级。

一、表征放射源的基本参数

放射源的基本参数涉及辐射类型、放射性活度、使用期限及外形结构和尺寸等。这些参数取决于源中放射性核素的种类和数量，以及制备工艺技术和结构设计。

1）辐射类型

辐射类型包括辐射种类和能量。它们首先取决于源中放射性核素的种类。放射性核素衰变发射一定能量的 α 粒子、β 粒子、γ 射线或中子。有的核素衰变只发射一种辐射，有的可能发射两种或多种辐射。这些辐射能否从源中有效发射出来还取决于源的制备工艺和外形结构。放射源按所释放射线的类型可分为 α 放射源、β 放射源、γ 放射源和中子源等。

2）放射性活度

在单位时间内发生衰变的原子核数目，称为放射性活度，也称衰变率，表征放射源的强弱。放射性活度的定义：在给定的时刻，处于特定能态的一定量放射性核素在时间间隔 dt 内发生自发核衰变或跃迁的期望值。

活度的单位为 Bq。1 Bq，即 1 次衰变/s；曾用单位为居里（Ci），$1\ \text{Ci}=3.7\times10^{10}\ \text{Bq}$。

3）使用期限

短半衰期核素放射源的使用期限主要与核素的半衰期有关，而长半衰期核素放射源的使用期限主要考虑放射源的安全性能。

4）外形结构和尺寸

为使源适应多种使用要求而设计了多种形状和不同尺寸的源。

图 6-2 为放射源的典型结构，主要由源芯、包壳和源窗等构成。

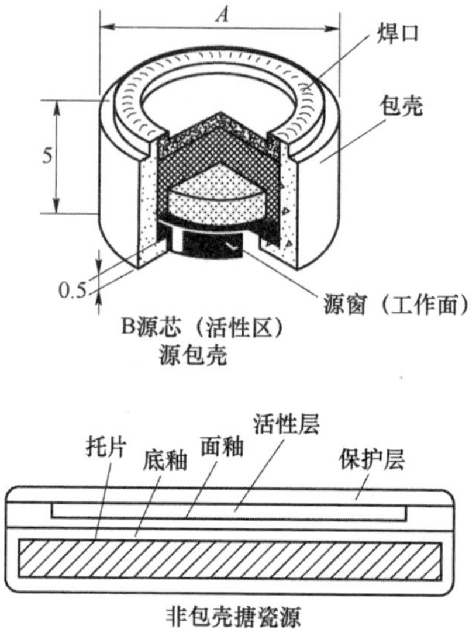

图 6-2　放射源的典型结构

二、放射性同位素

在已发现同位素中，稳定的核素 270 多种，其余都是所谓“放射性”的（不稳定的）同位素。

一般来说，不稳定的同位素能够自发地放出射线，使其原子核发生变化，从而变成另一种核素。原子核具有放出射线的性质，叫作放射性。能够自发地放出射线从而变成另一种核素的同位素，叫作放射性同位素。

放射性同位素分为天然的和人工的两种。自然界中天然存在的放射性同位素称为天然放射性同位素，人工制造的放射性同位素称为人工放射性同位素。

1）天然放射性同位素

天然放射性同位素的种类很多，已达几十种，但有实际意义的核素有 ^{238}U、^{235}U、^{232}Th、^{226}Ra、^{222}Rn、^{40}K、^{14}C 和 ^{3}H 等。地球上到处都存在着天然放射性同位素，它们衰变时放出 α 射线、β 射线或 γ 射线。我们把这种来自地壳表面的射线称为地面辐射。通常又把宇宙射线和地面辐射统称为天然本底辐射。

天然放射性同位素的放射性活度一般都很低，不能满足人们在科研、生产、医疗等方面应用的需要，因此随着科学技术的发展，人们又根据不同的需要生产了各种各样的人工放射性同位素。

2）人工放射性同位素

人工放射性同位素是利用核反应方法制造的。现在应用核反应堆和加速器生产的放射性同位素已达 2 000 多种，如 ^{60}Co、^{137}Cs、^{125}I、^{198}Au 等，它们均属于人工放射性同位素。由于不同的放射性同位素，其射线的种类、能量等不同，所以它们的用途也各不相同。根据需要，可将人工放射性同位素制成放射性活度不同量级的放射源，放射性活度可做到小至 10^4 Bq 量级（微居里级），大到 100 TBq 量级（万居里级）、10 PBq 量级（数百万居里级）。

三、常用放射源的辐射特性

在核技术利用中常用的主要放射源有 ^{60}Co、^{137}Cs、^{75}Se、^{192}Ir、^{90}Sr、^{85}Kr、^{63}Ni、^{241}Am、^{210}Po、^{241}Am-Be 中子源等。

1. α 放射源

α 放射源是以发射 α 粒子束为基本特征的放射源。α 粒子能量一般为 4～8 MeV，在空气中的射程为 2.5～2.7 cm，在固体中的射程为 10～20 μm。常用的 α 放射源主要有 ^{241}Am、^{238}Pu、^{239}Pu、^{244}Cm 和 ^{210}Po 等，目前工业用量最大的是 ^{241}Am α 源，因为 ^{241}Am 容易生产，价格便宜，而且半衰期较长。表 6-7 列出了某些 α 放射性核素的主要特征。

表 6-7　某些 α 放射性核素的主要特性

核素	半衰期	主要 α 粒子能量/MeV 及分支比/%	比活度/（GBq/g）	来源
^{226}Ra	1 602 a	4.598～7.688（包括 ^{226}Ra 及其衰变系的 α 粒子）	37	从铀矿石提取
^{228}Th	1.91 a	5.341～8.785（包括 ^{228}Th 及其衰变系的 α 粒子）	—	堆照 ^{226}Ra 生产，$^{226}Ra(n,\gamma)^{227}Ra \longrightarrow {}^{227}Ac$ $(n,\gamma)^{228}Ac \longrightarrow {}^{228}Th$
^{210}Po	138.4 d	5.305（100）	1.67×10^5	$^{209}Bi(n,\gamma)^{210}Bi \longrightarrow {}^{210}Po$
^{233}U	1.59×10^5 a	4.824（84.4） 4.783（13.2）	—	$^{232}Th(n,\gamma)^{233}Th \longrightarrow {}^{233}Pa \longrightarrow {}^{233}U$
^{235}U	7.1×10^8 a	4.216（6） 4.368（12） 4.374（6） 4.400（56）	—	天然放射性核素
^{238}Pu	87.75 a	5.445（28.7） 5.499（71.7）	636.4	$^{237}Np(n,\gamma)^{238}Np \longrightarrow {}^{238}Pu$
^{239}Pu	2.44×10^4 a	5.103 9（11） 5.142（15） 5.155（73）	2.28	$^{238}U(n,\gamma)^{239}U \longrightarrow {}^{239}Np \longrightarrow {}^{239}Pu$
^{241}Am	432 a	5.443（12.7） 5.486（86）	126.9	^{238}U 多次中子俘获生成 $^{241}Pu \longrightarrow {}^{241}Am$
^{242}Cm	162.5 d	6.071（26.3） 6.115（73.7）	1.25×10^5	^{238}U 多次中子俘获加 β^- 衰变

2．β 放射源

β 放射源是指可以发射电子的同位素放射源。它包括发射 β^-粒子、β^+粒子以及发射俄歇电子或内转换电子的放射源，其中以发射 β^-粒子的放射源使用最多，通常写成 β 放射源。某些 β 放射源伴有 γ 辐射，但在使用时主要用其 β 粒子并保证 β 粒子有较高的发射率，那么这种源仍属 β 放射源。表 6-8 列出了某些 β 放射性核素的主要特征。

表 6-8　某些 β 放射性核素的主要特征

核素	半衰期	β 粒子最大能量及分支比/keV	β 粒子平均能量/keV	伴随 γ 辐射能量/keV	生产方式
^{3}H	12.33 a	18.593（100）	5.69	—	$^{6}Li(n, \alpha)^{3}H$
^{14}C	5 710 a	156.478（100）	49.4	—	$^{14}N(n, p)^{14}C$
^{32}P	14.31 d	1 709（100）	695.2	—	$^{31}P(n, \gamma)^{32}P$ $^{32}S(n, p)^{32}P$
^{35}S	87.4 d	167.47（100）	49.8	—	$^{34}S(n, \gamma)^{35}S$ $^{35}Cl(n, p)^{35}S$
^{45}Ca	162.63 d	256.9（100）	77.3	12.5（1.7×10^{-3}）	$^{44}Ca(n, \gamma)^{45}Ca$ $^{45}Sc(n, p)^{45}Ca$
^{63}Ni	100 a	65.9（100）	17.0	—	$^{62}Ni(n, \gamma)^{63}Ni$ $^{63}Cu(n, p)^{63}Ni$
^{85}Kr	10.73 a	687（99.57） 173（0.43）	251	514（0.43）	裂变产物
^{90}Sr	28.7 a	546（100）	196.3	—	裂变产物
^{90}Y	64.27 h	2 274（99.984）	928	—	^{90}Sr 子体
^{106}Ru	367 d	39.4（100）	10.4	—	裂变产物
^{106}Rh	29.9 s	1 979（1.46） 2 407（9.90） 3 029（8.1） 3 541（79.1）	778 975 1 265 1 505	511.86（20.47） 621.88（9.95） 1 050.42（1.45）	^{106}Ru 子体
^{137}Cs	30.18 a	511.7（94.8） 1 173.4（5.2）	174.0 272	661.662（85.3）	裂变产物
^{147}Pm	2.623 a	224.5（99.41）	62.1	121.3（2.9×10^{-3}）	裂变产物
^{204}Tl	3.784 a	763.4（97.72）	243.3	很弱	$^{203}Tl(n, \gamma)^{204}Tl$
^{22}Na	2.60 a	545.8β^+（90.50） 1 820β^+（0.056） EC（100）	215.2 835.0	1 274.55（99.94） 511.00（181.11）	$^{19}F(\alpha, n)^{22}Na$
^{54}Mn	312.16 d	EC（100）	—	834.86（99.75）	$^{54}Fe(n, p)^{54}Mn$
^{55}Fe	2.72 a	EC（100）	—	—	$^{54}Fe(n, \gamma)^{55}Fe$

β 放射源按发射的粒子最大能量可分为三类：低能 β 源、中能 β 源和高能 β 源。

1）低能 β 源

低能 β 源包括 ^{3}H 源、^{63}Ni 源和 ^{55}Fe 俄歇电子源。低能电子在固体中射程很短，见

表 6-9。这种源的活性层表面只能加很薄的保护膜，有的甚至是裸源。低能 β 源只能用作电离源，在电子捕获鉴定器中和电子管中用作放电电离源。

表 6-9　低能β源特性

放射源	核素半衰期/a	β 粒子最大能量/keV	粒子最大射程	
			在空气中/mm	在其他材料中/（mg/cm^2）
^{55}Fe	2.72	5.4，5.6（俄歇电子）	0.3	0.05
^{3}H	12.33	18.593	5.2	0.8
^{63}Ni	100	65.9	40	6.3

2）中能 β 源

中能 β 源包括 ^{14}C、^{147}Pm、^{85}Kr、^{204}Tl 源。它们的特性如表 6-10 所示。中能 β 源主要用于薄层材料测厚。

表 6-10　某些中能 β 源特性

放射源	核素半衰期/a	β 粒子最大能量/MeV	粒子最大射程/（mg/cm^2）
^{14}C	5 730	0.156	30
^{147}Pm	2.623	0.225	50
^{85}Kr	10.73	0.672	280
^{204}Tl	3.784	0.763	300

3）高能 β 源

高能 β 源包括 ^{90}Sr 和 ^{106}Ru 源。它们的特性如表 6-11 所示。^{90}Sr 和 ^{106}Ru 所发射的 β 粒子能量并不高，但它们的衰变子体核素 ^{90}Y 和 ^{106}Rh 都能发射高能 β 粒子。它们主要用于金属材料测厚和卷烟密度测量。

表 6-11　某些高能 β 源特性

放射源	核素半衰期	β 粒子最大能量/MeV	粒子最大射程/（mg/cm^2）
^{90}Sr-^{90}Y	28.7 a	2.274	1.1
^{106}Ru-^{106}Rh	367 d	3.541（79.1%）	1.6

3. γ 放射源

γ 放射源是以发射 γ 辐射为主要特征的放射源，是利用发射 γ 辐射（包括 X 辐射）的核素制备的。

γ 辐射通常是其他类型核衰变的伴随辐射。在 β 衰变时生成的子体核可能通过几个能态跃迁到基态并发射几种辐射。例如，^{60}Co 的衰变伴随两组强度（每一个核衰变时放出该辐射的概率）均大于 99%的辐射，其能量分别为 1.173 MeV 和 1.332 MeV。^{137}Cs β 衰变有

94.8%的子体（^{137m}Ba）处于 0.662 MeV 能级，在进一步转换过程中有 9.5%通过内转换跃迁到基态，其他的通过发射 γ 辐射跃迁到基态，所以 ^{137}Cs 的 γ 辐射强度为 85%。

γ 放射源按 γ 辐射的能量和活度可分为三类：

1）低能 γ（X）放射源（也称低能光子源）

它由发射 γ 射线或 X 射线的核素 ^{55}Fe、^{57}Co、^{75}Se、^{109}Cd、^{125}I、^{153}Gd、^{169}Yb、^{170}Tm、^{241}Am、^{238}Pu、^{244}Cm 等制成。韧致辐射源也属于低能光子源。

2）中等活度 γ 放射源

它由中等活度的 ^{137}Cs、^{60}Co、^{192}Ir、^{124}Sb、^{134}Cs、^{182}Ta、^{226}Ra 等核素制成，大多用于同位素仪表中。高比活度的 ^{137}Cs、^{60}Co、^{192}Ir 和 ^{170}Tm 等放射源还可用于辐射照相探伤。

3）高活度 γ 放射源

一般指活度大于 10^{13} Bq 的 ^{60}Co、^{137}Cs 放射源，常用在工业辐照装置和远距离治疗装置中。表 6-12 列出 γ 放射源常用核素的特征。

表 6-12　γ 放射源常用核素的特征

核素	衰变类型	半衰期/a	主要的 γ 辐射		生产方式
			能量/MeV	强度/%	
^{60}Co	β	5.273	1.173	99.85	$^{59}Co(n, \gamma)$
^{75}Se	EC β^+，EC	0.32 （119.8 d）	1.332 0.066～0.097 0.121 0.136 0.264 0.279 0.304～0.401	99.98 4 16.5 56 58.5 24.8 12.95	$^{74}Se(n, \gamma)$
^{88}Y	β	0.29 （106.6 d）	0.014～0.01（Sr-KX） 0.511（β^+） 0.898 1.836	60 0.45 94 99.4	$^{88}Sr(p, n)$ $^{88}Sr(d, 2n)$
^{124}Sb	β	0.16 （60 d）	0.603 0.646～0.791 0.968～1.437 1.691 1.091	97.8 22.8 7.9 49.0 5.63	$^{123}Sb(n, \gamma)$
^{134}Cs	β	2.062	0.475～0.569 1.605 0.796 0.802 1.039～1.365	25.27 97.6 85.4 8.46 5.84	$^{133}Cs(n, \gamma)$
^{137}Cs	β	30.18	0.662	85.3	裂变

核素	衰变类型	半衰期/a	主要的 γ 辐射		生产方式
			能量/MeV	强度/%	
^{144}Ce	β	0.78 （284.4 d）	0.08 0.134	1.49 11.1	裂变
^{170}Tm	β	0.35 （128.6 d）	0.051～0.061 0.084	4 3.4	$^{169}Tm(n, \gamma)$
^{182}Ta	β	0.32 （115 d）	0.066～0.085 0.100～0.152 1.222～1.231	82 85 70	$^{181}Ta(n, \gamma)$
^{192}Ir	β	0.2 （74 d）	0.201～0.283 0.296 0.308 0.316 0.374～0.460 0.486 0.484～0.612 0.884～1.062	4.1 28.9 29.4 82.7 1.3 47.8 21.1 0.35	$^{191}Ir(n, \gamma)$
^{226}Ra+子体	α，β	1 602	0.295（^{214}Pb） 0.352（^{214}Pb） 0.609（^{214}Bi） 0.769（^{214}Bi） 0.120（^{214}Bi） 1.238（^{214}Bi） 0.378（^{214}Bi） 1.764（^{214}Bi） 2.204（^{214}Bi）	—	天然放射性

4．中子源

利用放射性核素自发裂变或放射性核素衰变释放出一定能量的射线与某些靶物质发生核反应而放出中子的装置。主要有以下两种核反应：(α, n)反应和(γ, n)反应。

利用重核自发裂变产生中子的中子源称为自发裂变中子源。其中，^{252}Cf 中子源应用最多。它的半衰期为 2.65 年，自发裂变中子产额为 2.31×10^{12} n/（s・g）。中子能谱与 ^{235}U 裂变中子能谱相似，中子平均能量为 2.35 MeV。

(α, n)反应中子源是利用放射性核素衰变发射的 α 粒子与某些轻元素（如铍）发生(α, n)核反应产生中子的放射源。常用的放射性核素有 ^{210}Po、^{210}Pb、^{226}Ra、^{238}Pu、^{241}Am 和 ^{242}Cm 等。

(γ, n)反应中子源是由可发射高能 γ 射线的核素与 Be 或 D_2O 靶发生(γ, n)核反应产生中子的放射源，又称“光中子源”。如 ^{24}Na-D_2O、^{24}Na-Be 和 ^{124}Sb-Be 中子源，中子的平均能量分别为 255 keV、963 keV 和 22.3 keV。

第三节 放射性同位素生产

自然界有 50 多种天然放射性核素，但含量较少，提取困难。目前广泛应用的各种放射性同位素几乎都是由反应堆和加速器生产的，部分放射性同位素从后处理厂的废液和废气中回收以及放射性核素发生器生产。实际上，放射性核素发生器的母体核素仍是通过反应堆、加速器制备或乏燃料后处理中提取的。

一、核反应堆生产放射性同位素

1. 基本原理

目前应用的放射性核素，按活度计算，绝大多数是由反应堆生产的。反应堆是一个强中子源，将样品（靶料）置于反应堆辐照室（如活性区）或辐照管道（如孔道）内经中子辐照，利用(n, γ)、(n, α)、(n, p)、(n, f)以及多次中子俘获等反应，使样品中的稳定同位素或长寿命易裂变核素转变为放射性同位素。反应堆生产放射性核素原理示意图见图 6-3。反应堆生产的放射性核素多为丰中子核素，通常为 β^-衰变。反应堆生产的重要医用放射性核素见表 6-13。

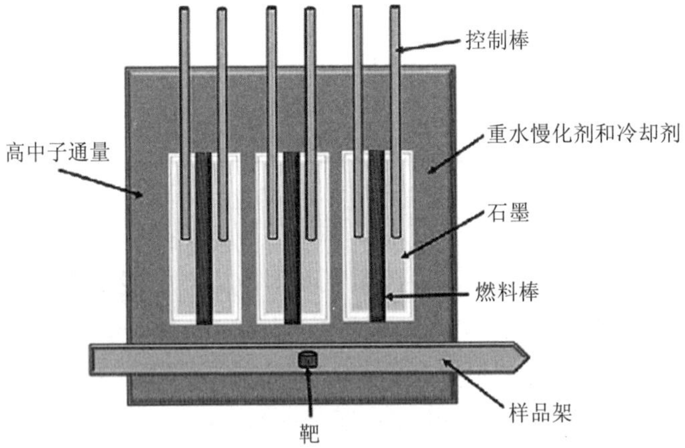

图 6-3 反应堆生产放射性核素原理示意图

表 6-13 反应堆生产的重要医用放射性核素

放射性核素	衰变方式	半衰期（$T_{1/2}$）	核反应
^{3}H	β^-	12.33 a	$^{6}Li(n, \alpha)^{3}H$
^{14}C	β^-	5 730 a	$^{14}N(n, p)^{14}C$
^{32}P	β^-	14.28 d	$^{31}P(n, \gamma)^{32}P$，$^{32}S(n, p)^{32}P$

放射性核素	衰变方式	半衰期（$T_{1/2}$）	核反应
^{35}S	β^-	87.4 d	$^{35}Cl(n, p)^{35}S$
^{51}Cr	EC	27.7 d	$^{50}Cr(n, \gamma)^{51}Cr$
^{59}Fe	β^-	44.6 d	$^{58}Fe(n, \gamma)^{59}Fe$
^{75}Se	EC	118.5 d	$^{74}Se(n, \gamma)^{75}Se$
^{89}Sr	β^-	50.5 d	$^{88}Sr(n, \gamma)^{89}Sr$
^{90}Sr	β^-	29.1 a	$^{235}U(n, f)^{90}Sr$
^{99}Mo	β^-	66.02 h	$^{98}Mo(n, \gamma)^{99}Mo$，$^{235}U(n, f)^{99}Mo$
^{125}I	EC	60.2 d	$^{124}Xe(n, \gamma)^{125}Xe \xrightarrow{EC} {}^{125}I$
^{131}I	β^-	8.04 d	$^{130}Te(n, \gamma)^{131}Te \xrightarrow{\beta^-} {}^{131}I$
^{133}Xe	β^-	5.25 d	$^{132}Xe(n, \gamma)^{133}Xe$
^{153}Sm	β^-	46.8 h	$^{152}Sm(n, \gamma)^{153}Sm$
^{177}Lu	β^-	6.71 d	$^{176}Lu(n, \gamma)^{177}Lu$
^{188}W	β^-	69.4 d	$^{186}W(n, \gamma)^{187}W(n, \gamma)^{188}W$
^{227}Ac	β^-	21.8 a	$^{226}Ra(n, \gamma)^{227}Ra \xrightarrow{\beta^-} {}^{227}Ac$

反应堆中的中子主要是热中子，容易引起(n, γ)反应，因而成为反应堆生产放射性同位素的主要核反应。反应产物与靶核属同一元素，化学性质相同，难以得到高比活度的产品。如果(n, γ)反应得到的产物可进一步衰变，生成另一种元素的放射性同位素，则可用化学分离法获得此无载体放射性同位素，如 ^{131}I 和 ^{125}I 的制备。此外，还可以通过两次或多次(n, γ)反应来制备所需的医用放射性核素，如 ^{188}W 的制备。

(n, p)和(n, α)核反应需要较高能量的中子，制备出的放射性核素与靶材料不是同位素关系，可用化学分离法得到无载体的高比活度产品。

(n, f)反应是利用 ^{235}U 等易裂变物质在中子诱导下发生裂变反应，从裂变产物中分离出半衰期比较长的放射性核素。

例如，生产 ^{60}Co 放射性同位素时，将金属钴丝（或钴片、钴棒）装于不锈钢壳内，用氩弧焊密封，然后放入反应堆中照射，由 $^{59}Co(n, \gamma)^{60}Co$ 反应得到放射性同位素 ^{60}Co；利用 $^{235}U(n, f)$反应，然后分离纯化，可得到 ^{99}Mo-^{99m}Tc 核素发生器的母体核素 ^{99}Mo。所以反应堆生产放射性同位素主要包括制靶、反应堆照射、分离纯化、活度测量、分装等步骤。

2．反应堆生产放射性同位素的活度

靶材经反应堆中子照射后，产生的放射性同位素的活度与辐照处的中子注量率、辐照时间、靶核的中子反应截面、靶量、丰度及生成核素的半衰期等有关。所产生的放射性同位素的活度 A 由下式计算：

$$A = \frac{\sigma\phi m P N_A}{M}(1 - e^{-\lambda t})$$

式中，A 为所产生的放射性同位素的活度，Bq；σ 为生成放射性同位素的反应截面，cm^2；ϕ 为靶子辐照处的中子注量率，n/（cm^2 • s）；m 为靶元素的重量，g；P 为稳定同位素的丰度，丰度为 100%时，P=1；N_A 为阿伏加德罗常数，6.02×10^{23}；M 为靶元素的原子量；λ 为放射性同位素的衰变常数，1/s；t 为照射时间，s。

例如，1 g ^{59}Co 在 2×10^{13} n/（cm^2 • s）热中子注量下辐照一年，生成的 ^{60}Co 的活度约为 9.25×10^{11} Bq（25 Ci）。

放射性同位素相对活度与照射时间之间的关系见图 6-4。

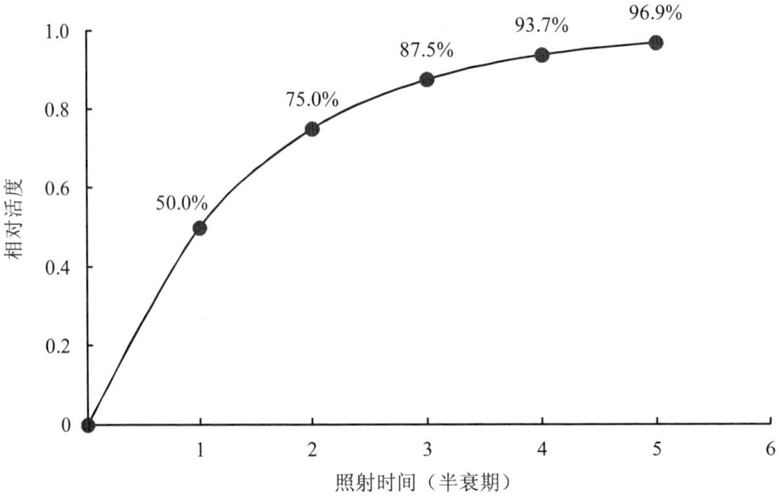

图 6-4　放射性核素的生产

3．反应堆辐照同位素过程中的辐射防护

在用反应堆生产放射性同位素时，为了确保人员的辐射安全，防止放射性污染，在辐照同位素操作过程中必须采取一系列安全措施。其中包括：

（1）必须使用远距离操作系统（如机械手）从反应堆的辐照管道（或辐照室）提取同位素的样品盒，操作系统必须安全可靠。

（2）无论是用机械的、气动的还是用液压的方法，从辐照管道（或辐照室）内提取辐照样品时，都不应损坏样品盒，防止放射性物质逸出。

（3）从堆内提取的样品盒，在运输过程中应有监测仪器进行监测。

（4）样品盒应严格密封，特别是对于那些容易泄漏的气态或挥发性的同位素，如 ^{3}H 和 ^{131}I 的样品盒，对其密封性必须进行严格的检查，必要时要采用双层密封。

（5）对于有腐蚀性的靶材，必须选用耐腐蚀性的样品盒。如生产 ^{203}Hg 时，由于汞能腐蚀金属，它的泄漏会直接影响反应堆的安全，必须予以充分重视。

（6）选择靶材时，必须全面考虑在受辐照后其物理、化学性能的变化。如由于辐照分解、气体析出等引起样品盒内温度、压力的变化。在辐照时样品盒的爆炸将直接影响反应堆的安全。

（7）样品盒的结构形式及机械强度应便于提取和运输。

（8）在辐照管道（或辐照室）的排风管或其他适当的位置上应设置连续工作的放射性气体或微尘的监测装置，以便能及时发现样品盒的泄漏，并采取适当的安全措施。

二、加速器生产放射性同位素

反应堆生产放射性同位素的品种受核反应类型的限制，因此，利用加速器生产放射性同位素，特别是生产缺中子同位素方面愈益显示出其重要性。缺中子同位素大多以电子俘获或发射 β^+形式进行衰变。加速器生产的核素与靶元素不是同位素，可用化学分离法制得高比活度甚至是无载体的放射性核素。在国际上已确定为临床应用的放射性同位素中，加速器生产的有 40 多种，反应堆生产的有 20 多种，足见加速器在医用同位素生产中的重要作用。

1. 基本原理

由加速器产生的具有一定能量的带电粒子，如质子、氘核和 α 粒子轰击靶材，通过(p, n)、(d, n)、(d, 2n)、(d, α)、(d, p)和(α, n)等核反应得到放射性同位素。加速器原理示意图见图 6-5。例如，用 CS-30 型回旋加速器产生的 26 MeV 质子轰击锌靶，由 $^{68}Zn(p, 2n)^{67}Ga$ 反应得到放射性同位素 ^{67}Ga。加速器生产的常用医用放射性同位素列于表 6-14。

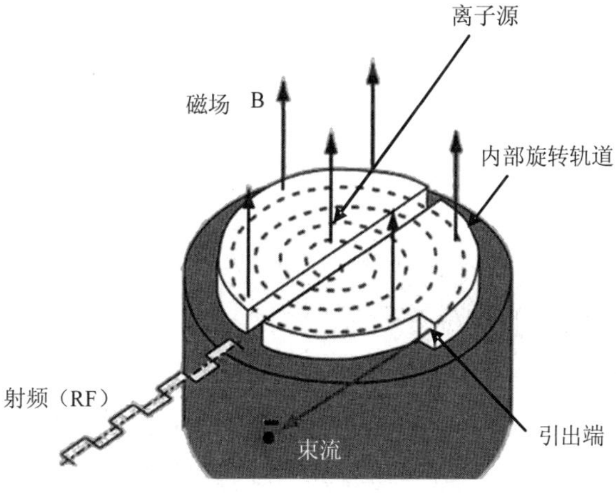

图 6-5　加速器原理示意图

表 6-14　加速器生产的常用医用放射性同位素

放射性核素	衰变方式	半衰期（$T_{1/2}$）	核反应
^{11}C	β^+	20.38 min	$^{10}B(d, n)^{11}C$，$^{11}B(d, 2n)^{11}C$，$^{11}B(p, n)^{11}C$，$^{14}N(p, \alpha)^{11}C$

放射性核素	衰变方式	半衰期（$T_{1/2}$）	核反应
^{13}N	β^+	9.96 min	$^{12}C(d, n)^{13}N$，$^{10}B(\alpha, n)^{13}N$，$^{16}O(p, \alpha)^{13}N$，$^{13}C(p, n)^{13}N$
^{15}O	β^+	122 s	$^{14}N(d, n)^{15}O$，$^{15}N(p, n)^{15}O$
^{18}F	β^+（97%），EC（3%）	109.8 min	$^{18}O(p, n)^{18}F$，$^{16}O(^3He, p)^{18}F$
^{52}Fe	β^+（56%），EC（44%）	8.27 h	$^{50}Cr(\alpha, 2n)^{52}Fe$，$^{52}Cr(\alpha, 4n)^{52}Fe$
^{62}Zn	β^+	9.26 h	$^{60}Ni(\alpha, 2n)^{62}Zn$，$^{63}Cu(p, 2n)^{62}Zn$
^{64}Cu	EC（43%），β^+（17.9%），β^-（39%）	12.7 h	$^{64}Ni(p, n)^{64}Cu$，$^{64}Ni(d, 2n)^{64}Cu$
^{67}Ga	EC	78.3 h	$^{66}Zn(d, n)^{67}Ga$，$^{64}Zn(\alpha, p)^{67}Ga$，$^{68}Zn(p, 2n)^{67}Ga$
^{68}Ge	EC	288 d	$^{69}Ga(p, 2n)^{68}Ge$，$^{66}Zn(\alpha, 2n)^{68}Ge$
^{82}Sr	EC	25.5 d	$^{85}Rb(p, 4n)^{82}Sr$
^{89}Zr	β^+（23%），EC（77%）	78.4 h	$^{89}Y(p, n)^{89}Zr$
^{111}In	EC	2.83 d	$^{109}Ag(\alpha, 2n)^{111}In$，$^{111}Cd(p, n)^{111}In$，$^{112}Cd(p, 2n)^{111}In$
^{123}I	EC	13.0 h	$^{124}Te(p, 2n)^{123}I$，$^{121}Sb(\alpha, 2n)^{123}I$
^{124}I	β^+（23%），EC（77%）	4.2 d	$^{124}Te(p, n)^{124}I$
^{201}Tl	EC	74 h	$^{203}Tl(p,3n)^{201}Pb \xrightarrow{EC} {}^{201}Tl$
^{225}Ac	α	10.0 d	$^{226}Ra(p, 2n)^{225}Ac$

2. 放射性同位素生产过程

以生产 ^{67}Ga 为例，介绍加速器生产放射性同位素的生产过程。

1）制靶

在紫铜靶基上用电镀法镀锌（天然锌），镀层厚 30～70 mg/cm^2。

2）轰靶

用 CS-30 型回旋加速器产生的能量为 26 MeV、流强为 50 μA 的质子束轰击靶，由 $^{68}Zn(p, 2n)^{67}Ga$ 反应产生放射性同位素 ^{67}Ga。

3）化学分离与精制

靶经照射达到预期的产额后，从回旋加速器中取出，放置铅罐中冷却 3 d 以降低 ^{66}Ga 杂质水平，然后移至放射性操作箱内进行化学分离。分离后经核素分析合格后用于其他方面。

3. 加速器生产放射性同位素的特点

加速器生产的放射性同位素与反应堆生产的放射性同位素相比，具有以下特点：

（1）反应堆中主要用(n, γ)反应生产同位素，所生成的同位素与靶材料一般是同一元素，常常得到的是有载体的放射性同位素。而加速器用(p, n)、(d, n)、(α, n)等反应生产同位素，所生产的放射性同位素与靶材料元素一般不相同，故易于化学分离，可进行无载体同位素的生产，从而获得高纯度、高比活度的放射性同位素。

（2）反应堆生产的放射性同位素一般为富中子的，常常释放 β^-粒子，而加速器生产的同位素都是缺中子同位素，衰变时大多是电子俘获（EC）或发射正电子（β^+），不发射其他带电粒子（α、β 等），所以可用 γ 相机、单光子发射计算机断层扫描（SPECT）或正电子发射计算机断层扫描（PET）进行医学诊断，病人所受的剂量小。例如，甲状腺诊断采用加速器生产的 ^{123}I，病人所受的剂量只有用反应堆生产的 ^{131}I 的 1%。

（3）构成生物机体的主要元素 C、N、O 的(n, γ)反应截面很小，用反应堆不能有效地生产临床诊断上很需要的这类同位素，而用小型回旋加速器很容易制备 ^{11}C、^{13}N、^{15}O 等短寿命放射性同位素，并可设置在医院内就近使用，十分方便。

（4）加速器操作简单，可以随时启动或停机，工作安全，检查维修方便，工作中放射性污染的危险性小。

加速器生产放射性同位素的产额取决于加速器加速粒子能量和束流强度、靶材的靶量和丰度、生成核素的核反应截面、打靶时间和生成核素的半衰期等。例如，用回旋加速器产生的能量为 11 MeV、束流 20 μA 的质子入射在 2 mm、体积为 0.4 mL、丰度为 85%的 $H_2{}^{18}O$ 上照射 1 h，由 $^{18}O(p, n)^{18}F$ 反应可得到 37 GBq（1 Ci）的放射性同位素 ^{18}F。

选择生产放射性同位素用的加速器时，其主要性能指标如能量和束流强度，应根据实际需要、投资经费和经济效益等多方面因素考虑。例如，质子能量在 25～30 MeV 的回旋加速器可以生产 20 余种放射性同位素。能量较高的加速器可提高同位素产额，增加同位素品种，但价格昂贵。一台 60 MeV 回旋加速器的造价约为一台 26 MeV 回旋加速器的 8 倍。加速器束流越大，同位素产额越高，但是流强过高会导致靶材蒸发，影响靶寿命和同位素产额。所以要综合考虑，合理选择。

三、从乏燃料中提取放射性同位素

乏燃料（spent fuel）是指在核反应堆中，经中子辐照达到一定燃耗后从堆中卸出的核燃料。核燃料在反应堆中受中子照射，消耗其中易裂变的核素（如 ^{235}U、^{233}U 等），并产生裂变产物（如 ^{90}Sr、^{99}Mo、^{137}Cs 等）和重核素（如 ^{239}Pu、^{241}Am 等）。为了保障核能可持续发展，减少乏燃料对自然环境和人类健康的影响，对乏燃料进行闭式循环处理是核能健康发展的必然途径。

乏燃料后处理（spent fuel reprocessing）是从乏燃料中去除裂变产物，回收、纯化的可再利用的铀和钚的工艺技术。后处理工艺分为湿法和干法两大类。湿法后处理工艺是基于用 TBP 作为萃取剂的 Purex 流程和用 TRPO 作为萃取剂的 Cynex301 流程等实现乏燃料中铀、钚、镎以及裂变产物的萃取分离。干法后处理工艺是不使用水和有机介质，而使用液态金属、熔盐或卤化物，通常在高温下处理乏燃料的非水方法。目前主要有氟化物挥发法、高温冶金法和电解精炼法等，可实现锕系元素的分离。

目前，全球掌握了乏燃料后处理技术的有法国、俄罗斯、英国、印度、日本、美国、比利时、德国、中国等，法国、英国、印度和俄罗斯等已正式运营商用后处理厂。

乏燃料中半衰期较长且产额较高的放射性核素可用于医学、工业等领域，如 ^{89}Sr、^{90}Sr、^{99}Mo、^{131}I、^{133}Xe、^{137}Cs 等。但由于这些核素往往含在核燃料后处理工艺废液和废气中，其成分比较复杂，提取、纯化十分困难，只有综合提取多种裂片核素时，才比较经济，因而才有意义。

四、放射性核素发生器生产

如前所述，放射性核素主要是通过反应堆和加速器直接生产，但有些短寿命的放射性核素还可通过放射性核素发生器来获得。由于放射性核素发生器具有小型、实用及便于运输等优点，因而在医学临床和实验室被普遍使用。

放射性核素发生器（radionuclide generator）是一种能从较长半衰期的放射性母体核素中分离出由它衰变而产生的较短半衰期放射性子体核素的装置。子体核素和母体核素的化学性质应明显不同，子体核素衰变生成应是稳定或长寿命的核素。

在放射性核素发生器中，随着母体核素的衰变，子体核素不断生长、衰变，直至达到放射性平衡。用合适的分离手段即可从母体中获得无载体的子体核素。母体不断衰变，上述分离过程可重复进行，所以发生器可在一定的时间内重复使用，直到母体核素的放射性活度衰减到很弱为止。这一现象与从母牛挤牛奶相似，因此放射性核素发生器俗称“母牛”（cow）。核素发生器示意图见图 6-6。

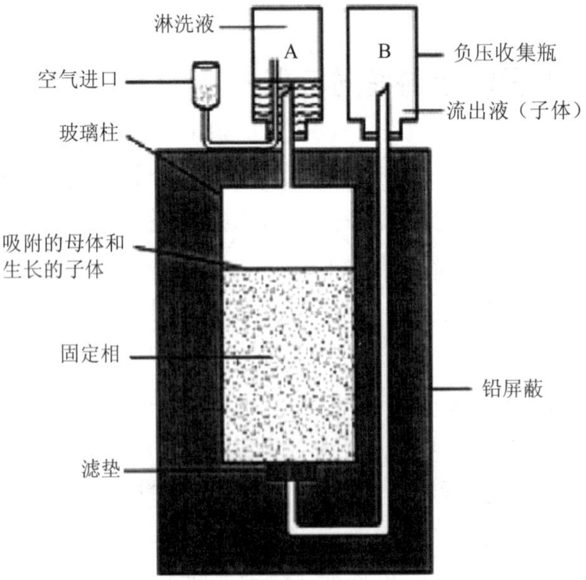

图 6-6　核素发生器示意图

在放射性核素发生器内，母体和子体的活度关系如下：

$$A_2=\frac{k\lambda_2}{\lambda_2-\lambda_1}A_1^0(e^{-\lambda_1 t}-e^{-\lambda_2 t})+A_2^0e^{-\lambda_2 t}$$

式中，A_2 为 t 时刻子体核素的活度；A_1^0 为 t=0 时刻母体核素的活度；A_2^0 为 t=0 时刻子体核素的活度；λ_1 为母体核素的衰变常数；λ_2 为子体核素的衰变常数；k 为母体核素原子衰变为子体核素的份额。

1．放射性平衡

母-子体放射性平衡有以下两种情况：

1）长期平衡（secular equilibrium）

当母体的半衰期比子体的半衰期长得多时，即 $\lambda_2\gg\lambda_1$ 时，母-子体之间的放射性平衡即长期平衡。锡［^{113}Sn］-铟［^{113m}In］发生器就属此种平衡，其母体 ^{113}Sn 的 $T_{1/2}$=115 d，子体 ^{113m}In 的 $T_{1/2}$=99.5 min。这类发生器在分离子体后，积累时间达到 4～7 个子体的半衰期时，母-子体即可达到放射性平衡，若在 0 时刻子体核素的放射性活度为 0，k=1，此时有

$$A_2=A_1^0(e^{-\lambda_1 t}-e^{-\lambda_2 t})=A_1^0e^{-\lambda_1 t}=A_1$$

也就是说，达到长期平衡时，子体和母体的活度相同。长期平衡时母-子体衰变与生长关系曲线见图 6-7。

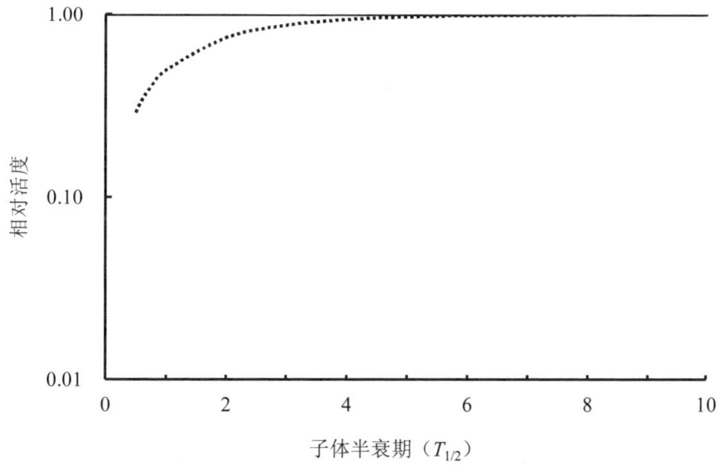

图 6-7　长期平衡时母-子体衰变与生长关系曲线

2）暂时平衡（transient equilibrium）

在暂时平衡中，母体半衰期虽较子体半衰期长，但又不算太长，即 $\lambda_2>\lambda_1$。临床上最常用的钼［^{99}Mo］-锝［^{99m}Tc］发生器就属这种平衡，其中母体 ^{99}Mo 的 $T_{1/2}$ 为 66.02 h，子体 ^{99m}Tc 的 $T_{1/2}$ 为 6.02 h。当 t 足够大时，且 A_2^0 为 0 时，有

$$A_2=\frac{k\lambda_2 A_1^0 e^{-\lambda_1 t}}{\lambda_2-\lambda_1}=\frac{k\lambda_2}{\lambda_2-\lambda_1}A_1$$

由上式可以看出，当达到暂时平衡后，子体和母体两者的活度比保持不变，子体的活度就以此比值随母体活度的降低而降低。若 k=1，暂时平衡时母-子体衰变与生长关系曲线见图 6-8。

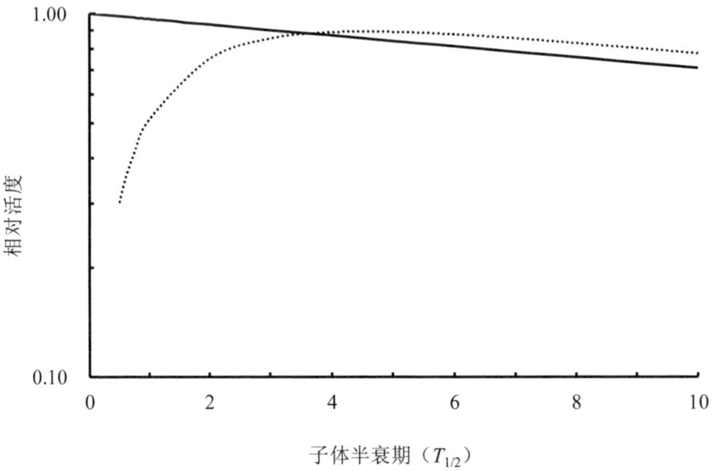

图 6-8 暂时平衡时母-子体衰变与生长关系曲线

2. 平衡时间

放射性核素发生器中的母-子体通常不是同位素，因此可选择合适的化学分离方法，如离子交换、色谱、萃取或升华法等，使母体滞留在发生器中，而子体被分离出来，从而得到无载体的子体核素。母体继续衰变，生长子体，周期性地重复分离，在母体衰变完以前可不断得到子体核素。

子体核素的放射性活度达到最大值所需要的时间 t_m 可用下式来表达：

$$t_m=\frac{1}{\lambda_2-\lambda_1}\ln\frac{\lambda_2}{\lambda_1}=\frac{2.303}{\lambda_2-\lambda_1}\lg\frac{\lambda_2}{\lambda_1}$$

式中，λ_1 为母体的衰变常数；λ_2 为子体的衰变常数。

对于 ^{99}Mo-^{99m}Tc 发生器来讲，子体 ^{99m}Tc 活度达到最大值所需要的时间 t_m 为 22.8 h；^{90}Sr-^{90}Y 发生器，子体 ^{90}Y 活度达到最大值所需要的时间 t_m 为 31.8 d；^{188}W-^{188}Re 发生器，子体 ^{188}Re 活度达到最大值所需要的时间 t_m 为 4.72 d。

3. 放射性核素发生器的种类

根据母体和子体核素分离方法的不同，放射性核素发生器有以下几种类型：柱色谱发生器、溶剂萃取发生器、升华发生器和电化学发生器。常用的为柱色谱发生器。常用的和潜在使用的几种放射性核素发生器见表 6-15。

表 6-15　几种放射性核素发生器

子体	半衰期	衰变类型	主要光子能量/keV	α/β⁻能量/MeV	母体	半衰期	柱色谱剂	淋洗剂
^{68}Ga	1.13 h	β^+（89%） EC（11%）	511	—	^{68}Ge	288 d	Al_2O_3 SnO_2 TiO_2	5 mmol/L EDTA 1 mol/L HCl 0.1 mol/L HCl
^{90}Y	64.2 h	β^-	—	2.27	^{90}Sr	29.1 a	阳离子交换树脂	3 mmol/L DTPA pH 5.5
^{99m}Tc	6.02 h	IT	140	—	^{99}Mo	66.02 h	Al_2O_3	生理盐水
^{113m}In	1.66 h	IT	393	—	^{113}Sn	115.1 d	Al_2O_3 SnO_2	0.05 mol/L HCl 或 HNO_3
^{188}Re	16.98 h	β^-（γ）	155	2.12	^{188}W	69.4 d	Al_2O_3	生理盐水
^{82}Rb	75 s	β^+、EC	511，776	—	^{82}Sr	25.6 d	SnO_2	生理盐水
^{62}Cu	9.73 min	β^+	511	—	^{62}Zn	9.26 h	Dowex 1×8 树脂	0.1 mol/L HCl（含 0.9% NaCl）
^{223}Ra	11.4 d	α	—	5.606（24.2%） 5.715（52.5%）	^{227}Ac	21.8 a	Dowex 1×8 树脂	80% MeOH+20% 2 mol/L HNO_3
^{213}Bi	45.6 min	α（2.2%） β^-（97.8%）	—	α：5.87（2%） β^-：1.42（64%）、0.980（32%）	^{225}Ac	10.0 d	AG 50W-X4 阳离子交换树脂	0.15 mol/L HI

第四节　放射性同位素的应用

随着核能和核科学技术的发展，放射性同位素在医疗卫生、工农业生产、科学研究和国防建设等各个领域的应用越来越广泛，与广大人民的衣、食、住、行密切相关，在国家的各项现代化建设中发挥了重要作用。

一、放射性同位素在医学上的应用

放射性同位素在医学上的应用已有近一个世纪的历史。目前主要应用于疾病诊断和治疗、放射免疫分析等。使用的放射性核素主要有 ^{99m}Tc、^{131}I、^{125}I、^{60}Co、^{137}Cs、^{192}Ir、^{89}Sr、^{153}Sm、^{18}F、^{68}Ga、^{90}Y、^{177}Lu、^{223}Ra 等。

1．放射性同位素标记

放射性同位素标记是把放射性同位素通过化学反应或生物合成等措施取代了化合物、材料或生物制剂中某一个或多个原子或其化学基团。这种取代过程就称为标记（label）。标记得到的产物称为放射性标记物，广泛应用于临床诊断、治疗或基础研究。

首先，放射性同位素标记应根据应用目的选择核性质合适的放射性同位素。放射性同位素的核性质主要涉及衰变方式、分支比、能量、半衰期等。对于体内诊断，一般选择发射能量为 50～500 keV γ 射线的放射性核素（如 ^{99m}Tc、^{111}In 等）用于 SPECT 显像，也可选择正电子核素（如 ^{18}F、^{68}Ga 等）用于 PET 显像，放射性同位素的半衰期一般以小时、分钟为单位，以利于在满足诊断要求的前提下，减少受检者受照剂量。对于体外诊断，一般选择半衰期较长，能量较低的放射性核素，如 ^{125}I、^{3}H、^{14}C 等。对于体内治疗，一般选择发射高传能线密度（LET）粒子的放射性同位素，如 ^{89}Sr、^{131}I、^{177}Lu、^{223}Ra 等。

其次，应选择合适的配体（如 MDP、MIBI 等）或载体（如纳米材料、抗体等），使标记物具有较高的靶与非靶比，从而获得较好的图像或减少对正常组织的损伤。

再次，应选择合适的标记方法，使放射性同位素能够和配体或载体结合中，形成标记物。常用的方法有化学合成法、生物合成法、同位素交换法和金属络合物等。目前 ^{99m}Tc 标记药物有配套药盒。《中华人民共和国药典（2020 年版）》收录了注射用亚锡亚甲基二膦酸盐、注射用亚锡依替菲宁、注射用亚锡喷替酸、注射用亚锡植酸钠、注射用亚锡焦磷酸钠、注射用亚锡聚合白蛋白等药盒，使用时注入 ^{99m}Tc 淋洗液，在室温或沸水中反应，即可用于核医学诊断。

最后，开展质量检验。标记化合物一般应开展物理检验、化学检验和生物学检验。物理检验包括外观、放射性活度和放射性纯度等指标；化学检验包括 pH 值、放射化学纯度、化学纯度等指标；生物学检验包括无菌、无热原、生物活性和体内分布等指标。

值得注意的是，由于放射性同位素会发射出射线，在放射性同位素标记过程中应注意外照射和内照射防护。

2. 核医学影像诊断

在临床医学中，应用放射性同位素进行疾病诊断已是常用的一种诊断方法。根据患者的病症、部位及诊断项目，将一定剂量的某种放射性同位素注入、吸入或食入体内，进行病灶器官的扫描或照相，确定病灶部位及大小。如口服放射性同位素 ^{131}I 药物制剂后，利用甲状腺摄取和浓聚碘的功能，用探测器在颈部（甲状腺部位）测量 ^{131}I 发射的 γ 射线强度，检查甲状腺对 ^{131}I 的摄取速度和摄取量，用以判断甲状腺的功能和状态。如果摄取速度快、量多，则证明甲状腺功能亢进；如果摄取速度慢、量少，则证明甲状腺功能减退。

目前用于脏器显像进行扫描的主要项目有甲状腺、肝、脑、肺、脾、肾、心脏、胰腺、肿瘤等。常用的诊断设备有 γ 照相机、单光子发射计算机断层扫描仪（SPECT）、正电子发射计算机断层扫描仪（PET）和骨密度仪。

1） γ 照相机

γ 照相机是核医学科最基本的显像仪器（图 6-9）。由直径 30～60 cm 的 γ 闪烁探测器、计算机操纵运算台和显示器等部件组成。对口服、吸入或静脉注射进入脏器的放射性同位素制剂所放出的 γ 射线由 γ 闪烁探测器探测后，形成脉冲信号由计算机采集和处理，最后以不同的灰度或颜色和不同的方式显示出脏器和病变的影像。

随着显像仪器的发展，γ 相机逐渐被 SPECT 等替代。

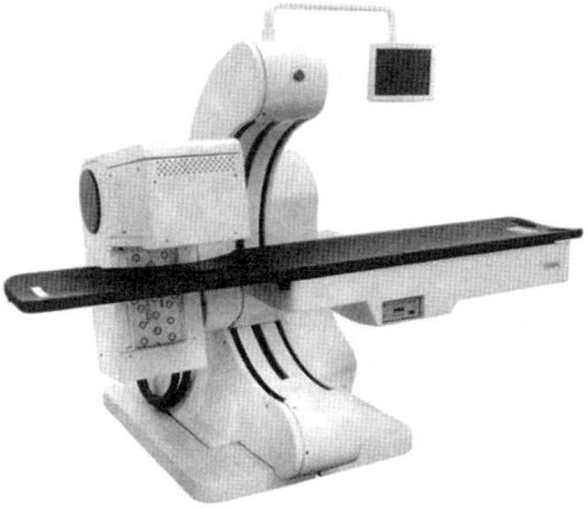

图 6-9　γ 相机

2）单光子发射计算机断层扫描仪（SPECT）

SPECT 是在 γ 照相机的基础上发展起来的核医学影像设备，由探头、旋转运动机架、计算机及其辅助设备等部分构成用以检测体内组织器官摄取的放射性药物发射出 γ 射线。γ 射线能量一般为 50～500 keV，最佳能量为 100～300 keV。

SPECT 有各种类型，最常用的为旋转型，由 γ 闪烁探测器围绕躯体作 180°或 360°自动旋转，对体内发出的 γ 光子进行多角度的探测，众多的信息由计算机采集，利用特殊软件和快速阵列处理机建成各种断层影像。当探测器不旋转时，可作一般 γ 照相机使用，也可进行全身显像，是我国三级甲等医院中核医学科不可或缺的设备。SPECT 影像诊断时使用的放射性核素主要是 ^{99m}Tc 和 ^{131}I。为了提高诊断效果，常采用 SPECT/CT 融合显像。具有双探头符合线路的 SPECT 可兼顾正电子核素显像，但图像质量不如专用 PET。为提高心肌灌注显像效果，还有心脏专用 SPECT。与普通 SPECT 相比，它的探头半环状（180°）排列，心肌断层显像时，探头无须旋转，避免了运动伪影，提高了图像诊断效果。SPECT 示意图见图 6-10。

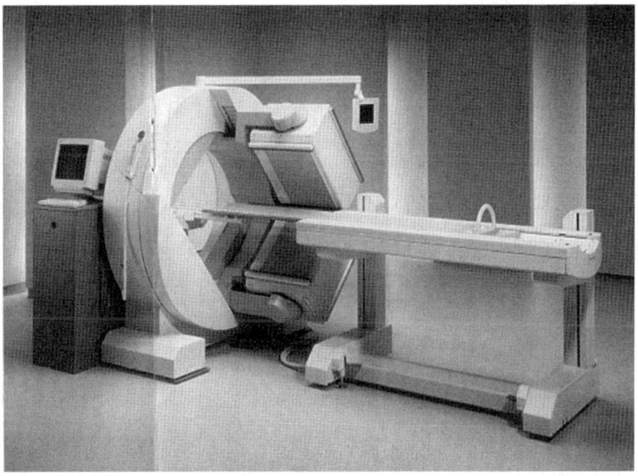

图 6-10　SPECT 示意图

3）正电子发射计算机断层扫描仪（PET）

PET 是专为探测体内正电子发射体湮没辐射时，同时产生的方向相反的能量为 0.511 MeV 的两个 γ 光子的显像仪器。数十个直至上百个小的 γ 闪烁探测器环形排列，在人躯体四周同时进行探测。γ 光子与探测器晶体作用，形成 1 个电脉冲，脉冲高度分析器选择能量符合 511 keV 的电脉冲送入电子学线路，电子学线路把呈相反方向并在 5～15 ns 发生的两个电脉冲信号送入显像系统，生成 PET 显像。PET 无须准直器，采用光子准直，其他部件基本上同 SPECT。PET 检测原理示意图见图 6-11。

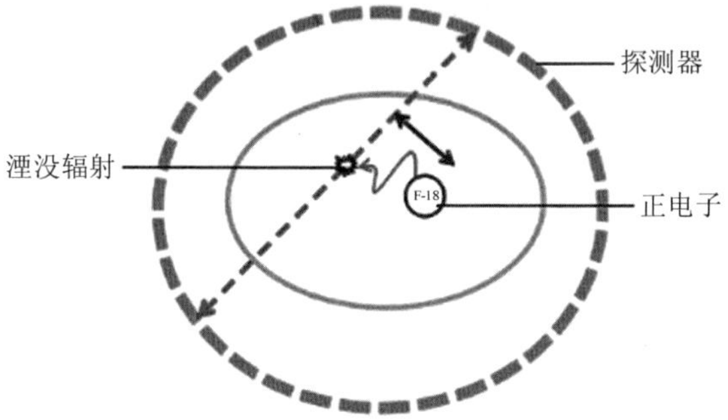

图 6-11　PET 检测原理示意图

PET 是目前所有放射性显像技术中分辨率最高的显像装置，特别适用于心脏、脑神经和肿瘤的代谢显像，进行肿瘤的早期诊断。PET 显像诊断使用的正电子发射核素主要有 ^{11}C、^{13}N、^{15}O、^{18}F 和 ^{68}Ga，一次诊断每个病人的 ^{18}F 注射量约为 3.7×10^{8} Bq（10 mCi）。

PET/CT 是把 PET 和 CT 联合在一起，通过 PET 扫描和 CT 扫描重建，联合扫描，使两者的硬件和软件有机地融合在一起。CT 的管头发射 X 射线，穿透人体组织，探测器在对侧获得数据来重建结构图像；同时提供给 PET 作为衰减校正的参数，在此基础上再进行 PET 图像的重建，因此所显示的图像为两者图像融合的结果，即细胞的代谢图像和所处的解剖位置图像，一次检查可快速了解全身的整体状况。PET/CT 一次显像能同时获得 PET 和 CT 两者的全身各方向的断层图像，可以精确的 CT 解剖图像为背景，融合 PET 功能影像的图像，便于病灶的准确定性和精确定位，对肿瘤等全身性疾病的诊断、分级分期和治疗方案的制定以及肿瘤原发病灶的寻找和转移与复发的诊断尤为有利。对于 PET/CT，除短寿命的正电子放射性药物发出射线产生外照射外，CT 扫描时产生 X 射线外照射也是辐射防护的主要对象。目前除了 PET/CT 融合显像，还有 PET/MR 融合显像。

4）骨密度仪

骨密度仪是一种用于测量人体骨骼密度的医疗设备，可诊断原发性、继发性骨质疏松等，并能做到早期发现。骨密度仪可分为定量超声骨密度仪、X 射线骨密度仪（单能、双能）和光子（同位素）骨密度仪（单光子、双光子）。单光子骨密度仪常用的放射源为 ^{241}Am，活度为 3.7 GBq（100 mCi），双光子密度仪常用的放射源为 ^{153}Gd。随着科学技术发展，同位素骨密度仪的使用越来越少。

3. 放射性核素治疗

放射性核素治疗是指利用放射性核素治疗药物对人体的疾病进行治疗。放射性治疗药物一般不依靠药物本身的药理作用，而是通过射线电离辐射生物效应产生治疗作用。除少数仅利用放射性核素本身外，大部分放射性治疗药物通常由两部分组成，即放射性核素及其标记的载体，载体的作用是让放射性核素浓集在治疗靶组织位置，而治疗作用主要依赖于放射性核素放出的射线在病变组织中产生的电离辐射生物学效应，因此使用的放射性活度要比诊断用放射性药物高得多。放射性治疗药物用的放射性核素应发射 α 粒子、β^-粒子、中子、俄歇电子或内转换电子，不发射或少发射 γ 射线和 X 射线。目前也有人认为，用于治疗的放射性核素如能发射少量合适能量的 γ 射线，则可用以观察其在体内组织的分布情况和治疗效果，有其优点。

1）甲状腺疾病治疗

甲状腺功能失常，将引起全身代谢紊乱。碘是甲状腺合成甲状腺激素的重要原料，所以甲状腺有吸收和储存无机碘的能力。$^{131}I^-$可被甲状腺主动摄取并且参与甲状腺内碘的代谢过程。利用口服给药后，^{131}I 在甲状腺病变部位放出的射线产生的电离辐射生物学效应，可达到治疗甲状腺疾病的目的。用 ^{131}I 治疗的甲状腺疾病主要指除甲状腺癌外的甲状腺功能亢进症、自主性功能甲状腺结节、结节性甲状腺肿。这些疾病均具有高度摄取 ^{131}I 的能力。^{131}I 给药后使甲状腺细胞受到损害而减少甲状腺激素的合成和分泌，从而达到治疗甲亢的目的，治疗剂量约为 10 mCi。

2）骨疼痛缓解

恶性肿瘤骨转移发生率很高，多见于乳腺癌、前列腺癌、肺癌等。骨转移性肿瘤患者有 50%会出现骨疼痛症状。目前所用的骨疼痛缓解放射性治疗药物几乎都是亲骨性，它们可控制肿瘤的发展，有效缓解骨疼痛。常用的放射性治疗药物有 ^{89}Sr-氯化锶（$^{89}SrCl_2$）、^{153}Sm-乙二胺四甲撑膦酸钐（^{153}Sm-EDTMP）等。^{89}Sr 的治疗剂量，成人一般每次静脉注射量为 111～148 MBq（3～4 mCi）。一次给药后镇痛效果可维持 3～6 个月。

3）肿瘤治疗

恶性肿瘤严重威胁着人民的生命安全。肿瘤治疗除手术、化疗、放疗外，还可以采取放射性核素治疗。

甲状腺癌是内分泌常见的疾病之一。大部分甲状腺癌的恶性程度虽不算高，但往往早期会发生转移。^{131}I 治疗甲状腺癌，主要是用于治疗甲状腺癌的转移灶。^{131}I 治疗甲状腺癌转移灶的方法常采用多次大剂量法和一次大剂量法，其对使用剂量各家报道不一。对已切除原发灶并清除了剩余正常甲状腺的患者，^{131}I 治疗的标准剂量为 5 550 MBq。

除 ^{131}I 治疗甲状腺癌转移灶外，目前还有一些放射性药物用于肿瘤治疗。如 ^{90}Y-微球用于肝肿瘤治疗，^{177}Lu-DOTATATE 用于神经内分泌肿瘤（NENs）治疗，$^{223}RaCl_2$ 用于治疗去势抵抗性前列腺癌骨转移等。

4）敷贴治疗

放射性核素敷贴治疗是使用 β^-放射性核素（如 ^{32}P、^{90}Sr-^{90}Y 等），将其均匀地吸附于滤纸或银箔上，按病变形状和大小制成专用的敷贴器，把敷贴器紧贴于病变的表面，对表浅病变（如单纯性皮肤血管瘤、海绵状皮肤血管瘤、瘢痕疙瘩、顽固性湿疹和局限性神经性皮炎等）进行外照射治疗。

5）放射性滑膜切除

骨关节炎的发病较为普遍，多种关节炎将导致关节滑膜的破坏和增生。放射性关节滑膜切除术是指向关节腔内注射 β^-粒子放射性胶体或微球介入治疗，可有效切除发炎的滑膜或关节翳，从而减轻关节痛、肿胀、僵硬，改善关节功能。放射性治疗药物有 ^{99}Tc-MDP、$Cr^{32}PO_4$ 胶体、^{188}Re-硫化铼胶体等。

为了减少非密封放射性物质对公众和周围环境的影响，核医学工作场所应划分为控制区和监督区进行管理；控制区的用房应有足够的屏蔽防护，在控制区外人员可达处，距屏蔽体外表面 0.3 m 处的周围剂量当量率控制目标值应不大于 2.5 μSv/h；核医学工作场所的放射性核素操作设备的表面、工作台台面等应平整光滑，室内地面与墙壁衔接处应无接缝，易于清洗、去污；核医学工作场所应保持良好的通风，工作场所的气流流向应遵循自清洁区向监督区再向控制区的方向设计，以防止放射性气体及气溶胶对工作场所造成交叉污染；放射性物质的合成、分装以及挥发性放射性核素的操作应在手套箱、通风橱等密闭设备中进行，手套箱、通风橱等应有足够的通风能力，风速一般不应小于 0.5 m/s，通风系统排气口应高于本建筑物屋顶，尽可能远离邻近的高层建筑，对排出工作场所的气体应采取进行过滤净化措施；放射性固体废物应分类收集，暂存于放射性废物间，放置放射性核素 10 个半衰期以上，达到清洁解控水平，才可按一般医疗废物处置；经衰变池和专用容器收集的放射性废液，应贮存至满足排放要求；核医学工作人员应穿戴个人防护用品；出院的患者体内放射性核素活度应控制在一定水平之内，如 ^{131}I 应不超过 400 MBq。

4．放射治疗

辐射对肿瘤、某些眼疾和皮肤病的治疗效果十分明显。放射源、加速器和 X 射线机产生的辐射均可用于临床治疗。

按照射方式可将放射治疗分为近距离治疗和远距离治疗两类。近距离治疗时放射源靠近（或紧贴）病灶；远距离治疗时放射源远离皮肤，利用强 γ 射线束对深部肿瘤进行照射，以抑制和破坏肿瘤细胞的生长，达到治疗目的。

1）近距离治疗

近距离治疗分为表浅治疗和腔内治疗。表浅治疗一般利用 β 放射源，常将 ^{32}P、^{90}Sr-^{90}Y、^{147}Pm、^{204}Tl 等密封，制成各种敷贴器，贴在患部，治疗血管瘤、皮炎等皮肤病及眼疾病。其中以 ^{90}Sr-^{90}Y 用得最多，^{90}Sr 的活度可达 3.7 GBq（100 mCi）。

腔内治疗常用的放射性核素为 ^{198}Au、^{192}Ir、^{125}I、^{60}Co 等。源的外形一般制成丝状、针状、哑铃状或颗粒状（粒籽源），尺寸很小，外径零点几毫米至 2 mm 或 3 mm，长几毫米至几十毫米。过去用镭针和钴针放入腔内治疗较多，目前更趋向用 ^{125}I 作为永久性“种子”植入组织中治疗肿瘤。每个 ^{125}I 粒籽源的活度约为 3.7×10^7 Bq（1 mCi）。

后装机是采用遥控隔室操作，将放射源送入腔内的一种近距离治疗装置。所谓“后装”，即用外科手术先在病人身上放好金属或塑料管（施用器），接上与源罐相连的导管，然后借助后装机将源送到需要照射的部位。治疗结束，源仍返回源罐。所以用后装机治疗时，病人在屏蔽得很好的治疗室内，源为遥控操作，工作人员几乎可不受照射。因为 ^{192}Ir 的 γ 射线能量较低（0.317 MeV），容易屏蔽，半衰期适用（74 d），所以使用较多，活度约为 3.7×10^{11} Bq（10 Ci）。后装机示意图见图 6-12。

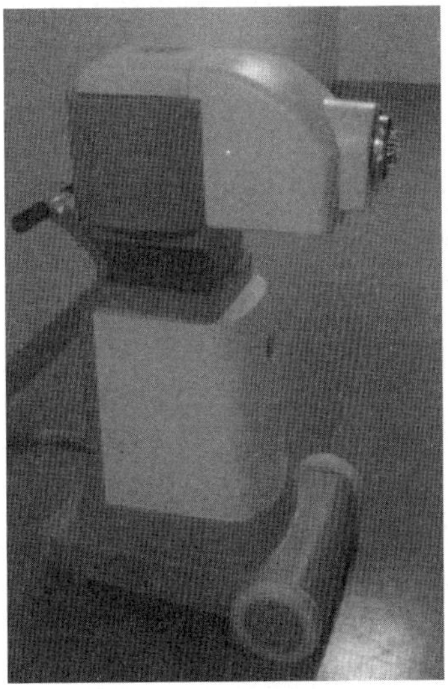

图 6-12　后装机示意图

2）远距离治疗

体外远距离治疗即用 γ 射线、X 射线、质子、重离子或电子束照射肿瘤组织，以达到治疗目的。例如，钴（铯）治疗机，就是利用放射性同位素 ^{60}Co（^{137}Cs）放出的 γ 射线，对肿瘤组织进行体外照射。只要按肿瘤部位、大小和深度等计算出并准确地控制肿瘤吸收剂量，就可以杀死或抑制癌细胞的增长。此方法一般用于浅表肿瘤的治疗，如乳腺癌、肺癌、食道癌、甲状腺癌等。

γ 射线远距治疗机主要由机头、机架、准直器、治疗床和控制台组成。机头是 γ 放射源的贮存和照射部分，准直器与机头相连，起限制射线束的作用。常用 ^{60}Co 或 ^{137}Cs 强 γ 放射源。因为 ^{60}Co 的比活度高、源的体积小、而且价格便宜，故使用最普遍。^{60}Co 的活度通常为 111～444 TBq（3～12 kCi）。钴-60 治疗机示意图见图 6-13。

目前，在我国钴-60 治疗机正在逐步被淘汰，但伽玛射线立体定向放射治疗系统（γ 刀）还在广泛使用。

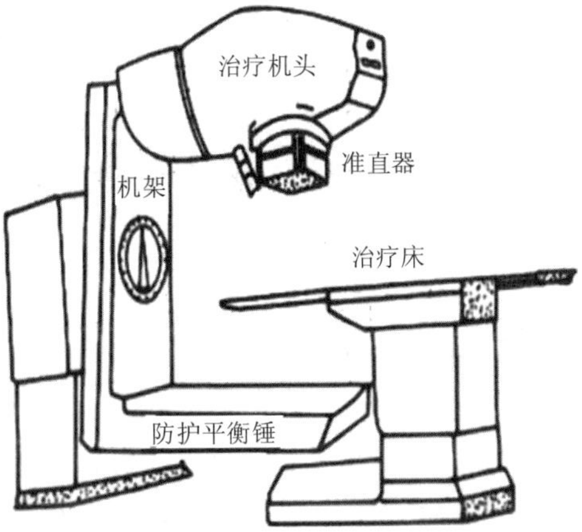

图 6-13　钴-60 治疗机示意图

5. 体外放射免疫分析

在当前医学临床诊断中，将同位素标记技术与抗原、抗体反应的特异性相结合的检测方法称为放射免疫分析技术。将同位素标记的抗原与未标记的相同抗原按比例混合，与亚化学计量的相应抗体反应，则标记与未标记的抗原相互竞争与抗体形成免疫复合物。作为标准蛋白或待测样品而引入的未标记抗原竞争性地抑制了标记抗原与抗体的结合，未标记抗原的量越大，抑制程度也越大，这种特异性抑制的数量关系就是放射免疫测定的定量基础。这种分析方法具有精确、灵敏度高、特异性强、检测迅速、应用广泛等特点，一直是临床诊断的一种重要手段。用于测定体内各种微量生物活性物质，如激素、蛋白质、抗原、抗体和维生素等，在很多领域起着重要作用。

进行放射免疫分析需要具备放射性核素标记抗原、抗原标准品、特异抗体、稀释液、分离剂和放射性测量仪器。用于标记抗原的放射性核素主要有 ^{125}I 和 ^{32}P，临床大多采用 ^{125}I 标记抗原。生产厂家将放射性标记物、标记抗原、抗体、稀释液、分离剂组装成试剂盒，通常称放免分析试剂盒或放免药盒。每个药盒中 ^{125}I 的活度为 10^5 Bq（μCi）量级。

用户使用时，将标准品、样品和质控血清准备好，分别加入 ^{125}I 标记抗原和特异抗体，充分混匀，反应一段时间，然后加入分离剂，离心，吸去上清液，用 γ 计数器测定抗原-抗体复合物的放射性计数。当样品中的特异抗原浓度高时，则 ^{125}I 标记抗原与抗体结合得就少，反之结合就多。^{125}I 标记物的结合量与样品中的抗原浓度呈函数关系，因此，由 ^{125}I 标记物的结合量（^{125}I 放射性计数）便可得到样品中的抗原浓度，详见图 6-14。

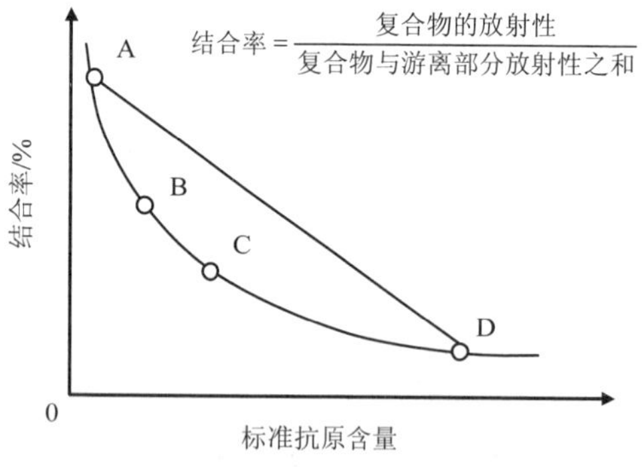

图 6-14　体外放射免疫分析示意图

二、放射性同位素在工业上的应用

放射性同位素在工业上的应用非常广泛，利用放射性同位素发出的各种射线与物质相互作用的各种效应可制成各种检测、控制、计量、分析核仪表（如测厚仪、料位计、核子秤、核子湿度密度仪等）；利用射线与不同物质相互作用的差别可进行地质探矿（测井仪）；利用辐射接枝、交联的方法对高分子材料进行辐射改性；利用辐射生物学效应对医疗器械进行消毒灭菌；利用射线具有穿透性的特点制成工业射线探伤机，等等。所以放射性同位素可用于工业生产、加工、计量、检测等各个环节。它可使工业生产连续化、自动化，还可提高产品质量、减少原材料消耗、节省能源和时间、提高工作效率、减轻劳动强度。

1．核仪表

利用射线与物质相互作用的特点可制成各种用途的核仪表。它们具有简单、快速、不接触被测介质、不破坏测量对象等优点，广泛用于检测密闭容器内介质的物位；控制连续生产过程中塑料、纸张、金属板等的厚度；测量焦炭、沥青、混凝土、土壤等的湿度、密度等。核仪表主要包括放射源、辐射探测器和电子测量装置等。通常将放射源装在防护容器内，利用定向射线束工作。下面介绍几种常用的核仪表。

1）核子秤

核子秤是根据 γ 射线与物质相互作用原理制造的一种新型计量设备。其主要由 γ 射线输出器、γ 射线探测器、速度测量装置和工控微机组成。图 6-15 为核子秤工作原理示意图。

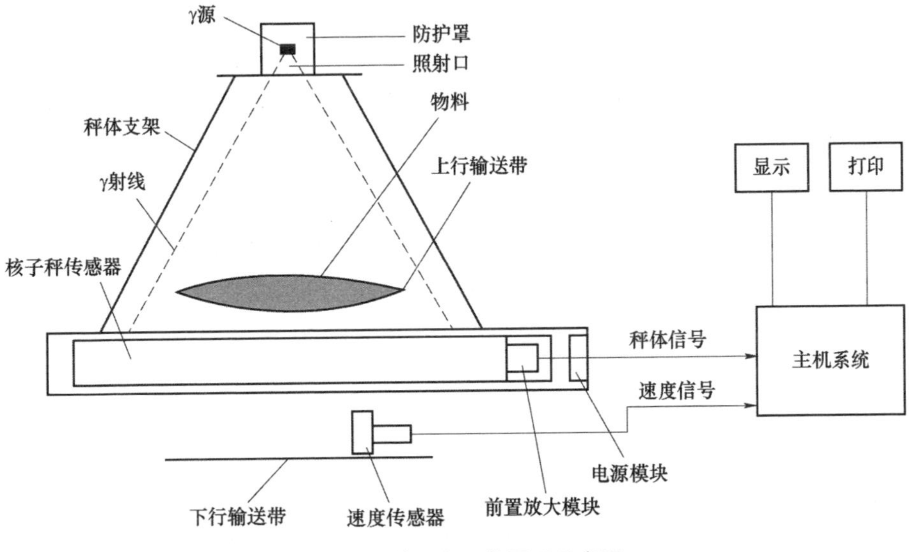

图 6-15　核子秤工作原理示意图

γ 射线输出器是一个铅罐，内装有 γ 射线源（如 ^{137}Cs），工作时，γ 射线输出器置于“开”位置，γ 射线经输出器铅罐下方的准直孔射出，穿过物料到达 γ 射线探测器，γ 射线探测器是一个金属外壳圆柱形的长电离室，其长度取决于输送机传送带的宽度。物料对 γ 射线具有衰减作用，物料厚处透过的 γ 射线少，物料薄处透过的 γ 射线多。γ 射线探测器根据所接收到的 γ 射线的多少给出相应的电信号，经前置放大器放大并转变为电压信号。由下式可得到输送物料的质量厚度。

$$U=U_0 e^{-\mu T}$$

式中，U 和 U_0 分别为有物料和无物料时，探测器的输出电压信号；μ 为物料对 γ 射线的质量吸收系数；T 为输送物料的质量厚度，即单位面积上的物料重量。

如果输送带宽度为 d，由测速装置测得某时刻输送带的运行速度为 V_i，则该时刻单位时间内输送的物料重量 $P_i=T_i \times d \times V_i$。

在物料传送过程中，计算机不间断地采集来自探测器的电压信号，经计算机计算后，得到传送的物料重量，供操作人员对生产过程进行监控管理。

核子秤使用的放射性核素主要是 ^{137}Cs，活度在 1.1×10^9～4.8×10^9 Bq（30～130 mCi）。

核子秤是一种对运输皮带上的固态散装物料进行在线连续称重计量的核仪表，它可以测量负载（kg/m）、质量流量（kg/s）、累计量（t）。核子秤性能稳定、工作可靠、结构简单、安装维修方便、动态测量精度高、非接触式测量、可在高温高粉尘环境下工作。因此被广泛应用于水泥、煤炭、化肥、化工、矿山冶金、电力、盐业、港口等行业的在线计量与控制。其适用范围大大超过电子秤，除皮带输送机外，还广泛应用于刮板式、螺旋式、履带式等多种输送机。

2）料位计

料位计是利用 γ 射线通过介质后被吸收减弱的程度不同，对各种形态物料的位置进行非接触无损检测式核仪表。它具有安装简单、指示可靠、仪器本身坚固耐用并易实现生产过程自动控制等优点。特别适用于高温、高压、密闭容器、强腐蚀等条件下物料位置的测定及远距离自动测量和控制。

料位计主要由放射源、探测器和主机组成。探测器的主要部件有闪烁晶体、光电放大器和电子转换器。进入探测器里的射线被闪烁晶体接收后转换成光子，经过光电管将其转换成电流脉冲信号，经放大处理后通过专用电缆送至主机。料位计测量原理如图 6-16 所示。

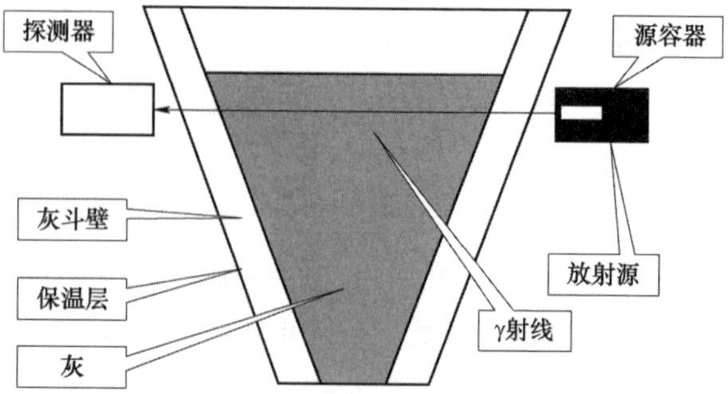

图 6-16　料位计测量原理示意图

放射源装在源容器（铅罐）内，铅罐安装在料仓某一位置，侧面有准直孔。工作时，准直孔打开，γ 射线从准直孔射出，穿过料仓物料后，被安装在与铅罐准直孔相对应部位的探测器闪烁探头接收并产生脉冲信号，信号经放大、甄别、整形后变为直流电压信号（积分电压），此电压信号经远距离传给主机。当料仓内无料时，探头接收到的信号很强，积分电压达到阈值以上，主机给出料空信号；当料仓内有料时，阻挡射线穿过，探头接收到的信号很弱，积分电压低于阈值，主机给出料满信号。

料位计有单点式、双点式（上、下料位）和连续料位多种型式。料位计常用的 γ 射线源有 ^{60}Co 和 ^{137}Cs，源的活度从 3.7×10^{8}～3.7×10^{10} Bq（10 mCi～1 Ci）不等。一般大口径料仓、壁厚、料层厚的料位计可选用 ^{60}Co 作射线源；小口径料仓、壁薄、料层薄的料位计可选用 ^{137}Cs 作射线源。

3）测厚仪

测厚仪用于测定纸张、胶片、塑料、金属薄膜等的厚度。将测厚仪安装在生产线上，对产品的厚度进行定量自动控制，使产品厚薄均匀，提高了产品质量。图 6-17 为 γ 射线测厚仪工作原理示意图。使用时，将放射源安装在被测材料（如钢板）的一侧，同时在另一侧相对部位安装探测器的探头，放射源与探头的距离一般为 20～25 cm。射线穿过钢板后的强度由探头接收后转变为电信号，根据信号大小对钢板的厚度进行定量自动控制，使造出的钢板厚薄均匀，质量准确。

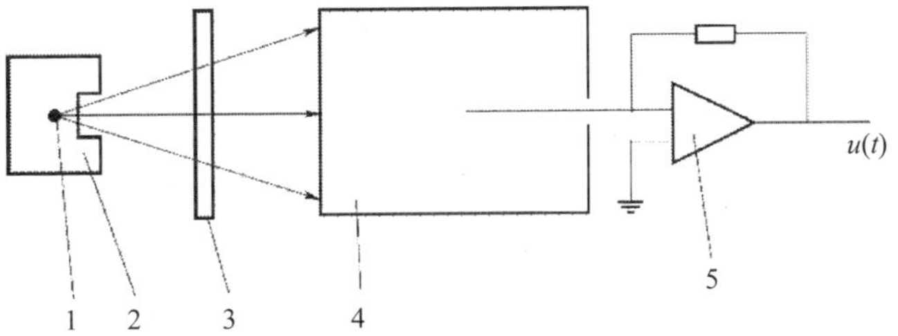

1-γ 射线源；2-屏蔽准直器；3-被测钢板；4-电离室（探测器）；5-静电计。

图 6-17　γ 射线测厚仪工作原理示意图

测厚仪使用的放射源常为 β 射线源和 γ 射线源，一般测量纸张厚度使用 β 粒子能量较低的 ^{147}Pm；测量塑料薄膜用 ^{204}Tl 或 ^{85}Kr 源；而测量金属薄膜选用 β 粒子能量较高的 ^{90}Sr 源，其活度在 0.37～18.5 GBq（10 ～500 mCi）；测量胶板、木材、钢材则常用 ^{241}Am、^{137}Cs 源，活度为 0.37 GBq（10 mCi）。

4）核子湿度密度仪

核子湿度密度仪用于快速、准确地测量各种土、沥青、混凝土等建筑材料的密度和含水量，还可测量铁路和公路路基的湿密度。图 6-18 为核子湿度密度仪示意图。

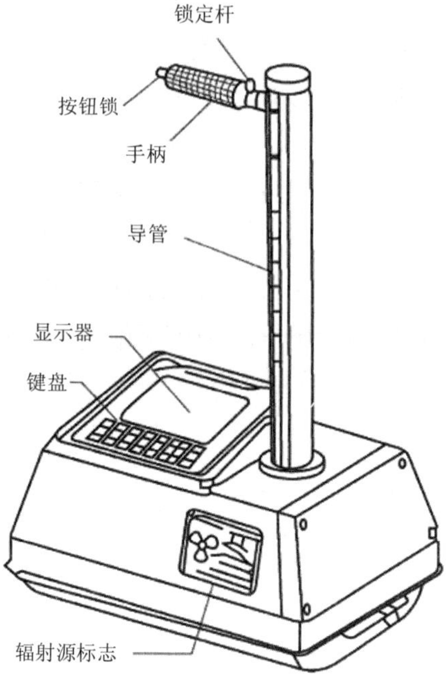

图 6-18　核子湿度密度仪示意图

核子湿度密度仪内装有两个放射源，一个是 ^{137}Cs γ 放射源，活度为 370 MBq（10 mCi），用于测量密度；另一个是 ^{241}Am-Be 中子源，活度为 1.85 GBq（50 mCi），用于测量水分。γ 源装在辐射源金属杆底部内，随测量深度改变；中子源安置在机壳底部位置不变。

测量密度时，^{137}Cs 源发出 γ 射线进入被测材料，穿过被测材料的 γ 射线被装在仪器内的探测器（GM 计数管）接收并给出计数。然后，微处理机将计数进行数据处理，得到被测材料的密度。如果材料的密度较低，穿过材料的 γ 射线就较强，探测器在单位时间内的计数就较高。如果材料的密度较高，高密度材料对 γ 射线的屏蔽较强，探测器在单位时间内的计数就较低。

测量水分时，中子源发射的中子进入被测材料，高能中子与被测材料水分中的氢原子相互作用而降低能量成为慢中子，慢中子被仪器内的氦-3 探测器接收。被测材料含水量大，慢中子数就多，探测器的计数就高。反之就低。然后，微处理机把接收到的计数通过数据处理，得到被测材料的水分量。

核子湿度密度仪经常用于沥青路面测量，以确定混合料的压实率。一般是在铺覆路面时，跟在铺路车后面进行测量。压路机每走一次，就在路面进行一次测量，直到把沥青材料压实到设计要求的程度。

2. 放射性测井

放射性测井是利用 γ 射线和中子与钻井周围岩石和井内介质发生作用，研究钻井剖面的特性，寻找有用矿藏及研究油井工程质量的一种矿场地球物理方法。在地质勘探中，特别在石油的地质勘探中得到了广泛的应用。

根据使用射线的不同可分为γ射线测井和中子测井。此处仅介绍中子测井的基本原理和方法。图 6-19 为中子-γ测井装置示意图。

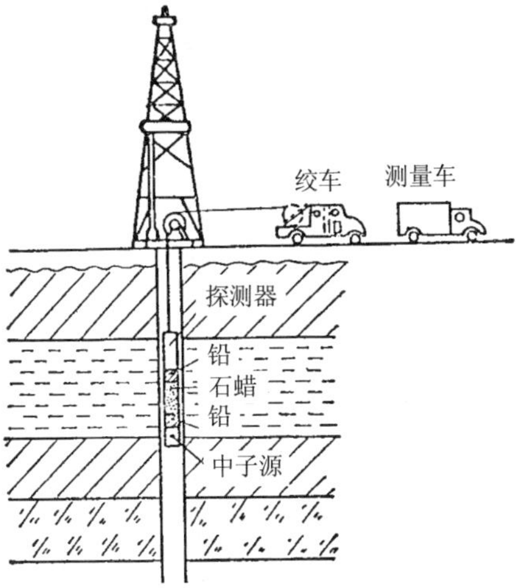

图 6-19　中子-γ测井装置示意图

当中子源放出的快中子与物质作用时，发生弹性散射而损失能量变成慢中子和热中子。由于中子与轻核（如氢核）作用的弹性散射截面大，所以中子损失的能量多。这样，中子在含有大量氢的含水岩层和含油岩层里就容易减速，能量降低的热中子容易被岩石中的原子核俘获，发生(n, γ)反应，同时发射γ射线。因此，在含氢的岩层里中子被俘获并产生γ射线的地点较在不含氢的岩层里离中子源更近。如果在离中子源稍远的地方（如 60～65 cm），安装一个测量γ射线的探测器，则γ射线必须穿过较厚的岩层才能到达探测器，因此，此时测得的γ射线强度就较弱；反之，在不含氢或含氢少的岩层里，测得的γ射线强度就较强。所以，从测量到的γ射线的强弱，就可以了解到岩层中含氢量的多少，进而用它来划分多孔岩层，测定孔隙度，鉴定岩性等。这种测量由中子与岩层作用产生的γ射线的测井等，称为中子-γ测井法。

密封中子管发射的 14 MeV 脉冲中子与地层和井眼中元素发生作用而降低能量变为热中子，并不断被周围物质吸收。从脉冲快中子变为热中子的瞬间到大部分（约 63.7%）热中子被周围物质吸收为止，热中子所经过的这段平均时间称为热中子寿命，利用中子在油中的平均寿命（190～220 μS）与在水中的平均寿命（50～200 μS）的差别，在每次脉冲以后的一段时间间隔内测量地层中所保留的热中子相对数量，从而得出在该地层中的热中子寿命。因而可以利用它来区分水层还是油层。这种方法称中子寿命测井。

此外还有中子-中子测井法、能谱测井、缓发中子测井等。

放射性测井法与其他方法相结合，可用于确定岩层的孔隙度、含油层、含油量，寻找和划分气层，划分岩性，等等。所以在石油、天然气和煤田等勘探部门得到了广泛应用。

放射性测井法中目前常用的γ放射源为 ^{137}Cs，活度一般为 7.4～74 GBq（0.2～2 Ci）；常用的中子源为 ^{241}Am-Be 中子源，活度为 185～740 GBq（5～20 Ci）。

3. γ射线照相（探伤）机

γ射线照相（探伤）机也是利用放射性同位素发出的射线具有穿透性这一特性，来检验大型铸件或管道焊接的质量。因为不需要电源、搬运方便，所以特别适合在野外和施工现场使用。

γ射线照相（探伤）机一般由工作容器、挠性源导管、遥控器和其他附件组成。工作容器由贫铀或铅屏蔽体、快门、源辫子及锁定装置、放射源、连接器、保护盖等构成。γ射线机源容器的结构示意图见图 6-20。

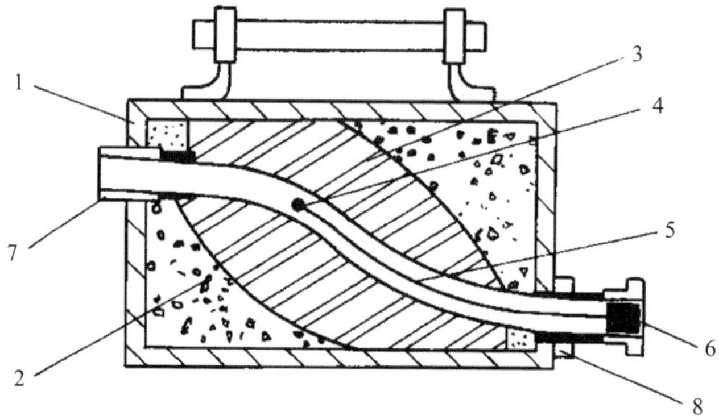

1-外壳；2-聚氨酯填料；3-贫化铀屏蔽层；4-γ源（源组件）；
5-源托；6-安全接插器；7-快速连接器；8-密封盒。

图 6-20 γ射线机源容器的结构示意图

不工作时，工作容器关闭，放射源被定位在源通道内被充分屏蔽。工作时，转动快门环操作偏心轮，使偏心轮中的曝光通道和源通道对直。用快速接头把源导管和工作容器连起来。源导管的另一端部构成照射头，定位移出工作容器的放射源。操作遥控器（长度大于 10 m）使放射源移出工作容器，通过源导管进入工作位置进行曝光照相检测。如果铸件或管道焊接处有裂缝，γ射线穿过裂缝，在照相底片上就会出现黑色图像。工作结束后，操作遥控器，将放射源返回工作容器内。

工业照相常用的γ放射源为 ^{60}Co、^{192}Ir、^{75}Se、^{170}Tm 等，由于γ放射源有自己固定的能量，所以要根据探伤材料的厚度选择合适的放射源。工业照相常用的γ放射源的特性列于表 6-16。因为 ^{192}Ir 的γ射线能量低，容易屏蔽，所以目前用得最多。其活度一般为 3.7 TBq（100 Ci）左右。

表 6-16 工业照相常用的 γ 放射源的特性

放射源	^{60}Co（钴）	^{192}Ir（铱）	^{75}Se（硒）	^{170}Tm（铥）
主要能量/MeV	1.17，1.33	0.30，0.31，0.47，0.60	0.13，0.26	0.052，0.084
半衰期	5.3 a	74 d	120 d	128 d
空气比释动能率常数 Γ_K/［m^2·Gy/（Bq·s）］	8.61×10^{-17}	3.08×10^{-17}	1.32×10^{-17}	1.97×10^{-19}
等效能量	1.25 MeV	400 keV	217 keV	84 keV
适宜厚度（钢）/mm	40～200	20～100	10～40	≤5

探伤过程中，γ 探伤机的放射源可能会卡在源导管或从源托上脱落，探伤工作人员应特别注意随身携带个人剂量报警仪和便携式 X/γ 剂量率仪，如发现异常，应立即采取相应的应急措施，避免辐射事故的发生。

4．中子照相

中子照相是利用中子束穿透物体时的衰减程度显示物体内部结构的摄影技术。由于中子在物体内的衰减程度取决于核性质，因此中子照相适用于重原子序数（Z）物质内轻元素的显像。中子照相主要应用于：①屏蔽体内的放射性材料以及大器件物体的无损检测；②分辨出高 Z 材料包含的低 Z 的材料；③进行同位素分辨。

中子照相根据中子能量的不同可以划分为冷中子照相、热中子照相和快中子照相。其中，冷中子照相的中子为能量低于 0.005 eV 的中子，热中子照相的中子能量为 0.005～0.5 eV，快中子照相的中子能量为 1 keV 以上。不同能量的中子照相应用的场景也不尽相同，冷中子由于其照相效果非常好而且冷中子本身非常难得，因此冷中子照相主要应用于高精度的晶格散射矢量测量以及分子尺寸的参数测量。快中子与物质相互作用截面不及冷中子和热中子，因此快中子照相一般应用于快速检测环境，如具有放射性的材料检测就可以利用快中子超强的穿透性来实现屏蔽体中放射性材料的检测。热中子照相技术是应用最广的一种中子照相手段，其与多种物质都具有较高的反应截面，因此该手段得到非常广泛的应用。

中子照相系统一般由中子源、慢化材料、准直器和记录设备组成。中子照相系统示意图见图 6-21。常见的中子源有反应堆中子源、加速器中子源、中子管中子源以及同位素中子源等，其中中子管以及同位素中子源可作为移动源。各种中子源的基本情况见表 6-17。中子慢化主要是通过中子与慢化材料内原子核的弹性和非弹性碰撞来实现。常用的慢化材料一般都是高含氢材料和轻核素材料，如石蜡、聚乙烯、石墨等。对于 D-T 中子管，可采用重金属铀或铅和高密度聚乙烯组合结构来慢化。中子成像记录设备分为两大类，一类为 X 射线胶片感光法，另一类为探测器法。中子不能直接使 X 射线胶片感光，需通过与镝（Dy）、铑（Rh）等材料组成的转换屏相互作用产生 α、β、γ 射线使 X 射线胶片感光。探测器法又分为两大类，一类是将中子信号转换为最终电信号进行重建图像，如转换屏法；

另一类是直接利用中子信号，如径迹刻蚀法以及中子计数法。目前应用最多的方式还是通过转换屏将中子信号转换为光信号，然后通过 CDD 或 CMOS 相机对光信号进行捕捉，最终获得图像。

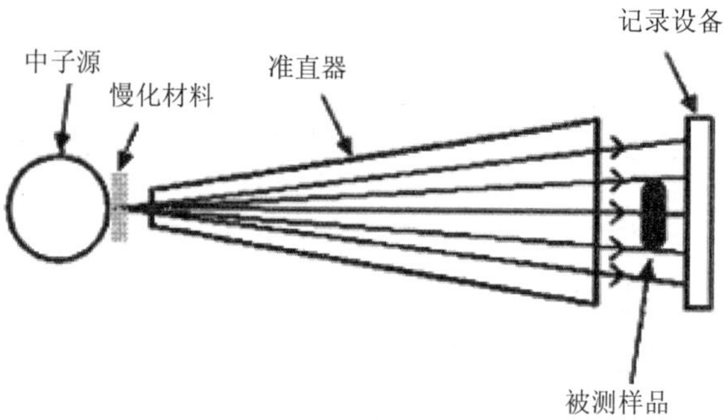

图 6-21　中子照相系统示意图

表 6-17　各种中子源的基本情况

中子源类型	特点	成像处中子注量率/［n/（cm^2・s）］	分辨能力	曝光时间
反应堆中子源	稳定，高投资，不可移动	10^5～10^8	极好	短
大型加速器中子源	稳定（可断续运行），高投资，非移动	10^4～10^7	好	较短
中子管中子源	较稳定，可移动，寿命有限	10^2～10^5	中	较长
同位素中子源	稳定，低投资，可移动	10^2～10^4	较差	长

5. 工业辐照

工业辐照是指利用电离辐射与物质相互作用产生的物理效应、化学效应和生物效应，对物质和材料进行加工处理的一种核技术。在消毒灭菌、食品保鲜、材料改性和处理工业“三废”等方面都有应用。工业辐照采用的 γ 放射源最多是 ^{60}Co，其次是 ^{137}Cs。工业辐照用的放射源一般活度都较高，属于 I 类放射源。

γ 辐照装置一般由源架及升降系统、屏蔽防护系统、安全联锁系统、产品运输系统、通风系统、水处理系统等组成。源架分为线源、板源、筒状源。源架的升降通常通过滑轮或液压升降系统。屏蔽系统主要由辐照室屏蔽系统、迷道和放射源屏蔽系统组成。辐照场屏蔽 γ 射线常用的材料是混凝土或铅，也可用铸铁和钢；放射源屏蔽系统一般采用水井屏蔽。γ 射线辐照装置按 γ 放射源的贮源和照射方式分为 I 类［自屏蔽（整装）式干法贮源辐照装置］、II 类［固定源室（宽视野）干法贮源辐照装置］、III类（整装式湿法贮源辐照装置）、Ⅳ类［固定源室（宽视野）湿法贮源辐照装置］。Ⅳ类 γ 射线辐照装置示意图见图 6-22。距辐照室各屏蔽墙和出入口外的辐射水平应不超过 2.5 μSv/h。安全联锁系统应具备纵深防御、冗余性、多样性、独立性，防止工作人员和其他公众受到伤害，如门机联锁、急停开关、声光信号装置、钥匙开关、固定剂量率仪、巡检按钮、光电开关等。研究型或小型辐照装置由于装源量小，辐照产品进出辐照室采用人工搬运；大型工业化商用装置的辐照产品输送均采用机械化自动化设备。为保证辐照室内臭氧和氮氧化物浓度在规定限值内，应定期启动通风系统换气。对于水井贮存放射源，贮源井水应使用去离子水或蒸馏水，并配备水处理系统，避免水中的杂质腐蚀放射源，保证井水的电导率不大于 10 μS/cm、总氯离子（Cl^-）含量不大于 1 mg/L、pH 为 5.5～8.5。

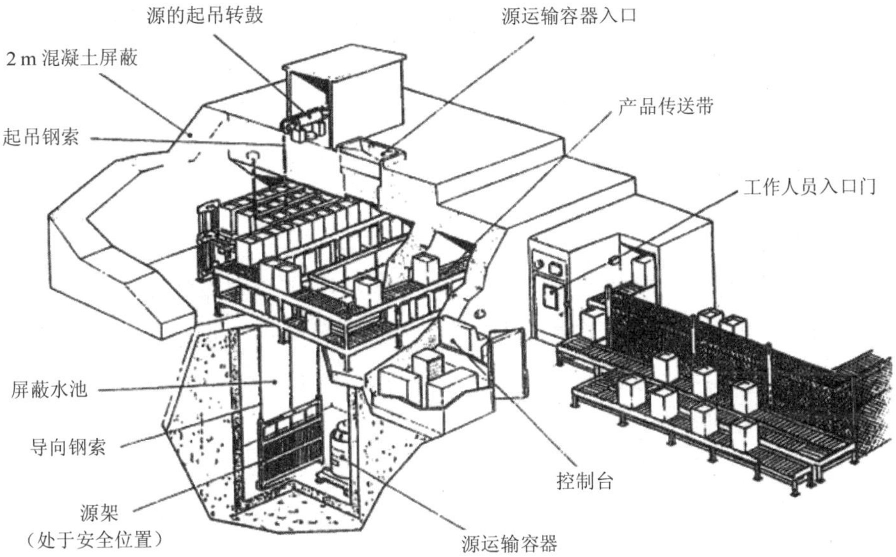

图 6-22 Ⅳ类 γ 射线辐照装置示意图

6. 其他应用

利用放射性同位素 ^{210}Po、^{238}Pu 等制作的放射性静电消除器，具有结构简单、安装容易、使用方便和不用电等优点，广泛用于纺织、印刷、造纸、塑料、电子感光胶片等行业，还可清除唱片、幻灯片、照相底片、摄影镜头等上的灰尘。它是利用放射性同位素发出的 α 射线使空气电离，中和静电而达到消除静电的目的。

火灾报警器上使用的 ^{241}Am 烟雾探测器，当有烟雾时，使 ^{241}Am 发射的 α 粒子的电离减弱，并发出报警信号。

随着核科学和核技术的不断发展，放射性同位素在工业上的应用将越来越广泛。

三、放射性同位素在农业上的应用

放射性同位素在农业上的应用比较广泛。例如，利用辐射育种改良品种可以提高产量；

对农副产品进行辐照保鲜可以延长食用期；还可用于农药、化肥的放射性同位素标记和示踪；花卉新品种的培植；等等。

1）辐射育种

辐射育种就是利用射线（X 射线、γ 射线和中子等）照射种子或植株，引起生物体内电离，改变农作物的遗传性，从而产生各种各样的变异，再经过人工的选择和培育得到新的优良品种。这些品种具有高产、早熟、矮秆、抗病虫害、抗逆性强、品质好等特点。

与杂交育种相比，辐射育种具有许多优势：简便易行；所需时间短，往往在四五年内就可育成一个新品种，而杂交育种常常需要 10 年左右；辐射育种可以增强品种的抗病性，可在较短时间内选育出抗病的突变系；能克服远缘作物杂交上的不亲和性，实现远缘杂交。所以，辐射育种是一种很有实用价值的新的育种方法。

进行辐射育种的辐射可以是 X 射线、γ 射线和中子，用得最多的是 ^{60}Co γ 源。X 射线和 γ 射线辐照时，一般使用的剂量为 $1.3\times10^2 \sim 3.5\times10^2$ Gy；对于中子辐照，一般使用的中子注量率为 $10^{10} \sim 10^{13}$ n/（cm^2 • s）。

2）农药、化肥示踪

把放射性同位素标记在农药或化肥上或施在土壤中，可测定作物在吸收过程中的放射性同位素或其标记物分布情况，了解农药或化肥在植物体外的吸收途径、作用部位和机制等，以便选择最佳的农药或化肥。常用的放射性核素为 ^{14}C、^{32}P、^{35}S、^{65}Zn、^{125}I 等。

3）农副产品的辐照保鲜

用放射性同位素辐照蔬菜、粮食、水果等，可杀死寄生虫或病菌，有利于保鲜、贮存。我国已批准对大蒜、花生、土豆、稻谷、洋葱等农副产品进行辐照保鲜、贮存食用。

辐照保鲜用辐射源主要为 ^{60}Co 放射源，活度在 3.7×10^{14} Bq（10 000 Ci）以上。

4）刺激生物体生长

采用适宜剂量的 ^{226}Ra-Be 中子源照射柞蚕卵能够刺激蚕的生长、促进蚕的生长发育、增强蚕的体质、减少蚕病、提高蚕丝产量。类似的结果也已在用弱 γ 射线照射柞蚕卵和鸡蛋的试验中观察到。在 γ 射线的弱电离辐射作用下，也可以得到增加柞蚕丝产量、提高小鸡孵化率和促进雏鸡的生长发育、提高雏鸡成活率的效果。

四、放射性同位素在食品加工中的应用

放射性同位素在食品加工中主要用于灭菌保鲜。对于一些不利于化学灭菌、加热灭菌或必须保证外观的食品，最适宜用辐照灭菌的方法。例如，辐照过的酒可提高醇香度，相当于放置了几年或几十年。用放射性同位素辐照过的猪肉，保鲜期延长而味道不变。在航天领域中，美国、苏联的宇航员在飞船里吃的牛排、火腿、面包和水果等都是经过辐照的。

五、放射性同位素在航天中的应用

航天活动为克服宇宙的严酷自然条件需要消耗能量，核能作为一种先进的能源在航天活动中崭露头角。为保证航天活动的能源供应，航天器必须拥有较大的能源系统。目前，航天器主要的能源有化学能、太阳能与核能。核能由于其具有能量密度高、功率质量比高、不受环境影响、可在恶劣环境中服役等优点，在近地轨道卫星、空间站、核热火箭以及为其他星球表面基地提供电力等方面，具有广泛应用前景。核能在航天中的应用主要有放射性同位素电源、空间核反应堆电源、核热推进等。

放射性同位素衰变会释放能量，可制备成放射性同位素电池（radioisotope battery）和放射性同位素热源（radioisotope heater unit，RHU），用于远离太阳深空探测任务或处于阴影区的航天器的保温与供电。放射性同位素电池是将同位素衰变过程中产生的热能、高速带电粒子动能或其次级效应转变成电能的装置。放射性同位素电池按照其转换方式已发展出温差电型、热光伏型、碱金属型、热离子型等 10 多种类型。其中，技术最成熟、应用最广泛的同位素电池为放射性同位素温差发电器（radioisotope thermoelectric generator，RTG）。放射性同位素热源是利用放射性核素发射的带电粒子和 γ 辐射，与物质相互作用，最终被物质阻止和吸收，射线的动能转变为热能，吸收体温度升高。常用的放射性同位素有 ^{238}Pu、^{210}Po、^{90}Sr、^{63}Ni 等。

^{238}Pu 放射性同位素具有半衰期长（$T_{1/2}$ = 87.7 a）、比功率较高（0.56 W/g）、100% α 衰变、易屏蔽等特性，因此 ^{238}Pu RHU/RTG 是千瓦以下空间探测的理想同位素热/电源。^{238}Pu RHU/RTG 原理及结构示意图见图 6-23。放射性同位素热源（RHU）除为 RTG 提供可转化为电能的热量外，还可作为热量来源为极端低温环境中工作的设备供热保温。

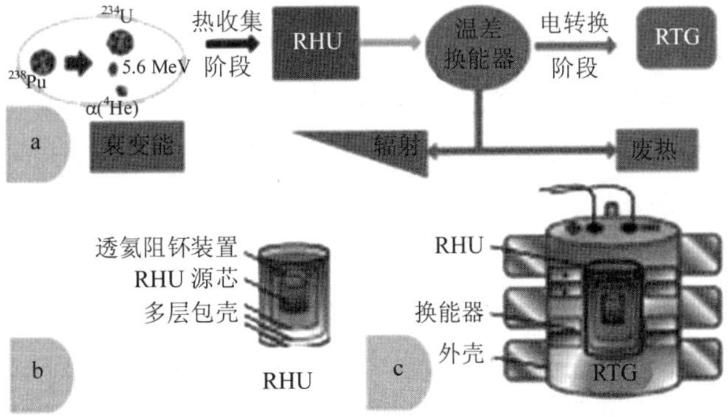

a-原理；b-RHU 结构；c-RTG 结构。

图 6-23　^{238}Pu RHU/RTG 原理及结构示意图

1961 年，美国首次把 SNAP-3B 型 ^{238}Pu RTG 应用于“子午仪 4A”近地轨道导航卫星，其电功率约 2.7 W，转换效率不足 4%，服役时间 15 年。1969 年发射的“阿波罗 11 号”月球探测器中，^{238}Pu RHU 首次被作为加热器独立使用，其初始热功率为 15 W。

我国在 RHU/RTG 方面的研究起步不晚，早在 20 世纪 70 年代就研制出了为“东方红一号”卫星供能的 ^{210}Po RHU/RTG，但未实现工程应用，之后 RHU/RTG 的研制工作便长期处于停滞状态。直到 2004 年后才重新开启，2006 年研制出国内第一枚 ^{238}Pu RHU/RTG。基于探月工程的需要，2013 年俄罗斯为我国探月工程嫦娥三号探测器提供了用于仪器设备保温的 ^{238}Pu；2018 年协助我国在嫦娥四号任务中实现 ^{238}Pu RTG 的工程应用，实现着陆器和巡视器的月夜生存。

第五节 射线装置的应用

射线装置是指 X 射线机、加速器、中子发生器以及含放射源的装置。利用射线装置产生的电离辐射及其与物质相互作用，可以开展放射诊疗、放射治疗、辐射探伤、辐射加工、成分分析等应用。

一、医疗诊断和治疗

1. 普通 X 射线机

普通 X 射线机在医学上的用途较广，最常用的是用于疾病的诊断和治疗。

普通 X 射线机诊断是利用 X 射线的穿透性质和人机体不同组织密度的不同对 X 射线吸收能力也不同的特点，来取得人体内器官与组织的影像信息以诊断疾病的技术。例如，骨组织与肌肉组织对 X 射线吸收不一样，当用 X 射线透视时可清楚地看到骨折的情况。目前主要有两种诊断方法：一种是透视，将人体检查部位置于 X 射线管和荧光屏之间，在荧光屏上观察内脏形态的变化、器官活动情况等；另一种是摄影，利用屏片摄影、DR 摄影和 CR 摄影，将人体各部位或器官结构清晰地记录下来，此方法可做永久性的观察，或对病变部位在不同时期发展、恢复过程的情况做永久记录。为适应影像诊断的需要，普通 X 射线机发展很快。根据功能和用途可分为口内牙片机、牙科全景机、口腔 CBCT、乳腺摄影机、乳腺 CBCT、透视机、摄影机（屏片、DR、CR）、骨密度仪、碎石机等。

X 射线治疗机是指产生并控制 X 射线用于对人体组织进行放射治疗的设备。X 射线用于治疗是基于机体的组织细胞受到 X 射线作用后使其体液发生电离，使细胞在分裂和代谢方面遭到破坏，因此用 X 射线照射非正常细胞时，可杀死或抑制其繁殖生长，从而达到治疗目的，主要用于癌症和某些类型的皮肤病治疗，是放射治疗的一种方法。X 射线治疗机只能产生 kV 级 X 射线，深部剂量分布差，表面吸收剂量大，目前临床上仅用于某些特殊部位的治疗以及作为电子束治疗的代用装置。

2. X 射线计算机断层扫描仪（CT）

CT 是用 X 射线对人体某部位一定厚度的层面进行扫描，由探测器接受透过该层面的 X 射线，转变为可见光后，由光电转换器转变为电信号，再经模拟数字转换器转变为数字，输入计算机处理获得断面的解剖图像，并显示在电视屏上或用照相机将图像摄下。随着技术的发展，双源 CT 和多排 CT 得到了广泛使用。

CT 检查对中枢神经系统疾病的诊断价值较高，应用普遍。对颅内肿瘤、脑损伤、脑梗死与脑出血等病诊断效果好，诊断较为可靠。

CT 图像是层面图像，常用的是横断面。为了显示整个器官，需要多个连续的层面图像。

CT 在发现病变、确定病变位置及大小与数目方面是较灵敏而且可靠的，但对病理性质的诊断，也有一定的限制。

3. 介入放射诊疗

介入放射诊疗是在影像诊断学、血管造影、细针穿刺和细胞病理学等基础上发展起来的。它将单纯的放射诊断技术与影像方法引导下的导管治疗技术集成于一体，利用经血管或非经血管穿刺及导管等介入技术，在影像监视下对一些疾病进行治疗，或者采集活体标本进行细菌学、组织学、生理和生化诊断，为疾病诊断和治疗开拓了新的途径。它可以解决许多内外科解决不了的诊断难题，而且对病人创伤小，所以深受患者欢迎。目前在我国已普遍开展，应用最多的是心血管疾病和肝癌。开展介入手术使用的 X 射线设备主要为 C 型臂类设备，包括小 C 型臂设备、中 C 型臂设备和大 C 型臂设备。数字减影血管造影（digital subtraction angiography，DSA），就是通过将注入造影剂前后拍摄的两帧 X 射线图像数字化，经过计算机减影、增强和再成像处理，获得了去除骨骼、肌肉和其他软组织，只留下单纯血管影像的减影图像的一种摄影技术。DSA 有单球管和双球管之分。图 6-24 为双球管 DSA 示意图。

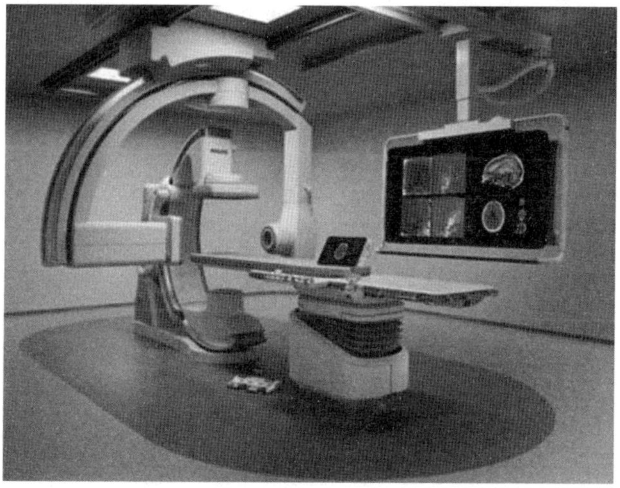

图 6-24 双球管 DSA 示意图

介入放射诊疗是在 X 射线机透视直观下进行，手术过程中病人和工作人员较长时间暴露于 X 射线照射下，受照剂量较高，高于一般医用诊断 X 射线工作人员的受照剂量。

4．医用加速器放射治疗

加速器就是利用电磁场把带电粒子加速到较高能量的装置。它还可以利用被加速后的高能粒子轰击不同材料的靶，产生次级粒子，如 X 射线、中子和介子束等。加速器加速的或产生的 X 射线、电子束、中子、质子等照射机体的组织细胞，可以使细胞的分裂和代谢遭到破坏，杀死细胞或抑制细胞的增殖生长，从而达到治疗的目的，这就是加速器放射治疗的基本原理。加速器的种类很多，按粒子的加速轨道形状可分为直线加速器和回旋加速器；按加速粒子的不同可分为电子加速器、质子加速器、重离子加速器和中子加速器等。目前临床使用的医用加速器有医用电子直线加速器、螺旋断层放射治疗系统（TOMO）、射波刀（Cyber knife）、质子/重离子加速器等。

医用电子直线加速器是利用微波电场将电子直线加速，高能电子打靶产生 X 射线或直接引出高能电子线治疗肿瘤的装置。医用电子直线加速器按照微波传输的特点可分为行波和驻波两类，基本结构和系统包括电子枪、加速管、微波功率源（磁控管或速调管）、微波传输系统、脉冲调制系统、真空系统、恒温水冷系统、偏转磁铁、靶、初级准直器、均整器和散射箔、监测电离室、二级准直器、运动控制系统、治疗床等。医用电子直线加速器射线能量为 4～18 MV，电子线能量为 4～25 MeV。医用直线加速器示意图见图 6-25。

螺旋断层放射治疗系统是将 6 MV 的直线加速器安装在孔径为 85 cm 的 CT 滑环机架上，治疗时机头随机架绕患者进行 360°旋转形成扇形束照射，同时治疗床缓慢跟进，实施全身调强治疗，连续螺旋断层照射消除层与层相连处可能产生的冷、热点问题，螺旋断层放射治疗可以产生几万个子野，从而取得了更高的肿瘤剂量适形度。

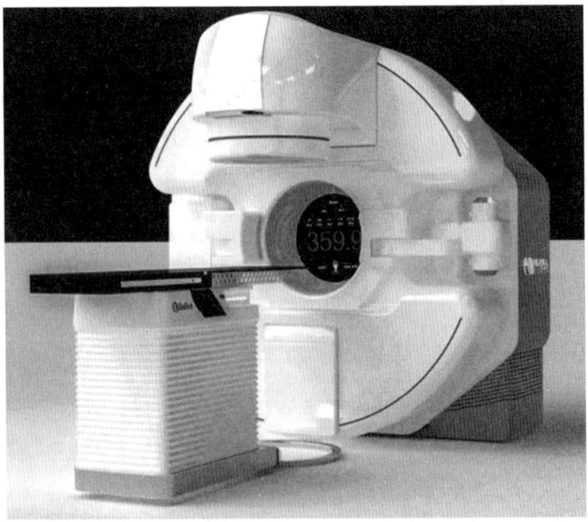

图 6-25　医用直线加速器示意图

射波刀是一种具有直接安装在高精度机器人上且无须立体定位框架的全身肿瘤立体定向放射治疗系统。该系统将 6 MV 能量的小型直线加速器安装在机器人治疗臂上，可以在一个事先通过放射治疗计划系统（TPS）计算预制的工作空间里进行不同平面、多方位、多角度的投照。结合实时的影像监控追踪技术系统，对治疗过程中的肿瘤运动进行实时的亚毫米级的精确度修正及追踪，更加方便避开正常组织器官。射波刀治疗系统主要由治疗系统、治疗床、射野准直器、实时影像引导系统和靶区追踪系统构成。

质子/重离子治疗系统是一套庞大、复杂而及其静默的高科技设备。全套设备由加速器、束流输运系统、旋转机架、治疗头、定位准直系统、剂量检测系统、治疗计划系统等构成。质子治疗需要较高能量的质子，只能由高频谐振加速器获得。质子加速器类型有同步加速器、回旋加速器、同步回旋加速器和直线加速器。质子治疗时要根据肿瘤本身深度和厚度选用不同能量的质子，而加速器引出的质子流能量是固定的，因此需要在加速器和治疗头之间有一个能量选择系统，可以得到从 70～230 MeV 连续可调的不同能量质子流。束流输运系统的任务是将加速器产生的质子束送到患者的治疗部位附近，设置有四极磁铁、偏转磁铁、导向磁铁、束流测量设备和真空设备。质子治疗室可分为固定束治疗室和转动束治疗室。转动束治疗室需配有旋转机架。图 6-26 和图 6-27 分别为某肿瘤医院固定束治疗室和转动束治疗室示意图。为了将质子流形成一个扩展布拉格（Bragg）峰，能照射到肿瘤的整个纵向深度，需要有一个束流能量调制器，常用的降能器由低原子序数材料石墨构成。为将加速器引出的束流扩展成较大且均匀的质子流，覆盖所有肿瘤横向面积，需要有散射系统，该散射体常用铅等高原子序数金属箔制成。束流能量调制器和散射系统都在治疗头中。

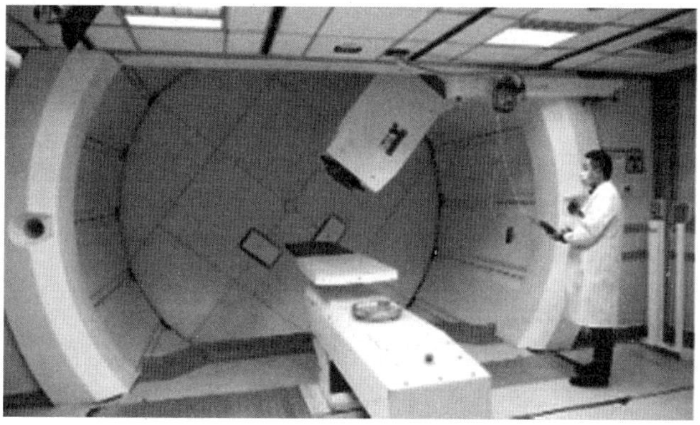

图 6-26　固定束治疗室示意图

图 6-27　转动束治疗室示意图

重离子系统的基本结构与质子系统类似。目前应用的重离子主要是碳离子。

我国治疗癌症主要采取手术、化疗和放射治疗。由于放射治疗具有适应症宽、禁忌症少、医疗费用低和医疗风险少、见效快等特点，所以有 70%的癌症病人采取放射治疗。

放射治疗能否有效地杀死癌细胞，主要取决于射线的生物学特征，即癌细胞对该射线的敏感度。敏感度又以氧增强比（OER）和生物效应比（RBE）两个参数来衡量。X、γ、电子等低 LET（传能线密度）射线的 OER 为 2.5～3.0，RBE≤1.0；高 LET 射线（快中子、重离子等）的 OER 为 1.0～1.8，RBE≥2.0。OER 低，说明杀伤力受癌细胞中含氧量的影响小，对乏 O_2 癌细胞仍有较强的杀伤力；RBE 高，说明能将癌细胞破坏到不可修复的程度。由于 X 射线、电子等容易得到，加速器结构简单，造价低，所以目前医用电子直线加速器是放射治疗的主要手段。X 射线和电子属于常规放疗射线。医用电子直线加速器的能量在 50 MeV 以下，其中大部分运行在 6～35 MeV。

由于中子氧强增比小，生物效应比高，所以对缺氧的或处于相对静止期的癌细胞有较大的杀伤作用，对某些用 γ 射线、X 射线、电子的放疗效果差的癌症很有用。所以利用快中子对某些癌症（如腮腺癌、前列腺癌等）的治疗起到了一定作用。例如，中国科学院高能物理研究所利用质子直线加速器产生的 35 MeV 质子轰击铍靶得到平均能量为 20 MeV 的快中子束，距靶 1.2～1.5 m 处的中子吸收剂量率约为 24 ncGy/min，用快中子束进行了快中子治癌临床工作，收治的病例有：腮腺癌、前列腺癌、骨癌、恶性黑色素瘤、头颈部晚期癌等。结果表明：近期疗效十分显著，尤其对腮腺癌及前列腺癌，局部控制率高，患者不会有不能接受的毒副作用。

高能质子不属于高 LET 射线，RBE 为 1.1～1.2，但它的深度剂量分布好，在人体内的剂量吸收曲线存在一个突然增高和尖锐衰减的布拉格峰，但是扩展的布拉格峰的 LET 相对较低，详见图 6-28。调整加速器能量使布拉格峰对准病灶位置，达到大剂量照射瘤体又保护正常组织和重要器官的要求。一般质子治疗能量为 70～230 MeV，流强要求不高，

13.5 nA 即可。

重离子照射可造成 70%的 DNA 分子发生双链断裂，难以被修复，没有细胞周期依赖性，且其对肿瘤疗效几乎不受肿瘤氧供的影响。碳离子束等重离子进入人体后，LET 是逐渐增加的，在峰区达到最高值。

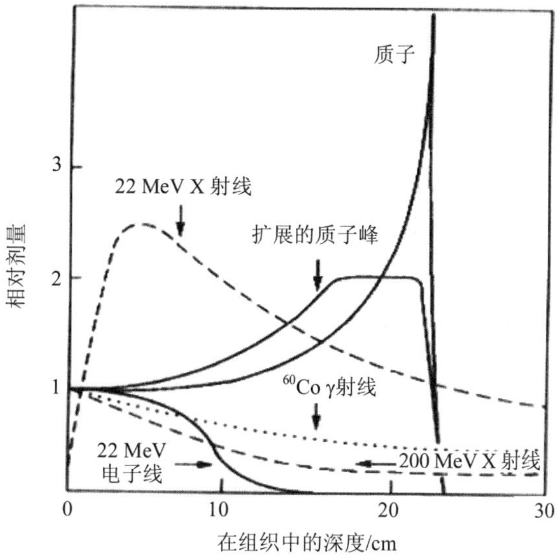

图 6-28　布拉格峰能量释放轨迹

5. 硼中子俘获治疗

硼中子俘获治疗（boron neutron capture therapy，BNCT）是基于某些肿瘤细胞具有富集硼元素的特性，通过给病人注射含硼药物，利用中子照射含硼药物发生 $^{10}B(n, \alpha)^{7}Li$ 核反应产生的射线粒子杀伤肿瘤细胞，达到在细胞尺度内治疗癌症的目的的二元靶向放射疗法。特别适用于浸润、复发、扩散的难治肿瘤（如脑胶质瘤、黑色素瘤、复发性头颈部瘤、肝转移癌等）的治疗（图 6-29）。

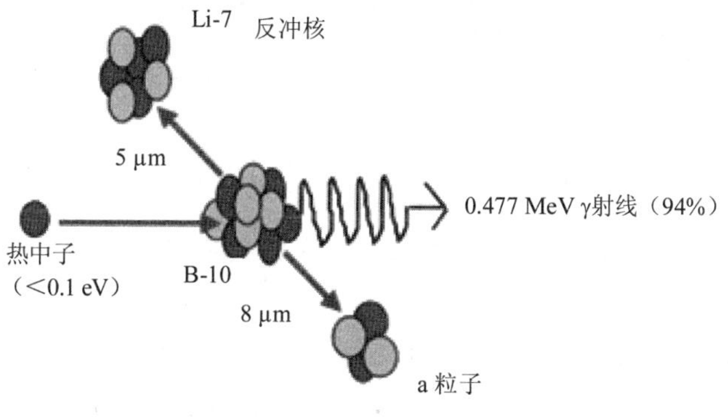

图 6-29　硼中子俘获治疗反应原理

制约硼中子俘获治疗应用的两个基本要素为中子源和携硼药物。

从中子能谱的角度考虑，硼-10 对热中子的俘获截面最大。但考虑到中子在到达肿瘤深度之前，会在人体组织中受到慢化作用，因此，对于一定深度的肿瘤中子源需要提供能量更高的超热中子（0.5 eV～10 keV）。BNCT 用中子源的通量必须大于 10^9 n/（cm^2・s）。目前，中子源主要有两类：反应堆中子源和加速器中子源。

核反应堆产生的中子按其能量可以分为热中子（E_n≤0.5 eV）、超热中子（0.5 eV＜E_n＜10 keV）和快中子（E_n≥10 keV）。由于反应堆造价高、占地面积大、运行维护成本高等，应用前景并不乐观。2010 年年初，我国北京凯佰特科技有限责任公司等在北京建成了世界首座 BNCT 专用核反应堆中子源装置（IHNI-1），功率仅 30 kW。

加速器中子源是用加速器加速质子或氘离子，然后轰击金属锂或铍靶材，使其发生核反应产生中子。常用的加速器有回旋加速器、静电加速器和射频直线加速器等。回旋加速器容易将粒子加速至高能量（＞13 MeV），但是束流的流强比较低；静电加速器粒子能量较低（＜3 MeV），但是可以达到较高流强；直线加速器可以连续或脉冲运行，能量范围比较广，比较容易得到高流强（＞10 mA），但高能量时其造价比较贵。锂靶的优点是在较低质子束能量下（如 2.5～3.5 MeV）有较高的中子产额，并且中子能量也低（中子最大能量和平均能量分别为 0.8 MeV 和 0.4 MeV）、易于慢化，但不足之处，锂的熔点低，不到 180℃，且废靶中有 ^{7}Be 和氚，需特别处理。而铍靶熔点高（1 287℃），热传导性能较好，且无放射性废物，但是为达到所需要的中子通量，需要打靶的质子束能量较高，大于 5 MeV，产生的中子平均能量较高，且静电加速器很难达到 5 MeV 能量。2020 年，我国在东莞散裂中子源园区建成有自主知识产权的加速器 BNCT 实验装置 D-BNCT01。加速器 BNCT 系统构成示意图见图 6-30。

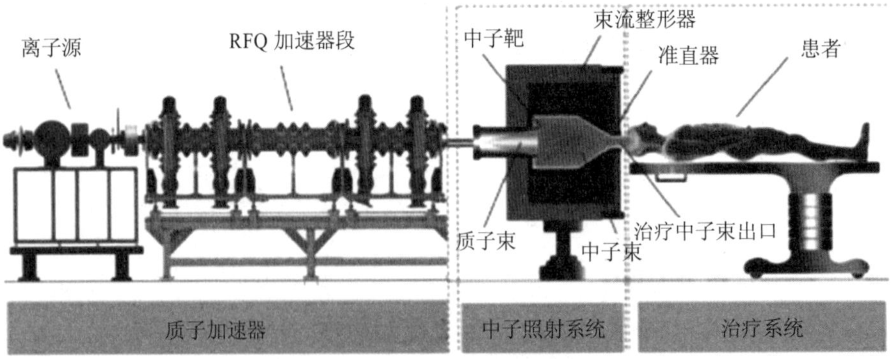

图 6-30　加速器 BNCT 系统构成示意图

BNCT 要求携硼药物具有靶向性，且有足够量的硼进入肿瘤，且携硼药物的毒性应足够低。靶向的指标就是药物在肿瘤中与正常组织或血液中的浓度比值（T/N 或 T/B）大于 3，其中 T 代表药物在肿瘤中的浓度；N 代表药物在正常组织中的浓度；B 代表药物在血液中的浓度。进入每克肿瘤的 ^{10}B 量平均要求为 20～35 μg。目前，携硼药物研究主要有巯基十一碳氢十二硼烷钠盐（borocaptate sodium，BSH）、4-二羟基硼酰基苯丙氨酸（boronophenylalanine，BPA）以及靶向性的携硼药物如靶向 EGFR 的单克隆抗体掺硼生物联接剂 C225-G5-B_{1100} 等。

二、工业计算机断层扫描仪

工业 CT 是在医用 CT 的基础上发展起来的，是一种用于对工业产品进行探伤、无损检测的先进设备。它能快速、精密、准确地再现物体内部的三维立体结构，能够定量地提供物体内部的物理、力学特征，如缺陷的位置及尺寸、密度的变化；物体内部的杂质及分布等。广泛用于航空、航天工业中精密工件内部结构的测量及缺陷的检测；兵器工业中弹药填充密度的检测和武器关键部件的质量检查；海关违禁走私物品的检查等。

工业 CT 可分为 X 射线工业 CT、加速器射线工业 CT 和 γ 射线工业 CT。X 射线工业 CT 利用 X 射线有穿透性这一特点，用 X 光机为射线源，把待检材料置于 X 射线和探测器之间，检查机械零件的缺损，金属焊接的质量等。另外在机场、海关的出入口，大型公共娱乐场所和重要会议住地的出入口及车站进站口都安装了 X 射线机，通过荧光屏、摄影后的胶片和数字化的图像，检查人员行李包内的枪支弹药、烟花爆竹等危险物品。在安全检查中发挥了重要作用。

加速器射线工业 CT 主要用于大型工业产品和工件（如锅炉、压力容器、化工设备、航空航天器材等）的质量检测，获得工件中缺陷的性质、形状、大小、位置、取向、分布等信息，以排除隐患，保证质量，提高安全系数。加速器射线工业 CT 的工作原理是：由电子直线加速器产生的电子束打钨靶产生 X 射线，X 射线穿透物体后被探测器接收并给出积分信号，经变换后还原出物体内部的密度结构图。加速器射线工业 CT 由加速器射线源、探测器系统、数据采集系统、信号传输及接口、计算机系统、机械运动系统和控制系统等组成。整个系统由计算机控制，自动完成所有的测量功能。

电子直线加速器能量一般为 6～20 MeV，可检测的厚度等效成钢约 0.3 m，一般检测工件的长度可达 2.5～3 m，工件最大重量约为 2 000 kg。能量高于 10 MeV 以上时，还需考虑中子的防护。

三、工业辐照加速器

由于加速器所获得的粒子种类多，能量范围广，而且能量、强度和方向可以调节，并能精确地控制，加速器还可以随时启动或停机，工作安全，检查维修方便等，所以在工业辐照上得到了广泛应用。

与钴源辐照装置相比，加速器的束流强度大，而且发散角小，束流密度大，特别适用于作为大功率辐照源。1 kW 功率的射束相当于 2.5×10^{15} Bq（6.8×10^{4} Ci）的 ^{60}Co 源，一台加速器的平均功率输出最高可达 150 kW，这就相当于 3.75×10^{17} Bq（1×10^{7} Ci）的 ^{60}Co 源。同时，加速器作为辐照源不像钴源那样会遇到放射性衰变而需要换源、加源和放射源退役的问题。

工业辐照加速器一般采用电子直线加速器，还有少量采用电子静电加速器、电子帘辐照装置、高频单腔电子加速器等。通常电子能量从零点几兆电子伏到十几兆电子伏，功率从零点几千瓦到 30 kW，电子扫描宽度为 0.4～1 m。

加速器工业辐照是利用加速器产生的电子束对产品进行辐照，产品受大剂量辐照后，产生生物、化学或物理效应，达到改性、灭菌、保鲜、提高产品质量、制造新材料等目的。它具有工艺简单、能耗低、公害小、易自动化、安全可靠等优点。主要应用于食品辐照保鲜、材料辐照改性、医疗用品辐射灭菌、有机废水处理等。除直接利用电子束进行辐射加工外，还有把电子束转换为 X 射线进行辐照灭菌。

我国电子束辐照始于 20 世纪 60 年代，经过 60 来年的发展，已研制和生产了各种类型的电子辐照加速器，如地那米加速器、绝缘芯变压器加速器、电子帘加速器等。按人员可接近辐照装置的情况分为全自屏蔽辐照装置、半自屏蔽辐照装置和安装在屏蔽室（辐照室）内的辐照装置，示意图详见图 6-31～图 6-33。电子辐照产品有些已小批量生产，有些达到中试，有些已达到工业化生产规模。某些辐射加工产品如聚乙烯热缩材料、电线电缆的辐射交联、涂层固化等达到了批量生产水平。辐射聚合超薄型水凝软接触眼镜（隐形眼镜）其性能已接近和达到国外同类产品的水平。在抗张强度、延伸率和纯度方面超过国外同类产品。

我国的加速器辐射加工技术起步较晚，经过几十年的努力，已经形成了辐射加工产业并取得了可观的经济效益。随着辐照加速器性能和辐照技术的提高，我国的电子辐射加工将会取得更大的发展，为国民经济作出更大的贡献。

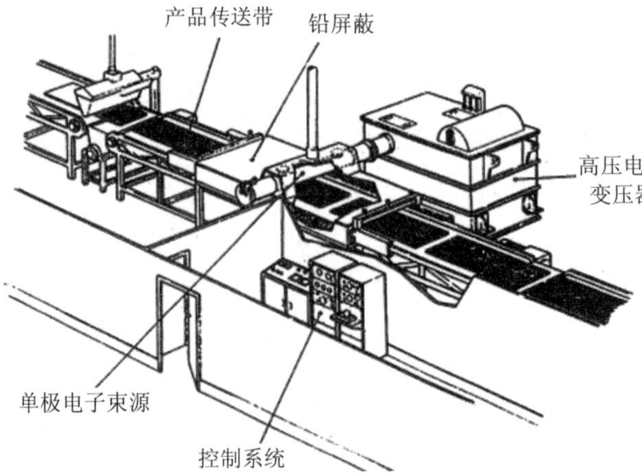

图 6-31　全自屏蔽辐照装置示意图

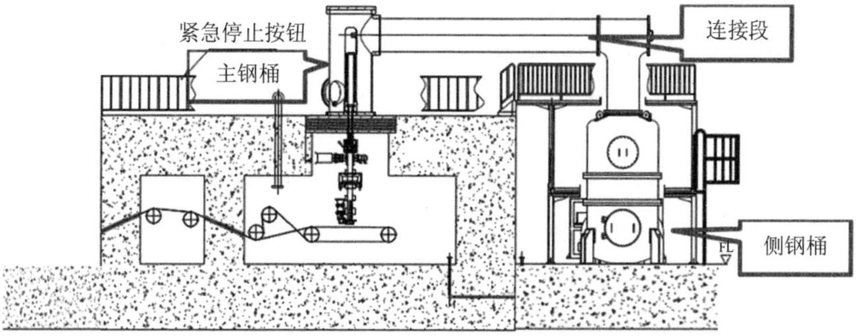

图 6-32 半自屏蔽辐照装置示意图

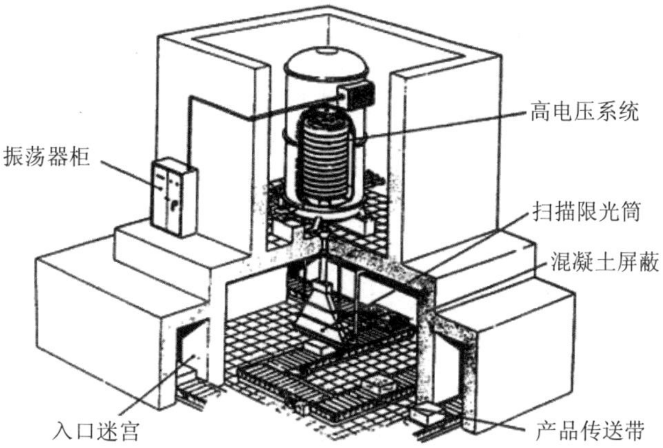

图 6-33 安装在屏蔽室（辐照室）内的辐照装置示意图

四、中子发生器的应用

由于中子发生器体积小、流强大、造价低、易于操作维护、可提供 14 MeV 中子，所以是核技术应用的重要工具之一。在工业、农业、医学、科研等各个领域有着广泛的应用。

1. 中子活化分析

中子活化分析，就是把需要分析的样品放在中子源所提供的中子束中照射，样品中的各种同位素被中子活化产生放射性同位素，根据不同放射性同位素的半衰期和它发出的 γ 射线能量及强度的差别，鉴定出样品中欲测的元素及其含量。

中子活化分析具有灵敏度高，可进行痕量分析（10^{-13}～10^{-9} g)；分析速度快、精度高；可进行多个元素的同时分析；非破坏性分析；可以对化学性质非常相近的元素进行分析等特点。

在中子活化分析中，反应堆中子的活化分析是最重要的一种。但是随着中子发生器产额的提高（一般为 10^8～10^{11} n/s，最高可达 10^{13} n/s）和毫秒级“跑兔”系统以及数据获取分析系统的建立，14 MeV 中子活化分析也已进入痕量多元素分析技术的行列。特别是用来分析一些不宜用热中子作活化分析的元素，如 N、O、F、S、Si、Fe 等。例如，用产额为 10^{11} n/s 的中子发生器对钢样品照射 10 s，再用 2 s 将样品用压缩氮气运送到 γ 探测器前，经过 20 s 计数，即可在 1 min 内给出钢样中的含氧量，灵敏度达到 1×10^{-6}。这对氧气顶吹转炉的快速炼钢很有意义。炸药和喷射药中的低浓度杂质能影响操作中的安全，大多数炸药和喷射药中包含大量的氮，用 14 MeV 中子活化分析，由 $^{14}N(n, 2n)^{13}N$ 反应测定总的氮含量来控制纯度，对 50 mg 黑索今（环三亚甲基三硝胺）炸药样品，测量氮含量的绝对误差为 0.3%。

地质学是 14 MeV 中子活化分析除工业应用外的主要应用领域，主要包括陨石分析、月球样品分析及地球岩石和矿石的分析。

14 MeV 中子活化分析在生物和环境科学中由人体物质中微量元素浓度的测定能给出正常或病理状态的有关资料。在化学工业上用于产品的分析，例如，测定照相乳胶中的卤素成分用以了解光乳胶的光灵敏度。

总之，14 MeV 中子活化分析已被实践证明是一种很有效的分析方法，随着有关技术的进一步发展，14 MeV 中子活化分析将会在更广泛的领域里发挥更大的作用。

2. 中子测井

中子测井就是利用中子与钻井周围岩石和井内介质起作用、研究钻井剖面、寻找有用矿藏及研究油井工程质量的一种矿场地球物理方法。

中子发生器用于测井指的是用密封中子管进行测井，也就是 14 MeV 快中子测井。对快中子测井，大约 10^9 n/s 的平均中子产额是必要的。另外，要能经受井下高温高压的工作环境。目前，最小的中子发生器具有 42 mm 的直径并能承受 500 个大气压力。

中子测井有中子-γ 测井、中子-中子测井、中子寿命测井、能谱测井、缓发中子测井等。

在中子活化测井中，可以利用 14 MeV 中子活化分析技术，测量铅同位素的含量变化来寻找深部铀、钍矿。在地质学中，通过测定由快中子非弹性散射、慢中子俘获和放射性核素发射的脉冲中子技术进行岩石分析将更有发展前途，它可以实现井中岩石的定量分析，特别是对 Si、Ca、Mg、O、Fe、C、H 和 S 的分析。

3. 中子辐射育种

由于中子的相对生物效应高、电离密度大、能够诱发产生较多的对人类有益的突变而日益受到育种工作者的重视。用中子辐照培育出的新品种所占的比重越来越大。有人用 γ 射线和快中子照射水稻种子，结果发现在适宜的引变剂量下，快中子诱发的叶绿素突变率较 γ 射线诱发的高 1～2 倍。还有人用 ^{60}Co γ 射线和快中子分别处理水稻珍珠矮的种子，结果也表明用中子诱变产生的变异频率明显地要比用 γ 射线处理的高。

利用中子发生器产生的快中子进行辐射育种的工作开展得比较多，用中子发生器进行快中子辐射育种，能引起作物的早熟、抗病、优质穗大、谷色好等好的变异；也能进行家蚕、蔬菜、水果和水产品等的辐射育种。

4．快中子治癌

由于快中子在人体组织内产生的反冲质子、反冲氧核、反冲碳核或核反应产生的α粒子与缺氧癌细胞的作用比电子、X 射线和γ射线大得多。另外，快中子的穿透能力强，可用于照射深部癌组织。目前，快中子已成为治疗恶性肿瘤的重要手段之一。

用于治疗癌症的快中子源应满足下列条件：产额 10^{12}～10^{13} n/s，中子能量在 10 MeV 以上。反应堆的中子平均能量为 1 MeV，^{252}Cf 中子源的中子平均能量为 2.3 MeV，所以不能满足要求，回旋加速器、质子直线加速器可生产 10 MeV 以上的快中子，适宜于治疗深部肿瘤，但费用较高。所以，中子发生器是最适宜的快中子治癌装置。中子发生器产生的 14 MeV 中子在体内的穿透深度较大，γ本底小，设备简单，使用灵活。问题是中子产额还不够高，特别是靶的使用寿命不长，长时间高强度连续运行有困难。

快中子治癌主要用于 X 射线、γ射线难治的一些癌症，如喉头癌、骨肉癌、前列腺癌和恶性黑色素癌等。

5．其他应用

中子发生器用于快中子照相，能检验密集材料内的低密度介质，如炮弹中的炸药；在核安全防护研究中，用中子发生器测量 14 MeV 中子通过空气、水和各种材料的中子衰减和屏蔽性能；在核参数测量中，用中子发生器测量 14 MeV 中子的反应截面等参数经常用作标准截面；用强中子发生器进行聚变堆的材料辐照试验等。

五、X 射线荧光分析仪的应用

X 射线荧光分析仪是指利用原级 X 射线或其他微观粒子激发待测物质中的原子，使其产生次级的特征 X 射线（X 荧光）而进行样品的元素及其含量分析的仪器。X 射线荧光分析仪由激发辐射源、色散、X 射线探测器和电子设备组成。

根据激发方式的不同，X 射线荧光分析仪可分为放射性同位素源激发、X 射线发生器激发、质子激发、同步辐射激发等。常用的放射性同位素源有 ^{241}Am、^{238}Pu、^{55}Fe、^{109}Cd、^{153}Gd。

根据色散和探测方式的不同，X 射线荧光分析可分为能量色散和波长色散两类，也就是通常所说的 X 射线荧光能谱仪（EDXRF）和 X 射线荧光波谱仪（WDXRF）。

不同元素具有不同波长的特征 X 射线谱，而各谱线的荧光强度又与元素的浓度呈一定关系，测定待测元素特征 X 射线谱线的波长和强度就可以进行定性和定量分析。X 射线荧光分析具有谱线简单、分析速度快、测量元素多、能进行多元素同时分析等优点，是一种非破坏性分析技术，常作为过程控制的工具，广泛用于元素分析和化学分析，特别是应用于钢铁行业、水泥行业、电子行业等。

第六节 国内外核技术利用的发展状况

天然放射性元素的发现为放射性同位素的应用创造了前提条件。核技术最初的应用是在医学领域。1907 年，Stenback 用镭射线治疗皮肤癌。1913 年，Hevesy 创立同位素示踪方法，为放射性同位素示踪应用开辟了道路。

国内外核技术利用的研究与开发早在 19 世纪末就开始了，但核技术利用真正形成规模，则起步于 20 世纪 40 年代，其标志是 1946 年美国采用核反应堆大量生产放射性同位素取得成功。此后，核技术利用伴随着核能技术的发展而同步发展，种类繁多的核利用技术相继问世。一直到近年来，世界范围的核技术利用仍在不断的发展中。在美、日等发达国家已形成了极具生命力的巨大产业，其经济规模与就业人数已超过核电。美国将核技术列为优先支持的 22 项重大技术发展方向之一，其技术应用产值已达 6 000 亿美元，约占 GDP 的 3%，日本、韩国和欧盟等主要发达国家和地区的核技术应用产值占其 GDP 的 2%～3%。很多发展中国家也越来越重视核技术应用。

现今，世界上已有 150 多个国家和地区开展了核技术的研究和应用，从用于治疗肿瘤的伽玛刀、中子刀、加速器到农业育种、食品保鲜、燃煤电厂的烟道气处理，都应用了核技术。

我国核技术利用的创建始于 20 世纪 50 年代中期。近半个多世纪以来，大体经历了开创时期、应用研究开发时期和全面发展时期。其中，1955—1960 年是核技术应用的开创时期，这一时期核技术应用作为中国核能发展计划的一个组成部分开始起步，主要是为国防建设发展的需要服务，制定了规划，进行了人员培训，并建立了一些初步基础设施。

早期应用主要集中在放射性示踪研究、射线无损探伤和疾病的放射治疗等方面，当时的放射性同位素和密封放射源全部从国外进口。1958 年，我国第一座核反应堆投入运行，第一台回旋加速器建成，并研制生产如 ^{24}Na、^{32}P 和 ^{60}Co 等 33 个品种放射性同位素，为我国放射性同位素的生产和推广应用创造了良好的起步条件。

在 20 世纪 60 年代和 70 年代是核技术的应用研究开发时期。这一期间我国放射性同位素新产品的研制及其在农业、工业、医疗及科学研究等领域的应用有了不同程度的发展；同位素医用研究全面铺开，全国几乎所有的省（市）级医院都开展了应用放射性同位素和射线装置进行诊断和治疗；核技术应用在农业领域进展显著；在工业领域，放射性同位素示踪与放射性同位素工业仪表推广到石油、冶金、化工等部门，并收到成效。

20 世纪 80 年代以来，中国核技术应用进入了一个以工业和医学应用为重点的全面发展时期。各种类型的放射性同位素的生产不断发展，放射性同位素与辐射技术（同辐技术）的应用遍及农业、医学和石油、煤炭、地质、冶金、水利、建材、机械、化工、造纸等部门，以及物理、化学、考古、环保等领域。料位仪、测厚仪、中子水分仪、核子秤、集装箱检测系统等核仪器产量不断提高，并在工矿企业中逐步推广应用，步入了产业化进程。辐射加工、同位素仪表等开始形成了产业。到 20 世纪 90 年代，在“改革开放”“科教兴国”与可持续发展战略方针指导下，我国同位素与辐射技术在产业化发展方面取得了突出的进步与明显的成绩。各类射线装置正在逐步实现自主生产，工业辐照加速器已经形成一定的产业化规模，国产医用加速器也正在逐步推向市场，钴源生产不仅已实现国产化，并且还实现出口。首台国产重离子癌症治疗示范装置投入临床应用，全球首台全景动态 PET/CT 成像系统正式进入临床验证，多款放射性药物研发取得重大进展，电子束处理“三废”实现产业化应用，辐照保鲜项目助力脱贫攻坚。特别是在新冠疫情期间，借助辐射消毒灭菌的时效性，保障了抗疫人员防护用品的有效供给。随着“一带一路”建设，我国海关安检成套设备、工业辐照用电子加速器、钴-60 辐照集成装置等核技术应用相关产品已远销海外。保守估计，我国核技术应用产值，从 2015 年的 3 000 亿元（约占 GDP 的 4.0‰），到 2022 年年底已接近 7 000 亿元（约占 GDP 的 5.7‰）。其中，工业应用产值占比超过 50%，医用核技术产值占比约为 20%。预计 2025 年我国核技术应用产值可达万亿市场规模。但是，我国核技术应用产业也存在明显短板，如产业发展缺乏顶层设计和统筹规划、高端核探测器基本依赖进口、核分析技术产业服务方式需要创新、医用同位素对外依存度大等，需要不断创新发展，做大做强核技术应用产业。

为保障我国医用同位素技术健康发展，2021 年 6 月 24 日国家原子能机构联合科学技术部、公安部、生态环境部、交通运输部、国家卫生健康委员会、国家医疗保障局、国家药品监督管理局等七部委正式发布了《医用同位素中长期发展规划（2021—2035 年）》，这是我国首个针对核技术在医疗卫生应用领域发布的纲领性文件，对提升医用同位素相关产业能力水平、逐步建立稳定自主的医用同位素供应保障体系、保障健康中国战略实施具有重要意义。

截至 2022 年年底，全国从事生产、销售、使用放射性同位素和射线装置的单位共 104 603 家，其中，生产、销售、使用放射性同位素的单位 9 656 家，仅生产、销售、使用射线装置的单位共有 94 947 家。在用放射源 164 028 枚（其中 Ⅰ 类放射源 15 746 枚，Ⅱ类放射源 18 051 枚，Ⅲ类放射源 1 654 枚，其他放射源 128 577 枚），各类射线装置 266 921 台。

核技术利用作为核领域的轻工业，应用面会大大超过核能发电，目前全球产业化规模每年达到万亿美元以上。未来，核技术将会更加广泛、深入地应用于医疗、工业、农业、地质调查、科学研究和教学等领域。同时，随着核技术与其他技术、产业及经济社会各领域深度交叉融合发展，核技术利用将给人们生活创造更多美好的改变，进一步造福人类。

第七章 辐射防护基础

引　言

随着核能和核技术应用的发展，它给人类带来巨大的收益，也带动了社会的发展。同时，放射性及由此产生的各种辐射成为人们关注的一个问题，在使用不当以及失去控制时，会对人体健康造成一定程度的影响，甚至危害生命。因此，对涉及辐射照射的人类活动，应实施必要的控制，对辐射防护与安全进行有效的管理。国际上最早研究对辐射安全进行管理控制的机构是1928年在第二届国际放射学大会上成立的国际X射线与镭委员会(IXRP)，1950年后改称为国际放射防护委员会。国际放射防护委员会自成立以来，提出了一系列电离辐射防护标准方面的建议书：2007年发表了第103号出版物（ICRP 103），ICRP 103整合近年来的科学资料，更新了相关量的数值，对辐射防护体系转向以三类照射特征情况为基础；2012年发表了第118号出版物，该出版物从背景介绍、组织/器官的辐射反应、正常组织反应的修饰和组织/器官与辐射敏感性相关的剂量阈值等四个部分详细阐述了辐射的组织反应和剂量阈值。

我国正在执行的《电离辐射防护与辐射源安全基本标准》（GB 18871—2002）是以1996年IAEA发布的《电离辐射防护与辐射源安全基本标准》和ICRP第60号出版物为基础，并结合我国相关的实践经验和具体情况而制定的。该标准以人的健康与安全保护为宗旨，其范围覆盖了当前辐射防护与辐射源安全的所有领域，对于全面加强我国辐射防护与辐射源安全工作，更好地保护工作人员和公众的健康与安全，保护环境，促进我国核能和核技术应用事业的可持续发展，具有十分重要的积极意义。

本章以《电离辐射防护与辐射源安全基本标准》（GB 18871—2002）为依据，介绍了辐射防护与剂量学的基础知识及基本理论、常用辐射量及其单位、辐射效应及对工作人员和公众的防护、辐射标准及其评价等内容。至于辐射防护屏蔽设计与计算、辐射防护监测、微剂量学、辐射安全管理、放射性物质运输与贮存以及放射性“三废”的处置等在其他章节介绍。

第一节　辐射防护的目的与任务

必须了解辐射防护的基本内容，并了解我们的工作目的和任务，以便使辐射防护工作达到预期目标，使其更好地为人们服务。

一、辐射防护的提出

已有的科学实践证明，电离辐射对人体有损伤和刺激作用，过量的辐射照射会对人体造成危害。由于早期的历史条件和技术水平较落后，人们在研究、应用核能和电离辐射技术的实践中付出了一定的代价。随着人们关于辐射对人体危害性认识的深化和相关技术的迅速发展，辐射防护与安全的研究和措施得到了很大的发展与加强；同时专门从事辐射防护与安全研究的部门以及有关的国际机构也相应建立，并在这一学科的许多领域中取得了较大的进展。国内外经验表明，凡从事核能与核技术利用，尤其是从事电离辐射研究的单位或项目，必须重视由此而带来的辐射防护与安全问题。做好辐射防护与安全工作，是核能、核技术得到广泛应用和发展的有力保障，这就是“用”和“防”的辩证统一。

“辐射防护与环境保护”是一级学科“核科学与技术”下的一门二级学科，它构成了核科学与技术领域中一个重要分支。辐射防护是专门研究防止电离辐射对人体危害的综合性边缘学科，与许多学科领域存在交叉。其主要内容涉及的学科有：原子核物理学、核化学与放射化学、辐射剂量学、核辐射探测技术、核电子学、放射生物学、放射卫生学、放射生态学和辐射评价学等。它内容极为丰富，至今在理论上或在应用上仍处在发展和深化阶段，有许多新课题尚待研究和解决。

二、辐射防护的目的与任务

辐射防护的基本任务是：既要保护从事放射工作者本人和后代以及广大公众乃至全人类的安全，保护好环境，又要允许进行那些可能会产生辐射的必要实践，以造福于人类。

辐射防护的目的是防止有害的确定性效应，并限制随机性效应的发生概率，使它们达到被认为可以接受的水平。也就是说，要将人工辐射源对人造成的健康危害或风险限制在社会可接受的水平以下，即在不过分限制会产生或增加辐射照射的有益的人类活动的基础上，根据辐射防护的最优化原则，为人们提供必要和适当的防护，充分理解并运用辐射效应中随机性效应与确定性效应的特点，杜绝发生使人们所受到的剂量超过确定性效应的阈值，减少随机性效应的发生率，以最大限度地保证人们的辐射安全。

第二节 辐射源种类、来源与水平

人体受到照射的辐射源有两大类，即天然辐射源和人工辐射源。在国际 GB 18871—2002 中，（辐射）源定义为：可以通过发射电离辐射或释放放射性物质而引起辐射照射的一切物质或实体。源的此定义表明：天然源与人工源一样，其辐射照射应被纳入管理与控制范围。

地球上的生命体（包括人类）从诞生至今的各个历史阶段中，每时每刻都受到宇宙射线和地球环境中原始存在的放射性物质的照射，这种天然放射性是客观存在，通常称为天然辐射源照射。天然辐射源照射是迄今人类受到电离辐射照射的最主要来源。

另外，近半个世纪以来，因医疗照射及核能和核技术的开发与应用，核动力生产、核试验等，产生了不少新的放射性物质和辐射照射。这类辐射照射称为人工辐射源照射。

天然辐射源和人工辐射源对人类及环境分别产生怎么样的照射量，是人们普遍关心的问题。

一、天然辐射源

天然辐射源按其起因分为三类：①宇宙射线，即来自宇宙空间的高能粒子流，其中有质子、α 粒子、中子、其他重粒子、电子、光子、介子等；②宇生核素，它们主要是由宇宙射线与大气中的原子核相互作用产生的，如 ^{3}H、^{14}C、^{7}Be 等；③原生核素，存在于地壳中的天然放射性核素。天然辐射源照射的世界平均辐射剂量值见表 7-1。

表 7-1　天然辐射源照射的世界平均辐射剂量值

辐射源			年有效剂量/mSv	
			平均值	典型范围值
外照射	宇宙射线	直接电离辐射和光子	0.28（0.30）[a]	
		中子成分	0.10（0.08）	
	宇生核素		0.01（0.01）	
	宇宙射线与宇生核素小计		0.39	0.3～1.0[b]
	陆地外照射	室外	0.07（0.07）	
		室内	0.41（0.39）	
	陆地外照射小计		0.48	0.3～0.6[c]
	合计		0.87	0.6～1.6
内照射	吸入内照射	铀、钍系列	0.006（0.01）	
		氡（^{222}Rn）	1.15（1.2）	
		钍（^{220}Rn）	0.10（0.07）	
内照射	吸入内照射小计		1.26	0.2～1.0[d]
	食入内照射	^{40}K	0.17	
		铀和钍系	0.12（0.06）	
	食入内照射小计		0.29	0.2～0.8[e]
	合计		1.55	0.4～1.8
总计			2.4	1～10

a 括号内是联合国原子辐射效应科学委员会（UNSCEAR）1993 年给出的估计值。

b 从海平面到高海拔地区的整个范围。

c 与土壤和建材中放射性核素的组成有关。

d 与氡气在室内的积累有关。

e 与食品和饮水中放射性核素的组成有关。

当前世界范围平均年有效剂量约为 2.4 mSv，在引起内照射的各种辐射源中，^{222}Rn 的短寿命子体最为重要，由它们造成的有效剂量约为所有内照射辐射源贡献的 70%。外照射中宇宙射线的贡献略低于原生核素。在年有效剂量中 ^{238}U 起着重要作用，约占全部天然本底照射水平的 48%。在任何一个大的群体中，约 65%的人预期平均年有效剂量在 1～3 mSv，约 25%的人预期平均年有效剂量小于 1 mSv，而其余 10%的人预期平均年有效剂量大于 3 mSv。个人剂量变化范围很大。

我们可以认为：自古以来天然辐射无处不在，人类就无时无刻地不受到天然辐射的照射。人们所受天然辐射照射的大小是与人类生活的地点和方式相关的。因此，人们所受天然辐射照射的大小也是随时间、地点和社会发展情况而变化的。

表 7-2 列出了我国公众所受天然辐射照射的平均年有效剂量。由该表可以看出：我国公众现在所受天然辐射照射平均年有效剂量约为 3.1 mSv，高于同期世界平均值 2.4 mSv。与以前（20 世纪 90 年代初）估算值 2.3 mSv 存在差异，主要原因是：①表 7-2 中所列现在氡及其短寿命子体的数据比 20 世纪 90 年代初的估算值高约 70%。②以前估算值中其他放射性核素产生的剂量，采用的是 UNSCEAR 报告中的世界典型值，现在的估算值是采用了我国的研究结果。即用每年 315 μSv 取代了以前每年 170 μSv 的数值。③采用了 UNSCEAR 2000 年报告中的中子有效剂量每年 100 μSv，取代了以前每年 57 μSv 的数值。表 7-2 中所列数据基本上反映了 20 世纪 90 年代初之后我国有关天然辐射水平的研究成果。

表 7-2 我国公众所受天然辐射照射的平均年有效剂量 单位：μSv

射线源			我国		世界
			现在	20 世纪 90 年代初	
外照射	宇宙射线	电离成分	260	260	280
		中子	100	57	100
	陆地 γ 辐射		540	540	480
内照射	氡及其短寿命子体		1 560	916	1 150
	钍射气及其短寿命子体		185	185	100
	^{40}K		170	170	170
	其他核素		315	170	120
总计			～3 100	～2 300	2 400

在人类生存环境中，由于原生核素的存在，在食品中也含有相当数量的天然放射性核素。空气、水、食品中都含有放射性物质，因此一个参考人（由 ICRP 提出的、用于辐射防护评价目的的一种假设的成年人模型，其解剖学和生理学特征并不是实际的某一人群组的平均值，而是经过选择，作为评价内照射剂量的，具有统一的解剖学和生理学基础的人体模型）每天会食入一定量的放射性物质，以 ^{40}K 最多，每天食入 59.2～88.8 Bq。

世界上个别地区，地表放射性物质含量较高，因此这些地区的本底辐射水平明显高于正常本底地区，这类地区通常称为高本底地区。潘自强等编著的《中国辐射水平》一书中，列出了部分高本底地区的辐射水平见表 7-3。从剂量学观点而言，最有名的高本底地区位于印度的喀拉拉邦和巴西的大西洋沿岸。

表 7-3 部分高本底地区的辐射水平

国家	地区	区域特征	人口/人	空气吸收剂量率/（nGy/h）
巴西	瓜拉帕里	独居石砂	73 000	90～170（街道） 90～90 000（海滩） 110～1 300（整个地区） 平均 340
	Mineas Gerais and Goias Pocos de Caldas Araxa	沿海地区，火山侵入岩石	350	平均 2 800
印度	喀拉拉和马德拉斯	独居石砂	1 000 000	200～4 000 平均 1 800
伊朗	拉姆萨尔	泉水	2 000	70～17 000
中国	广东阳江某区域	独居石微粒	80 000	平均 370
意大利	奥维多城	火山土壤	21 000	平均 560

注：表中数据来源于联合国原子能辐射效应科学委员会（UNSCEAR）2000 年向联合国大会提交的报告及科学附件，该空气吸收剂量率包括宇宙辐射和陆地辐射。

天然辐射源所引起的全球居民的年集体有效剂量的近似值为 10^7 人·Sv。

天然本底照射的特点是它涉及世界的全部居民，并以比较恒定的剂量率为人类所接受。所以可将天然辐射源的照射水平作为基准，用以与各种人工辐射源的照射水平相比。

二、人工辐射源

一些人类活动、实践和涉及辐射源的事件已导致放射性物质向环境释放并使人们受到辐射照射。当今世界使人类受到照射的主要人工辐射源是：医疗照射、核试验、核能生产以及核技术利用。

1. 医疗照射

当今，世界人口受到的人工辐射源的照射中，医疗照射居于首位，因为近一百多年来，电离辐射在医学领域的应用与日俱增，它已成为诊断和治疗的重要手段。医疗照射来源于 X 射线诊断检查，体内引入放射性核素的核医学诊断以及放射治疗过程。

随着医疗事业的发展，接受医疗照射的人数越来越多。据统计，在发达国家接受 X 射线检查的频率每年每 1 000 居民为 300～900 人次，在发展中国家接受 X 射线检查的频率约为发达国家的 10%。病人个人诊断照射产生的剂量是相当低的，有效剂量介于 0.1～10 mSv，其原则是只要达到取得所需足够诊断信息即可。相反，治疗是采用很高的剂量，精确地照射肿瘤部位（处方的典型剂量介于 20～60 Gy），以便消除疾病或者减缓症状。表 7-4 列出了全世界医用 X 射线检查的频率、有效剂量和集体剂量（1991—1996 年）。全世界医疗照射所致的年集体有效剂量约为天然辐射源产生的年集体有效剂量的 1/5。与此相应的世界居民的年人均有效剂量约为 0.4 mSv。

表 7-4　全世界医用 X 射线检查的频率、有效剂量和集体剂量（1991—1996 年）

检查	每 1 000 人检查次数	每次检查的有效剂量/mSv	年集体有效剂量/人・Sv
胸部 X 射线摄影	87	0.14	71 200
胸部 X 射线透视	37	1.1	234 700
腰椎	15	1.8	159 000
胸椎	4.1	1.4	33 400
上胃肠道	13	3.7	274 000
下胃肠道	3.4	6.4	127 000
CT	16	8.6	785 000
血管造影	2.1	12	143 000
介入治疗	0.84	20	98 000
总计	178		1 925 300

2．核试验

大气层核试验是环境中人工辐射源对全球公众产生照射的最主要原因。大气层核爆炸后，裂变产物、剩余的裂变物质和结构材料在高温火球中迅速气化，近地面大气层爆炸时，火球中还夹带着大量被破碎分散的土壤和岩石颗粒，火球迅速上升扩展，其中的气态物质冷凝成分散度各不相同的气溶胶颗粒，这些颗粒具有很高的放射性比活度。核试验在大气中形成的人工放射性物质最初大多进入大气层的平流层，然后从大气层的平流层缓慢地向下部转移，最终降落到地面，称为落下灰。当落下灰的各种放射性核素存在于地面空气时，可通过吸入而引起内照射，当其沉降于植物上或土壤中时，则可通过外照射和食入引起内照射。

核试验始于 1945 年，1954—1958 年和 1961—1962 年曾在大气中进行过大量的核试验，最后一次是在 1980 年 10 月，这期间共进行了 543 次大气层中的核试验，共 440 Mt 当量。地下核试验所造成环境的污染较小，但到 1998 年仍在进行地下核试验，地下核试验共进行了 1 876 次，共 90 Mt 当量。封闭较好的地下核爆炸对参试人员及公众造成的剂量或剂量负担都很小，但偶然情况下，泄漏和气体扩散会使放射性物质从地下泄出，造成局部范围的污染。美国内华达试验场进行了 500 多次地下核试验，其中 32 次发生了泄漏，共向大气释放了 5×10^{15} Bq 的 ^{131}I，对周围公众造成的集体有效剂量约为 50 人・Sv。全球地下核试验中释出的 ^{131}I 造成的集体有效剂量估计为 150 人 • Sv。

虽然核试验可以产生几百种放射性核素，但其中多数不是产量很少就是在很短时间内已全部衰变，对全球居民的有效剂量贡献大于 1%的只有 7 种，按对人体照射水平的递减顺序，它们是：^{14}C、^{137}Cs、^{95}Zr、^{90}Sr、^{106}Ru、^{144}Ce 和 ^{3}H。但从 1965 年起 ^{137}Cs 和 ^{90}Sr 是剩余累积沉积中主要的核素。落下灰对居民的照射水平，因居住地所处的纬度而异，一般南半球居民受到的照射要比北半球低。核试验对居民照射的主要途径是食入，其次是外照射。目前，大气核爆炸造成的人均年剂量低于天然辐射源所致平均年剂量的 1%。

3. 核能生产

用反应堆生产电能是以核燃料循环为先决条件的。核燃料循环包括：铀矿开采和水冶，转变成不同化学形态；^{235}U 同位素富集；燃料元件制造；通过核反应产生能量；乏燃料的贮存和后处理；乏燃料中易裂变和有用物质的循环利用和回收；核燃料循环不同阶段、不同设施之间放射性物质的运输；最后还要对放射性废物进行处置。其中铀矿开采过程中产生的废矿石、尾矿石以及废水数量甚大，会对环境造成一定影响。虽然核动力生产中产生的所有人工放射性核素几乎都存留在受照过的核燃料中，但上述循环的每一环节都有少量放射性物质被释放入环境。其中大多数放射性核素的半衰期较短，在环境中的迁移速率较低，因此释放到环境中的放射性物质多半只在局部或本地区产生影响，当然也有一些半衰期很长或在环境中弥散较快的放射性核素可分布到全球，从而在世界范围内使人类和环境受到照射和污染。

毋庸讳言，核电生产和其他能源一样，也存在环境问题，除占用土地、一般污染物排放等问题外，放射性流出物排放对人类健康可能造成的影响是公众最为关注的问题。具体来说，它包括核电厂在正常运行和事故情况下放射性核素的排放以及放射性废物最终处置的潜在环境污染问题。

4. 核技术利用

随着核技术应用的发展，核技术利用产生的人工辐射源比重在日益上升。目前，可以利用的放射性核素有 100 多种，制成的放射源种类在 1 500 种以上。放射性同位素的生产及其在工业、医疗、研究等部门日益广泛的应用和废物处置，也对公众造成一定剂量的照射。国内外发生过多次工业和医用密封源丢失事故，对公众造成相当大的外照射剂量，甚至发生放射病导致死亡，破碎的辐射源还造成一定范围的环境污染。射线装置作为另一类人工辐射源，在工业、医疗、农业、教学及科研等领域的应用日益广泛。射线装置主要包括 X 射线机和粒子加速器。前者主要产生能量较低的 X 射线，后者除产生 X 射线外，更主要的是产生其他各种能量较高的粒子。

表 7-5 为 2000 年天然辐射源和人工辐射源所致年均个人有效剂量，为了对辐射照射水平有一个完整了解，在此表中还列入了职业照射等非环境辐射所致的照射水平。

表 7-5　2000 年天然辐射源和人工辐射源所致年均个人有效剂量

辐射源	世界范围个人年均有效剂量/mSv	照射的范围和趋势
天然本底	2.4	典型范围为 1～10 mSv，这与具体地点的环境有关，也有相当多的人口所受剂量达 10～20 mSv
医学检查	0.4	范围在 0.04 mSv（最低健康医疗水平）和 1.0 mSv（最高健康医疗水平）之间
大气核试验	0.005	已从 1963 年最大的 0.15 mSv 逐渐降低，北半球相对较高，南半球相对较低
切尔诺贝利事故	0.002	已从 1986 年最大的 0.04 mSv（北半球的平均值）逐渐降低，事故现场附近较高
核能生产	0.000 2	随着核能计划的发展而增加，但又随着技术的完善而降低
职业照射	0.6	包括核燃料循环、辐射工业应用、国防活动、辐射医学应用、教育等的均值

人类除受到上述四种主要人工辐射源的照射外，还受到由于工业技术利用和工业技术发展所形成天然放射性水平（如燃煤发电、磷肥生产造成的环境放射性污染），空中旅行、宇宙航行导致额外的宇宙射线照射等，以及各种消费品（如夜光钟、表，含铀、钍的制品，某些电子、电气器件等）的人工辐射源的照射。不过，这些人工辐射源所致的全球居民集体有效剂量负担与天然辐射源相比一般都很小，总计不过天然辐射源的 1%。

表 7-6 为 50 年连续照射或 1945—1992 年发生的事件所致全球人口的集体有效剂量。从表中可见，在全球人口集体剂量估算值中，天然辐射源所占的份额最大；在人工辐射源所致公众照射的集体剂量估算值中，则以大气层核试验所占的份额最大。

表 7-6　50 年连续照射或 1945—1992 年发生的事件所致全球人口的集体有效剂量

来源		剂量估算的基础	集体有效剂量/10^6 人・Sv
天然辐射源		以现在的照射速率持续 50 年	650
医疗照射	诊断	以现在的照射速率持续 50 年	90
	治疗		75
大气核武器试验		已终止的实践	30
核能		迄今为止的总实践	0.4
		以现在的照射速率持续 50 年	2
严重事故		到现在为止已发生的事件	0.6
职业照射	医疗	以现在的照射速率持续 50 年	0.05
	核能		0.12
	工业应用		0.03
	国防活动		0.01
	非铀采矿		0.4
	合计（所有职业）		0.6

注：表中数据来源于联合国原子能辐射效应科学委员会（UNSCEAR）1993 年向联合国大会提交的报告。

第三节 辐射照射的分类

为了更好地处理辐射防护总的政策问题，针对不同的照射情况，建立相应的辐射防护体系，在《电离辐射防护与辐射源安全基本标准》（GB 18871—2002）中对各种照射作了明确定义。

照射是指受照的行为或状态。根据不同的行为或状态，照射的分类方法就有好几种。照射可以是外照射（体外源的照射），也可以是内照射（体内源的照射）。照射可以分为正常照射和潜在照射，也可以分为职业照射、公众照射和医疗照射。在干预情况下，还可以分为应急照射和持续照射。

一、职业照射

职业照射是指工作人员在其工作过程中受的所有照射。

这里有两种情况要排除在外：一是除了国家有关法规和标准所排除的照射；二是根据国家有关法规和标准予以豁免的实践或辐射源所产生的照射。

通常情况下应将天然辐射源照射视为一种持续照射，但是喷气飞机飞行过程中机组人员所受的天然辐射源照射，列入工作人员的职业照射。

应把辐射工作场所分为控制区和监督区，以便于辐射防护管理和职业照射控制。还要做好内照射和外照射的控制，使职业照射能够实现可合理达到的尽可能低的水平。

控制区：需要和可能需要专门防护手段和安全措施的区域，以便控制正常工作条件下的正常照射或防止污染扩散，并预防潜在照射或限制潜在照射的范围。

监督区：是未被定为控制区，通常不需要专门防护手段或安全措施，但需经常对职业照射条件进行监督和评价的区域。

用人单位必须为每一位工作人员都保存职业照射记录，应包括：涉及职业照射工作的一般资料；达到或超过有关记录水平的剂量和摄入量等资料，以及剂量评价所依据的数据资料；对于调换过工作单位的工作人员，其在各单位工作的时间和所接受的剂量和摄入量等资料；因应急干预或事故所受到的剂量和摄入量等记录，这种记录应附有关的调查报告，并应与正常工作期间所受到的剂量和摄入量区分开。

二、公众照射

公众照射是指公众成员所受的辐射源的照射。

这里指的照射，包括获准的辐射源和实践所产生的照射和在干预情况下受到的照射，但不包括职业照射、医疗照射和当地正常天然本底辐射的照射。所以，也有两类照射是被排除在外的：除非这种照射是被排除的或引起这种照射的实践或辐射源是被豁免的。对于未排除的天然辐射源照射或未被豁免的天然辐射源照射，除氡所致的照射低于审管部门所制定的持续照射行动水平（将在下一条中叙述）的情况以外，天然辐射源的实践所产生的流出物的排放或放射性废物的处置所引起的公众照射，仍应遵循国家标准的有关规定。

为了更好地保护环境、保护公众免受意外照射，国家对放射性物质向环境排放作了严格规定。

对参观访问人员的控制作了专门规定，除了放射工作人员外的一般公众，当他们前来参观访问时，有如下规定：确保进入控制区的参观访问人员有了解该区域防护与安全措施的工作人员陪同；在参观访问人员进入控制区前，向他们提供足够的信息和指导，以确保他们和可能受他们的行动影响的其他人员的防护；在监督区设置醒目的标志，并采取其他必要的措施，确保对来访者进入监督区实施适当的控制。

对于含有放射性物质的消费品，除下列三种情况外，任何人均不得向公众出售能够引起辐射照射的消费品：所引起的照射是被排除的；消费品中的放射性含量是被豁免的；该消费品已经审管部门批准可以销售的。

三、医疗照射

医疗照射是指患者（包括不一定患病的受检者）因自身医学诊断或治疗所受的照射、知情但自愿帮助和安慰患者的人员（不包括施行诊断或治疗的执业医师和医技人员）所受的照射，以及生物医学研究计划中的志愿者所受的照射。

在进行医疗照射时，必须认真实施医疗照射的辐射防护体系基本原则。

1. 医疗照射的正当性判断

在考虑了可供采用的不涉及医疗照射的替代方法的利益和危险之后，仅当通过权衡利弊，证明医疗照射给受照个人或社会所带来的利益大于可能引起的辐射危害时，该医疗照射才是正当的。

对复杂的诊断与治疗，应注意逐例进行正当性判断。对诊断检查和群体检查都必须进行正当性判断。对与临床指征无关的放射学检查和医学研究中志愿者的照射都必须进行控制。

2. 医疗照射的防护与安全最优化

在进行医疗照射时，应使防护与安全最优化，使得在考虑了经济和社会因素之后，个人受照剂量的大小、受照的人数以及受照射的可能性均保持在可合理达到的尽量低的水平。

同时，对医疗设备、操作以及医疗照射的质量保证都制定了严格要求。

3. 医疗照射的指导水平与剂量约束

对于常用的诊断性医疗照射，应通过广泛的质量调查数据推导，并根据规定，由相应的专业机构与审管部门制定医疗照射的指导水平，并根据技术的进步不断对其进行修订，供有关执业医师作为指导使用。

医学研究中志愿者所受的医疗照射不能给受照个人带来直接利益，审管部门应对这类人员的防护最优化规定相应的剂量约束。

四、潜在照射

潜在照射是指有一定把握预期不会受到但可能会因辐射源的事故或某种具有偶然性质的事件或事件序列（包括设备故障和操作错误）所引起的照射。所以，从实质上来说，对潜在照射的控制，就是对辐射源安全性的控制。

应对个人所受到的潜在照射危险加以限制，使来自各项获准实践的所有潜在照射所致的个人危险与正常照射剂量限值所相应的健康危险处于同一数量级水平。

除医疗照射外，对于来自一项实践中任一特定辐射源的照射，其剂量约束和潜在照射危险约束应不大于审管部门对这类辐射源规定或认可的值，并不能大于可能导致的超剂量限值和潜在照射危险限值。

对任何可能向环境释放放射性物质的辐射源，剂量约束还应确保对该辐射源历年释放的累积效应加以限制，使得在考虑了所有其他有关实践和辐射源可能造成的释放累积和照射之后，任何公众成员（包括其后代）在任何一年里所受到的有效剂量均不超过相应的剂量限值。

应使辐射源始终处于受保护状态，防止被盗和损坏，并防止任何人未经批准进行辐射实践；并保证将辐射源的失控、丢失、被盗或失踪的信息立即通知审管部门；对可移动的辐射源应定期进行盘存，确认它们处于指定位置并有可靠的保安措施。

应对辐射源的使用与其潜在照射的大小和可能性采取相适应的多层防护与安全措施（纵深防护），以确保当某一层次的防御措施失效时，可由下一层次的防御措施予以弥补或纠正，以达到以下目的：防止可能引起照射的事故；减轻可能发生的任何这类事故的后果；在任何这类事故之后，将辐射源恢复到安全状态。

实践中辐射源的选址、设计、建造、安装、调试、运行、维修和退役，均应以行之有效的工程实践为基础，而这些工程实践应符合法规、标准和有关文件的规定等。

应在不同阶段（包括选址、设计、制造、建造、安装、调试、运行、维修和退役）对实践中辐射源的防护与安全措施进行安全评价，并对所需要的参数进行验证与监测。

对设计、运行操作和质量保证等都需分别制定严格要求。

第四节 电离辐射的生物效应

各种辐射照射对人类的健康危害是在人类不断利用各种电离辐射源的过程中被认识的。人类应该在最大限度利用电离辐射源和核能的同时加强辐射防护，尽量避免和减少电离辐射可能引起的对人类的健康危害。

一、辐射损伤机理

辐射与人体相互作用会导致某些特有生物效应。效应的性质和程度主要取决于人体组织吸收的辐射能量。从生物体吸收辐射能量到生物效应的发生，乃至机体损伤或死亡，要经历许多不同性质的变化，包括机体组织、器官、系统及其相互关系的变化，过程十分复杂，其演变过程如图 7-1 所示。

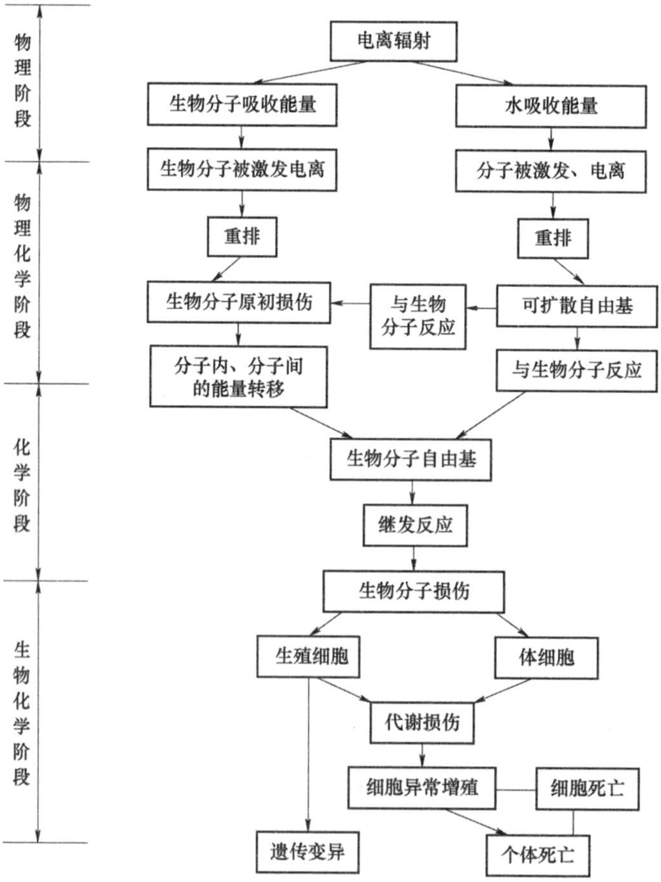

图 7-1　辐射生物效应的演变过程

人类接受辐射照射后出现的健康危害来源于各类射线通过电离作用引起组织细胞中原子及由原子构成的分子的变化，这些变化也是原子激发的结果。有证据表明，辐射诱发细胞死亡、突变及恶性突变的部位是在细胞核内，而脱氧核糖核酸（DNA）是主要靶。电离和激发主要通过对DNA分子的作用使细胞受到损伤，进而导致各种健康危害。

一般认为损伤的发生、发展是按一定的阶梯顺序进行的，即经过照射，能量吸收，分子的电离和激发，分子结构的改变，生理、生化代谢改变，细胞、组织、器官损伤，机体死亡等过程。在这些过程中，也可能由于某些原因，机体得到修复。放射损伤的阶梯式过程可以划分为原发作用和继发作用两个阶段，两者之间没有确切的分界线。机体受到射线照射，吸收了射线的能量，其分子或原子（如蛋白质、核酸等生物大分子及水等）发生电离和激发，生物基质的电离和激发引起了生物分子结构和性质的变化，由分子水平的损伤进一步造成了细胞水平、器官水平和整体水平的损伤，出现了相应的生化代谢紊乱，并由此产生一系列临床症状。所以，生物基质的电离和激发是辐射生物效应的基础。

二、影响辐射效应的主要因素

影响辐射生物学作用的因素很多，基本上可归纳为两个方面：一是与辐射有关的，称为物理因素；二是与机体有关的，称为生物因素。

1．物理因素

物理因素主要是指辐射类型、辐射能量、吸收剂量、剂量率以及照射方式等。这里首先讨论辐射类型、剂量率、照射部位和面积以及照射的几何条件等对辐射生物学作用的影响。

1）辐射类型

不同类型的辐射对机体引起的生物效应不同，这种不同主要取决于辐射的电离密度和穿透能力。例如，α射线的电离密度大，但穿透能力很弱，因此在外照射时，α射线对机体的损伤作用很小，然而在内照射情况下，它对机体的损伤作用则很大。在其他条件相同的情况下，就α射线、β射线、γ射线引起的辐射危害程度来说，外照射时γ射线＞β射线＞α射线，而内照射时α射线＞β射线＞γ射线。

2）剂量率及分次照射

通常，在吸收剂量相同情况下，剂量率越大，生物效应越显著。同时，生物效应还与给予剂量的分次情况有关。一次大剂量急性照射与相同剂量下分次慢性照射产生的生物效应是迥然不同的。分次越多，各次照射间隔时间越长，生物效应就越小。

3）照射部位和面积

一方面，辐射损伤与受照部位及受照面积密切相关，这是因为与各部位对应的器官对辐射的敏感性不同；另一方面，不同器官受损伤后对整个人体带来的影响也不尽相同。例如，全身受到射线照射时可能发生重度的骨髓型急性放射病；而以同样剂量照射人体的某些局部部位，可能不会出现明显的临床症状。照射剂量相同，受照面积越大，产生的效应也越严重。

4）照射的几何条件

外照射情况下，人体内的剂量分布受到入射辐射的角分布、空间分布以及辐射能谱的影响，并且还与人体受照时的姿势及其在辐射场内的取向有关。因此，不同的照射条件所造成的生物效应往往会有很大的差别。

除以上所述，内照射情况下的生物效应还取决于：进入体内的放射性核素的种类、数量，它们的理化性质，在体内沉积的部位以及在相关部位滞留的时间。

2．生物因素

影响辐射效应严重程度的因素，来自机体方面的也很多，最核心的问题是不同的种属、细胞、组织和器官对辐射有着不同的辐射敏感性。辐射生物学研究表明，当照射的各种物理因素相同时，不同的细胞、组织、器官或个体对辐射的反应有着很大差异，这是因为不同的细胞、组织、器官或个体对辐射的敏感程度是不同的。这里，把在照射条件完全一致情况下，细胞、组织、器官或个体对辐射作用反应的强弱或其迅速程度，称为所论细胞、组织、器官或个体的辐射敏感性。在辐射生物学的研究中，辐射敏感性的判断指标多用研究对象的死亡率表示，有时也用所研究的对象在形态、功能或遗传学方面的改变程度来表示。

1）不同生物种系的辐射敏感性

表 7-7 列出了不同种系的生物死亡 50%所需的 X 射线、γ 射线的吸收剂量值。由表可知，种系的演化程度越高，机体结构越复杂，其对辐射的敏感性越高。

表 7-7　不同种系的生物死亡 50%所需的 X 射线、γ 射线的吸收剂量值

生物种系	人	猴	大鼠	鸡	龟	大肠杆菌	病毒
吸收剂量值 LD_{50}/Gy	4.0	6.0	7.0	7.15	15.00	56.00	2×10^4

2）个体不同发育阶段的辐射敏感性

一般而言，随着个体发育过程的推进，其对辐射的敏感性会逐渐降低。图 7-2 为人胚胎发育的不同阶段，个体对辐射敏感性的变化。由图可知，在胚胎发育的不同阶段，其辐射敏感性表现的特点也有所不同。表 7-8 列出了胚胎在子宫内受照后可能发生的畸形。个体出生后，幼年的辐射敏感性要比成年时高，但是，老年时由于机体各种功能的衰退，其对辐射的耐受力则又明显低于成年期。

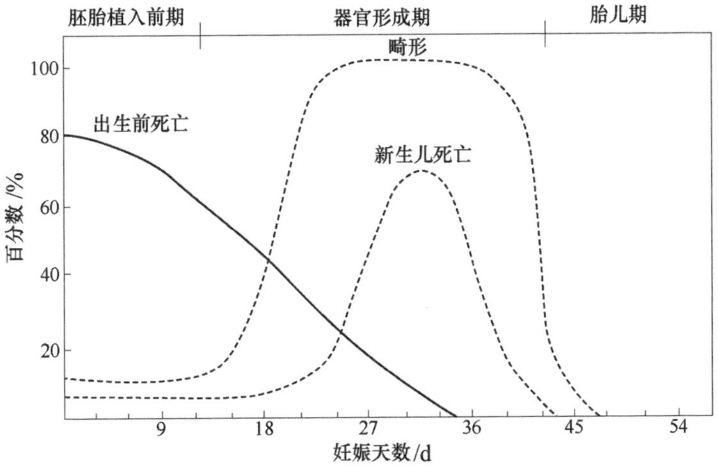

图 7-2 人胚胎发育的不同阶段，个体对辐射敏感性的变化

表 7-8 胚胎在子宫内受照后可能发生的畸形

受照时间（妊娠周数）	0～4	4～11	11～16	16～20	>30
畸形类型	流产 很少畸形	多数系统 严重畸形	小头症、智力异常、生长延迟	很少有小头症和智力低下等	很少有严重的解剖学缺陷，可能有功能障碍

3）不同细胞、组织或器官的辐射敏感性

辐射对细胞的作用，根据受照剂量的大小和细胞增殖能力的有无，可以概括为两种作用：一是对细胞的杀伤作用；二是对细胞的诱变作用。一般地，人体内繁殖能力越强，代谢越活跃，分化程度越低的细胞对辐射越敏感。由于细胞具有不同的辐射敏感性，所以，不同组织也具有不同的敏感性。若以照射后组织的形态变化作为敏感程度的指标，则人体的组成按辐射敏感性的高低大致可分为：①高度敏感：淋巴组织（淋巴细胞和幼稚淋巴细胞）、胸腺（胸腺细胞）、骨髓（幼稚红细胞、粒细胞和巨核细胞）、胃肠上皮（特别是小肠隐窝上皮细胞）、性腺（睾丸和卵巢的生殖细胞）、胚胎组织；②中度敏感：感觉器官（角膜、晶状体、结膜）、内皮细胞（主要是血管、血窦和淋巴管内皮细胞）、皮肤上皮（包括囊上皮细胞）、唾液腺、肾、肝、肺组织的上皮细胞；③轻度敏感：中枢神经系统、内分泌腺（包括性腺的内分泌细胞）、心脏；④不敏感：肌肉组织、软骨和骨组织、结缔组织。

如果放射性核素进入体内，影响放射性核素在机体内作用的因素可以归纳为放射性核素本身和机体状态等方面。

三、辐射生物效应的分类

电离辐射所致生物效应的分类有以下三种：第一种是依据效应发生的个体，就是发生在受照者本人身上还是发生在其他人身上，或发生在受照者后代身上；第二种是依据效应发生是早的还是迟的；第三种是按照效应和剂量的关系。

1．随机性效应和确定性效应

根据辐射效应的发生与剂量之间的关系，可以把辐射对人体的危害分为随机性效应和确定性效应两类。随机性效应包含遗传效应，确定性效应包含躯体效应。图 7-3 为随机性效应和确定性效应的发生概率和严重程度与剂量的关系。

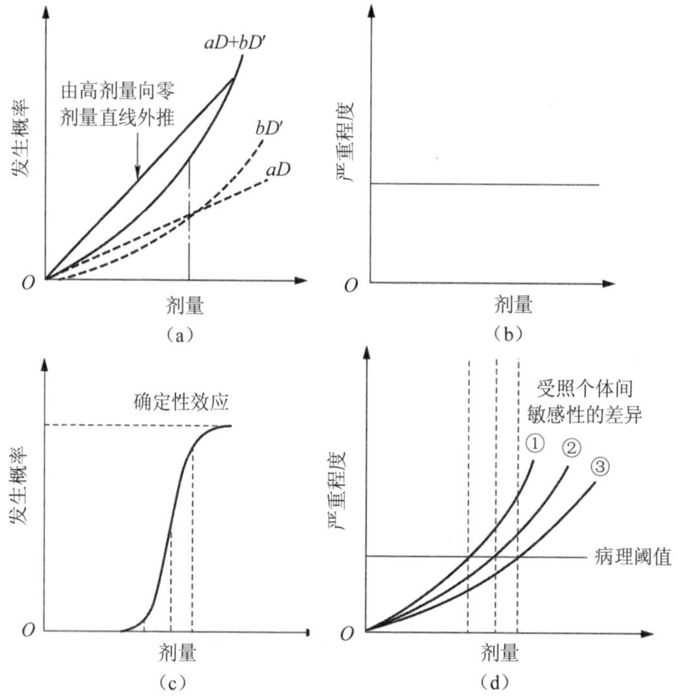

图 7-3　随机性效应和确定性效应的发生概率和严重程度与剂量的关系

随机性效应是指效应的发生概率（而非其严重程度）与剂量大小有关的那些效应，如图 7-3（a）所示；其后果的严重程度说不上与所受剂量有什么关系，如图 7-3（b）所示。图 7-3（a）示出了对于低 LET 辐射[①]、剂量低于几 Gy 范围内这类效应的剂量响应关系。由于发生随机性效应的概率非常低，一般在放射工作人员日常所受的小剂量的情况下，随机性效应极少发生，资料极其缺乏。所以到目前为止，在一般辐射防护所遇到的剂量水平下，随机性效应发生概率与剂量之间究竟是什么关系，尚未完全肯定。就随机性效应来

① 低 LET 辐射是指在水中的线碰撞阻止本领小于 3.5 keV/μm 的辐射。一般指 X 辐射、γ 辐射和 β 辐射等。

说，在辐射工作通常所遇到的照射条件的范围内，在剂量与某一种效应的发生概率之间存在着线性无阈关系。即为了慎重起见，在辐射防护中把随机性效应与剂量的关系简化地假设为“线性”“无阈”。“线性”是指随机性效应的发生概率与所受剂量之间呈线性关系。这一假设是从大剂量和高剂量率情况下的结果外推得到的。已有资料表明，这样假定对一般小剂量水平下的危险估计偏高，是偏安全的做法。“无阈”意味着任何微小的剂量都可能诱发随机性效应。这种假定下势必导致应尽可能降低剂量水平的结论。这是一种尽可能安全、慎重的做法。

就辐射防护剂量评价目的而言，在辐射防护通常遇到的照射条件下，可假定随机性效应的发生概率 P 与剂量 D 之间存在着“线性”和“无阈”关系，即 $P=aD$，a 是根据观察和实验结果定出的常数。依据这个假定，就可把一个器官或组织受到的若干次照射的剂量简单地相加在一起，用以量度该器官或组织受到的总的辐射影响。

辐射的确定性效应是一种有阈值的效应，受到的剂量大于阈值，这种效应就会发生，而且其严重程度与所受的剂量大小有关，剂量越大后果越严重。换句话说，引起这种效应的概率在小剂量时为零，但在某一剂量水平（阈值）以上时则陡然上升到 1（100%），在阈值以上，效应的严重程度也将随剂量增加而变得严重。但是具体的阈值大小与每一个个体情况有关。图 7-3（c）表示确定性效应的发生概率与剂量的关系，在相当窄的剂量范围内，发生概率从 0 增加到 1。图 7-3（d）表示确定性效应严重程度与剂量有关，但对不同个体严重程度有差别，曲线①表示阈值低的个别情况，在比较低的剂量水平下已达病理阈值；曲线②表示有 50%的人员达到病理阈值的情况；曲线③则表示最不易发生这种确定性效应的个体情况。

表 7-9 给出了几个对辐射比较敏感的组织发生确定性效应阈值的估计值。值得注意的是，确定性效应的剂量阈值是相当大的，在正常情况下一般不可能达到这种水平，只有在重大的放射性事故下才有可能发生。

表 7-9 确定性效应阈值的估计值

组织与效应		单次照射阈值/Gy	多次照射的累积剂量的阈值/Gy
睾丸	暂时不育	0.15	无意义
	永久不育	3.5～6.0	无意义
卵巢	不育	2.5～6.0	6.0
眼晶体	可查出浑浊	0.5～2.0	5.0
	视力障碍（白内障）	5.0	＞8.0
骨髓	造血机能低下	0.5	无意义
	致命性再障	1.5	无意义

2．躯体效应、遗传效应和远期效应

1）躯体效应

辐射引起的显现在受照者本人身上的有害效应称为躯体效应。急性的躯体效应发生在短时间内受到大剂量照射事故情况下，属于确定性效应。

辐射可以杀死人体组织的癌细胞，同样能杀死人体组织内正常细胞。人体组织中的细胞能不断分裂生长出新细胞，毛发和指甲不断生长是由于其根部细胞不断分裂的结果，血液细胞不断地死亡并由分裂生成的新细胞取代。辐射可以损伤细胞的分裂结构，使细胞不能分裂。当被直接杀死和被损坏了分裂机构的细胞不太多情况下，其他正常细胞分裂生成的新细胞可以取代它们，这种情况表现为辐射的损伤轻缓而且能被完全修复。

如果直接被杀死和分裂机构被破坏了的细胞数目太大，超过了某个阈值，损伤的机体无法用其他正常细胞分裂生成的新细胞来修复，整个机体组织就被破坏和严重损伤，产生足以观察到的损害，表现为急性的躯体效应。

2）遗传效应和远期效应

在辐射防护通常遇到的剂量范围内，遗传效应是一种随机性效应，表现为受照者后代的身体缺陷。

人体由细胞组成，每个成年人身体中大约有 5×10^{12} 个细胞，都是由一个受精卵细胞分裂而成。细胞中有细胞核，外面是细胞质。细胞核内有 23 对染色体，每一条染色体由许多基因串联而成。细胞质中 70%是水，其中有各种大分子——酶，这些酶的结构组成决定了细胞的生长和发育，而每种酶的具体结构组成取决于基因。当细胞分裂时，细胞核内的染色体和染色体上的基因全部复制两份传给两个子细胞。细胞的分裂是有高度规则性和方向性的，所以一个人类的受精卵不至于发育为其他动物。细胞分裂的规则性和方向性也取决于染色体和基因。所以，染色体和基因不论对细胞的生长发育还是对细胞分裂的规则性和方向性都起着决定性作用。如果由于某种原因，基因的结构发生改变，必将在生物体上产生某种全新特征，就是突变。在自然环境下发生的突变叫作自然突变，自然突变的存在是物种进化的根据。

动物实验结果表明，辐射也可以引起细胞基因突变。如果这种突变发生在母体的生殖细胞上，且刚好由这个发生突变的生殖细胞形成受精卵，那么就会在后代个体上产生某种特殊变化，这就是辐射的遗传效应。所发生的遗传改变的种类与原初 DNA 损伤类型有关。

遗传效应可以被利用，如辐射育种就是利用辐射引起的细胞基因突变配合其他的育种手段得到优良品种。

人类在长期的历史发展过程中，经过自然选择，有益的适于生存的自然突变结果被保存下来，逐渐淘汰了有害的突变结果。从慎重的观点出发，一般认为在已有的人体细胞中，基因的自然性的突变基本上是有害的，所以必须避免人工辐射引起的人体细胞内的基因突变。

使自然突变概率增加一倍的剂量叫突变倍加剂量，为 0.1～1 Gy，代表值为 0.7 Gy。

辐射的远期效应是一种需要经过很长时间潜伏期才显现在受照者身上的效应，是一种随机性效应，主要表现为白血病和癌症。辐射能够诱发癌症和白血病，这已为实际调查材料证实。但其具体机制不甚明了，一般看法是由于辐射使体细胞发生某种突变所致。

第五节　辐射防护中使用的量及其单位

前面讲到的辐射效应的严重程度或发生概率，在很大程度上取决于辐射能量在物质中沉积的数量与分布。“剂量”正是作为将物理测量和辐射生物效应联系起来的一个物理量而被引入的。现在为了定量地描述辐射对人体作用的生物效应，在辐射剂量与辐射防护领域中引入若干物理量。本章从辐射剂量学和辐射防护实践应用的角度，参考国际辐射单位和测量委员会（ICRU）报告书有关内容，对辐射防护领域中常用的量和单位进行简要介绍，其目的是给出一个辐射量类别的基本框架。

一、辐射剂量学的量与单位

电离辐射在物质上的效应由辐射场和电离辐射与物质的相互作用决定。剂量学量和单位是为描述辐射场、辐射作用于物质时的能量传递，以及受照物内部变化的程度和规律而建立起来的物理量及其量度，即辐射量是一种能表述特定辐射的特征，并能够加以测定的量。

1. 照射量 X

照射量 X 是一个历史悠久、变化较大的辐射量，也是目前争论较多的一个量。这里仅介绍它的基本概念。

照射量 X 定义为 $\mathrm{d}Q$ 除以 $\mathrm{d}m$ 所得的商，

$$X=\frac{\mathrm{d}Q}{\mathrm{d}m}$$

式中，$\mathrm{d}Q$ 的值是 X 射线或 γ 射线在质量为 $\mathrm{d}m$ 空气中，释放出来的全部电子（正、负电子）完全被空气阻止时，在空气中产生同一种符号的离子的总电荷的绝对值。

定义中的 $\mathrm{d}Q$ 不包括光子在空气中释放出来的次级电子产生的韧致辐射被吸收后产生的电离。不过，这仅在光子能量很高时才有意义。照射量 X 单位是 C/kg。过去，照射量的专用单位是伦琴，符号为 R。1 R=2.58×10^4 C/kg。

照射量是一个用来表示 X 射线或 γ 射线在空气介质中产生电离能力大小的辐射量。照射量只用于量度 X 射线或 γ 射线在空气介质中产生的照射效应。但是，实际工作中，常说到除空气之外的其他介质中某点处的照射量为多少，这时，这一辐射量数值应理解为在所考察的那点处放置少量空气后测得的照射量值。

只有在满足电子平衡的条件下，才能严格按照定义精确测量照射量。因此，鉴于现有技术条件和对精确度的要求，能被精确测量照射量的光子能量限于 10 keV～3 MeV。在辐射防护中，能量的上限可扩大到 8 MeV。

2. 比释动能 *K*

与比释动能 *K* 相对应的随机量是转移能。转移能 ε_{tr} 是不带电粒子在某一体积元内转移给次级带电粒子的初始动能的总和，其中包括在该体积内发生的次级过程所产生的任何带电粒子的能量。转移能的数学期望值，即平均转移能 $\overline{\varepsilon}_{tr}$ 是非随机量。

不带电粒子授予物质能量的过程可以分成两个阶段。第一，不带电粒子与物质相互作用释出次级带电粒子，不带电粒子的能量转移给次级带电粒子；第二，带电粒子将通过电离、激发，把从不带电粒子那里得来的能量授予物质。为了表示第一个过程的结果，引进了一个新的辐射量，即比释动能 *K*。

比释动能 *K* 定义为 $d\overline{\varepsilon}_{tr}$ 除以 d*m* 所得的商，即

$$K=\frac{d\overline{\varepsilon}_{tr}}{dm}$$

式中，$d\overline{\varepsilon}_{tr}$ 是不带电粒子在质量为 d*m* 的物质中释放出的全部带电粒子的初始动能总和的平均值，它既包括这些带电粒子在轫致辐射过程中辐射出来的能量，也包括在该体积元内发生的次级过程所产生的任何带电粒子的能量。

比释动能 *K* 的单位是 J/kg，专门名称是戈瑞（Gray），符号 Gy[①]。1 Gy=1 J/kg。

比释动能只适用于不带电粒子，但适用于任何物质。它是一个与无限小体积相联系的辐射量。在受照物质中每一点上都有它特定的比释动能数值。所以在给出比释动能数值时，必须同时指出与该比释动能相联系的物质和该物质的部位。

3. 吸收剂量 *D*

吸收剂量 *D* 在剂量学的实际应用中是一个非常重要的基本的剂量学量。吸收剂量 *D* 是单位质量受照物质中所吸收的平均辐射能量。其定义为 $d\overline{\varepsilon}$ 除以 d*m* 所得的商，即

$$D=\frac{d\overline{\varepsilon}}{dm}$$

式中，$d\overline{\varepsilon}$ 是电离辐射授予质量为 d*m* 物质的平均能量。吸收剂量 *D* 的单位是 J/kg，专门名称是戈瑞（Gray），符号 Gy。1 Gy=1 J/kg。

吸收剂量适用于任何类型的辐射和任何受照物质，并且是与无限小的体积相联系的辐射量，即受照物质中的每一点都有特定的吸收剂量数值。因此，在给出吸收剂量数值时，也必须同时指明辐射类型、介质种类和所在的位置。

① 比释动能（吸收剂量）的另一单位是拉德（rad），1 rad 表示质量为 1 g 的受照射物质吸收 100 erg 的辐射能。1 rad=0.01 Gy。

二、辐射防护中使用的基本量

辐射防护中，测量和计算的主要目的是定量地说明个人或群体实际受到或可能受到的辐射照射。吸收剂量 D 是用来说明生物物质所受照射的重要物理量。在未加说明的情况下，吸收剂量并不能用来预示辐射照射所产生的生物效应的有害程度。一般来说，某一吸收剂量产生的生物效应与射线的种类、能量及照射条件有关。即使受到相同数量的吸收剂量的照射，因为射线种类和辐照条件不同，其所致的生物效应不论是严重程度还是发生概率都不相同。辐射防护中使用的量很多，本节主要介绍较为常用的几个量。

1．与个体相关的辐射量

1）当量剂量 H_T

相同的吸收剂量未必产生同等程度的生物效应，因为生物效应受到辐射类型与能量、剂量与剂量率大小、照射条件及个体差异等因素的影响。为了用同一尺度表示不同类型和能量的辐射照射对人体造成的生物效应的严重程度或发生概率的大小，辐射防护中采用了当量剂量这个辐射量。

辐射 R 在器官或组织 T 中的当量剂量定义为

$$H_{T,R}=W_R\cdot D_{T,R}$$

式中，W_R 为辐射权重因子，是与辐射品质相对应的加权因子，无量纲；$D_{T,R}$ 为辐射 R 在器官或组织 T 内产生的平均吸收剂量。

当辐射场由具有不同 W_R 值的不同类型和（或）不同能量的辐射所构成时，H_T 为

$$H_T=\sum_R W_R\cdot D_{T,R}$$

W_R 是无量纲的，因此当量剂量与吸收剂量的单位都是 J/kg。为了同吸收剂量单位的专门名称相区别，给予当量剂量单位一个专门名称为希沃特（Sievert），符号 Sv。

辐射权重因子 W_R 是根据辐照到身体上（或当辐射源在体内时由辐射源发射）的辐射种类与能量来选定的，具体数值见表 7-10。

ICRP 对 1991 年以来的数据重新评估后，于 2007 年在其第 103 号建议书中采用了修改后的一套 W_R 值，列于表 7-11 中。

表 7-10　辐射权重因子 W_R[a]

辐射的类型及能量范围	辐射权重因子 W_R
光子，所有能量	1
电子及 μ 介子，所有能量[b]	1

辐射的类型及能量范围		辐射权重因子 W_R
中子	能量＜10 keV	5
	10 keV≤能量≤100 keV	10
	100 keV＜能量≤2 MeV	20
	2 MeV＜能量≤20 MeV	10
	能量＞20 MeV	5
质子（不包括反冲质子），能量＞2 MeV		5
α 粒子、裂变碎片、重核		20

a 所有数值均与辐照到身体上的辐射有关，或就内照射源而言，与该源发出的辐射有关。

b 不包括由原子核向 DNA 发射的俄歇电子，此种情况下需考虑进行专门的微剂量测定。

表 7-11 辐射权重因子 W_R

辐射的种类和能量		辐射权重因子 W_R
光子，所有能量		1
电子和 μ 介子，所有能量		1
中子	能量＜1 MeV	$2.5+18.2\ e^{-[\ln(En)]^2/6}$
	1 MeV≤能量≤50 MeV	$5.0+17.0e^{-[\ln(2En)]^2/6}$
	能量＞50 MeV	$2.5+3.25e^{-[\ln(0.04En)]^2/6}$
质子		2
带电 π 介子		2
α 粒子、裂变碎片、重离子		20

2）有效剂量 E

随机性效应发生概率与当量剂量之间的关系还随受照器官或组织的不同而变化；人体受到的任何照射，几乎总是不只涉及一个器官或组织，为了计算受到照射的有关器官和组织带来总的危险，相对随机性效应而言，在辐射防护中引进了有效剂量的概念。其定义为

$$E=\sum_{T} W_T \cdot H_T$$

式中，H_T 为器官或组织 T 的当量剂量；W_T 为器官或组织 T 的组织权重因子。

W_T 是无量纲的，因此有效剂量与当量剂量的单位、名称、符号都相同。

组织权重因子 W_T 是器官或组织 T 受照射所产生的危险度与全身均匀受照射所产生的总危险度的比值，也就是说，它反映了在全身均匀受照下各该器官或组织对总危害的相对贡献。换句话说，即不同器官或组织对发生辐射随机性效应的不同敏感性。

$$W_T=\frac{\text{T 器官或组织接受 1 Sv 照射时危险度}}{\text{全身接受 1 Sv 均匀照射时总危险度}}$$

$$\sum_{T} W_T=1$$

W_T的数值见表 7-12。

表 7-12　组织权重因子 W_T

组织或器官	组织权重因子 W_T	组织或器官	组织权重因子 W_T
性腺	0.20	肝	0.05
（红）骨髓	0.12	食道	0.05
结肠[a]	0.12	甲状腺	0.05
肺	0.12	皮肤	0.01
胃	0.12	骨表面	0.01
膀胱	0.05	其余组织或器官[b]	0.05
乳腺	0.05		

a 结肠的权重因子适用于在大肠上部和下部肠壁中当量剂量的质量平均。

b 为进行计算用，表中其余组织或器官包括肾上腺、脑、外胸区域、小肠、肾、肌肉、胰、脾、胸腺和子宫。在上述其余组织或器官中有一单个组织或器官受到超过 12 个规定了权重因子的器官的最高当量剂量的例外情况下，该组织或器官应取权重因子 0.025，而余下的上列其余组织或器官所受的平均当量剂量也应取权重因子 0.025。

在 ICRP 第 103 号出版物中，对 W_T值进行了修改，见表 7-13。

表 7-13　组织权重因子 W_T

组织	组织权重因子 W_T
骨表面	0.01
膀胱	0.04
乳腺	0.12
结肠	0.12
性腺	0.08
肝	0.04
肺	0.12
食道	0.04
红骨髓	0.12
皮肤	0.01
胃	0.12
甲状腺	0.04
其余组织	0.12
脑	0.01
唾液腺	0.01

其余组织包括肾上腺、外胸（ET）区、胆囊、心脏、肾、淋巴结、肌肉、口腔黏膜、胰腺、前列腺、小肠、脾、胸腺、子宫等 14 种。

有效剂量表示在非均匀照射下随机效应发生概率与均匀照射下发生概率相同时所对应的全身均匀照射的当量剂量。有效剂量也可以表示为身体各器官或组织的双叠加权的吸收剂量之和，即可得

$$E=\sum_{T}\sum_{R}W_{T}\cdot W_{R}\cdot D_{T,R}$$

辐射权重因子同辐射种类和能量有关，但与器官和组织无关；组织权重因子则与器官和组织有关，而与辐射种类和能量无关。这种简化仅是对真实的生物学情况的近似。辐射权重因子与组织权重因子的数值来自我们当前的放射生物学知识，以后还会不断变化。

当量剂量与有效剂量是供辐射防护用的，包括粗略地评价危险之用，它们只能在远低于确定性效应阈值的吸收剂量下提供估计随机性效应概率的依据。

3）待积当量剂量与待积有效剂量

在内照射情况下，为了定量计算放射性核素进入体内所造成的危害，辐射防护中引进一个叫待积剂量的辐射量。放射性物质进入人体后，一方面由于衰变和排泄而减少，放射性物质会浓集于某些器官和组织；另一方面进入体内的放射性核素对器官和组织的照射在时间上是分散开的，能量沉积随放射性核素的衰变而逐渐给出。能量沉积在时间上的分布随放射性核素的理化形态及其后的生物动力学行为而变化。为了考虑这种时间分布，引入待积当量剂量，它是个人在单次摄入放射性物质之后，某一特定器官或组织中接受当量剂量率在时间 τ 内的积分，其定义为

$$H_{T}(\tau)=\int_{t_0}^{t_0+\tau}\dot{H}_{T}(t)\mathrm{d}t$$

式中，t_0 为摄入放射性物质的起始时刻；$\dot{H}_{T}(t)$ 为在 t 时刻器官或组织 T 受到的当量剂量率；τ 为摄入放射性物质之后经过的时间，当没有给出积分限 τ 时，对于成年人隐含 50 年时间期限，即表示成 $H_{T}(50)$，对儿童隐含 70 年时间期限。积分时间 50 年是与职业放射工作人员的终身工作时间相应的，可见，待积当量剂量 $H_{T}(50)$ 是单次摄入放射性物质在其后 50 年内对所关心的器官和组织造成的总剂量。

受到辐射危害的各器官或组织的待积当量剂量 $H_{T}(\tau)$ 经 W_{T} 加权处理后的总和称为待积有效剂量 $E(\tau)$，即

$$E(\tau)=\sum_{T}W_{T}\cdot H_{T}(\tau)$$

式中，$H_{T}(\tau)$ 为积分到 τ 时间时器官或组织 T 的待积当量剂量；W_{T} 是器官或组织 T 的组织权重因子。

在确定 $E(\tau)$时，进行积分的时间 τ 以年为单位。

待积有效剂量可用来预计个人因摄入放射性核素后将发生随机性效应的平均概率。

$H_{T}(\tau)$ 与 $E(\tau)$ 的单位、名称与符号都和 H、E 相同。

2. 与群体相关的辐射量

一次大的放射性事件或放射性事故会涉及许多人，因此采用集体当量剂量或集体有效剂量来定量地表示这一次放射性事件对社会总的危害。

1）集体当量剂量

集体当量剂量（S_T）表示一组人群指定的器官或组织所受的总辐射照射的量，定义为

$$S_T = \sum_i \overline{H}_{T,i} \cdot N_i$$

式中，$\overline{H}_{T,i}$ 为所考虑的群体中，第 i 组人群中每个人的 T 器官或组织平均受到的当量剂量；N_i 为第 i 人群组的人数。

2）集体有效剂量

若要量度某一人群所受的辐射照射，则可以计算其集体有效剂量（S_E），其定义为

$$S_E = \sum_i \overline{E}_i \cdot N_i$$

式中，$\overline{E}_i$ 为第 i 组人群接受的平均有效剂量；N_i 为第 i 人群组的人数。

在计算和解释集体有效剂量时应考虑受照人数，受照人员的年龄和性别，个人剂量的范围，剂量的时间分布以及受照人员的地理分布，以避免误用集体有效剂量。

集体当量剂量与集体有效剂量的单位、名称都是人・希，记为人・Sv。不论是集体当量剂量，还是集体有效剂量的定义都没有明确规定给出剂量所经历的时间。因此，应当指明集体当量剂量和集体有效剂量求和的时间间隔和什么样的人群。

第六节　实践与干预

实践，在这里是作为放射防护领域专业术语使用，它是特指任何引入新的照射源或照射途径，或扩大受照人员范围，或改变现有照射源的照射途径网络，从而使人们受到的照射或受到照射的可能性或受到照射的人数增加的人类活动。

干预是指任何旨在减少或避免不属于受控实践的或因事故而失控的照射源所致的照射或照射可能性的行动。

可见这两者是不同对象的问题，是两大类活动，因此，区分实践和干预是必要的，需要对实践与干预提出不同要求，采取不同办法，以达到各自目标。

一、实践

1. 实践的范围

这里的实践范围非常广泛。从辐射源的生产，一直到辐射或放射性物质在医学、工业、

农业、教学与科研中的应用，包括与涉及或可能涉及辐射或放射性物质应用中的有关的各种活动；核能的生产，包括核材料循环中涉及或可能涉及辐射或放射性物质照射的各种活动；审管部门规定需加以控制的涉及天然源照射的实践等。

这里用一个单字——源，应理解为广义上的源，它指放射性物质和载有放射性物质或产生辐射的器件，包括含放射性物质消费品、密封源、非密封源和辐射发生器；拥有放射性物质的装置、设施及产生辐射的设备，包括辐照装置、放射性矿石的开采或选冶设施、放射性物质加工设施、核设施和放射性废物管理设施等。

2. 对实践的主要要求

（1）凡没有被排除及豁免的实践全部受审管部门管理，按有关管理要求接受管理。

（2）对实践的辐射防护要求，应全面而完整地、严格地执行辐射防护基本原则（体系）（将在本章第七节详述）。

（3）全面的科学管理。要将放射防护技术要求与全面的科学管理提到并重地位，而且放射防护技术要求必须通过有效的科学管理才能实现。管理是全面的，从审管部门、各单位负责人一直到每个工作人员，制定各自的职责，各负其责。不仅要积极倡导培植企业文化，而且要以人为本，发挥人的因素，建立和健全各项规章制度。

二、干预

一般来说，干预不是针对受控实践或源的，而干预行动本身的过程一般是属于实践范畴。在 ICRP 第 60 号出版物中首次提出了一个新的概念，即干预的辐射防护体系。也就是说辐射源与照射途径已存在，而可以采取行动的只有干预的那些情况。

1. 干预的适用范围

需要实施干预行动一般有两种情况：应急照射情况下的干预与持续照射情况下的干预。

（1）要求采取防护行动的应急照射情况：已执行应急预案或应急程序的事故情况与紧急情况，即需要立即采取某些超出正常工作程序的行动以避免事故发生或减轻事故后果的状态，有时也称为紧急状态；同时，也泛指立即采取超出正常工作程序的行动。审管部门或干预组织确认有正当理由进行干预的其他任何应急照射情况。

（2）要求采取补救行动的持续照射情况：持续照射是指没有任何不间断人类活动予以维持而长期持续存在的非正常公众照射，这种照射的剂量率基本上是恒定的或者下降缓慢的照射。天然源照射，如建筑物和工作场所内氡的照射；以往事件所造成的放射性残存物的照射；未受通知与批准制度控制的以往的实践和辐射源的利用所造成的放射性残存物的照射；审管部门或干预组织确认有正当理由进行干预的其他任何持续照射情况。

2. 干预的基本原则

干预的目的是减少公众可能接受的剂量，以避免引起严重的确定性效应，并把随机性效应的危险尽可能降低到合理的水平。GB 18871—2002 对干预的主要要求提出以下几个基本原则：

（1）在干预情况下，为减少或避免照射，只要采取防护行动或补救行动是正当的，则应采取这类行动。

（2）任何这类防护行动或补救行动的形式、规模和持续时间均应是最优化的，使在通常的社会和经济情况下，从总体上考虑，能获得最大的净利益。

（3）在应急照射情况下，除非超过或可能超过旨在保护公众成员的干预水平或行动水平，否则一般不需要采取防护行动；在持续照射情况下，除非超过有关行动水平，否则一般不需要采取补救行动。

3. 应急照射情况的干预

对于应急照射情况，应根据源的类型、规模和场址特征制定应急预案，将场内、场外应承担的应急干预的准备、实施和管理责任规定清楚并作出相应的安排。场内应急预案和场外应急预案应相互衔接和协调。

应急照射情况下的干预应依据干预水平和行动水平来实施。干预水平用干预中采取某一特定防护行动时预计可以防止的剂量来表示；行动水平则用放射性核素在食品、水和农作物等中的放射性活度浓度来表示，有时也可用预期剂量率或预期剂量来表示。

对从事干预的工作人员应进行防护。除下列三种情况而采取行动以外，从事干预的工作人员所受到的照射不得超过 GB 18871—2002 中所规定的职业照射的最大单一年份剂量限值：①为抢救生命或避免严重损伤；②为避免大的集体剂量；③为防止演变成灾难性情况。在这些情况下从事干预时，除了抢救生命的行动外，必须尽一切合理的努力，将工作人员所受到的剂量保持在最大单一年份剂量限值的两倍以下；对于抢救生命的行动，应作出各种努力，将工作人员的受照剂量保持在最大单一年份剂量限值的 10 倍以下，以防止确定性健康效应的发生。此外，当采取行动的工作人员的受照剂量可能达到或超过最大单一年份剂量限值的 10 倍时，只有在行动给他人带来的利益明显大于工作人员本人所承受的危险时，才应采取该行动。

采取行动使工作人员所受的剂量可能超过最大单一年份剂量限值时，采取这些行动的工作人员应是自愿的；应事先将采取行动所要面临的健康危险清楚而全面地通知工作人员，并应在实际可行的范围内，需要采取行动对他们进行培训。

4. 持续照射情况下的干预

干预组织应根据情况制订通用的或场址专用的持续照射情况补救行动计划。该计划应在考虑下列因素后规定正当的和最优化的补救行动及相应的行动水平：①个人照射和集体照射；②辐射危险和非辐射危险；③补救行动的经济和社会代价、利益及所需经费的支付责任。

在持续照射情况时：①器官或组织受持续照射时，任何情况下预期都应进行干预的剂量率行动水平，对性腺受到持续照射吸收剂量率为 0.2 Gy/a，对其他器官在 GB 18871—2002 附录中也作了相应规定。②在大多数情况下，住宅中氡持续照射的优化行动水平应在年平均活度浓度为 200～400 Bq $^{222}Rn/m^3$（平衡因子 0.4）范围内。其上限值用于已建住宅氡持续照射的干预，其下限值用于对待建住宅氡持续照射的控制。工作场所中氡持续照射情况下补救行动的行动水平是在年平均活度浓度为 500～1 000 Bq $^{222}Rn/m^3$（平衡因子 0.4）范围内。达到 500 Bq $^{222}Rn/m^3$ 时宜考虑采取补救行动，达到 1 000 Bq $^{222}Rn/m^3$ 时应采取补救行动。③对于获准的实践或源退役所造成的持续照射，剂量约束值通常应在公众照射剂量限值 10%～30%（0.1～0.3 mSv/a）的范围之内。如果不存在其他照射的可能性，并且降低照射的经济代价太大，则在这种情况下经审管部门认可，可将剂量约束值放宽到 1 mSv/a。如果剂量约束已超过 1 mSv/a，并且为进一步减小持续照射而采取技术性措施的经济代价太大，则在这类情况下应采用行政手段对持续照射进行有组织的控制。应对有组织控制的严格程度进行抉择，使其适应当时的情况。

三、照射情况

在 ICRP 第 60 号出版物中把引起辐射照射的事件和情况分为实践和干预两大类。在其第 103 号出版物修订的防护体系中，已由基于过程的方法发展为基于计划照射、应急照射、现存照射三种辐射照射情况特征的方法。在 IAEA 《安全标准丛书》第 GSG-8 号《公众和环境的辐射防护》中也明确规定计划照射、应急照射、现存照射的相关要求。将所有的辐射照射分为三类情况：计划照射情况、应急照射情况和现存照射情况，取代了关于实践和干预的分类方法。

1．计划照射情况

计划照射是指由于计划的运行或活动受到源的照射情况。由于可以在开始有关活动之前制定防护和安全规定，因此可以从一开始就限制相关照射及其发生的可能性。控制计划照射主要手段有良好的设施设计、设备和运行程序，培训和培养安全文化。

计划照射情况在照射发生之前可以对放射防护进行预先计划，可以合理地对照射的大小和范围进行预估。患者的医疗照射属于计划照射情况。

计划照射情况既可以引起预期会发生的照射（正常照射），也可以引起预期不会发生的照射（潜在照射）。潜在照射是发生事故而引起的照射，这种情况是计划的，但这种照射不是计划发生的。

计划照射情况下的公众照射产生于：①设施和活动排放的液体和气态排放物；②医疗设施中的 X 射线设备、放射性核素治疗后出院的病人、工业射线照相、放射性物质运输、固体放射性废物管理等实践中源的直接辐射；③消费品。

在计划照射情况下所有被监管的源仍采用有效剂量和当量剂量的个人剂量限值，其值仍维持 1990 年建议书（ICRP 第 60 号出版物）的值。另外，在计划照射情况下应建立一个剂量约束值，此值必须小于剂量限值，并由国家监管部门规定。

对工作人员的潜在照射，ICRP 推荐的危险约束值为 2×10^{-4}/a，对公众的潜在照射，推

荐的危险约束值为 1×10^{-5}/a。

2．应急照射情况

应急照射情况是指由于事故、恶意行为或任何其他意外事件而产生的照射情况，需要迅速采取行动以避免或减轻不利后果。应急照射情况包括应急准备和应急响应的考虑，在应急响应时，参考水平将作为评估防护效果的准则，并作为是否需要采取下一步行动的依据。当发生的照射超过参考水平时就判断为不符合要求，应实施有效的防护行动。

3．现存照射情况

现存照射情况指在采取控制决策前就已经存在的照射情况。现存照射情况包括天然本底辐射照射。它们还包括源自过去从未受过监管控制，或虽受过监管控制，但不符合现行标准要求的实践的残留放射性物质照射情况；在应急宣布终止后，核或辐射应急残留的放射性物质照射情况，以及因商品含有来自此种物质的放射性核素而造成的照射情况。

对现存照射情况，最优化过程采用参考水平，参考水平通常设定在 1～20 mSv，如氡的照射，个人剂量参考水平的上限为 10 mSv，相应的 ^{222}Rn 活度浓度值工作场所为 1 500 Bq/m^3，室内为 600 Bq/m^3。

第七节 实践的辐射防护基本原则

原子能科学技术已应用于国民经济各个领域，有成千上万人从事这门新技术工作。这种先进而复杂的科技正不断地体现出它的优点，所以做好辐射防护工作也就显得十分重要，而且成了一门与学科、技术密切相关的综合性技术。

辐射防护工作的基本原则也是基本要求，它是一个完整的体系，需要全面贯彻执行，绝不能片面强调其中一个方面。在辐射防护中常用的实践、干预、照射等主要术语的相互关系及其基本骨架可以用图 7-4 表示。

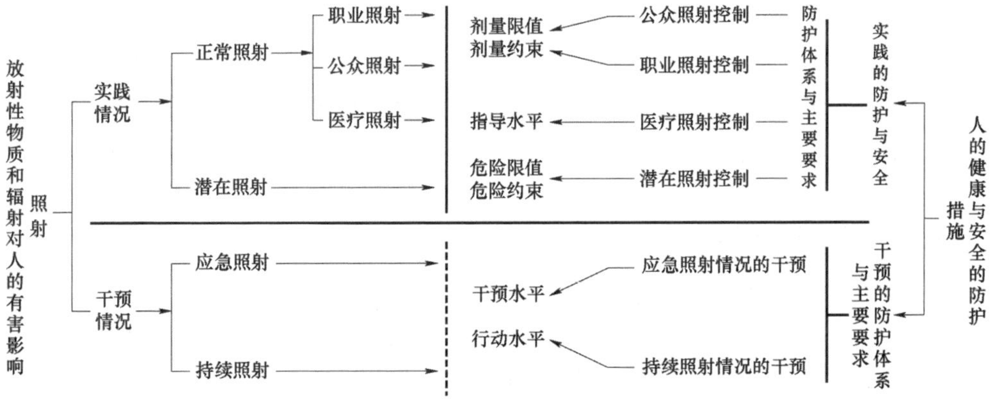

图 7-4 主要术语的相互关系及其基本骨架

一、实践的正当性

对于任何一项实践，在综合考虑了社会、经济和其他有关因素之后，经过充分论证，权衡利弊，只有当该项辐射对受照个人或社会所带来的利益足以弥补其可能引起的辐射危害时，该实践才是正当的。这里所说的利益是包括对社会的总利益，不仅仅是某些团体或个人所得的利益。同样，辐射危害是指由于引入该实践后带来的所有消极方面的总和，它不仅包括经济上的代价，而且包括对人体健康及环境的任何损害，也包括在社会心理上带来的一切消极因素所付出的总代价。由于利益和代价在群体中的分布往往不相一致，付出代价的一方并不一定就是直接获得利益的一方，所以，这种广泛的利益权衡只有保证每一个体所受的危害不超过可以接受的水平这一条件下才是合理的。

对与辐射有关的实践活动的可行性分析在防护标准中被专门突出出来确定为一条基本原则，反映出人们对辐射实践是采取严肃慎重态度的。

二、防护与安全的最优化

在辐射实践中所使用的辐射源（包括辐射装置）所致个人剂量和潜在照射危险分别低于剂量约束和潜在照射危险约束的前提下，在充分考虑了经济和社会因素之后，个人受照剂量的大小、受照射的人数以及受照射的可能性均保持在可合理达到的尽量低的水平，这有时被称为 ALARA 原则（As Low As Reasonably Achievable）。

防护与安全最优化的过程，可以从直观的定性分析一直到使用辅助决策技术的定量分析，以便实现：相对于起决定作用所确定的最优化的防护与安全措施，确定这些措施时，应考虑可供利用的防护与安全选择以及照射的性质、大小和可能性；根据最优化的结果制定相应的准则，据此采取预防事故和减轻事故后果的措施，从而限制照射的大小及受照的可能性。

在考虑辐射防护时，并不是要求剂量越低越好，而是根据社会和经济因素的条件下，使辐射照射水平降低到可以合理达到的尽可能低的水平。

在实际工作中，辐射防护与安全的最优化主要在防护措施的选择、设备的设计和确定各种管理限值时使用。当然，最优化不是唯一的因素，但它是确定这些措施、设计和限值的重要因素。所以说，防护与安全的最优化在实际的辐射防护中占有重要地位。

三、个人剂量限制

由于利益和代价在人类群体中分配的不一致性，虽然实践满足了正当性要求，防护与安全也达到了最优化，但还不一定能够对每个人提供足够的防护。因此，必须对个人受到的正常照射加以限制，以保证来自各项得到批准实践的综合照射所致的个人总有效剂量和有关器官或组织的总当量剂量不超过国家标准中规定的相应剂量限值。

最优化的一个重要特点是选定剂量约束值，即选定与辐射源相关的个人剂量值。对于职业照射，剂量约束是一种与辐射源相关的个人剂量值，用于限制最优化过程所考虑备选方案的选择范围；对于公众照射，剂量约束是公众成员从任何受控辐射源的计划运行中接受的年剂量上界。剂量约束所指的照射是任何关键人群组，在受控辐射源的预期运行中经所有照射途径接受的年剂量之和。对每个辐射源的剂量约束应保证使关键人群组所接受的来自所有受控辐射源的剂量之和保持在剂量限值内。

对于实践中所使用的辐射源，其剂量约束和潜在照射危险约束应不大于审管部门批准对该辐射源规定的或认可的值，并不大可能导致超过剂量限值和潜在照射危险限值的数值；对于任何可能会向环境释放放射性物质的辐射源，剂量约束还应确保对该辐射源历年来所释放的累积效应加以限制，使得在考虑了所有其他有关实践和辐射源可能造成的释放累积照射之后，任何公众（包括其后代）在任何一年里所受到的有效剂量均不超过相应的剂量限值。

实际上在这里，对人们所受剂量及在实践中所使用的辐射源都作了限制。当然在上述情况中有一种例外，那就是对医疗照射将有专门的规定。

第八节　辐射防护限值和参考水平

一、基本限值

1. 有效剂量限值与当量剂量限值

根据国家标准 GB 18871—2002，剂量限值规定见表 7-14。

表 7-14　剂量限值[a]

	剂量限值	
应用	职业人员	公众
有效剂量（随机效应的要求）	连续 5 年内平均值为 20 mSv/a，任何一年的最大值为 50 mSv/a	连续 5 年内平均值为 1 mSv/a，任何一年的最大值为 5 mSv/a
	年当量剂量（为了防止局部照射中的确定性效应）	
眼晶体[b]	150 mSv	15 mSv
皮肤[c]	500 mSv	50 mSv
四肢[c]（手和足）	500 mSv	—

注：对于年龄为 16～18 岁接受涉及辐射照射就业培训的徒工和年龄为 16～18 岁在学习过程中需使用放射源的学生，应控制其职业照射，使其不超过下述限值：

a 年有效剂量，6 mSv。

b 眼晶体的年当量剂量，50 mSv。

c 四肢（手和足）或皮肤的年当量剂量，150 mSv。

限值不包括天然本底和医疗照射。

限值适用于规定期间外照射引起的剂量和同一期间内摄入所致的待积剂量的和；计算待积剂量的期限，对成年人的摄入一般应为 50 年，对儿童的摄入则应算至 70 年。

附加限制：

未孕职业妇女的职业照射控制与男性相同。

怀孕职业妇女，对胎儿提供大致相当于公众中成员的防护标准。只要一发现怀孕，在孕期余下的时间内应施加补充的当量剂量限值，腹部表面（下躯干）不超过 2 mSv，并限制放射性核素摄入量约为 1/20ALI（ALI 为年摄入量限值）。

2. 次级限值

次级限值是指内照射的年摄入量限值 ALI。

一年内只有内照射且单次或多次摄入一种放射性核素，只要有

$$\frac{I}{\mathrm{ALI}} \leqslant 1$$

成立，则必满足剂量限值的要求。I 为有关放射性核素的年摄入量，Bq；ALI 为用于内照射的年摄入量限值，Bq。

用于内照射的次级限值即年摄入量限值 ALI，是指一年内单次或多次摄入（吸入或食入）某种放射性核素的最大允许活度值，也就是说，摄入一定活度值的某种放射性核素后，工作人员受到的待积有效剂量若等于规定的年职业照射有效剂量限值，则此活度值就是年摄入量限值 ALI。ALI 是满足下式年摄入量中的最大值：

$$I \cdot \sum_{\mathrm{T}} w_{\mathrm{T}} \cdot H_{\mathrm{T}}(\tau) \leqslant 20\ \mathrm{mSv} \Rightarrow I \cdot E(\tau) \leqslant 20\ \mathrm{mSv}$$

式中，$H_{\mathrm{T}}(\tau)$ 为摄入单位活度放射性核素后 T 组织接受的待积当量剂量，Sv/Bq；$\sum_{\mathrm{T}} w_{\mathrm{T}} \cdot H_{\mathrm{T}}(\tau)$ 为摄入单位活度放射性核素后全身的待积有效剂量。此公式是内照射对全身随机性效应剂量限值的要求。

如果一年内一次或多次摄入 j 种放射性核素，每一种单独摄入时的年摄入量限值为 ALI_j，根据剂量限值的要求，则 j 种放射性核素一年内的摄入量需共同满足下列条件：

$$\sum_{j} \frac{I_j}{\mathrm{ALI}_j} \leqslant 1$$

式中，I_j 为放射性核素 j 的年摄入量，Bq。

二、导出限值

在实际工作中，可以针对辐射监测中测量的任一个量（如工作场所的空气放射性浓度，

表面污染和环境污染、当量剂量率等），根据基本限值，通过一定的计算模式导出一个供辐射防护监测结果比较用的限值，该限值称为导出限值。例如，导出空气浓度（derived air concentration，DAC）就是工作场所空气中放射性浓度限值，参考人呼吸率 0.02 m^3/min，年工作 50 周，每周工作 40 h，年总工作时间为 2 000 h，年呼入空气量 0.02 m^3/min×（2 000×60 min）=2.4×10^3 m^3，则有

$$DAC=ALI/(2.4\times10^3)$$

1．表面污染控制水平的导出限值

1）工作场所的表面污染控制水平

表 7-15 所列为工作场所的放射性表面污染控制水平。

表 7-15　工作场所的放射性表面污染控制水平　　单位：Bq/cm^2

表面类型		α 放射性物质		β 放射性物质
		极毒性	其他	
工作台、设备、墙壁、地面	控制区[a]	4	4×10	4×10
	监督区	4×10^{-1}	4	4
工作服、手套、工作鞋	控制区 监督区	4×10^{-1}	4×10^{-1}	4
手、皮肤、内衣、工作袜		4×10^{-2}	4×10^{-2}	4×10^{-1}

a 该区的高污染子区除外。

应用这些控制水平时应注意：

（1）表中所列数值系指表面上固定污染和松散污染的总数。

（2）手、皮肤、内衣、工作袜污染时，应及时清洗，尽可能清洗到本底水平。其他表面污染水平超过表中所列数值时，应采取去污措施。

（3）设备、墙壁、地面经采取适当的去污措施后，仍超过表中所列数值时，可视为固定污染，经审管部门或审管部门授权的部门检查同意，可适当放宽控制水平，但不得超过表中所列数值的 5 倍。

（4）β 粒子最大能量小于 0.3 MeV 的 β 放射性物质的表面污染控制水平，可为表中所列数值的 5 倍。

（5）^{227}Ac、^{210}Pb、^{228}Ra 等 β 放射性物质，按 α 放射性物质的表面污染控制水平执行。

（6）氚和氚化水的表面污染控制水平，可为表中所列数值的 10 倍。

（7）表面污染控制水平可按一定面积上的平均值计算：皮肤和工作服取 100 cm^2，地面取 1 000 cm^2。

2）工作场所中的某些设备与用品

经去污使其污染水平降低到表 7-15 中所列设备类的控制水平的 1/50 以下时，经审管

部门或审管部门授权的部门确认同意后，可当作普通物品使用。

2. 氡子体和钍射气子体的摄入量及照射量限值

氡子体和钍射气子体 α 潜能（potential alpha energy of radon progeny and thoron progeny）：氡（^{222}Rn）及子体完全衰变为 ^{210}Pb（但不包括 ^{210}Pb 的衰变）和钍射气（^{220}Rn）及子体完全衰变到稳定的 ^{208}Pb 时，所发射的 α 粒子能量的总和。

工作水平（working level，WL）：一种表示氡及子体或钍射气及子体所引起的 α 潜能浓度［空气中氡或钍射气的各种短寿命子体（不论其组成如何）完全衰变时，所发出的 α 粒子在单位体积空气中的能量的总和］的非国际单位（WL），相当于每升空气中发射出的 α 粒子能量为 1.3×10^5 MeV。在 SI 的单位中，1 WL 等于每立方米空气 2.08×10^{-5} J。

工作水平月（working level month，WLM）：一种表示氡及子体或钍射气及子体 α 潜能照射量（α 潜能浓度在给定时间的积分）的旧单位，1 WLM 就是一个职业工作人员在 α 潜能浓度为 1 WL 的工作场所工作一个月（工作时间为 170 h），所吸收的 α 粒子能量。

$$1\ \text{WLM}=170\ \text{WL}\cdot\text{h}=170\ \text{h}\times2.08\times10^{-5}\ \text{J/m}^3=0.003\ 54\ \text{J}\cdot\text{h/m}^3$$

参考人呼吸频率 0.02 m^3/min，每小时吸入空气为 1.2 m^3，故有

$$1\ \text{WLM}=0.003\ 54\ \text{J}\cdot\text{h/m}^3\times1.2\ \text{m}^3=0.004\ 28\ \text{J}$$

对于氡子体的照射，ICRP 建议的转换系数为 20 mSv/（4 WLM）；对于钍射气子体的照射，ICRP 建议的转换系数为 20 mSv/（12 WLM）。

有了转换系数根据基本限值就可得到表 7-16 中氡子体和钍射气子体的摄入量及照射量限值。

表 7-16 氡子体和钍射气子体的摄入量及照射量限值

量	单位	氡子体值	钍射气子体值
5 年以上的年平均值			
α 潜能摄入量	J	0.017	0.051
α 潜能照射量	J • h/m^3	0.014	0.042
	WLM	4.0	12
单一年份内的最大值			
α 潜能摄入量	J	0.042	0.127
α 潜能照射量	J • h/m^3	0.035	0.105
	WLM	10.0	30

三、参考水平

参考水平是对辐射量的值制定一些采取某种行动的标准。它包括记录水平、调查水平、

干预水平。记录水平就是当某个辐射量的值超过记录水平标准时，应当采取记录行动，低于记录水平标准的可忽略即不予记录。调查水平就是当某个辐射量的值超过调查水平标准时，应当采取调查行动，且追究产生的原因。干预水平就是当某个辐射量的值超过干预水平标准时，应当采取干预行动进行补救。ICRP 建议以年当量剂量限值或年摄入量限值的 1/10 作为记录水平标准，在监测过程中，超过此水平的测量结果，被认为有较大意义而应记录存档，低于此水平的可不予记录，在评价年当量剂量或摄入量时，可当作零看待。以年当量剂量限值或年摄入量限值的 3/10 作为调查水平标准。干预水平标准可参阅国家标准 GB 18871—2002 的附录 E 和附录 H。

第九节　外照射防护与内照射防护的基本方法和技术

随着核科学与核技术的不断发展，核动力厂的建造，高活度辐照源的应用，产生放射性的物质和设施已遍及生产、科研、卫生、教育和生活各个领域，为人类带来了福音。正如水能载舟又能覆舟，辐射对人类也有可能产生危害。因此，人们日益关注对辐射的防护。

辐射对人体的照射方式有外照射和内照射两种。外照射是辐射源在人体外部释放出粒子、光子作用于人体的照射；内照射是放射性核素进入人体内，在体内衰变释放出粒子、光子作用于机体的照射。针对这两种照射方式，就有两种很不相同的防护措施与方法，因为这两种照射的防护基本思路是根本不同的。表 7-17 概括了内照射、外照射的不同特点。

表 7-17　内照射、外照射的不同特点

照射方式	辐射源类型	危害方式	常见致电离粒子	照射特点
内照射	多见开放源	电离、化学毒性	α、β	持续
外照射	多见封闭源	电离	高能 β、电子、γ、X、n	间断

一、外照射防护

1. 外照射防护的基本原则

根据外照射的特点，外照射防护的基本原则是尽量减少或避免射线从外部对人体的照射，使所受照射不超过国家标准所规定的剂量约束值。

2. 外照射防护的一般方法

外照射防护可以归纳为三个基本手段，有时也称三个基本方法，即可以采用以下三种办法中的一种或它们的综合：减少受照射的时间；增大与辐射源的距离；设置屏蔽。有时把这三种基本方法称为时间防护、距离防护和屏蔽防护。时间、距离、屏蔽一般也称为外照射防护三要素。

1）减少受照射的时间

在剂量率一定的情况下，人体接受的剂量与受照射的时间成正比，受照射的时间越长，所受累积剂量也越大。所以在从事放射工作时，应尽量减少受照时间，这是花钱不多，简便而效果显著的办法。

2）增大与辐射源的距离

受照剂量随距辐射源距离的增大而减少。对发射 X 射线、γ 射线的点源来说，当空气和周围的物质对射线的吸收、散射可以忽略时，某一点上的剂量与该点到辐射源之间的距离平方成反比。

3）设置屏蔽

在反应堆、加速器及高活度辐射源的应用中，单靠减少操作时间和增大距离远远达不到安全防护的要求，此时必须采取适当的屏蔽措施。

辐射通过物质时会被减弱，所以在辐射源外面加上足够厚度的屏蔽体，使其在某一指定点上由辐射源所产生的剂量降低到有关标准规定的限值以下，在辐射防护中把这种方法称为屏蔽防护。在进行屏蔽防护时，应考虑屏蔽设计、屏蔽方式和屏蔽材料等问题。

（1）屏蔽设计：外照射防护三要素中屏蔽防护是最主要的一种方法。在各种核设施及强源应用中，屏蔽设计是必不可少的步骤。屏蔽设计内容广泛，一般包括：根据源项特性进行剂量计算、选择合适的剂量限值或根据约束值进行屏蔽计算，根据用途、工艺及操作需要设计屏蔽体结构和选择屏蔽材料，并处理好门、窗、各种穿过防护墙管道等的泄漏与散射问题。

（2）屏蔽方式：根据防护要求和操作要求的不同，屏蔽体可以是固定式的，也可以是移动式的。固定式的如防护墙、防护门、观察窗、水井以及地板、天花板等；移动式的如防护屏、铅砖、铁砖、各种结构的手套箱以及包装、运输容器等。

（3）屏蔽材料的选择：在选择屏蔽材料时，必须充分注意各种辐射与物质相互作用的差别。如果材料选择不当，不仅经济上造成浪费，更重要的是还在屏蔽效果上适得其反。例如，对 β 辐射选择屏蔽材料时，必须先用低原子序数材料置于近 β 辐射源的一侧，然后视情况，在其后附加高原子序数材料；如果次序颠倒，由于 β 射线在高原子序数材料中比低原子序数材料中能产生更强的韧致辐射，结果形成一个相当强的新的 X 射线源。又如利用电子直线加速器建成一个强 X 射线装置源，那就要选用高原子序数材料作靶子，既可屏蔽电子束，又能形成一个较强的 X 射线源。

屏蔽材料是多种多样的，但在选择屏蔽材料时，要考虑防护要求、工艺要求、材料获取的难易程度、价格的高低以及材料稳定性等。

此外，应注意任何辐射与空气相互作用，会产生臭氧、氮氧化物等有害气体；高能带电粒子束、光子束或中子束照到物质上，可能会产生感生放射性。所以在应用外照射的辐射源时，除外照射防护外，还需注意采取相应的措施，防止内照射、有害气体等对人体的危害。

二、内照射防护

因工作内容及条件不同，工作人员所受照射可能仅有外照射或内照射，也可能两者皆有。同一数量的放射性物质进入人体后引起的危害，大于其在体外作为外照射源时所造成的危害。这是因为进入人体后组织将受到连续照射，直至该放射性核素衰变结束或全部排出体外为止，同时也有 α 射线、低能 β 射线等辐射的所有能量均将在组织或器官内耗尽的缘故。

1. 内照射防护的基本原则

内照射防护的基本原则是制定各种规章制度，采取各种有效措施，阻断放射性物质进入人体的各种途径，在最优化原则的范围内，使摄入量减少到尽可能低的水平。

2. 放射性物质进入人体内的途径

放射性物质进入人体内的途径有四种，即放射性核素经由食入、吸入、通过皮肤渗入及通过伤口进入，从而造成放射性核素的体内污染。图 7-5 为放射性核素进入人体内的途径及其在体内的代谢过程。

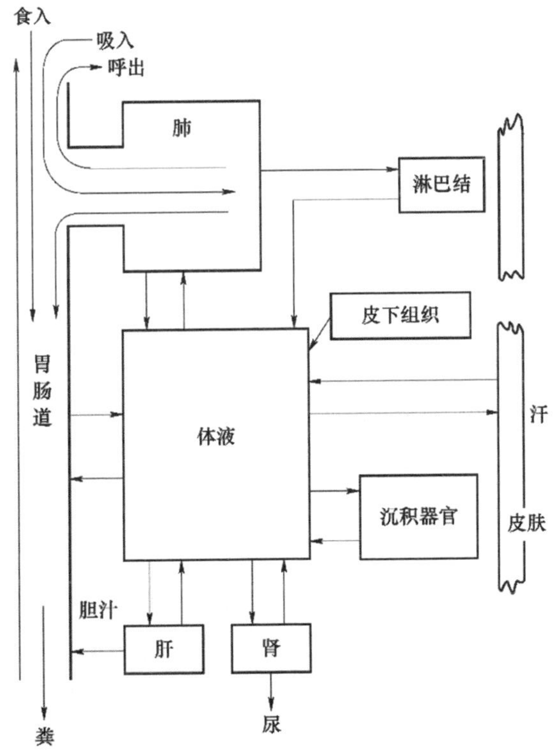

图 7-5　放射性核素进入人体内的途径及其在体内的代谢过程

1）食入

放射性物质经口进入体内，主要是由于衣物、器具、水源被污染，在通常情况下，食品被放射性物质污染较为少见；工作人员可能经被污染的手接触食品而将放射性物质转移到体内。当环境介质受到放射性物质污染时，则有可能通过食物、饮用水等导致居民和工作人员长时间摄入放射性物质。某些水生植物和鱼类能浓集某些放射性核素，经食用而造成人体内放射性核素的沉积。要密切关注放射性事故是否对环境造成污染。

2）吸入

放射性气体、气溶胶的逸出，会使空气受到不同程度的污染，有时还很严重，工作人员或公众通过呼吸将这些放射性物质吸入体内。空气被污染是造成放射性物质经呼吸道进入体内的主要途径。

3）通过皮肤渗入

完好的皮肤提供了一个有效防止大部分放射性物质进入体内的天然屏障。但是有些放射性蒸汽或液体（如氧化氚蒸汽、碘及其化合物溶液）能通过完好的皮肤而被吸收。

4）通过伤口进入

当皮肤出现破裂、刺伤或擦伤时，放射性物质可能透过皮下组织被吸收进入体液。

综上所述，放射性核素可以通过以上 4 种单一或组合方式进入体内。不同方式进入人体后，在人体内的分布有其自身的特点，因此对人体形成的内照射方式也不同。

3. 内照射防护的一般方法

没有包壳、并有可能向周围环境扩散的放射性物质，称为开放型或非密封放射性物质。从事非密封放射性物质的操作，称为非密封放射工作。进行非密封放射工作时，仍应考虑减少操作时间、增大与辐射源距离和设置屏蔽，以防止射线对人体过量的外照射，还应考虑防止放射性物质进入人体所造成的内照射危害。

内照射防护的一般方法是“包容、隔离”和“净化、稀释”以及“遵守规章制度、做好个人防护”。

1）包容、隔离

包容是指在操作过程中，将放射性物质密闭起来，如采用通风橱、手套箱等，均属于这一类措施。在操作高活度放射性物质时，应在密闭的热室内用机械手操作，这样使其与工作场所的空气隔绝。

隔离就是根据放射性核素的毒性大小，操作量多少和操作方式等，将工作场所进行分级、分区管理。

在污染控制中，包容、隔离是主要的，特别是放射性毒性高、操作量大的情况下更为重要。开放型放射工作场所空气污染是造成工作人员内照射的主要途径，必须引起足够重视。采取良好的密封隔离措施，尽量避免或减少空气被放射性物质污染。

2）净化、稀释

净化就是采用吸附、过滤、除尘、凝聚沉淀、离子交换、蒸发、贮存衰变、去污等方法，尽量降低空气、水中放射性物质浓度、降低物体表面放射性污染水平。如空气净化就是根据空气被污染性质的不同，分别可以选用吸附、过滤、除尘等方法降低空气中放射性气体、气溶胶和放射性粉尘的浓度。再如放射性废水在排放前应根据污水性质和被污染的放射性核素特点，选用凝聚沉淀、离子交换、贮存衰变等方法进行净化处理，以降低水中放射性物质的浓度。

经净化处理后，将放射性物质充分浓集，然后将剩余水平较低的含放射性物质的空气或水进行稀释，经监测符合国家标准，并经审管部门批准后，方可排放。

在开放型放射操作中，“包容、隔离”和“净化、稀释”往往是联合使用的。例如，在高毒性放射操作中，要在密闭手套箱中进行，把放射性物质包容在一定范围内，以限制可能被污染的体积和表面。同时要在操作的场所进行通风，把工作场所中可能被污染的空气通过过滤净化经烟囱排放到大气中得到稀释，从而使工作场所空气中放射性浓度控制在一定水平以下。这两种方法配合使用，可以得到良好的效果。

3）遵守规章制度、做好个人防护

工作人员操作放射性物质，必须遵守相关的规章制度。制定切实可行而又符合安全标准的规章制度，并付诸严格执行，是减少事故发生，及时发现事故和控制事故蔓延扩大的重要措施之一。

正确使用个人防护用具也是非常重要的防护手段。供从事放射工作使用的防护用具，不但应满足一般劳动卫生要求，而且必须满足辐射防护的特殊要求。

放射工作人员的个人防护措施主要有：①在操作放射性物质之前必须做好准备工作，在采用新的操作步骤前需做空白（或称冷）实验。②进入放射性实验室必须正确使用外防护用品，佩戴个人剂量计。禁止在放射性工作场所内吸烟、饮水和进食。③保持室内清洁，经常用吸尘器吸去地面上的灰尘，用湿拖布进行拖擦。④尽量减少，以致杜绝因放射性物质弥散造成的污染。固体放射性废物应存放在专用的污物桶内，并定期处理。⑤防止玻璃仪器划破皮肤而造成伤口污染。万一有伤口时，必须妥善包扎后戴上手套再工作，若伤口较大时则需停止放射工作。⑥离开工作场所前应检查手及其他可能被污染的部位，若有污染则应清洗到表面污染的控制水平以下。⑦对放射工作人员必须进行定期健康检查，发现有不适应者，应作妥善安排。⑧放射工作人员必须参加就业前和就业期间的安全文化和安全技术教育、训练和考核，这是使防护工作做到预防为主，减少事故发生的一项重要措施。

三、辐射防护技术

1. 防护基本措施

外照射的防护，可从以下三个方面着手：

1）控制时间

在可能的情况下，要尽量减少接触辐射源的时间。因为人员所受的累积剂量是随着时间的延长而增加的，即照射量与受照时间成正比。照射量=照射量率×时间。控制受照时间的方法：①提高操作源的熟练程度，事先做好充分准备，减少在辐射场的工作时间；②严格遵守规章制度，减少在辐射场不必要的停留时间；③当遇到意外事故时，要及时离开辐射场，不了解现场的辐射水平，不要盲目进入；④若捡拾到放射性物质，要尽快使其与人分离；⑤如果源的活度大，又没有其他防护办法，可采用几个人轮流操作的办法，缩短照射时间。

2）控制距离

就是增大人体与放射源之间的距离。离放射源越远，所受的照射量就越小。对点状源（可把放射源看作一个点）来说，距离增加 1 倍，照射量率可降到原来的 1/4，即与距离的平方成反比。其简单公式为

$$\frac{X_2}{X_1}=\frac{R_1^2}{R_2^2}$$

式中，R_1 为原来距离；R_2 为改变后的距离；X_1 为原距离处的照射量率；X_2 为改变距离处的照射量率。

根据点状源的这一原理，可采取远距离操作放射源达到防护目的。对于毫居里级的放射源，这是十分有效的办法。在进行工作时，要先按放射源的活度，需要接触时间和剂量限值，算出安全距离，然后运用长柄工具或远距离操作机械加大人与放射源的距离。操作较弱的放射源，常用的工具和机械有长柄钳、镊子等；操作较强的放射源可用机械手、自动化的遥控设备等。

应当注意的是，照射量率与距离的平方成反比的关系仅适用于点状源。这个关系与放射源的大小、几何形状及离放射源的相对距离都有关系。

3）增加屏蔽

为了使工作人员减少所受辐射剂量，在放射源和操作人员之间放置防护屏蔽。屏蔽的材料和厚度要根据所需屏蔽的辐射的性质和强度来决定。若屏蔽 γ 射线和 X 射线，用铸铁、铅或混凝土；对 β 射线最好用两种材料，靠近源的部分用有机玻璃、铝等，以减少轫致辐射的产生，外面用铅、铁等材料；对于中子则要用含氢丰富的水和石蜡等。

对不同射线，防护措施是不同的。选择屏蔽材料时还要注意经济性，屏蔽体不要过于笨重。结构设计时，不能留有射线可以直接通过的空洞、缆沟和缝隙。

2. α 射线的防护

α 粒子的射程很短，以 5 MeV 的 α 粒子为例，在空气中的射程是 3.5 cm，一张普通的纸就可完全阻挡住，在身体组织内的射程只有 45 μm。若放射性物质沾到皮肤上，皮肤的角质层可吸收 α 粒子的能量，但 α 粒子进入体内，则可能产生较强的内辐照，直接伤害机体组织。α 放射性核素都是极毒类，体内最大容许积存量只有 150 Bq。因此，α 放射源的操作必须小心谨慎，切勿弄坏源表面，以免放射性物质散落出来，造成内照射。

伴随 α 衰变还有 β 辐射和 γ 辐射时，应按防护 β 辐射或 γ 辐射的方法处理。

3. β 射线的防护

β 粒子的穿透能力与其能量有关，β 粒子能量小于 100 keV，其在空气中的射程不到 10 cm，在水中或组织中则不到 0.15 mm。对于低能 β 粒子的外照射防护很简单，但是对于能量较高的 β 辐射则要引起足够的重视。

图 7-6 给出了不同能量的 β 粒子在铝、铜、铅、有机玻璃、玻璃和水或组织中的减弱曲线。若用这些材料作屏蔽，可从图中直接查出所需要的厚度。

根据经验，当用玻璃、铝、有机玻璃及其他轻质材料来防护 β 粒子时，若这些材料的厚度（以 mm 为单位）等于 $2E_\beta$，安全即可保证。E_β 是 β 粒子的最大能量，以 MeV 为单位。

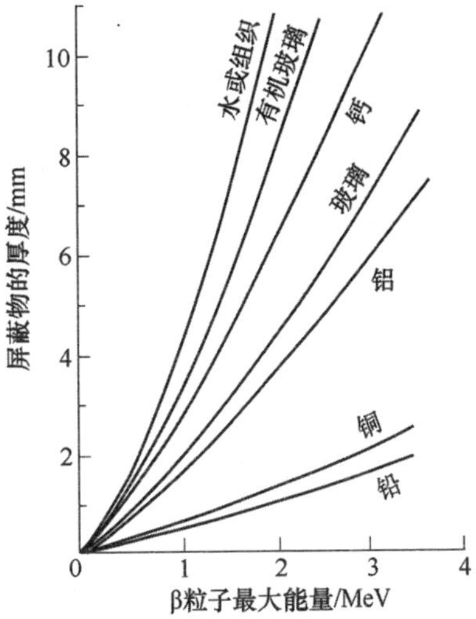

图 7-6 β 粒子全部吸收所需的厚度

为了阻挡某种能量的 β 粒子所需要的屏蔽体的厚度随其密度的增加而减少，见图 7-6。但是，轫致辐射随着屏蔽材料的原子序数的升高而增加。对一个最大能量为 1 MeV 的 β 源，用铅（原子序数 Z=82）作屏蔽材料时，β 粒子由轫致辐射损失的能量约为 3%，而用铝（Z=13）时，下降到约为 0.4%。β 粒子能量转换到轫致辐射的份额为

$$F=3.33\times10^{-4}ZE_\beta$$

式中，E_β 为 β 粒子能量，MeV；Z 为屏蔽材料原子序数。

因此，对 β 放射源的防护，一是要防止最大能量的 β 粒子；二是要减少轫致辐射的产生；三是采取措施屏蔽轫致辐射和伴随 β 衰变的可能的 γ 辐射。可以采用复合屏蔽的办法，先用低原子序数的吸收体阻止 β 粒子，然后用高原子序数的吸收体减弱轫致辐射。计算表明，用塑料作为第一层屏蔽后产生的轫致辐射比直接用铅减少一个数量级。

在操作强 β 放射源时，要注意不要让手或身体的其他部位直接暴露在放射源的辐射场中，更不要用眼睛在近处直接观察，β 粒子可能伤害眼睛的玻璃体。因此，在操作 β 放射源时，要用有机玻璃板防护，透过有机玻璃观察放射源，用长柄镊或坩埚钳操作放射源。

4. γ 射线的防护

γ 射线在通过介质时的穿透能力比 α 射线和 β 射线强得多，γ 放射源在工业上和实验中应用很广泛。

γ 射线吸收是一个指数减弱过程，可以选取一个合适的屏蔽厚度，使 γ 射线引起的剂量降低到可接受的水平。

利用减弱倍数和半厚度值法可以简便地估算屏蔽材料的厚度。

5. 中子的防护

中子像γ射线一样，是一种具有高穿透本领的辐射。中子比γ射线对生物体有更大的危害。中子防护屏蔽主要是对快中子，而快中子的减弱是不容易的。从同位素中子源放射出的中子几乎都是快中子。

中子防护的原则是对快中子减速，对减速了的慢中子吸收。

减速剂的选择。低原子序数元素是理想的中子减速剂。因此，含氢丰富的水、塑料和石蜡以及铍和石墨是通用的中子屏蔽材料。

（1）石蜡。石蜡中含氢原子的比例大，对中子有较好的慢化、吸收效果。它又具有一定的结构强度，能按防护的需要加工成多种形状的屏蔽物，而且运输方便，价格便宜。

（2）水。水含氢原子量大，对中子有较好的屏蔽作用。在室内常用水来屏蔽中子。由于水易结冰，不宜在室外使用。

常用屏蔽材料中的含氢量见表7-18。

表7-18 常用屏蔽材料中的含氢量

材料	化学式	单位体积的氢原子数/（原子/cm^3）
水	H_2O	6.7×10^{22}
石蜡	$\left[CH_2 \right]_n$	8.15×10^{22}
聚乙烯	$\left[CH_2—CH_2 \right]_n$	8.3×10^{22}
聚氯乙烯	$\left[CH_2—CHCl \right]_n$	4.1×10^{22}
有机玻璃	$\left[C_5H_8O_2 \right]_n$	5.7×10^{22}
石膏	$CaSO_4\cdot 2H_2O$	3.25×10^{22}

（3）聚乙烯和聚氯乙烯。它们的分子量很大，如聚乙烯分子量为18 000～20 000，它们单位体积中氢原子数比水、石蜡都高，慢化中子更有效。它们也便于加工和运输，化学性能也较稳定，只是价格较高。

（4）混凝土。上述几种材料对纯中子源或γ射线不强的中子源，是比较理想的屏蔽材料。但对伴有γ射线很强的中子源，如镭-铍中子源，既需要防护中子照射，又必须同时防护γ射线的照射，单用上述材料，就达不到防护的目的了。因为混凝土既含有较多的重元素，又含有较多的轻元素，因而既能慢化中子，又能很好地屏蔽γ射线。所以屏蔽如镭-铍中子源时，混凝土是较好的材料，而且价格便宜，可做成固定性的屏蔽物。

吸收剂的选择。对吸收剂的要求是在捕获吸收中子时，放射出来的粒子能量小，而且容易被阻挡、被吸收。但是多数情况下，当捕获中子时，所放出的辐射能量均在6 MeV左右，如表7-19所示。如果用这类材料，需另加γ防护。锂、硼和氢是符合吸收剂要求的材料，热中子吸收截面大，锂和硼分别为$71\times10^{-28}\ m^2$和$759\times10^{-28}\ m^2$，而且放出γ射线能量低。锂俘获中子时释放的γ射线很少，可以忽略。而硼俘获中子后释放0.5 MeV γ射线，易被吸收。氢释放的γ射线能量较低，并可用作吸收剂。

表 7-19 (n, γ)反应释放γ光子的能量

元素	H	Be	C	Na	Al	Fe	Cl	^{206}Pb	^{207}Pb
光子能量/MeV	2.2	6.8	4.9	6.3	7.7	7.6	7.5	6.7	7.4

单用一种材料不能提供满意的防护效果，通常是把减速剂和吸收剂组合在一起做成防护屏，如用含 2%硼酸的水溶液或含 2%硼砂的石蜡。

第十节 辐射防护大纲

为实现可合理达到的尽可能低的原则，必须制定和建立一个最优化的辐射防护大纲。最优化的辐射防护大纲包括：辐射安全组织、安全教育与训练、设施设计、职业照射与公众照射控制、个人防护设备、辐射监测、人员健康管理和应急预案等。

一、辐射安全组织

辐射安全组织的形式及规模与其所从事工作的相对危险程度有关。对放射性物质操作量和所用辐射源活度很小的单位，可以不必设置专门辐射安全人员，而由兼职人员管理，并请有经验的辐射安全人员定期进行检查。对操作大量放射性物质和使用强辐射源的单位，应配备专职辐射安全人员并设置相应的辐射安全机构。对操作大量的、危险性大的和情况多变的辐射源或放射性物质的单位，还应设置辐射安全委员会，任何可能影响辐射安全的工作，均应经过辐射安全委员会讨论并提出意见，再报主管领导批准。在辐射安全机构中，除主管领导及专业人员外，为确保辐射源的安全，还应有保安部门以及其他相关部门人员参加。

二、安全教育与训练

单位领导负有保护工作人员使其免受不必要照射的职责。领导必须在人员、时间、计划与经费等方面予以保证。工作人员有知情权，领导应保证工作人员了解辐射危害的情况及辐射防护与安全措施。

国家对从事核安全关键岗位工作的专业技术人员实行注册核安全工程师制度。

有关法律、法规及标准都已对注册核安全工程师及放射工作人员培训的要求、内容、时间等作了相应规定。

三、设施设计

设施的正确设计是保证辐射安全的基础，当然，良好的设计不可能完全消除辐射照射和污染事故，但能够在很大程度上减小事故发生的可能性。合适的设施设计也能有效地降低不必要的照射。设施的设计必须遵从辐射防护最优化的原则。

在具体设计时，应考虑各个方面、各种类型的要求及它们的特点主要有：各种设备和系统的设计；各种设施的用途及布置；屏蔽设计、屏蔽方案及屏蔽材料的选择；辐射安全装置；放射源及放射性“三废”的安全与处置以及它们对人员的照射；送风及排风系统的设计等。

四、职业照射与公众照射控制

除在前几节已介绍了控制照射的基本原则与基本方法外，也应重视并全面、科学地进行辐射安全管理方面的工作，为保证剂量限值及剂量约束值的实施所应采取的技术路线与技术方案；成文的各种操作工艺与操作步骤；各种安全规章制度；监督区与控制区的划分及辐射警告及危险标志；必要时需设置的各种音响灯光报警设施等。

五、个人防护设备

为了达到辐射防护的目的，除从工程上、设备上、管理上采取相应的措施外，正确使用个人防护用具也是非常重要的防护手段。供从事放射性工作使用的防护用具，不但应满足一般劳动卫生要求，而且必须满足辐射防护的特殊要求。因此，安全防护部门必须详细地了解个人防护用具的性能和适用范围，并根据作业现场主要危害因素的特点，为操作者选择合适的个人防护用具。

个人防护用具主要用于防止放射性物质（或有毒有害物质）进入体内或污染体表。有些防护用具（如面罩、眼罩、铅橡胶围裙、铅橡胶手套等）对防止贯穿能力弱的 β 辐射、能量低于几十千电子伏的 γ 射线和 X 射线，有一定效果，但对能量较高、贯穿能力较强的辐射无效。个人防护用具要用易于去污的材料制作，必要时也可用一次性用具。

六、辐射监测

剂量和辐射监测已在相关章节作了介绍，应认识到，内外照射个人剂量的监测是整个监测的基本组成部分；工作场所、环境及流出物的监测是整个监测的重要组成部分。剂量和辐射监测应达到的目的是：①提供辐射场的空间和时间分布。及时发现情况变化引起的过高的辐射场。②提供估算对人产生的剂量所需的数据。③提供辐射类型和核素资料。④提供放射性物质在物体表面、空气和液体中弥散的资料。

在监测过程中，必须注意数据的收集，监测的质量保证体系，辐射安全分析及评价等。

七、人员健康管理

人员健康监督与其他职业大体相同，都执行《中华人民共和国职业病防治法》有关规定。其目的是保证工作人员的健康，以满足工作要求并尽早发现因职业因素对人的可能危害。工作前的医学检查主要是评价总的健康状况以及获得基础数据。除定期的职业体检外，当工作人员脱离放射工作时也应作一次职业体检。医学记录必须完整地保留。放射工作人员的健康档案与个人剂量档案应当长期保存。

八、应急预案

任何人类实践活动都存在着发生事故的可能性，因而，必然存在相应的事故应急问题。核设施运行过程中，不可能完全杜绝辐射源事故或具有概率性质的事件或事件序列（包括设备故障和误操作）的发生。核设施发生事故或事件，使场区内外的某些区域处于紧急状态的情况称为核应急状态（简称为核应急或应急），泛指有必要启动应急响应预案的任何状态。

我国核事故应急管理的方针是“常备不懈，积极兼容，统一指挥，大力协同，保护公众，保护环境”。

必须预先做好应对核事故发生的周密计划和准备，确保能随时作出迅速有效的应急响应。核应急工作应尽可能地与有关组织的日常业务有机结合，使应急工作得以落实，避免重复投入和浪费。应急准备与响应由政府统一组织和指挥，有关组织和人员不得各行其是，必须明确职责，密切配合，协调一致。在应急准备和响应的全过程中，应采取各种有效措施，确保公众和应急工作人员的安全，避免或减轻辐射损伤和其他损失，尽快消除事故后果，将损失减小到最低限度。

第八章 辐射监测基础

引 言

辐射监测是辐射防护的重要组成部分，一般指为估算和控制工作人员和公众所受辐射剂量而进行的测量。辐射监测一般包括监测的设计（计划的制订）、测量（分析）技术的应用（测量的实施）以及测量结果的解释等环节。各种放射性核素产生的射线只能通过各类辐射探测仪器进行测量。

辐射监测的对象主要是人与环境，可分为四个方面：个人监测、工作场所监测、流出物监测与环境监测。个人监测和工作场所监测依据监测目的不同，又可分为常规监测、操作监测和特殊监测。

第一节　辐射探测技术

辐射是无法直接由感觉器官听到、看到、感觉到、闻到或尝到的，必须采用专门的辐射探测器进行测量。根据辐射探测器（以下简称探测器）工作介质以及发生效应的不同，探测器可分为气体电离探测器（以下简称气体探测器）、闪烁探测器和半导体探测器等几种类型。气体探测器是利用带电粒子在气体介质中的电离现象，通过收集气体中的电离电荷来记录射线的探测器。闪烁探测器是利用核辐射与某些透明物质相互作用时，使其电离和激发而发射荧光的原理来探测核辐射的。半导体探测器实际上是以半导体材料作为探测介质的固体电离探测器。

一、辐射探测技术的发展

核辐射探测器研究从开始到现在经历了一百多年的历史。19 世纪末 20 世纪初是核辐射能开始被发现的时期，当时主要使用了空气电离室、硫化锌闪烁体和照相底片等探测器技术。20 世纪 30 年代前后出现了与核物理实验相关的加速器，从此开始了线性放大器、脉冲计数器、G-M 计数器、正比计数、云雾室和磁谱仪等的研制。20 世纪 40 年代主要研制了与发光现象有关的闪烁读数器和光电倍增管。在辐射探测领域，最早出现的探测器是气体探测器，随着技术的发展，到 20 世纪 50 年代前后出现了一种新型的 NaI（Tl）闪烁体探测器，NaI（Tl）闪烁探测器的商品化使 γ 射线能量测量成为一般实验室均能做的常规实验。到 20 世纪 50 年代末，又设计了火花室，特别是流光室得到了很快的发展，并出现了利用 Ge、Si 反向 P-N 结探测带电粒子的半导体探测器。

20 世纪 60 年代以后半导体探测器的发展使探测系统发生了显著的变化，它在轻粒子谱仪、X 射线、γ 射线和带电粒子领域得到了广泛的应用。Si 探测器、Si（Li）探测器，以及 Ge（Li）探测器和高纯锗（HPGe）探测器等半导体探测器迅速发展，成为核物理、粒子物理学科使用的主要探测器。其中，离子注入 Si 探测器具有波形响应好、时间响应快、线性输出电流大、动态范围宽等优点。以上这些探测器都对核技术的应用以及核试验的进行作出了重大贡献。相较于其他材料，半导体材料有其独有的优势，使其十分适用于电离辐射的探测领域。同时，半导体材料特别是硅基材料被广泛用于制备其他具有放大功能的微电子集成电路和电子元器件。被用以制造这些集成电路和电子元器件的工艺同样可以用来制备探测器，使得外围电路与探测器的集成成为可能。

从 20 世纪 80 年代开始，半导体加工工艺技术突飞猛进，同时许多新型的半导体探测器也得到大力发展。20 世纪 90 年代至今，随着科学技术的发展，HPGe 探测器不断智能化以及碲化镉（CdTe）、碲锌化镉（CdZnTe）半导体晶体生长技术不断改进，制备出了各种类型和各种结构的探测器。硅光电探测器又开发出了线性阵列和硅雪崩光电二极管（avalanche photodiode，APD）阵列，从而使核辐射探测器和核探测技术在核科学、核能利用、天体物理学、天文学、宇宙物理、工业自动化、国家安全检查（自动行李检查、自动集装箱检查）、反恐、反毒缉毒、核医学影像和对环境有毒有害元素的监测等领域得到了广泛应用。

二、气体探测器

气体探测器是核科学技术中最早使用的探测器之一，它在早期的核物理发展中起了重大作用。由于气体探测器结构简单、使用方便，可制备成各种各样较大型的电离室，因此在工业上，如料位计、核子秤、厚度计等中，得到了广泛应用。在宇宙射线探测方面，如气体闪烁正比计数器安装在火箭和人造卫星上用来探测宇宙 X 射线；另外气体探测器还可应用于荧光 X 射线谱仪测量，元素特征 X 射线测量、环境放射性测量、核医学测量等。此外，球形电离室、重离子电离室等新产品相继研制成功，备受人们重视。

1. 探测原理

1）气体的电离

气体探测器是内部充有气体，两极加有一定电压的小室，不同的气体探测器小室的形状结构有较大差别。

入射带电粒子通过气体时，使气体分子电离或激发，在通过的路径上生成大量的离子对——电子和正离子。入射粒子直接产生的电离叫作初级电离或直接电离。电离后产生的电子和正离子叫作次级粒子，如果它们具有的能量较大，足以使气体产生电离，那么这种电离叫作次级电离。电子只要有很小的能量就能产生电离，所以引起次级电离的主要是电子。通常把能够引起次级电离的初级电离电子叫作 δ 电子。

带电粒子在气体中产生一对电子和正离子，所需的平均能量称为该气体的平均电离能，以ω表示。若能量为 E_0 的入射粒子在气体中总共产生了 N_0 对离子对，则产生一对电

子正离子所需的平均能量（电离能）为

$$\omega = \frac{E_0}{N_0}$$

实验表明，对于不同能量的同种粒子，或不同种类的粒子在同一种气体中的电离，其粒子的平均电离能都很相似，大多在 30 eV，大于原子的电离电位 1 倍左右。这是因为一部分能量消耗仅使气体分子激发而没有产生电离的缘故。

在激发作用中，被激发的原子有以下三种可能的退激方式。

（1）发射光子。发射波长接近紫外光的光子，这些光子可能在周围介质中打出光电子或被某些气体分子吸收而使分子分解。

（2）发射俄歇电子。原子退激的能量直接转移给自身的内层电子使电子脱出，这种电子称为俄歇电子。内层电子的空位在很短时间内（10^{-13} s）为外层电子所填充，在填充过程中发射特征 X 射线。

（3）亚稳态原子。由以上两种辐射方式受激后，在 10^{-9} s 内完成退激，但某些受激原子不能自发地退回基态，只有当它与其他粒子发生非弹性碰撞才能退激，这种原子的寿命较长，一般为 10^{-4}～10^{-2} s，称为亚稳态原子。

2）电离生成的电子和正离子在气体中的运动

电离产生的电子和正离子从入射粒子俘获动能，它们在气体中运行并与气体分子碰撞，其结果会发生如下的物理过程：

（1）扩散：在气体中电离粒子的密度是不均匀的，电离处密度大。电子和正离子从密度大的地方移向密度小的地方。由气体动力学可知，温度越低，气压越高，扩散进行得越慢。

（2）吸附：电子在运动过程中与气体分子碰撞时可能被分子俘获形成负离子。每次碰撞中电子被吸附的概率称为吸附系数，用 h 表示。h 大（$h>10^{-5}$）的气体称为负电性气体。气体探测器应使用 h 值小的气体，并使负电性气体的含量降到最低。

（3）复合：电子与正电离子相遇或负离子与正离子相遇能复合成中性原子或中性分子，电子和正离子复合这一过程称为电子复合。

（4）定向漂移：探测器外加有一定的电压，因此在探测器气体空间形成了电场，电子和正离子在电场作用下分别向正负电极方向运动，这种定向运动叫作定向漂移。

3）被收集的离子对数与外加电场的关系

气体探测器是收集核辐射在气体中产生的电离电荷来探测核辐射的，为了有效地收集电荷，必须在气体电离空间加电场，即在探测器上设置两个电极——高压电和收集电极。在电极上加电压形成电场，使电子、正离子沿电场方向分别向两极定向漂移。

设带电粒子在气体探测器的有效气体空间形成 N_0 个电子-正离子对（初级电离），收集电极所收集的离子对数（以下简称离子对数）N 与外加电压的关系如图 8-1 所示，图中划分为五个区域。

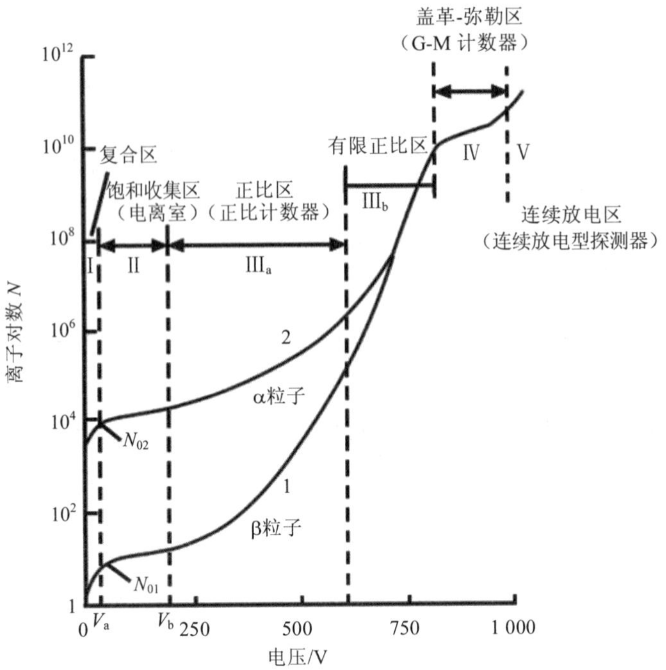

图 8-1　收集的离子对数 N 与外加电压的关系

区域 I 是复合区。外加电压很小，离子漂移速率很小，扩散和复合效应起主要作用。由于复合，电极上收集到的离子对数小于初级电离数 N_0。也就是说。在这个区域收集到的只是部分电离粒子，因此电荷数少。α 粒子曲线 2 能量大于 β 粒子曲线 1，因为 α 粒子所产生的初级电离粒子多，所以曲线 2 高于曲线 1。

区域 II 是饱和收集区。随着外加电压的增加，被收集到的初级电离数 N_0 也增加，当外加电压到某一定值 V_a 时，复合效应消失，初级电离数 N_0 被全部收集并达到饱和。在电压 V_a 和 V_b 这一范围称为饱和收集区，在这一区域内被收集到的电荷饱和值 $Q_0=N_0e$，它只与入射粒子的种类和能量有关，电离室工作在这个饱和收集区。

区域 III_a 为正比区。外加电压超过 V_b 后，这时外加电场的电场力使电子加速而获得能量，被加速的电子进一步引起电离，即可产生次级离子对，使总离子对数大于初级电离数 N_0，因而收集到的电荷 Q（Ne）$>Q_0$（N_0e），这种现象叫作气体放大，其比值 $N/N_0=M$，叫作气体放大倍数。收集电极收到的电荷数 $Q=Ne=MN_0e$，正比于初级电离数 N_0，也就是正比于入射粒子的能量。随着外加电压增加，M 值变大，保持这一关系的区域叫作正比区，工作在这一区域的探测器称为正比计数管。

区域 III_b 为有限正比区。次级离子对数目的增加并不是无止境的，当气体放大倍数 M 较大时，由于产生的大量离子对中的正离子漂移速度很慢，滞留在气体空间而形成空间电荷，它们所产生的电场部分地抵消了外电场，限制了次级电离的增长，这就是所谓的空间电荷效应。该效应使气体放大倍数 M 随 N_0 而变化，收集到的电离数 N 偏离与 N_0 呈正比关系，这个区域称为有限正比区。

区域Ⅳ为盖革-弥勒区。外加电压继续增高到某个值，次级电离的作用越来越大，到正离子形成的空间电荷区足以把整个探测器有效区的电场降低到不能再产生电离时，这时倍增过程自抑，而初级电离仅起一个点火的作用，电流在电压加到某一值后开始激增形成自激放电，收集到的总电荷将成为一个与初级电离 N_0 完全无关的常数，即与入射粒子的能量无关。雪崩效应是由于初级电离产生的电子在电场的加速下向阳极运动，同时获得能量，当能量增加到一定值时，又可使气体分子电离产生新的离子对，这些新离子对中的电子又在电场中被加速再次发生电离碰撞而产生更多的离子对。由于阳极附近很小区域内电场最强，则此区间内发生电离碰撞概率最大，从而倍增出大量的电子和正离子。

区域Ⅴ为连续放电区。外加电压继续增加，电极收集到的电离粒子数 N 再次急剧增长，这就是气体连续放电区，高压升至连续放电区，会产生连续放电——击穿效应，会损坏探测器。

综上所述，在不同区域内的探测器，电离粒子与气体分子的作用机制不同，输出信号的性质也不同，从而可将它们分为电离室、正比计数器、G-M 计数器和连续放电型探测器等四类气体探测器。

2. 常见气体探测器

1）电离室

电离室有两种类型。一种是记录单个辐射粒子的脉冲电离室，主要用于测量重带电离子的能量和注量率。按输出回路的参量，脉冲电离室又可分为离子脉冲电离室和电子脉冲电离室。另一种是记录大量辐射粒子平均效应的电流电离室和累计效应的累计电离室，主要用于测量 X 射线、γ 射线和 β 粒子的注量率或通量、剂量或剂量率。它是剂量监测和反应堆控制的主要探测器。电离室探测器不能用于 γ 能谱的测量。

2）正比计数器

气体探测器工作于正比区时，在电离粒子收集的过程中将出现气体放大现象，即被加速的原电离电子在电离碰撞中获得的动能足以使介质气体的原子分子产生新的电离。于是在收集电极上感生的脉冲幅度 V_∞ 将是原电离感生的脉冲幅度的 M 倍，即

$$V_\infty = -\frac{MNe}{C_0}$$

式中，M 为气体放大系数；N 为原电离离子对数；C_0 为两电极间的电容；e 为单位电荷；负号表示负极性脉冲。

处于这种工作状态下的气体探测器就是正比计数器。与电离室相比，正比计数器有以下优点：

（1）脉冲幅度较大：比电离室脉冲大 10^2～10^4 倍，因此不必用高增益的放大器。

（2）灵敏度较高：对于电离室，原电离数目必须大于 2 000 对才能分辨出来，而正比计数器原则上只要有一对离子就可被分辨。因此，正比计数器适合于探测低能或低比电离

的粒子，如 β 粒子、X 射线和 γ 射线以及高能快速粒子等，探测下限可达 250 eV。

（3）脉冲幅度几乎与原电离的地点无关。

3）G-M 计数器

G-M 计数器，因其发明者盖革（Geiger）和弥勒（Muller）而命名，称为盖革-弥勒（G-M）计数器（常简称为盖格计数器）。G-M 计数器工作在图 8-1 中的Ⅳ区，工作电压比较高，中心阳极丝附近具有非常强的电场，只要有电子出现（电离辐射引起的电离或其他原因），电子在电场作用下向阳极漂移过程中获得越来越大的能量，就会引起气体分子雪崩式电离。从 G-M 计数器的放电过程可见，初级电离对输出脉冲的贡献很小，放电过程形成的正离子鞘所带的电荷 Q 起主要作用。电压脉冲的最大幅度 V_∞ 取决于正离子鞘上的总电荷 Q，与原初电离无关。当输出回路时间常数 $\tau = R_0 \cdot C_0$ 充分大时，输出的脉冲最大幅度为

$$V_\infty = \frac{Q}{C_0}$$

式中，C_0 为两电极间的电容。

G-M 计数器输出脉冲幅度可达几伏。

G-M 计数器的主要性能指标有坪曲线、探测效率、寿命、死时间和恢复时间等。G-M 计数器的死时间较长，不适宜在强辐射场中工作，因为这时的漏计数十分严重，甚至会发生“阻塞”现象。但 G-M 计数器的灵敏度高，适合于低辐射水平的测量。

三、闪烁体探测器

带电粒子或 γ 射线入射到闪烁体内，使闪烁体内的原子（分子）电离、激发，在退激过程中发光，人们通常称其为荧光。从 1903 年利用荧光现象观察由放射性引起的闪光现象算起，闪烁探测器的出现至今已有一百多年的历史。在早期的核物理实验中，人们曾通过显微镜用肉眼直接观察 α 粒子击中荧光板发射的荧光，20 世纪 40 年代采用光电倍增管探测荧光，利用光电效应由荧光打在光电倍增管的光阴极上产生光电子，经放大成为电脉冲信号来记录核辐射的信息。为适应不同领域应用的要求，经过几十年的发展改进，如今闪烁体探测器已是各种类型的闪烁体与多种光探测器件的组合。可探测带电粒子或不带电的中性粒子（如中子、γ 射线），可满足快时间响应、高探测效率、大面积灵敏度高、能量分辨率高和位置分辨率好等不同的物理要求，经过不断发展已成为目前应用最广泛的核辐射探测器之一。

闪烁探测器的主要组成部分有闪烁体、光学收集系统、探测光的光电器件（光电倍增管、半导体光电二极管），以及给光电倍增管各电极供电的分压器（光电倍增管的前置放大器或半导体光电二极管的前置放大器）。它们被封闭在一个不透明的外壳里，统称探头。

1. 探测原理

利用某些物质在核辐射的作用下会发光的特性来探测辐射，这些物质称为荧光物质或

闪烁体，光电器件将这些微弱的闪烁光转变为光电子，光电子经过多次放大输出一个电脉冲。

入射粒子进入闪烁体中，使原子或分子激发，受激原子在退激过程中发出荧光，光子穿过闪烁体，通过光耦合剂和光导，一部分打在光电器件的光阴极上产生光电子，然后经光电倍增管各倍增电极倍增放大，经阳极输出便产生一个电脉冲信号。闪烁探测器的工作过程，也就是入射粒子的能量转变为输出电脉冲的过程，可以分为以下四个阶段。

（1）粒子进入闪烁体，使闪烁体的原子或分子激发和电离，粒子损失能量。设入射粒子的能量为 E_0，若全部损失在闪烁体，则闪烁体内吸收能量 $E=E_0$，若入射粒子仅损失一部分能量，则闪烁体吸收能量 $E<E_0$。

（2）受激发或电离后又复合并处在激发态的原子和分子在退激过程中大部分发射光子，这对探测是有用的，其余部分不发射光子而是将能量转化为晶格振动或热运动的动能，这部分能量是探测不到的。

（3）光子产生后，一部分穿过闪烁体和光导入射到光电倍增管的光阴极上，另一部分会被吸收或散射而不能到达光阴极。

（4）光阴极将光子转换为光电子，光电子经多级倍增极倍增放大，最后在阳极（收集极）形成电脉冲。

2. 液体闪烁探测器

液体闪烁的基本过程：放射性核素在包含溶剂和受激荧光源（闪烁体）的液闪混合液中耗散其衰变能（如 β 粒子能量）。只有芳香环结构的溶剂吸收大部分 β 粒子的能量，受激溶剂分子的能量随后传递给闪烁体分子，闪烁体分子再退激发射可见光光子，光子被光电倍增管探测后，转换为电子流，电子流被放大为电流脉冲被记录。液体闪烁过程通常伴随有化学淬灭、浓度淬灭和颜色淬灭。

液体闪烁探测器的优点：探测器（闪烁液）与被测样品“零”距离接触，无射线衰减，所以对低能辐射体有较高的探测效率；适合少量溶液的测量；容易实现数据分析自动化；对低浓度敏感，可以测量低活度样品。

液体闪烁探测器特别适合于发射低能纯 β 射线的 ^{3}H 和 ^{14}C 等放射性核素的测量。在液体闪烁探测中，待测样品一般为样品和闪烁液的混合体系，而闪烁液的主要成分包括溶剂和闪烁体，常见的闪烁体有：2,5-二苯基噁唑（PPO）、2-（4-联苯基）-5-苯基-1,3,4-噁二唑（PBD）、1,4-双（5-苯基-2-噁唑基）苯（POPOP）、2-（1-萘基）-5-苯基噁唑（NPO）和 2-（4-联苯基）-6-苯基-苯基苯丙噁唑（PBBO）。

3. 固体闪烁探测器

固体闪烁的基本过程：电离辐射（如 α 粒子、β 粒子、重带电粒子、X 射线或 γ 射线）被某些无机或有机晶体材料吸收，导致固体吸收材料中发射出可见的闪光。非直接电离的中子辐射也能在特定的固体闪烁体中产生闪光，从而可用来测量和探测中子。

固体闪烁探测器通常由闪烁体、光电倍增管、多道分析器（测量 γ 能谱时）和相应的信号处理电路组成；其中，闪烁体分为无机闪烁体和有机闪烁体。无机闪烁体是在某些无机盐晶体中掺入少量激活剂制成。常用的无机闪烁体有以铊（Tl）作激活剂的碘化钠 NaI（Tl）、碘化铯 CsI（Tl），以银作激活剂的 ZnS（Ag）。有机闪烁体大部分是芳香族碳氢化合物，如蒽（$C_{14}H_{10}$）、萘（$C_{10}H_8$）和塑料等。固体闪烁体中，NaI（Tl）和 $LaBr_3$ 可用于制作 γ 谱仪。

四、半导体探测器

1. 探测原理

用于射线测量的探测器有一个共同的工作原理，就是射线被探测器阻止或吸收而损耗能量，并由这部分能量来产生信号。

半导体探测器的工作原理与气体探测器类似，都是用载流子在外电场作用下发生定向漂移运动而产生输出信号，气体探测器利用的是电子-离子对，半导体探测器是利用电子-空穴对。因此，半导体探测器又称为固体电离室探测器，不同的是用半导体（如硅、锗等）取代了气体探测器中的气体。在气体电离室中射线使气体电离形成可移动的电子和正离子（产生一个可移动的电荷需要约 30 eV 的能量）。在半导体中产生 1 个电子-空穴对所需的能量与半导体的禁带宽度 E 有关。产生 1 个电子-空穴对所需要的能量在硅中为 3.60 eV，在锗中为 2.95 eV。

在反向偏压下，半导体 P-N 结形成一个具有一定厚度的耗尽区，当射线入射到耗尽区时，射线和物质相互作用，产生电子-空穴对。电子与空穴在耗尽区电场作用下分别向两电极运动，在电极上产生感生电荷从而产生脉冲信号。由于耗尽区的厚度很小，因此极间电场足够强，电子和空穴的复合概率很小，输出的脉冲幅度与射线损耗在耗尽区的能量成正比。

另外，与气体探测器相比，半导体探测器又具有以下独特的优势：

（1）密度大。半导体是固体材料，密度比气体大得多（约 3 个数量级），因此对射线的阻止本领比气体大得多，为探测器小型化提供了条件。

（2）平均电离能小。在半导体中产生一个电子-空穴对所需的能量约为 3 eV，而在气体中产生一个离子对则需 30 eV 左右。入射粒子消耗同样多的能量，在半导体中可以产生更多的电子-空穴对（相差约 4 个数量级），相应形成的脉冲幅度的涨落就小得多。这就是半导体探测器能量分辨率高的原因。

常见的半导体探测器分为三种：PN 结型半导体探测器、锂漂移型半导体探测器和高纯锗半导体探测器。其中，高纯锗半导体探测器对 ^{60}Co 发射的能量为 1.33 MeV 的β射线的能量分辨率好于 2.20 keV 的β射线，优于溴化镧、碘化钠和塑料等闪烁探测器，高纯锗是用于制作 γ 谱仪的最佳探测器材料。

2. 常见半导体探测器

除了高纯锗探测器等常见半导体探测器外，可在室温状态下使用的碲锌镉探测器也具有一定应用前景。实验室常用的高纯锗探测器又分为平面型和同轴圆柱型。平面型高纯锗探测器灵敏区的厚度一般在 5～10 mm，主要用于测量中、高能的带电粒子（能量低于 220 MeV 的 α 粒子、低于 60 MeV 的质子和低于 10 MeV 的电子）和能量低于 150 keV 的 X 射线和 γ 射线。

平面型 HPGe 探测器用于测量中高能 γ 射线时，灵敏区的厚度往往显得不够；因此通常采用同轴圆柱型结构，灵敏体积就可以大为提高。目前，商品 HPGe 探测器灵敏体积可达约 400 cm^3，可以满足能量低于 10 MeV 的 γ 射线能谱测量的需要。

同轴圆柱型 HPGe 探测器有两种基本的几何结构：①双开端同轴即中心孔贯穿整个圆柱体；②单开端同轴即中心孔只占圆柱体轴长的一部分。大部分商品 HPGe 探测器均为单开端。因为这样可以避免为解决前表面漏电需要做的复杂处理。此外当测量能量较低的 γ 射线时，如果前表面是一个薄的电接触层就可以形成一个薄入射窗。但这时电场不再是完全径向的，在一些角落里电场强度较低，影响载流子的收集。为克服此问题，一方面使中心孔的封闭端尽量靠近前表面，另一方面减小前表面的棱角，尽量做得圆滑一些。

同轴圆柱型 HPGe 探测器多由 P 型 Ge 制成，又称为常规电极型同轴锗探测器；也可由 N 型 Ge 制成，又称为倒置电极型同轴锗探测器。

高纯锗探测器应在液氮低温下使用，但可在室温下保存，这也是比 Ge（Li）探测器优越的最主要方面。HPGe 和电子学线路的输入极，包括电荷灵敏放大器的输入极场效应管和反馈元件均应放在真空密封的小室内，并保持在低温状态。

五、其他探测器

1. 热释光探测器（TLD）

某些材料在受到辐射后加热发光，这种特性称为热释光。热释光过程包括两步，第一步，使固体物质在某一温度下接收激发辐射的照射；第二步，中止激发，并对固体物质加热，人们发现，在温度上升过程中，这种固体物质便开始发光，发光强度是温度的函数。利用热释光的积分光输出量与其受照剂量成正比的特性，来测定在环境中或者职业工作人员佩戴期间的累积剂量，评价该点的辐射水平。

热释光探测器可用于测量 α 射线、β 射线、γ 射线、中子和 X 射线。

2. 光致发光（OSL）探测器

某些材料在接收到辐照后，光照时能激发出光的特性叫光致发光。OSL 被广泛用作个人剂量计。

发光寿命是选择 OSL 材料和读出定时参数的重要特性。对于 Al_2O_3:C 的研究结果表明：这种材料具有较高的光照灵敏度，具有长时间存活的发光寿命（室温下 τ=35 ms）。

3. 固体核径迹探测器

固体核径迹探测器的基本原理：当重带电粒子（质子以上的）穿过一个绝缘介质时，

可能留下长寿命的损伤痕迹，如果探测器足够薄（横截面为几个微米），这些痕迹可以通过透射电子显微镜（TEM）直接观测，此外，损伤痕迹常被用于对介质进行化学蚀刻并适当的放大之后，用普通的光学显微镜进行观测。

固体核径迹探测器被广泛应用于不同的放射性活度（如氡的测量）和核相互作用场合，其原理简单，材料成本低，探测器尺寸小，在特定情况下可以无限期地保存其径迹记录。这种探测技术不需要额外电子学部分或供电，适合在野外、偏远地点使用。

六、探测器的本底和屏蔽

由于宇宙射线、环境中的天然放射性、探测器材料自身所含放射性和电噪声等的存在，所有的辐射探测器都会产生一些本底信号。这种本底信号随着探测器的大小与类型有显著的差异，也随着探测器周围的屏蔽程度而变化，如在大体积的闪烁探测器中，本底计数率可高达 1 000 cps，而在某些特殊应用中本底计数率不到 1 cps。本底的大小最终决定了放射性核素的最小可探测活度，这对低放射性检测是很重要的。大多数探测器都配置某种程度的外屏蔽，以降低本底实现对低放射性活度的测量。屏蔽的另一个用途是在测量期间实现对实验室内辐射源的隔离。

1. 本底来源

核辐射探测器的本底由辐射本底和噪声本底两个部分组成，辐射本底有以下几类：

（1）探测器本身的构成材料、紧靠探测器放置的辅助设备支撑物、屏蔽物中的天然放射性杂质产生的辐射。

探测器自身结构材料及其周围物质中最重要的天然放射性元素是钾、钍、铀和镭。钾是混凝土和其他建筑材料的组成成分，天然钾中含 0.011 7%的 ^{40}K，^{40}K 的半衰期为 1.26×10^9 年。^{40}K 衰变后约有 89%变成 ^{40}Ca 并放射出能量为 1.314 MeV 的 β 粒子，约有 11%变成 ^{40}Ar 并放射出能量为 1.460 MeV 的 γ 射线，且衰变中还伴随着 ^{40}Ar 因电子俘获而放射出的特征 X 射线，其高能射线常常导致探测器在本底谱上出现一个清晰可辨的 1.460 MeV 的 γ 射线峰。在钍、镭、铀中都包含发射 α 射线、β 射线和 γ 射线混合谱的子体产物。

（2）实验室地面、墙壁或其他建筑物中含有的放射性所产生的辐射。

（3）探测器周围空气中的放射性。探测器周围空气中存在的放射性有氡、钍放射性气体以及空气中的放射性气溶胶和放射性尘埃。在靠近地面的氡、钍放射性气体的典型含量为 3.7 Bq/m^3。大气中的放射性浓度在一天中的不同时段、不同气象条件下，有非常明显的变化。可通过通风将室外新鲜空气用来置换稀释探测室内的空气，且有效过滤进入探测器室的空气，以减少大气中放射性所产生的辐射本底。

（4）宇宙射线的初级和次级成分。宇宙射线与大气相互作用产生的次级辐射也是引起探测器本底信号波动的重要原因之一。来自太阳系的初级宇宙射线是动能极高的带电粒子和重离子，这些粒子和大气相互作用产生一大批各种各样的次级粒子，包括介子、μ 介子、电子、质子、中子，以及电磁性的光子，它们的能量延伸到几百 MeV 的范围，大部分辐射到达地球表面并可在许多类型的探测器中产生本底脉冲。

各种次级成分的硬度即贯穿物质的能力不同，用适中程度的屏蔽就能起到较好的效果。另外，到达地球表面的次级宇宙射线初始方向主要是朝下的，所以在探测器上方的屏蔽是减少宇宙射线产生辐射本底最有效的方法。

（5）与源有关的本底。在 γ 射线谱系中，源的初级 γ 射线与探测器周围结构材料和屏蔽材料相互作用而产生的一些干扰辐射，会造成辐射本底，其主要过程包括初级 γ 射线的康普顿散射以及电子对产生或光电吸收过程发生的次级湮没光子或特征 X 射线，只有移去探测器附近的所有材料才能消除这些效应。因此，对于可能产生这些次级辐射的部位，尤其是辐射屏蔽体的内表面，在设计中必须注意所选用的材料，例如，用薄的低原子序数材料作铅屏蔽衬里以吸收 X 射线。

（6）噪声本底。这种本底主要指电子仪器的噪声、电磁干扰的噪声、探测器的暗电流和噪声、绝缘体的漏电流与击穿、探测器的损伤，以及探测器工作条件参数的选取不当而产生的噪声。

2. 降低本底的方法

1）用屏蔽材料进行屏蔽

常用的低本底屏蔽材料有以下几种：

（1）铅（Pb）。因为铅的密度大（ρ=11.34 g/cm^3），原子序数高（Z=82），所以它是探测器屏蔽结构中使用最广泛的材料。γ 射线能量高达 0.5 MeV 时，铅的光电吸收仍占主导地位，即使来自外部相当硬（穿透力强）的 γ 射线本底源（^{40}K 的 1.46 MeV γ 射线）也能得到有效吸收，铅的密度大，只要几厘米厚就能吸收 90%的 ^{40}K 射线。

（2）水银（Hg）。尽管水银价格较高，但它在低本底计数情况下是有效的屏蔽材料。水银能够通过蒸馏达到高度纯化，因而固有的残余放射性水平很低，它常用在大型 γ 射线屏蔽的最内层，水银在室温下是液体，必须保存在适当的容器中。目前保存水银的容器常用一种有机玻璃（内含放射性本底低的材料）做成，其与探测器外壳紧密配合。水银的密度为 13.54 g/cm^3，比 Pb（11.34 g/cm^3）还大，所以几个厘米厚度的水银作 γ 射线的屏蔽就相当有效，不过水银会升华，且有毒，所以必须慎用。

（3）混凝土。由于混凝土价格低廉，所以常用于实验室和反应堆等的屏蔽结构中，墙体厚达几十厘米至几百厘米，不过其构成中存在 ^{40}K、铀及沉降产物放射性，造成混凝土的放射性水平较高，所以常用于屏蔽体外层，其自身的放射性由内层的铅或其他低放射性屏蔽材料来屏蔽。

（4）钨（W）合金。W 的密度大（ρ=19.38 g/cm^3）、硬度大，因此可加工成各种形状，其 γ 射线的屏蔽性能比 Pb 还好，常用作加速器、核医学仪器、核探针等特殊部位屏蔽部件的专用材料。

2）采用符合或反符合技术来消除本底

（1）通过使用反符合屏蔽消除高能贯穿的宇宙射线，主探测器被另一个或一组探测器（称为屏蔽探测器）所包围，主探测器的输出信号只有不伴随外层屏蔽探测器的符合脉冲时才被记录。

（2）符合计数。如果被记录的放射性同位素同时发射一个以上的可辨别的有符合关系的辐射，那么通过运用符合技术就能有效地降低本底。将两个探测器的信号进行符合计数，许多本底事件将被排除，因为本底事件每次只能在一个探测器内出现。

第二节 个人剂量监测

在辐射防护监测中，较为重要的一项工作是通过个人剂量监测，评价个人的有效剂量、当量剂量或摄入量。个人剂量监测是直接对人实施的监测，包括对外照射、内照射、皮肤污染的监测。

个人剂量监测的目的是估算工作人员主要受照组织的当量剂量和全身有效剂量。通过个人剂量监测数据可以及时了解辐射防护的效能和存在的问题，有利于主管部门指导辐射防护实践，同时为改进操作程序和改善工作条件提供依据，达到有效地控制工作人员剂量水平的目的。

一、外照射个人剂量监测

1. 监测目的

外照射个人剂量监测是实现辐射防护目的的重要环节之一。它是指采用工作人员佩戴的剂量计进行测量以及对这些测量结果作出解释。这种监测的主要目的是对明显受到照射的器官或组织所接受的平均当量剂量或有效剂量作出估算，进而限制工作人员所接受的剂量，并且证明工作人员所接受的剂量是否符合有关标准要求。其附加目的是提供工作人员所受剂量的趋势和工作场所的条件，以及在事故照射情况下的有关资料。此外，外照射个人剂量监测结果经过必要的修正，对于低剂量受照人群的辐射流行病学调查也是有用的。

常规监测用于连续性作业，目的在于证明工作环境和工作条件的安全得到了保证，并证明没有发生需要重新评价操作程序的任何变化。操作监测是当某一项特定操作开始时进行的监测，这种监测特别适用于短期操作程序的管理。特殊监测是在异常情况发生或怀疑其发生时进行的监测。应当根据监测的目的和作用来制订监测计划。

2. 监测对象

外照射个人剂量监测的对象主要是：

（1）在控制区工作，或有时进入控制区工作且可能受到显著职业外照射的工作人员，或其职业外照射有效剂量可能超过 5 mSv/a 的工作人员。

（2）在监督区工作或偶尔进入控制区工作、预计其职业外照射有效剂量在 1～5 mSv/a 的工作人员。

（3）所有从事或涉及放射工作的个人，都应接受职业外照射个人剂量监测。放射工作人员的受照剂量小于 5 mSv/a 时，只需记录个人剂量监测的剂量结果。

3．监测方法

（1）工作人员工作时应佩戴个人剂量计进行个人剂量监测。为了进行剂量控制，有时还应提供一个具有报警功能的电子直读式个人剂量计。

（2）如果辐射场含有大量的弱贯穿辐射（如 β 粒子或能量低于 15 keV 的光子），则浅表个人剂量当量 H_p（0.07）可以与深部个人剂量当量 H_p（10）相比，或明显大于后者；对于这种辐射场而言，剂量计应能够测定深度为 0.07 mm 处的剂量当量。

（3）在打算测定眼晶体所受剂量当量的场合，通常可以依据 H_p（10）和 H_p（0.07）的测定结果，十分准确地评价个人剂量当量 H_p（3）。如果 H_p（10）和 H_p（0.07）低于各自的剂量限值，则人们可以看到，在绝大多数情况下，对于眼晶体而言，H_p（3）的值也将低于剂量限值（150 mSv）。

（4）在大多数情况下，佩戴在人体躯干上的单个剂量计已经够用。对于强贯穿辐射而言，应该把这种剂量计置于预计躯干表面会受到最强照射的位置上。对于主要向躯干正面入射的辐射而言，或预期这种入射是轴对称或各向同性时，该剂量计应佩戴在躯干前面的两肩和腰部之间。用以评估眼晶体所受剂量的剂量计，应佩戴在眼睛附近（如前额或帽子上）。

（5）为了较好地评估在不均匀的辐射场中所接受的有效剂量，工作人员在身体其他部位上佩戴额外的剂量计是有益的。在某些特殊情况下（如在使用像铅围裙之类的防护衣的医疗照射场合），把一个剂量计置于防护裙的里面，并把另一个剂量计置于身体非屏蔽的部位上是可行的。使用这两个剂量计的目的在于测定身体的屏蔽部位和无屏蔽部位所接受的有效剂量。上述两种办法还可以结合起来使用，以便通过使用适宜的算法给出总的有效剂量。

（6）当肢体最大剂量预计至少大于全身表面剂量的 10 倍（肢体当量剂量限值 500 mSv 和全身一年有效剂量限值 50 mSv 之间相差 10 倍）时，应在适当部位佩戴一个或多个肢体剂量计，以测定预计会遭受最高剂量的部位所受的剂量。

4．监测设备

目前在外照射个人剂量监测中，用于监测 β 辐射、X 辐射、γ 辐射最常用的是个人剂量计。早期主要是胶片剂量计，目前主要为热释光剂量计，核电厂同时采用电子直读式剂量计。目前在用的有核乳胶快中子个人剂量计与固体径迹中子个人剂量计。

1）个人剂量计

常用的个人剂量计包括热释光剂量计、光致发光剂量计和荧光玻璃剂量计等，剂量计读出装置根据剂量计的不同而有所不同，如热释光剂量计测量仪和光致发光个人剂量测量系统等。

热释光剂量计常用的材料有 LiF（Mg、Cu、P）、LiF（Mg、Ti）、$CaSO_4$（Tm）、CaF_2、$Li_2B_4O_7$ 等，其中 LiF 和 $Li_2B_4O_7$ 剂量计能量响应好，但灵敏度不够高。光致发光剂量计相比热释光剂量计，是可以多次测量的。

2）测量方法

热释光、光致发光以及光致荧光是当前世界范围内较为常用的三种方法。

二、内照射个人剂量监测

1. 监测目的

根据工作性质、现场条件，应定期对有可能摄入放射性物质的工作人员监测摄入的放射性核素活度，但在任何可疑情况下，还要及时进行针对性的监测。

监测方法大体可分为生物检验、体外直接测量与实物样品测量三类。吸入的放射性物质将按一定规律由体内排出，主要是通过粪便、尿、汗水等排出，尿的测量可以说明已进入血液循环的放射性核素的情况。只要知道代谢参数（或排除规律）就能由排泄物中放射性核素的活度计算出摄入量。生物检验方法对各种辐射的放射性核素均可适用，而且不受体表污染的影响。对于发射 γ 射线或 X 射线的核素可以在体外用较灵敏的仪器直接测量，经过探测效率的修正，可以得出体内现存核素含量。

内照射监测的一般目的是验证和记录工作人员在内照射方面已得到足够的防护，以及防护条件符合法规要求的情况。内照射监测应当在实际工作中内照射危险大小评价的基础上，确定内照射监测要求，并进行监测计划的设计。从管理层面来看，个人剂量监测可分为常规监测、特殊监测和任务相关监测。以下情况一般应进行内照射常规监测：

（1）操作大量气态和挥发性物质，如在大规模生产过程中产生的氚及其化合物；

（2）钚和其他超铀元素的处理；

（3）钍矿开采、选冶和处理以及钍及其化合物的应用；

（4）高品位铀矿石的采矿、选冶和处理；

（5）天然铀和低浓缩铀的处理及反应堆燃料生产；

（6）大量放射性同位素生产；

（7）在氡水平超过行动水平的铀矿和其他工作场所工作；

（8）处理大量碘标记的放射性药物；

（9）可引起裂变和活化产物照射的反应堆维修；

（10）一些新的操作。

2. 监测原则

对于在控制区内工作并可能有放射性核素显著摄入的工作人员，应进行内污染常规个人剂量监测，如有可能，对所有受到职业照射的人员均应进行个人剂量监测，但如果经验证明，内照射剂量不可能超过 1 mSv/a 时，一般可不进行个人剂量监测，但要进行工作场所监测。

3．监测方法

在绝大多数情况下，内照射监测主要采用以下三种方法：

1）直接测量

直接测量是指利用仪器直接测定人体全身或特定器官内的放射性核素的种类及含量。其优点是快速、方便、灵敏，其局限性是只能测定发射γ辐射、高能β粒子的核素（后者是测量由β粒子产生的韧致辐射）、某些伴随特征X射线的α核素。

2）生物检验

生物检验是指对生物样品中的放射性核素进行的测量。其优点是不受辐射类型的限制，即使不发射γ射线、X射线的α核素或低能β核素也能分析。其缺点是一般需要花时间进行样品处理，排泄物样品收集也比较麻烦，测量误差比较大。

3）实物样品测量

实物样品测量是指对从个人空气取样器或固定空气取样器取下的滤样或者表面擦拭样品进行测量分析。

显然，上述直接测量和生物检验法是内照射监测的主要方法，各有其优缺点，须根据实际情况进行选择，最好是两种方法结合起来使用。至于第三种方法，基本上是一种补充性的辅助方法，其确定摄入量的误差较大。

4）监测方法的选择

选择监测方法主要考虑以下几个因素：①所测核素的辐射特性；②污染物的生物动力学行为；③生物学廓清及放射性衰变所致体内污染物特性的改变；④测量频率；⑤测量设备的灵敏度、方便程度。

对于常规监测，如果灵敏度可以满足，一般只用一种测量技术。对于氚，只用尿氚分析即可。对另外一些核素，如钚的同位素，由于测量和数据解释都有一定困难，应结合使用不同的测量方法。特殊监测常采用两种或两种以上监测方法。

从数据解释的准确度考虑，一般来说监测方法的选择顺序是：全身或器官中放射性核素的直接测量、排泄物及其他生物样品分析、空气采样分析。

第三节　工作场所监测

一、工作场所监测的目的及作用

工作场所辐射监测的目的在于保证工作场所的辐射水平及放射性污染水平低于预定要求，以确保工作人员处于合乎防护要求的环境，同时要能及时发现偏离上述要求的情况，以利于及时纠正或采取补救的防护措施，从而防止或及时发现超剂量照射事件的发生。

（1）确认工作环境的安全程度，及时发现辐射安全问题和隐患；

（2）鉴定操作程序及辐射防护大纲的效能是否符合规定要求；

（3）估计个人剂量可能的上限，为制订个人剂量监测计划提供依据；

（4）为辐射防护管理提供依据，也可为医学诊断提供参考资料。

工作场所的监测项目一般包括：外照射剂量率水平监测；α/β 表面污染监测；空气污染监测。

工作场所监测的完整程序包括制订监测计划、就地测量或取样测量、数据处理、评价测量结果、处理与保存监测记录。

二、工作场所的外照射剂量率水平监测

1. 监测目的

辐射工作场所外照射剂量率水平监测目的主要包括：

（1）检查场所外照射控制的效能；

（2）估计个人剂量可能的上限，为制订个人剂量监测计划提供依据；

（3）鉴定操作程序的合理性，控制工作人员在场所内的活动空间与时间。

2. 监测方案

在进行外照射剂量率水平监测前，首先要制定一个监测方案，确定监测对象以及危害因素或可能的危害因素，明确为什么要监测，以及测量何种辐射量。然后，根据监测对象选择适当的监测方法和确定监测周期；最后，确立明确的监测质量保证制度。

总之，在制订工作场所外照射剂量率水平监测计划时，首先要根据工艺或操作的特点，分析辐射的来源和性质及其可能的变化，然后根据辐射防护要求，选择出易于解释和评价的辐射量进行测量。

3. 监测方法

工作场所的外照射剂量率水平监测一般采用固定式监测和移动式监测两种方法。其中，移动式监测通常采用便携式监测仪表直接测量，即采用各种剂量率监测仪表（如 γ 剂量率、中子剂量当量率仪等）直接测量出监测点位上的辐射剂量率水平瞬时值。在测量点上待仪表指示值稳定之后，按一定的时间间隔读取 3～4 次读数，取其平均值。

对辐射变化较大的工作场所，设置一个监测报警系统是十分必要的，它可以及时报警，使工作人员免遭大剂量照射。

工作场所中子的监测是比较困难的，测量应采用具有能量补偿的 BF_3 或 ^3He 正比管等仪表。对于常规监测来说，最好的监测方法是采用中子雷姆仪或中子剂量当量率仪。理想的雷姆计数器应具有各向同性的响应，并且对不同能量中子的注量率与读数的关系恰好相当于一个圆柱体模（ϕ30 cm×60 cm）在垂直均匀中子束照射下，中子注量率和体模内最大

剂量当量率的关系。在所有仪表中，中子雷姆仪的结果最接近剂量当量指数的概念，测量结果可以直接与有关的防护标准比较。值得注意的是，γ 辐射对中子剂量当量率仪表的测量是有影响的。

与 γ 辐射相比，β 辐射场强度随空间变化更大。在 β 个人剂量测定方法尚不完善的情况下，通过对某一操作或工艺做现场调查的方法，也可以得到一些工作人员个人剂量的资料。用 β 剂量巡测仪表测出各岗位工作人员操作时体表的某些部位的剂量率，并确定工作时间，即可得到这些部位在一个工作班或一个操作周期的吸收剂量。

工作场所外照射监测记录中必须记录测量时间、地点、测量仪器名称型号、编号、测量人签名及审核人签名、监测结论、屏蔽防护状况等。

进行工作场所外照射监测时，应注意散射及漏射的影响、其他外来辐射的影响，重点监测工作人员操作位置的辐射水平。不同类型工作场所，对辐射监测的要求会有所不同。

对于外照射剂量率水平的监测，应视不同的监测任务而定。例如，监测地表 γ 辐射剂量率时要求探头距地面的高度约为 1 m，而在放射性物质运输监测时，需要监测货包外表面及 1 m 处的剂量率水平。

三、α/β 表面污染监测

1. 监测目的

α/β 表面污染监测的目的是：确定工作场所中被测表面污染物的存在及范围，并控制它由高污染区向低污染区或非污染区的扩散和转移；检查是否存在违反相关操作规程导致环境污染的情况。

测定单位面积上的放射性活度，把表面污染限制在《电离辐射防护与辐射源安全基本标准》（GB 18871—2002）中规定的放射性物质 α/β 表面污染导出限值以内，为制订个人和空气污染监测计划及修改操作规程提供依据。

2. 监测方案

在制定监测方案时应侧重以下几点：

（1）对具有代表性的易污染区域、设备、工具等进行定期监测，及时给出污染程度。

（2）测量工作场所使用的仪器、通风柜、拖布、抹布、包装容器、墙壁和操作台等表面的污染程度。

（3）测定工作人员的个人防护用品（如衣、帽、手套和鞋等）的放射性核素的活度。

3. 测量方法

表面污染的测量有直接和间接两种方法。直接测量是采用 α/β 表面污染测量仪和监测仪对被测对象表面所进行的监测，这类仪表测定 α/β 表面污染的结果是可去除的与固定的污染之和。间接测量通常是采用擦拭法进行的，用擦拭法只能测量可去除的表面污染。

上述两种测量方法的适用性和可靠性主要依赖于某些特定的情况，即污染物的物理和化学形态、污染物在表面上的黏着性能（固定的或可去除的），以及被测量对象表面是否可接近或是否存在干扰辐射场等。

当表面有非放射性液体或固态的沉淀物或有干扰辐射场存在时，直接测量可能是特别困难的或不可能的。特别是由于场所或相对位置的局限，使直接测量仪表不容易接近污染表面，或者是有干扰辐射场严重地影响污染监测仪的工作时，间接方法一般更为合适。但是，间接方法不能估计固定污染，又由于去除因子通常有较大的不确定性，故间接方法一般更多地用于可去除污染的表面测量。

由于直接方法和间接方法对测定表面污染均存在固有的缺陷，所以在很多情况下，两种方法都采用，以保证测量结果最好地满足测量目的。因为仪器效率随能量而变化，所以在测定具有各种能量的 β 污染时应该特别小心。对于显示表面放射性活度的仪器尤其应注意。对于低能 β 表面污染测量，如工作场所氚的表面污染监测可以采用氚表面污染仪进行直接测量，或者取擦拭样分析进行间接测量。

进行表面污染测量时，要特别注意保护探头上的铝箔入射窗，如果铝箔被扎破或者有破损点，则仪器读数会由于铝箔漏光而上升，甚至仪器指针会指向最高量程。表面污染仪的本底是会发生变化的，要注意每次扣除本底值的不同。

1）直接测量

直接测量适用于被测表面较为平整、仪表探头容易接近和干扰辐射较小的实验室或区域，能测定可去除与固定污染之和。测量时，探头与被测表面的距离应与校准时的距离相一致，并避免探头与污染表面接触。探测器入射窗与待测表面的距离应保持在合理范围内：

对 α 辐射≤5 mm，推荐测量距离为 5 mm；对 β 辐射≤20 mm，推荐测量距离为 10 mm。

探测器在被测表面的移动速度，应适应仪表时间响应的要求，如测 α 辐射时，移动速度≤15 cm/s。被检查表面上固定和可去除的污染，即单位面积上的 β 或 α 放射性活度 As（Bq/cm^2）与测量计数率的关系可由下式计算：

$$A_s = \frac{n - n_B}{\varepsilon_i W \varepsilon_s}$$

式中，n 为测得的总计数率，s^{-1}；n_B 为本底计数率，s^{-1}；W 为测量仪表灵敏窗的面积，cm^2；ε_i 为探测器对 α 辐射或 β 辐射的平均探测效率；ε_s 为污染源的效率。

在缺少 ε_s 更确切的已知数值时，应采用下述保守但尚合理的 ε_s 值：对于 $E_{\beta max}$≥0.4 MeV 的 β 发射体，ε_s=0.5；对于 0.15 MeV＜$E_{\beta max}$＜0.4 MeV 的 β 发射体和 α 发射体，ε_s=0.25。

2）间接测量

表面污染间接测量（擦拭测量法）最简单的方法是擦拭法，擦拭法是用滤纸、棉球、棉纱织物等擦拭一定面积的被测表面，再用通常的方法测量附着在擦拭材料上的放射性活度的一种方法。间接测量适用于不能直接测量的非固定性污染的待测表面，用擦拭法只能测定可去除的表面污染水平。

对平滑表面可选用化学分析用的滤纸擦拭，对粗糙表面可用棉纱织物（必要时可用润擦拭剂润湿擦拭材料）擦拭，擦拭样品的面积应小于探测器入射窗面积，尽可能擦拭 100 cm^2 的被测面积。用手指或用一个能保持力量均匀和恒定的夹具进行擦拭，先横向擦一遍，后纵向复擦一遍使附着在擦拭材料上的污染尽可能呈均匀状。

被擦拭表面可去除污染的单位面积的 β 或 α 放射性活度 A_{sr} 的单位用 Bq/cm^2 表示，与测量计数率的关系由下式给出：

$$A_{sr}=\frac{n-n_B}{\varepsilon_i F S \varepsilon_s}$$

式中，n 为测得的总计数率，s^{-1}；n_B 为本底计数率，s^{-1}；ε_i 为对 β 辐射或 α 辐射的仪器效率；F 为去除因子；S 为擦拭面积，cm^2；ε_s 为由擦拭样品表示的污染源效率。

在缺少 ε_s 更确切的已知数值时，应采用下述保守但尚合理的 ε_s 值：对于 $E_{\beta max}\geqslant 0.4$ MeV 的 β 发射体，$\varepsilon_s=0.5$；对于 0.15 MeV$<E_{\beta max}<$0.4 MeV 的 β 发射体和 α 发射体，$\varepsilon_s=0.25$。

若无实验确定，去除因子可采用保守值，即取 $F=0.1$，对于光滑金属等表面污染擦拭样品测量，去污因子实际上大于 0.1。

在干扰辐射较大的表面和区域，应选择擦拭法进行测量，可以排除干扰辐射造成的仪器示值的升高。例如，高活度货包表面污染的监测适用于间接测量法。

四、工作场所空气污染监测

1. 监测目的

辐射工作场所空气污染监测目的主要包括：评价工作场所空气污染浓度水平，预防放射性气溶胶吸入所造成的内照射风险；为估算工作人员内照射摄入量提供资料；及时发现异常或事故情况下的污染，以便及早报警，并对异常或事故进行分析，采取相应的对策；检验设备效能，在某些产品（如污染控制设备，即手套箱、工作密闭箱等）投产时期，鉴定工艺设计、工艺设备的性能或操作程序是否符合安全生产的要求。

2. 监测设备

1）取样设备

取样设备可分为固定取样和流动取样设备，固定取样设备由固定滤纸的过滤器、流量计、空气喷射泵（抽气泵）和连接管线组成。取样器的流量计应在标准温度和标准大气压下，经过标准仪器进行定期刻度。过滤器要求有足够的气密封，并能保持过滤介质（滤纸）密封和样品的完整。一旦发生事故，空气取样体积应适于进行分析。空气样品的取样体积与取样目的、预计浓度和测量设备的探测下限有关，而进行工作场所空气导出浓度（DAC）

时，一般考虑采用参考人全年呼吸量 2 400 m^3，工作时间 2 000 h。

2）样品的测量设备

样品的测量设备通常是气溶胶测量装置和低本底 γ 谱仪等。

3）测量仪器的要求

所使用的仪器必须按规定进行检定或校准，周期一般为一年。校准条件应与测量条件相同，校准源应选取与监测对象中的主要核素能量相同或相近的标准源，为修正测量条件不稳定影响，最好每次测量前用同一标准源确定其探测效率。

3. 监测方案

在制定监测方案时应侧重以下几点：

（1）测定易产生粉尘的加工作业区及操作易挥发性同位素（如碘、氡、氚等）实验室等场所的空气中放射性浓度，应选择性的布点进行定期监测，临时或少量使用放射性物质的作业场所也要监测。

（2）对大型的放射性操作单位，根据排出的放射性核素的种类、数量，对防护区内的空气进行定期监测（尤其是下风向），了解空气被污染的情况。

（3）对排风系统中的过滤装置前后的空气进行定期监测，检查过滤效率及向大气中排放的放射性浓度。

（4）对于工作场所中氚污染的测量，可以使用便携式氚取样器采样，液闪测量的方法进行。

五、辐射工作场所监测的仪器

1. X 辐射、γ 辐射监测仪

用于辐射监测的仪器，从测量方法上大体可以分为三种：瞬时剂量率测量仪器、累计剂量测量仪器、γ 谱仪。用于瞬时剂量率测量的仪器有电离室、G-M 计数器、闪烁剂量率仪等。

高气压电离室是测量 γ 辐射剂量率最常用的仪表，这类仪表由一个高压电离室探测器和电子线路组成。前者为一个充高气压（一般为 22 个大气压的氩气）的不锈钢球壳（用作阴极），内部有一个同心小球（用作收集极）。电子线路主要为金属氧化物半导体场效应晶体管（MOSFET）静电计、二次放大电路、高低压变换器以及读出线路。一般的电离室的灵敏度较差，但对 γ 射线的能量响应特性较好，电子线路简单，且结构结实。

G-M 计数器工作在 G-M 区（气体放大系数远大于 1），内充的工作气体一般为惰性气体，此外还有猝灭气体。G-M 计数器的 β 射线、γ 射线能量响应特性差，灵敏度高，电子线路简单，易做小型的便携式仪表。

闪烁剂量率仪表由闪烁探测器和电子线路组成。闪烁探测器由闪烁体、光电倍增管、前置放大器以及磁屏蔽外壳组成。电子线路主要包括静电计、高低压变换器以及读出表头等，较为先进的还带有微处理器与打印装置。目前，常用的闪烁探测器为 NaI（Tl）探测器、组织等效塑料闪烁体。闪烁剂量率仪的灵敏度高、能量响应好、质量轻、携带方便。

对于便携式监测仪表，打开开关后需要检查电池电量是否充足，仪表高压是否正常（说明书或检定证书中给定的范围）。目前，部分智能型仪表为了简化操作已不再设置电池电量和仪表高压的检查按钮，这类仪表通常在开机后进行自检，有的会在自检菜单中显示电池电量及高压数值。这时，需要对仪表的开机菜单进行观察，以便进行确认。另外，仪器开机后一般需要一定的预热时间，待仪器预热结束并进入正常监测状态后方可进行监测。关机时一般只需关闭开关按钮即可，严禁仪器在开机状态下连接或断开探头。

2. α/β 表面污染监测仪

α/β 表面污染监测仪主要用于测量现场的设备、地面、台面、衣服和人体皮肤表面有无放射性污染。

当 α/β 表面污染监测仪的探头置于被放射性核素污染的物体上时，放射性粒子穿过镀铝薄膜，在闪烁体内产生荧光，由光电倍增管将不同强度的荧光转变为不同幅度的电脉冲信号，通过电缆将脉冲信号送入仪器，进行计数。

在开始测量前，仪器要充分预热。测量时，必须将所带的铁片放在探头前测量一次本底。撤除铁片后，仪器探头应尽量贴近被测物体表面。距离一般为 5 mm，与仪器检定时状态相同。当测量很低水平的表面污染且测量面积较大时，应该缓慢地移动探头，在每一块测量区域上至少要停留 10 s 以上。

一般情况下，每个测点每次读 10 个数，每间隔 10 s 读 1 个数。

3. 中子监测仪

中子与物质相互作用主要是通过弹性碰撞和核反应，形成直接电离的次级粒子。探测中子取决于产生这些粒子的中间过程。常借助 N-P 弹性散射探测中子，利用 $^{10}B(n,\alpha)^{7}Li$ 反应和 $^{6}Li(n,3H)^{4}He$ 反应探测快中子。这两种反应都具有不产生 γ 射线特点。内部充以 ^{3}He 和 BF_3 气体的正比计数管和内部涂层为 ^{6}Li、^{7}Li、^{10}B 的正比计数管可用来测量能量低于 0.5 eV 的慢中子，而内部充以含氢物质（如甲烷、聚乙烯）的计数管可用来探测能量大于 100 keV 的快中子。

中子辐射监测比起 γ 辐射监测要复杂得多。一方面是中子辐射场大多伴随着 γ 辐射；另一方面，中子能量范围宽，不同能量的中子与物质相互作用的类型不同，产生的次级辐射也不尽相同。即使吸收剂量相同，由于辐射权重因子不同，剂量当量也不同，这就给评价测量结果带来很大困难。

4. 就地 γ 谱仪

就地 γ 谱仪中，HPGe 的优点是能量分辨率高，但探测效率相对偏低。NaI（Tl）探测器的计数率高，但能量分辨率差。该方法利用获得环境中各种放射性核素的 γ 谱，然后按总谱能量法计算人体所受的吸收剂量。其缺点是价格昂贵，运行的技术要求高。仪器的校准是为了保证仪器的正常工作和准确，校准内容包括能量响应、角响应、线性、仪器校准系数等。仪器刻度通常有两种方法，一种是将所用的仪器与标准仪器比对，另一种是用已知辐射场或标准源进行校准。对于常规剂量测量，定期进行校准是非常必要的。

第四节 环境监测

近年来，随着核能的发展，公众的环境参与意识不断提升，环境监测的内容和要求不断提高。我国2021年颁布了环境保护行业标准《辐射环境监测技术规范》（HJ 61—2021），对环境质量监测、辐射污染监测、辐射设施退役、废物处理、辐射事故应急等监测项目、监测布点、采样方法、数据处理、质量保证等作出明确的规定。本教材参考《辐射环境监测技术规范》（HJ 61—2021）中的要求，分别介绍环境监测的目的、对象、仪器、方法等主要内容。

一、监测对象和目的

1. 辐射环境监测

辐射环境监测是指为了解环境中的放射性水平，通过测量环境中的辐射水平（外照射剂量率）和环境介质中放射性核素含量，并对测量结果进行解释的活动，也称为环境辐射监测。广义的辐射环境监测还包含电磁辐射环境监测。

辐射环境监测的对象是环境介质和生物。辐射环境监测的根本目的在于检验环境中的辐射和放射性水平是否符合国家的和地方的有关规定，并对人为的核活动所引起的环境辐射的长期变化趋势（其中包括人为活动造成的天然放射性核素的重新分布所引起的环境辐射水平的变化）进行监视。当然，辐射环境监测所获得的大量数据也可用于有关的科学研究。

具体来讲，辐射环境监测的目的还可以包括以下几个方面：

（1）评价设施运行释放到环境中的放射性物质或辐射对人产生的实际的或潜在的照射水平，或估计这种照射的上限，并监视和评价其长期趋势，发现问题及时改进；

（2）收集设施运行状态与污染物进入环境的历程，产生的环境辐射水平等因素之间的相关性资料，注意发现尚未注意到的照射途径和释放方式，或其他释放源带来的影响；

（3）异常释放或发生事故时，作出迅速响应，通过监测为后果评价和应急决策提供依据；

（4）证明向环境的释放符合相应规程的要求，向公众提供相关信息，改进公众关系。

环境监测与流出物监测一样，都为环境影响评价提供基础数据，它们对评价同样是重要的。

总体来说，辐射环境监测结果，是评价放射性工作单位环境保护工作做得好坏的重要依据，生态环境部门可根据环境监测结果检验环境中的辐射和放射性水平是否符合国家和地方的有关规定，并对工作单位提出环境保护的要求和措施。

2. 辐射环境质量监测

辐射环境质量监测一般由政府部门组织实施，是指为全面、准确、及时地反映特定区域内环境质量现状及变化趋势，为环境管理、环境规划等提供科学依据而开展的辐射环境监测。其目的是获取区域内辐射背景水平，积累辐射环境质量历史监测数据；掌握区域辐射环境质量状况和变化趋势；判断环境中放射性污染种类及其来源；报告辐射环境质量状况。持续开展定时、定点的环境质量监测，掌握区域内辐射环境背景数据，可为环境辐射水平和公众剂量提供评价依据，在评判核或辐射突发事故/事件（包括境外事故/事件）对公众和环境影响时可提供必不可少的对比参考依据。

二、辐射环境监测的分类

根据实施主体的不同，辐射源环境监测可分为生态环境主管部门或其授权单位组织的监督性监测、企业组织的自主监测。

根据监测对象的不同，辐射环境监测可分为辐射环境质量监测、针对重点核与辐射设施的辐射源环境监测。其中辐射环境质量监测一般由政府主导实施。

根据监测的属性不同，辐射环境监测可分为按计划开展的常规监测、应对突发情况的应急监测。在事故应急辐射环境监测中，生态环境主管部门或其授权单位主要负责事故场外应急监测。

针对重点核与辐射设施的辐射环境监测，根据设施所处的运行阶段不同，辐射环境监测可分为运行前本底调查、运行期间辐射环境监测、退役辐射环境监测。

除此之外，在设施运行过程中，为验证设施运行是否满足流出物排放相关标准和规定，核设施营运单位会对流出物进行放射性监测，称为放射性流出物监测（详见本章第五节）。

下边简要介绍运行前本底调查、运行期间辐射环境监测、退役辐射环境监测、事故应急辐射环境监测的主要内容。

1. 运行前本底调查

为确保核设施投入运行后所进行环境监测的有效性，核设施运行前的一段时间内需要进行运行前本底调查，像核电厂这样的大型核设施，本底调查至少持续进行 2 年，其调查内容包括：

（1）获取设施附近的自然环境和社会环境资料，包括水文、地质、气象、人口分布和饮食习惯等。

（2）获取运行前环境中的辐射水平和放射性核素含量及其变化规律的资料。

（3）识别“三关键”（关键核素、关键途径和关键人群组），识别可能的指示生物。

环境辐射本底调查现场监测内容包括环境贯穿辐射监测、样品采集、各种环境介质样品采集和样品的实验室测量分析。

2．运行期间辐射环境监测

运行期间的辐射环境监测指的是核设施投入运行后进行的监测，如反应堆装料后进行的环境监测。运行时监测计划的主要任务是监测设施运行对环境的影响，具体包括以下几点：

（1）监督设施运行期间对周围环境所产生的瞬时影响和长期累积趋势，以分析原因并提出应对措施。

（2）通过监测结果分析估算关键居民组所受剂量当量及其上限。

（3）通过数据积累，进一步确认“三关键”，并确定各项监测时采用的各种参考水平值。

（4）为修改完善监测计划提供依据。

（5）及时发现异常排放并开展追踪监测，必要时转入应急监测。

（6）开展必要研究，摸索核素在环境中的转移规律和参数，收集实用资料。

3．退役辐射环境监测

退役辐射环境监测是指核设施进入退役阶段以后进行的环境监测。可分为对退役过程和退役终态两个阶段的辐射环境监测，其目的是为相应阶段的环境影响评价提供依据，并验证各阶段环境影响是否符合相关国家标准的要求。

退役终态是指通过已批准退役方案的实施，场址完成最终放射性调查后达到的状态，通常包括场址的有限制开放和无限制开放两种终态。

退役过程辐射环境监测的要求基本上与运行阶段相同，只针对退役操作与运行阶段操作的差别进行某些变更。退役终态监测是退役终态目标的检查、是对退役清污效果的检验、是为了验证厂址退役和开放后其环境影响是否符合国家厂址开放的要求。终态监测不是对废物产生量的统计，评价的对象也不再是流出物的影响，而是环境（主要是土壤）中残留放射性长时间的影响。

4．事故应急辐射环境监测

核设施进入事故应急工况以后所进行的非常规性辐射环境监测叫事故应急辐射环境监测。

相比常规监测，应急监测应特别注意的方面有：①要有足够快的测量速度；②尽可能注意测量值的时空分布以及与释放源的相关性。应急监测计划的设计，应考虑三个原则：①应尽量与常规监测系统积极兼容；②适应性：即响应速度、测量内容、量程能满足应急监测工作的需要；③在常规系统性能指标扩展、监测点和监测器的增设方面，应优化适度。

三、辐射环境监测项目和监测方案

1. 监测项目

辐射环境监测项目主要有γ辐射水平监测和各种环境介质样品中放射性核素含量的监测。γ辐射水平监测主要包括：环境地面α、β、γ的污染监测以及环境γ辐射剂量（率）的监测。各种环境介质样品中放射性核素含量的监测主要包括：空气、水（包括地表水、地下水、自来水、污水下水系统等）、土壤污染监测；有代表性的动植物中放射性核素监测。

2. 监测方案制定原则

监测方案的制定应主要遵循以下原则：

（1）凡是不能被国家法规豁免的辐射源和实践，均应对其开展适度和必要的辐射环境监测。

（2）监测的内容和要求，应随设施的类型、规模和环境特征的不同而有所差异。

（3）根据辐射防护最优化原则和辐射污染源及其周围环境特征进行优化设计，随着源和环境的变化，以及常规监测经验的积累，常规监测方案也应及时调整，在累积足够的资料和经验后可进行改进。

（4）同一场址具有多个污染源时，应遵循统一管理和统一规划的原则，做到相互协调和节约资源。

3. 制定监测方案的主要考虑因素

制定监测方案的主要考虑因素有以下几点：

（1）设施规模、类型和潜在污染和危害，以及设施所处的运行阶段；

（2）设施释放的放射性核素种类和源项，核素的物理和化学形态及其释放方式和途径；

（3）被释放元素在环境中的迁移消散规律，以及影响其迁移运动的天然和人工因素（气象、水文、港湾和浓集生物等）；

（4）环境资源与利用，农林牧副渔水和食物的供给，人口分布及各年龄段性别人口的饮食和生活习惯。

4. 监测方案制定步骤

由于辐射防护的基本标准是根据污染核素对人所产生的剂量来控制的，因此辐射环境监测的设计也是先计算出单位释放量的污染物在环境因素作用下经各种途径对周围居民产生的剂量大小，并找出其中对照射贡献最大的关键照射途径、关键核素和关键人群组（代表个人）。以这“三关键”为核心，并在全面考虑可能核素、途径、污染来源的基础上，经过优化分析制订出合理的监测方案（计划）。

以运行期间辐射环境监测方案为例，制定方案步骤如下。

（1）收集背景资料，包括可能受影响人口的分布、当地土地和资源利用方式、气象和水文资料、释放模式和量、环境受体特征等。

（2）结合运行前本底调查结果，进一步识别和评价并确定“三关键”，同时识别指示生物，使监测方案更具代表性。

（3）确定样品采集和分析计划。

（4）确定监测全过程的质量保证要求。

5. 监测方案的基本内容

核设施运行的不同阶段、针对不同类型的核设施部门的监测方案有所不同，但都会涉及以下一些共性的基本内容：

（1）监测范围：针对不同设施，常规环境监测都有一定的监测范围；

（2）监测介质：一般包括空气、水体及水生物、土壤及沉积物、动植物及其产品等；

（3）监测项目：α、β、γ总活度；α、γ核素分析；剂量或剂量率；环境介质中核素活度、沉降率等；

（4）监测地点：取样或监测点的分布；

（5）监测频度或时节：针对不同介质中不同的监测项目，取样和监测的频率和时间安排；

（6）监测方法：包括取样、测量样品的量；取样和测量方法及技术；

（7）质量保证计划：包括质量控制措施的质保大纲。

常规监测方案的设计包括：测量范围、测量点的布置和数量、采样以及频度、样品种类、分析方法、分析测量的核素，以及质量保证等项目。

辐射本底调查方案包含有：工作大纲和质保大纲。其基本内容包括：①监测介质；②监测内容；③监测地点；④监测频度或时节；⑤取样、测量样品的量；⑥取样和测量方法及技术；⑦质量保证计划；⑧其他内容。

辐射本底调查样品包括：空气样品（包含气溶胶、沉降物、气氚和降水等）、土壤、水和生物样品。环境样品的采集过程中，影响取样代表性因素有：①放射性在环境中分布的均匀性，及其分布的时空稳定性；②采集样品的量；③取样内容；④取样条件影响因素；⑤环境状况因素。

四、部分典型监测方法

辐射环境监测一般采用以下两种测量方法：物理直接测量法和放射化学分析法。物理直接测量法是用测量装置对物品直接测量。例如，将探头放在排出物之中或紧靠在管道上直接进行测量。放射化学分析法是对采集的样品中的放射性物质进行化学分离浓集，然后制成测量样品，再用仪器进行测量。两种方法相比，物理直接测量法的优点是操作简单，测量速度快，放射化学分析法操作复杂，但灵敏度较高。

1. γ外照射监测

γ 外照射监测通常使用便携式照射量率仪或剂量率仪测量用于描述辐射场的物理量—

—照射量（率）。常用的剂量率仪有电离室、正比计数器、G-M 计数器和闪烁计数器等不同类型的测量仪。铀矿冶系统一般用国产 FJ-302BG 型和 FJ-200G 型 γ 剂量率仪。

1）电离室型剂量率仪

用近似空气等效室壁材料的电离室作为探测 γ 射线的器件，做成可携式仪器。

在电离室壁厚度满足电子平衡（CPE）而对 γ 射线的减弱可以忽略的情况下，剂量率仪测量照射量（率）灵敏度（响应），在相当宽的光子能量范围内基本保持不变，见图 8-2。

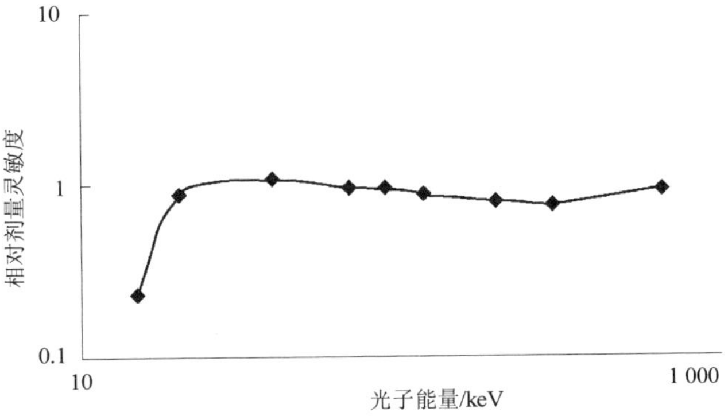

图 8-2　电离室型剂量率仪的典型能量响应曲线

2）正比计数器型剂量率仪

正比计数器实际就是具有放大作用的电离室。放大倍数取决于加到计数管上的电压，这个放大倍数在电压一定的情况下是一个常数，一般可高达 10^4，但此时仍能保持计数器收集到的电荷量与计数器内部的初始电离量呈正比关系。因此，正比计数器仍能用于照射量率和吸收剂量率的测量。该仪器的灵敏度可比同等体积的空腔电离室高 10^3～10^4 倍。

如果管壁和工作气体与组织等效，则这种仪器在测量组织的吸收剂量（率）时，具有良好的能量响应，见图 8-3。

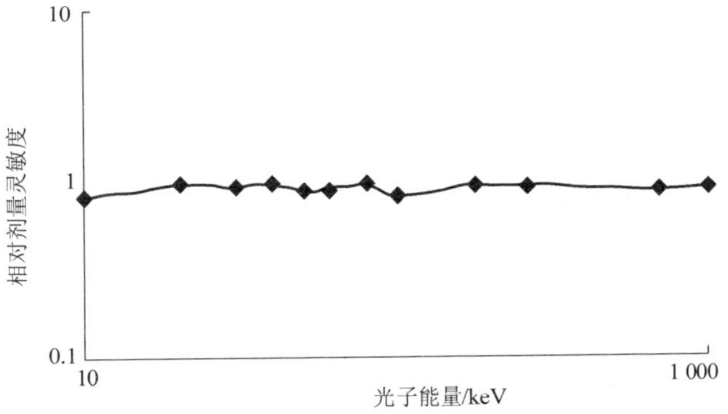

图 8-3　正比计数器型剂量率仪的典型能量响应曲线

3）G-M 计数器型剂量率仪

G-M 计数器型剂量率仪实际上也是一种电离室，只是所加的电压足够高，使所有进入电离室内的带电粒子，不管其损耗多少能量，产生多少对初始离子，都只产生一个幅度相同的脉冲，使它的响应与初始电离无关，测量的只是入射的光子数目。

因为 G-M 计数器的灵敏度是随着能量变化而变化的，特别是在低能区灵敏度会急剧增加，所以 G-M 计数器一般不用于低能射线的测量。

4）闪烁计数器型剂量率仪

闪烁计数器是将辐射在闪烁物质中的能量转换为光子，光子被光电倍增管接收并转换成放大的电信号，由电子线路接收并记录，一个光子对应一个计数。因此，闪烁计数器的灵敏度是最高的。它不仅用于工作场所的 γ 辐射监测，还广泛应用于环境的 γ 辐射监测。

2. α 监测

1）α 表面污染监测

表面污染的监测主要是用于发现放射性污染状况、水平，为污染的防治提供依据。其监测方法有以下两种：

（1）直接法。直接法即直接使用仪器对 α 表面污染进行监测的方法，α 表面污染仪的探头采用硫化锌-光电倍增管制成，硫化锌探头面积为 50 cm^2。其操作非常简单，对铀矿山和水冶厂而言有一定缺陷，如污染物为粉尘会导致 α 粒子自吸收；高浓度氡和子体会造成探头的沾污。因此，必须对此进行校正，α 粒子自吸收可以通过校正减小自吸收带来的误差，探头的沾污必须进行去污处理。

（2）间接法。间接法测量表面污染就是将被污染的待测表面的污染转移到样品上，然后对样品进行放射性活度测量，从而计算出表面污染水平。

在间接法中应用最多的有：

①擦拭法。擦拭法是选择一定大小和形状的擦拭材料（通常是滤材、棉花、棉纱），在一定面积的待测表面擦拭，使松散污染物转移到擦拭材料上，然后用放射性测量装置测量擦拭样品上的放射性活度。

②表面置样检查法。表面置样检查法是选取一定大小和形状的取样材料（纸带、尼龙带），粘到需要监测的表面上，经过一定时间后，放射性物质吸附、沉降到取样材料表面，然后对取样材料进行放射性测量并计算。

2）α 气溶胶的监测

空气中长寿命 α 气溶胶浓度的监测，是用取样泵通过滤膜采集空气样，数十小时后测量滤膜上的 α 放射性，计算得到的 α 气溶胶浓度。

3. 天然铀的监测

环境和生物样品中铀含量很低，需要灵敏度高的监测方法，常用的有分光光度法、固体荧光法、激光荧光法、X 射线荧光法等。在铀矿山测量空气、水、尿和生物样品中的铀一般采用荧光法；测量排放废水中的铀大多采用分光光度法。

1）分光光度法

分光光度法原理是基于 U^{4+}和 UO_2^{2+}与显色剂生成有色的化合物，其吸光度与铀含量成正比。在酸性介质中，铀酰离子与硫氰酸根离子生成的络合物被磷酸三丁酯（TBP）萃取后，用铀试剂III反萃取，然后用分光光度法测定。对排放废水中铀的回收率为 90%，精密度为 10%，测量值为 2～100 μg/L。

2）固体荧光法

固体荧光法的原理是 UO_2^{2+}与氟化钠在适宜温度下熔融制成熔珠，并在一定波长的紫外线照射下产生荧光。其强度与铀含量成正比。样品经过预处理后，用磷酸三丁酯（TBP）萃取纯化，最后用固体荧光法测定铀。

该方法对空气样品的回收率为 95%，精密度为 6%，最低探测限为 2.0×10^{-3} μg/m^3。对水样品的回收率为 90%，精密度为 15%，最低探测限为 0.05～100 μg/L。对生物样品的回收率为 90%，精密度为 6%，测量值为 5×10^{-9}～1×10^{-5} gU/珠。

4．^{226}Ra 的监测

在镭的同位素中有 ^{228}Ra、^{226}Ra、^{224}Ra、^{223}Ra。分别来自铀系、钍系和锕系。其中 ^{226}Ra 的半衰期最长，毒性最大，所以在环境和生物样品测量中主要是测定 ^{226}Ra。镭的化学性质与钡相似，镭的浓集正是利用了这一性质。镭的测量方法主要有两种：

1）沉淀法

用镭、钡的硫酸盐的同晶性质的沉淀法，它测得的是所有镭同位素的总放射性活度。它的最低探测限是 3.7×10^{-2} Bq。

2）射气法

该方法的原理是：根据 ^{226}Ra 的衰变链特性，在含镭溶液中用氮气将原有的氡完全去除，将样品密封一定时间，新积累的氡与母体镭和积累时间有以下关系：

$$N_{\mathrm{Rn}}=N_{\mathrm{Ra}}(1-\mathrm{e}^{-\lambda t})$$

式中，N_{Rn}为在 t 时间内积累的氡原子数；N_{Ra}为镭原子数；λ 为氡的衰变常数；t 为氡累积时间。

通过氮气流将积累的氡定量地转入已测过本底并抽成真空的闪烁室，放置 3 h，使氡与子体达到平衡。然后在氡钍分析器上进行 α 放射性测量。将测量结果与已知 ^{226}Ra 含量的液体标准源在同样条件下测得的 α 放射性进行比较，从而计算出样品中 ^{226}Ra 含量。

该方法适用于天然水、铀选矿、水冶厂排放废水中 ^{226}Ra 含量。最低可测量 7.4×10^{-3} Bq/L。

5．^{210}Po 的监测

钋溶液的特性是在某些金属（如镍、铜、银等）表面极易进行自发的电化学交换，在金属片表面自沉积而形成适于计数的镀层。这一特性为钋与干扰核素的分离提供了有效方法。另外，钋还具有较强的挥发性，而且很容易被吸附。因而必须注意，一方面要避免蒸发时的损失，在样品预处理时，要用湿法灰化；另一方面是溶液必须要有适当的酸浓度，以避免容器壁吸附而造成钋的损失。

1）尿、头发、空气和水样中钋的测量

用浓硝酸和过氧化氢湿法灰化尿、头发、空气和水样，H_2SO_4-H_2O_2 湿法灰化滤布，然后分别在 H_2SO_4-HCl 体系中，使 ^{210}Po 自镀在银片上，并用低本底 α 计数器测量。

尿样全程回收率为 80%～85%，最低探测限为 6.7×10^{-3} Bq/24 h 尿；头发样全程回收率为 81%，最低探测限为 4.4×10^{-2} Bq/g 头发；水样全程回收率为 78%，最小探测限为 6.7×10^{-3} Bq/L；空气样全程回收率为 90%，最低探测限为 3.7×10^{-1} Bq/L。

2）土壤中 ^{210}Po 的测量

在 500℃下加热土壤样品，用玻璃纤维吸附挥发出来的 ^{210}P$_O$，然后用 0.5 mol/L HCl 将吸附的 ^{210}Po 解吸下来，并在抗坏血酸和盐酸联胺存在下使 ^{210}Po 自镀在银箔上。全程回收率为 97.4%，最低探测限为 5.6×10^{-4} Bq/g。

6. ^{222}Rn 的监测

氡的测量方法有瞬时测量法和累积测量法。

氡的瞬时测量是对氡或氡子体的放射性活度浓度或 α 潜能浓度进行测量。如果采样时间短，测量结果反映的只是采样时刻或采样的短时间内的浓度特征，这样的测量称为瞬时测量，也可称为短时测量。由此而得出的活度浓度和 α 潜能浓度称为瞬时活度浓度和瞬时 α 潜能浓度。该值的测量对评价工作场所和环境空气质量状况和制定改善工作场所和环境的通风防护方案具有重要作用。

氡瞬时测量的方法很多。对于氡的活度浓度，最常用的测量方法有电离室-静电计法、闪烁室法和双滤膜法等。

1）电离室-静电计法

将含氡气体引入电离室，氡及其子体放出射线使空气电离，产生正负离子，形成电离电流，使中央电极积累一定量电荷，用静电计测量电离电流即可计算出氡气的浓度。测量范围为 4×10～4×10^4 Bq/m^3。

2）闪烁室法

氡进入闪烁室后，氡及其子体发射的 α 粒子使闪烁室壁的 ZnS（Ag）产生闪光，光电倍增管把这种光信号变成电脉冲，经放大后被记录下来，进而换算成氡浓度。其测量灵敏度为 3.7×10^2 Bq/m^3。

3）双滤膜法

在一个取样管（衰变室）两端分别装上滤膜，取样时通过入口膜过滤空气中的氡子体，使纯氡以一定速度流过取样管到达出口滤膜。氡从入口膜到出口膜的时间间隔内产生的 α 粒子大部分被出口滤膜收集，测量出口滤膜的 α 放射性即可计算出氡浓度。该法测量氡灵敏度为 1×10^{-2}～1×10^2 Bq/m^3。

7. ^{222}Rn 子体的监测

氡子体活度浓度的典型瞬时测量方法有季夫格劳（Tsivoglou）法（通常称为三点法）

和改进的季夫格劳法（通常称为三段法）。

氡子体的 α 潜能浓度瞬时测量，可通过采样后一次 α 计数法测量。其典型的方法有库兹涅茨（Kusnetz）法、罗尔（Rolle）法和马尔柯夫（Markov）法等。

瞬时测量的优点是可以快速得到测量结果，缺点是测量结果提供的是短时甚至是瞬时的有关氡或氡子体的信息，不利于正确评价氡在较长时间内的相关特性。用多次瞬时测量或连续的单次瞬时测量可以弥补瞬时测量的缺点。

氡累积测量是在给定时间内对氡或氡子体活度浓度或 α 潜能浓度进行连续累积测量。

氡累积测量的主要特点是采样时间长（如连续几天或半年以上），测量结果反映的是一段时间内氡浓度累积特征或对时间的累积加权平均值，其活度浓度通常表示为 Bq/（m^3 • h）。α 潜能浓度表示为 J/（m^3 • h）。氡累积测量实际上都是对氡子体进行的累积测量，其基本测量原理是在对氡子体进行采样的同时，利用有关的探测元件不断把累积的氡子体的辐射效应记录下来。这些辐射效应可当时记录并直接显示对时间的累积增长，也可拿回实验室分析测量。该值对评价环境（包括工作场所）辐射防护水平和评价对工作人员及公众的健康影响程度具有重要价值。用作氡累积测量的探测元件有热释光片、半导体探测器以及各种固体径迹探测器等。常用的方法有径迹蚀刻法、活性炭盒法、热释光法、静电收集法、液闪法等。

1）径迹蚀刻法

本方法用固体径迹探测器（硝酸纤维或醋酸纤维），通过测量径迹密度来确定氡浓度。氡及其子体发射的 α 粒子轰击探测器时，便产生亚微观型损伤径迹，用化学或电化学蚀刻的方法将有径迹部分同无径迹的基底材料分开，扩大损伤径迹，然后用光学显微镜或火花计数器、缩微胶片阅读器等光学放大装置读径迹数，从而计算出氡浓度。

该方法是测量氡的累积照射量，属于相对测量，适合于大规模本底调查。布放时间可在 3～6 个月。

2）活性炭盒法

活性炭盒法采用被动式采样，能测量出采样期间的平均氡浓度。氡扩散进入炭盒便被活性炭吸附，衰变时新生的子体便沉积在活性炭内。用 γ 谱仪测量活性盒的氡子体特征射线峰和峰群强度，根据特征峰的面积可以计算出氡浓度。

3）热释光法

将装有热释光片的仪器收集室放置于待测场所，氡自由扩散进入收集室，新生成的子体（主要是 ^{218}Po）在外电场作用下，为中央电极所收集，同时热释光片记录 α 粒子的信息，通过测定热释光片释放出的光可以算出氡的平均浓度。氡累积测量的优点是代表性好，能较好地反映人体所受到的氡或氡子体辐射剂量或辐射暴露量的累积增长过程。

五、环境监测的设备

1. 环境监测的仪器

环境监测中，实验室常用的放射性分析仪器有 ZnS（Ag）闪烁计数器、液体闪烁计数器、α 计数器、α/β 低本底测量装置，低本底 HPGe γ 谱仪和低本底 NaI（Tl）γ 谱仪等。

2. 环境监测仪器的选择

可根据测定射线的能量、放射性活度和剂量率等方面的因素来选择测量仪器，例如，对大部分 γ 放射性核素可用低本底 γ 能谱仪测量；对 α 放射性核素可用低本底 α 测量装置测量；用液体闪烁计数器测量分析低能 β 放射性核素；对环境 γ 外照射剂量率测量可用剂量率仪或者就地 γ 谱仪直接测量；对地表面污染可采用表面污染仪直接测量。

3. 对仪器的性能指标的选择

对仪器性能指标的选择，可根据监测的内容考虑，例如，测量射线的种类和能量，要选择辐射分辨性和能量分辨率高的能谱分析仪。对放射性活度或辐射剂量的测量，可根据测量的大小，选择测量仪器的量程，主要考虑仪器的最低可探测下限和最大量程。另外，仪器的稳定性也是一个重要的指标。

在大多数射线的探测过程中，均需考虑样品测量体系内的自吸收对探测结果产生的影响，如总 α/β 测量、γ 谱测量、α 谱测量和低能 β 测量等。

第五节 流出物监测

核设施在运行过程中，通过烟囱排出的气载放射性污物流，或通过管道、水渠排入污水接纳体的液态放射性污物流称为放射性流出物。为了控制和评价核设施放射性流出物对周围环境和居民产生的辐射影响，通过对流出物进行采样、分析或测量以明确流出物特征而进行的监视性测量，称为放射性流出物监测。

加强流出物监测十分重要，首先，流出物监测可以较高的准确度来鉴别和确定释入环境的放射性核素的组成和活度。其次，由于流出物与设施运行的归属关系十分清楚，因此进行流出物监测有利于对污染源的控制和评价。流出物监测和环境监测两者应相互补充。

一、流出物监测的目的

流出物监测的根本目的，是要验证设施运行可以满足国家和地方流出物排放相关标准和规定的要求，判明设施流出物中放射性物质的数量，以便与排放限值、运行限值及行动水平进行比较，以确保满足相关法规的要求。但不同类型的监测计划，其目的可以有不同的侧重。从核设施运行单位的监测来讲，具体目的包括：

（1）为采用适当的模式评价环境质量、估算公众所受剂量提供源项资料；

（2）为判明设施的运行以及废物处理和控制系统工作是否正常提供有效数据资料；

（3）使公众确信核设施的放射性释放是得到严格控制的；

（4）迅速发现和确定计划外释放的性质（种类）和规模；

（5）给出是否需要启动警报系统或应急警报系统的信息。

放射性流出物向环境排放，按照排放工况可以分为常规排放和事故（应急）排放两大类。核设施处于正常运行和受控情况下的排放称为常规排放；核设施处于事故工况或在限制排放的有关规定受到破坏情况下的排放称为事故排放。按照排放物形态，放射性流出物可以分为气载放射性流出物和液态放射性流出物。

显然，由于设施运行和受控状态的不同，常规排放与事故（应急）排放的核素组成、过程、排放量等都是不同的，不同类型核设施（相同各类型核动力厂不同堆型）排放的放射性核素以及排放量也有差别，因此相应的监测要求和方案也应该是不同的。

二、不同设施的流出物监测内容

流出物监测的要求应根据设施的规模、特征而异，监测内容及方法如下：

1. 气载放射性流出物监测

根据通风和排气系统的流程图（包括流量、压差、温度、湿度、流速等信息）选择有代表性的监测点，根据放射性物质的辐射特性选择最佳的取样和测量方法。不同核设施气载放射性流出物监测的基本内容见表 8-1。

表 8-1 不同核设施气载放射性流出物监测的基本内容

核设施类型	监测内容
核动力厂（其他类型反应堆）	惰性气体、颗粒物总 β/总 γ、颗粒物 γ 能谱、颗粒物混合样 ^{89}Sr、^{90}Sr、颗粒物混合样 ^{238}Pu、^{239}Pu、^{240}Pu、^{241}Am、^{242}Cm、^{244}Cm、^{131}I、^{133}I、^{3}H、^{14}C
核燃料后处理设施	^{3}H、^{14}C、^{85}Kr、^{60}Co、^{90}Sr、^{99}Tc（必要时）、^{106}Ru、^{125}Sb、^{129}I、^{131}I、^{134}Cs、^{137}Cs、^{154}Eu、^{237}Np、^{238}Pu、$^{239+240}Pu$、^{241}Pu、^{241}Am、^{242}Cm、^{244}Cm、^{234}U、^{235}U、^{236}U、^{238}U、总 α、总 β
铀转化、浓缩及元件制造设施	^{234}U、^{235}U、^{236}U、^{238}U
核技术利用	视具体情况进行

气载放射性流出物取样和监测计划的要求是分级的，根据流出物在场外产生剂量的大小，一般可分为四个级别：

（1）释放量导致的公众剂量可能明显超过法定剂量限值，这种级别的气载放射性流出物监测需采用连续累积取样、离线测量和在线实时监测。事故释放时对其高水平污染需要进行快速监测。

（2）释放量导致的公众剂量可能超过法定剂量限值的一部分，采用连续取样和配备有实时探测器的取样器来连续监测。

（3）释放量导致的公众剂量不会大于法定剂量限值的一小部分，一般只进行定期验证性测量。

（4）不存在可能污染流出物的放射性源项，可不进行取样，但应定期检验以确认放射性污染情况未发生改变。

2. 液态放射性流出物的监测

液态放射性流出物的监测手段有连续监测和正比取样分析。连续监测可及时发现事故并采取相应措施。但根据国家相关法规的要求，核设施的液态放射性流出物必须实行槽式排放，只有经过取样分析，证明槽中液体符合事先确定的标准后才容许排入环境。但为了验证排放符合标准，仍然需要对排放过程进行监测，不同核设施的液态放射性流出物监测内容可参见表 8-2。

表 8-2　液态放射性流出物的监测内容

核设施类型	监测内容
核动力厂（其他类型反应堆）	^{3}H、^{14}C、总 α、总 β 及 γ 能谱等
核燃料后处理设施	^{3}H、^{14}C、^{60}Co、^{63}Ni、^{90}Sr、^{95}Zr-^{95}Nb、^{99}Tc、^{106}Ru、^{125}Sb、^{129}I、^{134}Cs、^{137}Cs、^{154}Eu、^{237}Np、^{238}Pu、$^{239+240}Pu$、^{241}Pu、^{241}Am、^{242}Cm、^{244}Cm、^{234}U、^{235}U、^{236}U、^{238}U、总 α、总 β 等
铀转化、浓缩及元件制造设施	^{234}U、^{235}U、^{236}U、^{238}U
核技术利用	视具体情况进行

第九章 基本安全原则

引　言

《基本安全原则》（安全基本法则第 SF-1 号）描述了核设施和核活动的基本安全目标和十项基本安全原则，是国际原子能机构安全标准系列的顶层文件，也是制定安全要求的重要基础，旨在保护人类和环境免于电离辐射的有害影响，并促进引起辐射危险的设施和活动的安全。这些设施和活动特别包括核设施、放射源和射线装置的应用、放射性物质运输和放射性废物管理等。

《基本安全原则》总结了全球核能和核技术利用的实践经验，吸取了美国三哩岛核事故和苏联切尔诺贝利核事故的深刻教训。IAEA 希望通过该出版物，促进 IAEA 安全标准系列的推广应用，加强不同国家核安全监管安排的一致性。我国核安全法规标准的制修订充分考虑了该出版物所提出的安全目标和基本安全原则。

第一节　基本安全原则的提出

世界各国在核能与核技术的研究、开发和应用中，为了保证核与辐射安全，取得公众的信赖，采取了一系列技术及管理措施，发展了一整套理论和原则，并以法律和法规的形式颁布和实施。

1979 年 3 月 28 日，美国三哩岛核电厂发生了商用核电厂历史第一次严重事故，其反应堆堆芯部分融化，大量裂变产物释放到安全壳。由于安全壳没有损坏，该事故释放到环境的放射性物质很少，但对世界核电发展产生了很大影响。1986 年 4 月 26 日，苏联切尔诺贝利四号机组发生了强烈爆炸，堆芯内大量放射性物质从核电厂释放出来，造成了严重的环境污染，事故后撤离了 116 000 人，引起了社会的恐慌。这两次核事故在相当长一段时期内，影响了世界核电的发展。核能界对这些事故作了深刻反思和总结，进一步重视了核安全监管。

在切尔诺贝利核事故前，1985 年，IAEA 为了加强核安全方面的保障邀请了核安全领域的一流专家组成了国际核安全咨询组（INSAG）。针对两次核事故，1988 年 IAEA 出版了 INSAG-3（1999 年升版为 INSAG-12）《核电厂基本安全原则》，对安全目标、基本管理原则、纵深防御原则、技术原则等方面作出了全面描述。

与此同时，IAEA 在 1993 年 6 月出版了关于核装置安全的安全标准（《安全丛书》第 110 号《核装置安全》），1995 年 3 月出版了关于放射性废物管理安全的安全标准（《安全丛书》第 111-F 号《放射性废物管理原则》），1995 年 6 月出版了关于辐射防护和辐射源安全的安全标准（《安全丛书》第 120 号《辐射防护和辐射源安全》）。1995 年后，IAEA 开始修订上述“安全基础”类型下的三个标准，希望将它们整合成一套统一的原则，从而体现贯穿于IAEA安全标准所有适用领域的共同安全理念。

2007年11月，IAEA与欧洲原子能联盟、联合国粮食及农业组织、国际劳工组织、国际海事组织、经济合作与发展组织核能署、泛美卫生组织、联合国环境规划署和世界卫生组织等九个国际组织出版了《基本安全原则》，成为IAEA《安全标准丛书》最高层级的重要出版物，并取代了之前“安全基础”类型的三个出版物。

《基本安全原则》描述了存在电离辐射危害的设施和活动应当满足的基本安全目标和应当遵循的十项基本安全原则，作为IAEA安全标准计划中确定防止电离辐射照射安全要求的基础，也为IAEA更广泛的安全相关计划提供了依据。

本章对该“基本安全原则”进行介绍。本章中安全的定义只限于IAEA的定义。根据IAEA的定义，“安全”指保护人类和环境免于辐射危险，以及确保引起辐射危险的设施和活动的安全。这里所使用的“安全”包括核设施安全、辐射安全、放射性废物管理安全和放射性物质运输安全，但不包括与辐射无关的安全问题。因此，本章中的安全就是核安全或核与辐射安全。在这里，“辐射”系指电离辐射。

第二节 基本安全原则的适用范围

放射性是一种自然现象，而天然辐射源的存在则是环境的特征。辐射和放射性物质具有许多有益的用途，包括从发电到医学、工业和农业应用的各个方面。必须就这些应用可能对工作人员、公众和环境造成的辐射危险进行评估，并在必要时加以控制，这就是安全监管的目的。因此，辐射的医学应用、核装置的运行、放射性物质的生产、运输和使用以及放射性废物的管理等活动都受安全标准的约束。

对安全实施监管是一项国家责任。而且，辐射危险有可能超越国界，因此必须进行国际合作。国际合作的目的是通过交流经验和提高控制危险、预防事故、应对紧急情况和减缓任何有害后果的能力来促进和加强全球安全。国际安全相关公约、行为准则和安全标准为开展国际合作提供了平台。《及早通报核事故公约》和《核事故或辐射紧急情况援助公约》已于1986年10月27日生效，《核安全公约》于1996年10月24日生效，《乏燃料管理安全和放射性废物管理安全联合公约》于2001年6月18日生效。这些公约对IAEA各成员国规定了具体义务。有些公约（如《核安全公约》和《乏燃料管理安全和放射性废物管理安全联合公约》）要求签约国定期提交履约报告并对履约情况进行审议，以评价签约国遵守这些公约情况。IAEA的安全标准包括《安全基础》《安全要求》《安全导则》三类，并被推荐给各成员国在其各自的活动中采用。

国际公约和IAEA安全标准，加上工业标准和各国更为详细的技术要求，为对辐射危险进行防护，有效地保护人类和环境，奠定了坚实而全面的基础。

IAEA 制定安全标准时，主要考虑了联合国原子辐射效应科学委员会（UNSCEAR）和国际放射防护委员会的建议。IAEA 安全标准所依据的这些科学考虑因素为安全决策提供了客观依据，但决策时还要根据实际情况作出判断，对一项行动或活动所带来的利益、其造成的辐射和其他危险以及任何其他确定性影响作出权衡。

为和平目的运行的设施和进行的活动（现有的和新的）可能使人类遭受天然源或人造源的辐射照射危险。“设施”包括：核设施，辐照装置，铀矿开采等某些采矿设施和原料加工设施，放射性废物管理设施，以及其规模需要考虑防护和安全的生产、加工、使用、处理、贮存或处置放射性物质（或安装有辐射发生器）的任何其他场所。“活动”包括：工业、研究和医用辐射源的生产、使用、进口和出口，放射性物质的运输，设施的退役，排放流出物等放射性废物的管理活动以及受过去活动残留物影响的场址恢复的某些方面。

基本安全原则提出了基本安全目标和十项相关安全原则，并简要描述了其目的和宗旨。基本安全目标适用于带来辐射危险的所有情况。安全原则适用于设施和活动的整个寿期或过程，并适用于为减轻现有辐射危险而采取的防护行动。为了保护人类和环境免于辐射危险，并确保有辐射危险的设施和活动的安全，安全原则为提出具体要求和应采取措施提供了基础。

安全措施和保安措施的共同目的是保护人类生命和健康以及保护环境。对于安全和保安两个方面的措施，其安全原则在一定程度上也涉及设施和活动的保安。这些安全措施包括：

（1）对核设施的设计和建造作出适当规定；

（2）对进入核设施实施控制，以防止放射性物质丢失以及被擅自移动、持有、转移和使用；

（3）为减轻事故和失误的后果作出安排，这类安排还有助于采取措施处理带来辐射危险的违反保安的行为；

（4）就放射源和放射性物质的保安采取管理措施。

安全措施和保安措施的制定和执行必须统筹兼顾，以免保安措施损害安全，或者安全措施对保安工作造成损害。

第三节　安全目标

基本安全目标是保护人类和环境免于电离辐射的有害影响。

对于带来辐射危险的设施和活动，要达到合理可行的最高安全标准。为此，必须采取以下措施：

（1）控制对人类的辐射照射和放射性物质向环境的释放；

（2）对于可能导致核反应堆堆芯、核链式反应、放射源或任何其他辐射源失控的事件，限制其发生的可能性；

（3）如果发生这类事件，减轻事件的后果。

基本安全目标适用于所有设施和活动以及设施或辐射源寿期中的所有阶段，包括规划、选址、设计、制造、建设、调试和运行以及退役和关闭。其中包括相关的放射性物质运输和放射性废物管理。

为了实现这一基本安全目标，形成了十项安全原则。在这些安全原则上，提出了安全要求和应采取的安全措施。安全原则是一个整体，尽管在实践中针对具体情况各项原则的重要性可能有所不同，但所有相关原则均需适当地加以考虑。

第四节 基本安全原则

安全既涉及正常情况下的辐射危险，也涉及作为事件后果的辐射危险，还涉及因核反应堆堆芯、核链式反应、放射源或任何其他辐射源失控而可能产生的其他直接后果。这里所说的“事件”包括始发事件、事故先兆、险些发生的事故、事故和未经授权的行为（包括恶意和非恶意行为）。

安全措施包括为防止事件发生而采取的行动以及在事件发生了为减轻其后果而作出的安排。

一、原则一：安全责任

对于带来辐射危险的任何设施或活动或对于实施减轻辐射照射的行动计划负有责任的人员或组织必须对安全负有全面责任。

没有明确的政府授权，不能免除对设施或活动负有责任的人员或组织对安全的责任。

为此，应对运行设施或进行活动的组织或个人实施许可证管理。这些营运组织或个人称为许可证持有者。许可证管理也可以采用登记等其他批准形式。在某些情况下，政府或（许可证持有者的）雇主可能对设施和活动的安全承担责任。

许可证持有者对设施和活动整个寿期或过程内的安全负全面责任，而且这种责任不能转托他人。其他组织如设计者、制造商和建造商、雇主、承包商以及托运方和承运方也对安全负有法律、专业或职能上的责任。

许可证持有者负有下列责任：

（1）建立和保持必要的能力；

（2）提供足够的培训和信息；

（3）制定旨在所有条件下保持安全的程序和安排；

（4）对设施和活动及其相关设备的适当设计和优等质量进行核实；

（5）确保对所有使用的、生产的、贮存的或运输的放射性物质的安全控制；

（6）确保对产生的所有放射性废物的安全控制。

这些责任应按照监管机构确定或核准的安全目标和要求予以实行，而且应当通过管理体系来确保做到这一点。

鉴于放射性废物管理可能跨越世世代代，因此必须考虑许可证持有者（和监管者）对现有的和今后可能出现的操作所履行的责任。必须对责任延续和长期的资金准备作出规定。

二、原则二：政府职责

必须建立和保持有效的法律和政府安全组织框架，应包括有独立的监管机构。

国家的法律和政府框架应对带来辐射危险的设施和活动作出监管规定，并明确责任分工。

为了有效地履行国家责任和国际义务，政府负责在国家法律框架下通过立法、监管、标准管理以及行政措施实施管理，并建立独立的监管机构。

政府当局必须就以下方面作出安排：制订减少辐射危险的行动计划（包括紧急行动计划），监测放射性物质向环境的释放，以及放射性废物的处置。政府当局必须对任何其他组织均不负责的辐射源（如某些天然源、“无看管源”和过去一些设施和活动所产生的放射性残留物）实施控制。“无看管源”系指因从未接受过监管控制或因已被抛弃、丢失、误置、被盗或未经适当授权被转移而没有置于监管控制之下的放射源。

监管机构必须：

（1）有充分的法律授权、技术和管理能力以及人力和财政资源，以履行职责；

（2）独立于许可证持有者和任何其他机构，以便免除来自利益相关方的不适当的压力；

（3）建立适当的通报机制，以便向邻近地区各方、公众和其他相关方以及新闻媒体通报设施和活动的安全情况（包括健康和环境方面）以及监管的信息；

（4）在适当的时候以公开和广泛参与的方式咨询邻近地区各方、公众和其他相关方的意见。

因此，政府和监管机构在通过建立安全标准和监管体系保证人类和环境免于辐射危险负有重要的责任。但是，对安全的主要责任由许可证持有者承担。

在许可证持有者属于政府分支机构的情况下，必须确定该分支机构不同于并有效独立于负有监管职责的政府分支机构。

三、原则三：对安全的领导和管理

在与辐射危险有关的组织内以及在带来辐射危险的设施和活动中，必须确立和保持对安全的有效领导和管理。

必须在组织内的最高级别论证对安全事务的领导。必须通过有效的管理体系来实现和保持安全。这种管理体系必须整合所有管理要素，以便确定对安全的要求并将安全要求与其他要求（包括对人力绩效、质量和保安/防卫的要求）协调一致地加以使用，而且不会因为有其他要求或需求而使安全受到损害。管理体系还必须确保推进安全文化、定期评价、安全绩效，并借鉴从经验中吸取的教训。

管理体系必须体现安全文化，安全文化决定着所有相关组织和个人对安全的态度和行为。安全文化包括下列内容：

（1）各级领导、管理部门和人员对安全作出个体承诺和集体承诺；

（2）在安全问题上对各级组织和个人采取问责制；

（3）在安全问题上，鼓励质疑和学习的态度，具有防止自满情绪的措施。

管理体系中的一个重要因素是确认技术和组织上在所有各级人员之间全方位的相互作用。为防止个人和组织的失误，必须考虑人因，而且必须对良好表现和良好实践加以支持。

必须根据分级管理方法对所有设施和活动的安全进行评价。安全评价所进行的系统分析工作包括：正常运行及其影响，可能发生故障的方式以及这些故障的后果。安全评价涉及为控制危害所需采取的安全措施，对设计和专设安全设施进行评定的目的在于论证其是否达到了所要求的安全功能。在要求采取控制措施或操作员行动来保证安全的情况下，必须进行初步安全评价，以证明所作的安排得力而且可靠。只有在监管机构满意地认为所建议的安全措施是充分的情况下，有关设施才能够建造和调试，有关活动才可以开始进行。

在以后的运行过程中，必要时应全部或部分地重复对设施和活动进行安全评价，以便考虑到变化了的情况（如新标准的应用或科学技术发展）、运行经验反馈、各项改造和老化效应。对于长时间持续的运行，必要时，应当审查和重复评价工作。设施是否继续运行取决于这些再评价工作是否能够让监管机构满意，认为其安全措施仍是充分的。

尽管采取了所有措施，但事故仍有可能发生。必须识别和分析事故的先兆，且必须采取措施防止事故出现。来自本设施和活动以及别处相关的设施和活动的运行经验反馈是加强安全的一个关键手段。必须有对运行经验（包括始发事件、事故先兆、险些发生的事故、事故和未经授权的行为）进行反馈和分析的程序，以便能够吸取和分享这些经验教训并就此采取行动。

四、原则四：设施和活动的正当性

带来辐射危险的设施和活动必须从总体上讲是有益的。

作为正当的设施和活动，其产生的效益必须超过它们所带来的辐射危险。为了评估效益和危险，必须考虑运行设施和进行活动所产生的一切重要后果。

在许多情况下，与效益和危险有关的决策都是由政府最高层作出的，如国家作出启动核电计划的决定。在其他情况下，监管机构可以确定所建议的设施和活动是否合理。

对患者实施的医疗辐射照射，无论是为诊断还是为治疗目的，都是一种特殊情况，因为效益主要由患者来体现。因此，首先应当论证所采用具体程序的合理性，然后就逐个患者考虑这种照射的合理性。合理性取决于对诊疗程序是否有益所作出的临床判断。这种临床判断主要是医学从业人员的事情。为此，必须对医学从业人员进行辐射防护方面的适当培训。

五、原则五：防护的最优化

必须实现防护的最优化，以实现合理可行的最高级别的安全水平。

对于带来辐射危险的设施和活动所采用的安全措施，如果在设施或活动的整个寿期内，在对其使用无不当限制的情况下，提供了合理可行的最高级别安全水平，则可以认为这些安全措施实现了最优化。

为了确定辐射危险是否处于合理可行尽量低水平，必须事先（采用分级方案）对无论正常运行还是异常工况或事故工况所造成的所有危险进行评价，并在设施和活动的整个寿期内定期进行再评价。如果相关行动之间或与其有关的危险之间存在相互依赖关系（如设施和活动寿期内的不同阶段，对不同群体带来的多种危险，或者放射性废物管理的不同步骤），也必须考虑这些相互依赖关系。还必须考虑到认识方面的不确定性。

在考虑防护最优化时，要对各种因素的相对重要性作出判断，其中包括以下因素：

（1）可能受到辐射照射的人员（工作人员和公众）的数量；

（2）他们受到照射的可能性；

（3）所接受辐射剂量的量级和分布情况；

（4）由不可预见事件引起的辐射危险；

（5）经济、社会和环境因素。

防护最优化还意味着在日常活动中应采用良好实践，以尽可能地避免辐射危险。

许可证持有者专用于安全的资源以及监管的范围和严密性必须与辐射危险的程度及其是否易于控制相称。在辐射危险的程度不需要实行监管的情况下，则可不必实施监管控制。

六、原则六：限制对个人造成的危险

控制辐射危险的措施必须确保不会给任何个人带来无法接受的伤害危险。

防护的合理性和最优化本身并不保证没有任何个人会承受不可接受的伤害危险。因此，必须将剂量和辐射危险控制在规定限值的范围内。

反过来说，由于剂量限值和危险限值代表着法律上的可接受上限，在这种情况下其本身不足以确保实现最佳可行的防护，因而必须通过防护最优化来加以补充。所以，为了达到所希望的安全水平，必须实施防护最优化和限制给个人带来的剂量和危险。

七、原则七：保护当代和后代

必须为当前和今后的人类和环境进行辐射危险的防护。

辐射危险可能跨越国界，而且可能长时间持续存在。在判断控制辐射危险的措施是否充分时，必须考虑当前行动对现在和未来可能产生的后果。特别是：

（1）安全标准不仅要适用于当地民众，而且要适用于远离设施和活动的人群；

（2）在辐射危险的效应可能跨越几代人的情况下，必须使后代人无须采取任何重要的防护行动，而得到充分的保护。

尽管已相当充分地了解了辐射照射对人体健康的影响（虽然还有一些不确定因素，特别是在低剂量和低剂量率辐射照射下的健康影响存在着不确定性，必须对其作出一些假设），但对辐射的环境影响一直缺乏彻底的调查研究。目前的辐射防护体系一般对人类环境中的生态系统提供适当的保护，以防止其受到辐射照射的有害影响。为环境保护目的而采取的措施一般旨在保护生态系统免受对某一物种（有别于生物个体）产生不利后果的辐射照射。

对于放射性废物的管理，必须避免给子孙后代造成不应有的负担；即产生废物的几代人必须为废物的长期管理寻求安全、切实可行和环境上可接受的解决方案，并加以采用。必须采取适当的设计措施和程序，如对物质进行回收和重复利用等，将放射性废物的产生量保持在实际可行的最低水平。

八、原则八：防止事故

必须作出一切实际努力防止和缓解核事故或辐射事故。

由设施和活动引发的危害性最大的后果来源于核反应堆堆芯、核链式反应、放射源或其他辐射源的失控。因此，对于引发危害性后果的事故，为确保其可能性处于极低水平，必须采取以下措施：

（1）防止发生可能导致这种失控情况的故障或异常工况（包括违反保安要求的行为）；

（2）防止已发生的任何此类故障或异常工况逐步升级；

（3）防止放射源或其他辐射源丢失或失控。

防止和减轻事故后果的主要手段是“纵深防御”。纵深防御主要通过一系列连续和独立的防御层次的结合加以实施，这些防御层次全部失效才可能使人员或环境受到有害影响。如果某一防御层次或屏障失效，后续防御层次或屏障还应发挥作用。只要纵深防御实施得当，就能够确保任何单一的技术故障、人为或组织失误都不会导致有害影响，并确保可能引起明显有害影响的组合故障概率非常小。不同防御层次的独立有效性是纵深防御的一个必要组成部分。

纵深防御通过以下三个方面的适当结合来实现：

（1）在强有力的安全承诺和坚实的安全文化基础上，形成一个有效的管理体系。

（2）适当的选址，以及通过良好设计和工程措施提供安全裕度、多样性和冗余性，主要利用下列措施：

①采用高质量和高可靠性的设计、技术和硬件设备；

②采用控制、限制和保护系统以及监视措施；

③利用固有安全特性与工程安全措施的适当结合。

（3）全面的运行规程和实践以及事故管理程序的应用。

必须事先拟订事故管理程序，以便在核反应堆堆芯、核链式反应或其他辐射源失控的情况下有恢复控制的措施和缓解任何有害后果的手段。

九、原则九：应急准备和响应

必须为核事件或辐射事件的应急准备和响应作出各项安排。

核或辐射应急准备和响应的主要目的是：

（1）确保在核或辐射紧急情况下对现场以及适当时对地方、地区、国家和国际各个级别上的有效响应作出安排；

（2）确保就可合理预见的事件而言，辐射危险将是很小的；

（3）对于已经发生的任何事件，采取切实可行的措施以减轻其对人类生命和健康以及对环境造成的任何后果。

许可证持有者、雇主、监管机构和适当的政府分支机构必须在现场、地方、地区和国家各级以及在各国商定的情况下在国际一级上预先对核或辐射应急准备和响应做好安排。

应急准备和响应安排的范围和程度必须反映：

（1）核或辐射紧急情况发生的可能性和可能产生的后果；

（2）辐射危险的特征；

（3）设施和活动的性质和地点。

这类安排包括：

（1）事先确定准则，以便决定何时采用不同的防护行动；

（2）紧急情况下有能力采取行动保护和通知现场人员以及在必要时保护和通知公众。

在制定应急响应安排时，必须考虑到所有可合理预见的事件。必须定期进行应急计划演习，以确保对应急响应负有责任的组织随时做好准备。

在紧急情况下必须立即采取紧急防护行动时，应急工作人员在知情同意的基础上接受超出通常所采用职业剂量限值的剂量（但仅以预先确定的水平为限）是可以接受的。

十、原则十：采取防护行动减少现有的或未受监管控制的辐射危险

为减少现有的或未受监管控制的辐射危险而采取的防护行动必须是合理的和优化过的。

在被监管的设施和活动以外，也会有辐射危险的情况。在这类情况下，如果辐射危险较大，就必须考虑是否可以合理地采取防护行动，以减轻辐射照射并对不利条件进行补救。

第一类情况涉及的基本上是来自天然来源的辐射。这类情况包括如在住宅和工作场所受到氡气照射，必要时可能要采取补救行动。然而在许多情况下，实际上很少能够采取措施来减轻天然辐射源的照射。

第二类情况涉及由于过去开展的人类活动所引起的照射，这种活动要么从未接受过监管控制，要么接受的是早先不那么严格的控制管理。早期采矿作业产生的放射性残留物就是这种情况的一个例子。

第三类情况涉及在放射性核素不加控制地向环境释放后采取的防护行动，如补救措施。

在上述所有情况下，每一类情况中考虑的防护行动都要在经济、社会以及可能在环境上付出一些可预见的代价，而且可能导致（如对实施这类行动的工作人员）某些辐射危险。只有在防护行动产生的效益足以超过采取这些行动所带来的辐射危险和其他损害的情况下，才可以认为这些防护行动是合理的。此外，还必须对防护行动实施优化，以便取得合理可行且对于成本而言有最大的效益。

第十章 核安全文化

引言

核安全文化是全球核工业界众所周知、普遍接受的理念，被认为是实现高水平安全业绩的一个重要因素。分析核工业历史上发生的重大核事故，包括三哩岛核事故、切尔诺贝利核事故，人和组织因素的重要性显而易见。IAEA 国际核安全咨询组（INSAG）指出：组织最高层对安全以及加强安全文化的承诺，是实现卓越安全业绩的首要且关键因素。多年之后，2011 年的福岛第一核电厂事故教训表明，人和组织因素仍然是关注的焦点。IAEA 总干事关于福岛第一核电厂事故的报告强调：为了推进和加强安全文化，个人和组织需要不断重新审视核安全以及可能影响核安全的决策和行动。系统性的安全方法需要考虑人、组织和技术之间的相互作用，这种方法应贯穿于核设施的整个生命周期。

第一节 核安全文化概述

1986 年，在切尔诺贝利核事故的总结报告中，INSAG 首次引入了术语“安全文化”，并在 INSAG-3《核电厂基本安全原则》中对该术语作了进一步的阐述，将其作为一项基本的管理原则，希望以此防止和减少人因失误（1999 年，IAEA 修订 INSAG-3，发布了 INSAG-12《核电厂基本安全原则》）。此后，IAEA 在一系列出版物中不断发展和完善这一理念，并逐渐为业界所接受和重视。

“安全文化”的概念被提出以后，各主要国际组织和有核国家都积极研究和实践。IAEA 推动了概念研究和探讨、安全文化的特征和属性开发、评估方法研究、良好实践总结、加强和改进安全文化等各项工作。在 30 多年中，IAEA 逐步完善和丰富了核安全文化的理论体系和实践要求，对世界各国均有重要的参考和指导意义。经济合作与发展组织核能署（OECD-NEA）关注核监管机构的安全文化，确定并描述了在核监管机构内形成健康安全文化的原则及相关属性，总结了各国在整个核监管机构内传播安全文化、培养安全文化能力以及开展自我反思和自评估活动的有效方法。世界核电营运者协会（WANO）发布了有关核安全文化特征的文件，并对成员单位开展了同行评估。美国核管理委员会（NRC）发布了关于安全文化的政策声明，修改了相关的监督程序，与行业共同研究制定了安全文化共同用语，发布了安全文化的评价指南，编制了各类教育和宣传材料；而美国核电运行研究所（INPO）作为行业代表，参与了安全文化共同用语的研究和制定工作，并发布文件描述了核安全文化的特征、属性和行为。

20 世纪 90 年代，我国行业内就已经开始了核安全文化的传播工作，并开展了核安全文化培育。2010 年以后，中国核工业集团、中国广核集团既吸收了国际上先进的研究成果，又结合了自身的实践经验，逐步建立了各自的核安全文化评估体系，在集团企业内开展了评估工作。

2014 年 12 月 19 日，国家核安全局会同国家能源局、国家国防科技工业局联合发布了《核安全文化政策声明》。这是中国政府部门关于核安全文化的首个政策声明，也是国际上首例由国家核安全监管部门会同核电发展部门、核工业主管部门联合发布关于核安全文化的政策声明。

2017 年 2 月，国家核安全局发布了《核安全文化特征》。

2017 年 9 月 1 日，《中华人民共和国核安全法》发布，对核安全文化建设、核安全文化培育机制等提出了明确要求。

2020 年 12 月 31 日，生态环境部发布《核动力厂管理体系安全规定》，对核安全文化建设及相关制度安排提出了要求。

近年来，核安全文化建设的重要性在业内不断凸显，培育和建设核安全文化已成为业内共识。行业内中国核工业集团、中国广核集团、国家电力投资集团、中国华能集团和下属单位积极建立符合自身特点的核安全文化体系，制订核安全文化建设规划和工作计划，推动核安全文化文件标准、组织运作、领导表率、人员行为、培训宣贯、评估改进等持续完善。核电厂营运单位还在行业团体平台上积极参与核安全文化同行评估活动，形成核安全文化建设常态化交流机制。

第二节 安全文化的基本内涵

INSAG-4《安全文化》对安全文化进行了全面的阐述，在这份报告中指出，除所谓“上帝的旨意”这种不可抗力外，核电厂发生的任何问题在某种程度上都源自人因失误。每个人都肩负着重要的安全责任。除了要遵守程序，他们还必须按照“安全文化”行事。因此，核电厂运营组织以及所有具有安全责任的组织都必须注重安全文化，充分发挥人的积极因素，预防人因失误。

安全文化的实质就是要促使组织和个人密切关注安全。

一、安全文化的定义

INSAG-3 对安全文化的陈述是：“任何从事与核电厂安全相关活动的个人的投入和责任心”。其核心要素进一步解释为“一种根深蒂固的安全思维”，意味着“内在质疑的态度、防止骄傲自满、对追求卓越的承诺，以及在安全问题上个人的责任心和组织的自我约束机制”。

INSAG-4《安全文化》定义：“安全文化是存在于组织和个人中的种种特性和态度的

总和，它建立一种超出一切之上的观念，即核电厂安全问题由于它的重要性要保证得到应有的重视。”

此定义强调安全文化既是态度问题，又是体制问题；既和组织有关，又和个人有关，也关系到以恰当的理解和行动处理所有安全事项。

二、安全文化的普遍特性

各级组织和个人在所有活动中，对安全的重视体现在以下方面：

（1）个人意识，个人认识到安全的重要性；

（2）知识和能力，通过人员培训、教育以及自学获得；

（3）承诺，要求高级管理层用行动体现安全的高度优先地位，并且要求人人都采用共同的安全目标；

（4）激励，通过领导力、设置目标、奖惩机制，以及个人自发的态度实现；

（5）监控，包括监查和评估活动，以及对个人质疑态度的及时响应；

（6）责任，通过正式的工作委派、清晰的职责描述和个人的正确理解加以落实。

安全文化有两大组成部分：第一，是组织中必要的体系以及各级管理层的责任；第二，是各级人员响应这一体系并从中受益所持的态度（图 9-1）。

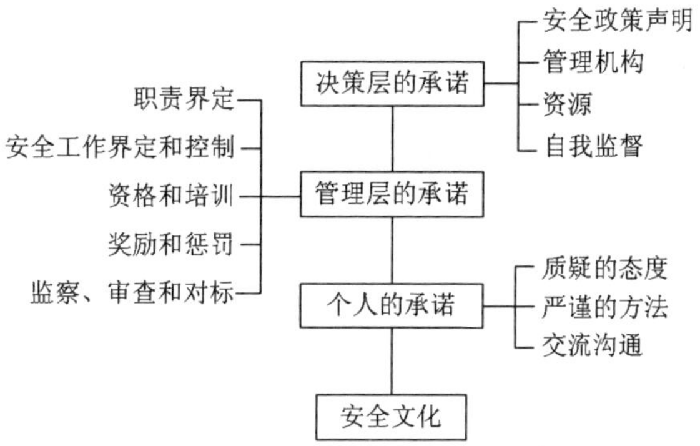

图 10-1　INSAG-4 中的安全文化主要组成部分

1. 对决策层的要求

任何重要活动中，高层制定的要求对人们的行为方式有重要影响。影响核电厂安全的最高层是立法层，立法层在国家层面奠定了安全文化的基础。

政府对核电厂及其他有潜在危害的设施和活动行使安全监管的职责，从而保证工作人员、公众和环境的安全。为了保障立法工作的顺利开展，相关的咨询和监管机构必须拥有足够的人力、资金和权力，并保证不受任何不当干预，这样才能培育时刻关注安全的国家氛围。同时，鼓励开展国际交流，以提高安全水平，力求减少任何商业或政治因素对这类交流的阻碍。

在任何组织内，高层推行的政策营造了工作环境，也对个人行为有着重要的影响。

1）安全政策声明

从事与核电厂安全有关活动的任何组织均要发表安全政策声明，将所承担的责任广而告之，并得到充分理解。该声明是全体员工的行动指南，是对组织安全目标的庄严宣告，也是公司治理方面对核电厂安全的公开承诺。

对不同的组织而言，其安全政策声明的形式和内容不尽相同。

核电厂运营组织对核电厂的安全负有全面的和法定的责任，其安全政策声明是明确的，并发布至全体员工。声明中要承诺，所有与核电厂安全相关的重要活动都追求卓越，明确核电厂安全具有最高的优先权，必要时超越发电或工程进度的要求。

监管机构对其监管范围内的核电厂安全具有重要影响，要把行之有效的安全文化渗透到本机构及其员工中。以此承诺：执行法律法规，促进核电厂提高安全水平，保护工作人员、公众和环境。

支持单位，包括设计、制造、施工和研究等单位，同样对核电厂安全有重要影响。他们的主要责任是保证产品的质量，无论是设计、设备制造、设备安装、安全分析报告编制或者软件开发，还是其他影响安全的相关产品。他们的安全文化要素是：为保证质量制定政策并加以落实，进而实现未来运营组织的安全目标。

2）管理机构

安全政策的实施需要有明确的安全责任制。

安全政策的落实取决于组织的功能设置，但有一条关键要求是通用的：与核电厂安全相关的事项，必须通过清晰的报告渠道和少而简单的接口建立强有力的授权链条，其职责由正式文件加以明确。

运营组织及其拥有相应授权的电厂厂长对安全负有法定责任。对于其他相关组织，要求是建立管理机构、明确职责分工，以落实产品的质量责任。

对核电厂安全有重要影响的大型组织在内部设立独立的管理部门，负责核安全相关活动的监督。

在运营组织中，监督部门的工作职责是仔细检查电厂的安全活动。他们直接向高级管理层报告，确保将安全职责融合到管理体系，使其具有与其他主要职能相适应的突出地位。支持单位也采用类似的方法以保证产品质量，包括开展监查和评估，并将结果向高级管理层报告。

3）资源

就保障安全而言，必须要有足够的资源投入，包括人力、资金、设备等。

也就是说，要拥有足够和经验丰富的员工，必要时配备顾问或承包商，保证核电厂相关工作得以正常开展而不受时间和压力的影响。保证有能力的人员优先分配到关键岗位。强化员工的相关培训工作，给予必要的资源投入。保证足够的资金投入，为从事安全相关工作的员工提供必要的设备、装置和工作技术手段。创建良好的工作环境，保障员工有效履行其职责。

4）自我监督

所有与核电厂安全相关的组织要对安全实践进行定期评审，评审内容包括：员工的聘任与培训、运行经验反馈、设计变更控制、电厂改造和运行程序的控制等。其目的是通过加入正常行政管理系统以外、具有充分能力的个人或机构所建议的新方式新方法，提供新的看法和评价。这种做法应被视为对从业人员有益的帮助而予以推进，避免以惩罚为目的地查找缺陷。

5）承诺

最高层管理人员的安全承诺：关注核安全相关流程的定期评估；及时直接过问重大核安全问题或产品质量问题；与员工沟通时反复宣讲安全和质量的重要性。最重要的是，将核电厂安全作为运营组织董事会的重要议题。

2. 对管理层的要求

管理层的责任：按照组织的安全政策和目标要求，营造有益于安全的工作氛围，培育重视安全的工作态度，并将这些工作制度化。

1）职责界定

通过唯一、清晰的各级授权履行职责。

界定清楚每个人的岗位责任，并以文件形式尽可能详细以免有歧义。审查个人责任和权力界定的完整性，保证没有遗漏、重叠和职责分担问题。责任界定由其上一级批准。管理层保证每个人不仅了解自己的职责，还了解周围同事和本部门的职责，以及与其他部门职责之间的互补关系。运营组织的职责界定一定要审慎，厂长对核电厂安全的责任委派是重点。

2）安全工作界定和控制

管理层确保所有核安全相关活动采用了严谨的工作方法。要求支持单位保证产品质量，要有完整适用的文件体系，其中包括政策性文件和具体工作程序。运营组织的质量保证组织对这些文件进行仔细的审查、复核和检验，并通过正式途径加以控制。

管理者确保各项工作按规定执行，建立监督和控制机制，强调秩序和好的日常管理。

3）资格和培训

管理者要确保其员工充分胜任所承担的工作。

员工选拔和聘任时，充分考虑其才智和受教育程度等基本条件，并且进行必要的培训及定期复训。对员工技能的评价是培训不可分割的一部分。对于关键岗位的员工，在评估其是否胜任基础上，还需要考虑身体和心理等方面因素。

员工培训不仅仅是提高技能、培养严格遵守程序的工作习惯，而且要让员工了解其工作的重要性以及因理解偏差或缺乏严谨而产生失误的后果。否则，出现核安全问题时可能得不到应有的重视，也可能采取错误的行动。

4）奖励和惩罚

管理层要对具有良好安全意识的员工进行鼓励和肯定，必要时给予一定形式的奖励。以此具体形式，影响个人及整个团队的工作积极性和工作态度。

值得注意的是，运行核电厂的奖励制度不鼓励忽视安全而单纯追求发电。也就是说，不能单看发电业绩，而要与安全绩效相结合。

发生错误时，不过多关注错误本身，更注意从中吸取经验教训。鼓励员工发现、报告和纠正自身工作的不足，防止演变为事件。必要时，协助他们改进工作。

然而，对于重复出现的问题或严重的疏忽，要采取纪律措施，否则会危及安全。但在具体实施时要仔细权衡，避免因处罚而导致人们隐瞒错误。

5）监察、审查和对标

除执行质量保证措施外，管理层还要实施全面的监察，如对培训制度、人事任免程序、工作方式、文件管理和质量保证体系等的定期审查。

不同的组织可采取不同的监察措施。对于设计、制造和运营组织，需要仔细审查设计或工程变更得以控制的方式；对于核电厂运营阶段，需要审查运行参数变更、维修要求、电厂改造、电厂状态符合性控制以及其他任何非日常的运行活动。

运用以上措施方式，安全管理体系的运转可以通过内部机制得以检查。如果聘请组织内不同职责的专家或组织外的专家进行评估，将有助于引进和借鉴在其他地方已经采取的良好实践。

结合自身实际加以仔细地评审，管理层可以从相关经验、研究成果、技术开发、运行数据以及对安全有重要意义的事件中吸取有益的经验。

6）承诺

通过以上种种环节，管理层证明其对安全文化的承诺，并以此激发其他员工。这些实践营造了员工的工作氛围，通过井然有序的工作、透彻理解工作任务、实施奖励和必要的惩罚以及邀请外部评审等手段，培养团队或个人追求良好业绩的心态。

管理层的任务是确保员工遵守已经建立的工作体系，并从中获益。管理层以身作则，持续激励员工追求高标准的工作绩效。

3. 个人的响应

在核安全事项上，追求卓越的所有人员的响应具有以下的特征：质疑的态度+严谨的方法+交流沟通。其结果体现出的就是重要贡献：安全。有助于提高员工安全水平，激发以职业方式执行重要任务的个人自豪感。

员工在开展任何安全相关的工作之前，均要具有质疑的态度，提出一系列的问题来警醒自己，如：

（1）我理解这项工作任务吗？

（2）我的职责是什么？

（3）它们如何与安全相关？

（4）我具备执行此项工作所需要的知识吗？

（5）其他人的职责是什么？

（6）有无特别情况？

（7）我需要帮助吗？

（8）会出什么错？

（9）出了错会造成什么后果？

（10）如何避免出错？

（11）如果出了错，我该怎么办？

对于例行工作，人们已经过充分的培训，基本能够不假思索地回答上述问题。但是，对于新的工作内容，就需要更加缜密的思维。对于全新的、非常规的与安全有重要关系的工作，则需要以书面的形式澄清上述问题。

员工需要采取的严谨方法包括：

（1）理解工作程序；

（2）遵守程序；

（3）对异常保持警觉；

（4）遇到问题时，停止工作并且进行思考；

（5）必要时寻求帮助；

（6）追求有序、及时和整洁；

（7）工作细心；

（8）不贪图省事。

员工要认识到交流沟通对安全的至关重要性，包括：

（1）从他人获取有用信息；

（2）向他人传递信息；

（3）报告和记录工作结果，包括例行工作和非常规工作；

（4）提出安全倡议。

三、有形的表征

安全文化被归纳为对核电厂安全有贡献的组织和个人的优良属性的总和，但还需要进一步将其辅之以行动，从而达到以下目的：

（1）表明安全文化是一种对安全必不可少的，并具有内涵的概念；

（2）提供评估特定情况下安全文化有效性的依据；

（3）识别改进领域。

这里，特别介绍政府及其机构。

（1）政府对安全，特别是对核安全的实际做法显著影响核电厂安全相关的各个组织。

政府的承诺表现在以下方面：

①政府通过立法和政策为核能利用设定总体安全目标，建立必要的机构，并为核能的安全发展提供足够的支持。

②政府明确规定这类机构的职责，在重大安全问题上将利益冲突降至最低，特别要保证安全事务能按本身的是非曲直得到处理，不受与核安全无直接责任团体的干扰或不必要的压力。

③政府对监管机构给予强有力的支持，包括适当的权力、足够的资金，保证各项监管活动正常进行，不受不必要的干扰。

④政府鼓励和促进与安全有关信息的国际交流。

（2）监管机构在核安全事务方面有相当的自主权限，这种权限要通过立法和更详细的执法文件授予，并用以下几种常用的方式表现出来：

①监管机构的管理方式保证对安全的共同关注，有利于构建与运营组织之间的开放、合作关系。然而由于各自责任不同，这种关系要保持规范性和适当的独立性。

②监管机构以开放的方式对待有争议的事项。采用开放的方式确定安全目标，使被监管单位有机会发表意见。

③监管机构采用的标准要求达到适当的安全水准，同时要认识到不可避免的剩余风险，以此形成一致而可行的安全实践。

④监管机构认识到，核电厂安全的主要责任在于运营组织，而不在监管机构。为此，确保各项监管要求清晰明了，避免过于烦琐而产生不必要的限制。

⑤监管机构在处理新问题时，一般采用保守的方法，但不能仅坚持以往使用的方法而排斥创新。安全改进来自创新和成熟技术的有机结合。

（3）在经济方面负有监管职能的政府部门要认识到，单纯从经济角度作出决策可能会危及反应堆安全。

第三节 核安全文化政策声明

为贯彻国家安全战略，落实理性、协调、并进的核安全观，履行国家核安全责任和国际核安全义务，大力培育和发展核安全文化以提升核安全水平，保障核能与核技术利用事业安全、健康、可持续发展，2014 年 12 月，国家核安全局、国家能源局和国家国防科技工业局联合发布了《核安全文化政策声明》。

《核安全文化政策声明》阐明了对核安全文化的基本态度，培育和实践核安全文化的原则要求。国家核安全监管部门和相关部门、各核能与核技术利用单位、工程和服务单位及利益相关单位均应遵守这些态度和要求，并付诸实践。

《核安全文化政策声明》不是一项法规，它是法规的有益补充。因此，被监管单位有责任考虑如何将政策声明应用到被监管活动中。

一、核安全和核安全文化的定义

《核安全文化政策声明》结合中国的实践经验，给出了“核安全”与“核安全文化”的定义。

核安全是指对核设施、核活动、核材料和放射性物质采取必要和充分的监控、保护、预防和缓解等安全措施，防止任何技术原因、人为原因或自然灾害造成事故，并最大限度地减少事故情况下的放射性后果，从而保护工作人员、公众和环境免受不当的辐射危害。

核安全文化是指各有关组织和个人以“安全第一”为根本方针，以维护公众健康和环境安全为最终目标，达成共识并付诸实践的价值观、行为准则和特性的总和。

由此可见，核安全文化实际上是一套取得共识的价值观、行为准则和特性，目的在于维护公众健康和环境安全，它要求有关组织和个人在实践中始终以“安全第一”为根本方针。

二、核安全文化的培育与实践

核安全文化需要内化于心，外化于行，让安全高于一切的核安全理念成为全社会的自觉行动；建立一套以安全和质量保证为核心的管理体系，健全规章制度并认真贯彻落实；加强队伍建设，完善人才培养和激励机制，形成安全意识良好、工作作风严谨、技术能力过硬的人才队伍。

《核安全文化政策声明》提出了核安全文化的八个特征，通过培育这些特征，促进健康的核安全文化：

1）决策层的安全观和承诺

决策层要树立正确的核安全观念。在确立发展目标、制订发展规划、构建管理体系、建立监管机制、落实安全责任等决策过程中始终坚持“安全第一”的根本方针，并就确保安全目标作出承诺。

2）管理层的态度和表率

管理层要以身作则，充分发挥表率和示范作用，提升管理层自身安全文化素养，建立并严格执行安全管理制度，落实安全责任，授予安全岗位足够的权力，给予安全措施充分的资源保障，以审慎保守的态度处理安全相关问题。

3）全员的参与和责任意识

全员正确理解和认识各自的核安全责任，作出安全承诺，严格执行各项安全规定，形成人人都是安全的创造者和维护者的工作氛围。

4）培育学习型组织

各组织要制订系统的学习计划，积极开展培训、评估和改进行动，激励学习、提升员工综合技能，形成继承发扬、持续完善、戒骄戒躁、不断创新、追求卓越、自我超越的学习气氛。

5）构建全面有效的管理体系

政府应建立健全科学合理的管理体制和严格的监管机制；营运单位应建立科学合理的管理制度。确保在制定政策、设置机构、分配资源、制订计划、安排进度、控制成本等方面的任何考虑不能凌驾于安全之上。

6）营造适宜的工作环境

设置适当的工作时间和劳动强度，提供便利的基础设施和硬件条件，建立公开公正的激励和员工晋升机制；加强沟通交流，客观公正地解决冲突矛盾，营造相互尊重、高度信任、团结协作的工作氛围。

7）建立对安全问题的质疑、报告和经验反馈机制

倡导对安全问题严谨质疑的态度；建立机制鼓励全体员工自由报告安全相关问题并且保证不会受到歧视和报复；管理者应及时回应并合理解决员工报告的潜在问题和安全隐患；建立有效的经验反馈体系，结合案例教育，预防人因失误。

8）创建和谐的公共关系

通过信息公开、公众参与、科普宣传等公众沟通形式，确保公众的知情权、参与权和监督权；决策层和管理层应以开放的心态多渠道倾听各种不同意见，并妥善对待和处理利益相关者的各项诉求。

这八个特征以我国核安全文化建设的良好实践为基础，充分吸收了国际社会先进经验，主要体现了两方面的考虑：一是培育良好核安全文化的行动主体，二是培育核安全文化的内外部环境。培育核安全文化的行动主体是从事核安全有关活动的各层级人员，分为决策层、管理层和个人。前三个特征的内容分别给出了对这三个层级人员的要求，后五个特征的内容分别给出了对培育核安全文化内外部环境的要求。对内部环境的要求包括培育学习型组织，构建全面有效的管理体系，营造适宜的工作环境以及建立对安全问题的质疑、报告和经验反馈机制；对外部环境的要求是创建和谐的公共关系。

三、核安全文化的持续推进

核安全文化的培育是一个长期过程，应持续不断推进。

从业人员要对自身严格要求，养成一丝不苟的良好工作习惯和质疑的工作态度，避免任何自满情绪，树立知责任、负责任的责任意识，形成学法、知法、守法的法治观念，持续提升个人的核安全文化素养。

核能与核技术利用单位要作出承诺，构建企业自身的核安全保障机构，将良好核安全文化融入生产和管理的各个环节，做到凡事有章可循，凡事有据可查，凡事有人负责，凡事有人监督；加大培育核安全文化的资源投入力度，定期对本单位的核安全文化培育状况、

工作进展及安全绩效进行自评估，保证核安全文化建设在本单位得到有效落实。

核安全监管部门和政府相关部门要加强政策引导、制定鼓励核安全文化培育的相关政策，加大贯彻实施力度；继续秉持“独立、公开、法治、理性、有效”的监管理念和严慎细实的工作作风；坚持科学立法、依法行政，确保政府监管的独立、权威和有效。

推行同行评估，鼓励开展核安全文化培育和实践的第三方评估活动，学习借鉴成功经验，及时识别弱项和问题，积极纠正和改进。同时倡导提升核安全文化的良好实践，开展全行业核安全文化经验交流，推广良好实践案例和成功经验，让核安全文化成为所有从业人员的职业信仰。

《核安全文化政策声明》的发布对于在行业内形成对核安全文化的共识具有重要意义。它鼓励消除任何过度自信和自满情绪，从各个方面培育与加强核安全文化，提高核安全意识，进而全面提升我国核安全水平。

第四节　核安全文化特征

卓有成效的安全文化的有形表征，即特征。一个特征就是一种强调安全的思维和行为。所有人对核安全文化特征的共同理解，是我们在核安全文化领域所作一切努力的前提条件，这需要一套共同的术语来描述核安全文化特征，对于在核安全文化中应当考虑什么因素达成共识，并通过自我评价或外部评估识别核安全文化的强项和待改进项。

《核安全文化特征》参考了国际核安全文化相关文件，体现监管部门所倡导的良好行为方式，是《核安全文化政策声明》的细化支撑文件，是核安全文化评估活动的主要依据，也是行业核安全文化建设的工作指南。其中，实践举例虽以核动力厂实践为基础编写，但具有普遍性，核设备、核技术利用以及核燃料循环领域可根据自身特点参照开展。

《核安全文化特征》共包含八个部分，每部分分为三个层次。一是特征描述，摘录《核安全文化政策声明》中每项特征原文；二是属性，逐条分解特征关注点或侧重点，每条属性均分为属性标题和属性描述两部分，各属性按顺序以 A1、A2、…、H3、H4 表示；三是良好实践举例，针对每条属性，结合国内外实践经验，以核动力厂核安全文化实践为主要内容，列举良好实践以供参考，便于加深对属性的理解。

一、决策层的安全观和承诺（A）

决策层要树立正确的核安全观念。在确立发展目标、制订发展规划、构建管理体系、建立监管机制、落实安全责任等决策过程中始终坚持“安全第一”的根本方针，并就确保安全目标作出承诺。

A1 安全承诺：决策层确保核安全高于一切。

良好实践举例：

（1）决策层在安全政策声明中承诺坚持“安全第一”的根本方针。

（2）决策层强化核安全至上的要求和意识，建立并保证核安全首要位置。尤其是当安全与成本、进度发生冲突时，明确将核安全作为第一考虑要素。

（3）决策层坚持对重大核安全问题一票否决的安全底线，建立了对违反安全行为零容忍的制度。

（4）决策层传达对核安全的期望，让员工认识到安全是生产活动中最优先的要素。

（5）决策层采用多种方式与员工积极沟通，强化安全是压倒一切的首要任务。

A2 决策行为：决策过程体现“安全第一”。

良好实践举例：

（1）决策层在制订发展战略和长远计划的过程中，体现了核安全的重要性。

（2）决策层在进行规划、部署和执行重大变化时，确保核安全得以维持。

（3）决策层“言行一致”，始终重视核安全，尤其是在解决核安全和生产之间的矛盾时。

（4）决策层应强化要求，当安全运行裕量出现不可接受的降级或反应堆的状态不明确时，领导应采取保守决策，确保反应堆处于安全状态。

A3 责任落实：决策层明确岗位的职责和授权以确保核设施安全可靠地运行。

良好实践举例：

（1）决策层确保报告关系、资源控制和个人权力与其对核动力厂安全可靠运行所承担的责任相一致。

（2）决策层确保岗位的职责和授权得到清晰明确的界定、理解，并通过文件的形式予以明确。

（3）决策层确保核动力厂的领导都了解各自的职责和安全责任。

（4）决策层经常进行现场巡视，进行工作活动的观察、指导，强化核安全要求。

A4 资源保障：决策层确保组织内的管理体系有效运作。

良好实践举例：

（1）决策层为保证核动力厂短期和长期的安全可靠运行配备了充足的资源。

（2）决策层确保对有核安全影响的延期工作进行了严格的评估。

二、管理层的态度和表率（B）

管理层要以身作则，充分发挥表率和示范作用，提升管理层自身安全文化素养，建立并严格执行安全管理制度，落实安全责任，授予安全岗位足够的权力，给予安全措施充分的资源保障，以审慎保守的态度处理安全相关问题。

B1 表率作用：管理层在日常管理工作中以身作则，坚持“安全第一”的根本方针。

良好实践举例：

（1）当核安全和生产之间发生矛盾时，管理层处理矛盾时坚持“安全第一”的根本方针。

（2）管理层提升核安全文化素养，以高标准规范自身行为。

（3）管理层在制定目标，提出潜在问题，启动或终止突发事件预案等重要运行决策时要沟通交流。

（4）核安全问题发生时，管理层能够准确掌握问题发生的情况，迅速响应，妥善解决问题。

（5）管理层鼓励员工阻止不安全行为，消除不安全状态，并支持员工基于安全考虑停止相关工作。

B2 安全责任：管理层应明确并落实安全责任，制定安全管理制度并严格执行。

良好实践举例：

（1）管理层在程序上明确各级人员的责任、角色与权力，并且确保这些内容被全体员工普遍理解。

（2）管理层落实在核安全决策中的个人责任制，确保相关人员切实担负起相应的责任。

（3）管理层严格执行安全管理制度，确保由关键安全岗位一线人员参与重要核安全决策的制定。

B3 资源分配：资源分配体现安全业绩的重要性，确保为安全防范和处置措施配备足够资源。

良好实践举例：

（1）管理层确保人员配置与保持安全可靠的相关需求一致。

（2）管理层确保在所有运行工况下都有足够的合格人员，并满足工作时间的要求。

（3）管理层采取措施确保设施的有效性和定期维护，包括设备有效性、模拟机逼真度和应急设备可用性等。

B4 常态检查：管理层应用各种监测工具确保核安全，包括持续审查核安全文化。

良好实践举例：

（1）管理层使用各种监测方式，包括员工调查、自我和独立评估、外部反馈等，定期监测核安全文化落实情况。

（2）管理层积极支持和参加对工作态度和核安全文化的评估活动，了解影响管理层信任以及有损核安全文化的因素，解决存在问题。

（3）管理层在现场及重要安全改进过程中通过聚焦问题、强化标准、指导问题改进和强化积极决策，以展示领导力。

（4）管理层与工作组或团队进行详细讨论，并对如何提高安全绩效提供有价值的反馈意见。

（5）管理层鼓励资深员工为安全行为和坚持高标准作出表率。

B5 保守决策：管理层进行决策时应采用审慎的态度，必要时寻求不同工作组和组织意见；管理层支持员工解决实际问题时采取基于安全的保守方案。

良好实践举例：

（1）管理层坚持审慎保守的态度解决安全问题，特别是在信息不完整或特殊情况下。

（2）管理层在决定解决突发事件时，考虑了事件的长期后果。

（3）管理层从安全角度出发，及时采取行动应对不利环境。

三、全员的参与和责任意识（C）

全员正确理解和认识各自的核安全责任，作出安全承诺，严格执行各项安全规定，形成人人都是安全的创造者和维护者的工作氛围。

C1 遵守法律法规和规章制度：员工理解遵守法律法规和规章制度的重要性。员工在工作中对违背法律法规和规章制度的行为和后果承担责任。

良好实践举例：

（1）员工充分关注核安全，并通过互助和讨论强化这种关注。

（2）员工有责任为遵守核安全法律法规和规章制度的行为作出表率。

（3）各级员工共同遵守法律法规和规章制度。

（4）员工主动听取有关遵守法律法规和规章制度的意见，并以坦诚开放的态度对待所提意见。

（5）员工帮助承包商理解和实践法律法规和规章制度所提倡的确保核安全的行为和行动。

C2 遵守程序：员工遵循流程、程序和工作指令。

良好实践举例：

（1）员工遵循程序。

（2）在工作之前，员工审查程序和指令，以确认它们适用于工作，并且在工作实施前确保要求的变更已完成。

（3）员工操作设备前首先获得适当的授权，且在已批准的程序或工作指令的指引下进行。

（4）员工确保正确地记录了工作活动的状况。

C3 责任意识：员工主动并正确理解和认识各自的核安全责任，并在支持核安全的行为和工作实践中体现责任意识。

良好实践举例：

（1）员工理解自身营造专业环境、鼓励团队合作及识别核安全潜在风险的职责。

（2）员工理解自身有职责提出核安全问题，包括他人发现的问题。

（3）员工对所承担工作的准备和执行负责。

（4）员工积极参加工前会，清楚自己在开工前有提出核安全方面问题的职责。

（5）员工积极接受培训，并具备执行所承担工作的资格。

（6）员工理解工作的目的、他们在活动中的作用以及他们自身对整体目标所负的安全责任。

C4 团队合作：员工之间以及工作组之间，对于部门内和跨部门的各类活动进行沟通协调，确保核安全。

良好实践举例：

（1）在工作中，员工表现出强烈的协作和合作意识。

（2）开展团队合作，进行互查、认证和培训，细化安全措施，积极帮带新员工，并分享工具和资料。

（3）员工努力遵守承诺，建立团队内部的相互信任。

四、培育学习型组织（D）

各组织要制订系统的学习计划，积极开展培训、评估和改进行动，激励学习、提升员工综合技能，形成继承发扬、持续完善、戒骄戒躁、不断创新、追求卓越、自我超越的学习气氛。

D1 培训：制订系统的培训计划，全面提升员工的综合技能，系统地发展领导力，除传授知识和技能外，注重法规标准、管理要求和核安全价值观的传播和宣贯。

良好实践举例：

（1）采用系统化培训方法，制订系统、有效的培训计划，确保培训对象的全员性和培训内容的全面性。

（2）员工和承包商工作人员都能得到充分的培训，以保证具备综合技术能力，并充分理解工作要求和相关法规标准。

（3）决策层和管理层的领导和管理技能得到系统化培养。

（4）决策层和管理层掌握单位所涉及领域的基本知识、组织职能和相互关系，为科学决策和实践奠定坚实基础。

（5）培训注重强化核安全价值观和安全管理期望。

（6）利用员工和各领域专家的信息和反馈，持续改进培训。

D2 评估和改进：定期开展自我评估，适当开展同行评估和第三方评估，并根据评估结果采取恰当的改进措施。

良好实践举例：

（1）全面、有效地开展自我评估、同行评估、第三方评估，包括核安全文化评估，为持续改进提供客观依据。

（2）重视评估中各方面人员（包括质量保证人员、评估人员、独立监督人员和普通员工等）提供的意见和建议，并给予反馈。

（3）定期开展自我评估，涵盖程序、实践、安全绩效、核安全文化和自我评估流程本身等一系列主题。

（4）确保自我评估工作小组包括组织内的员工和领导，必要时可以包括组织外部人员。

D3 对标：通过与其他单位的对标来激励学习，不断提高知识、技能水平和安全业绩。

良好实践举例：

（1）将对标作为激励学习和获得核安全改进新理念的途径。

（2）对标学习的对象既包含核行业其他单位，也包括非核单位。

（3）利用对标寻求并履行最佳的业务实践和标准，从而提高安全业绩。

（4）员工积极参与对标。

D4 学习氛围：努力营造继承发扬、持续完善、戒骄戒躁、不断创新、追求卓越、自我超越的学习氛围。

良好实践举例：

（1）管理层鼓励员工终身学习，对学习表现突出者给予奖励。

（2）管理层鼓励员工提出改进安全、提高绩效和改善管理等各方面建议，并给予适当奖励。

（3）除培训外，制定其他有效的知识管理策略，继承和发扬现有知识和经验，例如，有效使用经验反馈体系，挖掘典型事迹，树立先进榜样，促进员工之间的相互学习等。

五、构建全面有效的管理体系（E）

营运单位应建立科学合理的管理制度。确保在制定政策、设置机构、分配资源、制订计划、安排进度、控制成本等方面的任何考虑不能凌驾于安全之上。

E1 组织机构：建立了责任清晰、分工明确的组织机构，以确保核安全。

良好实践举例：

（1）决策层和管理层明确地规定了各级员工的责任、角色和权利，确保岗位职责得到落实，不存在交叉或遗漏的地方。

（2）针对复杂多变的情况，营运单位建立了一个明确的决策程序并严格执行。

（3）营运单位建立了相关制度，并能确保影响核安全的重要决定都是由合适的人在适当的最低级别作出。

E2 资源管理：人员、设备、程序和其他资源的管理能够对核安全提供足够的支持。

良好实践举例：

（1）资源配备满足核动力厂的优先顺序。

（2）资源需求如人员、资金、设备和零部件、信息等得到及时识别，且纳入核动力厂计划中并加以满足。

（3）文件、程序和工作资料包完整、准确、易读、易辨认、易获取，并确保为最新版本。

E3 过程控制：工作的策划、实施和审查过程体现了安全至上的原则。工作风险得到有效的识别和管理。

良好实践举例：

（1）工作得到有效的计划和执行，并且风险认知、工作现场条件以及与不同工作组或工作活动之间的协调均得到统一考虑。

（2）适当地确定了工作的优先级别，工作过程考虑了应急计划、补偿措施和中断准则。

（3）领导考虑工作范围变更的影响并能及时将工作状态通知员工。

（4）工作过程能确保员工了解核动力厂状态、现场工作相关的核安全风险以及其他并行实施的核动力厂活动。

（5）日常工作和变更程序考虑了概率风险评估的结果。

（6）协调工作活动，解决矛盾冲突，将核安全作为全部生产活动的重中之重。

（7）工作过程应限制临时修改的情况发生。

E4 问题的识别和解决：对可能影响安全的问题及时识别，充分评估并及时解决和纠正。

良好实践举例：

（1）员工理解标准和偏差，熟悉相关纠正行动程序，能按照要求及时发现、记录和报告问题。

（2）管理层和员工根据问题的安全意义进行适当的分类、优先级划分和评估。

（3）管理层和员工及时开展根本原因分析，识别直接原因和根本原因，发现问题所在，确定与其安全重要性相匹配的措施，避免重复发生。

（4）持证单位对所发现的问题采取了及时有效的措施，纠正行动的延期得到有效控制。

（5）管理层和员工定期进行问题的趋势分析，并能从纠正行动和其他活动中获取提升安全的信息和经验。

六、营造适宜的工作环境（F）

设置适当的工作时间和劳动强度，提供便利的基础设施和硬件条件，建立公开公正的激励和员工晋升机制；加强沟通交流，客观公正地解决冲突矛盾，营造相互尊重、高度信任、团结协作的工作氛围。

F1 工作安排和设施保障：合理安排工作时间和劳动强度及基础设施和硬件条件，以保证工作效率和办公环境。

良好实践举例：

（1）管理层合理规定员工工作时间，限制加班。

（2）员工可以监督加班情况，并向管理者报告不合理的加班情况。

（3）观察并及时总结员工绩效，合理编制倒班日程表。

（4）管理层经过培训能够识别压力，并能说明员工或承包商可能存在严重压力的表现和过度劳累的情形。

（5）管理层关注并检查员工的考勤情况，尤其是运行和维修人员。

（6）管理层关注员工工作的物质环境，例如，办公室、办公用品、餐厅、休息室、班车等是否便利，定期检查并及时作出改进。

F2 激励和晋升：建立体现“安全第一”的公开公正的激励和晋升机制，鼓励员工关心核安全。

良好实践举例：

（1）管理层按照公开公正的原则对员工的行为进行激励。

（2）管理层关注员工的绩效，分析绩效不达标的原因并进行改进。

（3）奖惩制度包括关注安全相关问题，并且让员工了解这一点影响晋升。

F3 沟通交流：加强各级员工之间的沟通和交流，包括上级对下级、下级对上级以及平级之间，在各项工作中保持信息畅通。

良好实践举例：

（1）各级员工之间保持及时、充分的交流，及时掌握各项信息，确保信息通畅，保障核安全。

（2）管理层以公正、真诚的态度积极响应员工的问题。

（3）具备有效的媒介交流方式以保障员工和管理者之间的信息交流，如内部网、简报等。

F4 解决矛盾：遇到冲突矛盾时，要以客观、公正、专业的方式解决。

良好实践举例：

（1）员工相信矛盾能以尊重、客观和专业的方式及时得到解决。

（2）管理层、员工和承包商之间就曾经发生过的矛盾进行经验教训的总结。

F5 工作氛围：员工相互尊重，各级员工都能感受到彼此的高度信任，组织内各工作组团结协作，工作气氛整体融洽。

良好实践举例：

（1）来自不同部门的每个员工和不同级别的管理者都能够感觉到同等的尊重。

（2）管理层和员工能够感受或体会到相互信任。

（3）管理层在核动力厂内作出与员工建立相互信任的行为，得到下属的信赖。

（4）在运行或变更期间与相关人员保持沟通，使整个核动力厂保持高度的相互信任。

（5）整体保持融洽的工作氛围。

七、建立对安全问题的质疑、报告和经验反馈机制（G）

倡导对安全问题严谨质疑的态度；建立机制鼓励全体员工自由报告安全相关问题并且保证不会受到歧视和报复；管理者应及时回应并合理解决员工报告的潜在问题和安全隐患；建立有效的经验反馈体系，结合案例教育，预防人因失误。

G1 了解核能的特殊性：全员了解核能这种复杂的技术，会以不可预知的方式失效。

良好实践举例：

（1）即使在很有把握圆满完成任务的情况下，全员仍然避免自满，对人为错误、固有风险和潜在问题保持警觉。

（2）影响反应堆反应性的活动是在有专人监护且格外谨慎的情况下进行的。

（3）员工了解放射性产物、堆芯能量聚集和衰变热等核能特有的危害，并了解维持堆芯冷却、乏燃料冷却等专设安全设施功能的特殊重要性。

（4）决策层要求管理层充分了解并恰当处理降级状况，尤其是核安全设备质量降级的状况。

（5）管理层对各工况中出现的异常盘根问底，以了解可能造成的影响和后果。

G2 质疑不明情况和不当之处：员工面对不明情况时中断工作，发现不当之处时提出自己的观点。

良好实践举例：

（1）管理层强调下述期望：员工应一次把工作做好，当遇到不确定的情况时寻求指导，遇到非预期的状态时中断工作。

（2）员工将非预期的运行状态告知主控室。

（3）员工遇到非预期的异常状况中断工作，与上级领导沟通，待评估并控制风险后再继续工作。在适当的时候向系统专家和设备专家咨询。

（4）员工在工作文件表述不清或者无法按其操作的情况下中断工作，直到问题得到解决。

（5）员工认为某项决策没有充分考虑核安全或者有悖于核安全时，进行质疑。

（6）在评估核安全相关事项时，管理层鼓励和重视不同的意见，避免出现从众现象。

G3 注重安全的工作氛围：组织执行一种注重安全的政策，使得员工自由提出安全关注事项并且不用担心遭到歧视或者报复的权利和义务得到了有效维护。

良好实践举例：

（1）员工自由提出安全关注事项，并且不用担心遭到歧视或者报复。

（2）决策层提出并强调“建立和维护注重安全的工作氛围”的期望。

（3）政策或者工作程序强调员工提出安全关注事项的权利和义务，明确管理层营造“自由提出安全关注事项的工作氛围”的职责。

（4）员工接受相关培训以知晓：“歧视”和“报复”等妨碍提出安全关注事项的行为是违反政策且是不能被容忍的。

（5）对所有因提出安全关注事项而遭到的“歧视”和“报复”行为进行调查，并及时采取纠正行动。

（6）提出安全关注事项的渠道，运作简练且不受管理层级的限制。

G4 响应安全关注事项：迅速审查员工提出的安全关注事项，并给予及时的反馈。

良好实践举例：

（1）员工在提出安全关注事项之后，能够收到及时的反馈。

（2）员工对自己提出的安全关注事项能够得到恰当的处理有信心。

（3）政策或者工作程序中明确，管理层应当尊重并及时回应提出安全关注事项的员工。

（4）管理层接受相关培训以按照工作程序接收员工提出的安全关注事项，并确保安全关注事项能够得到及时、恰当的处理。

（5）决策层和管理层强调“不轻易责罚”的氛围，鼓励自我报告。

（6）处理安全关注事项的人员具备相应的能力。

G5 经验反馈体系：对内部运行经验和外部运行经验进行及时、系统的收集和评估，并给予有效的落实。

良好实践举例：

（1）具备对内部运行经验和外部运行经验进行全面审查的专门程序。

（2）管理层通过改进程序、设备和培训大纲，有效地落实运行经验并将其制度化。

（3）决策层将运行经验反馈体系视为保持和改进运行安全的重要工具。

（4）员工在履行日常工作时使用运行经验，提醒自己“这里有可能发生类似的事件”。

（5）及时向员工和其他相关组织发布经验反馈信息。

G6 预防人因失误：及时并定期开展人因方面的教育活动，使员工在执行工作时有效预防人因失误。

良好实践举例：

（1）决策层针对近期发生的重大人因事件，迅速开展教育活动，并以此为例不断强调和告诫。

（2）管理层从运行经验中选取人因事件，对员工定期开展教育活动，使员工了解与其自身工作相关的人因因素。

（3）决策层为人因实验室提供充足的资源。

（4）员工通过参加人因实验室的训练规范行为，并提高对人因失效征兆的识别能力。

（5）员工掌握预防人因失误的技能，并应用于实际工作中。

八、创建和谐的公共关系（H）

通过信息公开、公众参与、科普宣传等公众沟通形式，确保公众的知情权、参与权和监督权；决策层和管理层应以开放的心态多渠道倾听各种不同意见，并妥善对待和处理利益相关者的各项诉求。

H1 了解公众诉求：公众对核安全的诉求能够反馈到企业。

良好实践举例：

（1）决策层制定或批准了适用的舆情监测制度，明确了开展该项工作的部门和职责分工，掌握公众关心的问题。

（2）建立、维护并完善适用的渠道或平台，使公众能够顺畅地反映诉求。

（3）组建专职或兼职的舆情监测人才队伍，并不断提高自身能力。

H2 公众沟通：开展公众沟通工作，及时有效地回应公众诉求。

良好实践举例：

（1）决策层根据国家的法律、法规以及管理部门的要求制定企业级的公众沟通制度和方案等，并明确公众沟通工作的执行部门和职责分工。

（2）管理层和相关员工根据职责要求，及时开展公众沟通工作。

（3）组建专职或兼职的公众沟通人才队伍，并不断提高自身能力。

（4）充分运用各种传统的和新兴的工具开展工作。

（5）用于公众宣传的材料易于公众理解和接受，并能够及时更新。

（6）有专门的人员负责对外发布信息，且该人员接受充分的培训。

（7）员工理解公众沟通的必要性和重要性，并且知道本厂与公众沟通的渠道和平台。

H3 公众沟通成果：在一定的时间跨度内，公众沟通工作取得了一定的效果。

良好实践举例：

（1）在公众反馈的问题和意见中，负面问题和意见的占比呈下降趋势。

（2）没有发生具有一定社会影响力的群体性事件或网络舆情事件。

H4 企业的社会责任：企业主动承担社会责任，做了更多造福厂址周边居民的事。

良好实践举例：

（1）决策层和管理层经常关心核动力厂厂址所在地的就业、基础设施建设等民生问题，关注当地居民除核问题外的利益需求。

（2）决策层和管理层通过具体项目切实为解决关乎当地居民切身利益的问题作出了贡献。

第五节　核安全文化评估

核安全文化是从文化视角探讨一个单位如何看待和处理核安全问题。文化既包括可见部分，如行为、语言和符号；也包括不可见部分，如价值观、伦理和思想感情。文化大部分是看不到的，如同冰山，露出水面的仅仅是一角，大部分隐没于水面之下。试图理解文化的最大挑战就是将其过于简单化，认为文化只是人们做事的方式或者企业的口号标语。对文化可见部分特征属性的积累和总结，只是文化分析诊断的初始步骤。有效地评估核安全文化，需要对社会学、心理学和组织行为学有一定了解。

核安全文化评估包括自评估和独立评估。核安全文化自评估由一个单位指定的小组，代表单位所有层级和部门，深入了解组织的独特文化对核安全的影响，促进组织内部对其文化的理解与反思，从而更加积极主动地提高安全意识和安全业绩。核安全文化独立评估依靠外部专家，对组织的文化属性与标准规范进行比较，评估队成员的独立性和资格至关重要。本节主要介绍核安全文化自评估，核安全文化独立评估采用与自评估类似的方法。

一、目的和意义

核安全文化自评估从以下五个方面提升一个单位的整体学习能力：

（1）理念方面——在评估实践中获得并且交流核安全文化理念和原则。

（2）行为方面——学习了解有利于或者不利于安全的行为。

（3）思维方面——获得并且交流价值观和思维方式如何影响行为及安全业绩。

（4）安全文化计划执行方面——提供关于本单位核安全文化计划执行情况的现状，以及核安全文化的成熟度。

（5）影响方面——识别核安全文化对单位业绩的影响。

核安全文化自评估能够清晰描绘一个单位的核安全文化如何影响安全，包括对核安全文化强项和弱项的评估，确定改进领域和实施变革的优先顺序，作为单位持续改进工作的一部分，是一种积极主动改进安全业绩和提高安全裕量的方法。

核安全文化自评估不是对照核安全目标直接评估安全性能指标，也不是直接评估人员绩效工作的有效性。评估是无法完全量化的，因此难以构建关于核安全文化的性能指标。而且，传统的审计和评估思维可能会增加员工防御抵触心理，妨碍核安全文化信息收集工作。评估的独特之处包括：

（1）评估是一个学习的过程，而不是简单地对照标准做清单式的检查。

（2）评估是一个单位系统性“学习—培育—改进”良性循环的组成部分，而不是某个纠正行动的输入项。

（3）评估有助于揭示一个单位多元文化因素间复杂的相互作用，捕捉日常活动中没有意识到的问题。

（4）评估可以明确组织的有效性及其对安全的影响和作用，为组织主动降低潜在的系统性风险提供机会。

（5）评估人员需接受专业化培训，以便熟悉评估的理论框架，开展多层次、多变量分析，对人和组织行为具备洞察力。

文化方面的问题很难描述和解决，需要长期不懈努力才能产生效果。文化是长期养成的非计划性的产物，无法完全控制这一过程，但是通过开展核安全文化自评估，可以理解和影响文化。

开展核安全文化自评估主要依据《中华人民共和国核安全法》《核动力厂管理体系安全规定》《核安全文化政策声明》《核安全文化特征》等相关文件。除开展定期、深入的核安全文化自评估，持续监测核安全文化也非常重要。同时需要使用其他评估方法，从不同角度获得多种观点。

二、评估方法

核安全文化自评估应使用多种方法，包括文件审查、问卷调查、观察、小组讨论和访谈。每种方法提供的信息不同，且可以使组织以不同方式参与到评估活动中，因此评估人员应尽量尝试所有的评估方法，避免仅使用一种评估方法就过早地下结论。在收集数据和进行分析时，避免主观判断极为重要。评估人员应保持开放的心态，对观察到的情况进行描述，避免用自认为的标准导致记录的数据出现偏差。在对所有自评估数据进行客观、中立的评价之前，评估队长负责避免一种评估方法的结果对其他评估方法的应用造成影响，从而导致结论偏差或者偏离评估重点。在评估后期，可以收集更多信息来证实或者否定某种方法的结论。

为让更多的人在核安全文化自评估中学习，有必要让单位的各个层面都参与到评估中。在使用文件审查、问卷调查这类静态评估方法时，应补充使用互动式的评估方法。评估方法的选择会影响一个单位对评估包容性和全面性的认识。核安全文化自评估不一定要搞成一项时间紧强度大的工作，而应将其作为一项持续性的活动。

1. 文件审查

文件审查可以在现场评估之前开展，使评估人员熟悉单位总体的文件内容，以及不同群体的语言和术语。文件审查目的是收集组织想法及筹划安排的信息，使评估人员深入了解一个单位如何通过管理体系文件将安全放在首要位置，以及筹划如何使政策、计划和程序在实践中发挥作用。文件审查可以为后续确定员工是否知道相关文件的存在并使用文件提供依据，还可以深入了解所述意图与实际行为之间的差异。通过文件审查能够揭示一个单位审查批准流程的运作方式，也能够了解组织是如何通过事件、经验反馈、评估活动等方式将学习转化为知识并指导实际工作的。

文件审查的局限性：它是一种劳动密集型工作，需要大量人力，要求评估人员从大量文件中找出核安全文化相关信息。此外，如果有些文件主要是为了满足利益相关者的要求而编制的，则可能无法反映单位内部真正的想法和行为。

2. 问卷调查

问卷调查是获取众多人意见的一个便捷方法，每个人都拥有平等的机会以匿名方式提供意见。问卷调查收集员工对单位及其文化的看法、价值观和态度方面的信息，能够让员工表达自己的意见，可用于比较不同层级不同组别之间的反馈信息，以确定文化一致性的程度。问卷调查方法在核安全文化自评估中非常有用，可以用它来建立一个基准，随着时间的推移跟踪变化情况。问卷调查直观地反映了大范围的反馈结果，有助于使评估集中在问题、关注的事项和重点方向上。

问卷调查的局限性：数据分析这种方法可能会被认为问卷调查结果就是实际情况，但实际找出的可能只是症状而不是根本原因。数据分析容易受到统计学的影响，低于 70%的问卷反馈率会影响调查的有效性。问卷设计不当也会导致结论错误，问题设置过于模糊则无法支撑后续的改进工作。

3．观察

观察不仅在现场自评估时使用，也可以持续使用。培养良好的观察能力对整个单位都大有益处。核安全文化观察不同于通常情况下在核设施进行的任务观察，任务观察是基于标准规范的比较，核安全文化观察是描述性的。开展观察的目的是研究人员行为及实际表现，例如，员工间如何互动、工作做法以及日常工作中的关注点。此外，通过观察了解工作环境和现场情况信息，包括人员离开后工作区的状况。

观察法最大的挑战是容易出现对少量问题的过度概括，以及检查个人行为，而不是发掘潜在的文化属性。观察需要评估人员接受培训和经验积累，否则评估人员容易出现只专注于自身专业领域的倾向，导致遗漏或者误解很多问题。在开展观察时，也很难保证所收集信息的匿名性。此外，当人们被观察时，可能会表现出不同于平常的行为，这也会影响观察结果。

4．小组讨论

小组讨论可用于核安全文化自评估的任何阶段。在核安全文化自评估早期阶段使用小组讨论，可有效提升认识、提高员工参与度并促进学习。小组讨论获取信息的方式灵活多样，例如，在讨论中可了解到事实、故事、观点、经验、感受、行为、价值观、关切点等，能够发现问卷调查这类定量方法不易获取的问题和反馈。来自不同级别和部门的员工以开放、互动的方式参加小组讨论，可以探讨某一特定主题，例如，一个对单位来说很重要的话题，也可以深入地探讨在其他核安全文化自评估方法中发现的问题。

小组讨论面临的挑战：需要有熟练的主持人组织讨论，特别是在讨论比较敏感或者有争议的话题情况下。参加讨论的个别人可能会借此发泄愤怒或沮丧情绪。群体性思维或者来自其他同事的压力也可能阻碍真实想法的表达。此外，小组讨论容易受主持人或职位较高者主观偏见的影响。

5．访谈

访谈是核安全文化自评估的一种重要方法。受访者对评估人员的行为非常敏感，因此建议采用两种访谈方式。一种是半结构化访谈，其目的是收集组织背景、运作方式、岗位职责等方面的信息。访谈者使用一般性的问题收集某一特定主题的信息，例如，可否描述一下如何作出运行安全决策？另一种是非结构化访谈，评估人员很少提问且问题是开放式的，从而尽量减少对谈话的干扰，让受访者引导访谈。访谈重点是深入了解受访者的思维方式、优先考虑何种安全理念、热衷于什么以及有意回避什么。

访谈具有高度互动性，评估人员可以解释背景情况，确保受访者充分理解问题设置的意图。访谈中的非语言信息，如热情、谨慎、沮丧、自满，可以使评估人员对单位文化有进一步了解。访谈有助于获得不受评估队所选主题限制的深层信息和观点。

访谈方法的局限性：受访者不是匿名的，因此可能无法完全坦率地回答问题。评估人员可能被视为管理层的代表，受访者因此感到警惕或焦虑，从而降低信息质量。评估人员与受访者之间的融洽程度，如访谈是否被视为测试或者审问，将直接影响受访者的反应情况。此外，受访者如果借机抱怨和发泄情绪，可能有助于深入了解问题，也可能分散访谈关注点，需要评估人员作出谨慎判断。从大量访谈信息提炼核安全文化相关内容是一件复杂且花费时间的工作，也容易引入评估人员的主观偏见。

三、评估步骤

1. 组织准备

决策层应全程参与核安全文化自评估，决策层应与评估队建立密切联系，以确保评估的有效性。决策层应与评估队讨论下列事项并达成一致意见：

（1）确认评估范围，如公司总部、供应商、承包商、技术支持单位，明确资源配置和预期影响。

（2）确定评估团队，从不同级别和部门的员工中，根据核安全文化自评估所需的能力选择评估队成员。

（3）决策层承诺为评估队开展核安全文化自评估投入足够的时间和资源，并承诺分配足够的管理时间参与评估工作。

（4）制定措施，回应核安全文化自评估得出的结论，包括如何针对需要改进的领域开展工作。

（5）制定沟通方案，使单位员工了解即将开始的核安全文化自评估活动以及评估目的，强调全体员工积极参与的重要性。将核安全文化自评估定位为一次学习机会，以确定哪些方面做得好，哪些方面可以采取不同的方法来提高安全业绩。

2. 筹备评估队

（1）培训评估队成员，确保评估人员熟练掌握评估方法以及数据分析方法。

（2）明确评估队长、副队长、队员、协调员、观察员、辅助人员的职责。

（3）确定评估策略和评估方法，确保尽可能独立地使用各种评估方法。

3. 编制评估计划

评估计划应涵盖评估启动前到评估结果沟通及跟踪的各项活动，要考虑到评估活动后勤保障工作以及同时期开展的单位其他活动，尽量减少对生产等工作的影响。为确保准确、全面地了解单位文化，核安全文化自评估需要采用多种评估方法，但是在定期开展了几次自评估之后，可以改变评估方法，不是每次评估都要使用所有评估方法。在选择评估方法时，应考虑到互动式方法（小组讨论、访谈）与非互动式方法（文件审查、问卷调查、观察）相比，能够提供更加丰富的数据。此外，还需要测试评估系统，如问卷调查管理系统，并为核安全文化自评估活动的宣传和沟通制订计划。

4. 开展自评估启动前活动

（1）通过各种宣传沟通渠道，让单位全体员工了解核安全文化自评估目的和详细的执行计划。

（2）单位领导协助推动核安全文化自评估工作。

（3）强调核安全文化自评估不是审计，而是了解单位现有态度和行为及其对安全影响的一种方法。

5. 开展自评估

（1）将收集到的信息作为事实，不添加解释和判断。

（2）记录并保存信息，为后续的数据分析工作做准备。

（3）不根据个人偏见选择数据或者提炼问题。

（4）确保单位领导能够获得评估进展情况的信息。

（5）回答任何问题。

此外，如果观察结果表明，有造成不安全状况的情况，而且需要立即进行干预，应立即报告有关各方注意该问题，包括管理层和评估队队长。

6. 分析结果

（1）描述性分析。首先独立分析解读每种评估方法的结果，其次对综合结果进行分析以确定总体问题，然后寻找各种评估方法之间不一致的要素、模式和关系，最后确定是否需要收集更多信息。

（2）规范性分析。将描述性分析结果与核安全文化特征模型进行比较（如国家核安全局《核安全文化特征》），识别核安全文化强项和需要改进的方面。

7. 总结

（1）以适合本单位学习和交流的方式组织语言和信息。

（2）编写有助于强化、改变、增加或者消除行为的关键信息。

（3）编制适合不同受众的沟通文件。

通常情况下，评估队长带领评估队员编写评估报告，对核安全文化自评估结果进行总结。

8. 沟通交流评估结论

（1）向管理层正式报告核安全文化自评估结论，鼓励就评估结论对单位的潜在影响进行公开坦诚的对话。

（2）通过各种渠道与其他部门沟通，如在共同使用的内网平台上公布结果、与各工作小组举办讨论会。

互动和对话式的沟通方式比单向的汇报更好，因为这种方式有助于反思和共同理解核安全文化自评估揭示的文化内涵，对于培养学习型组织至关重要。

9. 制订并实施行动计划

根据评估步骤8，向单位员工通报核安全文化自评估结论，然后请单位领导参与制订并最终确定完整的行动计划。这种方式有助于单位接受行动计划并进行必要的改变。

10. 总结经验教训

在核安全文化自评估过程中以及结束后的任何时候，都可以总结经验教训，改进自评估流程，具体做法包括：

（1）组织评估队、管理层代表等各方人员，审查核安全文化自评估的经验、教训和改进机会。

（2）编写总结报告，供下一次评估队使用。

（3）酌情修改核安全文化自评估方法及程序文件。

（4）在开展核安全文化自评估后续行动之后，识别并记录任何其他经验教训。

11. 开展后续行动

在核安全文化自评估结束后的6～18个月内开展一次后续行动，确认行动计划中各项活动的进展情况及效果。

四、评估结论的应用

1. 沟通交流评估结论

在整个单位中开展核安全文化自评估结论的沟通交流，建议举办研讨会或讲习班，以获得员工对核安全文化自评估的反馈意见，最大限度提高单位的学习能力。确保所有参与评估活动的员工都能收到评估结论相关信息，包括轮班工人、承包商和其他利益相关方。

沟通交流一般分为两个阶段：第一阶段，向单位管理层汇报。通常采用由评估队长主持召开研讨会的方式进行，重点是促进评估队与管理层的对话，而不是以类似审计的方式介绍评估结论。第二阶段，在单位内部广泛开展沟通。一般由管理层牵头，评估队提供支持，主要采取现场会议讨论的方式，也可以采用公告和内网等方式予以补充。

沟通交流目的是使决策层和整个单位认识到采取行动和不断学习的必要性，因此需要采用互动的方式分享核安全文化自评估结论，而不是简单地发布最终评估报告。管理层需要清楚地了解自身和整个单位可能导致不安全行为的动向和趋势。

2. 将评估结论转化为行动

建议决策层利用核安全文化自评估结果，确认采取哪些措施来重新认识并重新塑造不利于核安全文化的趋势。核安全文化改进需要长期的战略规划以及不断推动持续改进。可以采用行动计划与核安全文化自评估报告分开的方式。最终确定的行动计划应有受影响群体的深入参与，与自上而下做指示相比，基层员工的参与更有助于行动计划的成功实施。

核安全文化改进行动应考虑的因素包括：

（1）采用系统方法制定核安全文化建设方案。

（2）为各级人员以及各部门举办核安全文化讲习班，确保员工了解基本理念和基本原理，不仅仅是使用减少人因失误的方法。

（3）将提升核安全文化的措施覆盖到单位的所有层级，而不是只关注现场工作人员和一线主管。

（4）制定有利于安全和长远考虑的奖励制度。

（5）制订学习计划，积极求学。

（6）确保核安全文化提升所需时间和资源的公开透明，传达这样一种认识，即核安全文化的提升有助于长期的生产业绩。

（7）在整个单位内提高安全事项的透明度。